海关“12个必”之国门生

进出

进出境动植物检疫实务

猪牛羊篇

总策划◎韩　钢

总主编◎徐自忠

主　编◎李　健　副主编◎张　强

中国海关出版社有限公司

中国・北京

图书在版编目（CIP）数据

进出境动植物检疫实务．猪牛羊篇/李健主编．—北京：中国海关出版社有限公司，2024.3

ISBN 978-7-5175-0742-0

Ⅰ.①进…　Ⅱ.①李…　Ⅲ.①动物检疫—国境检疫—中国 ②植物检疫—国境检疫—中国　Ⅳ.①S851.34 ②S41

中国国家版本馆 CIP 数据核字（2024）第 034267 号

进出境动植物检疫实务：猪牛羊篇

JINCHUJING DONGZHIWU JIANYI SHIWU：ZHUNIUYANG PIAN

总 策 划：韩　钢
主　　编：李　健
责任编辑：刘白雪
责任印制：赵　宇
出版发行：中国海关出版社有限公司
社　　址：北京市朝阳区东四环南路甲 1 号　　邮政编码：100023
网　　址：www.hgcbs.com.cn
编 辑 部：01065194242-7521（电话）
发 行 部：01065194221/4238/4246/5127（电话）
社办书店：01065195616（电话）
https://weidian.com/?userid=319526934（网址）
印　　刷：北京联兴盛业印刷股份有限公司　　经　　销：新华书店
开　　本：710mm×1000mm　1/16
印　　张：31.5　　字　　数：540 千字
版　　次：2024 年 3 月第 1 版
印　　次：2024 年 3 月第 1 次印刷
书　　号：ISBN 978-7-5175-0742-0
定　　价：68.00 元

本书编委会

前　言

《中华人民共和国生物安全法》已于2021年4月15日正式施行，我国成为世界上继新西兰、澳大利亚之后专门制定生物安全法的国家。《中华人民共和国生物安全法》全方位构建起我国生物安全风险防控体系，为我国从事生物安全相关活动提供了法律准则。海关肩负着守国门、促发展的职责使命，在国境口岸执行该法，防范进出境生物安全风险，并对发现的安全风险依法处置，确保国门生物安全。

随着我国高水平开放、高质量发展深入推进，人民群众对高品质畜产品的需求不断增加，我国已成为世界上进口种猪、种牛、种羊等家畜种群种类最多、数量最大的国家。外来动物疫病通过活畜及畜产品的国际贸易传入进口国家（地区），给当地畜牧业造成严重的经济损失，甚至危害到人类健康安全。我国进口种猪主要来源于美国、加拿大、英国、法国、丹麦等，进口种牛主要来源于澳大利亚、新西兰、智利和乌拉圭等，进口种羊主要来源于澳大利亚和新西兰。近年来，我国进境家畜数量达到了历史高位，2022年我国进口种猪数量为0.3万头，进口种牛数量为34万头，进口种羊数量为0.2万头。进境动植物检疫是捍卫国家主权的行为，要求必须严守生物安全底线。我国对进境动物建立了全链条一体化的检疫监管制度体系，对进境家畜实施检疫准入、检疫审批、境外预检、口岸查验、隔离检疫等制度措施，最大限度降低进境动物携带疫病的风险。随着进境家畜数量、批次的屡创新高，海关口岸疫病风险防控的压力也与日俱增。海关牢记职责使命，着力筑牢口岸检疫防线，依法开展进出境动物检疫执法，严防动物疫病从口岸传入传出。

本书围绕家畜国际贸易生物安全风险，从进境家畜概况及贸易、家畜国际贸易的生物安全风险、进境家畜国门生物安全风险管理措施、进境家畜国际生物安全防控措施国际概况 4 章，向读者介绍全球主要优良家畜种质资源、进境家畜主要疫病及风险、国门生物安全管理以及世界上的普遍做法，让读者对进境家畜生物安全风险、海关检验检疫工作和国门生物安全风险防控有初步的认识。

本书可供动物医学类、动植物检疫类专业学生，以及动物检疫人员和其他对口岸动物检疫、生物安全风险防控等感兴趣的人员阅读。

编者

2024 年 1 月

CONTENTS

目录

001 CHAPTER 1 第一章 进境家畜概况及贸易

第一节 世界主要优良家畜种质资源 003
一、种猪 003
二、种牛 007
三、种羊 011
四、其他品种 014
第二节 我国家畜国际贸易的历史发展及贸易情况 017
一、我国进境家畜的历史发展 017
二、我国进境家畜贸易情况 019

021 CHAPTER 2 第二章 家畜国际贸易的生物安全风险

第一节 共患病 024
一、口蹄疫 024
二、蓝舌病 030
三、炭疽 037
四、伪狂犬病 043
五、布鲁氏菌病 050
六、结核病 058
七、副结核病 065
八、弓形虫病 070

九、钩端螺旋体病　082
十、施马伦贝格病　089
十一、旋毛虫病　093
十二、Q 热　101
十三、心水病　109
十四、巴氏杆菌病　114
十五、流行性出血病　120
十六、放线菌病　127
十七、肝片吸虫病　132
第二节　猪　病　139
一、非洲猪瘟　139
二、猪瘟　146
三、猪水泡病　153
四、猪繁殖与呼吸道综合征　157
五、猪细小病毒病　165
六、猪丹毒　169
七、猪链球菌病　180
八、猪萎缩性鼻炎　186
九、猪支原体肺炎　192
十、猪圆环病毒感染　197
十一、革拉泽氏病（副猪嗜血杆菌）　202
十二、猪流行性感冒　205
十三、猪传染性胃肠炎　210
十四、捷申病毒性脑脊髓炎　216
十五、猪密螺旋体痢疾　221
十六、猪传染性胸膜肺炎　227
十七、猪带绦虫病　242
十八、塞内卡病毒病　247
十九、猪 δ 冠状病毒　254
二十、猪副伤寒　259

二十一、猪流行性腹泻 267
第三节 牛 病 273
一、牛传染性胸膜肺炎 273
二、牛海绵状脑病 279
三、牛结节性皮肤病 289
四、牛传染性鼻气管炎/传染性脓疱性阴户阴道炎 295
五、牛恶性卡他热 305
六、牛白血病 310
七、牛无浆体病 315
八、牛生殖道弯曲杆菌病 319
九、牛病毒性腹泻/粘膜病 324
十、赤羽病 332
十一、牛皮蝇蛆病 336
十二、牛巴贝斯虫病 339
十三、出血性败血症 343
十四、泰勒虫病 347
十五、牛流行热 351
十六、毛滴虫病 355
十七、中山病 357
十八、茨城病 360
十九、嗜皮菌病 364
第四节 羊 病 368
一、痒病 368
二、小反刍兽疫 373
三、绵羊痘和山羊痘 377
四、山羊关节炎/脑炎 382
五、梅迪-维斯纳病 386
六、边界病 392
七、羊传染性脓疱皮炎 397
八、羊肺腺瘤病 403

九、干酪性淋巴结炎 408
十、绵羊地方性流产（绵羊衣原体病） 413
十一、传染性无乳症 417
十二、山羊传染性胸膜肺炎 421
十三、羊流产沙门氏菌病（流产沙门氏菌） 427
十四、内罗毕羊病 431

435 CHAPTER 3 第三章 进境家畜国门生物安全风险管理措施

第一节 法律法规 437
一、《中华人民共和国生物安全法》 437
二、《中华人民共和国进出境动植物检疫法》 438
三、《中华人民共和国动物防疫法》 439
四、《中华人民共和国海关法》 439
五、其他规章制度 440
第二节 检疫准入 441
一、问卷评估 441
二、境外疫情实地评估 443
三、议定书谈判 444
四、境外疫情管理 445
第三节 进境检疫 446
一、隔离场审批 446
二、检疫审批 447
三、境外预检 448
四、预检兽医的选派 448
五、境外检疫工作 448
六、检疫数据处理 450
七、预检案例 451

八、国内隔离检疫 453
九、检疫处理 458
十、出证放行 458
第四节 境外动物疫病区域化 459
一、ASF 区域化与法国实践 460
二、口蹄疫免疫无疫区与老挝实践 462

467 CHAPTER 4
第四章
进境家畜国际生物安全防控措施国际概况

第一节 世界动物卫生组织 469
一、WOAH 简介 469
二、WOAH 对进口家畜生物安全的防控措施 469
第二节 美 国 474
一、美国进口家畜风险管理措施概况 474
二、美国进口家畜风险管理措施 476
第三节 日 本 481
一、日本进口家畜风险管理措施概况 481
二、日本进口家畜风险管理措施 483
第四节 欧 盟 485
一、欧盟进口家畜风险管理措施概况 485
二、欧盟进口家畜风险管理措施 487
第五节 澳大利亚 489
一、澳大利亚进口家畜风险管理措施概况 489
二、澳大利亚进口家畜风险管理措施 491

第一章
进境家畜概况及贸易

CHAPTER 1

第一节
世界主要优良家畜种质资源

优良家畜种质资源是指具有独特经济特性和种用价值，能满足人类一定要求，对一定的自然和经济条件有适应性，并可随人工选择和生产方向的改变而改变，其性状能稳定地遗传给下一代，且具有一定数量的家畜群体。其数量要求能维持种群、特异性的稳定遗传。

一、种猪

社会生产力发展水平和人类需求影响着品种的发展方向与消长。因此，品种是一个具有变异性与可塑性的群体。猪的品种是在一定自然和社会经济条件下，经人工选择形成的一个具有共同来源、相似且能稳定遗传的外形和生产性能，并拥有一定数量的种群，猪是一种脊椎动物，属于哺乳纲、偶蹄目、猪形亚目、猪科。

（一）大约克夏猪

大约克夏猪（Large Yorkshire）又称大白猪，原产于英国的约克夏郡，由从中国进口的华南型猪与英国当地的猪杂交育成。当时的约克夏猪分为3种类型：小约克夏猪，即小白猪，为宫廷用脂肪型猪；中约克夏猪，即中白猪，为鲜肉型猪，成年体重200kg~250kg；大约克夏猪，即大白猪，为腌肉型猪，成年体重200kg~500kg。后小白猪逐渐被淘汰，中白猪数量逐渐减少，而大白猪数量有增无减，长盛不衰。目前，该猪在美洲称为约克夏猪，而在欧洲诸国仍以Large White为名，即大白猪。由于大白猪的饲料转化率和屠宰率高，适应性强，世界各养猪业发达的国家均有饲养，是世界上最著名、分布最广的主导瘦肉型猪种。许多国家从英国引进大白猪，培育成适合本国养猪生产实际情况的大白猪新品系，如加系大白猪、美系大白猪、法系大白猪、德系大白猪、荷系大白猪等。大白猪在全世界猪种中占有重要地位，因其既可用作父本，也可用作母本，且具有优良的种质特性，在欧洲被誉为“全能品种”。

大约克夏猪的外貌特征：全身皮毛白色，偶有少量暗黑斑点；头大小适中，鼻面直或微凹，耳竖立，背腰平直；肢蹄健壮，前胛宽，背阔，后躯丰满，体型呈长方形。

大约克夏猪的生产性能及繁殖能力：在良好的饲养条件下，大白猪生长发育迅速。达 100kg 体重日龄 180d 以下，饲料转化率在 2.8 以下，100kg 时活体背膘厚 15mm 以下，100kg 体重眼肌面积 30cm^{2}以上。100kg 体重屠宰时，屠宰率 70%以上，眼肌面积 30cm^{2}以上，后腿比例 32%以上，胴体背膘厚 18mm 以下，胴体瘦肉率 62%以上。母猪初情期日龄 165d~195d，适宜配种日龄 220d~240d，体重 120kg 以上。母猪总产仔数初产 9 头以上，经产 10 头以上；日龄 21d 窝重初产 40kg 以上，经产 45kg 以上。

（二）兰德瑞斯猪

兰德瑞斯猪（Landrace）又称长白猪，原产于丹麦，由英国大约克夏猪与丹麦当地猪杂交选育而成，是世界著名的瘦肉型猪种之一。因其体躯特长、毛色全白，故名长白猪。长白猪的培育始于 1887 年。1887 年前，丹麦主要饲养脂肪型猪出口德国。1887 年 11 月，德国禁止从丹麦进口猪肉和活猪，丹麦猪肉转向英国市场。为了满足英国市场对腌肉型猪（背膘薄、瘦肉多、体重 90kg 的育肥猪）的需求，丹麦开始引进大约克夏猪与当地日德兰土种猪杂交，经长期不断地选育，育成了新型瘦肉型猪种——兰德瑞斯猪。兰德瑞斯猪作为优良的瘦肉型猪种，在世界上分布很广，许多国家自 20 世纪 20 年代起相继从丹麦引进长白猪，结合该国的自然和经济条件，长期进行选育，育成了适应该国的长白猪，如英系长白猪、德系长白猪、法系长白猪、荷系长白猪等。

兰德瑞斯猪具有生产性能高、饲料利用率高、瘦肉率高、遗传性能稳定等优点，颇受各国欢迎。其哺乳性能优良，但四肢较为软弱，肢蹄病发生率较高，对营养和温度较敏感。

兰德瑞斯猪的外貌特征：体躯长，被毛白色，偶有少量暗黑斑点；头小颈轻，鼻嘴狭长，耳较大、向前倾或下垂；背腰平直，后躯发达，腿臀丰满，整体前轻后重，外观清秀美观，体质结实，四肢坚实。

兰德瑞斯猪的生产性能及繁殖能力：在良好的饲养条件下，长白猪生长发育迅速。达 100kg 体重日龄为 180d 以下，饲料转化率在 2.8 以下，100kg 时活体背膘厚 15mm 以下，屠宰时屠宰率 72%以上，后腿比例 32%以上。母猪初情期日龄为 170d~200d，适宜配种日龄 230d~250d，体重 122kg 以上。母猪总产仔数，初产 9 头以上，经产 10 头以上；日龄 21d 窝重初产 40kg 以上，经产 45kg 以上。

（三）杜洛克猪

杜洛克猪（Duroc）原产于美国东北部，其主要亲本是纽约州的杜洛克猪、新泽西州的泽西红猪、康涅狄克州的红毛巴克夏猪和佛蒙特州的 Red Rock 猪。1872 年，这四类猪开始建立统一的品种标准，1883 年成立统一的育种协会，开始统称它们的良种猪为杜洛克—泽西猪，后简称为杜洛克猪。原属脂肪型品种，20 世纪 50 年代后被改造为瘦肉型。杜洛克猪具有生长速度快、饲料转化率高、体质强健、抗逆性较强、肉质较好等优点，但也存在产仔较少、早期生长较差的缺点。在二元杂交中一般作为父本，在三元杂交中多用作终端父本。

杜洛克猪的外貌特征：全身被毛棕色，个别猪体侧或腹下有少量小暗斑点，头中等大小，嘴短直，耳中等大小、略向前倾，背腰平直，腹线平直，体躯较宽，肌肉丰满，后躯发达，四肢粗壮结实。

杜洛克猪的生产性能及繁殖能力：杜洛克猪比较耐粗，对饲料要求不高，对各种环境的适应性较好，增重速度快，饲料利用率高。达 100kg 体重日龄为 180d 以下，饲料转化率在 2.8 以下，100kg 时活体背膘厚 15mm 以下，100kg 体重眼肌面积 $30cm^2$ 上。100kg 体重屠宰时，屠宰率 70%以上，眼肌面积 $33cm^2$ 以上，后腿比例 32%，胴体背膘厚 18mm 以下，胴体瘦肉率 62%以上。母猪初情期日龄为 170d~200d，适宜配种日龄为 220d~240d，体重 120kg 以上。母猪总产仔数，初产 8 头以上，经产 9 头以上；日龄 21d 窝重初产 35kg 以上，经产 40kg 以上。

（四）皮特兰猪

皮特兰猪（Pietrain）原产于比利时布拉帮特（Brabant）地区的皮特兰镇，因而取名皮特兰。皮特兰猪的育成历史较短，1950 年作为品种登记，1955 年首次引入法国北部地区，1960 年出口至德国，随后分布范围日益扩大。

皮特兰猪的外貌特征：被毛灰白色或黑白色，夹有不规则的深黑色斑点，有的还夹有部分红毛，耳中等大小，略向前倾，背腰宽大，平直，体躯短，腿臀丰满，方臀，全身肌肉丰满。

皮特兰猪的生产性能及繁殖能力：在良好的饲养条件下，皮特兰猪生长迅速，6 月龄体重可达 90kg～100kg，但 90kg 后生长速度显著减缓。经产母猪平均窝产仔猪 10 头左右，育肥阶段平均日增重达 0.7kg 左右，饲料转化率为 2.65。皮特兰猪背膘薄，100kg 体重活体膘厚 9.7mm，胴体瘦肉率高达 70%。皮特兰猪肉质欠佳，肌纤维较粗，氟烷阳性率高，易发生猪应激综合征，产生 PSE 肉（Pale Soft Exudative Meat）。

纯种皮特兰猪要求较好的饲养管理条件。因其胴体瘦肉率很高，能显著提高杂交后代的胴体瘦肉率，但繁殖性状欠佳，故在经济杂交中多用作终端父本。在生产实践中，通常利用皮特兰猪与杜洛克猪杂交，杂交一代公猪作为杂交体系中的父本，这样既可提高瘦肉率，又可减少猪应激综合征的发生。

（五）汉普夏猪

汉普夏猪（Hampshire）由美国选育而成，早期曾称为薄皮猪。1893 年，肯塔基州成立了美国薄皮猪协会，1904 年统一名称为汉普夏猪，成立良种登记协会。汉普夏猪原属脂肪型品种，20 世纪 50 年代后，逐渐向瘦肉型方向发展，成为世界著名的瘦肉型猪种，广泛分布于世界各地。

汉普夏猪的外貌特征：毛色特征突出，被毛黑色，在颈肩部（包括前肢）有一条白色环带围绕，故有“银带猪”之称，头中等大小，耳中等大小而直立，嘴较长而直，体躯较长，背腰呈弓形，后躯臀部肌肉发达。

汉普夏猪的生产性能及繁殖能力：汉普夏猪具有胴体背膘薄、眼肌面积大、瘦肉率高、母性好、体质强健等优点，但繁殖力不高，生长育肥性能一般。据 20 世纪 90 年代丹麦国家种猪测定站报道，汉普夏公猪 30kg～100kg，育肥期平均日增重 0.85kg 左右，饲料转化率为 2.53。肉质欠佳，具有特殊的酸肉效应，即在屠宰后肌肉组织的最终 pH 值明显低于其他猪种。随着酸肉基因的成功定位和分离，以及相应的标记辅助选择技术的建立，这种不良肉质效应有望被消除，种用价值得以提高。在杂交利用中多用作终端父本，以提高商品猪的胴体品质。

二、种牛

（一）荷斯坦牛

荷斯坦牛全称为荷斯坦—弗里生牛（Holstein-Friesian），以前称荷兰牛，因毛色为黑白相间的花块，又称黑白花（奶）牛，是世界上著名的奶牛品种之一。

荷斯坦牛原产荷兰北部的北荷兰省和西弗里生（West Friesland）省，其后遍布荷兰全国，以及德国的荷斯坦（Holstein）省。现在许多国家都饲养这种牛，并经过长期的风土驯化和系统繁育，育成了具有不同特征的荷斯坦牛，再冠以该国的名称，如日本荷斯坦牛、新西兰荷斯坦牛、加拿大荷斯坦牛、中国荷斯坦牛等。荷斯坦牛有乳用和乳肉兼用两个类型，但以乳用型为主。美国、加拿大、日本等国的多属于乳用型，欧洲国家如德国、法国、丹麦等国的多属于乳肉兼用型。

荷斯坦牛以产奶量高、适应性广而著称。其风土驯化能力强，耐寒，但耐热性较差，对饲料条件要求较高。乳用型荷斯坦牛这些特点更明显。通常情况下，寒带地区的荷斯坦牛对热带、亚热带地区的气候条件适应能力较差，而炎热地区的荷斯坦牛适应性较好。

成年荷斯坦母牛头清秀狭长，眼大有神，鼻镜宽广，四肢端正结实；成年母牛体重约 390kg，体高约 130cm；成年公牛体重约 720kg，体高约 143cm。

荷斯坦牛产奶量（305d 产奶量）一般可达到5 000kg 左右，优秀的牛群泌乳量可达7 000kg，少数高产奶牛最高产量可达到12 000kg。正常情况下母牛可产奶 5 个泌乳期以上。

（二）西门塔尔牛

西门塔尔牛（Simmental）原产于瑞士西部的阿尔卑斯山区，主要产地为西门塔尔平原和萨能平原，并由此得名。西门塔尔牛现已在很多国家都有分布，成为世界上分布最广、数量最多的乳、肉、役兼用品种之一。它的适应范围广，适宜于舍饲和半放牧条件，产奶性能稳定，乳脂率和干物质含量高，生长快，酮体品质优异，遗传性能稳定，并有良好的役用性能。

西门塔尔牛体躯深宽高大，结构匀称，体质结实，肌肉发达，行动灵活，被毛光亮，毛色为红（黄）白花，花片分布整齐，头部白色或带眼圈，尾梢、四肢和腹部为白色，角、蹄蜡黄色，鼻镜肉色，乳房发育良好，结构均匀紧凑。

西门塔尔牛具有较高的经济价值和种用价值，个体间生产性能及形态特征相似，并能将其主要特征稳定地遗传下去。

西门塔尔牛产奶量（305d 产奶量）最高可达到5 000kg。正常情况下母牛可产奶3 个泌乳期以上。牛奶的乳脂率在泌乳期产奶量达4 000kg 时最低为4.0%。各胎次的产奶量每增加 1 000kg，乳脂率会降低0.1%。6 月龄公犊可达到200kg，母犊可达到180kg。

西门塔尔牛在短期育肥后，18 月龄以上的公牛或阉牛屠宰率达 54%~56%，净肉率达 44%~46%。成年公牛和强度肥育牛屠宰率达 60%以上，净肉率达 50%以上。自 6 月龄到 18 月龄或 24 月龄的平均日增重为：公牛 1kg~1.1kg，母牛 0.7 kg~0.8kg。

（三）夏洛莱牛

夏洛莱牛（Charolais）原产于法国中西部到东南部的夏洛莱省和涅夫勒地区，是著名的大型肉牛品种，自育成以来就以其生长快、肉量多、体型大、耐粗放而受到国际市场的广泛欢迎，早已输往世界多个国家。它具有良好的适应能力，耐寒耐热，在不额外补饲的条件下，也能增重上膘，遗传性稳定，以肉用为主。

夏洛莱牛体型大、强壮，被毛白色或乳白色，有的呈黄白色（奶油白色），皮肤和黏膜上有肉色的色素。头中等大，嘴宽方，角呈蜡黄色，向两侧前方伸展，颈粗厚多肉，胸宽深，肋骨开张，公牛背腰宽平，肌肉发达，腰臀圆实，腿部肌肉圆厚、向外突出并向下伸延，四肢正直粗壮。

夏洛莱牛具有较高的经济价值和种用价值，生长速度快、瘦肉率高是夏洛莱牛的两个特点。6~18 月龄公牛日增重 1kg~1.1kg，母牛 0.7kg~1kg。屠宰率为 63%以上，净肉率 50%以上。公牛性欲旺盛，试采精时间 15~18 月龄。

（四）利木赞牛

利木赞牛（Limousin）为大型肉牛品种，原产于法国中部维埃纳省的利木赞高原，并由此而得名。利木赞牛的生长速度快，体格大，出肉率高，肉质细腻而富有弹性，脂肪极少，瘦肉率高。

利木赞牛体态匀称，体躯较长，全身肌肉发达，被毛呈红褐色，深浅不一，但腕附关节以下、腹下、眼圈、会阴、口鼻周围毛色较浅，多为草黄色或黄白色，蹄为灰黑色，头短额宽，公牛角较短，向两侧伸展并略向外卷，母牛角向前弯曲。颈粗短多肉，肉垂发达，四肢细致而强健，具有典型的肉用牛特征。

公犊出生体重 43kg，母犊出生体重 40kg；成年牛在 3 岁时，公牛达 890kg、体高达 148cm，母牛达 590kg、体高达 131cm。利木赞牛肉用性能高，酮体肉质好，肉具有很好的大理石状纹理。6~18 月龄公牛日增重 0. 8kg~1kg，母牛日增重 0. 5kg~0. 8kg。强化育肥后的屠宰率在 63%以上，净肉率在 50%以上。性成熟期为 14 月龄，初配年龄为 16~18 月龄，母牛哺乳性能好，母性好。

（五）安格斯牛

安格斯牛（Angus）起源于苏格兰东北部的阿伯丁、金卡丁和安格斯郡，是英国古老的肉用品种之一，为黑色无角肉用牛。1892 年进行良种登记，宣布为良种肉用品种。该品种早熟易配，性情温和，易管理，体质紧凑，结实，易放牧，肌肉大理石纹明显。

安格斯牛只有一个品种，美国的安格斯牛也来源于欧洲，虽然全世界各个地方都可以养安格斯牛，但自然环境、养殖模式可影响牛肉品质，美国的安格斯牛品质相对较佳。安格斯牛对环境的适应性强，抗寒、抗病、耐粒饲；性情温和，无角，便于放牧管理；生长发育快，早熟，易肥育，易配种，分娩难产率低；出肉率高，胴体品质好；牛肉品质相当出色，脂肪分布均匀，瘦肉和油脂巧妙地相互交织，使得肉质十分细腻，鲜嫩多汁。

安格斯犊牛平均初生重 25kg~32kg，具有良好的增重性能，在自然哺乳条件下，公犊 6 月龄断奶体重为 198. 6kg，母犊 174kg；周岁体重可达 400kg，并且达到要求的胴体等级，日增重 0. 95kg~1kg。成年安格斯公牛平均活重 700kg~900kg，高的可达1 000kg，母牛 500kg~600kg。成年公母牛体高分别为 130. 8cm 和 118. 9cm。

安格斯牛肉用性能良好，表现为早熟易肥、饲料转化率高，是世界上肉用品种中肉质最好的品种之一。安格斯牛胴体品质好、净肉率高，大理石花纹明显，屠宰率 60%～65%。据 2003 年美国佛罗里达州报告，3 937 头平均为 14.5 月龄的安格斯阉牛，育肥期日增重 1.3kg±0.18kg，胴体重 341.3kg±33.2kg，背膘厚 1.42cm±0.46cm，眼肌面积 76.13cm^2±9cm^2，育肥期饲料转化率每千克饲料 5.7kg±0.7kg；骨骼较细，约占胴体重的 12.5%。安格斯牛肉嫩度和风味很好，是世界上唯一一种用品种名称作为肉的品牌名称的牛肉产品。

安格斯母牛乳房结构紧凑，泌乳力强，是肉牛生产配套系中理想的母系。据日本十胜种畜场测定，母牛挤奶天数 173d～185d，产乳量 639kg，乳脂率 3.94%。

安格斯牛母牛 12 月龄性成熟；发育良好的安格斯牛可在 13 月龄～14 月龄初配。头胎产犊年龄 2～2.5 岁，产犊间隔一般 12 个月左右，短于其他肉牛品种，产犊间隔在 10～14 个月的占 87%。发情周期 20d 左右，发情持续期平均 21h；情期受胎率 78.4%，妊娠期 280d 左右。母牛连产性好、长寿，可利用到 17～18 岁。安格斯牛体型较小、初生重轻，极少出现难产。

（六）娟姗牛

娟姗牛（Jersey）属小型乳用品种，因产于英吉利海峡南端的泽西岛（旧称娟姗岛）而得名，是古老的奶牛品种之一。娟姗牛温顺，耐粗食，耐高温、高湿；食物摄入量约为荷斯坦奶牛的 60%；犊牛易于饲养，出生后在饲养员的调教下一两分钟就会吃奶，两三天后就可自行喝奶，一星期左右就会吃精料，二十多天就可吃粗料；犊牛成活率为 97.58%。

娟姗牛体型小，头小而清秀，额部凹陷，两眼突出，耳大而薄，髻甲狭窄，肩直立，胸深宽，背腰平直，腹围大，尻长平宽，尾帚细长，四肢较细，关节明显，蹄小。乳房发育匀称，乳静脉粗大而弯曲，后躯较前躯发达，体型呈楔形；被毛细短而有光泽，毛色为深浅不同的褐色，以浅褐色为最多；鼻镜及舌为黑色，嘴、眼周围有浅色毛环，尾帚为黑色。

犊牛初生重为 12.5kg～29.5kg，第一胎平均初生重为 21.71kg。娟姗牛性成熟早，一般 15～16 月龄便开始配种。发情周期平均为 20.11d。母牛怀孕天数平均为 275d，难产率为 2.42%。头胎 305d 校正奶量为2 456.1kg～4 505 kg，平均为 3 424.48 kg，校正成 4% 标准奶量为 3 192.93 kg～

5 856. 5kg，平均为4 451. 82kg，二胎年平均产奶量从目前情况看可比头胎增加 200kg 左右；头胎最高日产奶量达 24kg，二胎最高日产量目前达 28kg；乳脂率 ≥ 5. 98%，乳蛋白率 ≥ 3. 49%，非脂乳固体率 ≥ 9. 59%，比重 1. 030 5 ~ 1. 030（以上数据因饲养水平的不同会受到不同程度影响）。其乳质浓厚，乳脂黄色，风味好，乳脂肪球大，易于分离，适于制作黄油，其鲜奶及奶制品备受欢迎。

（七）和牛

和牛（Wagyu）是日本从 1956 年起改良牛中最成功的品种之一，从西门塔尔种公牛的改良后裔中选育而成，是全世界公认的最优秀的优良肉用牛品种之一。特点是生长快、成熟早、肉质好。高品质的和牛，其油花较其他品种的牛肉更多。油花是指肌肉的松软脂肪，其分布平均细致，肉质便会嫩而多汁，油花在 25℃便会融化，带来入口即溶的口感。

和牛毛色以黑色为主，黑毛和牛更被市场认可。毛尖部稍带有褐色。皮肤暗灰色，角端黑色，角根水青色。体型偏小，但体躯紧凑，四肚强健，前中躯充实，但后躯和后腿部欠发达。成年母牛体高 125cm ~ 131cm，体重 510kg ~ 610kg；成年公牛体高 139cm ~ 146cm，体重 890kg ~ 990kg。和牛最大特点是肉质好，在世界各地市场广受欢迎。

和牛犊牛初生重 31kg ~ 32kg，初配月龄 15 ~ 16 月龄，妊娠期 284d。从后备种公牛发育来看，断奶后 16 周日增重 1. 25kg，饲料报酬 4. 7。肥育阶段日增重可达 0. 86kg ~ 1. 04kg，屠宰率 64%。

三、种羊

（一）萨福克羊

萨福克羊（Suffolk）原产于英国英格兰东南部的萨福克、诺福克、剑桥和艾塞克斯等地。该品种以南丘羊为父本，当地体型较大、瘦肉率高的旧型黑头有角诺福克羊为母本进行杂交培育，于 1859 年育成。萨福克羊以体型大、早期生长快、肌肉丰满、后躯发育良好、繁殖性能好、产肉多和适应性强等特点而著称，是世界优良肉用绵羊品种之一，已被美国、澳大利亚、加拿大及非洲的许多国家和地区广泛引入。

萨福克羊体躯强壮、高大，背腰平直，颈长而粗，胸宽而深，后躯发育丰满，呈筒形，公、母羊均无角，有黑头羊和白头羊之分。黑头萨福克羊的头及四肢为黑色无毛，白头萨福克羊全身皆为白色。萨福克羊是体型最大的肉用羊品种，具有早熟、繁殖率高、适应性强、生长速度快、产肉多、肉质好等特点。成年公羊体重可达 114kg~136kg、母羊 60kg~90kg，产羔率 140%。剪毛量成年公羊 5kg~6 kg、成年母羊 2.5kg~3.6kg，毛长 7cm~8cm，细度 50~58 支，净毛率 60%左右，被毛白色，偶尔有少量的有色纤维。

部分 3~5 月龄的萨福克公、母羔羊会有互相追逐、爬跨现象，4~5 月龄即有性行为，7 月龄性成熟，但此年龄段的羔羊精液品质差、受胎率低，还没有达到正常的繁殖水平。通常情况下，公、母羊 12 月龄开始初配。1.5~2 岁公羊可采 0.9mL~1.5mL 的精液，精子密度每毫升 15 亿~24 亿个，精子活力 0.75。母羊为非季节性繁殖，全年均可发情配种，发情周期平均为 17d，妊娠期 145d~148d。

（二）无角陶赛特羊

无角陶赛特羊（Poll Dorset）是澳大利亚于 1954 年以雷兰羊（Ryeland）和有角陶赛特羊（Dorset）为母本，以考力代羊为父本，然后再与有角陶赛特公羊回交，选择所生无角后代培育而成。该品种羊具有早熟、生长发育快、全年发情和耐热及适应干燥气候等特点。

该品种体型大、匀称，肉用体型明显；头小额宽，鼻端为粉红色；颈部粗短，体躯宽，呈圆桶形，结构紧凑；胸部宽深，背腰平直宽大，体躯丰满；四肢粗短健壮，腿间距宽，肢势端正，蹄质坚实，蹄壁白色；被毛为半细毛、白色，皮肤为粉红色。

成年公羊体重 100kg 左右，成年母羊 70kg 左右。公羊初情期 6~8 月龄，初次配种适宜时间为 14 月龄，可常年配种。母羊初情期 6~8 月龄，性成熟 8~10 月龄，初次配种适宜时间为 12 月龄。发情周期平均为 16d，妊娠期 145d~153d。母羊可常年发情，但以春秋两季尤为明显。经产母羊产羔率为 140%~160%。

（三）杜泊羊

杜泊羊（Dorper）原产于南非共和国，是由有角陶赛特羊与波斯黑头羊杂交育成。20 世纪 40 年代，南非从欧洲引进萨福克、有角陶赛特、德克塞尔、罗姆尼等优良肉羊品种，通过以上引进良种公羊与当地不同品种的母羊进行大规模的杂交试验后发现，用有角陶赛特公羊和南非的黑头波斯母羊杂交效果最好。通过横交固定，于 1942 年培育出杜泊肉用绵羊。后经不断选育，形成了目前的优良杜泊肉用绵羊品种。杜泊羊分为黑头白体躯和白头白体躯（少数羊腿部有时也出现色斑）两个品系，两者在外形特征、生长发育、生产性能及适应性等方面无大的差异。杜泊羊适应性极强，对内陆、亚热带灌木丛、干旱地区等各气候类型，都表现出良好的适应性，耐热抗寒，耐粗饲，抗逆性较强。但因其体宽腿短，放牧爬坡能力稍差，适宜在较平坦的丘陵地区放牧采食和游走。

杜泊羊体格较大，体质坚实，肉用体型明显。公羊鼻梁微隆，母羊多平直；公羊头稍宽，母羊头轻显清秀，稍窄而较长，角根发育良好或有小角，耳较小，向前侧下方倾斜；颈长适中，肩宽而结实，胸宽而深，鬐甲稍隆而宽，体躯浑圆、丰满，背腰平宽，臀部长而宽；四肢较短，粗壮端正，蹄质坚实。

公羊、母羊的初情期均为 6~8 月龄；母羊 8~10 月龄性成熟；公羊 12 月龄宜配种，母羊 10 月龄宜配种；母羊发情周期平均为 17d，妊娠期为 145d~153d。母羊可常年发情，但以春秋两季尤为明显；经产母羊的产羔率为 140%~160%。公羔出生重 4. 5kg 以上，母羔出生重 4kg 以上。

（四）萨能奶山羊

萨能奶山羊（Saanen）是世界上著名的奶山羊品种，原产于瑞士伯尔尼州的萨能山谷，除炎热或酷寒的地区外，现已广泛分布于世界各地，具有早熟、长寿、繁殖力强、泌乳性能好等特点。其适应性广、抗病力强，既可在牧草生长良好的丘陵山地放牧饲养，也可在平原农区舍饲。

萨能奶山羊具有乳用家畜的楔状体型，体型高大，各部位轮廓清晰。被毛白色，也有少数毛尖为土黄色，由粗短有髓的毛组成。公羊的肩、背、股和腹部着生有粗毛。皮肤薄、有弹性，呈粉红色，随着年龄的增长，鼻端、耳和乳房上常出现大小不等的黑斑。公、母羊大多有须而无角，颈粗短，有些个体颈部长有肉垂。母羊乳房发达，呈方圆形，基部宽广，向前延伸。四肢结实，姿势端正，蹄壁坚固呈蜡黄色。

成年公羊体高 80cm~90cm，体长 95cm~114cm，体重 75kg~95kg；成年母羊体高 75cm~78cm，体长 82cm 左右，体重 50kg~65kg。萨能奶山羊

头胎多产单羔，经产羊多为双羔或多羔，产羔率160%~220%，利用年限6~8年。泌乳期10个月左右，以产后2~3个月产奶量最高，305d产奶量为600kg~1 200kg,乳脂率3.2%~4.0%。萨能奶山羊产奶量的高低，受营养因素影响较大，只有在良好的饲养条件下，其泌乳性能才能得到充分的发挥。

四、其他品种

本节主要介绍除上述种用家畜以外的其他优良家畜品种，目前这些品种在国际贸易中虽然不常见，但其在生产性能、饲喂、环境适应性等各方面可作为非常优秀的种质资源。

（一）海福特牛

海福特牛（Hereford）原产于英国英格兰南部的赫里福德郡，是世界上最古老的早熟中小型肉牛品种之一。海福特牛具有发育快、耐粗饲、抗寒、适应性好及肉质佳等优点。

海福特牛体格较小，骨骼纤细，具有典型的肉用体型：头短，额宽；角向两侧平展，且微向前下方弯曲，母牛角前端也有向下弯曲的。颈部粗短，垂肉发达，躯干呈矩形，四肢短，毛色主要为浓淡不同的红色，头、四肢下部、腹下部、颈部、髻甲和尾尖出现白色，角呈蜡黄色。

海福特牛犊牛初生重量一般为公牛34kg、母牛32kg；12月龄体重可达400kg，平均日增重1kg以上；成年公牛体重为1 000kg~1 100kg，母牛为600kg~750kg。出生后400d屠宰时，屠宰率为60%~65%，净肉率达57%。肉质细嫩，味道鲜美，肌纤维间沉积脂肪丰富，肉呈大理石状。海福特牛哺乳期日增重，公牛为1.14kg，母牛为0.89kg；7~12月龄日增重，公牛为0.98kg，母牛为0.85kg。

海福特牛性情温顺，合群性强，体质结实，患病少，耐粗饲，不挑食，耐热性较差而抗寒性强，气温在17℃~35℃时，呼吸频率随气温的升高而加快。日纯采食时间可达79.3%，采食量35kg。

（二）比利时蓝牛

比利时蓝牛（Belgian Blue）原产于比利时，其特殊的肌肉是与普通肉牛区分最明显的标志，比利时蓝牛原本有奶用和肉用两个类型，为了提高其肉用性能，19 世纪，将其与从英国引进的短角牛进行杂交，获得了肌肉发达的肉用品种。比利时蓝牛体内的肌肉生长抑制素蛋白不能抑制肌肉的发育，并且会干扰脂肪的储存，使得瘦肉过多，却并不影响骨骼发育。比利时蓝牛肌肉纤维数量较多，但肉质细致软嫩，这也是其比普通牛肉蛋白质含量更高而脂肪含量却减少 30%的原因。

比利时蓝牛易早熟，每天可增重 1. 4kg。虽然比利时蓝牛拥有诸多优点，但缺点也非常致命，比利时蓝牛因为肌肉太过发达而产道异常狭窄，胎儿肌肉纤维是其他品种的两倍，体型巨大，容易难产，常需要剖腹产手术。而且牛犊出生后还会面临一系列的先天性缺陷，例如舌头变大，患有心肺功能异常、关节问题等疾病，这些先天性缺陷带来的痛苦会因为身上肌肉的不断增加而越发明显。

（三）澳洲美利奴羊

澳洲美利奴羊（Australian Merino）原产于西班牙，于 1797 年由英国船队带到了澳大利亚博塔尼湾（Botany Bay），经过澳大利亚牧场主世代选种培育，现代版的澳洲美利奴羊由此诞生。

澳洲美利奴羊适应干旱和半干旱的气候条件，耐干燥、寒冷，忌潮湿，可终年在天然草场或人工补播草场上放牧，但不宜在灌木丛多的地区放牧。冬春季节是母羊的妊娠期和哺乳期。澳洲美利奴羊合群性强，产羔率 120%~170%。但澳大利亚育成的布鲁拉系（Booroola）美利奴羊，产羔率可达 200%以上。澳洲美利奴羊生产年限一般为 6~8 年，寿命长。一头成年的澳洲美利奴羊体重在 60kg~140kg，羊毛纤细柔软，粗约 20μm，毛长 10cm 左右，是上乘的毛纺原料。每头羊一次可产毛 10kg~20kg。澳洲美利奴羊生长发育突出，成年公羊平均体重 89. 25kg，成年母羊平均体重 46. 97kg。产毛性能好，成年公羊羊毛纤维直径 19. 63μm，毛长 10. 47cm，剪毛量 9. 74kg；成年母羊羊毛纤维直径 19. 92μm，毛长 9. 30cm，剪毛量 4. 36kg；育成公羊羊毛纤维直径 18. 40μm，毛长 10. 68cm，剪毛量 7. 18kg，净毛量 3. 84kg；育成母羊羊毛纤维直径平均 18. 89μm，毛长 10. 56cm，剪毛量 4. 16kg，净毛量 2. 39kg。澳洲美利奴羊公、母羊 6~8 月龄性成熟，初配年龄 18 月龄，羔羊成活率 95%以上。

澳洲美利奴羊产肉性能也很优良，在放牧饲养条件下，成年公羊屠宰率为 48. 48%，胴体重平均 43. 26kg，胴体净肉率 75. 98%；成年母羊屠宰率为48.07%，胴体重平均22.58kg，胴体净肉率75.34%。

澳洲美利奴羊根据分布地区和羊毛细度的不同，分为细毛型、中毛型和强毛型3种。羊毛细度结构上有58支、60支、64支和70支几种，毛长8.5cm以上，羊毛综合品质好，在澳大利亚该品种羊每只羊平均剪毛量5.3kg，折净毛产量3.2kg，仅次于新西兰，居世界第二位，其所产美利奴羊毛在国际市场上占垄断地位，该品种也是世界上最好的细毛品种之一。

羊毛纤维本身具有的自动调温、吸湿排汗、阻燃、抗紫外线、去异味的功能，被应用在宇航服、军装、消防服等特殊功能服装上。澳洲美利奴羊羊毛品质卓越，其羊毛本身的细度极细，有柔软的触感和天然的高回弹性，使得羊毛产品有着独特的质感，因而受到众多国际品牌的青睐，是国际时尚界新宠。

（四）考力代羊

考力代羊（Corriedale）是毛肉兼用的半细毛绵羊品种，因原产于新西兰南岛奥塔戈考力代庄园而得名。考力代羊主要是以英国长矛型林肯羊、莱斯特羊及边区莱斯特绵羊等公羊为父本，以美利奴母羊为母本，通过杂交选育而成的肉毛兼用型半细毛羊品种。考力代羊具有早熟、产肉和产毛性能好的特点。肉质优良，体质强健，但适应能力较低，对饲养管理条件要求较高。

考力代羊公、母羊均无角。头毛覆盖至眼线，颈短，体躯宽而深。四肢粗壮，肉用体型明显。被毛白色，呈毛丛结构，有的在耳缘、唇端和蹄冠部有小的色斑，体型中等，成年公羊体重90kg~110kg，母羊55kg~65kg。产羔率110%~130%。4月龄羔羊体重可达35kg~40kg。考力代母羊与产肥羔品种（南丘羊等）杂交所产的羔羊生长快，胴体质量优良。成年公羊剪毛量10kg，成年母羊剪毛量5kg~6kg，净毛率60%左右，毛长11cm~14cm，细度50~58支。

（五）澳洲白绵羊

澳洲白绵羊（Australian White）原产于澳大利亚新南威尔士州，是澳大利亚第一个利用现代基因测定手段培育的品种，该品种集成了白头杜泊绵羊、万瑞绵羊、无角陶赛特羊和特克塞尔羊等品种的优良基因，通过对多个品种羊特定肌肉生长基因标记和抗寄生虫基因标记的选择，培育的专门用于与杜泊绵羊配套的、粗毛型的中大型肉羊品种。澳洲白绵羊具有抗逆性好、生长快、胴体品质好、肉品质量好、管理成本低、行走能力强、适合区域广等养殖优点，是一种适合在绵羊养殖行业中广泛推广的肉用羊品种。

澳洲白绵羊无角、白色、皮厚，粗毛粗发。头略短小，宽度适中，鼻梁宽大，略微隆起，耳大向外平展，颈长粗壮。肩胛宽平，胸深，背腰长而宽平，臀部宽而长，后躯深，肌肉发达饱满，侧看体躯呈长方形，后视呈方形。体质结实，结构匀称，四肢健壮，前腿垂直，后腿分开宽度适中，蹄质结实呈灰色或黑色。3 月龄公羔平均活重 35kg、母羔 33kg，6 月龄胴体可达 26kg，优质肉比例高，眼肌面积大。澳洲白绵羊 7~8 月龄时即可进行配种。

第二节
我国家畜国际贸易的历史发展及贸易情况

我国家畜进口工作是一个不断摸索、发展和进步的过程。从 20 世纪 80 年代初期开始，我国小批量进口优质的种用大中家畜，如猪、牛、羊等。进入 21 世纪以来，我国将优先发展畜牧业提升到农业发展战略高度，为从根本上改变我国畜牧业生产力落后的局面，提出了农业升级换代的要求。由于世界上主要的优质动物资源集中在少数畜牧业发达国家，不断大量引进国外优质动物资源，来优化我国动物资源，提升生产力水平，成为我国实现农业升级换代的主要手段。

一、我国进境家畜的历史发展

随着国内畜牧业的快速发展，进境家畜需求发展势头迅猛，仅 2016—2022 年，进境家畜就高达 136.3 万头，其中进境种牛 126 万头、进境种猪 6.6 万头、进境种羊 3.7 万只。通过引进一大批国际优质畜禽品种资源，为优化畜禽良种繁育结构体系、培育畜禽新品种、提升畜禽生产性能以及促进畜牧业向高产、优质、高效转变，起到了至关重要的作用。

通过引进优质动物资源，与本国的动物资源进行杂交、培育，达到改善、维系当地动物优质资源，保持、提高动物生产力的目的，是世界各国多年来一直采取的主要做法。由于优质动物资源品系特征稳定、见效快，在一些优质动物资源匮乏、遗传育种技术落后的国家尤其受欢迎。我国也不例外。随着我国改革开放的不断深入，国力不断增强，人民的物质文化生活水平日益提高，对我国畜牧业发展提出了更高要求，所以优质家畜的进境意义十分重大。

为确保引进健康、安全的国外优质动物资源，我国海关检疫部门充分发挥人才、技术、管理的优势，严把国门，拒动物疫病于国门之外，使得我国引进优质动物资源得以健康、安全地实现。

（一）建立严格的检疫准入制度

多年来，海关总署在动物准入方面实行严格的检疫许可制度，无疑对防止疫情的传入起到了巨大作用。但也应该看到，在风险分析制度、风险因子的确立、科学性上还有很多值得探索总结的地方。以种牛为例，因受美、欧疯牛病疫情的影响，国外产地牛主要来自澳大利亚、新西兰、乌拉圭和智利，由于产地来源的限制以及进口量的急剧增加，导致进口动物的质量严重下降，价格出现大幅增长。所以如何正确确立单一动物疫病的风险因子，如何深入产地不同区域进行分析，如何科学地进行风险分析，值得我们思考。只有做出科学的判断、制定科学的检疫依据，才能对有关政策及时而准确地进行调整，才能筑牢国门安全防线，实现“放得开、放得准、管得住、管得好”。

（二）加强进境家畜的检疫工作，严防动物疫病传入国内

一是加强进境口岸相关设施、设备的建设。根据目前进境家畜贸易的口岸分布现状，加强进境家畜口岸相应设施、设备、专业人员和实验室检测能力等条件建设，尽可能地实施相对集中的进境口岸管理模式。一方面，可以集中这些口岸优势检疫力量，节约监管资源；另一方面，能够尽量减少疫情的暴露面，加大检疫监管力度，最大限度降低动物传染病传入风险。

二是完善检疫隔离场所监管条件。进一步完善进境动物隔离场建设条件和布局，同时提高口岸隔离场所的信息化水平，加强隔离场所的日常监管和考核，建立动物日常动态远程临床监控，发挥“互联网+现场”的互补优势，提高监管效能的同时节约监管资源。

三是加强进境野生动物源性疫病检测和监测。一方面，针对目前进境野生动物情况，参照《陆生野生动物疫病分类与代码》（LY/T 1959—2011），按照动物类别分别确定需要检测的疫病，进一步补充和完善实验室检测项目；另一方面，野生动物也是许多不为人知的病原体的“天然储存库”，建议在进境野生动物中开展未知病原体监测，从源头上及时发现未知细菌和病毒，解析其与已知病原体的关系及可能的致病性，为疫病的溯源与进化以及传播机制的研究提供技术支撑。

二、我国进境家畜贸易情况

中华人民共和国成立初期，进境的活畜主要有美国乳牛、英国乳牛、日本乳牛和美国种美利奴绵羊、瑞士种乳山羊。

为了适应形势发展的需要，我国于 20 世纪 80 年代在广州、上海、天津、北京先后建立了 4 个国家级口岸进境动物隔离场，用于进口大中家畜的隔离检疫。单批次最大隔离动物数量基本为猪（羊）400 头、牛 200 头，当时基本能满足全国的需要。由于受我国整体经济状况、人民生活水平和开放程度的影响，以前主要以进口猪、牛、羊为主，满足国内动物遗传育种、胚胎移植、精液保存等科研需要。

（一）种猪

改革开放以来，我国养猪产业得到很大的发展，作为养猪行业龙头的种猪产业，在政府政策和资金的支持下，尤其是通过不断加快引进国外种猪资源使种猪品系持续优化的情况下，得到快速发展，对我国养猪产业的产业化发展和满足食品工业对优质猪肉需求起到了积极作用。种猪的性能水平直接影响养猪的经济效益。但世界种猪资源的垄断分布以及我国种猪业的生产水平与发达国家相比还存在很大差距的发展现状，决定了在今后很长的时间内，我国的种猪产业还将是快速发展的势头，今后几年持续引进国外优质种猪资源的态势不会改变。

近几年，种猪进口继续维持批次多、单批数量小的趋势。主要是由于我国种猪（种猪核心群的年更新率为40%~45%，其中公猪留种率为1%~3%，使用年限为1~2年，年更新率为75%；母猪留种率为10%~15%，使用年限通常为2~3年）核心种群的性状维持依赖于不定期的外国种猪进口，处于“引种—维持—退化—再引种”的非良性循环。其间的进口主要满足于国内种猪养殖场的种系维持。种猪主要来自美国、加拿大、丹麦、英国、法国，品种以兰德瑞斯猪、大约克夏猪、杜洛克猪、皮特兰猪为主。

（二）种牛

伴随国内产业的发展，我国进出口农产品贸易需求不断增加，中国已经成为全球最大的种牛进口国。据业界预测，如此巨大需求还将持续一段时间。为了进一步促进我国奶、肉产业的持续健康发展，缩小与种牛育种发达国家的差距，通过实施中国种牛群体遗传改良计划，提高肉、奶的单产水平，推动肉牛、奶牛养殖业由数量增长型向质量效益型转变。引进国外优质种牛资源是实施中国奶牛群体遗传改良计划的重要步骤。

种牛进口呈现由肉、奶品种兼顾逐渐向以奶用品种为主转变，批次由少到多、单批量由小到大，批次、数量呈阶段性井喷，公母兼顾向母畜占绝对多数转变的趋势。如2014年全国引进奶牛已达到24万头，2022年超过33万头。进口牛主要来自澳大利亚、新西兰、智利、乌拉圭，主要品种有夏洛莱牛、利木赞牛、荷斯坦牛、娟姗牛等。

（三）种羊

我国虽是世界养羊大国，羊肉产量长期位居世界之首，绵羊、山羊品种资源十分丰富。但目前仍然存在着几大不足，制约着养羊生产水平的提高，如传统的千家万户的分散饲养习惯，绵羊、山羊品种良种化程度低、生产力水平不高，细毛羊及半细毛羊的良种普及率还很低，草场严重退化，单位面积畜产品产值很低，资金投入严重不足等。所以引进优质种羊资源势在必行。

我国进口种羊主要是改良种用绵羊和山羊，从进口地区来看，我国改良种用绵羊和除改良种外其他山羊都是从大洋洲国家进口，不同之处在于，改良种用绵羊全部从澳大利亚进口，除改良种外其他山羊进口地为澳大利亚和新西兰。

第二章

家畜国际贸易的生物安全风险

CHAPTER 2

生物安全是国家安全的重要组成部分，广义的生物安全是指与生物有关的各种因素对国家社会、经济、人民健康及生态环境所产生的危害或潜在风险。狭义的生物安全是指生物性的传染媒介通过直接感染或间接破坏环境而导致对人类、动物或者植物的真实或者潜在的危险。生物安全风险来源主要包括实验室生物安全、外来物种入侵、生物恐怖袭击、重大新发突发传染病、生物遗传资源和人类遗传资源流失。

对家畜国际贸易而言，生物安全风险主要是指境外正在流行的或新发生的动物疫病通过国际贸易引种直接或间接进入国内，对我国的养殖业健康发展和人类生命健康构成威胁。《中华人民共和国进境动物检疫疫病名录》公布了211种传染病或寄生虫病，其中一类传染病、寄生虫病16种，包括口蹄疫、猪水泡病、猪瘟、非洲猪瘟、尼帕病、非洲马瘟、牛传染性胸膜肺炎、牛海绵状脑病、牛结节性皮肤病、痒病、蓝舌病、小反刍兽疫、绵羊痘和山羊痘、高致病性禽流感、新城疫、埃博拉出血热；二类传染病、寄生虫病154种，包括狂犬病、布鲁氏菌病、炭疽、伪狂犬病、魏氏梭菌感染、副结核病、弓形虫病等29种人畜共患病；其他传染病、寄生虫病41种。这些疫病及其病原微生物以及其他潜在风险的生物因子都是海关检疫部门重点关注的生物安全风险，其中口蹄疫、猪瘟、非洲猪瘟、非洲马瘟等烈性传染病的传播或扩散在我国或世界范围内都导致过重大的生物安全事件，严重威胁动物健康、畜牧业发展以及社会稳定。

近年来，动物疫病全球流行态势发生显著变化，非洲猪瘟、口蹄疫、禽流感、非洲马瘟等在世界范围内高发、多发，变异病原、新发病原不断出现，全球动物疫病跨境传播、扩散与蔓延的速度、深度、广度逐步扩大，对畜牧业生产安全和人类生命健康造成严重威胁。20世纪70年代以来，全球范围内新发动物疫病约有60种，多种疫病逐渐从自然疫源地扩散到全球范围。如非洲猪瘟，1921年首次在非洲（肯尼亚）报道发生，20世纪60年代传入欧洲，20世纪70年代传入南美洲，2007年传入高加索地区和俄罗斯，2018年传入我国，沉重打击我国养猪业生产，导致全国肉猪存栏量下降41.4%，母猪存栏量下降38.9%，毛猪收购价一度涨至每千克42元，严重影响全国肉类供应和老百姓“菜篮子”安全。

近几十年来，动物疫病向人类跨界传播时有发生，疯牛病、传染性非典型肺炎（SARS）、埃博拉出血热、中东呼吸综合征、甲型H1N1流感等来源于动物的疫病频频袭染人类，导致全球每年死亡人数增多。2020 年 7 月 6 日，联合国发布的《阻断人畜共患病传播链条》报告中指出，除非各国采取人类健康、动物健康和环境健康共治的“大健康”模式，否则类似新冠肺炎疫情的全球大流行仍会发生，给人类造成巨大灾难。2000 年以来，动物疫病造成了1 000 多亿美元经济损失，新冠肺炎疫情可能造成高达 9 万亿美元的经济损失。

本质上讲，可跨境传播的动物疫病均属于生物安全风险的范畴，均需要海关检疫部门在国门口岸做好检疫防范，有效控制风险因子的传入，切实规避国门生物安全风险。

第一节
共患病

一、口蹄疫

口蹄疫（Foot and Mouth Disease，FMD）是由口蹄疫病毒（Foot and Mouth Disease Virus，FMDV）引起的、危害偶蹄动物的急性、热性、高度接触性烈性传染病，可通过直接接触、间接接触和气源传播等多种方式迅速传播。主要侵害牛、猪、绵羊、山羊和骆驼等，以及多种野生偶蹄动物。一般表现为发热，精神委顿，食欲减退，产乳量下降，口腔、鼻黏膜、蹄冠、乳房出现水疱等症状。口蹄疫的自然发病率和死亡率都很高，但随家畜的种类和年龄、流行毒株的毒力、自然条件和社会因素的不同，表现出极大的差异。

口蹄疫是世界动物卫生组织（WOAH）名录内法定报告疫病，《中华人民共和国进境动物检疫疫病名录》将其归类为一类传染病、寄生虫病。

（一）病原

口蹄疫病毒是小 RNA 病毒科（Picornaviridae）口蹄疫病毒属（*Aphthovirus*）的唯一成员。病毒呈球形，为正二十面体结构，直径 20nm~30nm。

分子量 6.9×10^6Da，沉降系数 140～146S，在 CsCl 中的浮密度为 1.43g/mL。病毒颗粒由单股 RNA 和衣壳蛋白构成，不含囊膜。RNA 全长约8 500bp，占病毒组分的 30%。衣壳蛋白由 VP1、VP2、VP3 和 VP4 四种结构多肽各 60 个分子构成，每种多肽分别含 213、218、220 和 85 个氨基酸。VP1 大部分露在病毒粒子表面，是决定病毒抗原性的主要成分。

口蹄疫病毒易变异，至今已发现 7 个血清型，即 O、A、C、SAT1、SAT2、SAT3（南非 1、2、3 型）和 Asia 1（亚洲 1 型），血清型间无血清学交叉反应和交叉免疫现象，同一血清型内不同毒株的抗原性有差异。

阳光直射能迅速杀灭病毒。相对湿度大于 60%时，病毒存活良好。埋于深层的病毒可受到保护。4℃条件下，病毒比较稳定，冷冻和冷藏对病毒具有保护作用。温度高于 50℃后，随着温度的升高，被灭活的病毒增多，80℃～100℃可立即杀灭病毒。病毒适宜于中性环境，pH 值小于 6.0 或大于 9.0 时可灭活病毒。2.0%氢氧化钠、4.0%碳酸钠、0.2%柠檬酸可杀灭病毒。病毒对苯酚、乙醚、三氯甲烷等有机溶剂具有抵抗力。

病毒可在乳鼠、乳兔、鸡胚和仔猪肾、仓鼠肾、犊牛肾、犊牛甲状腺等原代细胞和 BHK21、IB-RS-2、PK15 等传代细胞系中增殖。

（二）历史及地理分布

口蹄疫是一种古老的疫病。据文献记载，阿拉伯学者早在 14 世纪就描述了类似口蹄疫的牛病。1514 年，意大利学者详细地记述了意大利牛群中暴发口蹄疫的情况。1897 年，Loeffler 和 Frosch 报道，口蹄疫是由一种滤过性的非细菌性病原即病毒引起的。这一发现使口蹄疫成为第一种为人类所证明的由病毒引起的动物疾病。但是，直到 20 世纪 20 年代，人们才开始对口蹄疫开展系统的研究。

几乎世界上所有的国家或地区历史上都曾经发生过口蹄疫。在全球的七个洲中，只有南极洲没有口蹄疫。目前，口蹄疫在世界上的分布仍然广泛，一般每隔 10 年左右就有一次较大的流行，世界上许多国家和地区都不同程度地遭受口蹄疫的危害或者威胁。WOAH 将口蹄疫感染国家或者地区分为 4 种类型：（1）不免疫无口蹄疫国家或地区；（2）免疫无口蹄疫国家或地区；（3）不免疫部分地区无口蹄疫的国家或地区；（4）免疫部分地区无口蹄疫的国家或地区。

（三）流行病学

1. 易感动物

口蹄疫的自然易感动物是偶蹄动物，但不同偶蹄动物的易感性差别较大。牛最易感，发病率几乎达100%，其次是猪，再次是绵羊、山羊及20多个科70多个种的野生动物，如黄羊、驼鹿、马鹿、长颈鹿、扁角鹿、野猪、瘤牛、驼羊、羚羊、岩羚羊、跳羚等。大象也曾发生过口蹄疫感染。狗、猫、家兔、刺猬也有发生。人对口蹄疫易感性很低，仅见个别病例报道。

2. 传播方式

口蹄疫传播途径广泛，可通过直接接触、间接接触和气源传播等多种方式迅速传播。直接接触发生于同群动物之间，包括圈舍、牧场、集贸市场、运输车辆中动物的直接接触。间接接触是通过畜产品，以及受污染的场地、设备、器具、草料、粪便、废弃物、泔水等传播。猪主要是通过食入被病毒污染的饲料而感染，并可大量繁殖病毒，是病毒的主要增殖宿主。

空气传播是口蹄疫重要的传播方式，对于远距离的传播更具流行病学意义。空气中病毒的来源主要是患畜呼出的气体、圈舍粪球溅洒、含毒污染尘屑等形成的含毒气溶胶，这种气溶胶在适宜的温度和湿度环境下，通常可传播到10km以内的地区，也可能传播到60km（陆地）或300km（海上）以外地区。因此，口蹄疫常发生远距离的跳跃式传播和大面积暴发，迅速蔓延并容易形成大流行。

潜伏期和正在发病的动物是口蹄疫最重要的传染源。动物感染后在表现临床症状前即向体外排毒，牛感染后9h至11d为排毒期，猪也大致如此。病毒主要通过呼出气体、破裂水泡、唾液、乳汁、精液和粪尿等分泌物和排泄物排出。肉和动物副产品在一定条件下可能携带病毒。康复的动物和接种疫苗的动物可能成为病毒携带者，尤其是牛和水牛。病毒在牛的口咽部可存活30个月，水牛更长。羊一般可携带病毒9个月，鹿为2~3个月。非洲大水牛是SAT型病毒的主要储存宿主。

（四）发病机理及病理变化

FMDV最初从呼吸道和食道黏膜或皮肤的无毛处侵入机体，并在入侵部位增殖，几小时后形成原发性水泡。原发性水泡中的病毒通过血液到达亲嗜部位后大量增殖，1d~2d后出现病毒血症，引发全身症状和继发性水泡。继发性水泡最易形成的部位也是消化道前端的黏膜和头、蹄及乳房的无毛处，肌肉、骨髓和淋巴结也是病毒增殖的部位。

剖检时，除见口腔、蹄部和皮肤表面的水泡结痂、瘢痕外，可在反刍动物食管、前胃、瘤胃（主要在瘤胃柱上）和瓣胃黏膜上见到水泡烂斑或痂块。在幼畜心肌上出现灰黄或灰白色条纹、斑块，特别是在心室肌肉和室中膈的切面上，此种病变称为“虎斑心”或“虎纹心”，成年动物的恶性病例也可见到这种变化。

（五）临床症状

牛的主要临床症状为：发热，体温可高达41℃；精神委顿，食欲减退；产乳量突然下降；口腔、鼻黏膜、蹄冠、乳房出现水泡；24h后水泡破裂、流涎、跛行，常并发乳房炎、心肌炎、流产、舌坏死等症状。成年牛的症状较轻，犊牛常因发牛心肌损害而不显任何症状即突然死亡。

绵羊和山羊的临床症状不明显，无乳症是主要特点。绵羊牙龈损伤，羔羊死亡。

猪的临床表现与牛基本相同，最明显的症状是突然发生急性跛行，集中圈养的猪尤其明显。仔猪死亡率高。

（六）诊断

由于口蹄疫的高度传染性和经济重要性，病毒的实验室诊断和血清型鉴定应在生物安全二级以上实验室中进行。酶联免疫吸附试验（ELISA）用于血清学检测，逆转录聚合酶链反应（RT-PCR）用于检测病毒核酸。细胞培养或动物试验用于病毒分离鉴定。

口蹄疫免疫接种的动物3ABC抗体呈阴性，而自然感染动物3ABC抗体呈阳性，因此可以利用口蹄疫非结构蛋白3ABC抗体的检测来区分人工免疫接种与自然感染的动物。口蹄疫3ABC抗体检测的ELISA试剂盒是由口蹄疫病毒3ABC重组蛋白包被的酶标板和酶标二抗等试剂组成，可以通过检测血清、血浆等样本中的抗体，如果检出3ABC抗体则表明既往或存在野毒感染，未检出3ABC抗体则表明未感染口蹄疫野毒。

病毒中和试验（VNT）也称血清中和试验，是利用血清中和抗体与口蹄疫病毒的特异性结合作用，使病毒对易感动物和和敏感细胞失去感染能力的原理建立的。根据接种血清与病毒混合物的动物发病死亡数和产生细胞病变（CPE）的细胞比例来判定血清中所含抗体的数量和类型。口蹄疫检测病毒中和试验的方法有乳鼠中和试验、细胞中和试验、微量细胞中和试验、空斑减少中和试验。口蹄疫病毒中和试验既可定性又可定量，国际检疫条款规定用此法判定进出境动物是否感染或携带口蹄疫病毒。

口蹄疫的国际诊断标准有 WOAH《陆生动物诊断试验与疫苗手册》（2019）第 3.1.9 章，国内标准有《口蹄疫诊断技术》（GB/T 18935）、《口蹄疫病毒实时荧光 RT-PCR 检测方法》（GB/T 27528）、《口蹄疫检疫技术规范》（SN/T 1181）、《口蹄疫病毒荧光 RT-PCR 检测方法》（GB/T 22915）。

（七）防控/防制措施

发生口蹄疫时，应采取下列措施：（1）限制发病地区动物的流动；（2）扑杀发病动物、康复动物以及疫区周围的易感动物；（3）对发病农场进行彻底消毒处理，包括农场内的器具、车辆和衣物等；（4）销毁疫区内的所有动物尸体、垃圾和动物产品。

无口蹄疫地区不应从有口蹄疫的地区引进动物和可能传播病毒的动物产品，应对来自疫区的车辆、船舶、飞机等运输工具，以及运输工具上的垃圾、生活用品、泔水等做好卫生防疫工作。对从其他地区引进的动物和动物产品应采取严格、有效的检疫和管理措施。有口蹄疫的地区也须防止外来血清型和毒株传入。

世界上一些国家已采取接种灭活疫苗的措施防治口蹄疫。接种两次灭活疫苗可产生 4~6 个月的免疫力。采取预防接种措施时应注意疫苗的安全性，灭活不彻底的疫苗可能导致疫病传播。此外，免疫的动物仍有可能感染病毒，并成为病毒携带者。

（八）风险评估

1. 传入评估

所有的偶蹄动物均可感染 FMDV，其中牛、羊、猪以及所有野生的反刍动物是病毒的自然宿主。驼科动物可感染病毒，但易感性较低。FMDV 具有健康带毒或感染后带毒的现象。感染动物康复后带毒时间不同，病毒可在康复牛的口咽部存活 30 个月；水牛时间更长，非洲水牛带毒时间超过 5 年；羊康复后可携带病毒 9 周。至少 50%的感染牛会成为病毒携带者。

患病动物和处于潜伏期的动物是主要的传染源，处于潜伏期的动物体内可检测到较高滴度的病毒。感染动物的流动是病毒传播的重要途径，健康动物通过与其密切接触而感染。感染途径为呼吸道、消化道或皮肤黏膜，如口、鼻、眼等，呼吸道的感染更易发生，感染剂量是口服时的 1/10 000。

病毒在不同外界环境下和不同材料上的存活时间不同。相对湿度在 55%以上时，温度越低，病毒存活的时间越长。

2. 暴露评估

我国是猪、牛、羊养殖大国，存在大量易感偶蹄动物，一旦有新的病例引入，疫情发生的概率极高。

3. 后果评估

口蹄疫危害动物种类之多、传播之迅速，是其他任何动物疫病所不能比拟的。口蹄疫的暴发不仅给流行国家或地区的畜牧业造成巨大的经济损失，而且严重地干扰了这些国家或地区的社会经济秩序，经常引发政治危机和国际贸易摩擦，西方有的政治经济学家将口蹄疫称为“全球性政治经济病”。

中国是以食用猪肉、牛肉和羊肉为主的国家。国家统计局发布的《中华人民共和国 2022 年国民经济和社会发展统计公报》显示，全年猪肉产量5 541万吨，牛肉产量 718 万吨，羊肉产量 525 万吨，年末生猪存栏 45 256万头，全年生猪出栏 69 995 万头。如果口蹄疫随进境商品传入中国并发生流行，除了口蹄疫引起的动物的高发病率和死亡率，种用价值丧失，患病期间肉和奶生产停止，病后肉、奶产量长期减少，国家财政拨出大量资金补贴农民因宰杀患病动物所带来的损失，畜牧业面临着崩溃的危险等直接经济损失外，还将引起多种间接经济损失，肉品加工业、冷冻冷藏业、饲料业、轻纺业、皮革加工业、油脂加工业等相关产业也将遭受重大冲击，餐饮、乳品、化学、药品、饮料、香料、运输、外贸等 150 种行业的发展也将受到影响。据专家预测，如果将养猪业的直接经济损失计为 1 个单位，其相关产业的间接经济损失将达 3.4 个单位以上。由于畜牧业停滞、破产，相关产业受到冲击，造成大批工人失业，失业率增加，同时由于扑杀并销毁病畜，导致肉类短缺，会引起生活秩序紊乱、社会动荡不安、国民经济增长率下降等一系列的社会经济问题。此外，口蹄疫已成为影响动物和动物产品国际贸易的主要因素之一。如果我国发生口蹄疫，许多国家将对我国的动物和动物产品的进口实施限制或禁运措施，退运或销毁来自我国的畜产品，紧急取消家畜和畜产品贸易合同，从而影响对外贸易的正常进行，甚至引发国际贸易摩擦与纠纷，影响双边或多边国际关系。

如果口蹄疫病毒随进境商品侵入、扩散，还会危害野生动物，破坏生态平衡。对于人口众多的中国来说，口蹄疫在经济、社会、政治方面的负面影响都会比较严重。

二、蓝舌病

蓝舌病（Bluetongue，BT）是由蓝舌病病毒（Bluetongue Virus，BTV）引起的一种急性、病毒性虫媒传染病。BTV 经由伊蚊、库蠓等媒介昆虫叮咬传播，主要侵害绵羊，潜伏 3d~5d 后发病，临床症状多为体温升高，口鼻腔黏膜、胃肠道黏膜水肿及卡他性炎症，舌头发绀流涎。BTV 还可以感染山羊、牛、鹿、非洲羚羊、骆驼等多种反刍动物，牛感染 BTV 后临床症状并不明显，但它可以作为病毒的储存场所，病毒血症能持续数月。目前，共发现 27 个 BTV 血清型，BTV 感染宿主后能够诱导产生特异性的中和抗体，但各个血清型之间几乎没有交叉保护。

蓝舌病是 WOAH 名录内法定报告疫病，《中华人民共和国进境动物检疫疫病名录》将其归为一类传染病。该病在我国大部分地区广泛流行，且血清型复杂，多种血清型混合感染较严重。该病一旦暴发，会造成严重的经济损失。随着畜牧养殖业的快速发展和国际日益频繁的贸易往来，该病已成为具有世界性危害的虫媒性传染病。

（一）病原

BTV 属于呼肠孤病毒科（Reoviridae）环状病毒属（*Orbivirus*）蓝舌病病毒亚群（Bluetongue Virus Subgroup）的成员，环状病毒属分为 14 个群，包括已经确认的 21 种病毒和需要进一步确认的 11 种病毒。在这些环状病毒属病毒中，除 BTV 外，与动物疾病密切相关的主要有流行性出血病病毒（Epizootic Hemorrhagic Disease Virus，EHDV）、马脑病病毒（Equine Encephalosis Virus)、非洲马瘟病毒(African Horse Sickness Virus, AHSV)、巴尼亚姆病病毒(Palyam Virus)等,其中BTV与流行性出血病病毒(Epizooric Hemorrhagic Disease Virus, EHDV)有较强的交叉性反应,检测过程中需严格注意区分。

BTV是无囊膜结构的病毒粒子,呈二十面体对称结构。病毒颗粒直径为70nm~90nm,具有两层衣壳,分别为核心衣壳和外衣壳,BTV粒子没有脂质的囊膜,但在出芽释放时,附着于细胞膜上的病毒粒子通过细胞膜可以获得一个暂时的、不稳定的囊膜,被醚类或吐温80除去后,不影响病毒粒子的活性。BTV具有血凝作用,可与绵羊及人的O型红细胞发生凝集现象,其血凝特性不受温度、酸碱度、缓冲体系和红细胞种类的影响。

BTV可在冻干血清或全血中长时间存活,甚至可长达25年。同时也可以在含有抗凝剂或已腐败的全血中长期存活,其对乙醚、三氯甲烷和0.1%去氧胆酸钠有一定的抵抗力。能使BTV灭活常见的方法有3种:(1)BTV对酸性抵抗力较弱,当pH值为3.0时可迅速使其灭活,这一点与其他呼肠孤病毒有较明显的区别。(2)BTV不耐热,在60℃时加热30min以上可使其灭活,75℃~95℃可使其迅速灭活。(3)70%的酒精和3%的福尔马林可使BTV灭活。

BTV基因组由10个节段的线性双链RNA(dsRNA)组成,全长约为19.2kb,是迄今为止分子质量最大的RNA病毒。这10个基因片段至少编码7种结构蛋白(VP1~VP7)和4种非结构蛋白(NS1、NS2、NS3/NS3a、NS4)。VP2和VP5是病毒的外层衣壳,分别由片段-2和片段-6编码,这两种蛋白是BTV型特异性抗原。VP3和VP7是病毒粒子的主要核心蛋白,核心衣壳分为两层,VP3组成了内层核衣壳,由片段-3编码,VP7组成外层核衣壳,由片段-7编码,3个次要核心蛋白转录复合物VP1、VP4和VP6,分别由片段-1、片段-4和片段-9编码。4种非结构蛋白NS1、NS2、NS3/NS3a和NS4分别由片段-5、片段-8、片段-10和片段-9编码。

(二)历史及地理分布

BT最早于1876年发现于南非的绵羊,由于发病绵羊持续高热后口腔出现溃疡损伤,口腔黏膜及舌头发蓝,因此在1905年被命名为“蓝舌病”(BT)。20世纪40年代以前,本病仅限于在非洲大陆流行,直至1943年,在塞浦路斯岛暴发 BT，该病才首次开始在非洲大陆以外地区流行。之后 BT 开始在中东一些国家和地区传播，此后不久在中东以外的国家和地区也发现该病的存在。

BTV 在反刍动物之间经直接接触传播能力较弱，其在宿主之间主要是靠库蠓等媒介昆虫的叮咬传播。因此，BT 的分布受媒介昆虫地域分布和气候影响而呈现地区限制性和季节规律性，即有传播媒介存在才会出现该病。BT 传到一个新的区域，主要通过两种途径：一是通过携带病毒的传播媒介，如库蠓；二是通过患病易感动物的迁徙。

20 世纪初，在欧洲的南部国家（如西班牙、葡萄牙、希腊等），BT 的暴发很短暂也很零散。但是自 1998 年以来，欧洲南部以及地中海地区的一些国家，甚至是之前没有出现过 BT 的国家，都发现并报道了 BT 的存在。原因是随着全球气候变暖，库蠓等传播媒介活动的地理区域更加广泛，因此更适合 BT 的传播和流行。2006 年，在欧洲北部的国家，BTV-8 型暴发并流行，从荷兰开始，逐渐扩散到比利时、德国和法国的北部。2006 年之前，该毒株只存在于非洲一些国家，如肯尼亚、尼日利亚、苏丹和马拉维，从未出现在欧洲地区。原因可能是随着国际贸易的流通越来越普遍，进口的易感动物携带了潜在的病原，从而造成了 BT 的流行和暴发。2007 年，BTV-8 型又逐渐传播到了英国、瑞士、丹麦以及捷克等国家。2008—2009 年，匈牙利、奥地利、挪威和瑞典等国家也发现了 BTV-8 型。在上述北欧国家，BT 不仅感染绵羊和山羊，还感染牛和骆驼。BTV-8 型在北欧国家的流行和暴发造成了巨大的经济损失。在美国，除了之前报道的 BTV-2、BTV-10、BTV-11、BTV-13 和 BTV-17 血清型，又相继发现并分离到 BTV-1、BTV-3、BTV-5、BTV-6、BTV-9、BTV-12、BTV-14、BTV-19、BTV-22 和 BTV-24 等血清型。在 2007 年和 2008 年，澳大利亚也发现了 BTV-2 和 BTV-7 型。

我国于 1979 年 5 月份在云南省师宗县首次发现 BT 流行，之后在湖北省（1983 年）、安徽省（1985 年）、四川省（1989 年）、山西省（1991 年）相继暴发该病；同时广东、广西、内蒙古、河北、江苏、天津、新疆、甘肃、辽宁、吉林等地均有 BT 血清学阳性牲畜检出。1991 年和 1993 年，山西省中西部地区报道了绵羊和山羊 BT，证明了该病流行的区域向北跨过了长江防线，已进入黄河以北地区流行和蔓延。我国先后从云南、湖北、四川、山西、新疆、内蒙古等地自然感染的羊体中分离得到 BT 毒株。1979 年以来，已鉴定出 BTV-1、BTV-2、BTV-3、BTV-4、BTV-12、BTV-15、BTV-16 共 7 个血清型，其中 BTV-1 型和 BTV-16 型在自然感染发病绵羊体内分离获得，是我国主要流行的血清型。

（三）流行病学

BTV 主要危害反刍类动物，但绵羊感染较多，几乎所有的绵羊都可感染并表现出特有的症状，纯种美利奴羊更易感染。除绵羊外，BTV 还可以感染山羊、牛、鹿、非洲羚羊、骆驼等多种反刍动物，牛对 BTV 易感，但以隐性感染为主，仅部分牛表现出体温升高等症状。山羊较绵羊、牛有更强的抵抗力。

BT 是一种非接触性虫媒病，主要通过库蠓、伊蚊等媒介昆虫叮咬传播，但携带 BTV 的库蠓并不能将 BTV 垂直传播给后代。BT 也可以通过胎盘由怀孕母畜垂直传播给胎儿，病毒血症期动物的精液具有感染性，受体母畜接受具有感染性的精液可发生感染。所以，从 BT 流行的地区进口精液有一定的危险，采自感染绵羊的胚胎有可能传播本病。

BT 的流行有明显的地域性、季节性和周期性特点，这些特点都与媒介昆虫的分布、习性和繁殖周期有关。一般多发于夏秋两季中雨水较多、气候温和的时期，温度对库蠓的影响很大，合适的温度可以缩短库蠓的繁殖周期，相对延长库蠓的寿命，还可以增加库蠓叮咬动物的频率，叮咬的频率也是 BTV 传播的重要因素。每隔 3~4 年 BT 就会出现一次较大的流行，但暴发过 BT 的地区再次暴发时的死亡率会远远低于第一次，流行的血清型一般与地域有关。

（四）发病机理及病理变化

携带 BTV 的库蠓在叮咬易感动物后，BTV 会储存在动物的表皮中，由树突状细胞传递到局部淋巴结进行第一次增殖，增殖后随着淋巴液进入血液循环，通过血液循环进入内皮细胞、巨噬细胞和淋巴细胞中进行第二次增殖，之后携带 BTV 的单核巨噬细胞会随着血液到达淋巴组织、脾脏、肺等全身的组织和器官，引起早期的病毒毒血症。病毒毒血症的持续时间相当长，可以长达 8 个星期，此时 BTV 能从染病动物的各个器官分离获得，但持续的时间会受到被病毒入侵后的红细胞生命力的影响。病毒毒血症的初期，血液中的所有组分都存在病毒，进入到后期时，病毒会嵌入红细胞的细胞膜中，这会使得病毒毒血症的时间得以延长。一旦病毒毒血症达到某一阈值，成年的库蠓在吸食血液的过程中能吸吮足够的 BTV，从而变得具有感染性，这将会导致病毒持续传播。

BTV 感染细胞后还能够诱导机体产生许多种类的细胞因子，如白细胞介素 1、白细胞介素 8、白细胞介素 6、干扰素以及肿瘤坏死因子。这种过度的炎症反应会严重损伤感染动物的细胞和组织。BTV 致病机制最典型的一个特征是，病毒可以损伤靶组织器官的小血管簇，导致血管阻塞和组织梗死。

BT 的病理变化主要是在口鼻腔、心脏、淋巴结、消化道黏膜和蹄部出现广泛的水肿、充血和出血，口腔齿龈、硬腭、颊部黏膜溃疡和坏死。头部皮下组织有凝胶样液体，脾脏和淋巴结肿大充血，脂肪胶样浸润，前胃黏膜出血，小肠黏膜脱落，肺水肿充血，肺泡内有大量积液，支气管扩张。毛细血管内皮肥大、增生、出血，血管周围水肿导致血管阻塞引起上皮组织缺氧坏死。该病病初伴随着明显的白细胞数量降低，急性病例一般表现为骨骼肌和心肌出血、坏死。慢性病例主要表现为单核细胞渗出及纤维化。

（五）临床症状

感染 BTV 的绵羊主要表现为急性的、慢性的或亚临床症状。细羊毛品种最易感。潜伏期为 3d~8d，之后出现高热、萎靡、呼吸急促，嘴唇和鼻孔充血并伴有过度流涎。浆液性鼻涕，起初是清亮的，然后变得有黏性直到干化在鼻孔周围结痂。舌、唇水肿，有时蔓延到面部和耳部。结膜上出现出血点，口腔黏膜出现溃疡。部分发病绵羊舌头发绀，呼吸困难，严重的出现出血性腹泻，呕吐能够引起吸入性肺炎。在发热的末期，受影响的绵羊可能出现口角炎、蹄叶炎或局部麻痹以及横纹肌坏死，因此，患病家畜会出现弓背站立以及不同程度的跛行。怀孕母羊受到感染时，可能导致流产，胎儿木乃伊变性以及分娩羔羊存在潜在的先天性缺陷（如脑积水、缺氧性脑病、视网膜发育不良等）。长期受感染的绵羊会继发感染其他疾病，比如细菌性肺炎。

山羊很少感染 BTV，因此很少表现出临床症状。如果出现临床症状，其症状与绵羊相似，但比较轻微。除了 BTV-8 感染，牛大多表现为隐性感染，临床症状与绵羊相同。BTV 的部分临床症状如图 2-1 和图 2-2 所示。

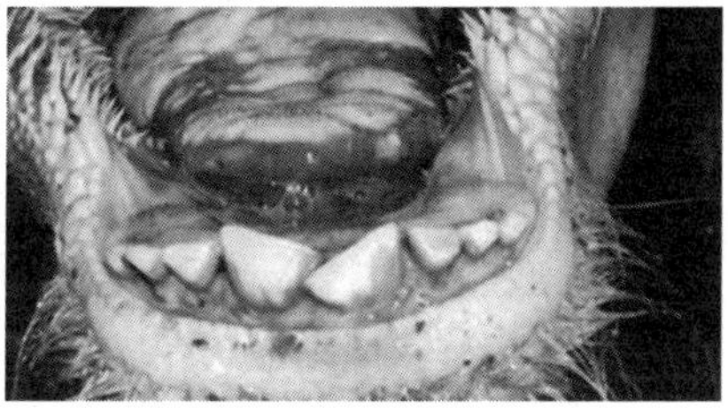

图 2-1　羊感染 BTV

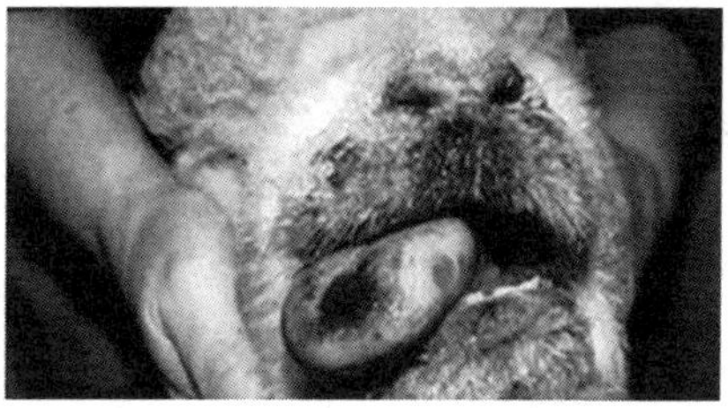

图 2-2　BTV 引起口舌部溃烂

（六）诊断

该病可根据流行病学、临床症状和病理变化特征等作出初步诊断，确诊一般需要在结合临床症状、剖检以及流行病学调查结果的基础上进一步开展实验室诊断，BT 的实验室诊断主要可以分为病毒的分离鉴定、血清学检测方法和病原学检测方法。

病毒分离鉴定：BTV 可以在鸡胚、细胞以及绵羊身上获得增殖。一般使用日龄 9d～12d 的鸡胚，通过静脉接种病料来进行 BTV 的分离鉴定。BTV 既可以使用昆虫源性细胞（如 KC 细胞、C6/36 细胞等）进行分离鉴定，也可以用哺乳动物源性细胞（如 BHK-21 细胞、MDCK 细胞、Vero 细胞等）进行分离鉴定。

血清学检测方法主要包括：琼脂糖免疫扩散试验（AGID）、血清中和试验（SNT）、ELISA、补体结合试验（CFT）、荧光染色试验（FAT）、血凝试验（HA）等，目前应用较多的有 AGID、SNT、ELISA 等。

病原学检测方法主要包括：捕获 ELISA 方法（DAS-ELISA）、病毒核酸检测、VNT、间接免疫荧光试验（IFA）、电子显微镜观察、病毒蚀斑试验等，目前应用较多的有 DAS-ELISA 方法和病毒核酸检测。其中，BTV 核酸检测方法主要包括：RT-PCR、荧光 RT-PCR、基因芯片、基因杂交探针技术等。其中，RT-PCR 和荧光 RT-PCR 技术在 BTV 的检测中已被广泛应用。

（七）防控/防制措施

科学有效地防控 BT 主要应做好以下几方面工作：

第一，做好疫病监测和流通控制。在无 BT 的地区着重做好预防工作。一是对本地动物实施血清学监测，及时发现和剔除带毒动物。从外地外场引进动物时，应选择在昆虫媒介不活动的季节，并进行隔离检疫，确证健康后，再进行常规饲养；二是做好虫媒防治工作；三是做好经常性厩舍的清洁卫生和消毒工作，提倡自繁自养，克服散养习惯。

第二，免疫接种。由于 BTV 的多型性和在不同血清型之间无交叉免疫性的特点，免疫接种时应选择当地流行的血清型疫苗，才能获得满意的效果。在一个地区不只有一个血清型时，还应选用二价或多价疫苗，否则只能用几种不同血清型的单价疫苗相继进行多次免疫接种。目前，已研制出的用于预防 BTV 感染的疫苗有弱毒疫苗、灭活疫苗、重组亚单位疫苗、重组痘苗病毒或羊痘病毒或金丝雀痘病毒载体疫苗，但只有弱毒疫苗和灭活疫苗被实际运用于 BT 预防控制，且都存在不足。

第三，传播媒介的控制。媒介控制在预防媒介与感染动物和易感动物接触中起重要作用，动物提倡圈养，使用伊维菌素、外用杀虫剂、环境喷洒杀虫剂等都是限制病毒传播的有效措施。

第四，扑杀政策。一旦有 BTV 传入时，应按《中华人民共和国动物防疫法》（2021 年修订）规定，采取封锁、隔离、扑杀、销毁、消毒、无害化处理、紧急免疫接种等强制性措施，迅速扑灭疫病，扑杀所有感染动物。疫区及受威胁区的动物进行紧急预防接种。

（八）风险评估

1. 传入评估

历史上我国主要流行的 BTV 的血清型是 BTV-1 和 BTV-16，主要感染动物是羊，涉及牛的报道较少，从 2005 年至今我国没有上报 WOAH 有关 BT 的病例，对于 BTV-8 型感染的病例报道较少。结合国内外 BT 疫情和近年来我国 BT 血清学调查结果，世界范围内 BTV-8 型的流行对我国造成了威胁，这种威胁已经突破了传统意义上的感染动物——羊，在近年内对我国养牛业也造成了新的潜在的威胁。

该病主要感染绵羊、牛，山羊和野生反刍动物如鹿、羚羊、沙漠大角羊等也可感染该病毒，BTV 的感染期约为 100d。BT 主要发生在适宜于媒介昆虫生长活动的温暖、湿润季节，经常在河谷、水坝附近及沼泽地放牧的动物更易感染和发病。我国牛、羊等反刍动物的饲养方式以放牧为主，如果在媒介活动季节从 BT 国家或地区引进动物，尤其是感染病毒后不表现临床症状的牛、山羊，很有可能造成病毒在牧区传播。

2. 后果评估

在我国人畜争粮矛盾突出，草食动物产业发展前景看好，可以说牛羊养殖涉及国计民生。BT 疫情一旦暴发，所带来的后果是灾难性的，不但会直接造成动物死亡，而且会因疫情导致动物及其产品的国际贸易受到限制。

虽然本病的致病性不像其他烈性传染病一样大，许多国家和地区都有流行，但由于 BTV 血清型多，每一个型都被认为是一个新的病毒，因此大多数国家和地区即使已经报道了本病的血清型，但仍将其列为外来疫病，我国也将其列为一类传染病，采取严格的预防控制措施防止其传入。如果该病随进口牛羊传入我国，除对动物本身的危害外，还将影响动物及有关动物产品的对外贸易。

三、炭疽

炭疽（Anthrax）是由炭疽芽孢杆菌（Bacillus Authracis）引起的一种急性、烈性人畜共患和自然疫源性的传染病。兽类炭疽以急性、热性、败血性为主要发病特点，并具有天然孔出血、血液呈煤焦油样凝固不良、皮下及浆膜下结缔组织出血性浸润、脾脏显著肿大等主要病变特征；人炭疽以皮肤疹疱、溃疡、坏死、焦痂和周围组织广泛水肿为主要临床表现特点，具有发病快、死亡快、对人畜危害大的特点。

炭疽芽孢杆菌以形成孢子结构为特点，具有保护性的包囊使其可在自然界中长期生存。病原操作应在三级生物安全实验室中进行。

炭疽是 WOAH 名录内法定报告疫病，《中华人民共和国进境动物检疫疫病名录》将其归类为二类传染病。

（一）病原

炭疽芽孢杆菌是需氧芽孢杆菌属，为革兰氏阳性大杆菌，大小为（1.0~1.2）μm×（3~8）μm，无鞭毛，不能运动，在宿主标本涂片中呈单个或短链，培养后常呈竹节状长链排列。炭疽芽孢杆菌能在体外形成，芽孢椭圆形，位于菌体中央。在人及动物体内可形成荚膜，而形成的荚膜是其具有毒性的标志特征，且荚膜在体内有抗吞噬作用，有利于细菌的繁殖扩散；在体外，荚膜能掩盖嗜菌体受体，阻止嗜菌体裂解菌体，而且荚膜对腐败作用的抵抗力较菌体强。炭疽芽孢杆菌的营养要求不高，生长条件不严格，pH 值 6.0~8.5（最适 pH 值 7.0~7.4）、温度 14℃~44℃（最适温度 37℃）均可生长。

炭疽芽孢杆菌繁殖体的抵抗力不强，60℃ 30min~60min 或 75℃ 5min~15min 即可被杀灭。该病菌在未解剖的尸体内于夏季经 1d~4d 即可完全死亡，也易被一般消毒药物（如 1∶5 000洗必泰或消毒净，1∶10 000 新洁尔灭等）杀死。但其芽孢具有很强的抵抗力，在干燥状态下可长期存活，土壤一旦被污染，传染性可保持二三十年以上；堆肥中的芽孢，温度需升至 72℃~76℃经过 4d 方可死亡；经煮沸 15min~25min，121℃高压 5min~10min 或 160℃干热灭菌 60min 后方可被杀死。芽孢对碘特别敏感，0.04%的碘液 10min 即可将其破坏，其他消毒药如过氧乙酸、次氯酸钠等都有较好的消毒效果。

目前已知炭疽芽孢杆菌可产生 4 种抗原，即荚膜多肽抗原、菌体多糖抗原、保护性抗原及芽孢抗原。（1）荚膜多肽抗原：由 D 谷氨酸的多肽构成，并由一种 97kb 质粒 pXO2 的 Cap 基因编码，有较强的特异性，可用荚膜肿胀试验和荧光抗体试验等鉴定。该抗原有抗吞噬作用，与细菌的侵袭力有关。（2）菌体多糖抗原：一种半抗原，为 α-葡萄糖胺、α-半乳酸及乙酸组成的多糖，可用 Ascoli 试验检验，但特异性不高，其他需氧孢乳菌也会发生交叉反应。该抗原虽无毒性，但其抗腐及抗热能力强。（3）保护性抗原：炭疽杆菌在生活过程中产生的一种细胞外蛋白质成分，为炭疽杆菌毒素的组成部分，具有免疫原性，能保护动物抵抗本菌的感染，但只能使炭疽感染者获得短暂的免疫力。（4）芽孢抗原：具有较好的免疫原性及血清学诊断价值。

（二）历史及地理分布

炭疽芽孢杆菌于 1849 年由德国兽医师波伦德（Pollender）首先在因炭疽死亡的羊中发现，1876 年德国学者罗伯特·科赫（Robert Koch）获得了纯培养的炭疽杆菌，2 年后又发现了它的芽孢。1881 年巴斯德（L. Pasteur）及其学生成功地制备了炭疽菌苗。

炭疽广泛分布于世界各地，潮湿、低洼、易涝地区，牧区，半牧区，皮毛加工业周围及其河流下游多发生。高发地区包括南美、中美、南欧、东欧、亚洲、非洲、加勒比海地区和中东等。

（三）流行病学

1. 易感动物

草食动物对炭疽最易感，其中以羊、牛、马、骡、驴最为敏感，其他如鹿、骆驼、大象等也很敏感，其次是杂食动物和人类，肉食动物对炭疽病有相当强的抵抗力，禽类一般不发生感染，只有马达加斯加和南非的鸵鸟常患该病，也有从鱼、蛙体内分离出炭疽杆菌的报告。人类对炭疽杆菌的易感性介于草食动物和猪之间，一般通过接触病畜尸体材料或污染的畜产品，经消化道、呼吸道或皮肤创伤感染而发生肠炭疽、咽喉炭疽和毒血症等。

2. 传播方式和传染源

历史性疫源地，被芽孢污染的饲料、饮水，患病动物和人等是主要的传染源，吸血昆虫、食腐肉的鸟类等也可传播炭疽杆菌，尤其是开放型患者是主要传染源，其痰液、尿液、乳汁和生殖道分泌物中都可带菌，通过污染后的饲料、食物、饮水、空气和环境而散播传染。本病主要经口感染消化道，其次是经呼吸道、皮肤创伤接触、黏膜接触及昆虫叮咬等途径。

（四）发病机理及病理变化

炭疽感染是由炭疽芽孢杆菌的内生孢子引起的。炭疽内生孢子不分裂，几乎观察不到新陈代谢，具有抵抗干燥、高温、紫外线和洗必泰、新洁尔灭等消毒剂的能力，在一些土壤中炭疽内生孢子可以保持休眠状态数十年。

所有的炭疽毒素基因以体内孢子发芽的增殖形式进行表达，表达的致病性毒素因子有毒素和荚膜。通过皮肤、呼吸道或食道进入体内的内生孢子被巨噬细胞所吞噬后送至淋巴结，并在巨噬细胞内释放，借其荚膜的保护，在皮肤和黏膜局部大量繁殖，释放炭疽毒素，使组织高度水肿、坏死和出血性浸润，形成原发性皮肤炭疽、肠炭疽和肺炭疽。皮肤炭疽因缺血及毒素的作用，真皮的神经纤维发生变化，故病灶处常无明显的疼痛感。当机体抵抗力降低时，病菌即迅速沿淋巴管或血管向全身扩散，殃及脑膜和全身，引起炭疽性脑膜炎、败血症、弥漫性血管内凝血和感染性休克等，危及生命。

剖检时，可见血管内血液凝固不良，黏稠似煤焦油样。皮下、肌间、浆膜下、肾周围、咽喉部等处有黄色胶样浸润，并有出血点。脾脏高度肿大，超过正常脾脏大小的2~5倍，包膜紧张，易破裂，脾髓呈黑红色，软化为泥状或糊状，脾小梁与脾小体模糊不清，实质细胞变性坏死。局部炭疽死亡的猪，其咽喉、肠系膜以及其他淋巴结，特别是胶样浸润附近的淋巴结高度肿胀，呈黑红色，切面湿润呈褐色并有出血点，并伴有坏死。肝、肾充血肿胀，质软而脆弱。肺及呼吸道黏膜充血、水肿。胃肠道有出血性坏死性炎症变化。

（五）临床症状

患炭疽死亡的家畜尸体一般呈败血症病变，尸僵不全，尸体极易腐败，反刍兽多呈现膨胀。可视黏膜呈蓝紫色即发绀状，并有出血点，天然孔中流出暗红色带泡沫的血水。动物炭疽的潜伏期一般为1d~3d，最短的仅12h，最长的12d。其中，猪炭疽以典型的慢性咽型炭疽为主；牛、羊炭疽主要分最急性型、急性型、亚急性型及慢性型4种。（1）最急性型：常无任何症状，数分钟至数小时内死亡，天然孔出血，尸僵不全。（2）急性型：突然发病，体温升高至42℃，发汗，呼吸困难，黏膜发绀或有小出血点；粪尿带血，腹痛剧烈；濒死时体温急剧下降，呼吸极度困难，常1d~3d内颤栗倒地而死并见有天然孔出血。（3）亚急性型：症状与急性型相似，但病程较长，3d~5d死亡。（4）慢性型：主要发生于猪，多不表现临床症状或症状较轻。一般在屠宰检疫时发现，常见咽型和肠型两种临床症状。咽型炭疽表现为发热性咽炎，导致猪吞咽、呼吸困难；肠型炭疽表现为呕吐、腹泻和消化道异常的临床症状。

人炭疽分为原发性炭疽和继发性炭疽。原发性炭疽包括：（1）皮肤炭疽，最多见，潜伏期1d~12d。皮肤溃疡，形成黑色焦痂；恶性水肿，有的水肿可在溃疡周围组织显现较大范围的非凹陷性肿胀；常有发热、头痛、全身不适、淋巴结肿大或脾肿大等。（2）肺炭疽，潜伏期1d~7d，最长可达60d。高热，伴畏寒、咳嗽、胸痛、气急。X线胸片检查见纵隔增宽、胸腔积液（以血性为主）、肺部浸润。（3）肠炭疽又称胃肠道炭疽，潜伏期1d~7d。轻者如食物中毒，严重者剧烈腹痛、呕吐、腹泻、血样便，常伴败血症。

继发性炭疽，由原发性炭疽播散引起，包括败血症型和脑膜炎型，病情危重，病死率极高。脑膜炎主要表现为剧烈头痛、呕吐、昏迷，有明显脑膜刺激症状，血性脑脊液中易检出炭疽杆菌。多在 2d~3d 内死亡；败血症常为并发症，全身毒血症，高热，寒战，脑膜炎和感染性休克，病情迅速恶化而死亡。

（六）诊断

炭疽杆菌很容易从最近死于炭疽的动物血液或组织中分离出，在血液琼脂上过夜培养后，炭疽杆菌的菌落形态非常独特。菌落相对较大，直径为 0.3cm~0.5cm。灰白色至白色，不溶血，粗糙的磨砂玻璃外观，具有非常高的丁酸稠度。炭疽杆菌的营养细胞很大，长 3μm~5μm，宽约 1μm。椭圆形中心孢子在细胞指数生长期结束时形成，不会使孢子囊膨胀。细胞呈强革兰氏阳性，长链在体外常见，而成对或短链在体内常见。

血清学检测：受感染动物血清中的抗体检测很少用于诊断目的，基本上是一种研究工具。使用的主要方法是 ELISA。

目前，对于炭疽诊断标准主要有国外标准 WOAH《陆生动物诊断试验与疫苗手册》（2019）第 3. 1. 1 章，包括病原鉴定、ELISA、过敏试验。

国内标准《出口畜产品中炭疽杆菌检验方法》（SN/T 0331—2013），规定了出口畜产品中炭疽杆菌的检验，适用于出口鬃、毛、绒、野生动物毛皮、生骨粒及其他畜产品中炭疽杆菌的检验；《动物炭疽诊断技术》（NY/T 561—2015），规定了动物炭疽芽孢杆菌的分离、培养及鉴定方法，适用于动物炭疽的诊断和检疫以及环境标本中炭疽芽孢杆菌的检测。

（七）防控/防制措施

控制炭疽，需从根本上解决外部环境的污染问题，较为有效和容易实施的方法是坚持对重点疫区连续数年高密度的免疫接种。炭疽的预防可用活菌疫苗和保护性抗原成分疫苗，灭活疫苗产生抗体的水平不高，且有残余毒性，不适宜应用。炭疽活菌疫苗虽然可以使多数接种者产生抗体，但必须持续频繁注射才能具有长期的保护作用，加上产生的副作用大，其应用受到很大限制。

1. 疫苗种类及应用

兽用疫苗有两种：高温致弱毒株和 Sterne 减毒菌株。我国采用 Pasteur Ⅰ号苗和 PasteurⅡ号苗。巴氏苗为具有荚膜的减毒株（Cap+Tox-），适用于牛、马、驴、骡、骆驼、绵羊、山羊和猪，免疫期 1 年，一般不引起接种反应。Sterne 芽孢苗是无荚膜水肿型弱毒疫苗株（Cap-Tox+），适用于牛、马、驴、骡、绵羊和猪，免疫期 1 年，山羊对此苗反应强烈，可引起局部反应甚至死亡。人用疫苗包括：炭疽活疫苗，保护性抗原（PA）成分疫苗，炭疽吸附疫苗等。

兰州生物制品研究所有限责任公司研制了一种炭疽芽孢制成的皮肤划痕炭疽活菌苗，保护期 6~12 个月，但副作用较大、接种方式复杂。一般推荐职业接触者，如皮毛厂工人和实验室研究人员等进行预防接种。

2. 扑灭措施

一经监测发现该病，应上报疫情，划定疫点、疫区，采取封锁措施，将病畜进行隔离治疗，逐一测其体温，对体温高的病畜用青霉素等抗生素或抗炭疽血清注射。

3. 消毒

该病死畜的天然孔及切开部分，用浸泡过消毒液的棉花或纱布堵塞，连同粪便、垫草一起焚烧，尸体就地深埋，病死畜躺过的地面应除去 15cm~20cm 表土并与 20%漂白粉混合深埋。畜舍及用具场地均彻底消毒。

4. 封锁

禁止疫区内牲畜交易和输出畜产品及草料。禁止食用病畜乳和肉。

（八）风险评估

1. 传入评估

我国与世界各国（地区）的贸易往来日益频繁，同时也有大量非法入境动物及动物产品，其中有不少疫区产品。其鲜肉、奶及奶制品、皮张等含有炭疽的可能性极大。加之，炭疽可通过唾液、痰液、空气等简单方式传播。再者，我国存在大量草食类易感动物。因此，病原随进境动物或者动物产品传入、定殖和传播的可能性极大。

2. 暴露评估

炭疽可污染水源、草场和土壤。炭疽杆菌的芽孢在干燥状态下可长期存活，土壤一旦被污染，传染性可保持二三十年以上。与天花和鼠疫相比，炭疽最为稳定，感染后果严重，致死率高。草食动物对炭疽最易感，一旦传入炭疽，发生疫情的风险较大。

3. 后果评估

WOAH 将炭疽列为须报告的疫病。炭疽杆菌是食草动物的传染病，人因接触这些病畜的肉类而被感染，多见局部炭疽痈，常因肠型炭疽未及时治疗而死亡。猪多见咽型炭疽，颌下淋巴结肿大，切面呈红砖色，有褐色坏死灶。近几年，我国个别地区也零星发生过动物炭疽疫情，并且也有人感染发病的情况。

四、伪狂犬病

伪狂犬病（Pseudorabies，PR），又称为奥耶斯基病（Aujeszky's disease，AD），其是由伪狂犬病毒（Pseudorabies Virus，PRV）引起的一种急性、多种动物共患的、高度接触性传染病，临床症状多表现为发热、奇痒（除猪外）、繁殖障碍和脑脊髓炎等。PRV 具有广泛的宿主，其几乎对所有哺乳动物和脊椎动物都易感，猪被认为是该病重要的自然宿主和储存宿主。目前有报道证明，人脑脊液中可分离到 PRV，说明 PRV 也可以感染人类。

由于 PR 严重的危害性以及易传染的特点，WOAH 将 PR 列为须报告的传染病。《中华人民共和国进境动物检疫疫病名录》将其列为二类传染病。该病在全球范围内广泛分布，除美国、丹麦、荷兰等少数几个国家根除了此病以外，世界其他国家均有该病发病的报道，是严重危害养猪业的主要疫病之一。

（一）病原

PRV 属于疱疹病毒科，α 疱疹病毒亚科，猪疱疹Ⅰ型病毒。PRV 只有 1 个血清型，但是不同毒株之间毒力存在差异。PRV 与其他疱疹病毒形态结构类似，病毒粒子呈二十面体对称的圆形或椭圆形，成熟的病毒粒子直径为 150nm～180nm，由核心、衣壳和囊膜 3 部分构成。病毒核心由双股 DNA 与蛋白质缠绕而成，外面包裹的衣壳由 162 个有中空轴孔的壳粒互相连接并呈放射排列，病毒粒子的最外层囊膜表面呈放射状排列着由糖蛋白构成的纤突。

PRV 对外界抵抗力相对较强，其活性主要受环境中温度与 pH 值的影响。其最适 pH 值范围是 6.0～8.0，在 pH 值 5.0～9.0 条件下也可以保持稳定的感染力。PRV 在 4℃～30℃条件下储存，感染力会逐渐降低，2 周内会低至 10%。此外，PRV 对乙醚、三氯甲烷、酒精、酚类等消毒剂以及紫外线照射敏感；置于阳光下直射，病毒也会很快被灭活。PRV 病毒可以在多种动物细胞和鸡胚中增殖，例如接种原代细胞（猪肾细胞、牛睾丸细胞等）以及传代细胞（PK-15、BHK-21 等），细胞会出现变圆、折光率增强、核固缩、合胞体或细胞溶解及脱落等非常明显的细胞病变现象。

（二）历史及地理分布

美国（1813 年）、瑞士（1849 年）报道了这种类似于牛狂犬病的“伪狂犬病”，以发热、奇痒（猪除外）、繁殖障碍、脑脊髓炎为主要症状。1902 年匈牙利学者 Aujeszk's 证明本病不是狂犬病。1910 年证明病原为病毒，1934 年确定为疱疹病毒。20 世纪 60 年代前该病对养猪业未造成重大危害，然而在 20 世纪 60—70 年代，由于强毒株的出现，猪场暴发 PR 的数量显著增多，且各种日龄猪均可感染，其症状也明显加剧。这种变化在美国、西欧（如德国、法国、意大利、比利时、爱尔兰）广泛存在。1990 年，美国暴发 PR 损失巨大。1997 年法国6 292头猪暴发该病；同年德国 1 969头猪发病、死亡 106 头；1998 年古巴1 301头猪发病、死亡 393 头，并对150 197头猪进行紧急免疫。PR 的传播和蔓延给养猪业造成了巨大损失，全世界每年因 PR 造成的经济损失高达数十亿美元。

我国自 1947 年首次报道 PR，随着规模化养殖场的发展，截至 2022 年，危害已扩大到广东、青海、陕西、新疆、广西、江苏、浙江、安徽、福建、上海等全国二十几个省、自治区、直辖市，严重威胁养猪业的发展。

（三）流行病学

PRV 主要传染源有病猪、隐性感染猪、病愈猪以及鼠类等啮齿动物，猪是主要的储存宿主，鼠类也是重要的保毒散毒动物，易造成直接和间接传播。有研究证明，人工感染小白鼠，取其尿液接种于家兔可引起致死性发病。

PRV 可以感染除了高等灵长类动物外所有的哺乳动物，但猪是 PRV 唯一的储存宿主，而且发病症状根据感染阶段的不同会有很大的差异。妊娠期母猪感染一般会引发繁殖障碍；若是在哺乳期或者保育期感染发病，多表现为呼吸道以及神经症状；PR 的发病率和致死率会随着感染日龄的增长而变低。感染后耐过的猪可获得对 PRV 的免疫力并成为主要的传染源。其他动物与病死猪接触会引发感染死亡。除猪外，其他动物感染 PRV 大多是致死性的，但由于其排毒量低，所以在流行病学的传播意义有限。

啮齿动物数量巨大且多以养殖场作为集中和活跃的场所，是重要的保毒散毒动物，易造成直接和间接传播而成为顽固传染源。

PRV 主要通过呼吸、消化、生殖途径传播。空气传播是 PRV 的主要传播方式，尤其是在猪场内或邻近猪场之间的传播，猪可被含有 PRV 的空气感染，也可将 PRV 病毒以呼吸的方式释放出去。带有病毒的空气飞沫可随空气传播远至 9km 或更远的地方，所以 PRV 可以跨区传播并在不同代次的猪场向散养户传播。猪通过在接触被污染食物或者器具等发生感染，并可通过排泄的方式持续排毒。皮肤伤口接触污染物也会被感染。感染后的公猪的精液通过人工授精的方式将 PRV 传播给母猪，又通过母猪胎盘将病毒传给仔猪，胎儿由于感染 PRV 后直接发病，也可能造成潜伏感染而发病。

（四）发病机理及病理变化

PRV 侵入机体后，最初在扁桃体和咽黏膜增殖，24h 之内便可以经嗅神经、三叉神经和吞咽神经的神经鞘淋巴到达脊髓和脑，也可通过鼻腔黏膜经呼吸道侵入肺泡。病毒可以经过血液到达身体的各个部位，但在血液中呈间歇性出现，滴度低，难以检测出。

细胞在感染 PRV 时，病毒首先吸附在靶细胞上。病毒的囊膜糖蛋白和细胞表面的蛋白受体之间的特异性结合起到了至关重要的作用。PRV 对细胞的吸附分为可逆性吸附和不可逆性吸附两个阶段。在可逆阶段，gC 糖蛋白和细胞表面的肝素样物质相结合，细胞囊膜和细胞质膜均未发生改变，肝素钠溶液可将病毒粒子洗脱下来。随着吸附时间的延长，在适宜的条件下，病毒与细胞表面其他受体相继结合，引起细胞和囊膜发生变化，使可逆性结合转变为不可逆性结合。gD 在吸附状态的改变过程中起了主要的作用，但只是感染初期所需，并不参与通过细胞融合传递病毒的过程。研究表明，缺失 gE 的 PRV 发生在周围组织的繁殖、一级神经元的感染、向中央神经系统的传播，都是通过嗅神经和三叉神经途径来实现的，然而缺失 gE 的 PRV 很难引起猪中央神经系统的二、三级神经元感染。

在病毒与细胞的融合过程中，至少有 4 种糖蛋白参与其中，即 gB、gD、gH、gL。虽然这些糖蛋白介导融合的分子机制尚不明确，但至少缺少任何一种蛋白质，病毒都不会与细胞膜相融合。在细胞囊膜与细胞膜融合后，核衣壳开始释放入细胞内，并在 5min 内沿微管转移至核膜上临近核孔的位置，衣壳的一个顶点正对核孔，将病毒DNA注入细胞核内。

早期基因合成后，PRV基因组开始以滚环的方式进行复制。早期基因的主要作用是编码病毒复制相关蛋白的基因，也包括一些具有酶学功能蛋白质的基因。最后病毒的晚期基因，包括一些衣壳和囊膜蛋白的编码蛋白得以表达。装配好的衣壳以融合“出芽”的方式通过核膜进入胞浆中，此时的病毒粒子囊膜尚缺少糖蛋白，只有极少数的间质结构。随后，病毒的衣壳在反式高尔基体的小泡中进行完全的囊膜化，在基因产物的参与下，形成包含糖蛋白和间质成分的完整病毒粒子。高尔基体小泡包裹着病毒粒子移向细胞膜并与之融合，将病毒粒子释放到细胞外。

受感染的细胞可发生形态上的变化，如气球样改变、核浓缩。另外，巨细胞的形成、细胞破坏及周围组织的炎症反应（如液体渗出和炎症细胞的浸润等）可引起病灶部位的病理变化，进而引起整个机体的病变。

剖检病畜常见病变为：肝脏前表面有豇豆至拇指大、边沿整齐的灰白色坏死灶，或条带状、圆斑状不规则灰白色硬变区；早期病例胆囊充盈，胆汁黏稠呈绿色，中期病例可见胆汁中有深绿色颗粒状沉淀，胆囊壁肿厚，胆管阻塞，后期病例和混合感染病例可见胆囊壁充血、出血。脾脏不肿大，呈玫瑰红色；部分病例脾脏的胃面可见鲜红或深红色、大小如米粒的露珠样出血点。肾脏表面有多少不等的针状出血点。胃部病变主要是胃底充血、出血、点斑状或条状穿孔。慢性病例小肠鼓胀，充满气性或水样物，小肠内黏液很少、肠壁变薄，或充血呈鲜红色；肠系膜淋巴结肿大，充血或表面出血、实质出血明显。腹股沟淋巴结表面出血呈暗红色，实质灰白色；死亡超过6h以上病例的腹股沟淋巴结表面则呈灰褐色。脑部的变化主要是脑水肿、沟回间出血；部分病例剖检打开脑颅时，可见因颅内压升高而导致脑组织突入创口的现象；部分病例可见头盖骨出血。

（五）临床症状

PR临床症状因猪的感染日龄不同而各有所异。妊娠前期的母猪会由于胚胎被吸收再次发情，返情率可高达90%，出现屡配不孕情况。中期或者后期感染的妊娠母猪一般出现繁殖障碍，引起流产（如图2-3所示）或产死胎、弱胎、木乃伊胎，同时还伴母猪体温升高（40℃~41℃），多见呼吸困难、食欲减退、便秘、水肿和结膜炎等。若是临产母猪感染，会因垂直传播直接引起后代仔猪患病，经过1d~2d的潜伏期仔猪会发病死亡。公猪感染 PRV 后睾丸和附睾发生萎缩硬化，出现睾丸炎、附睾炎和鞘膜炎等，丧失种用价值。

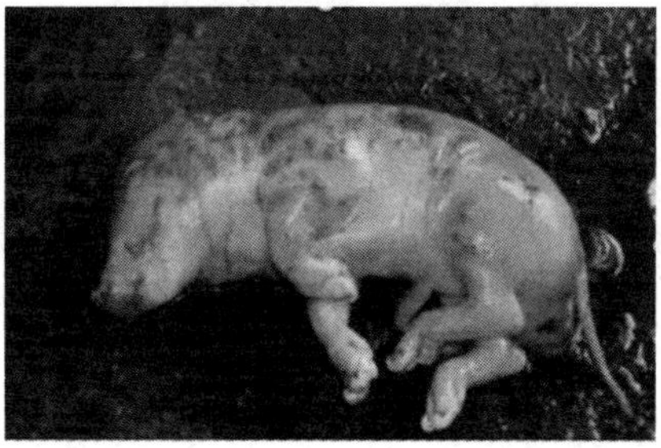

图 2-3 PR 导致母猪流产

哺乳仔猪，尤其是 3 周龄以下的仔猪感染症状最严重，死亡率高达 100%。若是通过垂直传播途径感染，潜伏期一般为 2d~3d，通常感染仔猪体温高达 40℃~42℃，伴有腹泻和呕吐，叫声嘶哑，病理解剖感染猪扁桃体呈现坏死现象，眼睑、口角以及颌下水肿，腹股部呈粟粒大小的红色斑点。共济失调，关节逐渐僵直呈犬坐姿势，甚至瘫痪，有的呈现间隙性抽搐和角弓反张，全身肌肉震颤，2d~3d 全部死亡，耐过猪会变成僵猪，能够正常采食但生长发育速度缓慢。

（六）诊断

PR 可根据临床症状和剖检结果进行初步判断，但最终需要在实验室检测后才能进行确诊。

将 PRV 感染猪的脑组织、扁桃体或者流产胎儿等制备成组织悬液，接种实验动物（家兔和乳鼠），动物接种部位会出现剧痒导致动物不停啃咬等（如图 2-4 所示）。选用病猪的脑、扁桃体等病毒含量高的组织或鼻咽拭子进行病毒分离，镜检观察会出现特征性细胞病变效应，细胞中有核内包涵体。病毒分离是本病诊断敏感性、特异性的“金标准”。

图 2-4　PR 引起仔猪抽搐和角弓反张

PR 还可采用免疫组化方法进行检测，主要采集病猪的脑、扁桃体、淋巴结、三叉神经等组织，制成冰冻切片，荧光抗体染色后在荧光显微镜下检测，观察到特异性的亮绿色荧光表明细胞膜和细胞浆受到 PRV 感染。该方法敏感性高，特异性强，不会与猪细小病毒、腺病毒及肠道病毒等发生交叉反应，但不适宜用于大量样品检测。

PCR 是目前 PR 常用检测方法，可用于感染猪、潜伏感染猪的诊断检测，定量检测或鉴别疫苗毒株与野毒毒株，PCR 方法灵敏度高、特异性强，可做活体检查，病料采集方便，适用于诊断、毒株鉴别及发病机理的研究。

ELISA 是当前国际上检测猪 PR 最常用的方法，具有特异性强、敏感度高、操作简便、重复性好等特点，也是最简便的方法之一，得到许多国家的认可，已有成熟的商品化诊断试剂盒。还可通过鉴别 ELISA 区分免疫抗体和野毒抗体，在猪场净化过程中发挥重要的作用。目前成熟的 ELISA 检测方法有多种，如间接 ELISA、直接 ELISA。美国和欧盟成员通过 ELISA 区分疫苗株和野毒株，从而实现了 PR 根除计划。

（七）防控/防制措施

PR 变异毒株的出现增加了 PR 流行的复杂性和防控的严峻性。针对 PR 的流行现状，应采取增加使用疫苗的接种次数与接种剂量、加强生物安全和饲养管理等综合性防控措施，及时淘汰 PR gE 抗体阳性猪，可稳步实现区 PR 的区域性净化，为养猪业健康发展保驾护航。首先，生物安全是疾病防控的关键，猪场应根据自身养殖条件逐步建立一套科学、合理、完整的生物安全防控体系，从根本上阻止致病原传入。其次，加强 PR 防控要从疫苗免疫和抗体监测出发，规模猪场应增加现有疫苗的接种次数与接种剂量，并定期做血清抗体筛查，发现 gE 抗体阳性猪要及时隔离、淘汰。猪场要加强饲养管理，坚持自繁自养，不轻易从外面引种，引种的动物要隔离饲养一段时间，经检验合格方能混饲。猪舍定期消毒，粪便及时清理，饲养密度不应过大，定期通风换气，定期灭鼠，防止病毒的跨种传播。最后，制定科学合理的免疫程序，猪瘟、猪蓝耳病、猪圆环病等高发猪病都应做疫苗免疫，尤其是猪蓝耳病毒、猪圆环病毒会导致免疫抑制，造成疫苗免疫失败，所以这些易感的猪病都应做好防控。

（八）风险评估

1. 传入评估

PR 最早发现于美国。20 世纪中期，在东欧及巴尔干半岛的国家流行较广；20 世纪 60—70 年代，由于强毒株的出现，猪场暴发该病的数量显著增加，而且各种日龄的猪均可感染，其症状明显加剧。在西欧各国如德国、法国、意大利、比利时、爱尔兰等国家也同样存在。几年之后，PR 相继传入新西兰、日本、我国台湾及南美的一些国家和地区。目前世界上有 40 多个国家和地区都有该病报道。我国自 1947 年首次报道以来已有 20 多个地区（包括台湾和香港）流行过该病，近几年 PR 在我国多个种猪场呈暴发流行趋势。

PRV 可引起多种动物感染，易感动物为世界性分布。猪是该病毒的天然宿主和储存宿主。有在自然条件下使猪、牛（黄牛、水牛）、羊、犬、猫、兔、鼠等多种动物，包括野生动物如水貂、北极熊、银狐和蓝狐等感染发病的报道。马属动物对本病毒具有较强的抵抗性。除人类和灵长类以外，多种哺乳动物和很多禽类都能发生人工实验感染。

2. 后果评估

《中华人民共和国进境动物检疫疫病名录》将其归为二类传染病。WOAH 将 PR 列为法定报告动物疾病名录中的多种动物共患病，即在国内对社会经济或公共卫生有影响，并对动物和动物产品国际贸易有明显影响的能感染多种动物的传染病。

西方发达国家均投入大量物力和人力先后启动和完成了 PR 的净化与根除计划。在该计划的实施中，PR 的潜伏感染问题是最重要的困难之一。潜伏感染是疱疹病毒的共性之一，与 Y-疱疹病毒的腺体或淋巴组织嗜性不同，α 疱疹病毒表现为极强神经嗜性。PR 感染猪后可建立潜伏感染，主要潜伏在猪的神经组织中，此时在猪体内检测不到病毒粒子，基因组被激活，重新产生感染性病毒粒子，但在应激因子的刺激下潜伏感染的病毒基因导致动物发病，并传播给其他动物。疫苗免疫只能阻止猪发病和临床症状的出现，但不能控制 PR 潜伏感染的建立与重新激活。

我国是生猪养殖大国，PR 的宿主来源广泛且数量巨大，近几年大型集约化养殖场数量迅速增多，使疫病的传播风险增大，一旦发生大规模的 PR 疫情，将严重影响我国畜牧业经济发展，并且控制和扑灭疫情所需要的人力、物力投入将非常巨大，会造成社会对疫病的恐慌，病原体对环境的负面影响也将持续很长时间，所以疫情引发的不良影响将是长期和深远的。

五、布鲁氏菌病

布鲁氏菌病（Infection with Brucella abortus），又称布氏杆菌病（Brucellosis）、马耳他热（Molta Fever）或波浪热（Undulant Fever），简称布病，是由布氏杆菌属（*Brucella*）细菌引起的以感染家畜为主的人兽共患传染病，主要侵害性成熟动物，侵害生殖器官，以引发胎膜发炎、流产、不育、睾丸炎及各种组织的局部病变为特征；人感染表现为发热、多汗、关节痛、神经痛及肝、脾肿大，病程长，并易复发。世界上有 200 多种动物可感染布病，家畜中以羊、牛和猪最常发生布病。布鲁氏杆菌会导致巨大的经济损失和严重的公共卫生问题。全世界每年因布氏杆菌造成的经济损失巨大。

布病是 WOAH 规定的须报告疫病，《中华人民共和国进境动物检疫疫病名录》将该病规定为二类动物疫病。

（一）病原

根据抗体的变化和主要宿主把布氏杆菌属的细菌分成 7 个种，即羊布氏杆菌（*B. melitensis*）、猪布氏杆菌（*B. suis*）、牛布氏杆菌（*B. abortus*）、犬布氏杆菌（*B. canis*）、绵羊布氏杆菌（*B. ovis*）、沙林鼠布氏杆菌（*B. neotomae*）和近两年才发现的海洋哺乳动物布氏杆菌（*B. maris*）。在同一种内，依其生物学性状的不同，总共可分为 21 个生物型，其中羊型分 3 个生物型，牛型分 9 个生物型，猪型分 5 个生物型，其余各种各分一个生物型。布氏杆菌各个种与生物型菌株之间，形态及染色特性等方面无明显差别。陆地上的6种布鲁氏菌根据LPS是否含有O链将其分为粗糙型（R型）与平滑型（S型）。临床上以羊、牛、猪3种布氏杆菌菌种最常见，其中羊种布氏杆菌病致病力最强。

布氏杆菌是球杆状和短棒状细菌，长0.6μm～7.5μm，宽0.5μm～0.7μm，两端钝圆，单独排列，少数成对存在，形态比较一致。培养时间较长时，细菌的形态则呈现多行性，如R型细菌会呈现链状。电镜观察，菌体表面呈脑回状，菌体可见三层细胞壁。外层为LPS成分，中层为硬质细菌壁，内层为软质胞浆膜。布氏杆菌不可移动、不形成芽孢、无鞭毛或者荚膜，为革兰氏阴性细菌，通常无两极浓染现象，虽不是真正的抗酸但可抵抗弱酸脱色，可被改良Stamp染色法-Ziehl-Neelsen染色法染成红色，故有时候用该法通过显微镜诊断固体或者液体病料涂片。

布氏杆菌为需氧菌，培养基pH值为6.6～7.4时最适合生长，但有些菌株需要在浓度为5%～10%的CO_2中才能生长，尤其是第一代分离时。布氏杆菌生长对营养要求较高，在普通培养基上生长不良，需用肝汤、胰蛋白胨肉汤、马铃薯培养基或特制的布氏杆菌肉汤培养基。培养基中加入3%甘油、5%葡萄糖和10%马血清，更有利于该菌生长。目前实验室研究多用牛、羊新鲜胎盘加10%兔血清制作培养基，效果较好。但即使是在良好培养条件下，布氏杆菌生长仍较缓慢，初代培养常需5d～10d甚至20d～30d，不过实验室长期传代保存的菌株，通常培养24h～27h即可生长良好。在不良环境，如抗生素的影响下，本菌易发生变异。当细菌壁的LPS受损时该菌即由S型变为R型。当胞壁的肽聚糖受损时，则细菌失去胞壁或形成胞壁不完整的L型布氏杆菌。这种表型变异形成的细菌可在机体内长期存在，待环境条件改善后再恢复原有特性。

布氏杆菌在自然环境中生命力较强，在病畜的分泌物、排泄物及死畜的脏器中能生存4个月左右，在食品中可生存约2个月，60℃加热30min或者70℃加热5min可将其杀死，在腐败病料中迅速失去活性，在土壤、皮毛、乳制品中可以存活数月。布氏杆菌对常用化学消毒剂较敏感，一般常用的消毒药都能将其很快杀死，2.0%苯酚、来苏儿、氢氧化钠（别名火碱）溶液或0.1%升汞，可于1h内杀死；5.0%新鲜石灰乳2h或1h可杀死该菌；2.0%福尔马林3h可将其杀死；0.5%洗必泰或0.01%度米芬、消毒净或新洁尔灭，5min内即可杀死该菌。

布氏杆菌有 A、M 和 C 3 种抗原成分，其中 C 为共同抗原。一般牛种布氏杆菌以 A 抗原为主，A∶M 为 20∶1；羊种布氏杆菌以 M 为主，M∶A 为 20∶1；猪种布氏杆菌 A∶M 为 2∶1。制备单价 A、M 抗原可用其鉴定菌种。布氏杆菌的抗原与伤寒、副伤寒、沙门菌、霍乱弧菌、变形杆菌 OX19 等的抗原有某些共同成分。布氏杆菌种间有较高同源性（>90%）。

（二）历史及地理分布

1814 年伯内特（Burnet）首先描述“地中海弛张热”，并与疟疾作了鉴别。1860 年马斯顿（Marston）第一次系统地描述布氏杆菌病，且把伤寒与地中海弛张热区别开。1887 年英国军医布鲁斯（Bruce）在马耳他岛从死于“马耳他热”的士兵脾脏中分离出“马耳他种布氏杆菌病（*B. melitensis*）”，首次明确了该病的病原体。1897 年休斯（Hughes）根据本病的热型特征，建议称“波浪热”。后来，为了纪念布鲁斯（Bruce），学者们建议将该病取名为“布氏杆菌病”。1897 年赖特（Wright）与其同事发现病人血清与布氏杆菌的培养物可发生凝集反应，称为 Wright 凝集反应，从而建立了迄今仍用的血清学诊断方法。丹麦学者邦（Bang）和美国学者特姆（Traum）分别于 1897 年和 1914 年在流产母牛羊水和猪流产胎儿中分离到流产布氏杆菌（*B. abortus*）和猪布氏杆菌（*B. suis*）。1921 年，学者 Bevan 在南非从病人身上分离到牛种布鲁氏菌；1924 年，学者 Keefer 在南非，学者 Viviani 在意大利，学者 Evans 在北美均从病人身上分离到猪种布鲁氏菌。从而证明 *B. melitensis*、*B. abortus* 和 *B. suis* 对人均有感染性。1953 年新西兰学者巴德尔（Buddle）发现绵羊布氏杆菌（*B. ovis*），1958 年美国学者斯通尼（Stoennet）发现沙林鼠布氏杆菌（*B. neotomae*），1966 年美国学者卡迈克尔（Carmichael）发现犬布氏杆菌（*B. canis*）。

1997 年，苏格兰政府从海豹、鲸和水獭中分离出布氏杆菌，随后又相继在英格兰北部海岸和加利福尼亚海岸从海豚体内分离出布氏杆菌，这些发现使人类暴露、被传染和流行的潜在可能性增加。

世界上 200 多个国家和地区中有 170 多个国家和地区有人、畜存在布病，世界上有 1/6~1/5 的人受布病威胁，全世界现有 500 万 ~600 万人患有布病，年新发病人数约有 50 万。在世界范围内流行牛种布氏杆菌的国家和地区有 101 个，约有 13 亿头感染牛；流行羊布氏杆菌的国家和地区有 50 个，约有 18 亿只绵羊、山羊感染；感染猪布氏杆菌的国家和地区有 33

个，约有9亿头为患病猪。各大洲的人间布病疫情是：拉丁美洲，有16个国家和地区存在布病，其发病率为0.02/10万~5.28/10万；欧洲有29个，发病率为0.04/10万~21.46/10万；亚洲有33个，发病率为0.003/10万~11.90/10万；大洋洲有9个，发病率为0.97/10万~2.51/10万；非洲有36个，发病率为0.59/10万~10.00/10万。有50个国家和地区的绵羊、山羊存在布病流行，主要集中于非洲和南美洲等国家和地区；101个国家和地区中有牛布病发生，主要分布于非洲、中美洲、南美洲、东南亚以及欧洲南部等；33个国家和地区的猪有布病，主要集中于美洲、非洲北部和欧洲南部等。世界上畜间布病以牛布氏杆菌感染牛的布病为主，占家畜布病分布国家和地区的1/2以上。

我国古代医籍中对布病虽有描述，但直到1905年布恩（Boone）才对在重庆地区发生的布病作正式报道。20世纪50年代中期，我国开始了有组织、有计划的人畜布病调查。据报道，我国部分地区的人、畜都不同程度受到布病威胁。

（三）流行病学

1. 易感动物

在自然条件下，布病的易感动物范围很广，世界上有200多种动物可感染布病，主要是羊、牛、猪，此外还有牦牛、野牛、水牛、羚羊、鹿、骆驼、野猪、马、狗、猫、野兔、狐、鸡、鸭和一些啮齿类动物，另外，人也能感染。羊布氏杆菌，除感染山羊、绵羊外，还能感染牛、鹿、马和人等；牛布氏杆菌，除感染牛外，还能感染马、猫、鹿、骆驼及人等；猪布氏杆菌，除感染猪外，也可以感染牛、马、鹿、羊等；绵羊布氏杆菌只感染绵羊；犬布氏杆菌，除感染犬外，也有对人致病的报道；沙林鼠布氏杆菌只感染本动物。有文献报道海洋布氏杆菌可感染人，主要引起神经系统的症状。

2. 传播方式

布病主要经消化道感染，也可经伤口、皮肤和呼吸道、眼结膜和生殖器黏膜感染。病畜从乳汁、粪便、尿液和精液中排出病原菌，污染草场、畜舍、饮水、饲料及排水沟而使病原菌四处扩散。苍蝇携带、蜱叮咬也可传播本病。

家畜的感染总体上可分为单一感染型和交叉感染型。家畜除感染此种布氏杆菌外，还存在交叉感染的情况。山羊和绵羊对羊布氏杆菌最易感。牛对牛布氏杆菌易感，也可感染羊布氏杆菌和猪布氏杆菌。猪对猪布氏杆菌和羊种布氏杆菌均易感。马和犬对羊、牛、猪布氏杆菌均易感，鹿对牛布氏杆菌和羊布氏杆菌易感。

3. 传染源

病畜和带菌动物，特别是流产母畜是最危险的传染源。母畜最易感染，成年家畜较幼畜易感。成年怀孕母畜感染后，主要引起胎盘炎，常导致怀孕5~9个月的母畜流产。即使不发生流产，在胎盘、胎液和阴道排泄物中也存在大量病原。乳腺及有关淋巴结也可被感染，并经乳汁排菌。通常妊娠期满，又重复感染子宫和乳房，妊娠产物和乳中病原菌数量减少。急性感染时，大多数体淋巴结都有细菌。单峰骆驼和双峰骆驼也患布病，与接触感染了牛布氏杆菌和羊布氏杆菌的大、小型反刍动物有关。病菌存在于流产的胎儿、胎衣、羊水及阴道分泌物中，因配种致使生殖系统黏膜感染尤为常见。

布病容易传播感染人，与人类有关的传染源主要是羊、牛、猪、犬、鹿、马等，人间布病发生季节与羊群产羔及流产密切相关。职业性接触常致病，兽医和农民经常接触感染动物和流产胎儿或胎盘，存在很大的职业危险。通常口、呼吸系统和结膜是主要感染途径，如肉类加工时病原菌从接触处的破损皮肤进入人体。实验室工作人员可因与染菌的器皿接触而感染。牧民接羔为主要的传播途径，为家畜接生、剥牛羊皮、剪打羊毛、挤奶及切病畜肉类，接触家畜甚至都可得病。进食染菌的未彻底消毒的乳制品和未煮熟的带菌畜肉类，布氏杆菌可自消化道进入人体，进食染菌的未彻底消毒的乳制品和未煮熟的带菌畜肉类是造成公共卫生危害的主要途径。

（四）发病机理及病理变化

1. 发病机理

布氏杆菌感染宿主后，能在很短的时间里大量繁殖，目前主要认为其致病机制与其在巨噬细胞内复制、繁殖能力以及抵抗吞噬过程中嗜中性白细胞的杀伤作用有关，在巨噬细胞中释放腺嘌呤等物质阻断吞噬小体、核小体和溶酶体对细菌的作用，从而逃避宿主免疫，保护它在细胞内繁殖，并破坏细胞产生全身感染。布氏杆菌无典型的外毒素、Ⅲ型分泌系统等毒力元件，胞内生存复制是其致病的主要因素。本菌致病力与各型菌新陈代谢过程中的酶系统，如透明质酸酶、尿素酶、过氧化氢酶、琥珀酸脱氢酶及细胞色素氧化酶等有关。细菌死亡或裂解后释放内毒素是致病的重要物质。

2. 病理变化

病畜主要病变为生殖器官的炎性坏死，淋巴结、肝、脾等器官出现水肿和特征性肉芽肿。有的病畜出现关节炎。母畜的病变主要在子宫内部。在子宫绒毛膜间隙有污灰色或黄色无气味的胶样渗出物；绒毛膜有坏死病灶，表面覆以黄色坏死物或灰色脓液；胎膜因水肿而肥厚，呈胶样浸润，表面覆以纤维素和脓汁，流产之后母牛常继发子宫炎，子宫内膜充血、水肿，呈污红色，有时还可见弥漫性红色斑纹，有时尚可见到局灶性坏死和溃疡；输卵管肿大，有时可见卵巢囊肿；严重时乳腺肿胀。公畜患病后，可能出现睾丸和附睾坏死或增生，精囊出血、坏死。流产的胎儿主要为败血症变化，脾与淋巴结肿大，肝脏中有坏死灶，肺常见支气管肺炎。

（五）临床症状

牛布氏杆菌病潜伏期长短不一，一般为14d~120d。潜伏期的长短，由病原菌的毒力、感染量及感染时母牛的妊娠期决定。症状一般不明显，症状明显的病畜主要表现为流产、关节炎、乳房炎和睾丸炎等。

未怀孕的母畜通常无临床症状。成年母牛感染后表现为有一个或多个症状（如流产、胎衣不下等，少数有关节炎），主要可引起胎盘炎，常导致怀孕5~9个月的母畜流产，可发生于妊娠的任何时期，多见于6~8个月，另多见胎盘滞留，失去生育能力。公牛出现睾丸炎及附睾炎。有些牛发生关节炎、黏液囊炎和跛行。

绵羊和山羊常见流产和乳房炎。怀孕母羊易感染，常发生胎盘炎，引起流产和死胎。流产发生于妊娠后的3~4个月。母山羊常常连续发生2~3次流产。公山羊生殖道感染则发生睾丸炎。有的病羊出现跛行、咳嗽。绵羊附睾种布氏杆菌感染后症状局限于附睾，常引起附睾肿大和硬结。

猪的明显症状也是流产。出现暂时性或永久性不育、睾丸炎、跛行、后肢麻痹、脊椎炎，偶尔发生子宫炎、后肢或其他部位出现溃疡。

该病菌侵入人体后，能抵抗吞噬细胞的吞噬销毁，并能在该细胞内增殖。经淋巴管至局部淋巴结，待繁殖到一定数量后，突破淋巴结屏障进入血流，反复出现菌血症，以后该菌随血液侵入脾、肝、骨髓等的细胞内寄生，血流中细菌逐步消失，体温也逐渐消退。细菌在细胞内繁殖至一定程度时，再次进入血流又出现菌血症，体温再次上升，反复呈波浪热型，引起一种急性发热性疾病——波浪热，急性期后可以发展成慢性型，引起肌肉—骨骼系统和心血管系统、中枢神经系统的严重并发症。

（六）诊断

WOAH《陆生动物诊断试验与疫苗手册》（2019）第 3.1.4 章推荐的布鲁氏菌病诊断方法，包括：革兰氏染色、细菌培养、鉴定和分型、PCR 确诊方法、疫苗株的鉴定，布鲁氏菌素皮肤反应试验、血清凝集试验、本地半抗原和细胞质基质试验、牛奶试验、γ 干扰素测试、缓冲布鲁氏菌抗原实验（BBAT）、CFT、ELISA、荧光偏振试验等。

使用改良抗酸染色法证明流产材料或阴道分泌物中存在类似布鲁氏菌的微生物，可以提供布鲁氏菌的证据。PCR 方法是检测样本中是否存在布鲁氏菌 DNA 的额外手段。只要有可能，应通过培养子宫分泌物、流产胎儿、乳房分泌物或选定组织（如淋巴结、男性和女性生殖器官）的样本来分离布鲁氏菌。通过噬菌体裂解、培养、生化和血清学试验来鉴定物种和生物变型。PCR 可以提供一种基于特定基因组序列的互补鉴定和分型方法。

缓冲布鲁氏菌抗原试验（孟加拉玫瑰试验和缓冲平板凝集试验）、CFT、ELISA 或荧光偏振试验是筛选畜群（包括小型反刍动物、骆驼和牛）的合适试验。然而，没有一种血清学试验适用于每种动物和所有流行病学情况，其中一些试验不足以诊断猪的布鲁氏菌病。因此，在筛选试验中呈阳性的样品应使用确定的确认或补充策略进行评估。对散装牛奶样本进行的间接 ELISA 或奶环试验对筛选和监测奶牛是有效的。布鲁氏菌素皮肤试验可用于未接种反刍动物和猪，当在没有明显危险因素的情况下出现阳性血清学反应时，可作为筛查或验证性群体试验。

（七）防控/防制措施

布病是一种慢性传染病，而且隐性病例比较多，临床上不易确诊，因此，往往被人们所忽视，易造成严重损失，所以对布病的预防控制必须贯彻“预防为主”的方针，采取综合性措施，防患于未然。对易感动物如猪、牛、羊等要全面实施检疫，对阳性畜进行扑杀等无害化处理，阴性畜免疫，也只有这样才能控制该病。此外，在高度污染的国家和地区，作为临时措施往往分群净化。

1. 免疫

牛布病疫苗对牛有一定的保护力，但是现有的布病疫苗无论在免疫原性还是生物安全性方面均存在着不足，免疫效果不稳定，持续时间短。中国自己研制的布病疫苗 S2 株（简称 S2 疫苗）、M5 株（简称 M5 疫苗）、S19 株（简称 S19 疫苗），对当地的一些动物品种有较好的效果，WOAH 认可中国使用的猪布病疫苗为布病疫苗 S2 株。

2. 消毒

对牧场、乳厂和屠宰场的牲畜定期进行卫生检查。控制传染源、切断传播途径，对病畜污染的畜舍、运动场、饲槽及各种饲养用具等严格消毒，可以用 20%漂白粉或 10%石灰乳等进行消毒。病畜的流产胎儿、胎衣、羊水及产道分泌物等，更要妥善消毒处理，死畜必须深埋。病畜乳及其制品必须煮沸消毒，粪便发酵处理。皮毛消毒后还应放置 3 个月以上，方准其运出疫区。

3. 监测及处理措施

检出的病畜应及时隔离治疗，固定放牧地点及饮水场，严禁与健康畜接触，必要时宰杀。

4. 治疗

本病和一般病不同，属细胞内寄生菌，治疗极为困难。土霉素、金霉素和链霉素等对本病有效。日本等国家采用检疫淘汰的防疫方式，不准治疗。对有治疗价值的病牛要加强饲养管理，增加营养，改善卫生条件，促使康复。对子宫内膜炎和胎衣不下的病牛，可应用 0.1% 的高锰酸钾或 0.02%的呋喃西林溶液反复洗涤子宫和阴道。严重病例可应用抗生素和磺胺类药物治疗。

（八）风险评估

1. 传入评估

布病呈世界性分布，是一种高度传染性疾病，危害严重，世界各国应加强对布病的重视。

在自然条件下，布病的易感动物范围很广，世界上有 200 多种动物可感染布病，主要是羊、牛、猪，其中羊布氏杆菌病最多见。此外还有牦牛、野牛、水牛、羚羊、鹿、骆驼、野猪、马、狗、猫、野兔、狐、鸡、鸭和一些啮齿动物。布病引起感染动物胎膜发炎、流产、不育、睾丸炎及各种组织的局部病变的症状。从病源国家或地区进境的上述动物携带并传播病毒的可能性非常大，因此，布病易感动物作为传播媒介的风险较高。

2. 暴露评估

布病几乎可以感染所有动物，但主要感染人、牛、绵羊和山羊，会造成母畜流产。在感染家畜的排泄物和流产胎儿中含有大量的病原体，处理不当很容易将疾病扩散，对环境造成影响。由于布病无典型临床症状，一旦发现疫情，若不及时处理，容易造成大规模传染，特别是在家畜繁殖季节，会造成非常大的经济损失。同时，也会给与畜群和畜产品接触较多的人带来很高的风险。

3. 后果评估

我国多个省、自治区和直辖市发现过布病，再次发生的可能性非常大。目前，对于布氏杆菌的致病机理和毒力因子并不是十分清楚，而且对于布氏杆菌的诊断国际上还没有一种令人满意的方法。一旦发生疫情，将对我国畜牧业、动物及其产品出口、食品安全、公共卫生及人类生命健康等造成重大损失，严重影响人民的日常生活，并引起一系列社会问题。

六、结核病

结核病（Tuberculosis）是一种古老的危害严重的人畜共患传染病，其病原体属于分枝杆菌，据推测，分枝杆菌最早起源于 1.5 亿年以前。在埃及、印度、中国分别于5 000年前、3 300 年前和2 300年前就有结核病的文字记载。世界卫生组织报告显示，2020 年，全球约有 150 万人死于结核病，全球约有 410 万名结核病患者尚未被诊断或报告。由于结核病的重要性，世界卫生组织规定每年 3 月 24 日为世界结核病防治日。根据感染的机体不同，常见的结核病有人结核病（Human Tuberculosis）、牛结核病（Bovine Tuberculosis）和禽结核病（Avian Tuberculosis），分别主要由结核分枝杆菌、牛分枝杆菌和禽分枝杆菌引起。牛结核病和人结核病可以相互感染，禽结核病也可以感染牛和人类。

结核病是 WOAH 法定报告疫病，《中华人民共和国进境动物检疫疫病名录》将其归为二类传染病。

（一）病原

在微生物分类学上，分枝杆菌属原核生物界、原壁菌门、放线菌纲、放线菌目、分枝杆菌科、分枝杆菌属（*Mycobacterium*），迄今报道的有100多种。分枝杆菌属的成员均为好氧菌，形态平直或弯曲细长，革兰氏阳性杆菌。在一定情况下可产生菌丝，但这些菌丝在搅动后成为杆状或球形。按生长速度和营养要求，《伯杰氏系统细菌学手册》将分枝杆菌菌种基本上分为3大类：（1）缓慢生长群，在新鲜培养物接种的培养基上，仅7d或更多时间就可出现宏观可见的菌落，此接种物充分稀释可以产生彼此分开的菌落。微菌落试验阳性。（2）快速生长群，在类似的条件下25℃和37℃时7d以内便出现宏观可见的菌落。微菌落试验阴性。（3）有特殊生长要求或未曾在体外培养出的菌类。缓慢生长分枝杆菌根据其色素产生的情况，又进一步分为光产色、暗产色和不产色3组。

结核杆菌对外界环境的抵抗能力强，试验证明，将带菌的痰液置于干燥处10个月后接种于豚鼠仍能发生结核；冰点下可存活4~5个月；污水中可存活长达11~15个月。但该菌对湿热抵抗力较弱，65℃ 30min、70℃ 10min死亡，100℃立即死亡，另外，于直射阳光下2h死亡，5.0%碳酸或来苏儿24h、4.0%福尔马林12h方能杀死。

（二）历史及地理分布

牛结核病在亚洲、欧洲、非洲、大洋洲、美洲均有发生。近年来，由于流动人口的骤增，耐药结核病蔓延，公众对结核病控制的忽视，以及贫富差距加剧等，致使结核病疫情加重，有的国家和地区呈持续上升趋势。新冠疫情之前，结核病已成为全球传染病的头号杀手。据世界卫生组织公布的《2022年全球结核病报告》数据，2020年和2021年全球结核病的死亡数两年内连续增加。死亡数已经回到了2017年的水平。全球结核病死亡数从2019年的140万例升高至2020年的150万例，进而增加到2021年的160万例。

1917—1940年，美国提出并实施消灭牛结核的计划，美国的牛结核感染率在1940年迅速下降至0.48%，至1967年部分州宣布无结核牛群。1998年，美国实现了无结核病目标。在美洲的其他国家，1995年墨西哥肉牛和奶牛的感染率分别为 0.02%和 2%；1985 年巴西的牛结核病感染率为 5%，经过 10 年的迅速蔓延，1995 年巴西的牛结核病感染率高达 21%；同样，位于拉丁美洲和加勒比海地区的 34 个国家中，发生牛结核病的国家数量高达 20 个，其他 14 个国家中，2 个国家没有牛结核病方面的数据，剩余的 12 个国家没有牛结核病的报道。

在欧洲，德国、丹麦、挪威及荷兰等国家已基本消灭了牛结核病。由于牛结核病在野生动物与牛之间可互相传播，英国、法国和西班牙的牛结核病尚未得到消灭。

澳大利亚从 20 世纪 70 年代正式开始牛结核的根除工作，新西兰随后也采取了有效措施，消灭了牛结核病。但近年来由于野生动物结核病的出现，致使牛结核疫情卷土重来。

在非洲，有 25 个国家报道发生过牛结核病，但只有 15%的国家对结核病牛群采取了检疫和扑杀政策，其余的国家采取控制措施不充分或根本未采取任何有效措施。加之在撒哈拉以南非洲地区，有近 40%的人长年忍受着极度的贫困和饥荒，卫生条件恶劣的生活环境加剧了结核病的滋生，使得这类人畜共患的传染病在人类和动物之间蔓延。因此，牛结核病不断发生，给预防工作造成了极大的困难。

《2022 年全球结核病报告》显示，牛结核病在亚洲各国有着悠久的历史，有 16 个国家有报道，同时亚洲也是人类结核病的高发区之一。印度人结核病发病率和感染率位居世界第一，其中 5%~10%的人结核病是因牛结核分枝杆菌感染引起的。在我国，牛结核病依然是最常见的多发性疾病之一，20 世纪 50 年代我国出现了牛结核病的大暴发，1955 年检出阳性率达 36.4%。20 世纪 60 年代以后，我国采取了有效措施，把结核病控制在较低水平。

（三）流行病学

1. 易感动物

牛分枝杆菌主要感染不同种属的温血动物，包括有蹄动物、有袋动物、食肉类动物、灵长类、鳍脚类动物和啮齿类动物在内的 50 多种哺乳动物，还包括类鹦鹉鸟、石鸽、北美洲乌鸦等 20 多种禽类。其中牛是最易感的动物，尤其是奶牛，其次是水牛和黄牛。牛分枝杆菌常常能引起各种家畜的全身性结核。

2. 传染源和传播方式

牛结核分枝杆菌是牛结核病的主要病原。病畜是主要传染源，牛结核分枝杆菌的传播途径有呼吸道、消化道等。其中，消化道对结核菌有着较强的抵抗力，胃里含有的大量胃酸可将其杀死；然而呼吸道内的肺泡对结核菌的抵抗力甚小，肺泡内进入一个结核菌，假如机体抵抗力较低，即可引发结核病。由此可见，呼吸道传播为牛结核病的主要传播途径。在人类结核病中，飞沫形式传播已被确认为最可能的感染途径，也有人结核病以飞沫形式传染给动物的报道。

人类的结核病多因牛分枝杆菌或结核分枝杆菌感染导致，其另一感染途径为消化道传播。由于结核病奶牛的乳汁中含有大量的牛结核分枝杆菌，另外，牛舍中被牛结核分枝杆菌污染的飞沫和尘埃很有可能污染由健康的奶牛挤出的乳汁。所以，食入未经检疫的畜产品，尤其是饮用未经巴氏消毒或煮沸的患有结核病牛的奶会经消化道感染，其中幼儿感染牛分枝杆菌者居多。此外，另一重要的传播途径则是采食被结核分枝杆菌污染的饲料和饮水。病畜、病禽的排泄物也可带菌，养殖场如果对其管理不善，这些排泄物可能再度污染水源、流入田地，从而感染人和其他动物。此外，还有通过撕咬传染和垂直传播的报道。

结核病一年四季均有发生，无季节流行性。规模化养殖场内以区域性流行为主，而在农村主要以散发为主。盲目引种、检疫不严格、对检出的阳性动物没做到及时处理、未能从根本上将传染源消灭，以及人畜间相互感染等造成结核病不断发生和流行。

（四）发病机理及病理变化

结核杆菌是通过与细胞表面上特异性受体结合而进入巨噬细胞。研究发现，结核分枝杆菌以受体途径直接侵入巨噬细胞的过程至少与 3 种表面活性蛋白受体有关，这些受体包括甘露糖受体（MR）、补体受体和 Fc 受体。巨噬细胞对有毒力结核杆菌具有吞噬作用。结核分枝杆菌进入巨噬细胞后，滞留在一个不成熟的吞噬体中。为了提高其在细胞内的存活率，入侵的结核杆菌能够修饰吞噬体，影响其成熟过程。此外，细胞膜上的胆固醇富集区域是病原体进入巨噬细胞的停泊点，同时胆固醇还可以介导吞噬体与含色氨酸、天冬氨酸的衣壳蛋白（tryptophane aspartate－containing coat. protein，TACO）缔合，TACO 可以防止病原菌在吞噬体中被降解。这样，病原体从细胞膜上胆固醇丰富区域进入巨噬细胞，形成富含胆固醇的吞噬体，吞噬体又被TACO所包裹，阻止了吞噬体与溶酶体的融合，从而在巨噬细胞中存活。

结核分枝杆菌侵入巨噬细胞后，在吞噬体中虽可避免被溶酶体降解，但活化的巨噬细胞可产生活性氧（ROS）和活性氮（RNS），它们可自由扩散至结核分枝杆菌所在的吞噬体。因此，结核分枝杆菌能够对抗ROS和RNS的杀伤作用也是逃避机制之一。被巨噬细胞或单核细胞摄入的结核杆菌很可能是在细胞吞噬溶酶体内被杀灭。巨噬细胞和T细胞的协同作用，通过抗原特异性迟发性超敏反应（DTH）来杀灭结核杆菌。另外，巨噬细胞在机体对结核杆菌免疫应答中可作为一种重要的抗原递呈细胞（APC）而发生作用。

结核杆菌初次感染往往不表现症状，宿主免疫反应可以控制，使细菌不能活跃繁殖和扩散，但是不能根除。该细菌是胞内致病菌中最容易造成并维持潜伏状态的，即出现无症状携带者，潜伏期的唯一临床指标是无症状携带者能够对结核分枝杆菌的抗原产生DTH。结核病的许多症状其实是宿主的免疫反应所导致的，而非细菌的直接毒性作用。从临床症状可以得出结论，结核分枝杆菌成功感染需多个阶段：在巨噬细胞中成功繁殖；结核分枝杆菌能够修饰宿主的免疫反应，使宿主能够控制但不能根除细菌；能够在宿主中相对不活跃地持续存在而保留被激活的潜力。感染的不同阶段涉及变化环境，因此细菌一定有一套系统调控多个基因的表达，使细菌能适应不同的环境变化。

根据患病器官不同，可分为肺结核、乳房结核、生殖结核、肠结核等。按结核病的病理阶段分原发性结核和继发性结核两种。原发性的结核结节有针尖大小，呈圆形、灰白色、透明或半透明状的瘤状物。在组织学上结节中心常见1~2个朗罕氏巨细胞，在其周围有少数中性淋巴细胞。继发性的结核结节多以增生性炎症为主，除表现有结核结节外，也有弥漫性、间质性炎症。以肺部和肺淋巴结尤为多见。不论是局限性、分散性或全身性的病变如何演变，这些病变的特性都可概括为以渗出性为主或以增生性为主或以变质过程为主的三种病理变化，而且在病变形态上最有特征的表现就是结核结节。结核病病理变化发生的特点有两个：（1）原发病灶不一定出现在原始的侵入门户；（2）病灶内出现明显肉芽肿变化，在结核病灶内有大量上皮样细胞增生，构成特殊性肉芽。

（五）临床症状

猪结核病可由禽分枝杆菌、牛分枝杆菌和结核分枝杆菌引起，猪对禽分枝杆菌的易感性比其他哺乳动物高。猪感染结核主要经消化道感染，在扁桃体和颌下淋巴结发生病灶，很少出现临床症状，当肠道有病灶则发生腹泻。猪感染分枝杆菌则呈进行性病程，常导致死亡。

牛结核病一般由牛分枝杆菌引起，结核分枝杆菌和禽分枝杆菌对牛毒力较弱，牛结核病的潜伏期一般为16d-45d，有的更长，通常为慢性。在感染初期不表现特有症状，一般情况下表现为日渐消瘦，精神不振，频频咳嗽，被毛无光，皮肤失去弹性，食欲不振，产奶量下降等等。常表现为肺结核、乳房结核、淋巴结核，有时可见肠结核、生殖器结核、脑结核、浆膜结核和全身结核。

羊较少发生结核病，一般为慢性经过，无明显临床症状。

（六）诊断

细菌学检查包括通过显微镜检查证明抗酸杆菌，从而提供推定确认。在选择性培养基上分离分枝杆菌，然后通过培养和生化测试或DNA技术（如PCR）对其进行鉴定，确认感染。出于动物福利方面的考虑，过去用于确认牛分枝杆菌感染的动物接种现在很少使用。

DTH试验是检测牛结核病的标准方法。包括测量皮肤厚度，将牛结核菌素皮内注射到测量区域，并在72h后测量注射部位的任何后续肿胀。皮内结核菌素试验与牛结核菌素和禽结核菌素的比较主要用于区分感染牛分枝杆菌的动物和因接触其他分枝杆菌或相关属而对结核菌素敏感的动物。使用单一或比较试验的决定通常取决于结核病感染的流行率和环境对其他致敏生物体的暴露水平。由于其更高的特异性和更容易标准化，纯化蛋白衍生物（PPD）产品已取代热浓缩合成培养基结核菌素。牛的PPD推荐剂量至少为2 000国际单位（IU），在结核菌素对比试验中，每个剂量不得低于2 000国际单位。根据所使用的试验方法对反应进行解释。

基于血液的实验室检测可以进行诊断，例如伽马干扰素检测法（使用ELISA作为干扰素检测方法）、淋巴细胞增殖检测法（检测细胞介导的免疫应答）和间接ELISA（检测抗体应答）。其中一些测试的试剂和实验室执行可能是一个限制因素。使用基于血液的分析方法可能是有利的，尤其是对于难处理的牛、动物园动物和野生动物，由于缺乏某些物种的数据，对该试验的解释可能会受到阻碍。

目前，对于牛结核病国际诊断标准主要有 WOAH《陆生动物诊断试验与疫苗手册》（2019）第 3. 4. 6 章。国内诊断标准有《乳及乳制品中结核分枝杆菌检测方法　荧光定量 PCR 法》（SN/T 2101）、《肺结核诊断标准》（WS 288）、《猴结核病旧结核菌素变态反应试验操作规程》（SH/T 1685）、《乙型肝炎表面抗原酶免疫检验方法》（WS/T 223）、《实验动物　结核分枝杆菌检测方法》（GB/T 14926. 48）。

（七）防控/防制措施

结核病的防控主要采取免疫、检疫、监测、扑杀、无害化处理、隔离、消毒等措施。引进的动物，必须是经检测为阴性的动物，或是来源于无结核群的动物。发现阳性动物要及时进行无害化处理。

对圈舍等环境定期消毒，以消灭传染源与传播媒介。在牧场或畜舍出入口要设置消毒池，对进出的车辆、饲养人员、兽医要进行严格消毒。产自隔离牛群的牛奶必须经巴氏灭菌法或煮沸消毒。对牛场管理人员进行健康监测，避免人畜互相传染。

（八）风险评估

1. 传入评估

结核病是一种人畜共患病，而且可以感染多种动物。结核病在世界范围内广泛存在，近年来此疫情有抬头趋势。来自疫区的活动物有传入结核病的可能。

2. 暴露评估

结核病在全世界范围内广泛存在，我国有相当数量的易感动物，使疫病的传播风险增大，结核病的传入将给我国畜牧业生产带来严重的威胁。

3. 后果评估

牛是该病最易感的动物，牛分枝杆菌可感染牛、猪、人、鹿和大象等 50 种温血动物。在猴、狒狒、狮子、大象和水牛间均有结核病发生的报道，牛结核病和人结核病可相互感染，禽结核病也感染牛和人，这种无种群界限的相互传播倾向应该引起足够的重视。由于牛和人类的关系（人食用牛奶、牛肉及制品等）较其他动物更为密切，随着牛奶在人正常饮食中的比重加大，人的结核病发病率也在上升，社会流行病学研究显示，二者呈明显的流行病学相关性。有 5%～10%的人结核病是由牛分枝杆菌引起。由此可以看出，牛结核病是其他动物结核病最大的传染源。

近年来，全球范围内的结核病疫情加重，呈持续上升趋势。当前全球约 1/5 的人已感染了结核病菌，每年有 800 万新发结核病患者，有150 万～300 万人死于结核病。因结核病致死的人口数量超过了其他传染病死亡人数的总和，世界总死因排名第 7 位。依据《2022 年全球结核病报告》数据，2020 年和 2021 年全球结核病的死亡数两年内连续增加。死亡数已经回到了 2017 年的水平。全球结核病死亡数从 2019 年的 140 万例升高至 2020 年的 150 万例，进而增加到 2021 年的 160 万例。在中国，结核病仍是主要的传染病之一，据世界卫生组织发布的《2022 全球结核病报告》，我国结核病防控取得了重大进展，近年来结核病患者治愈率始终保持在 90%以上，但作为结核病高负担国家，我国结核病防控形势依然严峻，中国 2021 年的结核病新发患者数为 78 万，仅次于印度和印度尼西亚。

七、副结核病

副结核病（Paratuberculosis），又称副结核性肠炎、约翰氏病（Johne's disease），是由副结核分枝杆菌引起的反刍动物的慢性消化道疾病。以顽固性腹泻、渐进性消瘦、肠黏膜增厚并形成皱襞为主要特征。主要引起牛发病，幼年牛最易感。人、马、驴、猪、绵羊、山羊、鹿和骆驼等动物也有自然感染的病例。

WOAH 将其列为通报性疫病。《中华人民共和国进境动物检疫疫病名录》将其划为二类传染病。

（一）病原

根据《伯杰氏系统细菌学手册》，副结核分枝杆菌（Mycobacterium avium subspecies paratuberculosis，MAP）属于分枝杆菌科（Mycobacteriaceae）、分枝杆菌属（*Mycobacterium*）。近年来，有人发现其与禽分枝杆菌Ⅱ型相似值为 99%～105%，与胞内分枝杆菌（*M. intracellulare*）Ⅳ型相似值为 110%，因而提出了禽-胞内-副结核分枝杆菌复合物（MAIPC）的新分类方案。副结核分枝杆菌是一种细长杆菌，有的呈短棒状，有的呈球杆状，不形成芽孢、荚膜和鞭毛，革兰氏染色阳性。大小为（0.3~0.5）μm ×（0.5~1.5）μm。

副结核分枝杆菌对热和化学药品的抵抗力与结核菌相同，因含有丰富的脂类，在自然环境中生存力较强，对干燥和湿冷的抵抗力很强。在干痰中可存活 10 个月，在病变组织和尘埃中能生存 2~7 个月或更久，在水中可存活 5 个月，在粪便、土壤中可存活 6~7 个月，在牛乳、甘油盐水、冷藏奶油中可存活 10 个月，在污染的牧场、厩肥中可存活数月至 1 年。对湿热抵抗力差，60℃ 30min 或 80℃ 1min~5min 可杀灭，在阳光下经数小时死亡。常用消毒药经 4h 可将其杀死。

（二）历史及地理分布

该病呈世界性流行，以奶牛业和肉牛业发达的国家受害最为严重。自 1988 年至 1999 年 6 月，我国黑龙江大庆地区 5 个牧场 29 个养牛队中发病 13 个队，占 44.83%，共检出奶牛副结核病 100 例，病牛检出率为 11%~24%，个别牧场甚至高达 75%，给养牛业造成巨大的经济损失。2008 年，我国学者应用细菌培养、组织病理学以及免疫组织化学方法检测奶牛副结核病，结果 204 头奶牛中有 151 头奶牛为副结核分枝杆菌培养阳性，53 头奶牛为副结核分枝杆菌培养阴性，阳性分离率达到 74%。该病无明显季节性，但常发生于春秋两季。主要呈散发，有时可呈地方性流行。该病给畜牧业带来很大损失，仅在美国动物性食品方面的损失每年就可达 2.0 亿~2.5 亿美元。由于该病潜伏期长，在明显症状出现之前不易被发现，加之人工培养分枝杆菌难度又高，一旦感染可在短期内传播至整个牛群，给畜牧业尤其是肉牛的生产带来巨大的经济损失。

（三）流行病学

1. 易感动物

本病主要引起牛（尤其是乳牛）发病，幼年牛最易感。绵羊、山羊、鹿和骆驼等动物也可感染，马、驴、猪也有自然感染的病例。人和牛可相互传染，也能传染其他家畜。

2. 传播方式和传染源

感染途径主要是经口感染。病畜是主要传染源，症状明显期和隐性期内的病畜均能向体外排菌，主要随粪便排出体外，也可随乳汁和尿排出体外。动物采食了污染的饲料、饮水，经消化道感染，也可经乳汁感染幼畜或经胎盘垂直感染胎儿。

（四）发病机理及病理变化

病菌侵入后在肠黏膜和黏膜下层繁殖，并引起肠道损害。主要病变在消化道（空肠、回肠、结肠前段）和肠系膜淋巴结，以肠黏膜肥厚、肠系膜淋巴结肿大为特征。肠黏膜增厚 3~20 倍，并发生硬而弯曲的皱褶，如大脑回纹；黏膜色黄白或灰黄，皱褶突起处常呈充血状态，黏膜上面紧附有黏液，稠而浑浊，但无结节和坏死，也无溃疡；肠腔内容物甚少。肠系膜淋巴结肿大变软，切面浸润，上有黄白色病灶，但无干酪样坏死。

（五）临床症状

潜伏期长达 6~12 个月，甚至数年。本病为典型的慢性传染病，以体温不升高、顽固性腹泻、高度消瘦为临床特征。起初为间歇性下痢，后发展到经常性顽固性下痢。粪便稀薄恶臭，带泡沫、黏液或血液凝块。食欲起初正常，精神也良好，后期食欲有所减退，随着病程的进展，病畜消瘦，眼窝下陷，经常躺卧，泌乳逐渐减少，营养高度不良，皮肤粗糙，被毛松乱，下颌及垂皮可见水肿。最后因全身衰弱而死亡。病变为小肠末端出现广泛性肉芽肿，导致吸收不良、进行性消瘦。病牛表现出慢性持续性腹泻、体重迅速减轻、弥漫性水肿、产奶量和繁殖力下降。许多牛发病之后，因高度渴感而大量饮水，下颌间隙和胸部等处出现不同程度的浮肿，肿胀面积大小不一，无热、无痛。我国科研人员用直肠黏膜粪便检菌法从 174 头牛中检出 78 份阳性奶牛，其中顽固性腹泻症状牛为 100%（78/78），消瘦症状的占 88.46%（69/78），出现下颌浮肿的为 84.62%（66/78）。

绵羊和山羊症状相似。潜伏期数月至数年，病羊体重逐渐减轻，间断性或持续性腹泻，但有的病羊排泄物较软。保持食欲，体温正常或略有升高。发病数月以后，病羊消瘦、衰弱、脱毛、卧地。末期可并发肺炎。染疫羊群的发病率为 1%~10%，多数发病动物最终死亡。

人主要症状为身体不适、倦怠、易烦躁、心悸；食欲不振、消瘦、体重减轻；植物性神经紊乱；长期低烧，多呈不规律性，多在午后发热，傍晚下降，晨起或上午正常；重症患者还会发生盗汗。

（六）诊断

副结核的诊断分为临床感染的诊断和亚临床感染的诊断，后者对于在农场、国家或国际层面控制该疾病至关重要。亚临床感染的诊断取决于通过血清学检测特异性抗体、从尸体、粪便等样本中通过PCR或细胞介导反应或组织培养检出病原。试验的选择取决于具体情况以及个体动物或畜群水平所需的敏感性和特异性程度。副结核分枝杆菌的培养样品来源于粪便或组织，样品经去除污染物的处理后，接种到含有或不含有MAP生长所必需的特定生长因子（霉杆菌素）的培养基中分离培养。

由于感染过程长，通过血清学检测副结核的控制很困难，通常表象为亚临床感染，并且缺乏能够准确诊断亚临床感染动物的检测方法。牛副结核病常用的血清学检测方法是ELISA。AGID可以作为检测绵羊副结核的方法。血清学检测方法的敏感性和特异性通常根据粪便培养的结果来确定，但是粪便培养方法对亚临床感染牛的检测的敏感性仍不确定。ELISA对于具有典型临床症状的奶牛副结核的诊断效果较好。

目前，对于副结核病的诊断标准主要有WOAH《陆生动物诊断试验与疫苗手册》(2019）第3.1.15章，包括病原鉴定，补体结合（CF）试验，ELISA，AGID，DTH。国内标准有《副结核分枝杆菌实时荧光PCR检测方法》(GB/T 27637)，规定了副结核分枝杆菌实时荧光PCR检测方法的技术要求和操作规范，适用于快速检测培养物、血样、奶样、粪便和组织等临床样品中副结核分枝杆菌。

（七）防控/防制措施

副结核病是国家法定二类动物疫病，是一种能造成重大经济损失，需要采取严格控制、扑灭等措施，防止扩散的疫病。

由于病牛往往在感染后期才出现临床症状，因此药物治疗通常无效。预防本病重在加强饲养管理，增强抵抗力，特别是对幼年牛更要给予足够的营养，以增强其抗病力。不要从疫区引进牛只，如已引进，则必须进行检查，保证健康后再混群。

曾经检出过病牛的假定健康牛群，在随机做观察和定期进行临床检查的基础上，对所有牛只，每年要对所有牛只做4次（每次间隔3个月）变态反应检查，变态反应阴性牛方准调群或出场，连续3次检疫不再出现阳性反应牛，可视为健康牛群。

对应用各种检查方法检出的病牛，在排除类症的前提下，按照不同情况采取不同方法进行处理，对具明显临床症状的开放性病牛和细菌学检查阳性的病牛，要及时扑杀处理，但对妊娠后期的母牛，在严格隔离不散菌的情况下，待产犊3d后扑杀处理；对变态反应阳性牛，要集中隔离，分批淘汰，在隔离期间加强临床检查，有条件时采取直肠刮取物、粪便内的血液或黏液做细菌学检查，发现有明显临床症状和菌检阳性的牛，及时扑杀处理；对变态反应疑似牛，隔离15d~30d检疫1次，连续3次呈疑似反应的牛，应酌情处理；变态反应阳性母牛所生的犊牛，以及有明显临床症状或菌检阳性母牛所生的犊牛，立即和母牛分开，人工饲喂牛初乳3d后单独组群，人工饲喂健康牛乳长至1月龄、3月龄、6月龄时各做变态反应检查一次，如均为阴性，可按健康牛处理。

对病牛污染过的牛舍、栏杆、饲槽、用具及运动场等要定期用生石灰、来苏儿、氢氧化钠（俗称苛性钠）、漂白粉、苯酚等消毒液彻底消毒；粪便应堆积高温发酵后再利用。

本病的人工免疫效果仍不理想。国外曾应用菌苗对牛、绵羊进行预防接种，但因免疫效果不佳和使接种牛对变态反应呈阳性反应等问题而未能推广。

本菌对磺胺类药物、青霉素及其他广谱抗生素均不敏感，但对链霉素、异烟肼、对氨基水杨酸和环丝氨酸等敏感。

（八）风险评估

1. 传入评估

通常牛、羊、鹿、骆驼等反刍动物（包括野生品种）对副结核分枝杆菌易感。在特定情况下该病也可感染单胃动物，但仅带菌而不发病。通过家畜进口传入副结核的风险较高。

2. 暴露评估

该病发生于世界各地，我国部分地区流行严重，可感染牛、绵羊、山羊、鹿、骆驼、马、驴、猪等动物。由于该病在明显症状出现之前不易被发现，一旦感染可在短期内传播至整个牛群，给畜牧业尤其是肉牛的生产带来巨大的经济损失。

3. 后果评估

WOAH将副结核病列入多种动物共患病，即对社会经济或公共卫生有影响，并对动物和动物产品国际贸易有明显影响的可感染多种动物的传染病。

副结核病潜伏期长，有的终生感染而不表现出临床症状。至目前为止，尚无治疗该病的有效方法，防治该病的主要方法是监测、隔离和淘汰病畜，这会造成非常大的经济损失，同时给与畜群和畜产品接触较多的人带来很高的风险。症状明显和隐性期内的病畜均能通过粪便、乳汁等排泄、分泌物向体外排菌，污染周围环境，最后因全身衰弱而死亡。

我国是畜禽养殖大国，副结核病的宿主来源广泛且数量巨大，近几年大型集约化养殖场数量迅速增多，使疫病的传播风险增大，一旦发生大规模的副结核病疫情，将严重影响我国畜牧业经济发展，并威胁到从事动物养殖和产品加工行业的员工的健康，并且控制和扑灭疫情所需要的人力、物力投入巨大，会造成社会对疫病的恐慌，病原体对环境的负面影响也将持续很长时间，所以疫情引发的不良影响将是长期、深远的。

八、弓形虫病

弓形虫病（Toxoplasmosis）是原生动物寄生虫刚地弓形虫（Toxoplasma Gondii）引起的人畜共患性传染病。刚地弓形虫是一种专性寄生于细胞内的原生动物寄生虫，可引起绵羊、山羊和猪流产。弓形虫病可引起绵羊和山羊产出弱羔，可能伴有木乃伊胎儿。其特征是，胎盘子叶呈典型的斑点状，胎盘绒毛间膜正常，但在子叶上可见直径2mm～3mm的白色坏死灶。在显微镜下这些病灶显示为无炎症性凝固坏死区或者非化脓性的炎症区，弓形虫速殖子（Toxoplasma Tachyzotes）在病灶区很少见，通常是在病变区的周围，脑部检查可显现小胶质病灶，病变经常有一个小中心坏死灶，常常发生钙化。由于胎盘病变造成的缺氧经常出现脑白质中的灶性白软化，白软化反映胎盘的损害程度，灶性小胶质病变较为特异，其他疾病也可能发生类似现象，如边界病或羊衣原体病。在典型的流产病例中，如母羊怀孕中期感染则在预产期前产出死胎，与流产胎儿同时出生的胎儿体弱或木乃伊胎。如怀孕早期感染，这时胎儿的免疫系统尚未发育，则引起胎儿死亡或再吸收。这种情况下，可致母羊不孕，进而可变为全群性不孕。如母羊在怀孕晚期感染，则可在预产期产出被感染的临床表现正常的子代。不论弓形虫感染是否发生在怀孕期，感染之后的任一孕期不一定发生流产症状。猪的感染可引起孕猪发生严重的流产症状，但是温和型和亚临床症状更为常见。

刚地弓形虫的生活史分为无性繁殖阶段和有性繁殖阶段两部分。无性繁殖阶段发生于中间宿主，包括绝大部分温血动物，有性繁殖阶段发生于终末宿主猫科动物的上皮细胞，有性繁殖阶段可产生卵囊，在最初感染几天内猫在粪中排出卵囊，在以后的1d~5d卵囊在外界环境中形成孢子，这时卵囊具有传染性。卵囊抵抗力很强，在外界环境中可保持感染性一年以上。形成孢子的卵囊直径为11μm×13μm，每个卵囊含有4个孢子体，包在两个孢子囊中。当易感动物摄取形成孢子的卵囊后，孢子体就穿透肠内壁，变为速殖子而形成感染。

无性生活中有两个发育阶段：快速繁殖的速殖子和缓慢繁殖的缓殖子。速殖子迅速穿入宿主细胞并在其中繁殖使细胞破裂，于所在部位释放出孢子进入血液。当宿主产生免疫力后，该寄生虫保持其体积和形状，转入缓殖子阶段，在组织包囊内缓慢繁殖形成持续感染，这些组织囊在脑和骨骼肌中最常见，表明该寄生虫在宿主体内处于静期。在绵羊、山羊、猪、马和人中，包囊可在宿主体内终生存活，通常不引起牛、骆驼或鹿的临床症状，但可引起猴、澳大利亚袋鼠、野兔及一些鸟类死亡。

由刚地弓形虫引起的绵羊与山羊的流产须与其他病原体引起的流产相鉴别，诸如流产衣原体、立克次氏体、马耳他布鲁氏杆菌病、胎儿弯曲杆菌（胎儿亚种）病、沙门氏杆菌病、边界病以及引起蓝舌病、弗赛斯布朗病等病原的感染。

弓形虫是一种重要的机会致病性原虫，在全世界范围内广泛存在和流行。据国际权威杂志《柳叶刀》推测，世界上约有1/3的人口感染弓形虫。弓形虫病严重影响着人类健康和畜牧业的发展。

（一）病原

1. 分类地位

弓形虫属于原生动物界，顶复门，孢子虫纲，真球虫目（Eucoccidiorida），弓形虫科（Toxoplasmatidae），弓形虫属（*Toxoplasma*）。目前，大多数学者认为发现于世界各地人和各种动物的弓形虫经过鉴定，在主要特征上未发现显著差异，为单一种和单一血清型，但有不同的虫株。

2. 形态特征

弓形虫在不同的发育阶段具有不同的形态结构。在终末宿主（猫及猫科动物）体内为裂殖体、配子体和卵囊，在中间宿主（多种哺乳类动物和鸟类）体内为滋养体和包囊，现分别介绍各型虫体的形态特征。

（1）滋养体

滋养体（Trophozoite）又称速殖子（Tachyzoite），因其增殖迅速而命名。速殖子在急性感染的机体内自行繁殖，有细胞内型及游离型。在光镜下看到游离的滋养体的典型形态呈新月形、弓形或香蕉状，一端较尖，另一端钝圆。平均大小为（2~4）μm×（4~7）μm。分裂前变为椭圆形或纺锤形，中央有一染色质核，略靠近钝端，核直径为1.5μm~2μm，约占虫体的1/4，核有核膜和核仁，胞浆内有时可见一个或几个空泡和或大或小的颗粒，经姬姆萨液或瑞氏液染色后，胞浆呈蓝色或淡蓝色，有颗粒；核染色后呈深蓝色，核内有颗粒状或网状染色质聚集物，位于钝圆的一端，常看不到核膜。用铁苏木精液染色时，核中央染色质呈环状排列，核周围有密集的嗜铁颗粒，胞浆内还有较大的圆形、椭圆形颗粒及散在的小颗粒。在组织切片上，速殖子的形态呈圆形、椭圆形或典型的半月形，直径比涂片标本小，因虫体发育阶段及切片平面不同而有不同形态。扫描电镜下可见虫体表面光滑，体侧缘近细胞核处可见有1~2个由表膜内陷而形成的微孔（胞口）。透射电镜下可见虫体表膜由外膜、内膜和微管组成。外膜为典型的单位膜结构，包被整个虫体，内膜较外膜稍厚，在虫体前端有增厚的极环（Apicar Ring），是嗜锇酸性内膜增厚所致；外环包围着锥体（或称类锥体，Coniod），由1根至数根盘曲的小管组成，犹如一个压紧的弹簧；22根膜下微管（Microtublule）起始于极环，斜向后延伸，终止于体后端的后环；棒状体呈棒形腺样结构，微线体（Micronema）为一些弯曲的管状构造，位于虫体前端，与棒状体对齐；细胞核位于虫体后半部或稍近中央，呈圆形或椭圆形，有核膜包围，有位置不定的核仁；内质网呈管状相当发达，分布于整个虫体，粗面内质网管状壁外侧附有许多核蛋白体；高尔基体（Golgi Body）由重叠平行的扁囊组成，多位于核前，扁囊仅一层膜，囊数为6~7个；线粒体1个至数个，常分布在核前部；此外，在胞质内还有致密颗粒、空泡及溶酶体等。

滋养体主要出现于急性病例的腹水中，常可见到游离的（细胞外的）单个虫体。在有核细胞（单核细胞、内皮细胞、淋巴细胞等）内可见到正在进行内双芽增殖的虫体。有时在宿主细胞的胞浆中，许多滋养体簇集在一个囊形成假囊或称假包囊（Pseudocyst）。实际上假包囊内的滋养体最初由一个虫体繁殖而来，故又称其为虫体集落或克隆（Clone）。

（2）包囊

包囊（Cyst）又称组织囊（Tissue Cyst）。在慢性感染的机体中，滋养体在脑、肌肉等细胞内繁殖积聚成球状，数量由少到多，并包有一层弹性的坚韧薄膜，成嗜银性，希氏高碘酸染色（PAS）呈弱阳性，有时也可观察到膜呈两层，包绕虫体。当虫体繁殖多时，则膜壁延伸，数月后形成 1 个 10μm～60μm 的圆形体或椭圆形体，其中可含数千个虫体，称包囊。对其超微结构研究表明，包囊的膜为虫体分泌而形成的。包囊可长期存在于组织内，可能在宿主体内可终生存在，在豚鼠脑内感染后 5 年仍可查出包囊，可能在宿主体内终生存在。包囊并不是静止的，可随着虫体的繁殖而逐渐增大，甚至可大到 100μm。在一定的条件下，包囊破裂，虫体逸出，又进入新的细胞繁殖形成新的包囊。寄生在脑的包囊数占包囊总数的 57.8%～86.4%，主要在大脑，其次是小脑（占 21%～29.2%）、间脑（占 4.9%～19.5%），而脑桥和延髓最少。据报道，感染后鼠脑内的包囊数达 10 万～250 万个，可存在 490d 以上，以 Bevereley 株滋养体注射小白鼠，2 周后在大脑中发现包囊，3 周后除髓质外均发现包囊。2～5 周逐渐增加，6～7 周减少，8～9 周又增加，10 周后又减少，出现两个高峰。包囊通常在皮质下层最多，其次为嗅叶和小脑，多数包囊的直径为 21μm～40μm。包囊多时，小包囊较多；包囊少时，则大包囊较多。也可看到呈玻璃质样的壁，内部有单个镰刀形小体。

（3）假囊

急性感染机体的细胞内还有一种假囊，滋养体在细胞内繁殖使细胞膨胀，直到占据整个宿主细胞而形成圆形体。假囊的膜是由宿主细胞的膜所构成，并非原虫分泌形成，所以叫作假囊。一般在感染后 8d～11d 形成。实际上假囊就是含有数个至数十个弓形虫原虫的各种吞噬细胞，直径 15μm～40μm，有核存在，假囊内的虫体有丰富的糖原颗粒，纵线体数目较多，并延伸到虫体的后 1/3 处。在形态上应与寄生在白细胞内的弓形虫终末集落相区别。后者无嗜银性，希氏高碘酸染色呈阴性，虫体含糖原颗粒较少，纵线体数也较少，只延伸到虫体的前 1/3 处。在死于弓形虫病患畜的脑组织切片上，常发现假囊，周围也常有钙盐存在。

（4）卵囊

卵囊（Oocyst）见于终末宿主粪便内。弓形虫在猫科动物体内产生卵囊，除家猫、野猫外，在美洲豹、亚洲豹、猞猁等猫科动物体内也可产生卵囊，在非猫科动物体内则不产生卵囊。卵囊呈球形或卵圆形，大小为9μm×12μm，有无色薄膜及1个8μm~9μm的颗粒集块，其他与等孢球虫相似。但弓形虫的卵囊与其他球虫的卵囊相比较小，囊壁薄。卵囊在外界常温下经过3周左右时间发育成有2个成孢子细胞或称孢子囊的卵囊。孢子囊有囊壁，大小为3μm×7μm。在每个孢子囊内又发育成4个孢子体或称子孢子，孢子体大小为2μm~8μm，一端尖，一端钝，胞浆内有暗蓝色核。在卵囊内可同时看到2~4个或8个孢子体。从猫粪中刚排出的卵囊没有感染性，只有形成孢子体的卵囊才具有感染性。从未形成孢子体的卵囊多数呈球形，大小为（9~10）μm×12μm，长与宽之比为（1.15~1.23）：1，卵囊壁光滑无色，厚约0.5μm。发育成孢子体的卵囊为卵圆形，大小为11μm×12.5μm，长与宽之比为1.13：1至1.4：1，有两层光滑的膜，外层膜在6%次氯酸钠溶液中0.5h可被除去。孢子囊呈椭圆形，大小为6.1μm×8.5μm，长与宽之比为1.4：1。其一端有致密颗粒或小球状散在颗粒，姬姆萨液染色可在孢子体中见到核，有时其前端呈锥形。

给猫经口喂入包囊后，经2d~7d开始由粪便排出卵囊。喂入卵囊后，经21d~41d排出卵囊。食入滋养体后经7d~10d排出卵囊。排出卵囊持续3d~30d，一般为5d~14d，排出的高峰期有5d~8d，1g粪便中有数万到数千万个卵囊。

（5）裂殖体

裂殖体（Schizont）寄生于猫的上皮细胞中，成熟时变圆，直径12μm~15μm，有内外两层膜，有丰富的内质网、核糖体、高尔基体及辅助器，也有糖原颗粒及空泡。当裂殖体增殖时，核先分裂，外膜内陷，裂殖子发育，内含8~14个或4~20个裂殖子。

（6）裂殖子

游离的裂殖子（Merozoites）大小为（7~10）μm×（2.5~3.5）μm，前端尖，后端圆，核呈卵圆形，大小为2μm~3μm，常靠后端。裂殖子进入另一细胞内重新进行裂殖子繁殖，经过数代增殖后，有些裂殖子就变成配子母细胞，配子母细胞产生配子体。

（7）配子体

配子体寄生于猫的肠上皮中，有大小两种。大配子体是雌性，呈卵形或类球形，直径为15μm～20μm；核呈球形，直径为5μm～6μm，其内有1个致密的直径1μm～2μm的核仁，成熟后为大配子。小配子体是雄性，呈半月形，长4μm～6μm，每个小配子体有1对鞭毛，从一端延伸，长2μm～14μm，成熟后形成12～32个小配子。弓形虫的小配子体是一个接一个发育成群，占配子体数的2%～4%，这一点与其他球虫不同，其他球虫的小配子体是同时发育。以包囊喂猫3d～15d后（多数为4d～6d），在回肠上皮细胞内出现配子体。雌雄配子体结合为合子，合子发育成卵囊。

3. 体外培养

弓形虫是严格的细胞内寄生虫，在普通培养基上不能生长繁殖，只在鸡胚、组织细胞培养的组织细胞及实验动物体内生长繁殖。弓形虫可在多种组织培养细胞中生长，如在猴肾、猪肾等组织细胞中生长繁殖并出现病变，出现病变的时间与细胞种类有关。

4. 生活史

弓形虫的整个发育过程需两个宿主，在终末宿主肠内进行球虫型发育，在中间宿主等进行肠外发育。

（1）在终末宿主体内的发育

成熟的卵囊、包囊或假囊被终末宿主吞食后，囊壁被消化，其中的子孢子或滋养体释放出来，部分可穿入肠壁小血管，在组织细胞中与在中间宿主体内相似，进行二分裂生殖，但更主要的方式是侵入猫小肠上皮细胞内进行无性生殖和配子生殖。寄生部位可遍及整个小肠，但主要集中在回肠绒毛尖端的上皮细胞。虫体进入细胞后迅速生长，变成椭圆形，继而核反复分裂，达到一定数目后即趋向于排列在虫体的边缘，随后胞质亦分裂并与每个核结合成为裂殖子，此时称为成熟的裂殖体。裂殖体破裂后，裂殖子散出又可侵入另一个上皮细胞，反复进行裂殖生殖。感染后3d～15d，部分裂殖子侵入上皮细胞并发育为配子体。配子体分雌雄两种。雄的数量较少，占全部配子体的2%～4%。雄配子体成熟后核即分裂并移向周围，最后形成小配子而脱离母体，小配子利用鞭毛自由运动。雌配子体发育过程中形态变化不大，成熟后成为雌配子。雄配子游近雌配子结合而受精为合子，合子发育为卵囊随猫粪便排出体外。卵囊在外界环境中，在适宜的温度、湿度和充足氧气条件下，2d～4d发育为感染性卵囊。

（2）在中间宿主体内的发育

弓形虫的滋养体可以通过口、鼻、咽、呼吸道黏膜和伤口处侵入各种动物和人的体内，例如当动物采食另一动物的肉或乳中的滋养体或包囊而感染。常见的感染途径是动物食入了感染性卵囊污染的食物、饲草、饮水等。弓形虫卵囊中的子孢子主要是通过淋巴、血液循环带到全身各处，钻入各种类型的细胞内进行繁殖。在感染的急性阶段，尚可在腹腔渗出液中找到游离的滋养体。当感染进入慢性阶段时，在动物细胞内形成包囊。包囊有较强的抵抗力，在动物体内可存活数年之久。

（3）弓形虫感染的免疫学机制

宿主对弓形虫感染的免疫应答包括体液免疫和细胞免疫两个方面。细胞免疫较体液免疫更为重要，细胞免疫占有主导地位。体外实验证明，特异性抗体与速殖子结合，在补体成分的参与下可导致虫体裂解；抗体也可提高巨噬细胞对虫体的吞噬作用，从而说明抗体对细胞外的弓形虫有直接杀伤作用，但对细胞内的虫体则无杀伤作用。

在对抗弓形虫的免疫反应中，细胞免疫较体液免疫更为重要，通常自然感染后所获得的免疫力可持续终生，但这种免疫并不能清除感染。急性感染后，弓形虫以包囊的形式存活在肌肉与神经组织中可达数年之久，免疫与活虫感染同时存在，即通常称为带虫免疫。由于活动性抗原持续存在并不断刺激机体，所以在很长一段时间内甚至终生都可以检出抗体。

（二）历史及地理分布

弓形虫发现至今已有 100 多年，1908 年，法国科学家 Nicolle 和 Manceaux 在刚地梳趾鼠的单核细胞内发现了形似利什曼原虫的寄生虫，后经实验室研究发现其与利什曼原虫具有形态上的区别，在 1909 年将其命名为刚地弓形虫（*Toxoplasma gondii*，*T. gondii*）；同年意大利科学家 Splendore 在巴西的兔体内也发现了弓形虫，1908 年至 1939 年间，在全球超过 18 种脊椎动物体内发现弓形虫。1955 年我国科学家于恩庶首次从兔和猫体内分离出弓形虫虫体。1969 年英国青年学者 Hutchison 首次在猫粪中发现虫体卵囊，至此人类对弓形虫的生活史才有了一个较清晰的认识。

2020 年的研究资料表明，该病分布于世界各地，全球约有 1/3 的人口感染弓形虫，不同国家及地区的感染率相差悬殊，从 0. 6%到 94%不等，欧美地区较高，人群弓形虫感染率在英国为 20%～40%，美国为 50%～

60%，法国为80%~90%。《中国血吸虫病防治杂志》2019年报道，我国普通人群弓形虫抗体阳性率为8. 20%，孕妇为8. 60%。

此外，弓形虫在动物中分布也相当广泛，目前通过血清学检查证实有抗体的动物已知有猫、犬、羊、猪、牛、兔、鸽、鸡等200多种。

（三）流行病学

1. 宿主范围

动物的感染很普遍，但多数为隐性感染。感染的动物已知有猫、犬、猪、羊、牛、兔、鸽、鸡等200余种。

2. 传染源

主要为病畜和带虫动物，因其体内带有弓形虫的速殖子、包囊。已证明病畜的唾液、痰、粪、尿、乳汁、腹腔液、眼分泌物、肉、内脏、淋巴结以及急性病例的血液中都可能含有速殖子，如果外界条件利于其存在，就可能成为传染来源。

病猫排出的卵囊及被其污染的土壤、牧草、饲料、饮水等也是重要的传染源。吞食了患弓形虫病的动物特别是吃鼠类尸体的猫，经过3d~20d的潜伏期后，便从粪便中排出大量的卵囊，每天排出10万~100万个，并持续5d~14d。这些卵囊在外界短期发育并具有感染各种动物（包括猫）的能力。卵囊抵抗力很强，在低温情况下，未成熟卵囊的存活时间在4℃为90d，-5℃为14d，-20℃为1d。成熟（孢子化）卵囊-5℃为120d，-20℃为60d，-80℃为20d。干燥对卵囊损害很大，相对湿度82%时，孢子化卵囊30d失去感染力，相对湿度21%时为3d。

弓形虫对消毒剂抵抗力很强，在4℃环境中，滋养体和包囊在下列药品中0. 1%皂、0. 01%甲醛、50%乙醇、10%碳酸氢钠、5%苯酚（包囊）、0. 1%苯酚可存活15min。昆虫如蝇类、蟑螂等可机械携带本虫而起到传播作用。

3. 传播途径

（1）经口感染

经口感染是本病最主要的感染途径。人、各种动物摄入猫粪中的卵囊或带虫动物的肉、脏器以及乳、蛋中的速殖子、包囊都能引起感染。

（2）经胎盘感染

孕妇及怀孕的母畜感染弓形虫后，通过胎盘使其后代发生先天性感染。

（3）经皮肤、黏膜感染

速殖子可通过损伤的皮肤、黏膜进入人、畜体内。有人认为速殖子经口感染时，也是由损伤的消化道黏膜进入血流或淋巴而感染的。

（4）飞沫传染

病人和动物的唾液、痰液都曾证实有弓形虫存在，咳嗽、喷嚏等产生的飞沫可传播本病。

（5）节肢动物传染

在自然界的蜱、螨中曾分离到弓形虫，用人工感染蚊、衣虱、蟑螂等也获得成功，证明节肢动物也能携带病原体，存在使人类及动物感染的可能。

（6）其他途径

本病可通过输血或器官移植等感染，也可通过与被污染的土壤和尘埃接触而感染。

4. 易感动物

人、畜、禽和多种野生动物对弓形虫均具有易感性，其中包括200余种哺乳动物、70种鸟类、5种变温动物和一些节肢动物。在家畜中，弓形虫病对猪和羊的危害最大，尤其是对猪，可引起暴发性流行和大批死亡。在实验动物中，以小鼠和地鼠最为敏感，豚鼠和家兔也较敏感。

5. 流行特点

一般来说，弓形虫流行没有严格的季节性，但秋冬季和早春发病率最高，可能与动物机体抵抗力因寒冷、运输、妊娠而降低以及此季节外界条件适合卵囊生存有关。据调查，猫在7~12月份排出的卵囊较多，温暖潮湿地区感染率也较高。

（四）发病机理及病理变化

弓形虫在细胞内寄生和增殖，以致细胞被破坏，速殖子逸出后又侵犯邻近的细胞，如此反复破坏，引起组织的炎症反应、水肿、单核细胞和少数的多核细胞浸润。虫体首先以最前端接触被寄生的细胞，使细胞膜形成一个凹陷，在该处细胞质出现许多细小的颗粒和一些单层膜的小空泡。当虫体完全进入细胞后，在其周围由宿主细胞质产生一层薄膜，形成纳虫空泡，使虫体与细胞质分开。开始时薄膜把虫体包得很紧，随后虫胞扩大，在虫体与薄膜之间充满着液体和一些细小的管状纤毛。此时虫体稍变圆，其类锥体和前端的一些细胞器未见有明显变化。

虫体经血液散播可侵犯多种器官及组织，如宿主产生了免疫力，虫体的繁殖受到抑制并形成包囊，则成为慢性感染。包囊偶尔可以被破坏而释放缓殖子，部分缓殖子可形成新的包囊，部分可被宿主细胞所杀死，缓殖子的死亡可引起强烈的过敏性反应，如在脑部这一区域即逐渐由胶质细胞所代替，这种病灶增多时，宿主就会出现慢性脑炎的症状。如视网膜细胞被速殖子大量破坏或形成许多包囊，则可引起视网膜炎甚至失明。

1. 猪

猪的病理变化为肺炎、肺水肿、胸腔积液，肝有坏死点，全身淋巴结样肿胀并有坏死点，肠黏膜潮红、糜烂、肥厚，并有出血点、出血斑。有的病例在盲肠和结肠有少数散在的豆大溃疡灶。肾脏呈黄褐色，常见针尖大的出血点和坏死灶。脾肿大或萎缩，脾髓泥状，滤泡、脾小梁看不清楚，常可见少量粟粒大丘状出血点及灰白色小坏死灶。

2. 牛、羊

可在各种组织中发现虫体，马形虫病可引起绵羊和山羊胎盘子叶呈典型的斑点状，胎盘绒毛间膜正常，但在子叶上可见直径约 2~3mm 的白色坏死灶，在显微镜下这些病灶显示为无炎症性凝固坏死区或者非化脓性的炎症区，脑部检查可显现小胶质病灶，病变经常有一个小中心坏死灶，常常发生钙化，由于胎盘病变造成的缺氧经常出现脑白质中的灶性白软化，灶性小胶质病变较为特异。

（五）临床症状

1. 先天性弓形虫病

先天性弓形虫病经胎盘传播，只见于发生母体虫血症时。母体在怀孕前感染弓形虫，一般不传染给胎儿。据《中华妇幼临床医学杂志》2015 年报道，在妊娠期母体获得感染者，约有 50%的胎儿出现先天感染。在怀孕初期 3 个月内感染的症状较严重，常使胎儿发生广泛的病变而致流产、死产或婴儿出现弓形虫病症状。常见的有脑积水、小脑畸形、脑钙化灶、精神障碍、眼球畸形、脉络膜视网膜炎和肝脾肿大合并黄疸等。经感染而能存活的儿童常因脑部先天性损害而遗留智力发育不全或癫痫。部分先天性感染的婴儿无明显症状而仅表现血清抗体阳性，这类婴儿在成年后才出现脉络膜视网膜炎。受到感染的母亲在产下一胎先天性感染的婴儿后，因本身已成为慢性感染者，故次胎再出现先天性感染较罕见。

2. 获得性弓形虫病

人感染获得性弓形虫病最常见的表现为淋巴结肿大、较硬、有橡皮样感，伴有长时间的低热、疲倦、肌肉不适，部分患者有暂时性脾肿大，偶尔出现咽喉肿痛、头痛和皮肤出现斑疹或丘疹。如弓形虫侵犯其他器官，如心肌炎、肺炎、脑炎等，则出现相应的症状。成人获得性弓形虫病很少出现脉络膜视网膜炎。

弓形虫抗体广泛存在于人群中，但临床上弓形虫患者却不多见，这说明绝大多数感染无症状。

3. 动物临床表现

猪弓形虫病常呈急性感染和发作，感染后经过3d~7d的潜伏期，体温开始升高，幅度在40℃~42℃之间，呈稽留热，食欲减退，常出现异嗜、精神委顿和喜卧等，症状颇似猪瘟，被毛蓬乱无光泽，尿液呈橘黄色，粪便多数干燥，呈暗红色或煤焦油色，有的猪往往下痢和便秘交替发生。发生严重的肺水肿，表现为呼吸浅而快，严重时可见呼吸困难，呈腹式或犬坐姿势呼吸，吸气深，呼气浅短。怀孕母猪表现为高热、废食、精神委顿和昏睡，此种症状持续数天后可产出死胎或流产，即使产出活仔，也可发生急性死亡或发育不全。

牛弓形虫病的临床症状不明显。羊弓形虫病的临床表现主要以流产为主，在流产羊组织内可见有弓形虫速殖子，其他症状不明显。

（六）诊断

在流产的绵羊、山羊和猪中，弓形虫通常很难在组织切片中发现，但更可能见于脑和胎盘切片中。弓形虫可以通过免疫组织化学染色来确认，PCR可以用来识别组织中的寄生虫DNA。从样本中分离弓形虫代价高周期长，病原分离最好是用从胎脑或胎盘中提取的组织匀浆接种小鼠。

血清学检测中染色检测是建立时间最长的血清学方法，在许多方面代表了“金标准”，至少在人类中是这样。染色试验使用活的、有毒的弓形虫速殖子、补体样的“辅助因子”和试验血清，当特异性抗体作用于速殖子时，结合抗体的速殖子不能被碱性亚甲基蓝均匀染色。此外，由于使用活弓形虫，该检测具有潜在的人类感染风险，而且成本较高。染料测试只在少数实验室使用。间接荧光抗体（IFA）试验更安全，其滴度与染色试验相当，可用于区分 IgM 和 IgG 抗体。直接凝集试验和乳胶凝集试验都相对快速，都不需要复杂的实验室设施。酶联免疫吸附试验需要更复杂的实验室设备，但可以处理大量样本且不受主观因素的影响。

诊断标准主要有 WOAH《陆生动物诊断试验与疫苗手册》（2019）第 3. 1. 15 章，国内标准有《弓形虫病的诊断》（WS/T 486）、《弓形虫 IgG 抗体检测试剂（盒）（酶联免疫法）》（YY/T 1237）、《实验动物　弓形虫检测方法》（GB/T 18448. 2）、《弓形虫病间接血凝试验》（SN/T 1396）、《弓形虫病诊断技术》（NY/T 573）。

（七）防控/防制措施

积极预防，保持畜舍清洁，定期消毒。流产胎儿及其他排泄物，包括流产的场地均需进行严格消毒处理。对死于本病的和可疑的动物尸体严格处理，防治污染环境，禁止用上述物品喂猫、狗和其他动物。人特别是孕妇应避免和猫接触，以防感染。

对本病的治疗主要采用磺胺类药物，大多数磺胺类药物对弓形虫病均有效。磺胺类药物和抗菌增效剂联合用药疗效最好，但应注意在发病初期及时用药，如果用药较晚虽可使临床症状消失，但不能抑制虫体进入组织形成包囊，结果使病畜成为带虫者。另外，磺胺类药物也不能杀死包囊内的缓殖子。使用磺胺类药物应首次剂量加倍。投药或注射后 1d~3d 体温即可恢复正常，应连用 3d~4d。此外，二磷酸氯喹林和磷酸伯氨喹啉效果也很好。阿奇霉素、双氢青蒿素、美浓霉素、蒿甲醚、螺旋霉素、罗红霉素、克拉霉素等药物抗弓形虫作用较为明显，且给药方便、安全、见效快、复发率低。

弓形虫病根本的防治手段是研制行之有效、使用方便的疫苗。但是弓形虫生活史复杂，感染途径多，而且可形成包囊逃避宿主免疫，因此研制弓形虫疫苗甚为困难。

弓形虫病是一种危害严重的人畜共患病，今后应继续加强对其流行病学、快速检测方法的研究，同时筛选保护性抗原基因，尽快研制出弓形虫疫苗。

（八）风险评估

1. 传入评估

弓形虫病分布于世界各地，宿主范围广泛，但多数为隐性感染。人、畜、禽和多种野生动物对弓形虫均具有易感性，其中包括200余种哺乳动物，70种鸟类，5种变温动物和一些节肢动物。家畜进口传入该病的风险不容忽视。

2. 暴露评估

我国广泛存在弓形虫宿主，而且易感性较强，一旦动物种群引入该病，即可快速传播。

3. 后果评估

猪弓形虫病曾在中国养猪场中大规模暴发流行，死亡率高达60%，给养猪业造成巨大的经济损失。

近年来，随着研究的深入，发现弓形虫病的流行表现出许多新的特点，危害远远超出了人们的估计。这些新特点主要表现为：与动物其他病原混合感染，危害加重；鸡群与其他鸟类感染普遍，是重要传染源；野生动物感染严重，具有自然疫源性；海洋和水生动物感染，水体被污染；经水和肉品传播，引起人类群体感染；隐性感染对人群危害严重。

中国是畜禽养殖大国，弓形虫的宿主广泛且数量巨大，动物感染弓形虫后的主要危害之一是暴发弓形虫病后引起的治疗费用以及动物死亡带来的直接经济损失，另一危害则是感染后长期带虫，动物生长缓慢、饲料利用率下降、生产性能低下、繁殖障碍等带来的间接损失。从国家卫生健康委员会的调查结果以及之前的报道来看，弓形虫病不仅是我国重要的人体寄生虫病之一，也是重要的食源性寄生虫病，影响居民的饮食安全。此外，弓形虫病严重威胁下一代健康成长，已经成为优生优育的一大威胁。

因此，一旦弓形虫病暴发或长期隐性带虫，将造成严重的经济损失，成为威胁人类健康的重要公共安全问题。

九、钩端螺旋体病

钩端螺旋体病（Leptospirosis）简称钩体病，是由致病性钩端螺旋体引起的一种人兽共患的自然疫源性传染病。广泛分布于全世界，本病对我国危害严重。人患钩体病表现轻重不一，大多数经不同程度的临床反应后恢复，少数严重者治疗不及时则可引起死亡。动物多发于仔猪，分急性型、亚急性型和慢性型，急性型表现为体温升高至40℃，稽留热3d~5d；亚急性型和慢性型表现为眼结膜潮红、发黄、苍白；皮肤发红、瘙痒或泛黄；上下颌、头颈部及全身水肿，指压有凹陷，俗称“大头瘟”。成年猪的慢性钩体病通常为亚临床感染，不易察觉，但血液中经常可检出钩体抗体，成为钩体隐性携带者。其他动物如牛、羊、马、犬、鹿、貂等亦可感病，症状也分急性型和亚急性型，症状与猪基本相似。

（一）病原

《伯杰氏系统细菌学手册》中描述钩端螺旋体属于钩端螺旋体科（Leptospiraceae），钩端螺旋体属（*Leptospira*）。该属共有两个种，一个为问号钩端螺旋体（L. interrogans），寄生、致病性钩体；另一个为双曲钩端螺旋体（Leptospira biflexa），腐生、非致病性钩体。钩端螺旋体是形态学与生理特征一致、而血清学与流行病学各异的一类螺旋体，长为6μm~30μm，直径为0.1μm~0.2μm。因其由12~18个螺旋规则而紧密盘绕，一端或两端弯曲成钩状而得名。在暗视野或相差显微镜下，钩体呈细长的丝状、圆柱状，螺纹细密而规则，菌体两端弯曲成钩状，通常呈“C”形或“S”形弯曲，运动活泼并沿其长轴旋转。钩体的主要结构为：外膜、鞭毛和柱形螺旋状原生质体。鞭毛位于外膜和柱形圆生质体间的壁膜间隙，是钩体的运动器官，可能与钩体对机体的黏附和侵袭有关。鞭毛根据直径大小分为3部分：11.3nm直径的核心结构（主要由34 kDa和35.5 kDa的蛋白组成），其外由两层鞘包绕构成，21.5nm直径的内膜（主要由36 kDa的蛋白组成）和42nm直径的外膜。外膜位于钩体细胞表面，在维持钩体形态结构的完整性、功能代谢的稳定性，以及决定钩体抗原特性和宿主相互作用的过程中都发挥着重要的作用。钩体外膜，由3~5个交替的电子不透明和透明层组成，主要由外膜蛋白OrnpL1和脂蛋白LipL32、LipL41、LipL36，以及脂多糖和类脂等组成。脂多糖为糖—脂—蛋白质复合物，占细胞干重的3%~5%，其中约有5%的蛋白质、33%的类脂、51%的糖和0.4%的磷。LPS是钩体感染机体过程中的主要免疫相关抗原。溶血素存在于一些钩体的上清液中，能作用于红细胞和其他细胞膜中的磷脂，从而导致细胞溶解，是钩体的毒力相关因子。目前研究较多的溶血相关基因主要有sphA、sphH、hap-1。革兰氏染色为阴性，但较难着色，姬姆萨染色可着色，呈淡紫红色，但效果不好，镀银染色和刚果红负染效果好，镀银染色为黑色或棕褐色。

1. 理化特性

钩体对外界抵抗力较强，在冷湿及弱碱环境中生存时间久，在河沟及水田中能存活数日至月余，但对干燥、热、酸、碱和消毒剂很敏感。阳光直射2h，60℃～70℃下1min，50℃下10min，45℃ 20min～30min便可将其杀死；对低温抵抗力较强，-30℃ 1h仍有部分生存，低于该温度可致死；于-20℃放置14d仍存活。一般的消毒剂如苯酚、煤酚、乙醇、高锰酸钾等常用浓度均可将其杀死，在游离氯超过0.3～0.5mg/L条件下经3min死亡。

2. 血清分型

截至2022年，全世界已发现26种血清群和至少269种血清型，且不断有新的血清型被发现。其宿主范围、地理分布、致病力各有差异。猪是波摩那型钩体的贮存宿主，但至少还有12种不同血清型的钩体可感染猪，最为流行的是犬型、黄疸出血型、澳洲型、波摩那型和塔拉索型。我国以波摩那型为主，其次是犬型。

3. 血凝反应

发病动物的血清具有血凝现象。以活的标准型钩体作为抗原，与患者血清混合，如血中有特异性抗体，则发生凝集现象。

4. 培养

钩端螺旋体体外培养需氧，但对培养基营养要求不高。通常能在含动物血清和蛋白胨的Korthof培养基上、不含血清的半综合培养基、无蛋白全培养基以及选择培养基上生长良好。最适pH值为7.2～7.4，最适生长温度为28℃～30℃。在液体培养基中培养1～2周，可见其变成半透明、云雾状混浊，之后逐渐透明，管底出现沉淀块；在半固体培养基中，菌体生长较液体培养基要迅速、稠密且持久，在表面下数毫米处生长形成白色致密的生长层；在固体培养基上可形成无色、透明、边缘整齐，平贴于琼脂表面的薄菌落，大的有4mm～5mm，小的有0.5mm～1.0mm。钩体不发酵糖类、不分解蛋白质，氧化酶和过氧化氢酶均为阳性，某些菌落能产生溶血素。

（二）历史及地理分布

本病在世界各地流行，热带、亚热带地区多发。尤其是气候温暖、雨量较多的热带、亚热带地区的江河、湖泊、沼泽、池塘和水田地带。据《PLOS Neglectal Tropical Diseases》杂志 2015 年报道，该病广泛分布于全世界，多见于洪水频繁的热带地区的贫困国家和一些发展中国家，如马来西亚、印度、斯里兰卡和巴西等。

我国是受钩体病危害十分严重的国家，自 1955 年本病被列入法定报告传染病以来，全国累计报告 240 多万病例，死亡 2 万多病例，全国除新疆、甘肃、青海、宁夏、台湾外，其他 27 个省、自治区、直辖市均有病例报告。20 世纪 90 年代后钩体病流行呈下降趋势，但每年仍在不同地区出现暴发疫点。

（三）流行病学

1. 易感动物

几乎所有温血动物都可感染，啮齿动物是最常见的钩体宿主。畜禽中猪、牛和鸭的感染率较高。现已证明，爬行动物、两栖动物、节肢动物、软体动物和蠕虫等亦可自然感染钩端螺旋体病。在猪群中，该病主要侵害仔猪和怀孕母猪，其他猪多呈隐性感染。

2. 传播方式和传染源

主要通过皮肤、黏膜及消化道感染，特别是破损皮肤，也可经交配、人工授精和在菌血症期间通过血吸昆虫如蜱、虻、蝇等传播感染。各种带菌动物主要通过尿液向外排菌，从而污染水源、土壤、植物、食物及用具，接触这些被污染的物体就可被感染，特别被污染的水对人畜的感染更为严重。人可通过收割水稻、接触雨水和洪水或其他途径，经皮肤黏膜细胞破损处感染。病畜和带菌动物是该病的传染源，猪感染钩端螺旋体非常普遍，鼠类繁殖快、带菌率高、排菌时间长，可能终生带菌。此外其他动物，如犬、牛、马、羊也可作为传染源，蛙也是重要的储存宿主和传染源。

（四）发病机理及病理变化

钩端螺旋体通过其表面被称为黏附素的外膜蛋白与宿主细胞外膜基质的结合来启动感染。钩端螺旋体侵入动物机体后通过血液循环定殖于肾小管。侵入机体12h后可在肝脏发现大量前体，体温升高前前体主要积聚于肝脏，心肌和肺脏中很少见。体侵入血液并进行增殖时，红细胞大量崩解，血中血红蛋白增多，引起溶血性黄疸。在发热期，肝中菌体数量增加，使肝脏变性、坏死，胆红袁直接进入血液和组织内，引起实质性黄疸。随着黄疸的出现，菌体逐渐自血液、肺、心、肝内消失，但在肾脏内的数量增加，此时肾脏发生变性、坏死和出血，随尿不断向外排细和血红蛋白、出现血尿。在蒙体毒素作用下，毛细血管（特别是皮肤和口腔黏膜）发生血栓和周围细胞浸润，血管狭窄，局部组织营养障碍，形成坏死。

牛、羊、马、鹿等病变大同小异。皮肤有干裂坏死性病灶；口腔黏膜有溃疡；黏膜及皮下组织黄染，有时可见浮肿；肺、心、肾和脾等实质器官有出血斑点；肝肿大、泛黄；肾稍肿，且有灰色病灶；膀胱积有深黄色或红色尿液；肠系膜淋巴结肿大。

（五）临床症状

1. 急性型

多发生于大猪和中猪，多由犬型、黄疸出血型、波摩那型钩体感染，呈小型暴发或散发，潜伏期为1~2周。表现为体温升高至40℃，稽留热3d~5d，病猪表现沉郁、厌食、腹泻、黄疸以及神经性后肢无力、震颤、皮肤干燥，后期坏死，1d~2d内全身皮肤和黏膜黄染，有的病猪尿液变黄，出现血红蛋白尿甚至血尿，圈舍内腥臭味明显。死亡率达50%以上。

2. 亚急性和慢性型

多发于断奶仔猪，表现为眼结膜潮红、发黄、苍白，皮肤发红、瘙痒或泛黄；上下颌、头颈部及全身水肿，指压有凹陷，俗称“大头瘟”。尿呈浓茶色或红色，有腥臭味；粪便时干时稀，病猪消瘦无力，病程达十几天或数月不等。病死率高达50%以上，多数耐过猪变为僵猪。患病母猪则表现为流产型症状，母猪表现为发热、无乳，个别病例有乳腺炎发生，怀孕不足4~5周的母猪在感染4d~7d后发生流产、死胎。母猪流产率可达20%~70%不等。怀孕后期母猪感染则产出弱仔，这些仔猪不能站立移动时呈游泳状，不会吸乳，经1d~2d死亡。在波摩那型与黄疸出血型钩体感染所致的流产中，胎儿出现木乃伊化或各器官呈均匀苍白，出现或缺乏黄疸，死胎常出现自溶现象。成年猪的慢性钩体病通常为亚临床状态，不易察觉，但血液中经常可检出钩体抗体，成为钩体隐性携带者。

3. 其他动物的临床症状

牛：急性型常为突然高热，黏膜发黄，尿色很暗，有大量白蛋白、血红蛋白和胆色素。常见皮肤干裂、坏死和溃疡。常于发病后 3d～7d 内死亡，死亡率甚高。亚急性型常见于乳牛，体温有不同程度升高，食欲减少，黏膜发生黄疸，奶量显著下降或停止。乳色变黄如初乳状并常有血凝块，病牛很少死亡。经 2 个月后逐渐好转，但往往需要经 2 个月乳量才能恢复。流产是牛钩端螺旋体病的重要症状之一，一些牛群暴发本病的唯一症状就是流产，但也可与急性症状同时出现。

羊：羊感染钩端螺旋体后的症状基本上与牛相似，但发病率较低。

（六）诊断

从临床样本中分离鉴定钩端螺旋体非常耗时，需要在专业实验室进行。在流行病学研究中，先从携带者的肾脏中分离后再进行分型，确定特定动物群、动物物种或地理区域中存在的血清型。

钩端螺旋体可以将组织或体液的核酸利用普通 PCR 或荧光 PCR 检测。PCR 检测非常敏感，但 PCR 检测不能识别感染血清型。血清学检测是诊断钩端螺旋体病最广泛使用的手段，而显微凝集试验（MAT）是标准血清学检测。选择用于 MAT 的抗原应包括已知存在于特定区域的血清群的代表性菌株，以及检测宿主物种在其他地区流行的已知菌株。

（七）防控/防制措施

1. 定期消毒

控制该病的关键环节是切断带菌动物向猪传播病原，大力开展捕鼠、灭鼠工作，防止草、饲料、水源被鼠类粪尿污染。加强饲养管理，做好环境及猪圈卫生，对污水、圈舍四周、地面、垫草和用具要定期消毒，定期驱虫，以提高猪体抗病能力。

2. 自繁自养与严格引种

坚持自繁自养原则。规模大的猪场一定要推行自繁自养、全进全出的饲养制度，严格控制外来疫病的侵入。不得不从外地引进猪源的，必须进行严格的检疫检测，发现可疑病猪，立即隔离，及早治疗。

3. 免疫预防

国内外应用灭活普通菌苗和浓缩菌苗进行预防接种，获得较好效果。

应用波摩那型弱毒的L8株制成的活菌苗，经验证能产生较强的保护力，且尿中不排菌。一旦发现本病，对病畜和带菌病畜实行严格控制，进行带菌治疗和免疫，重点保护水源不受污染。目前，钩体病的疫苗有人用的钩端螺旋体5价苗和3价苗。

4. 治疗

带菌治疗，一般认为链霉素和土霉素等四环素类抗生素有一定疗效，在猪群中发现感染，应全群治疗，饲料加入土霉素连喂7d，可以解除带菌状态和消除一些轻型症状。怀孕母猪产前1个月连续饲喂上述土霉素饲料可防止流产。据报道，四环素加入饲料连续喂养，可有效地预防犊牛的钩端螺旋体感染。应用青霉素治疗则必须大剂量才有疗效。

急性、亚急性病畜的治疗，成年牛可静脉注射四环素。有报道称牛感染波摩那型钩端螺旋体，应用青霉素、链霉素均无明显疗效。猪急性、亚急性钩端螺旋体病的治疗，单纯用大剂量青霉素、链霉素、氯霉素、四环素和土霉素等抗生素也往往收不到显著效果。实践证明，由于急性、亚急性病畜肝功能遭到破坏和出血性病变严重，在病因治疗的同时结合对症疗法非常必要，其中葡萄糖、维生素C静脉注射及强心利尿剂的应用对提高治愈率有显著作用。

（八）风险评估

1. 传入评估

几乎所有温血动物都可感染钩端螺旋体，啮齿动物是最常见的钩体宿主。现已证明，爬行动物、两栖动物、节肢动物、软体动物和蠕虫等亦可自然感染钩端螺旋体。畜禽中猪、牛和鸭的感染率较高。来自疫区的活动物或者动物产品均有传入钩端螺旋体病的可能。

2. 暴露评估

钩体病是一种全球分布的自然疫源性疾病，易感动物及传播媒介在世界各地广泛分布。我国有相当数量的易感动物，使疫病的传播风险增大，钩体病的传入将给我国畜牧业生产带来严重的威胁。

3. 后果评估

WOAH将钩体病列入多种动物共患病，即在国内对社会经济或公共卫生有影响，并对动物和动物产品国际贸易有明显影响的能感染多种动物的传染病。

我国幅员辽阔，是畜禽养殖大国，加之钩体病的宿主广泛且数量巨大，近几年大型集约化养殖场迅速增多，一旦发生大规模的钩体病疫情，将严重影响我国畜牧业经济发展，并威胁从事动物养殖和产品加工行业人员的健康，并且控制和扑灭疫情所需要的人力、物力投入将非常巨大，会造成社会对疫病的恐慌，病原体对环境的负面影响也将持续很长时间，所以疫情引发的不良影响长期而深远。

十、施马伦贝格病

施马伦贝格病（Schmallenberg Disease）是由施马伦贝格病毒（Schmallenberg virus，SBV）引起的非接触性传染病，通过库蚊在反刍动物中传播。它主要侵入反刍动物的中枢神经系统，可导致反刍动物产奶量下降和胎儿畸形或死产。SBV 主要通过库蠓传播，这使得该疾病的传播非常迅速。

施马伦贝格病虽然能对反刍动物造成危害，但欧盟倾向于将本病与阿卡斑病（Akabane）同等对待，因此该病未被列入 WOAH 疫病名录且不是欧盟必须申报的疫病，也无须参照 WOAH 规程受相关限制。

《中华人民共和国进境动物检疫疫病名录》将其归类为二类传染病、寄生虫病。我国尚无本病发生的报道。

（一）病原

SBV 是布尼亚病毒目（Bunyavirales）泛布尼亚病毒科（Peribunyaviridae）正布尼亚病毒属（*Orthobunyavirus*）Simbu 血清群（simbu serogroup viruses）成员。

SBV 是 RNA 病毒家族中最大的成员之一布尼亚病毒科的成员，而布尼亚病毒是泛布尼亚病毒科的最大属。这个家庭有许多成员。目前，已知病毒成员有 260 个。SBV 直径约为 100 nm，是一种球形病毒，由囊膜包裹。病毒基因组是一个单链负链 RNA，由 3 个片段组成，分别命名为大片段（L）、中片段（M）和小片段（S）。S 片段基因高度保守，分别编码核衣壳蛋白（N）和非结构蛋白（NSS）；M 片段基因编码 M 蛋白前体，可进一步裂解为两种包膜糖蛋白（GN 蛋白和 GC 蛋白）和一种非结构蛋白（NSM）；L 片段基因编码 RNA 依赖性 RNA 聚合酶（RdRp）。SBV 在非洲绿猴肾细胞（Vero）和幼仓鼠肾细胞（BHK-21）等细胞系上生长良好。

在显微镜下，感染 SBV 的细胞会产生明显的细胞病变。

SBV 病毒是一种分段 RNA 病毒。由于基因组重排，该属病毒成员容易改变其抗原性、毒力和宿主范围。SBV 可能成为一个潜在的病毒基因库，具有产生新的基因重组病毒的风险。因此，有必要关注 SBV 等布尼亚病毒的流行以及该病毒的基因重组，这将有助于应对公共卫生中的潜在风险。

（二）历史及地理分布

2011 年，德国首次报告了 SBV。同年，在荷兰、比利时和英国等欧洲国家发现了 SBV。2012 年，SBV 再次出现在欧洲大陆，共有 27 个欧洲国家暴发了 SBV 疫情。随后，SBV 于 2014 年出现在非洲大陆。流行病学调查显示，SBV 导致后代畸形发病率增加。2019 年，SBV 再次在德国被发现，该病毒每 2~3 年会在欧洲出现 1 次。

（三）流行病学

来自欧洲国家的 SBV 动物宿主流行病学调查表明，SBV 宿主主要是反刍动物，如牛（包括水牛）和羊（如绵羊和山羊）。通过对流行病学调查数据的统计分析，研究人员发现，在山羊和绵羊之间，前者的 SBV 感染风险低于后者，减少与媒介昆虫接触的可能性可以降低畜群患病的风险。此外，在驼鹿、马鹿和欧洲盘羊等野生动物样本中也检测到 SBV。

野生动物感染 SBV 可能是施马伦贝格病在欧洲大陆反复出现的原因。研究表明，SBV 通过库蠓叮咬传播，7 种库蠓可以携带 SBV，库蚊已被证明是 SBV 的传播宿主。雌性动物感染病毒后，SBV 可通过胎盘屏障和脐带进入胎儿。德国 FLI 实验室从 SBV 抗体阳性的公牛精液中检测到 SBV 活病毒，患病的雄性动物可以通过交配传染给雌性动物，这使得雌性动物感染了病毒，表明 SBV 可以通过精液垂直传播。

（四）发病机理及病理变化

感染施马伦伯格病毒的家畜大脑白质和灰质表现出慢性中枢神经系统损伤，导致神经元变性、坏死和丢失。脊髓损伤以腹角神经元丧失为特征，这与关节畸形和脊柱畸形相对应。小鼠模型显示该病毒在神经元中广泛复制，导致大脑软化和皮层空泡化。

（五）临床症状

感染 SBV 的成年动物通常表现为隐性感染或仅轻微的临床症状，如腹泻、发烧（大于 40℃）、产奶量暂时减少和体重减轻。死亡率不高，预后良好。如果怀孕的雌性动物感染 SBV，病毒侵入胎儿的中枢神经系统，导致其大脑皮层坏死。胎儿感染 SBV 后，其神经系统的发育将受到损害，胎儿可能会出现脑积水、无脑畸形和先天性关节弯曲，导致胎儿畸形。严重时，胎儿将死亡，导致雌性动物流产或死胎。胎儿形态的变化可能会影响分娩时的胎儿位置，导致难产、产道损伤和因胎儿状况异常造成的损伤，以及胎衣、子宫内膜炎和其他疾病。同时，感染病毒的幼畜也可能出现小腿下关节强直和皮下水肿，这将对当地畜牧业造成严重的经济损失。

（六）诊断

施马伦贝格病目前检测标准为《施马伦贝格病检疫技术规范》（SN/T 4661），该标准规定了实时荧光反转录 PCR 以及阻断 ELISA。

通过流行病学研究和临床症状检查，可以初步判断患病动物是否感染了 SBV，但确诊需要实验室检测。SBV 的实验室检测方法很多，包括病毒分离鉴定、抗原抗体中和试验、免疫荧光试验、荧光定量 PCR 试验和 ELISA 试验。然而，一些需要 SBV 活病毒的检测方法，如病毒分离鉴定、抗原抗体中和试验、免疫荧光试验等，仅在欧洲少数含有 SBV 活病毒的实验室使用，无法大规模推广应用。

1. 分子生物学检测方法

经过多年的发展，已经建立了一套完整、成熟的检测 SBV 的 PCR 检测系统。德国首次暴发 SBV 后不久，就建立了一种基于 SBV S 片段的实时荧光 RT-PCR 检测方法。此外，也基于 SBV 的 L 和 M 片段建立了实时荧光 RT-PCR 方法。在欧洲首次发生 SBV 疫情时建立的这两种诊断方法为 SBV 的早期实验室诊断提供了准确有效的诊断标准，并在防止 SBV 疫情在牧场之间快速传播方面发挥了关键作用。我国科学家已经建立了检测 SBV 的套式 RT-PCR 方法和普通 RT-PCR 方法。

2. 血清学检测方法

目前，已建立了一套 SBV VNT，用于检测施马伦贝格病疫区牛羊血清样本。该方法对患病动物血清具有灵敏度高、特异性好、重复性好的特点。然而，用于病毒中和试验的动物血清需要在患病动物的病毒血症期间收集。同时，SBV 感染病毒血症的持续时间较短，因此 VNT 在实际应用中有很大的局限性。以辛博血清群病毒的 GC 蛋白为基础，建立了 ELISA 检测方法，避免了 VNT 的缺点，适合大规模血清学筛查。

（七）防控/防制措施

SBV 尚未进入我国。目前，SBV 灭活疫苗（BovilisSBV）已获准上市。因此，目前我国的防控措施仍主要是防止境外疫病进入。防控 SBV 应采取以下措施：首先是做好海关检疫工作，严格检测外国商品是否携带 SBV，尤其是动物乳制品、动物精液和肉制品；其次，需要采取措施降低牛、羊等家畜接触库蠓的风险，并定期做好虫害防治工作，以减少家畜感染 SBV 的概率；再次，要加强对不同地区易感动物特别是牛、羊的血清学和分子生物学检测，及时了解我国是否出现 SBV；最后，我们应该警惕布尼亚病毒的传播，动态监测动物群中病毒的传播，尤其是加强辛博血清群病毒的检测，以避免出现新的重组病原体。

（八）风险评估

1. 传入评估

SBV 主要通过节肢动物（如库蠓）传播，如果带毒活动物或动物产品从境外进入我国，那么进境商品就会将施马伦贝格疫情传入我国境内。感染动物在血液中大量分布病毒，如果未经检疫而对活动物进行屠宰，周边动物群就有可能遭遇感染施马伦贝格病的风险。

随着我国养殖业的发展以及国际间活动物进出口的增加，很多优良种反刍动物的冷冻精液不断地在我国境内出入，因此疫情传入风险较高。

2. 暴露评估

反刍动物都可感染 SBV，且我国分布有施马伦贝格的传播媒介昆虫如库蠓、库蚊等。一旦该病传入我国，将存在易感动物感染该病的风险。

3. 后果评估

目前我国还没有施马伦贝格疫情的报道。该疫病对反刍动物非常易感。SBV 通过库蠓叮咬传播，7 种库蠓可以携带 SBV，库蚊已被证明是 SBV 的传播宿主。此外，雌性动物感染病毒后，SBV 可通过胎盘和母亲之间的屏障和脐带进入胎儿，侵入胎儿的中枢神经系统，导致其大脑皮层坏死。胎儿感染 SBV 后，其神经系统的发育将受到损害，严重时，胎儿将死亡。SBV 可导致雌性动物流产或死产。SBV 还可以通过精液垂直传播。施马伦贝格病传播方式多样，如果传入我国将对畜牧养殖业造成巨大影响，也将会对我国动物及动物性产品的对外贸易造成极大的影响。

十一、旋毛虫病

旋毛虫病（Trichinosis，Trichinellosis）是由旋毛虫的成虫和幼虫引起的一种严重的人畜共患寄生虫病，其成虫寄生于人和动物的肠内，所以又称为肠旋毛虫，幼虫寄生于同一种动物的横纹肌内，所以又称为肌旋毛虫。由于其病原传播的复杂性，旋毛虫被发现以来，该病不仅尚未得到完全有效的控制，发病范围反而持续扩大，成为一种全球性的疾病，严重危害人身健康，给畜牧业及食品工业带来了巨大的经济损失。因此，控制和消灭旋毛虫病成为医学和兽医学的一个重要课题。

旋毛虫病是一种自然疫源性疾病，已知有 100 多种动物在自然条件下可以感染旋毛虫病，家畜中主要见于猪、犬和猫。我国发现和报道旋毛虫病例虽然较早，但系统地研究旋毛虫病起步较晚，直到 20 世纪 80 年代初才逐步深入。1835 年 2 月 2 日，伦敦的医科学生 James Paget 第一次看到了旋毛虫，同年 Richard Owen 正式发表了旋毛虫新种的报道。早在 1822 年，德国科学家在人体内发现具有包囊的旋毛虫幼虫。我国于 1881 年在福建厦门发现猪感染旋毛虫病，1921 年首次记录人感染旋毛虫病。近年来，我国动物和人类感染旋毛虫病十分严重，经调查，猪的感染率一般为 0.1%～0.2%，某些地区检出率达 2%或 7%，个别地区送宰的猪群检出率竟高达 50%。

旋毛虫病是 WOAH 名录内法定报告疫病，《中华人民共和国进境动物检疫疫病名录》将其归类为二类传染病、寄生虫病。

（一）病原

旋毛虫病的病原体为旋毛形线虫（*Trichinella spiralis*），简称旋毛虫，在分类上属于毛形（线虫）属，毛形属是毛形科唯一的已知属，以前认为旋毛虫是毛形属唯一的代表种，后来苏联学者从毛形属中划分出 3 个新种即固有毛形线虫、纳氏毛形线虫和伪旋毛虫。旋毛虫的分布与家猪有关，广泛分布于世界各地。此外，从野猪中也能分离出旋毛虫。

1. 旋毛虫的形态

成虫的虫体呈白色，圆柱形，背部较厚，占身体长度的一半以上，含有肠道和生殖器官。前部较细，口孔呈缝隙状，有一个可伸缩的口刺，无乳突。蠕虫的前半部分主要由食道组成。食道从口到神经环处呈毛细血管状，略微扩张，然后变成毛细管样，周围无细胞；食管后部被单层珠状食管腺细胞包围。

旋毛虫为双管型虫体。外管为体壁，由角皮、皮下层和肌肉层组成。因为蠕虫只有纵向的肌肉层，所以它只能以螺旋状伸展和向前移动。内管是虫体的消化道，通过肠管通向肛门。虫体壁和内脏之间的体腔壁之间没有上皮细胞，因此被称为假腔隙，空腔壁上有一层结缔组织。

雄性比雌性小，大小为（1.4~1.6）mm×（0.04~0.05）mm，生殖器官为单管型，睾丸为管状。管壁厚，内壁附着生殖细胞，可分裂增殖，睾丸内充满精细胞；输精管与睾丸相连，连接处无明显边界。可分为管状部和腺体部，管周围有肌肉纤维；输精管是连接输精管末端的一个略微扩张的部分。输精管末端的直径减小，含有肌肉纤维，称为射精管。泄殖腔中有一根交配管，前端与射精管相连。

雌性较大，为（3~4）mm×0.06mm，生殖器官也为单管型，卵巢较短，位于虫体末端肛门后，略呈球形。管壁内侧有原犷细胞，可以发育和增殖。当卵泡发育到合适的大小时，被推入又短又窄的输卵管，在那里形成卵泡的卵壳。受精管很短，与输卵管相连。交配后，输卵管中含有大量精子。子宫很长，后部有未分裂的卵细胞，前部靠近阴道有发育的幼虫。外阴开口位于昆虫身体前部的腹侧，靠近昆虫身体前部的1/5。

新生幼虫非常小，约为124μm×6μm。成熟幼虫具有传染性，约1mm长，卷曲在横纹肌的梭形囊中，囊的大小为（0.25~0.5）mm×（0.21~0.42）mm，其长轴平行于横纹肌纤维。一个囊通常含有1~2个幼虫，有时可达6~7个。幼虫的咽管结构与成虫相似。

2. 旋毛虫的生活史

雄性和雌性交配后，旋毛虫的雄性死亡。雌虫侵入肠黏膜的淋巴间隙，产生幼虫，随着血液流动扩散到全身，在膈肌、舌肌、咬肌和肋间肌中停留和发育。大约半个月后，开始卷曲，并在周围形成一个包囊。包囊在3个月后完成，6个月后开始钙化，但包囊中的幼虫可以存活数年。动物采食含有活幼虫的肌肉后，幼虫在胃中暴发，4h后在小肠中发育为成虫。幼虫在7d~10d内产生。雌性能存活约6周，约产生1 500只幼虫。感染后5周，幼虫在肌纤维之间形成0.4mm×0.25mm的橄榄状囊肿，3个月内成熟（感染性幼虫），6 个月至 2 年内钙化，但由于体积小，X 射线很难发现。钙化囊肿中的幼虫可以存活 3 年（在猪体内可存活 11 年）。

3. 旋毛虫的生活力和抵抗力

旋毛虫在宿主肌肉中有很强的生存能力，可以在人体内存活 30 年；在猪体内可以终生存活。包囊钙化后，幼虫仍能保持一定的活力。旋毛虫肌肉耐热性低。当肉中的温度达到 80℃时，就达到了无害化处理。旋毛虫肌肉对低温有很强的耐受性，-15℃～-12℃冷冻不能杀死旋毛虫。盐渍和烟熏也不能杀死旋毛虫。旋毛虫对腐败有很强的抵抗力，但干燥可以将其杀死。

（二）历史及地理分布

1. 旋毛虫病的历史

旋毛虫是世界上感染人类和其他哺乳动物最广泛的寄生虫之一。旋毛虫病首次感染发现于尼罗河沿岸的埃及。然而，旋毛虫的现代史始于 1835 年，英国学者用显微镜发现了旋毛虫的幼虫，发表论文并将其命名为旋毛虫（*Trichinella spiralis*）。

19 世纪末，旋毛虫显微镜检查屠宰猪已在德国和大多数西欧国家得到广泛推广，但在美国尚未开展。从 1879 年到 1888 年，许多欧洲国家禁止从美国进口猪肉，包括意大利、葡萄牙、希腊、西班牙、德国、法国、奥地利、匈牙利、土耳其和丹麦。禁止进口的理由是，美国没有对猪肉进行合法的旋毛虫检测。1890 年，美国总统签署了出口猪肉旋毛虫显微镜检查法案，并于 1891 年完成立法，所使用的检测技术与欧洲的检测技术类似。出于各种原因，美国于 1906 年停止了对出口猪肉中旋毛虫的检查。1964 年，美国开始对出口猪肉进行旋毛虫检查。我国自 1979 年起在河南召开了第一次全国旋毛虫科研合作会议，对旋毛虫病进行了全面研究，后期对该病做了大量的研究工作。

2. 旋毛虫病的地理分布

旋毛虫病在欧洲和美国有很高的发病率，温带地区也很常见。根据中国疾病预防控制中心官方网站的消息，截至 2022 年，我国已经在 26 个省（区、市）发现有猪旋毛虫病分布，15 个省（区、市）有人体旋毛虫病暴发报告。

（三）流行病学

1. 易感动物

旋毛虫的宿主特异性不明显，几乎所有哺乳动物都能被感染。不仅食肉动物和杂食动物会被感染，食虫动物和食草动物也会被感染。此外，一些鸟类也可能被感染，人类也是旋毛虫的易感宿主之一。然而，不同种类的动物对旋毛虫的易感性不同。根据中国疫病预防控制中心官方网站的消息，截至2022年，至少有150种哺乳动物被报道感染了旋毛虫，这表明旋毛虫的宿主在自然界中广泛分布。

2. 传播方式和传染源

第一种传播方式是人和动物通过食用感染性幼虫，这是主要的感染方式。第二种传播方式是垂直感染，即由母体感染胎儿。在7个月大的胎儿和6周大的婴儿中检测到旋毛虫；在豚鼠中也发现了垂直传播，在乳猪中发现了旋毛虫。

（1）人体旋毛虫病的感染来源及传播方式

感染旋毛虫的猪是人类旋毛虫病的主要来源。猪在世界各地饲养，猪肉是人类最重要的肉类食品之一，因此食用感染旋毛虫的猪肉引起人类感染的概率高。随着人们生活水平的不断提高，野生动物肉品已经成为重要传染源。在欧洲和夏威夷，主要由野猪肉引起；在非洲，主要由野猪和疣猪引起；在北极地区，主要是熊、海豹、鲸鱼和海象。已经证实马、牛、羊、山羊、鹿、麂和其他食草动物也可能感染旋毛虫。

人类感染旋毛虫病的主要途径是食用生的或未完全加工的感染肉及其制品。在熟食区，一些烹饪和加工方法不能杀死旋毛虫，食用后仍能感染旋毛虫。

（2）猪旋毛虫病的感染来源及传播方式

猪旋毛虫病的第一传染源是感染旋毛虫病的猪，即猪与猪之间的恶性循环。肉类泔水和粪便只是猪感染猪的一种方式。猪感染旋毛虫是因为人们使用洗肉泔水、屠宰废水、废弃肉、肉末和血液作为饲养猪的饲料和水。感染旋毛虫的猪通过屠宰、销售、运输、烹饪、加工等环节，连同屠宰废水、血液、肉类及副产品、废弃肉、切碎和锯碎的肉屑、洗肉泔水、受污染的器具等，将旋毛虫传播到各地。猪旋毛虫病感染的第二个来源是鼠类。

（3）食草动物旋毛虫病的感染来源及传播方式

食草动物对旋毛虫感染的天然抗性不强，食草动物感染旋毛虫病必须有一定的先决条件，这可能是食草动物在自然条件下感染旋毛虫病概率较低的原因。大量实验研究证明，当食草动物缺乏营养或处于饥饿状态时，它们可以吃一些带草的肉，甚至主动吃肉。

（4）野生动物旋毛虫病的感染来源及传播方式

野生动物是相互感染的传染源，食用腐肉是主要传播方式。通过这种方式，旋毛虫病可以独立于人类活动而存在，使旋毛虫病成为一种自然疫源性疾病。除吃腐肉外，野生动物之间的同类相食也会导致新的感染，这也导致大鼠旋毛虫感染率普遍较高，其他动物在捕食受感染的大鼠后会感染旋毛虫。

腐食动物是感染旋毛虫的主要传染来源。一些以腐肉为食的昆虫可以将活的旋毛虫留在肠道内，这些昆虫具有机械传播旋毛虫的能力。例如蝇蛆能吞食囊蚴，并在7d~10d内保持传染性，如果在此期间被其他动物吞食，可能会导致感染。在某些情况下，感染动物的新鲜昆虫粪便也可作为野生动物旋毛虫的传染源。

（四）发病机理及病理变化

被食用后，旋毛虫囊尾蚴在胃和小肠的囊壁内被消化。脱囊后的幼虫钻入小肠黏膜，并在一周内成熟。雌性在黏膜中产生幼虫或直接进入淋巴管。幼虫迁移到身体的各个部位，主要是肌肉，常见于膈、眼、颈、咽、喉和舌，形成囊肿，可存活多年，最终钙化。

旋毛虫病的发病机制与机械作用、过敏反应和毒性损伤有关。成虫寄生在肠道内，引起胃肠道症状，幼虫迁徙，对血管组织和器官造成损害，幼虫及其分泌物可引起过敏反应或中毒性病变。旋毛虫寄生部位肠黏膜充血、水肿、出血或浅表溃疡。心肌充血水肿，淋巴细胞和嗜酸性粒细胞浸润，心肌纤维断裂，局灶性坏死。骨骼肌主要累及舌肌、咽肌、胸大肌、腹肌、肋间肌和腓肠肌，以间质性肌炎、纤维变形和炎性细胞浸润为特征。肌纤维萎缩可能会持续很长时间。此外，肝脏和肾脏可出现脂肪变形或浑浊肿胀变化。如果旋毛虫侵入其他器官，则会造成相应的损害。

（五）临床症状

该病的潜伏期为2d~45d，大部分为10d~15d。潜伏期的长短与疾病的严重程度呈负相关。临床症状的严重程度与感染虫体的数量呈正相关。旋毛虫对猪有轻微的致病性，一般无明显症状。当猪大量感染时，在感染后3d~7d出现厌食、呕吐和腹泻症状。感染两周后，幼虫进入肌肉，引起肌炎，包括疼痛或麻痹、运动障碍、声音嘶哑、咀嚼和吞咽障碍、体温升高和体重减轻。有时眼睑和四肢水肿。死亡病例较少，恢复时间超过4~6周。然而，该病对人体危害较大，主要包括发热、水肿和肌肉疼痛，不仅影响健康，还会导致死亡。

（六）诊断

检测旋毛虫的试验分为两类：一是直接检测横纹肌组织中包囊或游离的第一阶段幼虫；二是通过检测特异性抗体间接检测感染。

组织消化和组织片方法已被用于直接检测组织中的旋毛虫幼虫。旋毛虫幼虫通常在肌肉中的浓度较高，这也可能因宿主种类而异。首选对特定肌肉进行取样，以最大限度地提高测试灵敏度，对于猪，通常取横膈膜和舌部肌肉，对于马身，通常采集舌部肌肉，其次是咬肌、横膈膜和颈部肌肉。

人工消化方法包括单个或混合肌肉组织样品的酶消化，例如机械均质或研磨、搅拌和培养。进行过滤和沉淀程序，浓缩消化过程中从肌肉释放的幼虫。压片法的灵敏度低于人工消化法，因此不建议将其用作食品安全或感染监测屠宰检查的可靠试验。

血清学方法的敏感性和特异性主要取决于所用抗原的种类和制备质量。大多数血清学试验（验证）数据来自猪。在轻度或中度感染的猪中，肌肉幼虫感染后1周或更长时间可能出现假阴性血清学结果，血清学检测也报告了假阳性结果。对于个体屠体检查，只能用直接方法。

目前，旋毛虫检疫的国际标准有WOAH《陆生动物诊断试验与疫苗手册》（2019）第3.1.21章。国内标准有检验检疫行业标准《猪旋毛虫病酶联免疫吸附试验操作规程》（SN/T 1574）、《旋毛虫诊断技术》（GB/T 18642）、《旋毛虫实时荧光PCR检测方法》（GB/T 35904）、《旋毛虫病的诊断》（WS 369）、《出口猪肉旋毛虫检验方法　磁力搅拌集样消化法》（SN/T 0420）、《猪旋毛虫病酶联免疫吸附试验操作规程》（SN/T 1574）。

（七）防控/防制措施

1. 预防

（1）加强肉制品卫生检疫，加强检疫人员的培训和管理，规范动物检疫行为，严格按规定进行检疫。猪肉、羊肉等肉类应严格检查旋毛虫，患病肉类应严格按照规定进行处理，这是切断旋毛虫在人与动物之间传播的最有力措施。

（2）在农场和屠宰场大力灭鼠。旋毛虫病通过鼠类传播仍是一种重要途径。在野鼠多、活动频繁的养猪区，旋毛虫感染率较高。

（3）严格开展病肉无害化处理。无害化处理是防止疫情传播危害人类健康和畜牧业发展的强制性措施。

（4）屠宰前进行旋毛虫检测。鉴于目前旋毛虫感染严重，应将旋毛虫检验纳入必要的原产地检验检疫，全面开展旋毛虫检验。所有呈阳性的动物都不应该被运送去屠宰，应该进行治疗和控制。

（5）开展旋毛虫防控卫生科普宣传。普及疾病预防知识，让人们了解旋毛虫病的危害，提倡食用熟食，不吃生食或不当腌制和烧烤的肉制品，生熟分开，清洗被污染的工具，防止传染病的发生。

旋毛虫引起的人类疾病的严重程度与许多因素有关，如旋毛虫包囊的数量、包囊的生存能力和宿主的功能状态，尤其是对旋毛虫的免疫力。轻度病例可能没有临床表现，重度病例可能在发病的第 4 周到第 7 周死亡。

2. 治疗

（1）病原治疗

阿苯达唑又名丙硫咪唑，是治疗病原体的首选药物。对旋毛虫各阶段均有良好的杀虫效果，副作用小且轻。用 80～100mg/kg 体重饲喂患病猪，每天早晚各 1 次，共 6d。患者剂量为 400mg～500mg，2～3 次/d，儿童按 20mg/kg/d 计算，连续 5d。

（2）一般及对症治疗

在急性期应该卧床，使用镇静剂和肾上腺皮质激素来改善症状。

（八）风险评估

1. 传入评估

（1）易感动物及病原分布

旋毛虫病是由旋毛虫幼虫和成虫引起的人畜共患寄生虫病，主要宿主是鼠和猪，几乎所有哺乳动物都会被感染，有些鸟类也会被感染。猪作为旋毛虫的易感宿主之一，人类食用含有旋毛虫的猪肉是感染的主要原因。旋毛虫病在野生动物中偶尔发生，旋毛虫易通过粪便等途径感染猪。因此，旋毛虫病有可能通过生猪、猪肉和猪杂制品传入我国。

（2）动物产品的加工工艺

我国进口的猪肉主要是未经加工的冷冻猪肉和猪内脏。旋毛虫寿命长，在人体内可存活长达31年，具有传染性。旋毛虫可以在猪身上终生存活。肌肉旋毛虫能抵抗-15℃～-12℃的低温，普通盐渍和烟熏不能杀死旋毛虫，旋毛虫具有较强的抗腐败能力。

（3）产品的用途及进境后能够采取的检疫管理措施

如果进口国家或地区出现旋毛虫病疫情，或在进口动物或产品中发现相关病原体，为防止疫情扩散，有关部门应当发布公告，禁止疫区动物和产品入境，退回或者销毁疫区的动物、产品或者检出旋毛虫的动物、产品。

所有进口动物应在入境港和卸货港进行有效消毒和处理，防止其接触疫情。配置有效的防疫设施，包括车辆、人员和工作服进出储存场所的消毒设施，以及包装垃圾的处理设施。

2. 暴露评估

旋毛虫病是由旋毛虫幼虫和成虫引起的人畜共患寄生虫病，主要宿主是鼠和猪，几乎所有哺乳动物都会被感染，有些鸟类也会被感染，不仅给畜牧业生产造成严重的经济损失，而且对人类健康构成严重威胁，除去工作延误和身体衰退的损失，仅医疗费用就是一笔巨大开支，间接损失更大。

3. 后果评估

旋毛虫病在世界许多国家（地区）都很普遍。由于从国外进口的大部分是未经加工的冷冻猪肉和猪内脏，旋毛虫能抵抗低温、干燥、盐渍和其他条件，因此在引进生猪和猪肉时很可能携带旋毛虫。鉴于旋毛虫病的上述特点以及我国活动物和动物产品的进口现状，旋毛虫病一旦发生，可能会给我国人民的生命财产造成巨大损失。

十二、Q 热

Q 热（Q Fever），是由贝氏柯克斯体（*Coxiella Burnetii*，俗称 Q 热立克次体）引起的急性自然疫源型人畜共患传染病。人患 Q 热表现为急性型（自限性发热、肺炎、肝炎）或严重的慢性型（心内膜炎）。牛、羊患 Q 热的症状有流产、死胎或弱犊、胎衣不下、子宫内膜炎和不育。小反刍兽患 Q 热常伴发畜群突然流产，无其他并发症，康复后感染则持续多年或终生携带病原。绵羊、山羊和牛主要呈无症状感染，但在分娩时排出大量病原菌，并在分泌物和排泄物中间歇排菌。猫、兔、鸟等动物均易感，是潜在的传染源。

Q 热是 WOAH 名录内法定报告疫病，《中华人民共和国进境动物检疫疫病名录》将其归类为二类传染病、寄生虫病。

（一）病原

Q 热病原体为贝氏柯克斯体（*Coxiella Burnetii*），或称伯纳特立克次体（*ricketsia burnctii*），属于原菌门、γ 亚门、军团菌目、柯克斯体属柯克斯体科，活病原体操作必须在符合 WOAH 要求的生物安全三级实验室中进行。这种病原体在感染的细胞浆内呈聚集（直径 20μm～30μm）存在，其个体形态为短杆状或呈两极染色的细小双球状，有些颗粒样中等大小的细菌，也有的可小到 0. 3μm×0. 15μm，可通过平均孔径为 0. 4μm 的滤膜，革兰氏染色阴性，但当用含酒精的碘液作媒染剂时，则为革兰氏阳性。用马夏维洛染色法或布鲁氏菌鉴别染色法，呈淡红色或淡红紫色。

贝氏柯克斯体能抵抗干燥和腐败，当病理材料组织中的病原体悬浮在 50%甘油盐液中时可长期存活，在粪便、分泌物、水和奶中也可存活很长时间。对物理和化学杀菌因素的抵抗力强大，在干燥沙土中 4℃～6℃可存活 7～9 个月，-56℃能活数年，加热至 90℃需 30min～60min 才能灭活。对脂溶剂和抗生素敏感，临床应用四环素、土霉素、强力霉素和甲氧苄氨嘧啶等药物治疗效果较好。

鲜奶在 63℃保持 30min 不能破坏其全部病原体，但在 73℃维持 15min 消毒效果良好。贝氏柯克斯体在黄油和干酪中可保存毒力数天到数周，有传染性的干燥血液可维持其传染性达 6 个月之久；蜱的粪便可保存病原体达 1 年半以上。2%福尔马林、1%来苏儿、5%过氧化氢可杀死贝氏柯克斯体。

贝氏柯克斯体为一种专性细胞内寄生性微生物，在无生命基质上不生长。腹腔接种豚鼠、兔、田鼠、小鼠时，病原体易增殖，在 6d~8d 龄的鸡胚卵黄囊内不易生长。接种的实验动物一般在感染 5d~28d 后发热，雄性动物很少出现典型的睾丸炎。贝氏柯克斯体在培养的单层细胞上亦可生长，但缺乏明显的病变。

贝氏柯克斯体 LPS 与其他革兰阴性菌十分相似，为水溶性，分子末端寡糖为主要抗原决定簇。该菌存在抗原相变异现象，主要原因是 LPS 结构发生改变，适应不同宿主环境而表现出两相抗原性。Ⅰ相贝氏柯克斯体毒力强，含完整的抗原组分，具有光滑 LPSⅠ；Ⅱ相含粗糙 LPSⅡ，为弱毒株。Ⅰ相贝氏柯克斯体毒力强，可在感染的早期诱发Ⅱ相抗体，晚期产生Ⅰ相抗体，因而Ⅱ相抗原可与早期及恢复期血清反应，Ⅰ相抗原只与晚期血清呈阳性反应，两相贝氏柯克斯体 LPS 的差异主要在糖类组成上。研究贝氏柯克斯体的 LPS 的结构和功能的关系，对分析其致病性和免疫原性相关问题有很大的意义。

感染动物在早期不能或很少查出Ⅰ相补体结合抗体，但在恢复期以后，可同时测出Ⅰ相及Ⅱ相抗体。Ⅱ相抗体出现早、滴度高、维持时间长，可用于对 Q 热作血清学诊断或用作流行病学调查。

已经发现贝氏柯克斯体带有 4 种不同的质粒，分别为 36kb QpH I、39kb QpRS、3315kb QpDV 和 51kb QpDG。研究认为，含 36kb QpH I 的 Q 热贝氏柯克斯体株可能与急性 Q 热感染有关，而由慢性 Q 热患者分离到的菌株则含 39 kb QpRS 型质粒。通过 PCR 检测证明，我国 Q 热贝氏柯克斯体分离株也带有 QpH I 型或 QpRS 型质粒，即存在所谓“急性病株”和“慢性病株”，但与国外有些报道 Q 热贝氏柯克斯体质粒类型与疾病临床表现有关不同，急性和慢性 Q 热与病原体质粒类型并不相吻合。

（二）历史及地理分布

1937 年，在澳大利亚首次被发现并命名为 Q 热（“Q”是 Query 的第 1 个字母，意为疑问）。目前的研究认为，除了新西兰外，Q 热在世界各地均有发生。近年来，伊朗、巴西、荷兰等国家以及中国台湾地区等报道存在Q热疫情。从世界各地所暴发的Q热流行中，大多有明显与家畜或其产品的接触史。1979年在澳大利亚的维多利亚州多纳德镇，曾经确诊了213例Q热病例均与该镇的屠宰场屠宰一批野山羊有关。病人中有70人为该屠宰场的工人。

我国Q热的发现和研究开始于20世纪50年代初，据《Parasite》杂志报道，Q热在我国的24个省、自治区、直辖市内均有报告。我国的Q热暴发流行多发生在屠宰场、肉类加工厂、皮革厂及农牧场等单位。

（三）流行病学

1. 易感动物

Q热可感染多种动物，包括家养的动物例如奶牛、山羊、绵羊、狗和猫；灵长目动物；野生啮齿和小型哺乳动物；大型野生动物；爬行类、两栖类、禽类（家养和野生）、鱼类，以及蜱和螨。虽然猪也可感染并有血清转化，但是很少传染人类。

国内感染Q热的家畜主要有黄牛、水牛、牦牛、绵羊、山羊、马、骡、驴、骆驼、狗、猪和家兔等，野生动物中的喜马拉雅旱獭、藏鼠兔、达乌尔黄鼠、黄胸鼠，禽类中的鸡、鹊、雀均有Q热感染。

2. 传播方式和传染源

Q热在动物间的传播可通过消化道、呼吸道、垂直传播和性传播等途径。Q热的流行常与输入感染家畜有直接关系。感染的动物通过胎盘、乳汁和粪尿排出病原；蜱通过叮咬感染动物的血液使病原在其体腔、消化道上皮细胞和唾液腺繁殖，再经过叮咬或排出病原经由破损皮肤使动物感染。目前，已从50多种野生动物中分离出Q热病原体，其中啮齿动物居多，如板齿鼠、砂土鼠、睡鼠、野兔等。动物感染后多无症状，但乳汁、尿、粪中可长期带有病原体。在传播条件成熟的情况下，可能引起人与人之间混合感染。

蜱螨也是Q热传播的重要途径。我国在四川寄生于狗体外的铃头血蜱、新疆的亚洲璃眼蜱、内蒙古的草原革蜱、福建的毒刺厉螨中均分离出贝氏柯克斯体。实验证明，铃头血蜱成虫和雅虫均能一次吸血感染成功，贝氏柯克斯体可经卵传递至下代幼虫、稚虫，甚至成虫；感染蜱不仅可通过叮咬使动物发病，而且其粪便中也有病原体存在。新疆残缘璃眼蜱对贝氏柯克斯体也十分易感。但是，对于病原体在我国蜱、螨、野生动物、禽鸟和家畜中的存在和分布及其在疫源地中保持和传播贝氏柯克斯体方面所起的作用，有待进一步研究。

各年龄阶段人群对Q热普遍易感，凡是接触过Q热病原体的人，几乎都受感染，有的发病，有的不发病只产生抗体，即呈现隐性感染。据推测人类的50%感染剂量约为100个立克次体。对Q热贝氏柯克斯体易感性大小，似与既往的暴露经历有关。由于易感人群感染Q热之后，能产生稳固持久的免疫，所以畜牧人员、肉食品加工人员和制革厂、毛纺厂的新从业人员更易患Q热，在食品加工厂和制革厂的新工人中易形成暴发。易感人群可采用有效的疫苗做预防接种。

（四）发病机理及病理变化

实验病理学研究证明，豚鼠感染Q热后，间质性肺炎几乎见于全部试验室动物，炎性浸润常伴组织细胞增生，形成数量不定肉芽肿。肺内支气管动脉支内皮细胞高度增生，有时能发生闭塞性脉管炎。心脏常受累，心肌纤维浊肿，间质充血，炎细胞浸润显著，炎症波及心内膜，伴随局部组织细胞增生，可能形成疣状突起。肝细胞多呈浊肿或脂肪变性，有细胞坏死和肉芽肿形成。脾与淋巴结的淋巴细胞成分减少，淋巴小结中心坏死，网状内皮细胞增生，有形成结节趋势。感染后1~5周的动物肾脏，显微镜下有不同程度的炎性病变。起初病变轻微，少部分肾小球体积增大，细胞数稍微增多，肾小球内有一些中性粒细胞，以后病变加重，肾小球内血管球细胞肿胀增生，毛细血管腔闭塞，小球内有不等量的炎细胞浸润，较多肾小球毛细血管坏死，毛细血管基底膜明显增厚，肾小球囊壁增厚及上皮细胞增生，呈新月形或环状排列，不同程度的蛋白性渗出物填塞肾小球囊腔，肾小管浊肿，部分小管上皮细胞坏死脱落，间质内有多数炎细胞浸润，4周后病变不再发展。在此期间电镜可见肾小球基底膜及系膜区有电子致密物沉积。免疫荧光检查，发现毛细血管壁及系膜区有IgG及C3的颗粒状沉积，与光镜和电镜所见病理现象相符。豚鼠肾脏免疫复合物沉积的同时多有蛋白尿出现，并且能在血液中检出循环免疫复合物。

对感染Q热的小鼠组织进行分子病理学检测，实验结果显示贝氏柯克斯体存在于肝脏、脾脏和胸腺等组织中的单核–巨噬细胞系统细胞胞浆中。贝氏柯克斯体是一种嗜酸菌，在人类或动物中，单核–巨噬细胞是主要的靶细胞，贝氏柯克斯体被单核–巨噬细胞吞噬后，能抵抗溶酶体的水解作用，在吞噬溶酶体内定位和繁殖，并可由巨噬细胞运送至全身，扩散感染。而且贝氏柯克斯体专性细胞内寄生，细胞免疫起着免疫应答的关键作用，适当的细胞免疫反应可使感染局限化和加速微生物的排除，但若反应强烈，超越正常范围，则可造成严重损伤。从免疫组化和原位杂交染色后的切片上可以观察到肝脏和脾脏上有肉芽肿，还可见脾脏滤泡增大，有网状细胞增生、肝窦充血，有炎性细胞浸润肺脏呈间质性肺炎其他脏器无明显的病理变化。原位杂交同免疫组化一样可以用于Q热的确诊。

（五）临床症状

家畜感染Q热后，一般表现为体温下降，产奶量减少；有的呈隐性感染，但在怀孕和分娩时由于应激的原因，往往出现发热、消化系统紊乱等症状；母畜可造成流产和死胎。少数病例出现结膜炎、支气管肺炎、关节肿胀、乳房炎等。自然感染的犬可发生支气管肺炎和脾脏肿大。

动物感染后多呈亚临床经过，但绵羊和山羊有时出现食欲不振。多数反刍动物感染后体重下降、产奶量减少和流产、死胎等现象，牛可出现不育和散在性流产。该病原定居在乳腺、胎盘和子宫，随分娩和泌乳时大量排出。少数病例出现结膜炎、支气管肺炎、关节肿胀、乳房炎等症状。

Q热对母牛、母羊和山羊影响较大，能诱发流产以及早产、死胎、弱犊、子宫炎和不育等繁殖紊乱。

Q热在人体内的潜伏期为14d~39d，平均20d。

人感染Q热后表现为急性和慢性两种，急性型表现为自限性发热、肺炎、肉芽肿型肝炎。因缺乏典型的临床表现，临床上多误诊为“流行性感冒”“非典型肺炎”“传染性肝炎”“布鲁氏菌病”等。慢性型表现为瓣膜受损的心内膜炎。慢性型并发症病人若进行适当抗生素治疗会引起死亡。孕妇感染后可导致胎盘炎，常造成早产、胎儿生长迟缓、自发性流产，甚至死亡。

（六）诊断

对于连续流产和/或死胎的实验室诊断，可以从胎盘、阴道分泌物和流产胎儿的组织（脾脏、肝脏、肺或胃内容物）中提取样本。为了调查细菌脱落情况，可以从阴道、牛奶和初乳中取样。作为一种专性细胞内细菌，贝氏柯克斯体可以通过将标本接种到常规细胞培养物、胚胎鸡黄囊或实验动物中进行分离。

使用带有油浸物镜的显微镜，可以在染色组织或阴道黏液涂片中看到细菌。因为它耐酸，细菌可以用几种方法染色：Stamp、改良的 Ziehl - Neelsen、Gimenez、Giemsa 和改良的 Koster。由于缺乏特异性，阳性结果仅为 Q 热的假定证据，应进行确认试验。

通过免疫组织化学染色、原位杂交或 PCR 证明该试剂比经典染色方法更具特异性和敏感性。PCR 被认为是筛选大量和各种类型样本的一种有用且可靠的检测方法。目前，PCR 已成为 Q 热诊断的首选工具。

两种基于 PCR 的分型方法正在被广泛使用，即多位点可变数量串联重复序列分析（MLVA）和多空间序列分型（MST），允许在不需要分离生物体的情况下对贝氏梭菌进行分型。此外，最近还描述了单核苷酸多态性（SNP）基因分型。

血清学检测方法较多，尤其是 IFA 检测、ELISA 和 CFT。特异性 IgG 抗体的存在提供了近期 Q 热感染或既往感染的证据。血清学诊断方法首选 ELISA。

目前，对于 Q 热诊断国际标准主要有 WOAH《陆生动物诊断试验与疫苗手册》（2019）第 3. 1. 16 章，包括染色法、病原分离、间接荧光抗体（IFA）试验、ELISA、补体结合（CF）试验等。国内标准为《Q 热检疫技术规范》（SN/T 1087）。

（七）防控/防制措施

国内外在 Q 热暴发流行防制上时常有贻误，只在畜群发生集体流产事件后才发现疫情，之后便大量扑杀家畜，给畜牧业造成较大损失，并且造成人员伤亡。因此平时应做好 Q 热疫源的分布和人畜感染 Q 热程度的基本调查，一旦发现 Q 热疑似病例立即开展针对性措施，预防大规模感染。有目的地防蜱灭鼠，预防家畜感染，注意畜禽的管理，将孕畜和其他家畜隔离，分娩后至少隔离 3 周以上，对出现流产、早产、胎盘滞留等情况的家畜进行血清学检查。对家畜分娩期和分娩初期的排泄物、胎盘及分娩环境做适当处理和必要的消毒。控制家畜间循环感染是防止人类发生 Q 热的关键。要做好防止和监视疫畜输入、保护孕畜围产期外部环境、预防与疫畜密切接触人群的发病等三个方面的工作。对直接接触感染家畜或其产品的人群的预防措施包括：人群 Q 热抗体的监测；加强家畜特别是孕畜的管理、抗体监测和严格进出口检疫；家畜屠宰和畜产品加工场地的消毒、通风和个人防护；不喝生奶，加强食品卫生检疫；限制怀孕妇女、免疫缺陷者和有先天或获得瓣膜性心脏病的人从事易于受染的工作；严格 Q 热实验室的安全防护措施。由于 Q 热可通过气溶胶传播，且一旦流行即难以控制；而慢性 Q 热治疗周期长，容易复发，因此采用疫苗做预防接种是防止 Q 热发生和流行的有效手段，尤其是与病畜接触的人员更应进行预防接种。

早在 1937 年，Burnet 和 Freeman 就用甲醛灭活的 I 相贝氏柯克斯体接种成功地预防了 Q 热的流行。1981—1988 年，澳大利亚学者用甲醛灭活的贝氏柯克斯体 Henzerling 株作疫苗，在动物和人体上进行了 8 年的评价。用该疫苗免疫豚鼠后能抵御各种贝氏柯克斯菌株的感染。用该疫苗免疫牛羊，可防止自然和实验感染贝氏柯克斯体引起的牛羊流产和不孕。在此之后，国外学者先后研究出减毒疫苗和亚单位疫苗被应用于家畜和易感人群人的 Q 热免疫。近几年，利用基因重组技术，使外源基因在原核或真核表达系统中表达，纯化的重组蛋白制成的疫苗，称为基因工程亚单位疫苗。目前研究较多贝氏柯克斯体的保护性抗原蛋白有 27kD 抗原、30kD 抗原、34kD 抗原、67kD 抗原、热休克蛋白等，它们有可能发展成为 Q 热基因工程亚单位疫苗。在过去几十年中，Q 热疫苗的研制主要集中在灭活疫苗和化学提取的亚单位疫苗上。目前的灭活疫苗和化学提取的亚单位疫苗不能满足人们对 Q 热疫苗的安全有效和低副反应性的要求。DNA 疫苗可诱导机体产生全面的免疫应答，同时又具有安全、可靠、生产方便的特点，故被认为是继灭活和减毒苗、重组蛋白亚单位疫苗之后的第三代疫苗，对于以细胞免疫为主的贝氏柯克斯体感染，DNA 疫苗将会起到很好的免疫预防作用。

（八）风险评估

1. 传入评估

Q 热可以感染人、牛、羊、犬、猫、小型啮齿动物、家禽及野生鸟类以及蜱、螨等多种动物，甚至鱼、两栖类和爬行类也有可能感染病原体，因此，一旦发生疫情，传播速度将十分迅速，疫情控制难度增大，并且我国曾在 20 多个省、自治区和直辖市发现过 Q 热疫情，再次发生的可能性非常大。因此，该病的传入对我国有巨大的负面影响。

易感动物及传播媒介在世界各地广泛分布。感染 Q 热的动物身体各组织器官均可能含有病原体，且贝氏柯克斯体能抵抗干燥和腐败，在粪便、分泌物、水和奶中也可存活很长时间。

贝氏柯克斯体对物理和化学杀菌因素的抵抗力强大，在干燥沙土中4℃~6℃可存活7~9个月，-56℃能活数年，加热至90℃需30min~60min才能灭活。对脂溶剂和抗生素敏感，临床应用四环素、土霉素、强力霉素和甲氧苄氨嘧啶等药物治疗效果较好，鲜奶在63℃保持30min不能破坏其全部病原体。贝氏柯克斯体在黄油和干酪中可保存毒力数天到数周，有传染性的干燥血液可维持其传染性达6个月之久；蜱的粪便可保存病原体达1年半以上。因此，经过高温处理的动物产品风险很低或无风险。

2. 暴露评估

Q热是一种高度传染性疾病，除了新西兰外，该病发生于世界各地，且存在于包括借种动物在内的几乎所有动物，但主要感染人、牛、绵羊和山羊，由于该病会造成大批母畜突然流产，因此对畜牧业生产会造成重大损失。

由于Q热无典型临床症状，因此很难被临床诊断出来，一旦疫情出现，若不及时处理，容易造成大规模传染，特别是在家畜繁殖季节，会造成非常重大的经济损失，同时给与畜群和畜产品接触较多的人带来很高的风险。在感染家畜的排泄物和流产出的胎儿中含有大量的病原体，处理不当很容易将疾病扩散，对环境造成进一步影响。

3. 后果评估

WOAH将Q热列为须报告的多种动物共患病，即在国内对社会经济或公共卫生有影响，并对动物和动物产品国际贸易有明显影响的能感染多种动物的传染病。中国是畜禽养殖大国，Q热的宿主来源广泛且数量巨大，近几年大型集约化养殖场数量迅速增多，使疫病的传播风险增大，一旦发生大规模的Q热疫情，将严重影响我国畜牧业经济发展，并威胁到从事动物养殖和产品加工行业的员工的健康，并且控制和扑灭疫情所需要的人力、物力投入将非常巨大，会造成社会对疫病的恐慌，病原体对环境的负面影响也将持续很长时间，所以疫情引发的不良影响将是长期和深远的。

十三、心水病

心水病（Heartwater），又名考德里氏体病（cowdnosis），是一种反刍动物立克次氏体病，由反刍动物埃利希氏体（*Ehrlichia ruminantium*）引起，经钝眼蜱属蜱类传播。几乎所有近撒哈拉沙漠非洲国家及马达加斯加岛都有分布，加勒比地区也有发生，威胁着美洲大陆。该病能造成家养的易感反刍动物90%的死亡率，山羊和绵羊比牛与家禽类易感，欧洲品种一般比非洲本地的要易感。

心水病的临床特征是突然发生高热、精神萎靡、神经系统症状和高死亡率。动物死后常见心包积水、胸腔积液和肺水肿。急性病例死亡率高，最急性心水病也有发生，康复率较高。康复后的动物成为传染源，一些野生动物成为病原贮存宿主，黑鹿、白尾鹿、跳羚均对其易感，患病后死亡率较高。

本病是WOAH名录内法定报告疫病，《中华人民共和国进境动物检疫疫病名录》将其归类为二类传染病、寄生虫病。

（一）病原

本病病原属于立克次氏体科的反刍动物埃利希氏体，存在于感染动物的血管内皮细胞的细胞质内，尤其是大脑皮层灰质的血管或脉胳膜丛中。姬姆萨染色为深蓝色，多呈球状，直径为0.2μm~0.5μm，有时环状或马蹄形，大小为1μm~3μm。本病原体在动物体的血管内皮细胞和淋巴结网状细胞中以二分裂、出芽和内孢子形成等方式进行繁殖。最急性型心水病病畜，病原体往往很少，但凡死于心水病的动物脑内一般都存在该病原体。若是患畜48h前用药治疗过，埃利希氏体就会发生溶解，诊断会十分困难，甚至不可能。本病原体抵抗力不强，必须保存于冰冻或液氮中，室温下很少能存活36h以上，存在于脑组织中的病原体在冰箱中能保存12d以上，-70℃下能保存2年以上。本病原体可在小鼠和白化病的小鼠内连续复制，最近也有细胞培养增殖的报道，在人工培养基上不生长。

（二）历史及地理分布

本病于1858年首先发现于南非后就一直被认为是非洲最重要的家畜疾病之一。1980年Perray等在西半球加勒比海的瓜德罗普第一次报道了心水病。目前，心水病发生在几乎所有非洲近撒哈拉沙漠地区。适于这类蜱存在和携带病原的世界各地，包括我国黄河流域及其以南的广大地区，都受到潜在的威胁。

（三）流行病学

1. 易感动物

所有家养和野生反刍动物都可感染，但家畜更易感，本地家畜对该病有较强抵抗力。山羊和绵羊比牛与家禽类易感，欧洲品种一般比非洲本地的要易感，如波斯和南非绵羊比欧洲品种更能抵抗本病。在本土非洲羚羊中，白脸牛羚、跳羚和白尾牛羚等发病轻微或亚临床感染，非洲旋角大羚羊也是亚临床感染或类似于牛。水牛、小鼠及鸵鸟对本病也易感。在北美，实验证实白尾鹿对反刍动物埃利希氏体高度易感。病原体在龟和珍珠鸡体内的繁殖也可感染寄生于其体上的钝眼蜱，从而钝眼蜱作为传播媒介。目前，对该病有抵抗力的动物为兰尾牛羚、狷羚、鹿羚、高角羚、非洲直角大羚羊、大弯角羚、长颈鹿属、兔和家鼠。

2. 传播方式和传染源

心水病立克次氏体属仅由钝眼蜱传播。主要传播媒介是希伯来钝眼蜱（*A. hebraeum*），*A. pomposum* 钝眼蜱、热带的希伯来钝眼蜱-彩饰钝眼蜱、宝石花蜱（*A. gemma*）、*A. lepidum* 钝眼蜱和 *A. thalloni* 钝眼蜱（象蜱）已在实验上证明传播心水病。两个北美种的斑点钝眼蜱（*A. maculatum*）（也叫海湾钝眼蜱）和卡延钝眼蜱（*A. cajennense*），具有传播心水病的能力，前者广泛分布于美国的东部、南部和西部。

钝眼蜱完成一个生活周期需要 5 个月至 4 年的时间，病原只能感染幼虫或若虫期的钝眼蜱，在若虫期或成虫期传播，所以有很长时间的传播性；它不能通过卵传播。钝眼蜱具有多宿主性，可寄生于各种家禽、走禽、野生有蹄动物、小哺乳动物、爬行动物和两栖动物。

实验感染证实，患心水病的高热应答期，叮咬动物的蜱即可被反刍埃利希氏体感染；若这些蜱再叮咬其他易感动物即可传播。由于蜱的种类不同，其传播能力也不同，例如斑点钝眼蜱从幼虫到蛹到成虫都可作为传播媒介，而卡延钝眼蜱则只在幼虫到蛹阶段具有传播能力。最近有报道反刍动物埃利希氏体可在少数希伯来钝眼蜱经卵巢传播。

（四）发病机理及病理变化

病原体通过感染蜱侵入动物的血管内皮细胞和淋巴结网状细胞中以二等分裂繁殖。病原体有高度寄生于靶细胞的特性，它侵害血管内皮细胞，使血管壁的渗透性发生变化，引起心包腔、腹腔、胸腔大量积液；侵害脑内皮细胞时，引起中枢神经系统症状。

最常见的眼观病变是心包积水、胸腔积水、肺水肿、肠道充血、纵膈和支气管淋巴结水肿，心外膜和和心内膜点状出血、脑充血、脾中度肿大等。脑可能充血，极少发生其他病变。

（五）临床症状

通常自然潜伏期为 2 周，但变化范围在 10d 至 1 个月。心水病以急性发热多见，表现为体温突然升高，1d~2d 内可超过 41℃，呈稍有波动的持续高热，死亡之前才突然回落。

发热伴随的症状有食欲不振、有时无精打采、腹泻（牛常见），呼吸困难表明有肺水肿、渐进性神经症状。病畜焦躁不安、做圆周运动、腹式呼吸、站立僵直，伴有浅表肌肉颤动。牛有时表现顶撞墙壁或呈现攻击性或惊恐性动作。最后，患病动物倒地、蹬腿、呈角弓反张、眼球震颤、磨牙。动物通常在神经症状发作过程中或发作过后死亡。

最急性型心水病可发生突然死亡，很少有肉眼可见病变；亚急性型心水病的症状轻微，可缓慢康复；亚临床型主要发生在抵抗力强及通过初乳得到保护力的动物，该型的唯一的临床症状是短暂的发热反应。发生的临床症状类型均取决于反刍动物的种类和埃利希氏体株型。

（六）诊断

心水病的国际诊断标准有 WOAH《陆生动物诊断试验与疫苗手册》（2019）第 3.1.9 章。根据该病的一些特征性临床症状及病变以及蜱的存在可做出初步诊断，血清学试验或病原诊断阳性可确诊发生该病。

1. 血清学试验

血清学试验用来诊断心水病：以反刍动物埃利希氏体感染内皮细胞组织培养物作为抗原的 CIFA、ELISA、竞争 ELISA（C-ELISA）和蛋白质印迹试验（Western Blot）。以感染小鼠腹水巨噬细胞培养物作为抗原的间接荧光抗体试验（MIFA）现在很少使用。

这些血清学试验的缺陷就是假阳性反应，因为反刍兽埃利希氏体MAP1几种埃利希氏体的相类似蛋白有共同抗原决定簇，所以，所有这些试验不再用于流行病学调查和诊断，CIFA试验仍在使用，但在分析结果时要注意假阳性出现。

2. 病原鉴定

心水病的特异性诊断，是观察到脑毛细血管内皮细胞里的反刍动物埃利希氏体菌落。没有专用工具时，可以在分离头部的枕骨大孔内，用刮器刮取小脑；也可用锤击大钉从头骨凿孔，取到大脑皮层样品。将一小块小脑或大脑皮质放在两片显微镜用载玻片推压制备脑抹片。当脑组织在玻片间移动时，毛细血管展开而形成单层细胞。脑抹片经空气干燥，甲醇固定，再用姬姆萨染色。采用快速染色剂时，一分钟内即可固定并染色。菌落染为淡红紫色或蓝色，并常靠近被感染的内皮细胞核。最急性型病例的菌丛常不易找到，但死于心水病的反刍动物的脑（如果未经过治疗）能见到菌落，使用过抗生素的病例很难找到菌落。死后2d室温下保存的脑内仍可见到菌落，在冰箱内可保存34d。

采集可疑患畜新鲜全血，静脉接种易感绵羊或山羊，出现心水病症状，以及脑内见到埃利希氏体，可作出心水病诊断。

反刍动物埃利希氏体可从反刍动物内皮细胞感染动物的血液中分离到，当出现如细胞裂解病变时，可采用伊红-甲基蓝染单层细胞，或用特异性抗血清采用免疫荧光或免疫酶技术证实细胞中存在有特征性桑葚体。

反刍动物埃利希氏体特异性DNA基因片段已经克隆并用于核酸探针，能识别迄今检验过的所有反刍动物埃利希氏体。这种定名为pCS20A前探针很容易检出临床感染病畜和实验感染钝眼蜱体内的感染，但在检测大多数携带动物和/或低水平感染的蜱时不够敏感。

PCR和套式PCR技术也可用于检测反刍动物埃利希氏体。PCR方法在检测蜱的感染或检测疾病的临床期或死后动物样品的感染时证明有很高的敏感性，反刍动物埃利希氏体在发热期开始前和康复后几天之内感染动物的血中很容易发现。

用荧光定量PCR（qPCR）检测反刍动物埃利希氏体，qPCR仅仅用于试验性感染的绵羊血中反刍动物埃利希氏体的动力学研究。病原体只在发热过程中被检测到，qPCR与非定量PCR比较，并没有提高无症状感染动物的检出率。

由于反刍动物埃利希氏体属专性细胞内寄生，不能在无细胞的培养基中生长，其分离过程复杂，需花费数周时间，分子检测技术是诊断埃利希氏体病的最好方法。PCR 技术比 DNA 探针更易操作和敏感，但在所有 PCR 中，要确保样品间没有相互污染，每次实验应设阴、阳性对照。由于心水病血清学试验有一定局限性，PCR 技术可用来证实血清学试验结果，例如，当来自散发区的血清学阴性动物要转移到没有心水病的受威胁区域（有潜在的传播媒介）时。目前，PCR、套式 PCR 试验中所获得的结果表明，在血液中直接检测发现反刍动物埃利希氏体只是在（或临近于）疾病的发热期才可靠。以 PCR 技术为基础的方法，在检测蜱类感染中似乎更可靠，这对确定埃利希氏体地理分布具有流行病学研究价值。此外，在流行地区，如果血清学试验和对血液的 PCR 试验失败，可将阴性蜱置于可疑动物的皮肤吸血进行检测，可极大提高发现带菌动物的敏感性。该方法对常规诊断实验室来说并不方便，因为它需要喂养蜱群，需要实验性感染动物的场地。

（七）防控/防制措施

虽然弱毒和灭活苗免疫在试验性条件下取得良好的结果，但目前尚没有适用的商品疫苗。唯一的免疫方法仍然是使用感染血清或感染蜱匀浆进行的“感染治疗”法，有症状动物可用四环素治疗，这种方法在几个地方应用，但不久将被灭活的埃利希氏体原生体油剂苗免疫所替代，因为易感山羊可以用弗氏佐剂疫苗得到保护，该疫苗可保护绵羊免受不同株埃利希氏体的攻击，也可以保护牛免受埃利希氏体的攻击（与山羊使用相同的毒株）。动物可分两点皮下注射 2mL 250μg 抗原量（50/50）乳化的油剂苗（Montanide ISA50）。

本病原抵抗力不强，必须保存于冰冻或液氮中，室温下很少能存活 36h 以上，存在于脑组织中的病原体在冰箱中能保存 12d 以上，-70℃下能保存 2 年以上。所以，针对普通病原体的常规消毒灭菌方法即可达到消除此病原的目的。

（八）风险评估

1. 传入评估

病原具有随进境动物或者动物产品传入、定殖和传播的可能性，所有的反刍动物均易感，特别是家畜。

2. 暴露评估

心水病发生在几乎所有近撒哈拉沙漠非洲国家，在加勒比地区也有报道。所有家养和野生反刍动物都可感染，但家畜更易感。本病对于大量养殖牛羊等反刍经济动物可造成很大经济损失。

3. 后果评估

由于我国从未发生过心水病，国内反刍动物对其抵抗力较弱，依据《陆生动物诊断试验与疫苗手册》对心水病的描述，本病的死亡率大约是90%，目前尚无有效疫苗，一旦传入，将给我国的畜牧业带来灾难性后果。

十四、巴氏杆菌病

巴氏杆菌病（Pasteurellosis）是由多杀性巴氏杆菌引起的多种动物和人的重要共患传染病。动物巴氏杆菌病的急性型常以败血症和出血性炎症为主要特征，因此之前除把猪的感染称为猪肺疫、禽的感染称为禽霍乱外，其他动物的感染统称为“出血性败血症”。本病的慢性型常表现为皮下结缔组织、关节及各脏器的化脓性病灶，并多与其他病原混合感染或继发感染。人的病例多由伤口感染引起。

牛出血性败血症由多杀性巴氏杆菌感染导致，是WOAH名录内法定报告疫病，《中华人民共和国进境动物检疫疫病名录》将其归类为二类传染病、寄生虫病。

（一）病原

多杀性巴氏杆菌（Pasteurella multocida）属于巴氏杆菌科（Pasteurellaceae）的巴氏杆菌属（*Pasteurella*），是一种两端钝圆的短杆菌或球杆菌，长0.6μm~2.5μm，宽0.2μm~0.4μm，不形成芽孢，无鞭毛、不运动，革兰氏染色阴性，兼性厌氧。

多杀性巴氏杆菌根据抗原成分可分为多个血清型。用被动血凝试验对特异性荚膜抗原（K抗原）分类，可分为A、B、D、E和F共5个血清型；用凝集试验对菌体抗原（O抗原）分类，可分为12个血清型；用琼脂糖扩散试验对菌体脂多糖抗原分类，可分为16个血清型。K抗原用大写英文字母表示，O抗原和脂多糖抗原用阿拉伯数字表示，菌株的血清型可列式表示（O抗原：K抗原），如8：A、6：B等。

多杀性巴氏杆菌在添加血清或血液的琼脂上生长良好。在血琼脂上生成灰白色、黏稠、湿润的菌落，不溶血；在普通琼脂上形成细小、透明的露珠状菌落，根据在琼脂上的生长菌落，可分为黏液型（M 型）、光滑性（S 型）和粗糙型（R 型）3 类，其中粗糙型菌落无荚膜，而黏液型和光滑型有荚膜。

多杀性巴氏杆菌对理化因素和外界环境抵抗力不强，在干燥或阳光直射的条件下迅速失活；巴氏消毒法（65℃经 30min 或 70℃经 15min）可将其杀灭，一般消毒剂在低浓度下数分钟和十几分钟可将其杀死，3%苯酚可在 1min 内灭活本菌，10%石灰乳及甲醛溶液 4min 内可杀灭本菌。在纯培养物种冰点以下很快死亡，但是动物脏器中的细菌可在-20℃条件下存活数年。

（二）历史及地理分布

1881 年巴斯德（Pasteur）首次描述了禽霍乱和牛及其他动物的出血性败血症，并分离得到巴氏杆菌。1920 年将分离物做了较为可靠的鉴定，并发现人也可被感染。1887 年，为了纪念巴斯德在微生物方面所做的工作，将此菌命名为巴斯德氏菌。其中多杀性巴氏杆菌（*Pasteurella multocida*，*P. m*）可感染猪、马、牛、禽等多种动物，引起猪肺疫、牛出血性败血症、禽霍乱等。其血清型众多（16 种血清型），在毒力及流行病学等方面的生物学特性差异很大。

多杀性巴氏杆菌是一种重要的人畜共患病病原体，可引起多种动物和人类感染。该病原体在世界各地广泛分布和流行。在我国，多杀性巴氏杆菌是临床上引起猪感染的第四大病原体，分离率仅次于猪链球菌、副猪嗜血杆菌和大肠杆菌。多杀性巴氏杆菌没有宿主特异性，它主要引起猪萎缩性鼻炎、猪肺疫、牛和水牛出血性败血症、禽霍乱、兔巴氏杆菌病和各种人类炎症。其中，猪萎缩性鼻炎是世界大型养猪业五大传染病之一。

（三）流行病学

多杀性巴氏杆菌对多种动物和人均有致病性，家畜中以牛、猪、兔和绵羊发病较多，山羊、鹿、骆驼、马、驴、犬、猫和水貂等动物也可感染。禽类中的鸡、火鸡和鸭最易感，鸽子和鹅次之，野生水禽也可感染发病，幼龄动物病死率较高。

正常动物的上呼吸道常有巴氏杆菌存在，环境条件与动物的抵抗力因素可诱发本病的发生，动物群体发生巴氏杆菌病时常查不出传染源，通常认为动物发病前已经带菌。患病动物的排泄物、分泌物和带菌动物也是本病的重要传染源。

多杀性巴氏杆菌主要通过消化道和呼吸道传播，也可以通过吸血昆虫及损伤的皮肤、黏膜而感染。消化道感染的患病动物经排泄物、分泌物不断排出有毒力的病菌污染饲料、饮水和环境；呼吸道感染的患病动物通过咳嗽、喷嚏排出病菌，导致飞沫传播。人经伤口感染，也可经呼吸道感染。不同动物之间可见相互传染。

本病的发生无明显季节性，但是气候骤变、冷热交替、潮湿、闷热、多雨等气候条件下发病较多。动物体温失调、抵抗力降低是本病发生的主要诱导因素之一。此外，由其他疾病的感染导致的机体免疫功能降低也可导致多杀性巴氏杆菌继发感染。

（四）发病机理及病理变化

外源性巴氏杆菌或内源性巴氏杆菌感染的本质是由突然应激或某些呼吸系统病毒、支原体或细菌诱发感染，应激或病毒感染会损害肺部的防御屏障，多杀性巴氏杆菌的毒力取决于细菌的荚膜、菌毛、内毒素、白细胞毒素等。

由于机体抵抗力、菌株毒力和细菌数量的差异，各种动物的病理变化不尽相同。禽感染后，最急性型无特殊病变，偶见心外膜有出血点。急性型出现特征性病变，病禽腹膜、皮下组织和皮下脂肪可见小出血点；心包增厚，积有多量不透明淡黄色液体或含絮状纤维素液体，心外膜、心冠脂肪出血；肺充血或有出血点，肝脏病变具有特征性，肝脏轻微肿大、质脆，呈棕色或黄棕色，表面散有灰白色针尖大小坏死点；肌胃出血，十二指肠呈卡他性和出血性肠炎，肠内容物含有血液。慢性型因侵害器官不同而有差异，分别表现为鼻腔大量黏性分泌物，关节肿大变行，关节内有炎性渗出和干酪样坏死，公鸡肉髯肿大，母鸡卵巢出血或卵泡变形。

猪的最急性型表现为全身黏膜、浆膜和皮下组织有大量出血点，切开皮肤时有大量胶冻样黄色水肿液；全身淋巴结肿大，切面潮红，呈浆液性出血性炎症，以下颌、咽部和颈部淋巴结最显著；心内外膜有出血点；肺呈急性水肿、充血；胃肠黏膜有出血性炎症；脾脏出血。急性型病猪病理变化为胸膜肺炎，全身黏膜、浆膜、实质性器官和淋巴结有出血性病变，肺有出血斑点、水肿、气肿和红色肝变区，肺小叶有浆液浸润，肺炎部切面常呈大理石纹理，有纤维样黏附物；胸腔及心包积液，支气管内有大量泡沫样黏液；支气管淋巴结肿大，切面发红；胃肠道有卡他性或出血性炎症。慢性型病猪表现为肺肝变区扩大，有黄色或灰色坏死灶，外有结缔组织包裹，内含干酪样物质，有的形成空洞；心包和胸腔内液体增多，胸膜增厚、粗糙；肺门淋巴结高度肿胀、出血。

牛败血型表现为全身浆膜、黏膜、皮下、肌肉等均有出血点，肺肿胀，有出血点或出血斑，显微镜下可见肺泡间质增宽，炎性细胞浸润，肺泡腔有大量炎性渗出物和红细胞；肝肿胀、质脆，实质细胞病变、坏死；皮有出血点；淋巴结充血水肿；胸腔和腹腔内有大量渗出液；胃肠黏膜有明显充血、淤血和出血，黏膜脱落，肠壁变薄，肠内容物呈黑褐色。牛水肿型表现为头、颈和咽喉部水肿，颈部、胸部和四肢皮下有浆液浸润；咽部周围结缔组织呈胶冻样，咽淋巴结和颈前淋巴结高度肿胀；气管、支气管卡他性炎症；胃肠黏膜充血、出血，部分黏膜脱落，肠壁变薄。牛肺炎型主要表现为纤维素性肺炎和浆液纤维素性胸膜炎，肺组织颜色从暗红、淡红到灰白，切面呈大理石样；肝变区可见干燥、易碎的黄色坏死灶，个别坏死灶周围有结缔组织形成的包囊；胸腔积液，伴有纤维素性心包炎和腹膜炎。

羊、马、兔和鹿等动物的病理变化与牛相似。

（五）临床症状

猪巴氏杆菌病最急性型俗称“锁喉风”，主要症状为咽喉肿胀，呼吸困难；多突然发病，迅速死亡；发展较慢的病猪体温上升到41℃以上，呼吸困难，呈犬坐式呼吸，可视黏膜发绀，心跳加快，食欲废绝；耳根、颈部、腹部等处发生出血性红斑；咽喉部肿胀，坚硬发热，口吐白沫，数小时到1d内死亡，死亡率可达100%。猪急性型的一般症状为败血症，还表现为急性胸膜肺炎；体温上升至40℃~41℃，呼吸困难、气喘、短咳；触诊胸部疼痛，听诊有啰音和摩擦音。流泪，流鼻涕，有黏液性或脓性结膜炎，皮肤出现血红色紫斑；初便秘，后腹泻；病猪消瘦无力，卧病不起，往往在2d~6d内死亡，耐过多转为慢性。猪慢性型主要表现为慢性肺炎和慢性胃炎症状，表现为持续的咳嗽，呼吸困难，病猪逐渐消瘦，有时关节发生肿胀；最后持续腹泻，衰竭死亡；病程可达15d左右。

牛巴氏杆菌病败血型病牛体温升高至41℃~42℃，继而出现全身症状，表现为精神不振、低头拱背、被毛粗乱且无光泽、肌肉震颤、机体衰竭、鼻镜干裂、结膜潮红，有时咳嗽或呻吟、皮温不整、呼吸和心跳加速、食欲减退或废绝、泌乳减少或停止、初期病牛便秘，之后转为腹泻，粪便呈液状并混有黏液、黏膜片和血液，恶臭，不久后，病牛体温下降，在12h~24h内因虚弱而死亡。牛巴氏杆菌病浮肿型病牛的头颈部、咽喉部及胸前的皮下结缔组织出现扩张性炎性水肿，触之有热痛感，同时舌部及周围组织有明显肿胀，呈暗红色，呼吸极度困难，出现急性结膜炎，皮肤和黏膜发绀，眼红肿，流泪，有的病牛出现下痢，病程多为12h~36h，后因呼吸障碍而死亡。牛巴氏杆菌病肺炎型主要表现为急性纤维素性胸膜肺炎症状，病牛体温升高，呼吸极度困难，干咳且痛，流泡沫样鼻液，后呈脓性，胸部叩诊有痛感，有实音区，胸部听诊有水泡性杂音，有时可听到胸部摩擦音，病初便秘，后期下痢并带有黏膜和血液，恶臭，病程为3d~6d。

羊巴氏杆菌病最急性型多见于流行初期，动物突然发病，发热、寒战、虚弱、呼吸困难，常在数小时内死亡。急性型最常见，病羊体温升高至41℃~42℃，食欲废绝，反刍消失；可视黏膜发绀、鼻镜干燥、呼吸困难、咳嗽、气喘、打喷嚏，鼻孔流出混有血液样的黏液；病初便秘，后腹泻，有的粪便呈血水样，最后因脱水而死亡。慢性型病羊消瘦，食欲减退，呼吸困难、干咳，被毛粗乱、精神不振；消化不良，腹泻，后期体温降低，死前极度消瘦。

（六）诊断

该病的诊断基于临床症状、病变、发病率和死亡率。确认需要使用常规和分子生物学技术分离和鉴定病原体。

涂片镜检：这些细胞呈球形或短杆状，大小为（0.2~0.4）μm×（0.6~2.5）μm，呈革兰氏阴性，通常单个或成对出现，姬姆萨染色可见双极染色。

细菌分离：多杀性巴氏杆菌很容易从死于急性菌血症形式疾病动物的内脏器官，如肺、肝和脾、骨髓、性腺、心脏、血液或从慢性禽霍乱病变的干酪样渗出物中分离出来。巴氏杆菌是一种兼性厌氧细菌，在37℃下生长最好，通常使用葡萄糖淀粉琼脂、血液琼脂和胰蛋白酶-大豆琼脂等培养基进行初步分离，添加5%的热灭活血清可改善分离。培养18h~24h后，菌落直径在1mm~3mm之间，呈离散、圆形、凸形、半透明和丁状。

动物试验：致病性试验通常选用小鼠或家兔，动物死亡后采集病料涂片、染色、镜检或做病原分离。

目前国际标准WOAH《陆生动物诊断试验与疫苗手册》（2019）第3.3.9章，规定了禽霍乱病原分离鉴定、核酸检测和血清学方法；WOAH《陆生动物诊断试验与疫苗手册》（2019）第3.4.10章，规定了牛出血性败血症病原分离鉴定、核酸检测和血清学方法；国内诊断标准为《禽霍乱（禽巴氏杆菌病）诊断技术》（NY/T 563）、《禽霍乱防制技术规程》（DB15/T 27）和《牦牛巴氏杆菌病诊断技术规范》（DB51/T 2298）。

（七）防控/防制措施

在预防和控制巴氏杆菌病时，根据其传播特点，首先，要注意饲养管理，消除各种可能降低机体抵抗力的应激因素。其次，应尽可能避免病原体入侵，并定期对围栏、畜舍、喂食槽和饮水器具进行消毒。定期接种疫苗，增强机体对疾病的特异性免疫力。由于多杀性巴氏杆菌的血清型多种多样，大多数没有交叉性和免疫原性，因此应选择与当地常见血清型相同的血清型菌株制成的疫苗进行接种。如果出现这种疾病，应将患病动物隔离，尽快诊断并及时治疗。死动物应深埋，围栏和器具应严格消毒。对于同一群体中假定的健康动物，可以使用高免疫血清、磺胺类药物或抗生素进行紧急预防。如果在隔离和观察一周后没有新病例，可以再次注射疫苗。如果没有高免疫血清，疫苗也可用于紧急接种，但应做好潜伏期发病动物的紧急救援准备。

猪肺疫的预防可通过猪肺疫氢氧化铝灭活疫苗、猪肺疫口服减毒疫苗、猪肺疫-猪丹毒-氯氧化铝二联灭活疫苗以及猪瘟-猪丹毒-猪肺疫三联灭活疫苗。这类疫苗的免疫期超过半年。牛出血性败血症氢氧化铝疫苗可预防严重的牛败血症，免疫期可达9个月。预防兔巴氏杆菌病可采用兔巴氏杆菌产气荚膜梭菌疫苗和兔禽出血性败血症氢氧化铝灭活疫苗，免疫期半年以上。预防禽霍乱可用禽霍乱G190E4弱毒疫苗和禽霍乱油乳剂疫苗，前者的免疫期约为3个月，后者约为6个月。

（八）风险评估

1. 传入评估

大多数家畜都可能是多杀性巴氏杆菌的带菌者，污染的笼子、饲槽等都可能传播病原。多杀性巴氏杆菌在畜群、禽群中的传播主要是通过患病动物口腔、鼻腔和眼结膜的分泌物进行的，这些分泌物污染了环境，特别是饲料和饮水。疾病流行和传播的速度快、范围广，病原体对化学菌剂耐受力强，容易通过国际贸易传播，因此，该病的危害较大，一旦发生疫情，传播速度迅速，疫情难以控制。我国曾多次暴发该疫情，再次发生的可能性非常高。因此，该病的传入对我国存在巨大的负面影响。

2. 暴露评估

巴氏杆菌可以感染绵羊、水牛、黄牛、牦牛、猪、狗、猫、马、鹿、骆驼、兔、鸡、火鸡和许多野兽，巴氏杆菌在全世界范围内广泛存在，我国有数量巨大的易感动物，且该病可感染人。同时还可以通过多种途径进行感染，对生态环境有着长期的负面影响，实验室检测和诊断方法尚未成熟，国外发生严重疫情且尚未完全控制，疫苗研发时间久，且效果不稳定。

3. 后果评估

WOAH 将牛出血性败血症列为需报告疫病，影响国内社会经济和公共卫生，对动物和动物产品国际贸易有明显的影响，能感染多种动物的传染病。我国是畜禽养殖大国，巴氏杆菌的宿主来源广泛且数量巨大，特别是近些年大型集约化养殖场数量迅速增多，使疫病的传播风险增大，一旦发生大规模的巴氏杆菌疫情，将严重影响我国畜牧业经济发展，并威胁到从事动物养殖和产品加工业人员的健康，而控制和扑灭疫情所需要的人力和物力投入巨大，对社会造成恐慌，病原体对环境的负面影响持续时间长，因此，疫情引发的不良影响将是长期而深远的。

十五、流行性出血病

流行性出血病（Epizootic Hemorrhagic Disease，EHD）是由流行性出血病病毒（Epizootic Hemorrhagic Disease Virus，EHDV）感染引起的一种季节性、虫媒性传染病。在自然条件下，EHDV 经由库蠓叮咬传播，可感染牛、绵羊、白尾鹿、麋鹿、大角羚羊等多种家畜和野生反刍动物感染。

EHD 可导致白尾鹿体温升高，黏膜和浆膜面等多组织广泛出血，并常于昏迷状态下死亡。感染牛时，通常表现为发热、厌食、口腔溃烂和部分组织器官坏死，导致怀孕母牛流产和奶牛的产奶量减少。EHD 严重影响着畜牧业的健康发展，阻碍畜产品的正常国际贸易，WOAH 已将其列为法定报告传染病。《中华人民共和国进境动物检疫疫病名录》将其归为二类传染病、寄生虫病。

（一）病原

EHDV 为呼肠孤病毒科（Reoviridae）环状病毒属（*Orbivirus*）成员，同属病毒包括蓝舌病、非洲马瘟等。EHDV 为无囊膜病毒，呈圆形或六角形，二十面体对称，直径约 62nm，病毒具双层衣壳结构，外衣壳表面有环状的壳粒，这是该病毒的典型特征。病毒基因组大小约为 20kb，由 10 个节段（Seg-1～Seg-10）双链 RNA 组成，编码 7 种结构蛋白（VP1～VP7）和 4 种非结构蛋白（NS1、NS2、NS3、NS3a）。病毒 VP3 蛋白是构成病毒内衣壳的主要蛋白，由 Seg-3 基因片段编码，其序列高度保守，但 Seg-3 基因序列在不同地域分离的毒株间却存在差异，可据此将 EHDV 毒株区分为东方型（Eastern）和西方型（Western）两种地域型（Topotype）以及地域亚型（Sub-topotype）。VP2 蛋白构成病毒外衣壳的主要蛋白，由 Seg-2 基因片段编码，该序列具有高度变异的特性。VP2 蛋白可以诱导机体产生特异性中和抗体，并决定着病毒的血清型。目前世界范围内发现至少 9 种血清型的 EHDV（分别为 EHDV-1、EHDV-2、EHDV-4、EHDV-5、EHDV-6、EHDV-7、EHDV-8、EHDV-9、EHDV-10）。

EHDV 在高温下极其不稳定，50℃ 3h 或 60℃ 15min 均可灭活。在 pH 值 6.8～9.5 时稳定。EHDV 对乙醚和脱氧胆酸盐有抵抗力，对三氯甲烷敏感或稍有抵抗力。血液和组织标本在-70℃、20℃或 4℃可长期保存活力，但在-20℃放置 1 个月病毒效价会出现明显下降，随后趋于稳定，病毒效价下降趋势变慢。

（二）历史及地理分布

EHD 因 19 世纪末在美国东南部感染白尾鹿出现黑色的舌头而首次被人们所认识。1955 年在美国新泽西州白尾鹿中首次成功分离到病毒。根据所报道的病例及分布情况看，EHD 广泛分布于北纬 49°到南纬 35°之间，北美洲、非洲、欧洲、大洋洲、亚洲的部分国家和地区均有EHD感染的相关报道。

在北美洲，2002年在美国亚利桑那州的黑尾鹿、羚羊，2008年在得克萨斯州哨兵牛上检出EHDV-1、EHDV-2的中和抗体。2008年在美国得克萨斯州、堪萨斯州白尾鹿血清中也检出EHDV-1、EHDV-2、EHDV-6中和抗体。从印第安纳州、伊利诺伊州、密苏里州和密歇根州的白尾鹿中均分离到EHDV-6。在加拿大除不列颠哥伦比亚省的奥肯那根山谷有散在发生外，并无大范围暴发。以色列、土耳其、黎巴嫩、叙利亚和约旦等均有检出EHDV抗体的报道。其中2001年和2006年以色列牛群均出现临床症状，2001年暴发的EHDV血清型未知，2006年出现的血清型为EHDV-7。20世纪60年代末日本、韩国等国家和中国台湾等地大范围暴发茨城病（EHDV-2）。1997年茨城病再次在日本暴发。非洲地区，20世纪80年代末在苏丹、巴林和阿曼出现EHDV-6。2004年和2006年在摩洛哥两次暴发EHDV-6。阿尔及利亚和突尼斯于2006年也暴发过EHDV-6。2006—2007年，阿尔及利亚、突尼斯、摩洛哥同时暴发EHDV-6和EHDV-7，这两种毒株都可以导致牛发病。在欧洲，法国留尼旺岛于2003年、2009年暴发EHDV-6，而2011年出现EHDV-1感染。2006年德国荷斯坦牛及荷兰弗里斯兰羊有EHDV-7感染。荷斯坦牛也有感染EHDV-6的报道。在大洋洲，1979年澳大利亚首次报道牛出现茨城病（EHDV-2）抗体，1979—1982年对哨兵牛监测分离出EHDV-2、EHDV-5、EHDV-6、EHDV-7、EHDV-8型。1992年又分离到EHDV-10新血清型。我国牛羊血清中也检测到EHDV抗体，但暂无EHDV暴发记录，有报道在广西黄牛、奶牛血清中检出EHDV-5、EHDV-6、EHDV-7、EHDV-8型中和抗体，同时也分离出EHDV-5、EHDV-8型毒株。在广东牛群中检出EHDV-5型。在内蒙古牛羊群中分离到EHDV-6型毒株。在云南地区的牛和山羊中均检出EHDV-1、EHDV-2、EHDV-5、EHDV-6、EHDV-7、EHDV-8、EHDV-10型抗体，说明云南反刍动物中存在广泛的EHDV感染。

总之，不同EHDV血清型在世界范围的地域分布不同：北美洲主要分布有EHDV-1、EHDV-2、EHDV-6型；非洲主要分布有EHDV-1、EHDV-4、EHDV-9型；南美洲分布有EHDV-1、EHDV-2型；澳大利亚分布的血清型最多，有EHDV-1、EHDV-2、EHDV-5、EHDV-6、EHDV-7、EHDV-8型；

地中海地区（以色列、土耳其、摩洛哥）主要分布有 EHDV-6 与 EHDV-7 型，日本分布有 EHDV-1、EHDV-2、EHDV-7、EHDV-10 型。我国尚未见牛羊和鹿暴发 EHD 的临床报道，但血清学调查表明，我国存在多血清型 EHDV 的活动，其中广西主要存在 EHDV-5、EHDV-6、EHDV-7、EHDV-8 型病毒的流行，在广东有 EHDV-1、EHDV-5 型病毒的流行，内蒙古则存在 EHDV-6 型病毒的流行，云南省主要流行 EHDV-1、EHDV-2、EHDV-5、EHDV-6、EHDV-7、EHDV-8 型毒株。

（三）流行病学

EHDV 可感染反刍动物，包括绵羊、山羊、黄牛、水牛、鹿乃至美洲驼等。野生鹿，尤其是北美白尾鹿最易感，且具有高发病率和死亡率。牛感染茨城病（EHDV-2）以及 EHDV-6 和 EHDV-7 也会出现严重的临床症状。羊和大部分反刍动物感染 EHDV 呈现无症状或亚临床感染。有报道，在以色列暴发 EHDV-7 期间，牛群表现出临床症状但血清阳性率较高地区附近的羊群却检测不到 EHDV 抗体，羊在 EHDV 流行病学特别是在多物种紧密接触中扮演的角色仍不明确。

EHD 不能接触传染，而是通过生物学带菌者传播的，受感染的鹿可携带病毒长达 2 个月，在流行地区，EHDV 被认为是可以在库蠓和反刍动物之间互相传播的，库蠓是该病的传播媒介。在北美洲，虽然其他库蠓也可能参与传播，但兴安库蠓（Culicoides Sonorensis）是 EHDV 唯一被证实的载体。

库蠓是双翅目蠓科（Ceratopogonidae）库蠓属（*Culicoides*）一种吸血昆虫，广泛分布于热带和温带地区，传播大量人类、家养和野生动物疾病。目前超过 1 400 种库蠓，约 96% 吸食哺乳动物及鸟类血液。雌库蠓吸吮感染动物带毒血液后，病毒在库蠓唾液腺和血腔细胞内增殖，随后可从库蠓唾液腺中排泌，叮咬易感动物而传播。

通常虫媒传播的疫病发病高峰与虫媒载体种群数量的高峰相吻合，但 EHD 并非如此，库蠓数量峰值往往是春末和夏初，而大多数 EHD 暴发在夏末和秋季。这或许与病毒在媒介中“越冬”（Overwintering）有关。当温度低于 12℃时，库蠓的活动及 EHDV 在其体内的增殖均受到抑制，故而每年冬季的低温时期，EHD 疫情消失，且低温期往往长于成年库蠓的寿命及带毒动物具传染性的周期。由此产生一个 EHD 特有的“越冬”现象，但 EHD 具体的“越冬”机制尚不清楚。

（四）发病机理及病理变化

EHDV 感染动物后，首先在叮咬部位的淋巴管内皮细胞中复制后释放，再通过血液传播到淋巴结和脾脏等全身其他淋巴组织器官进行复制。血液中的 EDHV 可感染淋巴细胞，但主要感染红细胞，可以高滴度和长时间与红细胞相结合。病毒血症的持续时间是感染扩散的关键因素。体外研究表明，EHDV 的复制有单核细胞依赖性。病毒感染巨噬细胞和树突状细胞导致血管活性细胞因子的产生，通过影响细胞骨架和黏附连接增强了内皮的细胞旁通透性，伴随脉管系统流动液体的渗出导致血容量减少性休克，导致死亡。相反，直接由病毒介导的血管内皮损伤仅导致局部组织缺血和坏死，如舌头发绀。

研究发现被茨城病毒感染而流产的胎儿体内可分离到病毒，由此证明了 EHDV 可以经胎盘传播。有研究报道从精液中可分离到 BTV，但尚未发现可以从反刍动物精液中分离到 EHDV。用感染 EHDV-2、EHDV-5、EHDV-7 的公牛的精液接种绵羊，并不引起绵羊感染 EHDV。

EHDV 感染白尾鹿的病理学变化包括广泛的血管炎与血栓形成，内皮肿胀、出血、退行性变化，并有多处器官尤其是舌头、唾液腺、前胃壁、主动脉和心肌的左心室乳头肌坏死。EHDV 感染大角羊会出现广泛的皮下水肿，心外膜和左心室乳头肌灶性出血，眼结膜和瘤胃及肠的浆膜表面出血，胸部和心包囊有黄色液体，鼻子排带绿色勃质物。胆囊黏膜表面分散有灰色斑块。牛发生感染 EHDV-2、EHDV-6、EHDV-7 血清型毒株后病变组织学特点是透明变性，坏死和横纹肌矿化并伴有中性粒细胞、淋巴细胞和组织细胞的渗透。

（五）临床症状

该病临床易感动物有鹿、牛和羊。鹿感染后通常有 3 种临床症状：特急性、急性（典型性）和慢性。特急性 EHDV 的鹿通常会在 8h~36h 内迅速死亡，甚至有的动物死亡时尚未出现相关的临床症状。急性（典型性）EHD 会出现全身组织出血，各个器官的溃疡或糜烂，特急性和急性均有较高的死亡率（如图 2-5 和图 2-6 所示）。慢性 EHD 的鹿不会死亡，但会出现发育减缓或停滞。在临床上，多种因素导致鹿出现多种临床变化，包括 EHDV 流行毒株的毒力、血清型之间的交叉保护、特定宿主群体的先天抗性和群体免疫状况等。

图 2-5　EHD 导致白尾鹿死亡

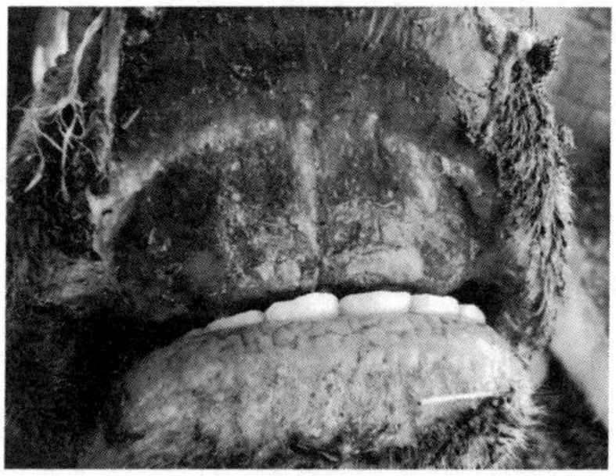

图 2-6　EHD 导致牛口腔糜烂

牛群感染 EHDV 通常是无明显临床症状的。然而，一些如发热、采食量减少、产奶减少、结膜炎、鼻眼分泌物过多、流涎过多、口腔炎、口腔病变、鼻腔糜烂、跛行等症状已有相关报道。EHDV-2 毒株会导致牛的茨城病。牛的茨城病的特征是发烧、厌食、鼻和眼分泌物、结膜和鼻黏膜充血、眼睑和舌头肿胀、吞咽困难，1997 年和 2013 年日本西部发生大规模的茨城病期间，观察到茨城病的非典型症状，主要是堕胎和死产。

绵羊感染 EHD 与蓝舌病相似，死亡率低；绵羊虽能被 EHDV 感染，但很少出现临床症状；山羊在临床中用实验方法感染不会携带该病毒。

（六）诊断

EHD 临床症状与蓝舌病较难区分，感染牛时，与其他牛病，如牛病毒性腹泻/黏膜病、牛传染性鼻气管炎、水泡性口炎、恶性卡他热和牛流行热等也具相似临床症状，因此，该病的确诊需要在实验室内进行，其主要依靠病原学检测和血清学检测两种方法。

病原学检测方法包括 PCR、环介导等温扩增技术（LAMP）、抗原捕获 ELISA（AC-ELISA）和夹心 ELISA 等。其中 PCR 方法具有简单、快速、可靠、重复性好、高灵敏度和高特异性的优势，针对 Seg-2 设计引物建立的 PCR 方法对病毒进行血清型定型结果与血清中和试验定型结果一致，但相对于后者更加快速、灵敏。AC-ELISA 灵敏度高、特异性强，可用于 EHDV 分离过程中细胞培养病毒的检测，在检测临床样品易受非特异性反应的影响，应用有局限性。

血清学检测技术包括 ELISA、SNT、CFT、AGID。AGID 早先曾被广泛用于动物贸易中检测 EHDV 抗体，该法简单、经济、可靠，但敏感性和特异性比 ELISA 差，且相关环状病毒不同，血清型之间存在交叉反应。该实验结果在 BTV 和 EHDV 共存地区不可靠。竞争性 ELISA（C-ELISA）技术是利用 EHDV VP7 蛋白的群特异性单克隆抗体建立的 EHDV 抗体检测方法，敏感性强，是目前应用较广的技术方法。

（七）防控/防制措施

疫苗免疫一般是动物疫病最佳的防控方式，然而由于我国目前尚无成熟可用的 EHD 疫苗，无法采用疫苗免疫方式开展防控。结合 EHD 感染流行的特点，该病的综合防控措施包含虫媒控制、疫病监测、疫情诊断防控等方面。

虫媒控制：主要是控制及消灭库蠓。根据库蠓的生态习性，在养殖圈所附近清除杂草杂物，尽力平整地面，治理环境，减少库蠓栖息和滋生。同时在养殖场所加上纱窗，尽力阻止库蠓侵入畜舍，做好清洗消毒，彻底杀灭饲养环境中的库蠓等吸血昆虫。在库蠓活跃时段（黄昏至黎明）严禁动物出厩舍活动，其他时段出厩舍活动应采取驱虫措施。

疫情监测：建议参考澳大利亚、美国等国家的做法，即通过研究机构、疫病防控机构针对对国家经济起重要影响作用的虫媒病毒及其生物传播者（媒介昆虫）开展监测，准确评估其境内虫媒分布情况及虫媒疫病自然分布情况，为本国动物疫情科学分析及防控管理提供详细的科学数据。

疫情诊断防控：一旦发生疫情，及时划出疫区，利用诊断技术尽快查清患病动物，并及时进行扑杀。对病死动物和扑杀的染疫动物及其相关遗传材料进行无害化处理。使用驱虫药物彻底消灭库蠓等媒介昆虫。发生疫情的农场动物在采取措施后的 7d~10d 进行复检，限制动物流动。在其周围农场进行流行病学调查确定感染有无扩展到其他农场。加强畜群的饲养管理，搞好环境卫生，圈舍、场地及用具要定期用石灰乳、福尔马林或氢氧化钠进行全面消毒。

（八）风险评估

1. 传入评估

EHD 是由昆虫（库蠓）传播的一种非接触性虫媒病毒病。因此本病的流行与地理、气候等因素直接有关。由于库蠓是本病毒的传播媒介，故凡是有利于其生长、繁殖的环境，加上此区有易感动物存在，就可能引起本病的感染及发生。该病的易感动物及传播媒介分布较为广泛。在美国的东南部、中西部、太平洋沿岸，加拿大、澳大利亚、日本、尼日利亚、朝鲜等国家和我国台湾地区都有过报道，传入的风险性很大。

2. 暴露评估

EHD 在全世界范围内广泛存在，我国有数量巨大的易感动物，对生态环境具有长期负面影响，疾病流行和传播的速度快、范围广，病原体对干燥条件和化学杀菌剂耐受力强，容易通过国际贸易传播，且临床误诊率高，实验室检测和诊断方法尚未成熟，国外发生严重疫情且尚未完全控制，疫苗研发历史很久但效果仍不稳定，新型免疫方法仍在研究过程中。

3. 后果评估

WOAH 将 EHD 列为法定报告的重要动物疫病和多种动物共患病，即对社会经济或公共卫生有影响，并对动物和动物产品国际贸易有明显影响的能感染多种动物的传染病。我国是畜禽养殖大国，EHD 的宿主来源广泛且数量巨大，近几年大型集约化养殖场数量迅速增多，使疫病的传播风险增大，一旦发生大规模的 EHD 疫情，将严重影响我国畜牧业经济发展，并威胁动物养殖和产品加工行业及对外贸易，并且控制和扑灭疫情所需要的人力、物力投入将非常巨大，会造成社会对疫病的恐慌，病原体对环境的负面影响也将持续很长时间，所以疫情引发的不良影响将是长期和深远的。

十六、放线菌病

放线菌病（Actinomycosis）是由放线菌属（*Actinomyces*）的一些病原引起的一种人兽共患的慢性传染病。以组织增生、形成放线菌肿和慢性化脓灶为特征。

放线菌是一类能形成分支菌丝的细菌，菌丝直径小于1μm，细胞壁含有与细菌相同的肽聚糖，不产生芽孢和分生孢子，菌落由有隔或无隔菌丝组成，革兰氏染色阳性。DNA 的 G+C 含量为 57%～69%。放线菌分布广泛，大多数无致病性，少数对动物或人有致病性，其中牛放线菌、马放线菌和猪放线菌较为常见，主要感染牛、猪、马、羊等家畜。

自 Harz 于 1878 年将一例“颌肿病”病牛的致病因子分离、描述和命名为牛放线菌（*A. bovis*）后放线菌才首次正式被确定为病原菌。此后，陆续又发现了数种人源和动物源的致病性放线菌。本病广泛分布于世界各国（地区）。

放线菌病不是 WOAH 名录内法定报告疫病，《中华人民共和国进境动物检疫疫病名录》将其归类为其他传染病、寄生虫病。

（一）病原

本病的病原有伊氏放线菌（*A. israelii*）、牛型放线菌（*A. bovis*）、黏性放线菌（*A. viscosus*）、埃里克森氏放线菌（*A. eriksonii*）、内斯兰德氏放线菌（*A. naeslundii*）、龋齿放线菌（*A. odontolyticus*）和丙酸放线菌（*A. propionicus*）。最重要的是前两种，可引起人和多种动物发病。

伊氏放线菌为革兰氏阳性、非抗酸性丝状杆菌，断裂后的形态类似白喉杆菌。在病变组织的脓样分泌物中形成肉眼可见的黄色小颗粒（称硫黄色颗粒），此颗粒由放线菌分泌的多糖蛋白黏合菌丝组成，有一定的特征性。本菌厌氧，培养较困难，5%CO_2 可促进生长。与无氧条件下，在含糖肉汤或肉渣培养基中，37℃经 3d～6d 后可见灰色球形小菌落。能还原硝酸盐和分解木糖，依此可与牛型放线菌相鉴别。本菌是人放线菌病的主要病原，还可引起牛和猪的放线菌病。

牛型放线菌在病变组织和脓液的硫黄色颗粒里，菌团的中央部分由革兰氏阳性的纤细而密集的分支菌丝所组成，而其边缘则由革兰氏阴性的大头针状的菌丝体所组成。在培养中的牛型放线菌，幼龄时类似白喉杆菌，老龄培养物则经常见分支丝状或杆状。本菌兼性厌氧，最适 pH 值 7.2～7.4，最适温度 37℃，在 1%甘油、1%葡萄糖、1%血清的培养基中生长良好。在甘油琼脂上培养 3d～4d 后，形成露滴状小菌落，初呈灰白色，很快变为暗灰白色，菌落隆起，表面粗糙干燥，紧贴培养基。有 CO_2 时生长良好，在试管深层培养时在表面下见有一层分散存在的分叶样菌落。本菌主要引起牛的放线菌病，但对猪、犬和人都有致病性。

牛型放线菌形态随所处环境不同而异。在培养物中，呈短杆状或棒状，老龄培养物常呈分支丝状或杆状，革兰氏阳性。在病灶脓液中可形成硫黄状颗粒，将硫黄状颗粒在载玻片上压平镜检时呈菊花状，菌丝末端膨大，向周围呈放射状排列，颗粒中央部分菌丝为革兰氏染色阳性，外围菌丝为革兰氏染色阴性。

本菌无运动性，无荚膜和芽孢，能发酵麦芽糖、葡萄糖、果糖、半乳糖、木糖、蔗糖、甘露糖和糊精，多数菌株发酵乳糖产酸不产气。美蓝还原试验阳性。产生硫化氢，MR 试验阴性，吲哚试验阳性，尿素酶试验阳性。

（二）历史及地理分布

放线菌常以孢子或菌丝状态极其广泛地存在于自然界。不论数量和种类，均以土壤中最多。据测定，每克土壤可含数万个乃至数百万个孢子，但孢子数量受土壤性质、季节、作物种类等条件的影响。一般情况下，肥土较瘦土多，农田土比森林土多，中性或偏碱性土壤中也较多。土壤环境因子如有机质、水分、温度、通气状况等也影响其数量，放线菌适宜在含水量较低的土壤内生长，而厩肥和堆肥中仅限于高温放线菌活动，其所产生的代谢产物往往使土壤具有特殊的泥腥味。

河流和湖泊中，放线菌数量不多，大多为小单孢菌、游动放线菌和孢囊链霉菌，还有少数链霉菌。海洋中的放线菌多半来自土壤或生存在漂浮海面的藻体上。海水中还存在耐盐放线菌。大气中也存在大量的放线菌菌丝和孢子，它们并非原生的微生物区系，而是由于土壤、动植物、食品甚至衣物等表面均有大量的放线菌存在，这些放线菌常随尘埃、水滴，借助风力飞入大气所致。食品上常常生长放线菌，尤其在比较干燥、温暖的条件下易于大量繁殖，使食品发出刺鼻的霉味。健康动物，特别是反刍动物的肠道内有大量的放线菌，它们可有是肠道内定居的微生物，堆肥中的高温放线菌可能来源于此。在动物和植物体表有大量的腐生性放线菌，偶尔也有寄生性放线菌存在。

（三）流行病学

1. 易感动物

人和多种动物对本病易感。家畜中牛最易感，其次是猪，犬、马等也能感染发病，为人畜共患的非接触性慢性传染病。

2. 传播方式和感染源

污染的土壤、饲料、饮水中均有本菌存在，还可见于人和动物的口腔、咽部黏膜、扁桃体隐窝、上呼吸道和大肠等处。

本病主要经损伤的皮肤、黏膜感染，且多为内源性感染。组织的氧化还原势能为人和动物体对内源性厌氧菌的主要防御机制。外科手术、创伤、慢性和反复的病毒和细菌性感染形成的组织损伤等皆能降低局部组织的氧化还原势能，促使厌氧放线菌大量繁殖，侵犯周围组织形成感染。人的面颈部放线菌病多发生于拔牙等牙科操作或口腔被细菌、病毒感染后，面颈部放线菌病或齿龈感染者口腔中的感染性碎屑吸入后可造成肺放线菌病，带有本菌的阑尾和胃肠穿孔时可引起腹部放线菌病，胃肠放线菌病则与胃肠道黏膜损伤有关。犊牛换牙、吃带刺的饲料使口腔黏膜损伤而发生感染。

本病的发生无明显的季节性，呈零星散发，各年龄人群均可感染，但以30~60岁居多，男女比例约为3∶1到4∶1，家畜则以幼年家畜的感染较多。

（四）发病机理及病理变化

在受害器官的局部，有扁豆粒至豌豆粒大的结节样增生物，这些小结节聚集而形成大结节，最后变为脓肿。脓肿中含有乳黄色脓液，其中有放线菌，这种肿胀是由化脓性微生物增殖的结果。当细菌侵入骨骼（颌骨、鼻甲骨、腭骨等）逐渐增大，状似蜂窝。这是由于骨质疏松和再生性增生的结果。切面常呈白色，光滑，其中镶有细小脓肿。也可发现有瘘管通过皮肤或引流至口腔。在口腔黏膜上有时可见溃烂，或呈蘑菇状增生物，圆形、质地柔软，呈黄褐色，病期长久的病例，肿块有钙化的可能。

（五）临床症状

1. 牛

表现为下颌肿大，肿胀界限明显，进展缓慢，但有时肿胀发展甚快，牵连整个头骨。肿胀部初期疼痛，常在第 3、第 4 臼齿处发生缓慢肿大、硬固、界限明显的肿胀，晚期无痛觉。病牛呼吸、吞咽和咀嚼困难，消瘦快。有时皮肤化脓破溃，形成瘘管，经久不愈。头、颈、颌下等部位的软组织也常发生硬结，无热无痛，逐渐增大，突出于皮肤表面，局部皮肤肥厚，被毛脱落，有时破溃后流脓。舌放线菌常发生于舌背隆起部前面，病牛吃草困难，严重病例舌高度肿大，舌体垂伸于口外。至后期，由于舌部结缔组织增生明显，以致肿大的舌体呈木板状，即所谓木舌。当波及咽喉和其他脏器时呼吸稍粗，咳嗽、口鼻不洁、流涎，气味恶臭。

2. 猪

猪以原发性乳房放线菌病最为常见。通常从 1 个乳头的基底部开始，形成无痛的结节状肿胀和硬变，蔓延至邻近乳头和乳腺组织，使部分或全部乳房变成坚硬的肿块，乳房肿大变形，表面凹凸不平，其中有大小不一的脓肿。耳廓感染放线菌病时，耳廓部皮肤和皮下结缔组织显著增生，整个耳廓的外形形似纤维瘤，切面偶见软化灶，内含放线菌菌块。

（六）诊断

放线菌的诊断暂无相关国际标准。国内放线菌的检测标准为《家畜放线菌病病原体检验方法》（NY/T 3406—2018）。根据各类型放线菌病的临床症状、组织或脓液中典型硫黄色颗粒的发现，即可考虑本病的可能性。颗粒加氢氧化钾液或水直接涂片，镜检可见排列成放射状的菌丝，边缘有透明发亮、类似孢子的菌鞘；将颗粒压碎，革兰氏染色，油镜可见排列不规则、长短不一、革兰氏阳性、Y 型分支的菌丝，抗酸染色阴性，可作出诊断。

（七）防控/防制措施

防制动物放线菌病的主要措施是去除粗糙饲料和芒刺，将干草、谷糠浸软后再饲喂，修正幼畜锐齿等，以防止口腔黏膜的损伤。

家畜的硬结可用外科手术切除，若有瘘管形成，要连同瘘管彻底切除。切除后的新创腔用碘酊纱布填塞，1d~2d 换 1 次，伤口周围注射 10% 碘仿醚或 2% 碘液，也可用烧烙法进行治疗。内服碘化钾，成年牛每天 5g~10g，犊牛 2g~4g，可连用 2~4 周。重症者静脉注射 10%碘化钾，牛每天 50mL~100mL，隔天 1 次，共 3~5 次，也可用青霉素、链霉素治疗。

（八）风险评估

1. 传入评估

放线菌病是牛、马、猪和人的一种慢性肉芽肿性传染病，放线菌可存在于动物口腔、消化道、饲料、饮水及土壤中。患病猪和带菌猪是该病的主要传染源，该病原为条件性致病菌，主要通过损伤的黏膜或皮肤感染。新生仔猪、哺乳仔猪和断乳仔猪常出现临诊发病，而母猪和成年猪发病较少。

放线菌广泛存在于自然界中，我国有大量易感动物群体。本病可随动物及产品的进口和运输工具等传入。输入我国的猪肉等动物产品，从包装、存放到运输的全过程均应符合卫生条件，防止受有毒有害物质污染。

2. 暴露评估

本病多为散发，偶尔呈地方流行性。目前未见在动物之间直接传播的病例报道，且本病症状显著，诊断、治疗和防治手段简单，影响有限，不会大规模暴发。

3. 后果评估

该病对生态、社会及经济危害不严重。加强猪群的饲养管理，提供良好的卫生条件，在饲料中定期适当添加抗生素药物，对预防本病的发生有较好的效果。因此，该病发生的后果评估为风险较低。

十七、肝片吸虫病

肝片吸虫病（Fasciolasis）是家畜及多种食草动物和野生动物的高危害性寄生虫病，亦可感染人，属人畜共患寄生虫病。肝片吸虫病是危害牛、羊的最主要的寄生虫病之一，虫体主要寄生于黄牛、水牛、绵羊、山羊、鹿和骆驼等反刍动物的肝脏胆管中，也寄生于猪和马属动物。本病在世界各地广泛发生。在我国的 32 个省（自治区、直辖市）均有发生，尤以畜牧业发达的内蒙古、吉林、青海、宁夏等地区最为严重，羊的一般感染率为 30%~50%，个别严重的羊群可高达 100%。牛感染率为 30%~60%，个别可达 90%以上。

本病能引起急性或慢性的肝炎和胆管炎，并发全身性中毒和营养障碍。尤其幼畜和绵羊容易死亡。在慢性病程中，动物消瘦、贫血、发育障碍、役用能力下降、乳牛产奶量减少。据报道，轻症感染牛的生产效能降低8%，而重症牛降低20%以上，绵羊毛产量降低20%~30%。据估计，每年因肝片吸虫病造成的经济损失达数亿元。

肝片吸虫病不是WOAH名录内法定报告疫病。《中华人民共和国进境动物检疫疫病名录》将其归类为二类传染病、寄生虫病。

（一）病原

肝片吸虫虫体长20mm~40mm、宽5mm~13mm。体表有细棘，前端突出略似圆锥，叫头锥。口吸盘在虫体的前端，在头锥之后腹面具腹吸盘。生殖孔在腹吸盘的前面。口吸盘的底部为口，口经咽通向食道和肠，在肠干的外侧分出很多的侧枝，精巢2个，前后排列呈树枝状分支，卵巢1个呈鹿角状分支，在前精巢的右上方；劳氏管细小，无受精囊。虫卵椭圆形，淡黄褐色，卵的一端有小盖，卵内充满卵黄细胞。

成虫寄生在牛、羊及其他食草动物和人的肝脏胆管内，有时在猪和牛的肺内也可找到。在胆管内成虫排出的虫卵随胆汁排到肠道内，再和寄主的粪便一起排出体外，落入水中。在适宜的温度下经过2~3周发育成毛蚴。毛蚴从卵内孵出后体被纤毛，可在水中自由游动。

当遇到中间寄主锥实螺，即迅速地穿过其体内进入肝脏。毛蚴脱去纤毛变成囊状的胞蚴，胞蚴的胚细胞发育为雷蚴。雷蚴长圆形，有口、咽和肠。雷蚴刺破胞蚴皮膜出来，仍在螺体内继续发育，每个雷蚴再产生子雷蚴，然后形成尾蚴，尾蚴有口吸盘、腹吸盘和长的尾巴。尾蚴成熟后即离开锥实螺在水中浮游一定时间后尾部脱落成为囊蚴，固着在水草和其他物体上，或者在水中保持游离状态。牲畜饮水或吃草时吞进囊蚴即可感染。囊蚴在肠内破壳而出，穿过肠壁经体腔到达肝脏。牛羊的肝脏胆管中如被肝片吸虫寄生，肝组织被破坏，引起肝炎及胆管变硬，同时虫体在胆管内生长发育并产卵，造成胆管的堵塞，影响消化和食欲；同时，由于虫体分泌的毒素渗入血液中，溶解红血细胞，使家畜发生贫血、消瘦及浮肿等中毒现象。

（二）历史及地理分布

肝片吸虫由Jean de Brie于1379年首先在法国发现，其生活史后经Leuchart（1882年）和Thoms（1882年）予以阐明。在法国，肝片吸虫病主要在牲畜或野生动物中流行，偶尔也可见于人群中。1981年秋季，在暴雨和洪水过后，法国的勃艮第地区发生了本病的流行。日本学者在20世纪50年代通过形态学观察发现除肝片吸虫和大片吸虫外还有一种介于上述两者之间的片形吸虫。该病呈全球性分布，尤以中南美、欧洲、非洲等地常见。我国各地广泛存在，尤以畜牧业发达的内蒙古、吉林、青海、宁夏等地区严重。羊的感染率一般为30%~50%，个别严重的羊群可高达100%，牛感染率一般为30%~60%，个别可达90%以上。

（三）流行病学

1. 易感动物

肝片吸虫的宿主范围较广，主要寄生于黄牛、水牛、牦牛、绵羊、山羊、鹿、骆驼等反刍动物，猪、马、驴、兔及一些野生动物亦可感染，但较少见，也有人感染的报道。

2. 传播方式和传染源

患畜和带虫者不断地向外界排出大量虫卵，污染环境，成为本病的感染源。动物长时间停留在狭小而潮湿的牧地上，放牧时最易遭受严重的感染。舍饲的动物也可因饲喂从低洼、潮湿牧地割来的牧草而受感染。人体感染可能是食用生水、生蔬菜所致，因此在牧场中应改良排水渠道，消灭中间寄主锥实螺，禁止饮食生水、生菜，可使人免受感染。

温度、水和淡水螺是肝片吸虫病流行的重要因素。虫卵的发育、毛蚴和尾蚴的游动以及淡水螺的存活与繁殖都与温度和水有直接关系。因此，肝片吸虫病的发生和流行及其季节波动与该地区的具体地理气候条件有密切关系。试验证明，虫卵在12℃时停止发育，13℃时即可发育，但需经59d才能孵出毛蚴。25℃~30℃时虫卵发育最适宜，经8d~12d即可孵出毛蚴。虫卵对高温和干燥较敏感。40℃~50℃时几分钟内死亡，在完全干燥的环境中迅速死亡。然而，虫卵在潮湿无光照的粪堆中可存活8个月以上。虫卵对低温的抵抗力较强，水中的虫卵在冰箱内（2℃~4℃）放置17个月仍有60%以上的孵化率，但结冰后很快死亡。虫卵在结冰的冬季不能“越冬”。

含毛蚴的虫卵在新鲜水和光线的刺激下可大量孵出毛蚴。尾蚴在27℃~29℃的温度下和在新鲜水的刺激下从螺体内可大量逸出，33℃时则停止逸出。囊蚴对外界因素的抵抗力较强，尤其在潮湿的环境中可存活数月而不死，如在湿草上存在8个月的囊蚴仍可感染豚鼠。囊蚴在水中，在

22℃~31℃的室温下，放置80d仍具有感染力。囊蚴对干燥和阳光直射最敏感，如在干燥的环境中，在室温25℃~32℃下放置72h，或在阳光直射下2h~3h即失去感染力。囊蚴对低温有一定的抵抗力，如在冰箱中冷藏放置80d或在0℃、-1℃时放置24h仍有活力，结冰后则失去生活力。

本病在多雨年份，特别在久旱逢雨的温暖季节可暴发和流行。动物的感染，在我国北方地区多发生在气候温暖、雨量较多的夏秋季节；而在南方地区，由于雨水充沛、温暖季节较长，因而感染季节也较长，不仅在夏秋季节，在冬季也可感染。

（四）发病机理及病理变化

肝片吸虫的致病作用和病理变化常依其发育阶段而有不同的表现，并且和感染的数量有关。肝片吸虫的后尾蚴、童虫和成虫均可致病。当一次感染大量囊蚴时，童虫在向肝实质内移行过程中，可机械地损伤和破坏肠壁、肝包膜和肝实质内有暗红色虫道，虫道内有凝血块和幼小的虫体。导致畸形肝炎和内出血，腹腔中有带血色的液体和腹膜炎变化，是本病畸形死亡的原因。

虫体进入胆管后，由于虫体长期的机械性刺激和代谢产物的毒性物质作用，引起慢性胆管炎、慢性肝炎和贫血现象。早期肝脏肿大，以后萎缩硬化，小叶间结缔组织增生。肝片吸虫产生的大量脯氨酸在胆汁中积聚，也是引起胆管上皮增生的重要原因。寄生多时，引起胆管扩张、增厚、变粗甚至堵塞；胆汁停滞而引起黄疸。胆管如绳索样凸出于肝脏表面，胆管内壁有盐类（磷酸钙和磷酸镁）沉积，使内膜粗糙，胆囊肿大，多见于牛。在牛肺组织内可找到由虫体所致的结节，内含暗褐色半液状物质或1~2条虫体。虫体的代谢产物可扰乱中枢神经系统，使其体温升高、贫血，出现全身性中毒。侵害血管时，使管壁通透性增高，易于渗出，从而发生贫血症和水肿。肝片吸虫感染较轻时胆管呈局限性增大，而重感染者胆管的各分支均有管壁增厚，虫体阻塞胆管、胆汁淤积，造成管腔扩张。肝片吸虫以食血为主，可成为慢性病例营养障碍、贫血和消瘦原因之一。

此外，童虫移行时从肠道带进微生物如诺韦氏梭菌（*Clostridium novyi*），引起传染性坏死性肝炎，使病势加剧。

（五）临床症状

本病的潜伏期为2~3个月，病程分急性期与慢性期。急性期一般持续

3~4个月，此时童虫在肝脏内移行并以肝细胞为食，引起损伤性肝炎，病人表现畏冷、发热、出汗及右上腹疼痛，热型多为弛张热或稽留热，多数病人感乏力、食欲不振、腹胀，末梢血中嗜酸性粒细胞明显增多。部分病人体重减轻或有荨麻疹。肝脏轻度或中度肿大，中等硬度，轻压痛。少数病例脾脏也增大。虫体移行至胆管发育为成虫时，病程转入慢性期。成虫食胆管内壁组织。成虫的机械性刺激及其产生的脯氨酸可引起胆管扩张和胆管上皮细胞增生，常合并胆管炎、胆石症或胆管堵塞。病人表现肝区疼痛、黄疸、贫血和肝功能异常。少数虫体可经体循环窜至皮下、胸腔或脑部、眼等处寄生，形成嗜酸粒细胞性脓肿或纤维增生，引起相应的症状和体征，但虫体在这些部位不能发育成熟。

肝片吸虫寄生在动物体内，幼虫期在畜体进行移行时，穿破肝表膜，引起肝损伤和出血。虫体的刺激使胆管壁增生，可造成胆管阻塞、肝实质变性、黄疸等。分泌毒素具有溶血作用。肝片吸虫摄取宿主的养分，引起营养状况恶化、幼畜发育受阻、肥育度与泌乳量下降，危害很大。肝片吸虫主要是刺激胆管、肝细胞或微血管，引起急性肝炎和肝出血，同时虫体分泌一种有毒物质引起肝炎，毒素进入血中可引起红细胞溶解，发生全身中毒、贫血、浮肿、消瘦等症状。此外，虫体由消化道向肝脏转移时，能带入细菌诱发其他疾病。

症状的明显程度，取决于年龄、感染数量与饲养管理的条件。幼畜受侵时危害性较大，羊的危害性比牛的明显。幼畜大量感染时可出现急性型：体温升高，精神萎靡，偶有腹泻，肝区触诊敏感，很快出现贫血，在几天内突然死亡，或转为慢性。一般常为慢性过程，逐渐消瘦，被毛粗乱，黏膜苍白，食欲稍有不振。乳牛泌乳量减少，活动能力下降，病情重时下颚、胸前、腹下发生水肿，不时出现腹泻，孕畜流产，甚至极度衰弱死亡。检查粪便发现虫卵，可以确诊。

牛感染本病后多呈慢性发病，但由于长期受侵害，导致牛的抵抗力逐渐降低、体质衰弱、皮毛粗乱易脱落无光泽、产奶量降低。感染严重时，食欲减退、消化扰乱、黏膜苍白、贫血、黄疸、产奶量显著减少。病后期牛体下垂部出现水肿，最后极度衰弱死亡。发育期的犊牛严重感染时，不但影响其生长发育，而且有导致死亡的危险。病牛死后可见胆管扩张，胆管壁增厚，其中可见大量寄生的肝片吸虫。

（六）诊断

主要靠粪便或十二指肠引流液沉淀检查发现虫卵为确诊，并结合临床表现作出判断。急性期或异位寄生病例免疫学方法有一定参考价值，近年来多提倡用 ELISA 等方法。研究表明斑点 ELISA 诊断速度快、特异强，可用于流行病学研究。粪检虫卵应与姜片虫卵、棘口吸虫卵相鉴别。

目前，对于肝片吸虫病的诊断国内外未见相关标准发布。

（七）防控/防制措施

动物发病后，要及时用抗肝片吸虫药物进行治疗。硝氯酚（拜耳9015）、硫双二氯酚、四氯化碳、丙硫咪唑和吡喹酮等药物现在仍在使用。上述药品虽有一定的驱虫作用，但有的用药量大且对家畜有毒性，不适合大群使用，有的不溶于水，使用不方便，而且价格较高。

较新的药物有碘醚柳胺、肝蛭净和硝碘酚腈注射液等。碘醚柳胺口服时治疗量为每千克体重 7.5mg，它对成虫的驱杀率为 100%，对 3 周龄以上童虫的杀虫率为 86%~99%，对羊鼻蝇蛆和羊血矛捻转胃虫也有效。近几年又研制出碘醚柳胺针剂，治疗时皮下注射量为每千克体重 3mg，驱虫率和虫卵转阴率可达 100%，使用简便，对畜体安全，是一种实用的新剂型。肝蛭净是瑞士 20 世纪 70 年代合成产品，1986 年上海家畜寄生虫病研究所首次在我国用于牛肝片吸虫病的治疗。其他药物，如蛭得净、硝碘酚等，均具有高效、低毒、广谱、廉价等特点，而且既能抗成虫，又能抗童虫，对羊鼻蝇，牛、羊胃肠道线虫也有效，具有治疗和预防双重作用。几乎所有的驱虫药都不能杀死子宫内成虫或已排入消化道的虫卵。如果任由驱虫后的排泄物散布，就会造成外界环境的污染，因此，应把驱虫时的粪便及平时粪便堆积发酵，用生物热杀灭虫卵。

制订合理的驱虫计划。每年春秋两次药物驱虫，是预防发病、提高动物体质的必要措施。这是几十年来一直沿用的有效的预防方法。另外，定期对家畜饮水源或特定场所进行药物杀毛蚴和尾蚴，对降低感染率也具有重要意义。2%来苏儿、70%酒精、1%福尔马林、20%石灰水在短时间内对虫卵和毛蚴均有较好杀灭效果。

近几年来，疫苗预防研究较多。用不同的抗原物质进行疫苗接种试验，所得结果差异较大。印度尼西亚的小尾寒羊具有明显的抗大片形吸虫的特性，这种与生俱来的抵抗力是由基因控制的，因此，通过品种杂交，选育抗肝片吸虫的优良品种也是一个较好的防制方法。

（八）风险评估

1. 传入评估

易感动物及传播媒介在世界各地广泛分布。肝片吸虫病分布于世界各地，尤以中南美、欧洲、非洲等地比较常见。牛、羊肝片吸虫感染率多在20%～60%。法国、葡萄牙和西班牙是人体感染肝片吸虫的主要流行区。在我国，人群感染率为0.002%～0.171%，散发于多地，其中以甘肃省的感染率为最高。人可因生吃水生植物（如水芹、茭白等）、喝生水、生食或半生食含肝片吸虫童虫的牛、羊内脏（如肝）而获得感染。肝片吸虫病在多雨的年份广泛流行，在干旱的年份显著减少。

2. 暴露评估

肝片吸虫在我国各地广泛存在，侵害牛、羊、马、驴、驼、狗、猫、猪、兔、鹿以及多种野生动物和人。当畜群长期放牧在低湿的牧场上时，最易引起感染。由于成虫排卵量大，生活期长，又在幼虫期进行无性繁殖，所以畜群中即使只有少数病畜，只要传播的条件适宜，也可造成流行。

3. 后果评估

肝片吸虫摄取宿主的养分，引起营养状况恶化，幼畜发育受阻，肥育度与泌乳量下降，危害很大。我国是畜禽养殖大国，肝片吸虫的宿主来源广泛且数量巨大，近几年大型集约化养殖场数量迅速增多，使疫病的传播风险增大，一旦发生大规模的肝片吸虫疫情，将严重影响我国畜牧业经济发展，并威胁从事动物养殖和产品加工行业的员工的健康，并且控制和扑灭疫情所需要的人力、物力投入将非常巨大，会造成社会对疫病的恐慌，病原体对环境的负面影响也将持续很长时间，所以疫情引发的不良影响将是长期和深远的。

第二节 猪 病

一、非洲猪瘟

非洲猪瘟（African Swine Fever，ASF）是由非洲猪瘟病毒（African Swine Fever Virus，ASFV）引起的一种急性、烈性、高度接触性的传染病，其传播迅速、病程短、发病率和死亡率高，各个品种及年龄段的家猪和野猪均能够感染该病。ASFV 可长期在软蜱体内保存，这是迄今为止唯一的由虫媒传播的 DNA 病毒。ASFV 自然状态下感染的潜伏期为 4d～19d，根据病毒株和动物的免疫状况，感染可能导致从急性到慢性疾病的各种临床表现。

ASF 是严重威胁猪产业发展的一种重要传染性疾病，该病可对养猪业带来极大的危害，动物产品的销售、贸易等均受到严重限制，对经济、社会带来重大影响，因此 WOAH 将其列为法定报告动物疫病，《中华人民共和国动物防疫法》将其列为一类动物疫病，《中华人民共和国进境动物检疫疫病名录》也将其归为一类传染病。

（一）病原

ASFV 是一种单分子线状双链 DNA 病毒，属于双链 DNA 病毒目，非洲猪瘟病毒科，非洲猪瘟病毒属，该科仅有 ASFV 一个属。通常认为 ASF 只有一种血清型，但近期基于红细胞吸附抑制试验（HAI）研究表明，可以将 32 个 ASFV 病毒毒株分成 8 个血清组。ASFV 基因组变异频繁，遗传多样性表现丰富，但依据对 ASFV 高度保守的 B646L 基因序列（编码 P72 结构蛋白）进行划分，目前可将 ASFV 毒株分为 24 个基因型。不同基因型的 ASFV 毒株分布呈现区域性特点。

由于 ASFV 有外层囊膜的保护，病毒粒子非常稳定，对环境的抵抗力较强，可在 pH 值 4.0～7.0 的条件下存活，对低温环境有很强的耐受性，

-20℃的环境下，病毒可存活 10 年以上。但 ASFV 不耐高温，在 56℃ 70min 或 60℃ 30min 即可灭活，在 70℃ 30 min 下可将病毒完全杀死。病毒在蛋白质含量较多的培养物内能够存活较长时间，在冷冻肉或冷冻的尸体内可存活数年，在腐败的尸体内病毒可存活 3 周。在室温下腐败的血清内病毒可存活至少 15 周，从放置在 4℃存放 15 周的血液内仍可分离到病毒。ASFV 对三氯甲烷及乙醚等脂溶消毒剂敏感，常用的消毒剂如 3%苯基苯酚、0.8%氢氧化钠、3%甲醛在 30min 内即可灭活病毒。在软蜱等媒介昆虫中 ASFV 不仅能存活，还能不断繁殖。

（二）历史及地理分布

ASF 于 1921 年在非洲肯尼亚被首次报道发现，当时该病从非洲野猪传给家猪，造成猪群在短时间内大批死亡，随后大多数非洲国家也相继报道了非洲猪瘟疫情。在欧洲，1957 年西班牙首次报道了 ASFV 并逐步传播至其他欧洲国家，1960 年葡萄牙再次发生了 ASF 疫情，接着相邻的西欧多个地区也陆续出现了 ASF 疫情，经过扑杀等措施，除在意大利撒丁岛仍有流行外，ASF 在欧洲地区基本被消除。1971 年 ASFV 从西班牙传入了古巴，这是加勒比地区首个发生 ASF 的国家，随后在 1978—1984 年，加勒比海的多米尼加和海地也先后报道 ASF 疫情的发生。随后疫情蔓延至美洲的巴西，有报道据推测此次疫情是由去往葡萄牙或者是西班牙的航班内的旅客将带有 ASFV 的食品废弃物丢掷所引入的，该疫情持续至 1981 年。1990 年通过严格控制和清除计划，在欧洲（除意大利撒丁岛）根除了 ASF。在 2007 年，ASF 再次从非洲蔓延至高加索地区，尤其是格鲁吉亚国家，向无 ASF 的国家和地区发出了令人担忧的风险信号。2014 年 ASF 蔓延至欧盟东部地区，当时其主要流行毒株与马达加斯加等东非地区流行的基因Ⅱ型毒株高度同源。2017 年俄罗斯东部的伊尔库茨克州首次暴发疫情后，随后在中国边境多个地方都发生了 ASF 疫情，由于疫区数量的增加且与我国距离较近，导致 ASF 传入我国的风险增加，也使得我国预防该病形势严峻。

2018 年 8 月，我国发生了第一起 ASF 疫情，通过对分离的毒株进行遗传学分析以及对 B646L 基因编码的 p72 蛋白进行基因比对分析，发现暴发的毒株属于基因Ⅱ型，与伊尔库茨克 2017、爱沙尼亚 2014、俄罗斯克拉斯诺达尔 2012 以及佐治亚州 2007/1 的毒株同源性为 100%，随后 ASF 蔓延到吉林、河北、香港、内蒙古等多地。ASF 在我国的流行已趋于常态化，并呈现出一些区域的普及和分布。

（三）流行病学

猪科动物和节肢动物钝缘蜱是 ASFV 的自然宿主。发病猪和带毒猪（包括携带病毒的组织、血液、各种分泌物和排泄物）是主要传染源。欧洲野猪对 ASFV 敏感，但有 3 种非洲野猪（疣猪、大林猪、非洲野猪）感染后没有明显的临床症状，呈隐性带毒，是病毒的储存器。猪群一旦感染，传播迅速，发病率高，导致猪群大量死亡，康复猪可长期带毒，短期内可再次暴发。未被处理的感染野猪尸体、未被正确销毁或掩埋的家猪尸体、已感染但未表现临床症状的家猪与野猪都是危害严重需要特别关注的传染源。ASFV 除了可以通过带毒的宿主传播外，带毒的生肉或肉制品、加工废弃物以及被污染的车辆、设备等均可成为传染源。此外，钝缘蜱通过叮咬病猪后终生带毒，成为 ASFV 的储存宿主和传播媒介。

ASFV 不感染人，猪是唯一易感的哺乳动物，几乎所有的猪科动物均可感染，没有明显的品种、年龄、性别差异，高度易感的家猪和欧洲野猪常表现明显的临床症状。ASFV 不感染猫、狗、牛、羊等动物，但在家兔体内盲传 26 代仍会致猪死亡。ASF 的传播途径较为广泛，主要经过消化道和呼吸道侵入猪体。目前发现主要通过 4 种途径传播。一是接触传播：与病猪经口或鼻直接接触感染，或接触病猪的血液、粪便和病猪使用过的器具等间接传播。二是经食物传播：主要为含病毒的猪制品或泔水饲喂猪后引起猪的感染发病。三是媒介传播：ASFV 在非洲野猪群的传播主要依赖于寄生于疣猪体表的软蜱，软蜱叮咬带毒宿主，病毒随血液进入软蜱体内并增殖，然后通过叮咬将病毒传播至易感宿主。螯蝇可以通过机械方式将病毒传播给易感宿主，但仅限于群内传播。四是其他途径：研究表明，ASFV 在 2m 以内可通过气溶胶进行传播。

（四）发病机理及病理变化

ASFV 可经呼吸道、消化道以及肌肉等多种途径感染猪，首先在扁桃体、下颌淋巴结或其他局部淋巴结中复制，之后病毒随血液或淋巴液扩散，引起病毒血症，并在血管内皮细胞或巨噬细胞中进行复制，病毒对毛细血管、动脉、静脉和淋巴结的内皮细胞进行侵袭，导致相应组织、器官出血、浆液性渗出、血栓和梗死等病理变化，以及出现淋巴细胞凋亡、免疫系统受损、淋巴细胞显著减少等特征性表现。骨髓、肺脏、肝脏是急性感染后病毒复制的二级场所。

病毒感染单核-巨噬细胞，会激活上调细胞功能，使得巨噬细胞数量增加，吞噬能力增强，分泌细胞因子（TNF-α、IL-1β 和 IL-6）水平上升。大量的巨噬细胞出现在淋巴结，进而到脾脏，随后在全身各个组织器官出现。单核-巨噬细胞功能的增强，导致不同器官、组织血管内皮细胞吞噬功能的激活（呈现为内皮细胞溶酶体增加，积累大量的细胞碎片），导致内皮细胞肥大、某些血管腔闭塞、血管内压力增大，进而破坏血管壁完整性；血液中的红细胞会进入毛细血管外间质，导致出血；同时当血小板和毛细血管基底膜接触后，会激活凝血系统，使机体产生弥散性血管内凝血的现象，从而呈现出血性病变。低毒力毒株对毛细血管内皮细胞的损伤较轻，主要造成毛细血管的扩张和渗透率增加，使得血细胞大量渗出至毛细血管外间质，造成出血水肿。

ASFV 在淋巴结复制扩散后进入脾脏。脾脏红髓的边缘区和富含毛细血管的区域是病毒复制的主要区域。脾脏红髓中存在大量的平滑肌细胞和纤维，外层围绕脾索巨噬细胞。当 ASF 在该巨噬细胞中复制后，造成该类细胞脱离、消失，而平滑肌细胞直接与血液中凝血因子接触，使血小板激活聚集，激发凝血系统，使纤维蛋白沉积。红细胞随后在脾脏中的大量蓄积，影响了血液供氧功能，进而导致大量的淋巴细胞死亡，表现为淋巴细胞耗竭。脾脏由于大量充血呈现严重的肿大，可达正常大小的 6 倍以上（如图 2-7 所示）。低毒力毒株感染病变较轻，仅表现为脾脏质地坚实。

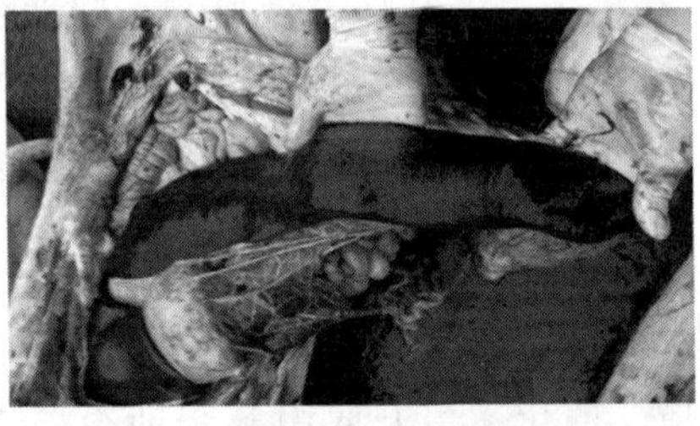

图 2-7　ASF 导致脾脏显著出血、充血、肿大

ASFV 感染会导致严重的肺脏水肿。肺脏血管巨噬细胞是 ASF 的主要感染对象。病毒的感染复制会使肺脏血管巨噬细胞激活，分泌功能增强，分泌大量的趋化因子和促炎性细胞因子，导致血管压力增大，内皮细胞的通透性增强，肺泡上皮细胞和毛细血管分离，形成肺泡水肿。大体病变体现为肺脏的水肿，并在呼吸道内可见大量的泡沫。

ASFV 感染会导致严重的白细胞减少症。目前研究认为，病毒感染单核-巨噬细胞后，能够产生大量的单核因子，从而诱导淋巴细胞的凋亡，是白细胞减少症的最主要因素。感染的后期，由于血管损伤和弥散性血管内凝血导致的缺氧加重了淋巴细胞减少症。

（五）临床症状

ASF 毒株的毒力强度差别导致 ASF 临床症状有很大差距，根据发病情况可将 ASF 分为最急性、急性、亚急性、慢性表现形式。

最急性 ASF 一般由高致病性毒株感染引起，感染猪在没有任何症状的情况下突然死亡，也可能在临床症状出现后在 1d~3d 内死亡，死亡率高达 100%。有的猪表现为死前体温升高和呼吸急促，皮肤充血。

急性 ASF 最常见，由强毒株感染所致，主要表现为高热稽留、食欲下降、精神沉郁、腹泻或便秘、呼吸困难，皮肤如四肢和耳部等部位有出血性紫斑（如图 2-8 所示），怀孕母猪可导致流产，在感染后的 5d~7d 天死亡。

图 2-8　ASF 导致猪群沉郁、皮肤呈出血性紫斑

亚急性 ASF 由中致病性毒株感染所致，其临床症状与急性临床症状相似，但症状表现较为缓和，感染猪体温起伏不定、精神不振、厌食，并且关节肿胀、行走困难，表现出肺炎症状。ASF 感染的猪常在感染后 7d~20d 内死亡，死亡率为 30%~70%，没有死亡的猪大都可以康复，但仍可向外界排毒。

慢性 ASF 可由急性或亚急性耐过猪转为，也可由低毒力 ASFV 感染引起，临床特征表现为偶尔发热、皮毛暗淡、体重下降、发育迟缓、关节肿大、间歇性咳嗽，死亡率为30%。

（六）诊断

ASF的诊断首先需要根据流行病学、临床特征和病理变化等方面作出初步判断，然后根据实验室检测结果最终确诊。

针对ASF的实验室检测主要是血清学检测和病原学检测。血清学检测方法主要有ELISA、IFA试验和蛋白印迹试验。病原学检测主要包括通过PCR检测病毒DNA，通过抗原ELISA或荧光抗体检测（FAT）来检测病毒抗原，也可通过病毒分离检测病毒。WOAH推荐的检测方法包括：病毒的分离培养、FTA检测、常规PCR、荧光定量PCR（Real-time PCR）。

目前ELISA检测ASFV抗体已有商品化试剂盒。PCR作为病毒核酸检测使用最多的方法之一，基于PCR建立的荧光定量PCR具有更高的灵敏度。

由于感染动物所处的感染期不同，因此在疫情的防控或清除计划中，需要同时检测病毒的核酸和抗体，从而保障结果的准确。

（七）防控/防制措施

ASF已初步呈现出全球流行趋势，成为我国养猪业的重大威胁。经济全球化的快速发展、越来越频繁的跨地域的人员和贸易交流，给ASF的防控和根除带来了巨大挑战。目前在尚无预防或治疗ASF的商品化疫苗的情况下，预防和控制该病要依靠“早发现、早扑灭”和实施严格的运输管理及卫生消毒措施，只有严格的卫生措施才能阻止猪与ASF的潜在接触，降低疫情暴发的可能性。

ASF防控的核心在于防止传染源的引入，加强进出口检疫，禁止从ASF流行的国家或地区引入活猪和猪肉等相关制品。养殖场坚持减少从外地引进活猪，新引进的猪只需要隔离饲养1个月以上。一旦发现有ASF传入则需立即启动应急预案，采取隔离、扑杀、消毒等严格的处置措施。对受威胁区进行主动监测，发现疫情立即清除，对受威胁区以外区域采取相应的管控措施防止疫情进一步扩大，同时采取其他交通管制措施严防疫区污染源流向无疫区。疫情传入后的早期是根除的黄金时期，通常ASF感染的猪只在发病前48h就开始排毒，所以发生疫情时疫区可能已存在大量传染源，对受威胁区全面严格的主动监测及相应猪只流通控制就显得尤为重要。同时，ASF 的防控还需要加强对养殖环境的消毒，定期对昆虫、蚊蝇等生物传播媒介的驱除，做好生物安全管理工作，提高人们对 ASF 的宣传力度以及相关检测技术的培训，最大限度地保证生猪及其产品的安全。

（八）风险评估

1. 传入评估

我国国土面积广阔，与 14 个国家接壤或相邻，这些国家中俄罗斯、蒙古国、朝鲜、缅甸、老挝、越南和柬埔寨等已有发生非洲猪瘟疫情的报道，几乎呈三面环绕之势将我国包围在其中。随着我国与周边国家之间的商品贸易及文化交流日益频繁，车辆、人员来往日益密集，来自 ASF 疫区国家受污染的人员，人员携带被污染的猪肉及其他猪肉相关产品，受污染的车辆、人员及其设备设施进入我国，航空港、海港的泔水或交通工具上的废弃物处置不当等，都存在着 ASF 传入的巨大风险。

我国人口众多，对于种猪及猪肉的需求量大。每年都要进口大量的生猪及其产品。从疫情地区进口猪产品及生猪，或非法进口未经严格检疫的生猪、猪肉、精液、胚胎，以及我国北部、南部边境，活猪、猪肉及其制品走私，这些方式都是 ASF 潜在传入的重要途径，风险非常巨大。

野猪和蜱是 ASF 的自然宿主。我国与周边国家接壤面积大，边境线长，管控难度大。在接壤的边境地区，存在大量的野猪和软蜱。这些野猪活动频繁，软蜱数量较多也难以消灭，随着这些传播媒介迁移及活动范围扩大，ASF 传入的风险极大。另外，世界范围内货物的大量贸易，集装箱中混入的软蜱等寄生虫难以有效检测，这些因素也加大了 ASF 传入我国的风险。

2. 暴露评估

家猪和野猪是非洲猪瘟的主要易感动物。我国是传统的生猪养殖大国，饲养量占全球的一半左右，全国各地都有生猪养殖习惯，2021 年全国生猪出栏 6.7 亿头、存栏 4.5 亿头，猪群数量十分庞大。同时，随着我国对生态保护力度的不断加大，生态环境明显改善，在广阔的野外环境中，野猪的数量也急剧增加。数量巨大的家猪及野猪群体是 ASF 暴发且难以防控的关键原因。

此外，我国当前的生猪养殖正处于分散小规模养殖向集约化、规模化养殖过渡的关键时期，各种养殖规模、养殖模式、管理方式并存。规模化、标准化、现代化的养殖企业（场户）夹杂在低水平、分散的养殖户之中，两者对疫病防控的认识水平、技术水平以及在应对疫情时的反应速度、采取措施的坚决程度相差甚远，这一情况决定了一旦发生大规模的烈性疫情，将很难及时扑灭。

3. 后果评估

由于目前无有效的药物用于治疗 ASF，也没有相应的疫苗预防 ASF 的发生，因此在 ASF 暴发时，只能采取扑杀和必要的生物安全措施来控制疫情的蔓延。对所有发病猪、死猪及疑似感染猪群采取扑杀，并彻底焚烧或掩埋达到无害化处理。

综上所述，我国有数量庞大的易感猪群，且规模、管理方式、养殖模式各异，加之目前尚无科学有效的疫苗及治疗方案，非洲猪瘟疫情一旦传入，将给我国养猪业的发展带来灾难性后果。

二、猪瘟

猪瘟（Classical Swine Fever，CSF）是由猪瘟病毒（Classical Swine Fever Virus，CSFV）感染引起的猪的一种严重的病毒性传染病，临床主要表现为白细胞减少、发热、出血和流产等症状。CSF 在自然条件下仅感染猪，不同日龄、性别、品系的猪和野猪均易感，四季均可发生。自 1833 年在美国俄亥俄州首次发现后，就在世界各地广泛流行，造成猪群大量的死亡及生产损失，极大地限制了猪肉产品的加工及贸易，给经济、社会带来沉重的影响，该病是猪病中最值得重视、危害最高的传染病之一。

鉴于 CSF 对养猪业的严重危害性，WOAH 将其列为法定报告动物疫病，《中华人民共和国动物防疫法》将其列为一类动物疫病，《中华人民共和国进境动物检疫疫病名录》也将其归为一类传染病。CSF 在我国各个地区都存在，当前主要以温和型猪瘟为流行形式，但大部分都与其他病原混合感染，且容易在场内形成恶性循环，同样给我国养殖业造成巨大的经济损失。

（一）病原

CSFV 属黄病毒科（Flaviviridae）瘟病毒属（*Pestivirus*），该属成员还包括牛病毒性腹泻病毒（Bovine Viral Diarhea Virus，BVDV）和边界病病毒

（Border Disease Virus，BDV）。CSFV 为二十面体对称的有囊膜的病毒，病毒粒子外观呈球形，直径 40nm~60nm。CSFV 为单股正链 RNA 病毒，基因组约 12.3kb，由一个大的开放阅读框（Open Reading Frame，ORF）及两端的非编码区（Untranslated Regions，UTR）组成。ORF 可以编码一个由 3 898个氨基酸组成的多聚蛋白，该多聚蛋白在蛋白酶的作用下裂解为 4 种结构蛋白（C、E^{rns}、E1 和 E2）和 8 种非结构蛋白（N^{Pro}、p7、NS2、NS3、NS4A、NS4B、NS5A 和 NS5B）。

根据 5'UTR 和 E2 的核苷酸序列，CSFV 被分为 3 个基因型（genotype），即基因 1~3 型，每个基因型又可以分成 3~4 个亚型（sub-genotype），即 1.1、1.2、1.3、1.4，2.1、2.2、2.3，3.1、3.2、3.3 和 3.4 共 11 个基因亚型。CSFV 基因型的分布与地理位置有密切联系。在我国，主要基因亚型有 1.1、2.1、2.2 和 2.3，以 2.1b 基因亚型最为常见。全球主要以 CSFV 2 型毒株为主，其中 2.1 和 2.3 亚型的流行最为普遍。

CSFV 对环境抵抗力不强，存活时间取决于含毒的介质。环境温度对 CSFV 的活性影响较大，病毒细胞培养液中经 60℃ 10min 或 56℃ 60min 可失去感染性，但在脱纤血中经 68℃ 30min 仍不能灭活。CSFV 对弱酸、弱碱的环境（pH 值 5.0~10.0）有一定的抵抗力，尤其是 pH 值为 5.0~5.5 时最为稳定，超出 pH5.0 以下和 pH10.0 以上的环境，病毒将迅速失活。存在于畜圈及粪便中的 CSFV 能存活几天，在猪肉和猪肉制品中的则可保持数月仍具有感染性，粪便中的 CSFV 于 20℃下可存活 2 周，40℃下可存活 6 周以上。病毒对乙醚、三氯甲烷和脱氧胆酸盐等脂溶剂敏感，常见消毒剂很快使病毒失活。

（二）历史及地理分布

一般认为 CSF 首先于 1833 年在美国俄亥俄州被发现，但也有少数学者认为 1810 年的美国田纳西州，或 1822 年的欧洲法国就已经发现了 CSF，总结来看，19 世纪 30 年代 CSF 就已出现在人们视线中。19 世纪 60 年代之后，CSF 经美国蔓延并传播到欧洲，随着病毒的进一步传播和变异，CSF 已逐渐扩散至世界范围流行。但由于很多国家执行了严格的控制方案，许多国家根除了 CSF。目前，CSFV 主要分布于亚洲、南美洲、中美洲以及加勒比海地区。

在北美洲，加拿大于 1963 年，美国在 1976 年以后就无 CSF 暴发的报道，两国均消灭了 CSF。在南美洲，除乌拉圭在 1991 年、智利在 1998 年宣布消灭了 CSF，其他国家 CSF 均有不同程度的暴发、流行。在大洋洲，新西兰、澳大利亚等国也分别宣布清除了 CSF。在欧洲，西欧是主要的养猪区，重要猪肉生产地，虽然 CSF 防控严格，但该地区是 CSF 的活跃区，如德国、意大利等有 CSF 暴发的报道。亚洲是 CSF 的重灾区，暴发地主要集中在东亚和东南亚区域，其中以印度尼西亚、泰国、菲律宾和越南最为严重，疫情呈周期性流行。在日本，26 年无 CSF，但 2019 年该病再次在家猪和野猪中出现。在韩国，2002—2003 年猪场大规模暴发 CSF，2009 年再次暴发，之后稍有平息，但 2013—2014 年均有小规模发生的报道。非洲地区，虽然有马达加斯加和南非发生 CSF 的报道，但非洲地区该病的整体流行状况并不十分清楚。

中国何时发现和证明猪瘟存在，没有明确的文字记载。约于 1925 年，我国开始研制免疫血清防制猪瘟。1954 年我国成功研制出了兔化弱毒疫苗，使我国暴发的 CSF 得到有效的控制。有报道汇总出 2001 年至 2010 年我国 31 个省、市、区 CSF 的发生情况，根据发病月次和次数的地理分布，我国的 CSF 疫区主要分为 3 类：CSF 无疫区、CSF 疫情稳定区和 CSF 重灾区。北方 5 个省份为 CSF 无疫区，中东部和西部为 CSF 疫情稳定区（在 2009—2010 年期间几乎无发生），南部沿海省份为主要的 CSF 重灾区。2007 年以后我国实行 CSF 的强制免疫，该病在我国大规模的暴发流行得以控制，散发流行已经成为当前 CSF 的主要流行形式。

（三）流行病学

猪是 CSFV 的唯一天然宿主，家猪和野猪均是易感动物，各种品种、不同性别、不同年龄的猪均可发生感染。传染源主要是病猪，发病期带毒猪、潜伏期带毒猪和隐性感染猪均可成为传染源。屠宰病猪的血液、脏器、肌肉和废料、废水不经灭毒处理，也可大量散播病毒，造成猪瘟的发生和流行。被污染的饲料、饮水、运输工具以及管理人员服装也都可以成为传播猪瘟的媒介。CSFV 可以水平和垂直传播，水平传播是通过感染猪和易感猪之间的直接或间接接触发生的。重要的间接途径包括喂食受病毒污染的饲料和饮水，以及通过接触受污染的车辆、工具及蚊蝇等传播媒介。研究发现，空气传播也是 CSFV 传播的重要途径，有报道证实人也是该病毒的传播者。CSFV 可以在山羊、绵羊、牛、兔子和小鼠等体内储存，一般可存活数周，但临床症状不明显，这些动物常会产生中和抗体。该病一年四季都可以发生，没有明显的季节性，然而受气候条件等因素的影响，以春秋两季较为严重。

（四）发病机理及病理变化

在自然条件下，猪瘟病毒经口、鼻途径侵入猪体内。有时，病毒通过眼结膜、生殖道黏膜或皮肤损伤进入体内，病毒也可经口腔和非肠道途径感染猪。自然感染的潜伏期为3d~8d。猪瘟病毒进入猪体内后，首先感染扁桃体隐窝上皮细胞，然后传播到周围的淋巴网状组织。病毒在局部淋巴结复制后，再传到外周血液，此时病毒在脾、骨髓、内脏淋巴结以及连接小肠的淋巴样结构中大量增殖，到病毒血症的后期，病毒才可能侵入实质器官。总之，淋巴样组织中猪瘟病毒的滴度比实质器官的高。猪瘟病毒通常在感染后5d~6d内扩散到猪的全身，并经口、鼻、泪腺分泌物、尿和粪便排泄到外界环境中。被猪瘟强毒感染的猪，病毒血症一直保持到死亡。

妊娠母猪的亚临床感染导致仔猪的胎盘感染。胎盘感染的仔猪幸存者成为亚临床感染的带毒猪，持续排毒，污染环境，感染新的妊娠母猪，造成新的胎盘感染；若胎盘感染的幸存仔猪被选育为妊娠母猪，则自动形成新的持续感染母猪，又会造成母猪繁殖障碍，产生新的带毒仔猪。由此就形成了“母猪持续性感染—胎盘感染—母猪繁殖障碍—亚临床感染—胎盘感染—母猪持续性感染”的恶性循环。循环往复，祸害无穷。这就是猪瘟不稳定和造成临床种种免疫抑制的基本原因。

猪瘟流行地区，慢性或隐性感染的病例的出现逐渐变得很频繁，这主要与毒力减弱的毒株有关。猪瘟病毒毒力降低演变机理的解释有两点：一是选择机理，即在免疫压力下出现猪瘟病毒毒力变异株。病毒在有抗体的状况下，会引起病毒群体内病毒抗原与原病毒群体关系较小的变异株或有抗中和作用的变异株发生适应性的选择和进化。同时，机体产生过特异性的免疫反应会加强病毒抗原的漂移。欧洲大部分国家主要采取扑杀措施控制猪瘟，这是一种明显的选择状况，从而使容易识别的病例首先被消除，而使毒力减低的病毒株引起的慢性的非典型猪瘟难以识别，因而有利于这些毒株的传播。

猪瘟在淋巴结、扁桃体、会厌软骨、肾脏、脾脏、肠道、膀胱、胃黏膜、胆囊等多种器官同时有密集的出血病变，脾脏有出血性梗死，结肠、回盲有溃疡和结节（如图 2-9 和图 2-10 所示）。现在往往仅有个别器官有典型猪瘟的病变，大部分器官的病变不典型或不明显，难以通过肉眼来诊断。

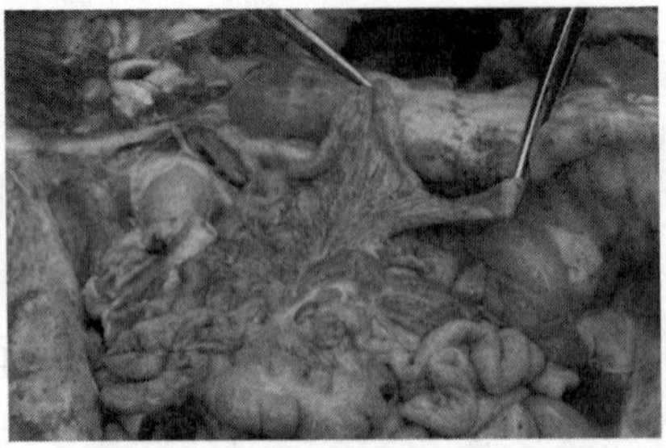

图 2-9　CSF 致肠系膜弥散出血、淋巴结肿大

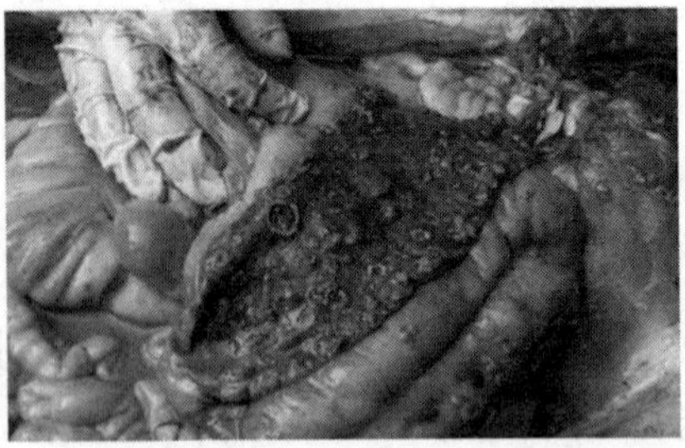

图 2-10　CSF 导致回盲溃疡和结节

（五）临床症状

根据病程的不同，临床症状也有差别，最急性型 CSF 多见于流行初期和首次发生该病的猪场，猪只突然发病，高热稽留，全身痉挛，四肢抽搐，四肢末梢、耳尖和黏膜发绀，全身有多处出血点或出血斑（如图 2-11 所示），卧地不起，很快死亡，病程一般不超过 5d，死亡率为 90%~100%。

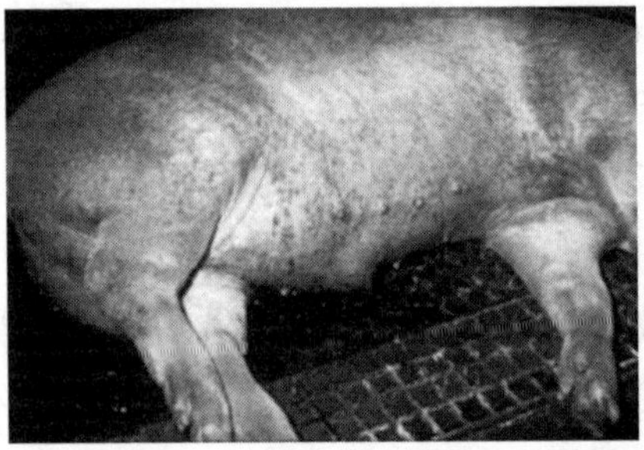

图 2-11　CSF 导致全身弥散性出血

急性型猪瘟是临床中最常见的，起初感染猪精神沉郁、食欲锐减，眼部的分泌物增多，伴发结膜炎导致流泪，严重者眼睑被完全粘连。到后期病猪厌食、高热稽留、消瘦、虚弱，多数猪行走弯扭或步伐摇晃，后肢麻痹，不能站立而呈犬坐姿势，全身常有红色或紫色的出血点，逐渐扩大连成片或出血斑，甚至有皮肤坏死区，急性 CSF 病猪，大多在感染后 10d~20d 死亡，死亡率 50%~60%。死亡前数小时，体温下降到正常以下。亚急性型 CSF 症状与急性型相似，但临床表现更轻微，体温升高 1℃～2℃，发病后期病猪消瘦，出现运动失调，常因衰竭而死亡，死亡率一般为 30%～40%。病程 3 周以上的不死猪常转为慢性型。

慢性型 CSF 病猪出现厌食、沉郁、体温升高，晚期猪的生长严重受阻，皮肤出现病变，并常见弓背站立。慢性型猪瘟的患病猪可存活100d 以上。

（六）诊断

快速准确的诊断对于 CSF 防控具有重要的意义，本病可通过临床症状观察、剖检病理变化作出初步判定，然后结合实验室检测最终进行确诊。CSF 的实验室诊断方法主要包括病原学诊断、血清学诊断及分子生物学检测方法等。

病原学诊断方法主要有病毒的分离与鉴定和兔体免疫交互试验。病毒的分离鉴定是将疑似患病猪剖检后，将其淋巴等病料组织进行研磨并离心，获得上清液后接种到易感细胞进行培养，用 IFA 检测 CSFV。通过细胞培养分离得到病毒的方法是病原检测的“黄金法则”。CSFV 野毒不引起家兔发热反应，而 CSFV 兔化弱毒疫苗能引起家兔定型发热，兔体免疫交互试验是区分宿主野毒和疫苗毒感染的重要方法。

血清学诊断方法主要包括 FAT，ELISA 和免疫胶体金技术（Colloidal Gold Immunochromatography，GICA）等。FAT 通过将荧光标记的免疫血清与抗原结合，观察荧光来判断病原有无，该方法是国内外实验室诊断 CSF 的常用方法。ELISA 法具有快速、高敏感度和高特异性特点，适合批量检测样品，是 CSF 抗体检测的主要方法。

分子生物学检测方法具有灵敏、迅速、操作简单等优点，RT-PCR 方法广泛应用于 CSF 的检测，相对于病原学及血清学方法具有更特异、更灵敏的优点，其缺点主要是污染造成的假阳性及核酸降解产生的假阴性，造成错诊及误诊。RT-PCR 灵敏度更高，反应条件封闭，解决了 RT-PCR 方法容易发生漏检和易污染的问题，可以对 CSFV 的含量进行检测，对疑似病例的确诊具有重要作用。

（七）防控/防制措施

对 CSF 的主要防控措施包括扑杀和疫苗免疫接种。CSF 的净化需要执行系统的防控计划。首先，应实行严格的检疫制度，尤其是在引种的过程中，防止引入带毒猪。对于病毒污染的养殖场应进行定期的病原及抗体检测，对带毒猪进行及时扑杀。其次，在养殖过程中加强饲养管理，保持良好的饲养环境，切断 CSF 的传播途径。疫苗免疫接种是 CSF 防控的重要措施，采用疫苗接种可预防 CSF 的发生及流行。

CSF 疫苗主要有亚单位疫苗、DNA 疫苗、基因重组缺失疫苗、病毒活载体疫苗及猪瘟弱毒活疫苗等。弱毒活疫苗是应用最广泛的疫苗，中国科学家研发的石门系 C 株疫苗被认为是防控 CSF 的最有效的疫苗之一。科学规范的免疫预防接种是防控 CSF 的重要手段，基于经验接种计划常常导致疫苗的接种失败，如母源抗体的干扰、疫苗不合格、病毒及细菌引起的免疫抑制、食用发霉饲料等因素都可能对疫苗接种效果产生影响。

总之，CSF 防控最重要的是加强养殖场的饲养管理，保持好猪舍环境卫生，提高猪饲料的营养物质含量，增强猪群的免疫力，制定科学合理的免疫程序，以提高猪群整体的免疫效果。

（八）风险评估

1. 传入评估

不同年龄和品种的猪（包括野猪）能够自然感染猪瘟病毒。感染动物、处于潜伏期的动物以及慢性携带者的流动，是猪瘟病毒扩散的最重要方式。自然和人工条件下，猪瘟病毒均可经生殖系统传播。猪瘟呈地方流行性时，供精猪很有可能感染猪瘟病毒。先天性持续感染在猪瘟流行病学中有重要意义，尤其是在弱毒力毒株占优势的地区，猪瘟出现在供精猪的精液中及传染给授精母猪的可能性很高。感染病毒的猪精液传染给受精母猪是可能的。病毒也可能通过尿道污染精液。据 Van Oirschot 报道，病毒偶尔也可分泌到生殖道中。1997 年荷兰暴发的猪瘟就是人工授精造成的。

2. 后果评估

我国是世界上最大的养猪国家，近年来尽管大型养猪场不断增多，但其生猪出栏数所占的比例仍然很低，饲养方式仍以千家万户农民养殖为主。

猪瘟被 WOAH 列为对国际动物贸易有重要影响的动物传染病。我国对猪瘟的防治原则是迅速彻底扑灭。猪瘟病毒的侵入，带来严重的经济和社会后果，与该病相关的动物产品的损失和投入该病防治的费用巨大，会引起社会失业人员增多。

要根除猪瘟十分困难，其产生的后果长期而严重。病毒毒力易变的特性还可能对生物环境带来影响。

三、猪水泡病

猪水泡病（Swine Vesicular Disease，SVD），又称猪传染性水泡病，是由猪水泡病病毒（Swine Vesicular Disease Virus，SVDV）引起的一种急性、热性接触性的猪的传染病。其特征是病猪的蹄部、口腔、鼻端和母猪乳头周围发生水泡。该病首次发现于1966年，是猪的一种常见传染病。发病初期可见蹄冠、趾间、蹄踵的皮肤发红、肿胀、疼痛，站立时频频举蹄，跛行。随后蹄踵出现大小不等的水泡，波及趾间、蹄冠。水泡内有淡黄、淡红稍浑浊的液体。严重时局部化脓、坏死，蹄壳脱落，卧地不起，呈爬行状。猪水泡病是一种急性传染病，该病主要集中在欧洲和亚洲，病害无明显的季节性，不同品种、年龄的猪均可感染发病，传染快，发病率高，可达70%~80%，但病死率很低。猪水泡病的防治采用防止病原传入以及注射疫苗的综合防治措施。

WOAH将其列为须通报动物疫病，《中华人民共和国动物防疫法》将其列为一类动物疫病，《中华人民共和国进境动物检疫疫病名录》将其归为一类传染病、寄生虫病。

（一）病原

SVDV属于微RNA病毒科肠道病毒属。病毒粒子呈球形，在超薄切片中直径为20nm~23nm，用磷酸钨负染法测定为28nm~30nm，用沉降法测定为28nm。病毒粒子在细胞质内呈晶格排列，在细胞质的囊泡内凹陷处呈环形串珠状排列。病毒的衣壳呈二十面体对称，基因组为单股正链RNA，无囊膜。

SVDV在仔猪肾、仓鼠肾原代细胞和猪传代细胞上生长，24h内在细胞质内出现颗粒，细胞变圆，48h内细胞单层全部脱落。对牛、仓鼠、豚鼠、兔的肾细胞、牛甲状腺细胞、BHK-21传代细胞等均不感染。据报道，病毒不同毒株在IBRS-2细胞单层上均可见到蚀斑，蚀斑直径达4cm~5cm。

SVDV无血凝特性，对环境和消毒剂有较强抵抗力，在50℃ 30min仍不失感染力，60℃ 30min和80℃ 1min即可灭活，在低温中可长期保存。

病毒在污染的猪舍内可存活 8 周以上。

（二）历史及地理分布

1966 年 10 月，SVD 首先发生于意大利 Lombardy 的猪群，以后在欧洲的许多国家相继发生 SVD 的流行蔓延，引起严重的经济损失并导致世界肉食市场的混乱。1968 年，查明其病原为肠道病毒的一种。1971 年，SVD 见于中国香港地区，随后英国、奥地利、法国、波兰、比利时、德国、日本、瑞士、匈牙利、苏联等国家和中国台湾地区先后报道发生该病。1973 年，联合国粮农组织召开的第 20 届会议和 WOAH 第 41 届大会，确认此是一种新病，定名为“猪水泡病”。

（三）流行病学

SVD 仅发生于猪，而牛、羊等家畜不发病。猪不分年龄、性别、品种均可感染。在猪高度集中或调运频繁的地区，容易造成该病的流行，尤其是在猪集中的猪舍，猪只数量和密度越大，发病率越高。在分散饲养的情况下，很少引起流行。该病在农村主要由于饲喂的泔水，特别是洗猪头和蹄的污水而感染动物。病猪、带毒猪是该病的主要传染源，通过粪、尿、水泡液、乳汁排出病毒。感染常由接触、饲喂病毒污染的泔水和屠宰下脚料、生猪交易、运输工具（被污染的车、船）而引起。被病毒污染的饲料、垫草、运动场和用具以及饲养员等往往造成该病的间接传播。经受伤的蹄部、鼻端皮肤、消化道黏膜等是主要传播途径。

（四）发病机理及病理变化

SVDV 侵入猪体，扁桃体是最容易受害的组织。皮肤、淋巴结和侧咽后淋巴可发生早期感染。原发性感染是通过损伤的皮肤发生的，以后发展为病毒血症。从免疫荧光检查发现，SVDV 对舌、鼻盘、唇、蹄的上皮，心肌、扁桃体的淋巴组织和脑干均有很强的亲和力。

发病后第三天，病猪的肌肉、内脏、水泡皮，第十五天的内脏、水泡皮及第二十天的水泡皮等均带毒，第五天和第十一天的血液带毒，第十八天采集的血液不带毒。病猪的淋巴结和骨髓带毒两周以上。

特征性病变在蹄部、鼻盘、唇、舌面、乳房出现水泡。个别病例在心内膜有条状出血斑。水泡破裂，水泡皮脱落后，暴露出创面有出血和溃疡。其他内脏器官无可见病变。组织学变化为非化脓性脑膜炎和脑脊髓炎病变，大脑中部病变较背部严重。脑膜含有大量淋巴细胞，血管嵌边明显，多数为网状组织细胞，少数为淋巴细胞和嗜伊红细胞。脑灰质和白质发现软化病灶。在套细胞内和神经束细胞内可发现呈酸碱两性染色的核内包涵体。

（五）临床症状

SVD 根据症状，可以分为典型、温和型（亚急性型）和亚临床型（隐性型）3 种。

典型：早期症状为上皮苍白肿胀（如图 2–12 所示），在蹄冠和蹄踵的角质与皮肤结合处首先见到，36h ~ 48h 水泡明显凸出，里面充满水泡液，很快破裂（如图 2–13 所示），有时维持数天。水泡破裂后形成溃疡，真皮暴露，颜色鲜红。常常环绕蹄冠皮肤与蹄壳之间裂开。病理变化严重时蹄壳脱落。部分猪的病理变化部位因继发细菌感染而形成化脓性溃疡。由于蹄部受到损害而出现跛行。有的猪呈犬坐式或躺卧地下，严重者用膝部爬行。水泡也可见于鼻盘、舌、唇和母猪乳头上。仔猪多数病例在鼻盘发生水泡。体温升高（40℃ ~ 42℃），水泡破裂后体温下降至正常。病猪精神沉郁、食欲减退或停食，肥育猪显著掉膘。在一般情况下，如无并发其他疾病者不引起死亡，初生仔猪可造成死亡。病猪康复较快，病愈后 2 周创面可痊愈，如蹄壳脱落，则相当长时间后才能恢复。

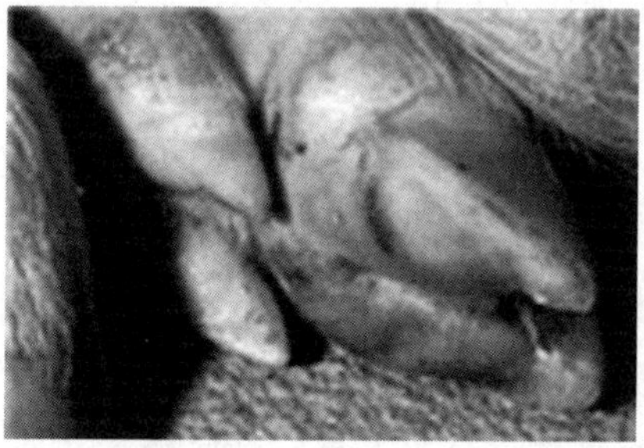

图 2–12　SVD 导致蹄冠苍白肿胀

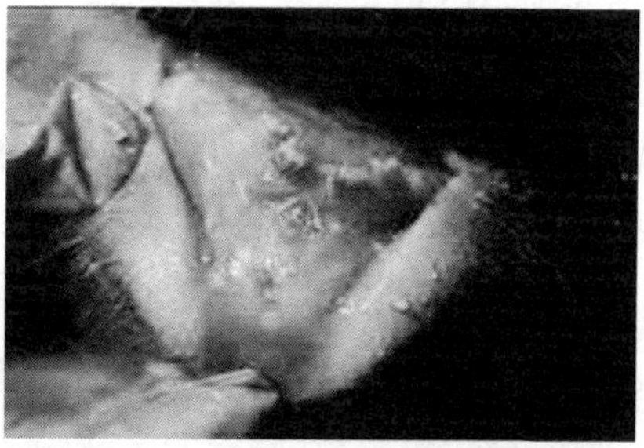

图 2–13　SVD 导致猪下唇水泡破裂

温和型（亚急性型）：只见少数猪只出现水泡，病的传播缓慢，症状轻微，往往不容易被察觉。

亚临床型（隐性型）：猪感染后没有出现临床症状，但可产生高浓度的中和抗体。亚临床型感染猪能排出病毒，对易感猪有很大的危险性。猪水泡病发生后，约有 2% 的猪发生中枢神经系统紊乱，表现出向前冲、转圈运动，用鼻摩擦咬啮猪舍用具，眼球转动，有时出现强直性痉挛。

（六）诊断

SVD 的症状与口蹄疫、猪水泡性疹和猪水泡性口炎难以区分，因此必须依靠实验室诊断加以区别。该病与口蹄疫区别更为重要，常用的实验室诊断方法有下列几种。

生物学诊断：将病料分别接种日龄 1d~2d 和日龄 7d~9d 乳猪，如 2 组乳猪均死亡者为口蹄疫；日龄 1d~2d 乳猪死亡，而日龄 7d~9d 乳猪不死者，为猪水泡病。病料经 pH 值 3.0~5.0 的缓冲液处理后，接种日龄 1d~2d 乳猪死亡者为猪水泡病，反之则为口蹄疫。或以可靠的猪水泡病免疫猪或病愈猪与发病猪混群饲养，如两种猪都发病者为口蹄疫。

反向间接血凝试验：用口蹄疫 A 型、O 型、C 型的豚鼠高免血清与猪水泡病高免血清抗体球蛋白致敏经戊二醛或甲醛固定的绵羊红细胞，制备抗体致敏红细胞与不同稀释的待检抗原，进行反向间接血凝试验，可在 2h~7h 内快速区别诊断猪水泡病和口蹄疫。

荧光抗体试验：用直接和间接 ELISA，可检出病猪淋巴结冰冻切片和涂片中感染细胞，也可检出水泡皮和肌肉中的病毒。

（七）防控/防制措施

猪感染 SVDV 后，可在猪血清中出现中和抗体，因此用猪水泡病高免血清和康复血清进行被动免疫有良好效果，免疫期达 1 个月以上，为此在商品猪大量应用被动免疫，对控制疫情扩散、减少发病率会起到良好作用。用于水泡病免疫预防的疫苗有弱毒疫苗和灭活疫苗，但由于弱毒疫苗在实践应用中暴露出许多不足，已停止使用。

组织病原由疫区向非疫区扩散是控制猪水泡病的重要措施，尤其是应注意监督牲畜交易和转运的畜产品。运输时对交通工具应彻底消毒，屠宰下脚料和沾水经煮沸方可喂猪。

在收购和调运时，应逐头进行检疫，一旦发现疫情应按照《中华人民共和国动物防疫法》中相关规定立即向主管部门报告，按早、快、严、小的原则，采取封锁、隔离、扑杀、销毁、消毒、无害化处理、紧急免疫接种等强制性措施，迅速扑灭疫病。病猪及屠宰猪肉、下脚料应严格实行无害处理。环境及猪舍要进行严格消毒，常用于该病的消毒剂有过氧乙酸、复合酚、氨水和次氯酸钠等。

（八）风险评估

1. 传入评估

SVD 能感染各种年龄、品种、性别的猪。SVDV 可以在猪几乎所有组织内存在，能在 pH 值 2.5~12.0 的范围内存活，并且对许多常用的消毒剂有抵抗力。SVD 通过进口猪及其产品传入的可能性较大。

2. 后果评估

虽然 SVD 不是一种致死性感染，但是临床期与口蹄疫、水泡性口炎和水泡疹相似，难以区分。WOAH 将其列为动物 A 类传染病，由于 SVDV 存在不产生任何临床症状或只产生非常轻微临床症状的毒株，可以在环境中持续存在，所以控制 SVD 比较困难，控制措施的费用可能很大，SVD 一旦传入则很难清除。我国是世界上最大的生猪养殖和产品消费国，一旦传入并大规模暴发，将对我国养猪业造成极大冲击，将对我国的政治、经济带来严重的后果。

四、猪繁殖与呼吸道综合征

猪繁殖与呼吸道综合征（Porcine Reproductive and Respiratory Syndrome，PRRS）是由猪繁殖与呼吸综合征病毒（Porcine Reproductive and Respiratory Syndrome Virus，PRRSV）引起的一种高度接触性传染病，主要以怀孕母猪发生早产、流产、死胎、木乃伊胎、弱仔等繁殖障碍以及各年龄猪（特别是仔猪）呼吸道症状为特征。该病在世界范围内广泛存在，给全世界的养猪业造成了巨大的经济损失。WOAH 将该病列为须通报动物疫病，《中华人民共和国进境动物检疫疫病名录》将其列为进境动物检疫二类传染病、寄生虫病。

（一）病原

PPRSV 为有囊膜的单股正链 RNA 病毒，属尼多病毒目，动脉炎病毒科，动脉炎病毒属。电子显微镜下观察，病毒粒子呈球形，二十四面体对称，核衣壳直径 40nm~50nm，核衣壳有脂质包膜包被，因此 PRRSV 对三氯甲烷等脂溶剂敏感。PRRSV 不能凝集哺乳动物（牛、猪、绵羊、山羊、猪、兔等）、禽类（鸡、鸭等）、啮齿类（老鼠、小白鼠、豚鼠等）和人 O

型红细胞，因此，不能用血凝和血凝抑制试验来诊断本病。PRRSV 在猪肺巨噬细胞内生长迅速并且出现细胞病变效应（CPE），而在其他细胞中难以生长。

PRRSV 在 37℃ 48h 或 56℃ 45min 条件下即可灭活而丧失致病力，但在低温下稳定，在-70℃条件下，病毒保存 4 个月以上，其感染滴度不受影响。病毒对三氯甲烷、乙醚敏感，对温热和外界环境理化因素的抵抗力不强。当 pH 值低于 5.0 或 pH 值高于 7.0 时，病毒的感染滴度降低 90%，在血浆中存活不超过 5d。但在发病猪场的环境、用具及建筑物上的病毒，在 3 周内仍具有感染力。PRRSV 的增殖具有抗体依赖性增强作用，即在中和抗体水平存在的情况下，在细胞上的复制能力反而得到增强。

（二）历史及地理分布

PRRS 于 1987 年在美国首次被发现，同年加拿大也报道该病暴发。继北美洲之后欧洲的多个国家很快也出现了 PRRS 疫情，1990 年 11 月德国首次暴发该病；1991—1999 年，荷兰、西班牙、法国、哥伦比亚、智利等国家也相继出现该病；亚洲地区的日本于 1988 年首次暴发，随后我国台湾地区于 1991 年也暴发了该病，大陆地区于 1995 年年底暴发了 PRRS 疫情，上海、广东、贵州、安徽、青海、广西等地区猪场受到严重影响，随后十年，该病在我国北部、西北部、中部、南部、西南部等地区迅速传播。我国于 1996 年首次报道分离出 PRRSV，随着 PRRSV 的不断变异，2006—2007 年，我国江西、湖北、安徽、江苏、浙江、河南、福建等 20 多个省和越南部分地区出现由本地 PRRSV 毒株演化的高致病性 PRRS 新变种毒株（High-pathogenic PRRSV，HP-PRRSV），其在东南亚地区猪群中迅速传播，并呈现大规模暴发式流行，受影响的国家包括不丹、柬埔寨、老挝、马来西亚、印度等，给亚洲乃至世界养猪业造成了巨大的经济损失。

PRRSV 主要分为两种类型：欧洲型和北美型，其典型代表毒株分别被命名为 LV 株和 VR-2332 株。欧洲型 PRRSV 主要存在于欧洲国家（比利时、法国、德国、荷兰等），然而，目前有 5 个非欧洲国家发生了欧洲型 PRRSV 疫情，包括美国（2004 年）、加拿大（2000 年）、韩国（2010 年）、中国（2011 年）和泰国（2004 年）。中国和泰国没有使用欧洲型毒株的疫苗，发生这类疫情有可能是通过引入免疫猪群或非法使用欧洲型 PRRSV 活疫苗产生的，所以从欧洲传入的 PRRSV 严重影响了我国内蒙古、北京、香港等地区的 PRRSV 多样性。北美型 PRRSV 最早被确认和分布最广的地区是北美，亚洲地区也有分布，我国北美型 PRRSV 目前属于多种 PRRSV 亚型共存的状态，毒株多样性复杂，变异速度快，重组频繁，这种现象可能是由于使用 Ingelvac PRRS MLV 疫苗而导致疫苗样毒株出现而引起的。2008 年，美国国家动物疾病中心（National Animal Disease Center, NADC）研究学者分离到 PRRSV 变异 NADC30。2012 年，我国学者在河南地区首次发现与 PRRSV NADC30 毒株高度同源的变异毒株，随后发现变异毒株在我国河南、河北、山西、北京、天津、辽宁、安徽、江苏、江西、福建、广东、四川等 10 多个省（直辖市）广泛流行，已经成为 PRRSV 在我国流行的主要毒株。

（三）流行病学

病猪和无症状带毒猪是 PRRSV 主要的传染源，康复猪在 15 周内可持续排毒，PRRSV 可在猪上呼吸道和扁桃体存活相当长时间（≥5 个月）。PRRSV 感染猪可以通过鼻眼口的分泌物、死产胎儿胎衣及子宫排泄物、患病公猪的精液污染饲料、饮水、用具及环境，病毒在唾液 42d、尿 14d、精液 43d 可检测到，在液体污染物（井水、自来水、磷酸盐缓冲液、生理盐水）中存活 3d~11d 仍具有传染性。

自然条件下，猪是唯一感染 PRRSV 并出现临床症状的动物，不同年龄、性别、品种的猪均可发生感染，但病毒主要侵害繁殖母猪和仔猪，造成母猪严重的繁殖障碍和仔猪的呼吸道疾病，育成猪感染症状相对温和。人工感染试验发现绿头鸭对 PRRSV 特别易感，其他鸟类（主要是鸭）可发生亚临床感染，至少可在 24d 内携带并排出感染性病毒，而且从绿头鸭、珍珠鸡等的粪便中可分离出 PRRSV。

该病主要传播途径为：

（1）经带毒猪的转移运输而造成传播。这是因为病毒可在猪体内长期存在，使猪群发生持续感染，而带毒猪可通过多种途径向外排毒导致 PRRSV 随猪群的转移而不断散播。

（2）经空气传播。研究证实 PRRSV 能通过空气从感染猪群向易感猪群传播。

（3）经精液传播。实验证明，将急性感染阶段的公猪精液注射给仔猪可引起注射后几天 PRRSV 血清阳性。

（4）生物媒介。实验发现 PRRSV 可在家蝇体表短暂存活，而在家蝇肠道内可存活 12h 以上。另有实验表明蚊子、跳蚤等也是 PRRSV 的生物载体。

（5）人为因素。研究证明 PRRSV 可通过鞋等用具、运输工具、人为活动进行机械性传播。

（四）发病机理及病理变化

PRRSV 主要通过直接接触或性接触传播，感染居留在黏膜表面的巨噬细胞。PRRSV 也可通过受感染猪的血液、口咽液体、精液、粪便或尿而传播。在短距离内有可能通过空气传播。

PRRSV 对妊娠早期、中期和后期的影响研究结果表明，胎猪在整个妊娠期间都是易感的，推测 PRRSV 通过血液循环中能穿过胎盘屏障的单核细胞携带，穿越胎盘而使胎猪感染。但 PRRSV 感染妊娠早期的母猪较难引起流产，这可能是由于早期胎猪对病毒的致死作用有较强的抵抗力，也可能是由于病毒难以通过妊娠早期的胎盘。妊娠中期的母猪和胎儿对 PRRSV 都易感，然而滴鼻接种妊娠中期母猪，病毒却不能通过胎盘，其机理尚不清楚。一般认为造成死胎和早产的机制，可能是由于妊娠中期母猪持续感染，在妊娠后期经胎盘传递的。

PRRSV 感染病理学变化与毒株的毒力强弱、猪遗传性的差异、应激、合并或继发感染等有关。在 PRRSV 感染后 4d~28d，可见全身大多数淋巴结肿大，触摸半软或坚实，切面湿润，棕黄色或白色。有时可见被膜下有直径 2mm~5mm 充满液体的囊泡。脾肿大，脑膜充血。

单纯 PRRSV 感染时，肺脏表现为典型的间质性肺炎。轻度病变肺脏外观不完全萎陷，触摸时比正常猪肺脏（海绵状）坚实而不硬固。肺组织的变实是因炎症渗出物渗入肺间质而不是渗出到气道所致。重度病变肺脏呈弥漫性暗红色，触摸中等硬度，腹侧肺叶萎陷，有时可见有清亮液体分隔肺小叶，肺前叶病变更明显。一般在 PRRSV 感染后 10d 可见肺脏的大体病变。肺泡间隔增厚、单核细胞浸润及肺上皮细胞增生，肺泡腔内有坏死细胞碎片。随时间的推移，肺泡腔内坏死细胞碎片逐渐消退，而增厚的肺泡间隔可存留较长时间。

PRRSV 合并细菌感染时，依合并感染的细菌/病毒不同而肺脏的组织病理学变化也不同。合并感染细菌性病原时常引起复杂的 PRRS 肺炎，间质性肺炎常混合化脓性纤维素性支气管肺炎，或被化脓性纤维素性支气管肺炎所掩盖。某些合并感染病例还可见胸膜炎。

PRRSV 感染后可在全身不同部位的淋巴结同时出现组织学病变，以生发中心肥大和增生、生发中心坏死、淋巴窦内有多核巨细胞浸润为特征。PRRSV 感染引起血管病变，常见的有内皮下淋巴细胞和浆细胞局灶性增生，或淋巴细胞、巨噬细胞和浆细胞跨壁浸润，偶见管壁纤维素样坏死、毛细血管内皮细胞肿胀或静脉内血栓。心脏的组织病变主要见于感染后期，以间质和血管外周的淋巴细胞、巨噬细胞及浆细胞的浸润为特征。

PRRSV 感染公猪引起公猪精液异常，以精子向前运动减少、运动力减弱为特征。

（五）临床症状

PRRS 的临床症状差异较大。其严重性和潜伏期的长短与病毒毒力、感染剂量、感染途径，被感染猪群的年龄、性别及免疫状态，猪场饲养管理水平、卫生状况，当地气候条件及有无混合感染等因素密切相关。美洲型和欧洲型毒株感染所引起的临床特征相似，但毒株不同，毒力也存在明显的差异，弱毒株可导致猪群的无症状带毒或者地方性流行，强毒株能够引起猪群严重的临床症状，通常表现为发热、食欲减退、呼吸困难、耳部发绀、四肢内侧及腹部皮肤充血出血、母猪繁殖障碍、仔猪呼吸困难、发育不良、死亡率增加等（如图 2-14 和图 2-15 所示）。

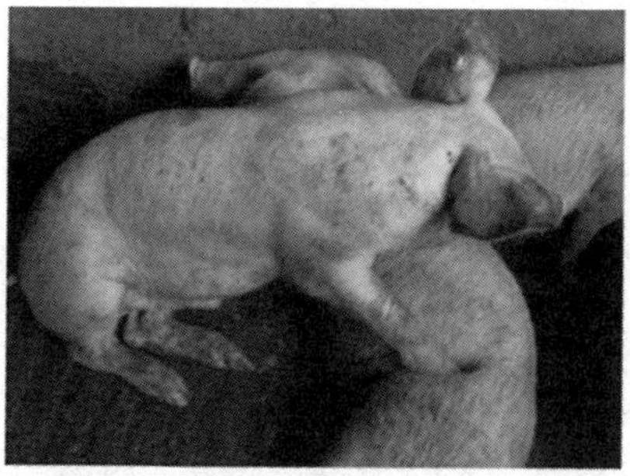

图 2-14 PRRS 造成母猪耳部发绀

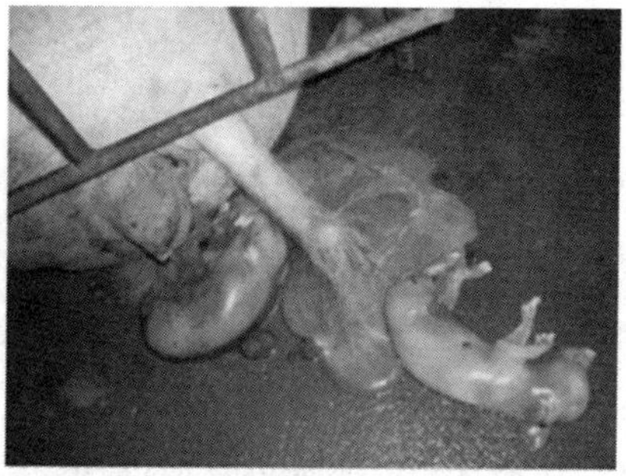

图 2-15 PRRS 造成母猪流产

繁殖母猪：急性发病主要表现为发热、食欲减退、精神沉郁、嗜睡、同时发生不同程度呼吸困难、在耳部等末梢部位皮肤出现不同程度发绀；急性期有 1%~31%的母猪一般会在妊娠 10d~21d 发生流产，发病猪可能伴发肺水肿、肾炎等，死亡率为1%~4%。部分强毒株的急性感染可致10%~50%的高流产率，死亡率达10%，同时伴有运动失调、转圈等神经症状。长期带毒母猪也可能因为病毒通过胎盘传播，从而导致5%~80%的感染猪发生繁殖障碍，主要表现为早产或者出现流产，所产仔猪良莠不齐，出现正常、弱小、死胎、木乃伊胎同窝现象。

公猪：公猪一般感染后带毒，不一定表现临床症状。但也可能发生急性感染，除厌食、精神沉郁、呼吸道临床症状外，主要表现为缺乏性欲和不同程度的精液质量降低；精液变化出现于病毒感染后2~4周，表现为运动能力下降和顶体缺乏，可在精液中检测到PRRSV。

哺乳仔猪：发生繁殖障碍的母猪所产的弱胎和正常胎儿的断奶前死亡率可达60%。早产的弱小仔猪，在出生后的数小时内就可能发生死亡。哺乳仔猪发病症状主要表现为发热、精神沉郁、消瘦、呼吸困难、结膜炎等。有报道眼睑和结膜水肿是3周龄以下仔猪发生PRRSV感染具有“诊断意义”的症状。报道感染仔猪出现震颤或划桨运动、前额轻微突起、血小板减少（导致脐部、注射部位、剪尾后出血）以及贫血等症状。

断奶仔猪和育肥猪：因抵抗力较强，断奶仔猪和育肥猪一般不出现严重的临床症状，仅表现为厌食、精神沉郁、呼吸困难、部分体表组织末梢皮肤充血发绀等，但病毒感染导致的猪群发育迟缓、生长不齐是猪群感染突出的特征。PRRSV感染的后期常常由于大肠杆菌、沙门氏菌、链球菌、支原体、猪瘟病毒、圆环病毒、伪狂犬病毒等多种病原的混合感染而导致感染猪只病情恶化、死亡率增加。

HP-PRRS：与传统PRRS比较，高致病性猪蓝耳病的主要特征是发病猪出现41℃以上持续高热；发病猪不分年龄段均出现急性死亡；仔猪出现高发病率和高死亡率，发病率可达100%，死亡率可达50%以上，母猪流产率可达30%以上。临床主要表现为发烧、厌食或不食；耳部、口鼻部、后躯及股内侧皮肤发红、淤血、出血斑、丘疹、眼结膜炎、咳嗽、喘等症状；后躯无力、不能站立或摇摆、圆圈运动、抽搐等神经症状；部分发病猪呈顽固性腹泻。

（六）诊断

PRRSV可以感染各个年龄段的猪群，该病与其他病毒（猪瘟病毒、猪细小病毒、猪伪狂犬病毒等）也能引起猪繁殖障碍等疾病，并与PRRS的症状十分的相似。同时，不同猪场和个体感染 PRRSV 后，临床症状有很大的差异，给临床诊断带来了很大的困难。因此 PRRSV 的确诊需要借助实验室的诊断技术。

（1）病毒分离：该方法为诊断 PRRSV 病毒感染的“金标准”，但该方法过程较为耗费时间，对培养基、细胞系和病死动物材料的选择有着较为严格的要求，一般不作为 PRRSV 诊断的第一选择。

（2）血清学诊断：主要包含 ELISA、IFA、免疫过氧化物酶单层细胞试验（IPMA）、SNT 和 GICA。这些诊断方法具备成本少、操作简便、特异性强和灵敏度高等诸多优点，被广泛应用，其中 ELISA 是目前临床监测 PRRSV 感染最常规的方法，由于 PRRSV 的 N 蛋白和 Nsp2 蛋白富含 B 细胞抗原表位、抗原性较强，常作为 ELISA 的包被抗原。目前，商品化的 PRRSV 抗体 ELISA 检测试剂盒有很多。

（3）分子生物学方法：主要包括核酸探针原位杂交技术（ISH）、环介导等温扩增反应（LAMP）和 PCR 等。分子生物学技术不但具备特异性强、重复性好等特点，而且能够区别不同类型的 PRRSV 毒株，对于 PRRS 的诊断有十分大的作用。其中 PCR 是最常用、最有效的分子生物学方法，根据检测需求不同可分为：常规 PCR（PCR）、巢式 PCR、多重 PCR 及实时荧光定量 PCR，特别是荧光定量 PCR 方法现在普遍应用于 PRRSV 的诊断。而多重 PCR 可以同时对多类病原体进行实行鉴定，更加快速、高效，在流行病学调查中被普遍使用。

（七）防控/防制措施

目前，PRRS 依然是影响世界养猪业的主要疾病之一，每年都给养猪业带来严重的经济损失。自发现 PRRS 以来，科研人员就积极寻找有效控制和消灭 PRRS 的方法，但是由于对 PRRSV 感染猪后引起的免疫应答等研究不透彻，所以目前为止还不存在完全有效的防控 PRRSV 的方法。PRRS 的预防和根除是养猪业面对的一个难题。对于国内大多数猪场来说，疫苗接种是预防和控制 PRRS 的首选。常见的疫苗种类主要包括弱毒疫苗、灭活疫苗、DNA 疫苗、基因工程疫苗等，但是都不能给猪体提供长期有效的保护。其中弱毒疫苗和灭活疫苗为常用的商品化疫苗，可以有效地减少病毒血症。

除了疫苗防控以外，还有其他策略用来防控 PRRS。在 PRRSV 感染时，常有其他细菌的混合或者继发感染，所以用抗生素来控制继发感染是十分必要的，恰当地使用抗生素可以极大减少 HP-PRRS 暴发晚期时的猪群死亡率。

生物安全管理对于 PRRS 的防控非常重要，对进出猪场的员工和车辆、猪舍及周边环境、所使用的工具要进行严格的消毒，安装空气过滤通风系统等，以上措施都有助于减少或者阻断 HP-PRRSV 在猪群中及猪场间的传播。要注意猪群的流动和后备猪的选育以及引进等，正确的猪群流动，同样是降低病原传播的重要手段。感染 PRRSV 后由于猪场的管理、免疫、预防保健、环境等因素使得猪场的感染情况不尽相同。针对不同猪场需制定不同的防控方案，才能更有效地控制猪蓝耳病。

（八）风险评估

1. 传入评估

在自然条件下，不同年龄、品种、性别的猪均可感染 PRRSV，其他家畜和动物未见发病。

近年来，大量的研究证实 PRRSV 可通过胎盘和泌乳传给胚胎和仔猪，公猪的精液也能传播 PRRSV，因此通过胎盘、泌乳及精液传播疾病是垂直传播的主要方式。Prieto 等在妊娠母猪感染 PRRSV 20d~22d 后扑杀，在部分胎盘中查出 PRRSV，说明妊娠早期的胎盘对于 PRRSV 来说并不是一道难以逾越的障碍。Stockhofe 等在母猪妊娠后期自然感染和人工感染 PRRSV，也从胎儿体内查出病毒。也有人对妊娠中期的母猪和胎儿感染 PRRSV 的情况进行了研究。为了查明精液能否传播 PRRSV，Gradil 等做了如下试验。选用 10 头公猪，3 头作对照，对其中 7 头试验感染 PRRSV 魁北克分离毒，4d~10d 后，收集其精液，用于对 10 头自然发情和 10 头人工诱发发情的母猪人工授精。血清学检测表明，所有公猪和 8 头人工诱发发情母猪发生血清学阳转，10 头自然发情母猪直到 39d 后也发生血清学阳转，而对照组 3 头公猪和 7 头母猪血清仍阴性。用 3 头攻毒后收集的混合精液和 1 头对照公猪精液分别接种 2 月龄仔猪，结果对照血清为阴性，攻毒组 2/3 发生血清阳转。这个试验至少可说明两点：第一，公猪试验感染 PRRSV 后，可通过精液向外排毒；第二，使用带毒公猪进行自然配种或人工授精，可以传播 PRRSV。

2. 后果评估

当前我国是世界生猪养殖和消费第一大国，世界上几乎一半的猪在我国养殖，养猪业已经成为我国畜牧业经济的主体部分。目前我国养猪模式存在规模化养殖、散养并存向规模化养殖过渡的状态，如果 PRRSV 传入，可造成暴发流行，对流行区的规模化养殖企业造成巨大的经济损失，影响我国畜牧业经济。同时控制和根除 PRRSV 需要投入巨大的人力、物力。

五、猪细小病毒病

猪细小病毒病（Porcine Parvovirus Infection，PPI）是由猪细小病毒（Porcine Parvovirus Virus，PPV）引起的一种猪繁殖障碍性传染病。病毒血清学研究表明，目前 PPV 只有 1 个血清型，但分离到的毒株的毒力有强弱之分。该病通过胎盘、交配、人工授精、呼吸道、被污染的饲料等进行传播，主要症状为胎儿感染死亡，产出死胎、畸形胎、木乃伊胎及不孕等，还可致皮炎和腹泻，猪是该病已知的唯一易感动物。

我国《一、二、三类动物疫病病种名录》中，将猪细小病毒病列为二类动物疾病，《中华人民共和国进境动物检疫疫病名录》中，猪细小病毒病被列为二类传染病，表明了对该病的重视程度。我国学者对全国很多省、市进行了 PPV 的流行病学调查和研究，结果表明 PPV 已在我国广泛流行。

（一）病原

PPV 属细小病毒科（Parvoviridae）细小病毒属（*Parvovirus*）成员。该病毒引起的胚胎、胎猪死亡率可高达 80%~100%。

目前，PPV 只有一个血清型，但分离到的毒株的毒力有强弱之分。猪细小病毒的分离株主要有：NADL-8 株、NADL-2 株、Kresse 株、IAF-A83 株。NADL-8 株是强毒株，口服接种就可以穿过胎盘屏障，导致胎儿死亡。NADL-2 株是细胞适应后的弱毒株，口服接种不能穿过胎盘屏障，对妊娠母猪和胎儿都没有致病性，常被用作弱毒疫苗使用。但 NADL-2 株通过子宫内接种，有较强的复制和感染能力，并可导致胎儿死亡。Kresse 株为皮炎型强毒株，与其他强毒株相比，它可杀死免疫不充分的胎儿。IAF-A83 株的特性目前还不清楚。

本病毒在宿主体外稳定。对酸碱有较强的抵抗力，在 pH 值 3.0~9.0

之间稳定，能抵抗乙醚、三氯甲烷等脂溶剂，甲醛蒸气和紫外线需要相当长的时间才能杀死该病毒。短时间胰酶处理对病毒悬液感染性不仅没有影响，反而能提高其感染效价。在 pH 值 9.0 的甘油缓冲盐水中或在-20℃以下能保存一年以上毒力不会下降。病毒对热具有较强抵抗力，病毒在 40℃极为稳定，56℃环境下保持 48h、70℃环境下保持 2h，病毒的感染性和血凝性均无明显改变，但 80℃ 5min 可使感染性和血凝活性均丧失。可用 0.5%漂白粉、1%~1.5%氢氧化钠进行消毒，在 5min 内能杀灭病毒，也可用 2%戊二醛消毒，需 20min 才能杀灭病毒。

（二）历史及地理分布

该病在世界范围内分布广泛，德国、比利时、日本、美国、澳大利亚、加拿大、匈牙利、芬兰、法国、南非等国家均有该疫病的相关报道。从 1986 年至今，我国学者对全国多地进行了 PPV 的流行病学调查和研究。结果表明，在全国各地均有 PPV 的流行。已有文献报道的包括四川、山东、河南、河北、广西、江西、云南和黑龙江等。

该病于 1966 年在进行猪瘟病毒组织培养时发现。起初以为是培养细胞内潜伏感染的病毒，随后在一些正常猪肾细胞培养物和感染猪瘟的猪肾细胞中发现直径 22nm~23nm 病毒粒子，经鉴定为 DNA 型病毒。

1967 年，在对猪的不孕症和流产、死产的病原学研究中，分离并证实 PPV 致病作用。1982 年，我国首次分离到 PPV；1983 年分离鉴定了 PPV S-1 毒株；1987 年邬捷等在四川分离鉴定出 PPV。近 30 年来，PPV 变异株逐渐增多，2001 年在缅甸分离到了一株变异较大的 PPV，与其他 PPV 只有 50%的同源性。

（三）流行病学

猪是该病已知的唯一易感动物，不同年龄、性别的家猪和野猪都可感染。但在牛、绵羊、猫、豚鼠、小鼠和大鼠的血清中也存在特异性抗体，来自病猪场的鼠类，其抗体阳性率高于阴性猪场的鼠类。

病猪是本病的主要传染源。各种家猪和野猪均易感，感染的母猪所产的死胎、活胎、仔猪及子宫分泌物均含有高滴度的病毒。垂直感染的仔猪可带毒 9 周以上。某些具有免疫耐受性的仔猪可能终生带毒和排毒。被感染公猪的精细胞、精索、附睾、副性腺中都可带毒，在交配时很容易传染给易感染的母猪，急性感染期猪的分泌物和排泄物，病毒的感染力可持续几个月，污染的猪舍是猪细小病毒的主要储藏所。在病猪移出、空圈四五个月，经彻底清扫后，再放进易感猪，仍可被感染。污染的食物及猪的唾液等均能长久地存在传染性。

病毒可通过胎盘传给胎儿，也可在交配时垂直感染。公猪、肥育猪和母猪主要是经污染的饲料、环境经呼吸道、生殖道或消化道感染。另外，鼠类可以机械性地传播本病。

本病多发生于春、夏季节或母猪产仔和交配季节，潜伏期为 3d~5d。母猪怀孕早期感染时，胚胎、胎猪死亡率可高达 80%~100%。

（四）发病机理及病理变化

PPV 感染母猪后，能紧紧吸附在母猪受精卵细胞透明带的外表面，同时部分 PPV 能穿过透明带而进入卵细胞。PPV 还能使母猪的黄体发生萎缩，使之失去正常抑制排卵和分泌孕酮的功能，危及母猪体内的胎儿，造成流产、死产、木乃伊胎和恢复发情周期。

组织学病变为母猪的妊娠黄体萎缩，子宫上皮组织和固有层局灶性或弥散性单核细胞浸润。感染胎儿死亡后可见多种组织和器官有范围广泛的细胞坏死、炎症和核内包涵体。在大脑灰质、白质和脑膜有以增生的外膜细胞、组织细胞鹅浆细胞形成的血管套为特征的脑膜脑炎变化，被认为是本病的特征性病变。

（五）临床症状

幼猪的急性感染和妊娠母猪的感染都是亚临床的，主要的通常也唯一的症状是繁殖失能或称“繁殖扰乱”，以胚胎和猪感染及死亡为特征，但也有幼猪和妊娠母猪感染初期出现体温升高和白细胞减少的。

母猪不同孕期感染，可造成死胎、木乃伊胎、流产等不同症状（如图 2-16 和图 2-17 所示）。在怀孕 30d~50d 之间感染时，主要是产木乃伊胎；怀孕 50d~60d 感染时多出现死胎；怀孕 70d 感染的母猪则常出现流产症状。母猪在怀孕中后期受感染后也可发生经胎盘的感染，但此时胎儿常能在子宫内存活而无明显的临床症状。在怀孕期 70d 后，大多数胎儿能对病毒感染产生有意义的免疫应答而存活。

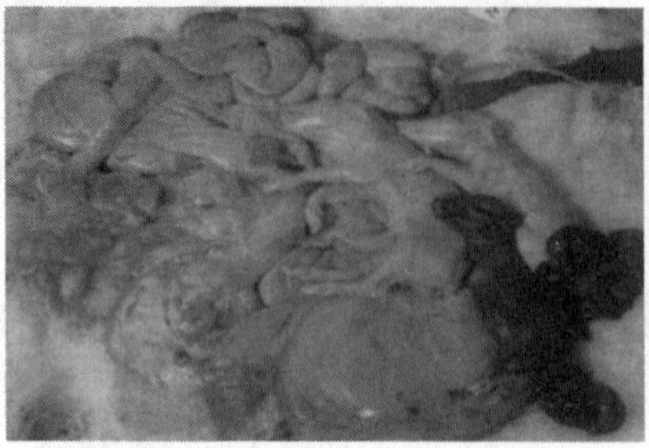

图 2-16　PPV 感染引起母猪流产

图 2-17　PPV 感染导致死胎、木乃伊胎

（六）诊断

根据病猪的临床症状，即母猪发生流产、死胎、木乃伊胎、胎儿发育异常等情况可诊断。而母猪本身没有什么明显的症状等，结合流行情况和病理剖检变化，即可作出初步诊断，但该病若要确诊还须进一步做实验室检查。

病原鉴定：病毒分离鉴定是 PPV 最为可靠的诊断方法。通常采取可疑流产和死产胎儿脑、肾、肺、肝、睾丸、肠系膜淋巴结以及母猪胎盘等作为分离病毒的病料。通过病毒的细胞培养将其扩大，之后用特异性血清进行中和试验和血凝抑制试验加以鉴定。

血清学实验：对于疑似患有猪细小的猪只可通过一些血清学方法加以验证，如血凝抑制试验（HI）、SNT、ELISA、IFA、乳胶凝集试验（LAT）等方法。

（七）防控/防制措施

猪细小病毒感染目前无药治疗。为避免该病的发生，只能采取预防措施，主要是加强饲养管理、环境消毒和疫苗免疫。

加强检疫工作，引进种猪，要隔离观察并检疫，从未发生过猪细小病毒病的猪场和地区，应该杜绝引进病猪和带毒猪，发病猪场应特别防止小母猪在第 1 胎受孕时被感染，或把其配种期拖延到 9 月龄，此时母源抗体已消失，自动免疫力已经产生，经免疫后方可正常饲养。

坚持经常性消毒，用 0.5%漂白粉或 1%氢氧化钠可杀灭病原体，减少猪与病毒的接触。加强预防性卫生措施，改善猪场环境，彻底消毒，限制人、猪的流动。污染猪场还要加强检疫，病猪、健康猪分开饲养。健康猪接种疫苗，病猪的排泄物、污染物及死胎和胎衣妥善处理。

免疫程序，实行程序化免疫，健康猪、假定健康猪在配种前 1 个月接种灭活疫苗。新生仔猪细小病毒疫苗的免疫接种可以选择在 20 周龄左右进行，后备种猪要在配种前 20d 以前接种，经产母猪应在产后 15d 进行，每年接种 2 次，连续 3 年即可；种公猪每年春秋两季分别进行；对于曾发生过细小病毒病的猪，大多数猪感染后获得免疫力，体内已产生抗体，可以获得良好的保护，这些猪不需再接种。疫苗目前主要分灭活苗和弱毒疫苗。灭活苗是现在主要使用的疫苗，分为组织灭活苗和细胞培养灭活苗，以油佐剂细胞灭活苗最为常用。

已发生或曾经发生过疾病的猪场，由于环境可能存在残留的病原，一定要做好消毒工作，将死角的垃圾及时清理，用碘制消毒液消毒地面等。外来人员来访时需要在远离生产区的接待室接待，未经消毒禁止进入猪舍。平时做好猪场净化工作，疫苗免疫后定期检测抗体，发现低于有效值时务必加强免疫。

（八）风险评估

虽然 PPV 主要存在于感染的母猪所产的死胎、活胎、仔猪及子宫分泌物，但考虑到该病毒对外界环境的抵抗力较强，进口肉品有一定的风险。

该病呈世界性分布。PPV 致病性较强，且易感动物范围广泛。感染 PPV 的母畜本身无明显的临床症状，并且处于潜伏感染的病毒在动物机体内长期存在，因此很难被临床诊断出来，容易经国际贸易进行传播。虽然我国对该病也有较成熟的检测方法，商品化试剂盒运用广泛。我国是生猪养殖大国，PPI 的宿主数量巨大，近几年大型集约化养殖场数量迅速增多，对于种猪的需求量也急剧增加，使疫病的传播风险增大，一旦发生大规模的猪细小病疫情，将严重影响我国畜牧业经济发展，并且控制和扑灭疫情所需要的人力、物力投入将非常巨大，病原体对环境的负面影响也将持续很长时间，所以疫情引发的不良影响将是长期和深远的。

六、猪丹毒

猪丹毒（Swine Erysipelas）是由红斑丹毒丝菌引起的一种猪的急性、热性、败血性传染病。临诊症状急性型表现为败血症，亚急性型表现为皮肤上出现疹块，慢性型病猪表现为心内膜炎和关节炎。该病主要发生于猪，广泛分布于世界各地，急性败血症病死率高达80%左右，不死者转为疹块型或慢性型，危害较大。

猪丹毒是为我国“三大猪传染病之一”，虽然WOAH没有将猪丹毒感染列入多种动物共患病的名录中，但我国《一、二、三类动物疫病病种名录》将其列为二类动物疫病。

（一）病原

猪丹毒的病原为丹毒丝菌属（*Erysipelothrix*）红斑丹毒丝菌（*E. rhusiopathiae*），习惯上又称之为猪丹毒杆菌，是一种革兰氏阳性无芽孢小杆菌。在急性病例的组织触片或培养物中，菌体细长呈直或稍弯的杆状，以单个或短链存在；在人工培养基上经过传代后可形成长丝状，老龄培养物中则呈球状或棒状。本菌无运动性，不产生芽孢，无荚膜，无抗酸性。

猪丹毒杆菌为微需氧或兼性厌氧菌。在普通培养基上即能生长，pH值在6.7~9.2范围内均可生长，最适pH值为7.2~7.6，生长温度为5℃~42℃，最适温度为30℃~37℃。普通琼脂培养基和普通肉汤中生长不良，如加入0.2%~0.5%（W/V）葡萄糖或5%~10%的血液或血清，并在10%的CO_2中培养，则生长旺盛。在血琼脂平皿上经37℃ 24h培养可形成湿润、光滑、透明、灰白色、露珠样的圆形小菌落，并形成α溶血环。在麦康凯琼脂上一般不生长。猪丹毒杆菌在加入5%马血清和1%蛋白胨水的糖培养基内可发酵葡萄糖、果糖和乳糖，产酸不产气。一般不发酵甘油、山梨醇、甘露醇、鼠李糖、蔗糖、松田糖、棉实糖、淀粉、菊糖等。该菌能产生H_2S，不产生靛基质和接触酶，不分解尿素，在石蕊牛乳中无变化，MR试验及VP试验阴性。

据抗原结构已确认有25个（1a、1b、2a、2b、3~22、N）型。大约80%以上的猪源性分离株属1型（1a和1b）和2型。不同血清型猪丹毒杆菌对流行病学、免疫防制、实验室诊断均有重要意义。其致病力及免疫原性与菌型有一定关系，1型菌的致病力较强，2型菌的免疫原性较好，而弱毒株的血清型最为复杂。败血型猪丹毒病例分离的菌株，95%以上为1a型；皮肤疹块型病例和慢性关节炎病例分离的菌株80%以上是1a型和2型。引起猪急性经过或全身发疹的大多为1型和2型的菌株，其他的血清型菌株虽在猪的接种皮肤局部引起明显的发疹。但多数对猪不显致病性。我国从各地分离的猪丹毒菌株经血清学鉴定，致病的绝大多数是1型和

2 型。

该菌对外界的抵抗力相当强，菌体虽不能形成芽孢，但菌体有蜡样物质保护，抗腐败、干燥能力强。对盐腌、火熏有较强抵抗力，并能在火腿中存活数月，对 0.2%苯酚溶液、0.5%砷化钾溶液、0.001%结晶紫溶液、0.1%叠氮钠溶液有抵抗力。在病死猪的肝、脾内 4℃ 159d，毒力仍然强大。露天放置 27d 的病死猪肝脏，深埋 1.5m 231d 的病猪尸体，12.5%食盐处理并冷藏于 4℃ 148d 的猪肉中，都可以分离到猪丹毒杆菌。在一般消毒药，如 2%福尔马林、1%漂白粉、1%氢氧化钠或 5%碳酸中很快死亡。对热的抵抗力较弱，肉汤培养物于 50℃经 12min~20min，70℃ 5min 即可杀死。本菌的耐酸性较强，猪胃内的酸度不能杀死它，因此可经胃而进入肠道。

（二）历史及地理分布

猪丹毒 1882 年前就有报道，流行于欧洲、亚洲、美洲各国。早在 1876 年 Robert Koch 从家鼠血液中分离到一种能引起小白鼠的败血症的细小杆菌，并首次将该菌命名为“鼠丹毒败血症”。1882 年 Pasteur 从病猪体内分离到了丹毒丝菌，并在 1883 年和 Thuillier 研制出预防猪丹毒的灭活苗。

该病在美国、巴西、日本、澳大利亚和欧洲大部分国家广泛流行，既危害着全球养猪业，造成了巨大的经济损失，也威胁着人类健康。在美国，丹毒疫苗是使用最多的一种细菌性疫苗，甚至在圆环病毒病疫苗出现以前，很长时间内是使用最多的猪疫苗。而美国从 2001 年开始无论是免疫猪群还是非免疫猪群，猪丹毒的发生均明显增多，病例数是以往的 4 倍。日本自 20 世纪 60 年代起开始应用活疫苗后，猪丹毒得到了有效控制，但自 90 年代后该病的发生率又开始增加，另外，从日本、巴西、泰国、加拿大等国家的猪体内分离到该菌的比例也有所提高。

在 20 世纪 80—90 年代猪丹毒曾给我国养猪业造成了严重的危害。该病得以有效控制 20 余年，逐渐淡出了人们的视线，多数猪场停止接种猪丹毒疫苗。然而，近年来猪丹毒在我国各地频频暴发，猪群出现大面积急性感染死亡，给很多养猪场造成了不小的经济损失。其中，疫情严重的地区主要集中在我国大陆中南部，其中包括四川省、重庆市、广西壮族自治区、湖南省和湖北省。其中，四川省、广西壮族自治区和重庆市疫情最为严重。

（三）流行病学

该病主要感染猪，各种年龄和品种的猪均易感。主要见于育成猪或架子猪，随着年龄的增长，易感性逐渐降低。可能是由于母源抗体存在的原因，3 月龄以下的猪很少发生；也可能由于大猪在隐性感染后可获得免疫保护，故 6 月龄以上的猪发病率也不高；以 3~6 月龄猪最为多发。其他动物，如马、牛、羊、犬、各种禽也有感染的报道。小鼠和鸽对本菌最易感，常作为该病原的试验动物。人亦可感染，称为类丹毒，少数呈败血病症状，常为局部炎症，呈良性经过。

传播方式为水平传播。猪和各种带菌动物（主要是带菌猪）是主要传染源。传播途径为接触传染、消化道和皮肤损伤（包括蚊蝇叮咬）。

猪丹毒患病猪或携带猪丹毒杆菌的猪只是该病的主要传染源。细菌主要存在于带菌动物扁桃体、胆囊、回盲瓣和骨髓中，可随粪尿或口、鼻、眼的分泌物排菌，从而污染饲料、饮水、土壤、用具和栏舍等。该病病原菌红斑丹毒丝菌在自然界广泛存在，除猪以外，鱼类、禽类、蟹、虾、龟、鳖等动物也能带菌，在富含有机质的碱性土壤中，猪丹毒杆菌可生存 90d，最长可达 14 个月，对环境的抗逆型非常强。因此土壤污染对猪丹毒的发生，具有重要的流行病学意义。家鼠是猪丹毒的一种传播媒介，经研究发现，蚊虫吮吸病猪的血液后，蚊虫体内也会带有猪丹毒杆菌。

本病一般呈散发性或地方性流行。一年四季均可发生，炎热多雨季节多发。夏秋两季多雨，雨水冲刷土壤使土壤中的猪丹毒杆菌有机会扩大传染。夏秋吸血昆虫活动季节，助长猪丹毒杆菌的传播，猪体抵抗力减弱、细菌毒力增强也常引起内源性感染发病。该病在北方地区具有明显的季节性，以 7~9 月的夏秋季节为多发季节，其他月份则零散发生；在气温偏高并且四季气温变化不大的地区，则发病无季节性。环境条件改变和一些应激因素，如饲料突然改变、气温变化、疲劳等，都能诱发该病。

（四）发病机理及病理变化

不同的猪丹毒杆菌毒力有明显的差异，主要由神经氨酸酶、荚膜多糖及表面蛋白等多种毒力因子调控。有研究报道，神经氨酸酶仅存在于致病性的猪丹毒杆菌中，且其分泌量与菌株的致病性呈正相关，它能裂解宿主细胞膜中的唾液酸，为细菌提供营养物质，为黏附和侵入提供条件，而荚膜多糖可对抗宿主免疫细胞的吞噬作用，猪丹毒杆菌的表面蛋白参与该菌的黏附、侵入以及生物被膜形成等过程，主要毒力因子共同作用，参与猪丹毒杆菌侵入全过程。在所有的受染动物中，猪丹毒杆菌首先侵入血流，随后依赖于一些尚未确定的因素，或发展成为一种急性败血症，或成为菌血症使细菌定位于一些器官或关节。若并发病毒性感染特别是猪瘟时，可以增加宿主对猪丹毒的感受性。慢性型猪丹毒，细菌很可能是在菌血症发作之后即常定位于皮肤、关节及心瓣膜上。在关节上，其最初的损害是滑液增加、滑膜充血，经数周后即出现滑膜的绒毛增生、关节囊增厚以及局部淋巴结增大。猪的关节损害的原因可能是猪丹毒杆菌原发感染所致，也有可能是此菌或对其他抗原的超敏感性所引起，在这一问题上尚存在争论。

猪丹毒病理学变化由于不同的患病类型而有所不同。

最急性型：患病猪只的皮肤及耳部、鼻嘴部、腹部甚至全身均会出现紫红色的情况。剖检可见患病猪只心脏外膜及心房肌肉有点状出血点，胃和小肠轻微出血，同时消化道黏液的分泌出现异常，肺部、肝脏和肾脏肿胀及淤血，同时肾脏的皮质部位出现针点状出血点，脾脏肿大，颜色变深，呈暗红色或樱桃的深红色，同时脾脏的外包膜紧张，脾脏边缘钝圆，脾脏质地松软，对脾脏进行切面分析发现脾脏内的白髓周围出现“红色晕圈”，在白髓周边出现比脾脏自身颜色更深的红色小点，这是最急性型特有的病理特征变化。

急性败血症型：猪丹毒病理解剖特征主要体现为败血症的病理变化特点。在患病猪的耳部、颈部、腹部及四肢内侧均会出现鲜红色或深红色的丹毒疾病红斑。剖检发现病猪只的淋巴结、脾脏、心脏充血肿大，肺部和肝脏淤血肿大，并伴有多个出血点。病猪只的淋巴结多会出现急性淋巴结炎症，胸腔中出现大量浆状黏液，同时出现浆液纤维素性心脏包膜炎症及胸膜炎症，消化道黏膜出现急性浆液性炎症或出血性炎症，肾脏出现“云雾状”斑块，在显微镜下可观察到有嗜酸性粒细胞浸润。

亚急性疹块型：病猪皮肤表面的疹块，随着病程延长会产生浆液性水泡，破裂后慢慢形成痂，逐渐脱落，全身各个器官（脾脏、肾脏等）的病变与急性型病例相似，但要比急性型病例轻微，显微镜下可观察到各个器官的细胞发生变性。

慢性型：对慢性型猪丹毒患病猪只进行解剖分析可以发现通常会出现心脏内膜炎症、关节炎症及皮肤坏死等病理变化特征。心内膜炎型的病猪剖检可见心脏二尖瓣有炎症增生，生成赘生物，伴随着间质性肺炎。关节炎症状通常会与心脏内膜炎同时出现，关节炎型的病猪全身各个关节囊腔（肘关节、跗关节等）有大量积液产生，病程延长到后期，关节囊内滑膜绒毛增生。皮肤坏死多出现在猪只的耳部、背部和尾部，表现为干性坏疽。

（五）临床症状

1. 最急性败血型

24~48h 开始发病，体温达 42℃以上，发病 12h 后精神沉郁，食欲减退或废绝，颈下、胸腹及背侧出现丹毒性红斑，体温升高时，心音增强，心率 140~160 次/分，濒死期达 240 次/分以上，病初呼吸浅表，增速不明显，后期可达 80 次/分，通常持续 1~2h，躺卧不起，抽搐呈游泳状，鼻孔流出白色泡沫状液体，不久倒毙。病猪胃和小肠常见轻微或明显的黏液性、出血性炎症，胃的出血通常较明显。肝脏发生混浊肿胀和淤血。肾脏除有混浊、肿胀外，在皮质部见针尖大点状出血。肺淤血、水肿。脾肿大呈暗红色或樱桃红色，包膜紧张，质度柔软，边缘钝圆。脾切面出现白髓周围"红晕"，即在暗红色的脾切面上，有颜色更深的小红点，红点的中心就是白髓。皮质淋巴小结生发中心增生明显，其周围有密集的淋巴细胞及浆细胞，间质毛细血管扩张充血，有些病例出现嗜酸性粒细胞，为急性浆液性淋巴结炎。

2. 急性败血型

急性型猪丹毒的红斑发生于真皮的乳头层和真皮的浅表层，其中毛细血管充血并可能含有病原菌。乳头层可见渗出性出血以及浆液与淋巴样细胞浸润。由于血液循环停滞，该部最终出现灶性坏死。病变的淋巴结组织内血管高度充血，淋巴窦扩张，并充满浆液和白细胞、红细胞呈急性浆液性或出血性淋巴结炎的变化。有时在实质中可见到大小不等的坏死灶。肺脏有菌血症的典型损害，在肺泡毛细血管中发现病原菌。但无一般栓塞性肺炎的灶性变化。肺泡壁血管严重充血，并有以单核细胞为主的细胞浸润，肺泡壁巨噬细胞的增生和游走，以及毛细血管的出血等，肺泡壁发生明显增厚。肺切片高倍镜下可见肺泡毛细血管内有纤维素性微血栓出现。丹毒杆菌阻塞血管：各较大的动、静脉血管内多数为纤维素网罗红细胞形成血栓，也有的是多量纤维素的血栓，血栓内仅有少量红细胞。多数病例肺泡毛细血管内充有数量不等的红细胞。肺泡壁上皮细胞由无明显的改变到变性肿大，部分病例肺泡腔蓄有伊红淡染的蛋白性渗出物。有的肺泡间隔增厚，透明膜形成；有的肺泡萎陷不张。肺泡气肿扩张到破裂，偶见局灶性炎症，肺内各血管内膜细胞轻度肿胀。各毛细管有广泛性纤维素性血栓出现，属急性弥散性血管内凝血，阻塞血管内血流，造成肺通气不良、缺血、缺氧和窒息死亡。有人称此为休克肺，临床称急性肺功能衰竭，是急性猪丹毒致死的主要因素之一。心肌纤维发生颗粒变性，严重者发生灶性蜡样坏死，以心内膜下乳头肌为多发。有血栓出现的病例均有心肌变性、出血和炎性细胞浸润。各血管内皮细胞肿大，小动脉肌层呈泡沫状，少数病例小动脉腔阻塞，一些病例的心肌都有局灶性的肌纤维横纹消失、肌纤维溶解、出血和炎性细胞浸润。脾脏的主要变化为充血和出血，红髓部分主要由红细胞组成，白髓内及其周围也有出血现象。病程稍长的猪，网状内皮组织增生也很严重，还可见到白髓萎缩，不同程度的脾组织坏死，伴有白细胞和纤维素渗出。肝小叶中央静脉、静脉窦和汇管区静脉发生管壁扩张、红细胞充盈，或有血栓形成或有大量的单核细胞浸润。肝细胞索相对萎缩、肝细胞颗粒变性乃至溶解坏死，炎性细胞反应不明显。肾小球充血、出血和发炎（炎症变化有的病例轻微）。出血主要是肾小球和间质内小静脉出血、肾小球上皮肿胀。肾小球内皮增生，许多肾小球毛细血管淤血肿胀，由于红细胞黏聚，出现肾小球血管袢的局灶性纤维素样坏死与肾小球囊出血。肾小管变性，肾间质中毛细血管有血栓形成，相邻的肾小管坏死，管腔内有透明管型和颗粒管型。胃及小肠有急性卡他性或出血性炎症的变化。胃黏膜上皮细胞脱落，黏膜上皮毛细血管高度充血，甚至出血，细胞有不同程度的变性，腺管腔窄小。十二指肠前段多数为出血性、卡他性炎，黏膜固有层、黏膜下肌层毛细血管均有纤维素血栓出现。黏膜上皮脱落、黏膜毛细血管充血、肠腺细胞轻度变性，有的黏膜下有圆形细胞浸润。空肠和回肠多数为卡他性炎症，多在黏膜下毛细血管有血栓出现。大肠轻度卡他性炎，黏膜和黏膜下部有微血栓出现，黏膜上皮细胞轻度变性，黏膜毛细管轻微充血。

3. 亚急性疹块型

亚急性疹块型丹毒可见皮肤呈现典型的疹块病变，以白猪更明显，脾脏显著肿大，呈樱桃红色，包膜紧张，质地柔软，切面脾髓隆起，红白髓界限不清，用刀易刮脱大量脾髓组织。肾脏淤血肿大。被膜易剥离，呈不均匀的紫红色，切面皮质部呈红黄色。表面及切面可见有大头针帽大小的出血点，稍隆起如“糖葫芦串”。心内外膜出血，心包积液，心肌浑浊。肺充血、水肿，可见出血点。肝淤血、肿大，呈暗红色（如图 2-18、图 2-19 和图 2-20 所示）。

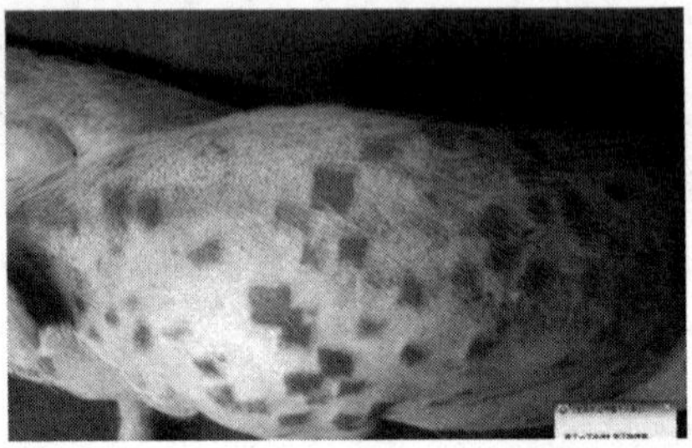

图 2-18　猪丹毒引起的菱形斑块

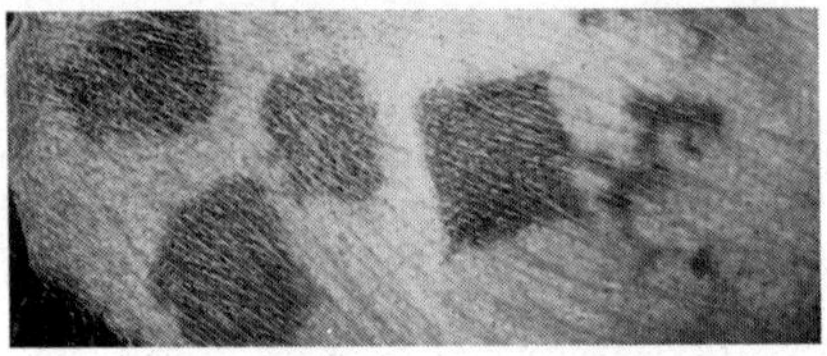

图 2-19　猪丹毒引起的“糖葫芦状”斑块

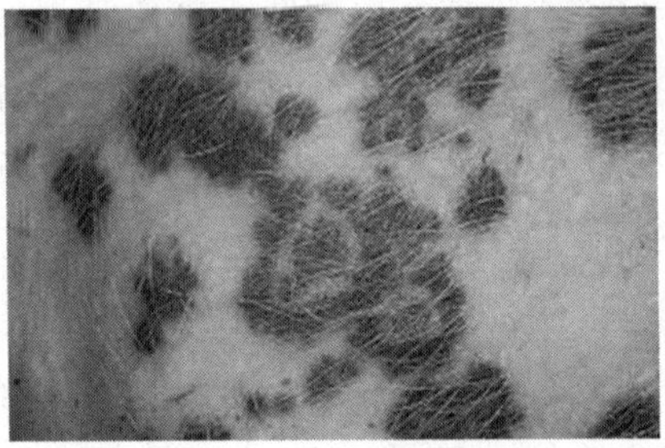

图 2-20　猪丹毒引起的皮肤疹块病变

4. 慢性型

血栓性心内膜炎。在血栓附着的心瓣膜有陈旧的肉芽组织发生透明变性：在血栓头有富含血管的结缔组织及幼嫩的肉芽组织形成；在血栓表面有细菌存在和血栓内有细菌交织而成的奇特团块。多发性关节炎。关节渗出物中的细胞成分是淋巴细胞和单核细胞；关节囊滑膜细胞发生组织增生的关节，渗出物中有纤维素、凝集的红细胞、白细胞和少数滑膜细胞，以及脱落的绒毛。

（六）诊断

1. 细菌学检测

细菌学检测是诊断猪丹毒较为可靠的方法，可用于病猪生前和死后诊断。首先，涂片镜检。临床上疑似猪丹毒病的，可从耳静脉采血或切开疹块挤出血液和渗出液做涂片。对急性死亡病例的尸体，可做血、脾、肝、肾及淋巴结等脏器的涂片，用姬姆萨或瑞氏染色，镜检可见猪丹毒菌多数在血细胞之间，也有成丛的，常发现中性白细胞吞噬丹毒的现象。因丹毒杆菌在血液中数目极少，检查时要注意多观察一些时间，此外要与李氏杆菌相区别。其次，培养观察。利用所取样品接种于鲜血琼脂斜面或接于肉汤中，于37℃恒温箱培养24h，进行细菌形态学鉴定。将病料接种于普通培养基上能够生长，血液琼脂平板上长出纤细、针尖大露珠样、透明、表面光滑、边缘整齐小菌落，直径小于1mm，即S型菌落（采取的是急性病例的病料），鲜血琼脂培养基上呈α溶血。麦康凯琼脂上不生长，过氧化氢酶阴性，可发酵葡萄糖、果糖、乳糖，产酸不产气，不发酵甘油和蔗糖，M. R及V-P试验阴性。最后，动物接种试验。将病料加少量灭菌生理盐水，制成乳剂直接注射，也可用培养24h的肉汤培养物注射。小白鼠皮下注射0. 2mL，鸽子肌注1mL，同时再注射豚鼠。小白鼠和鸽子均在接种后72h内死亡，而豚鼠则不死亡，并可从死亡动物的心血及脾、肝、肾等脏器中分离到猪丹毒杆菌。

2. 血清学检测

（1）凝集反应试验：早在1932年，Schoening等就将试管凝集试验和平板凝集试验引入猪丹毒的诊断中，但由于死菌的自凝集现象，以及健康猪具有较高的凝集价，使该试验的应用受到限制。1941年，Grey等采用染色抗原，使反应的灵敏度得到提高，目前快速平板凝集法仍在一些实验室应用。1955年，Wenmann建立了HA和HI试验，并用于检测试验猪的免疫抗体水平。1979年，郑庆端等应用反向间接血凝试验，对人工感染发病试验进行检测，获得较好的结果，其中，耳血的检出率为85.7%，发病死亡猪脾脏的检出率为100%。一些学者将SPA协同凝集试验引入猪丹毒鉴别诊断和菌株分型的研究中，均获得了比较满意的效果。

（2）补体结合反应诊断法：1981年，Bercorich等改进了抗原的制法，建立了一种在V型微餐滴板上进行的补体结合试验。该方法可以区分临床感染猪与预防接种猪，并在数小时内得出结果。该生长抑制试验具有更高的敏感性和特异性。

（3）沉淀反应：沉淀反应主要是用于猪丹毒的血清分型。但也有用琼扩检测猪丹毒抗体效价。马闻天等在我国最早用琼脂扩散沉淀法，对我国分离和保存的丹毒菌株做了菌型鉴定。

（4）免疫荧光诊断法：该方法具有准、敏、快的特点，可代替常规法用于污染材料的检测。

（5）ELISA：目前，ELISA在国外已广泛用于猪丹毒抗体的检测，国内也逐步开始将该方法应用于猪丹毒的检测。

（七）防控/防制措施

猪丹毒并不是一种不治之症，也不是一种非常可怕的疾病，但是由于其具有一定的复杂性，因而需要积极、全面地预防。猪丹毒病具有很高的治愈率，只要治疗及时，一般都可以治愈。

重视全面预防：在预防和治疗猪丹毒病时，病死猪深埋做无害化处理，污染的场地和用具彻底消毒，确定的疫区要封锁，粪便堆积发酵处理，将个别发病猪进行单独隔离，并对同群猪拌料用药。在发病后24h～36h内进行积极且全面治疗，具有非常显著的治疗效果。而在治疗药物的选择上，一般阿莫西林等青霉素类药物以及头孢噻呋钠的头孢类药物是首选治疗药物。与此同时，对于发病猪进行单独隔离，并给病猪每天注射阿莫西林和清开灵注射液，一直到病猪的体温恢复正常，病猪的食欲逐渐恢复后，依然要在48h内进行巩固治疗，药物、药量以及疗程必须要足够，这样才能够防止猪丹毒病转成慢性或者复发。此外，对于同群的猪要运用清开灵颗粒来进行预防，按照1kg/t料、800g/t料的70%水溶性阿莫西林来进行拌料治疗和预防，持续3d～5d即可。

免疫接种与预防性投药相结合：为了能够更好地实现综合防治猪丹毒病的目标，可以对猪群进行免疫接种，可以选择二联或者三联的疫苗来进行科学接种，一般第一次接种在 8 周龄左右，第二次在 12 周龄左右。

强化生物安全、清洁饲养与管理：为了能够更好地预防猪丹毒病的发生，饲养员要重视栏舍卫生的清洁与干燥通风，防止环境高湿、高温，定期组织消毒工作。

重视猪丹毒病的科学治疗：如果猪场发生猪丹毒病，那么采取科学的治疗是非常有必要的。母猪、仔猪的治疗与断奶猪、生长猪的治疗方法与用药不同，但都首选青霉素治疗。

（八）风险评估

1. 传入评估

本病主要发生于猪，其他家畜和禽类也有病例报告，人也可以感染本病，称为类丹毒。易感动物在世界各地广泛分布。病原体在世界各地均有发现。

病猪和带菌猪是本病的传染源。35%～50%健康猪的扁桃体和其他淋巴组织中存在此菌。病猪、带菌猪以及其他带菌动物（分泌物、排泄物）排出菌体污染饲料、饮水、土壤、用具和场舍等，经消化道传染给易感猪。屠宰场、加工场的废料、废水，食堂的残羹，动物性蛋白质饲料（如鱼粉、肉粉等）喂猪常常引起发病。本病猪丹毒杆菌对各种外界因素抵抗力很强，该菌的液体培养物封闭在安瓿瓶中，可保持活力 17～35 年之久。在干燥状态下可存活 3 周，尸体内细菌可存活 250d 以上，腌肉和熏制之后能存活 3~4 个月，其对热较敏感，55℃经 15min，70℃经 5min～10min 死亡。但在大块肉中，必须煮沸 2. 5h 才能致死。该菌耐酸性较强，猪胃内的酸度不能杀死杆菌，该菌可通过胃进入肠道。但一般化学消毒药对丹毒杆菌有较强的杀伤力，如 3%来苏儿、1%～2%氢氧化钠、5%石灰乳、1%漂白粉、3%克辽林 5min～15min 均可把该菌杀死。猪丹毒杆菌在体外对磺胺类药物无敏感性，抗菌素中对青霉素极为敏感。

2. 后果评估

猪丹毒为我国猪的三大传染病之一，虽然 WOAH 没有将猪丹毒感染列入多种动物共患病的名录中，但我国《一、二、三类动物疫病病种名录》将其列为二类动物疫病。一些国家如日本、澳大利亚将猪丹毒列入动物疫病诊断标准中。部分国家如日本、丹麦将猪丹毒列为无特定病原（SPF）猪监测疫病之一。

有效的消毒处理，合理的免疫程序，及时的用药治疗（猪丹毒杆菌对青霉素极为敏感）能很好地防治猪丹毒的感染，因此猪丹毒传入评估风险虽高，但后果评估风险低。

七、猪链球菌病

猪链球菌病（Swine Streptococosis）是由链球菌引起的一种猪的传染性疾病。临床上会引发患病猪体温升高、共济失调、淋巴结显著脓肿、关节出现炎症病变。链球菌可引起猪的许多种疾病，侵害各种年龄段的猪只，通常以败血症、脑膜炎、关节炎和淋巴结炎为主要发病特征，该病分布广泛，发病率较高，败血症型和脑膜炎型病死率比较高，是《一、二、三类动物疫病病种名录》中的二类动物疫病。

（一）病原

猪链球菌是一种革兰阳性球菌，呈链状排列，无鞭毛，不运动，不形成芽孢，但有荚膜。兼性厌氧菌，但在无氧时溶血明显，培养最适温度为37℃。菌落细小，直径1mm~2mm，透明、发亮、光滑、圆形、边缘整齐，在液体培养中呈链状。现已发现其荚膜抗原血清型有35种以上，最常见的致病血清型为2型。猪链球菌常污染环境，可在粪、灰尘及水中存活较长时间。该菌在60℃水中可存活10min，50℃为2h。在4℃的动物尸体中可存活6周；0℃时灰尘中的细菌可存活1个月，粪中则为3个月；25℃时在灰尘和粪中则只能存活24h及8d。苍蝇携带猪链球菌2型至少长达5d，污染食物可长达4d。猪链球菌的主要毒力因子包括荚膜多糖、溶菌酶释放蛋白、细胞外蛋白因子以及溶血素等。其中溶菌酶释放蛋白及细胞外蛋白因子是猪链球菌2型的两种重要毒力因子。

（二）历史及地理分布

该病呈世界性分布，自20世纪50年代以来，荷兰、英国、加拿大、澳大利亚、新西兰、比利时、巴西、丹麦、西班牙、德国、日本等国家以及中国台湾地区先后有发病的报道。

1945年，Bryante报道在母猪或仔猪发生的一种由链球菌引起的败血性传染病流行。1952年荷兰的Jansen和Van Dorssen，1954年英格兰的Field分别报道了1~6周龄和2~6周龄仔猪暴发与链球菌有关的疾病。

我国最早由吴硕显（1949）报道，在上海郊区发现本病的散发病例。1963年在广西部分地区开始流行，继之蔓延至广东、四川、福建、安徽等地。1998年7月下旬至8月中旬，江苏海安、如皋、通州、泰兴部分地区发生数万例猪链球菌病例，同时有数十人感染，并造成10多人死亡。2005年6月中旬至8月初，四川资阳、内江等地发生一起较大规模的人-猪链球菌病疫情，疫情分布在12个市的37个县（市、区）、131个乡镇（街道）、195个村（居委会），造成206人感染，其中38人死亡。该病不仅影响世界养猪业，还严重危胁人的生命安全。

（三）流行病学

猪链球菌病一年四季均可发生，但在夏秋季节及潮湿闷热的天气多发。该病常以散发为主，有时也会在一个猪场大面积暴发，区域性流行较少，发病率和死亡率不等。该病易发生于卫生状况不良、养猪密度大的猪场，或多发于免疫接种、气候突变、通风不良、拥挤混群等应激发生的时候。不同年龄的猪对该病均易感，但常发生于16周龄以下的猪，3~12周龄的猪最易感，尤其在断奶及混群时，易出现发病高峰。传染源主要是病猪、病愈后带菌猪以及被污染的饲料、饮水。在病猪的鼻液、唾液、尿液、血液、肌肉、内脏、肿胀的关节内均可检出病原体。未经无害化处理的病猪和死猪肉、内脏及废弃物，运输工具及场地、用具都容易造成该病的传染和散播。传播途径有多种，既可通过母猪分娩、哺乳等方式垂直传播给仔猪，又可经皮肤、黏膜创伤和消化道、呼吸道水平传播，其中呼吸道传播是最主要的传播途径。当新生仔猪断脐、断尾、阉割、注射等消毒不严时，也易发生感染，哺乳仔猪吃奶过程中腕关节被水泥地磨伤，其他猪蹄底被水泥地磨损，皮肤损伤，尾部被咬，都易感染该病。近年来在我国主要流行的菌株有C群链球菌，以及猪链球菌1型、2型和7型，尤其以猪链球菌2型危害最大，曾感染人且致其死亡。人的感染与直接接触病猪和带菌猪有关，皮肤有伤口者感染率最高，所以猪场的从业人员要注意个人防护。

（四）发病机理及病理变化

1. 发病机理

目前，对猪链球菌在动物体内的传播机制还缺乏足够的了解，相关研究主要集中在猪链球菌2型致猪脑膜炎的机理上。猪链球菌2型感染仔猪后，首先该菌定植在扁桃体中，最终形成脑膜炎。定植于扁桃体中的猪链球菌2型通过对上皮细胞的侵袭和溶血素的溶细胞作用突破黏膜和上皮屏障，从而进入血液循环系统。进入血流的细菌可通过以下途径在血液中传播扩散，从而达到或通过血脑屏障。被单核细胞吞噬，存活于胞内，随吞噬细胞的转移而到达目的地；黏附于单核细胞表面，随单核细胞转移至血脑屏障；在血液内以游离状态运行至大脑。

猪链球菌病的致病机理与毒力因子有着密切的关系，自从人们认识此病以来，猪链球菌2型病已在世界上许多国家和地区发生。在目前认识的毒性因子中，最重要的是荚膜多糖、类似溶菌酶释放蛋白的毒性相关蛋白、细胞外蛋白因子、溶血素和黏附素。

2. 病理变化

败血型：剖检可见鼻黏膜紫红色、充血及出血，喉头、气管充血，常有大量泡沫，肺充血肿胀。全身淋巴结有不同程度的肿大、充血和出血。脾肿大1~3倍，呈暗红色，边缘有黑红色出血性梗死区。胃和小肠黏膜有不同程度的充血和出血，肾肿大、充血和出血，脑膜充血和出血，有的脑切面可见针尖大的出血点。

脑膜炎型：剖检可见脑膜充血、出血甚至溢血，个别脑膜下积液，脑组织切面有点状出血，其他病变与败血型相同。

淋巴结脓肿型：剖检可见关节腔内有黄色胶胨样或纤维素性、脓性渗出物，淋巴结脓肿。有些病例心瓣膜上有菜花样赘生物。

心内膜炎型：主要表现为心包有淡黄色积液，心内膜出血。

关节炎型：主要表现为滑膜血管的扩张和充血，关节表面可能出现纤维蛋白性多发性浆膜炎，囊壁可能增厚，滑膜形成红斑，滑液量增加，并含有炎性细胞。

（五）临床症状

该病的潜伏期一般为1d~5d。猪链球菌病据临床症状可分为以下4种类型。不过，这4种类型很少单独出现，往往混合存在或先后发生，为疾病不同时期的不同表现。

急性败血症：流行初期常有最急性病例，病程很短，多在6h~24h内死亡，前期未有任何征兆突然死亡，常常可见头天晚上还正常进食，第二天清晨已死亡，或者突然停食或不食，精神委顿，体温上升到40.5℃~42℃，卧地不起，呼吸急促，震颤，经12h~15h死亡。急性病例病程稍长，一般2d~8d与3d~5d死亡较多，病畜体温升高40℃~41.5℃，继而可达42℃~43℃，大多数病例呈稽留热，少数病例呈间歇热，食欲减退或废绝，精神沉郁，口鼻黏膜潮红，头面部发红水肿，眼结膜充血、潮红、流泪或有脓性分泌物流出，个别会出现神经症状，颈部强直，偏头或转圈、踊跃。病猪迅速消瘦，被毛粗乱，皮肤苍白，表现为极度衰竭。颈下、腹下及四肢下端皮肤呈现紫红色出血性红斑，死时从天然孔流出暗红色血液。

脑膜炎型：多见于哺乳仔猪和断奶小猪。病初体温升高，不食，便秘，有浆液性或黏液性鼻液。病猪很快出现神经症状，四肢共济失调，转圈，空嚼，磨牙，仰卧，直至后身麻痹，仰卧于地，四肢做游泳状划动，甚至昏迷不醒。部分猪出现多发性关节炎，有的小猪在头、颈、背部等出现水肿。病程1d~2d，长的可达5d。

关节炎型：多由急性型或治疗不当病例转来，或者从发病起即呈现关节炎症状。多见于疾病流行后期，病程较长，可拖延1月有余。体温恢复，或时高时低，病猪消瘦，食欲不佳，呈明显的一肢或四肢关节炎，可发生于全身各处关节。关节肿胀、疼痛，病猪悬蹄，高度跛行，严重时后躯瘫痪，部分猪只死亡，部分耐过成为僵猪。

淋巴结脓肿型：多见于颌下淋巴结，其次为咽部和颈部淋巴结受侵害的淋巴结肿胀，坚硬，局部温度升高，触摸有痛感，采食、咀嚼、吞咽和呼吸困难，部分有咳嗽流鼻液症状，后期化脓成熟，肿胀变软，皮肤坏死（如图2-21和图2-22所示）。病程3~5周，多数可痊愈。

图2-21　猪链球菌引起消瘦、被毛粗乱

图2-22　猪链球菌引起关节肿大

（六）诊断

猪链球菌疾病的诊断主要分为病原学诊断和血清学诊断。

病原学诊断措施主要可以通过微生物检测方法、血清学诊断方法及分子生物学诊断方法进行。其中微生物检测方法主要是通过患病猪只的肝脏、脾脏、淋巴结或其他病变组织样品进行涂片处理后，使用革兰氏染色镜检，在电镜下可以发现菌体呈现为单个、成双或多个菌体排列的长链革兰氏阳性菌。在无菌条件下将患病猪只病变组织接种于鲜血琼脂培养基上进行分离培养，在37℃的环境中恒温培养48h后，可以发现培养基中出现灰白色圆形菌落，菌落表面微微隆起，呈小水珠状。同时鲜血平板上出现完全溶血情况。

血清学诊断是现阶段生猪养殖中常用的自检措施，通过免疫荧光技术、波板凝集试验、SPA协同凝集及荚膜反应等均可获得良好的诊断结果。

分子生物学诊断措施主要是通过RT-PCR检测仪进行病原菌检测。

（七）防控/防制措施

对本病的防制应坚持预防为主的原则。猪链球菌病是一种人畜共患病，一经发现有猪链球菌病疫情，要坚持早发现、早报告、早诊断、早隔离、早治疗。不仅要隔离和治疗患者，还要对病猪和死猪不宰杀、不销售、不运转。

1. 加强消毒，净化环境

消毒是贯彻预防为主，控制和消灭疫病的综合措施，与免疫工作相辅相成。消毒的目的是杀灭外界环境中的病原微生物，切断传播途径。规模养猪场户的消毒工作包括带猪消毒、环境消毒、空栏消毒和生活用具、用品的消毒。消毒时采取喷雾的方式，保证全面到位，如栏位、地面、饲槽墙壁、顶棚、沟道、地坪等。严格的空栏消毒包括清除粪便杂物—氢氧化钠消毒—冲洗—干燥—喷雾消毒—熏蒸消毒—空置周等程序。生产用具如针头、注射及其他器械实行用后蒸煮消毒，断尾钳、剪牙钳随用随消，粪铲扫把、粪车等用后冲洗消毒工作服可采取熏蒸消毒或高温消毒等。

2. 采取药物保健

在生猪的不同阶段添加药物保健，是预防某些疾病发生的有效措施之一。如在仔猪出生后及日龄注射长效土霉素，可预防黄、白痢在母猪产前及产后，饲料中添加支原净幼和金霉素及阿莫西林，可预防产后多种传染病的发生。定期饲喂驱虫药物，预防寄生虫病发生等。采用药物保健，使处于亚健康状态的猪转化为健康状态，能大大降低猪的发病率。

3. 加强饲养管理

要控制猪病发生，必须坚持预防为主的方针，做到饲养管理规范化、科学化、防疫措施制度化、经常化，提高养猪防病的水平。猪场的选址应尽量位于较高处，并选择在全年大部分时间为上风处。要实行全进全出制，并按不同日龄分群，做好不同猪群间的隔离。要随时清扫猪舍，保持清洁卫生。要把灭鼠、灭蚊、灭蝇工作列入卫生防疫计划，常抓不懈。要定期驱除体内外寄生虫，做好粪便、废水和其他固体废弃物的无害化处理。

4. 宣传教育的普及

要对猪链球菌病进行宣传教育，使生猪宰杀和加工人员认识到接触病、死猪的危害，并做好自身防护。养猪户主动报告疫情，病猪、死猪应就地深埋或焚烧。在猪病流行高峰前，接种猪链球菌菌苗对猪病进行监测，对生猪进行检疫。对日龄 60d 以上的猪，每年春秋两季用猪链球菌氢氧化铝菌苗进行预防接种。同时，加强饲养管理，注意平时的卫生消毒工作，对病死猪尸体及其排泄物等做无害化处理，发病后立即将病猪隔离，严格消毒，可疑病猪立即隔离治疗，病猪康复后 2 周方可宰杀，急宰猪或宰后发现的可疑病变猪，应做高温无害化处理。人在接触疑似病猪、死猪时，应注意自身防护，之后应注意消毒和加强自身预防等。

（八）风险评估

1. 传入评估

猪链球菌可随来自疫区的受感染的人和动物、动物产品、受污染的交通工具、用具等传入、定殖和传播。

猪、野猪、马属动物、牛、羊、狗、猫、鸟类、兔、水貂和鱼等对猪链球菌均有易感性。

2. 后果评估

发病猪死亡率较高，对猪业的发展威胁较大，而且可引起从业人员感染发病和死亡。由于猪链球菌具有血清型多样、耐药产生快、耐药性强等特点，给其预防和治疗带来很大难度，已日益受到关注。我国非常重视猪链球菌病的防控工作并取得了很好的成效，如果猪链球菌病随进口动物或商品侵入我国，其危害是多方面的。一是引起猪只死亡，养殖户收入降低；二是政府和养殖户将投入更多的人力、财力和物力扑灭和控制疫病；三是出口受损，影响外贸发展；四是导致失业人数增加，增加社会负担；五是对生态环境产生负面影响；六是给人民群众的身体健康带来威胁。

我国是一个养猪大国，一旦发生大规模的疫情，控制和扑灭都需要巨大的人力和物力。因此，从口岸进出口的环节，加强对猪链球菌病的检疫，切断其传播途径，对于防控有重要意义。

八、猪萎缩性鼻炎

猪萎缩性鼻炎（Atrophic Rhinitis of Swine，AR）又称慢性萎缩性鼻炎，是由支气管败血波氏杆菌（Bb）或产毒素多杀性巴氏杆菌（Pm）引起的猪的一种慢性呼吸道传染病，特征为鼻炎，颜面部变形，鼻甲骨发生萎缩和生长迟缓，临床症状为打喷嚏，流鼻血，颜面变形，鼻部歪斜和生长迟缓，增加死淘率，饲料转化率降低。

（一）病原

猪萎缩性鼻炎是由 Bb 或/和多杀性巴氏杆菌（T+Pm）引起猪的一种多发的慢性呼吸道传染病。Bb 为革兰氏染色阴性球状杆菌（0.2~0.3）mm×（0.5~1.0）mm，散在或成对排列，偶见短链。不能产生芽孢，有周鞭毛，能运动，有两极着色的特点。为需氧菌，最适生长温度35℃~37℃，培养基中加入血液或血清有助于此菌生长。在鲜血培养基上生长能产生β溶血，在葡萄糖中性红琼脂平板上呈烟灰色透明的中等大小菌落。在肉汤培养基中呈轻度均匀浑浊生长，不形成菌膜，有腐霉气味。在马铃薯培养基上使马铃薯变黑，菌落黄棕而带绿色。不发酵糖类，使石蕊牛乳变碱，但不凝固。甲基红试验、V-P 试验和吲哚试验阴性。能利用柠檬酸盐、分解尿素。过氧化氢酶、氧化酶试验阳性。根据毒力、生长特性和抗原性，支气管败血波氏杆菌有 3 个菌相，Ⅰ相菌病原性较强，具有红细胞凝集性。有荚膜和密集周生菌毛，很少见有鞭毛；球形或球杆状，染色均匀；有表面 K 抗原（由荚膜抗原和菌毛抗原组成）和细胞浆内存在的强皮肤坏死毒素（似内毒素），Ⅱ相菌和Ⅲ相菌无荚膜和菌毛，毒力较弱。Ⅰ相菌在人工培养过程中及不适宜条件下可成为低毒或无毒，向Ⅱ、Ⅲ相菌变异。Ⅱ相菌是Ⅰ相菌向Ⅲ相菌变异的过渡菌型，各种生物学活性介于Ⅰ相菌与Ⅲ相菌之间。Ⅰ相菌感染新生的猪后，在鼻腔中增殖，并可存留1年之久。

Pm属于巴氏杆菌属，为两端钝圆、中央微凸的革兰阴性短杆菌，多单个存在，不形成芽孢，无鞭毛，为需氧兼性厌氧菌。病料涂片用瑞氏、姬姆萨或美兰染色呈明显的两极浓染。一般消毒药在数分钟内均可将其杀死，但近年来发现巴氏杆菌对抗菌药物的耐药性也在逐渐增强。引起的猪传染性萎缩性鼻炎的Pm，绝大多数属于D型，能产生一种耐热的外毒素，毒力较强；可致豚鼠皮肤坏死及小鼠死亡。用此毒素接种猪，可复制出典型的AR。少数属于A型，多为弱毒株，不同型毒株的毒素有抗原交叉性，其抗毒素也有交叉保护性。本菌对外界环境的抵抗力不强，一般消毒药均可将其杀死。在液体中，58℃ 15min可将其杀灭。

（二）历史及地理分布

AR于1830年最早发现于德国，现已分布于世界养猪业发达的各个国家和地区。据文献报道，在日本、英国、美国和法国都有很高的感染率，给养猪业造成了巨大的经济损失。1964年，我国由于引进猪而将AR带入境内，随着集约化的程度不断提高，该病对养猪业的危害也日趋严重。一般认为所有造成鼻甲骨萎缩疾病的都称为萎缩性鼻炎。对多杀性巴氏杆菌（T+Pm）引起的应称为进行性萎缩性鼻炎（Progressive Atrophic Rhinitis，PAR）。Pedersen和Nielsen（1983年）首次推荐使用本名并由欧洲共同体的PAR专家会议讨论通过。为了在世界范围内达成共识，Pedersen等再次提出呼吁，该建议获得欧洲、北美、南美和亚洲猪病专家的认同，同意把PAR划为由T+Pm引起或与其他因子共同感染引起。而Bb广泛存在，对猪的生长影响轻微，称为非进行性萎缩性鼻炎（Non-progressive Atrophic Rhinitis，NPAR）。

（三）流行病学

Bb广泛存在于养猪发达的国家和地区，其发病率远远超过临床所见的AR及屠宰时所见到的鼻甲骨萎缩的比率。Bb常从暴发AR的仔猪体内分离到，但也广泛存在于无AR的猪群中。Bb主要靠飞沫在猪群中传播，可感染任何年龄的猪，但多见于易感仔猪。母猪是哺乳仔猪的传染源。支气管败血波氏杆菌的Ⅰ相菌感染3周龄以内猪，能产生鼻甲骨萎缩病变，1周龄以内猪感染几乎全部产生严重病变，超过6周龄以上的猪感染几乎不产生病变或发生轻微病变，但是这样的猪可成为带菌的传染源。Bb对外界的抵抗力不强，56℃ 30min即可灭活。

Pm的存在不如Bb广泛，多见于有PAR症状或历史的猪群。A型或D型产毒素性多杀性巴氏杆菌感染各种年龄猪都能引起鼻甲骨萎缩病变。一些外界的不利因素的刺激，如污浊的舍内空气、支气管败血波氏杆菌感染等。以及营养不良、遗传等自身的因素，都可促进感染发病。该菌定居于猪的扁桃体。Pm通常由携带者（猪）引进未感染的猪群，购买或引入种猪、仔猪或公猪通常可将本菌引入。对于幼猪来说，Pm的主要传染来源是带菌的种猪，特别是种猪的呼吸道又是病原体寄居的重要场所。Pm对常见的消毒剂敏感，如氨水、碘酊、酚类、次氯酸钠和洗必泰等。在0.5%的苯酚中15min即可灭活。该菌在粪便中感染性可保持1个月，60℃ 10min即可灭活。

Bb可从野生动物和其他家畜中分离出来，由于Bb无处不在，极有可能被其他动物媒介传播。几乎所有的猪群均有Bb菌的存在但致病程度各异，包括一定程度的鼻软骨萎缩和鼻中隔扭曲。Pm还可从牛、兔、犬、猫、大鼠、禽类、山羊和绵羊中分离到，从火鸡中分离的Pm可引起猪AR病变。

AR是一种慢性传染病，各种年龄的猪只均可感染，但以仔猪的易感性最大，1月龄以内仔猪感染常常在几周内出现鼻炎和鼻甲骨萎缩症状，1月龄以上感染时通常无临床表现。病猪和带菌猪是本病的传染源。其他带菌动物如猪场中的鼠类也可带菌成为本病的传染病源。其传播方式主要是飞沫传播，通过接触经呼吸道感染。往往是没有表现临床症状的外表健康母猪，从呼吸道排菌感染其全窝仔猪。被污染的用具、工作人员的衣服和鞋子在本病的传播和扩散中起到重要作用。一旦猪群感染了Bb，很难在猪群中清除掉，可造成70%~80%断奶仔猪被感染，因此在建群引种时应特别注意。Bb在猪的呼吸道疾病中扮演着很重要的角色。可与多种能危害或进入呼吸道的其他潜在的病原体发生相互作用，该病通常为水平传播，主要通过直接接触和气溶胶传染。通过减少饲养密度可使感染率降低。猪舍空气中氨气、尘埃和微生物浓度过高、活动受限、过度拥挤、通风不良和卫生条件差等促进本病的扩散和蔓延。

（四）发病机理及病理变化

患猪除出现生长迟滞外，其他眼观病变主要位于鼻腔及邻近头部，可见到面部变形，上呼吸道表现为腹侧和背侧鼻软骨萎缩，最有特征的变化使鼻腔的软骨和骨组织的软化和萎缩。通常通过第一臼齿和第二臼齿间鼻盘是否横向错位来评价萎缩程度。在这个位置，正常猪的鼻卷曲是上下对称的（如图 2-23 所示）。在轻度或中度病变，鼻甲骨腹侧卷曲受到的影响大，其变化由轻度收缩至完全萎缩；严重的病例，腹侧、背侧鼻甲骨卷曲及筛骨均发生萎缩；最严重时，鼻甲骨结构完全消失（如图 2-24 所示）。Pm 引起 PAR 的特征性病理组织学变化是鼻甲骨腹侧纤维化。组织学的特性的病变是萎缩的骨组织中早期可见到较多的破骨细胞，而在较陈旧的病灶中破骨细胞稀少或完全缺少。骨基质变性、骨质疏松，骨细胞变性、减数，骨陷窝扩大。与此同时还可见到一些不完全性骨生成变化，表现在骨膜内和骨小梁周边出现多量不成熟的成骨细胞。此外还伴有呼吸道上皮细胞退化，黏膜系膜层炎性渗出。同时，感染 Bb 的仔猪出现肺炎，这是仔猪死亡的重要原因。肺炎灶最先见于肺尖叶、心叶和肺隔叶前下部，成小叶性或融合性病变。切开肺脏，肺组织常因充血而呈鲜红色或淡红色，切面上有褐色小叶性炎性病灶，从中常可分离出病原菌。病情严重时，病变常可累及整个肺叶，并出现代偿性肺气肿变化。Bb 主要影响肺毛细血管并引起肺泡内出血、坏死及间叶水肿，在出血不严重的部位有嗜中性白细胞渗出。随着病程的延长，肺泡纤维化，一些肺泡内出现肺泡巨噬细胞。

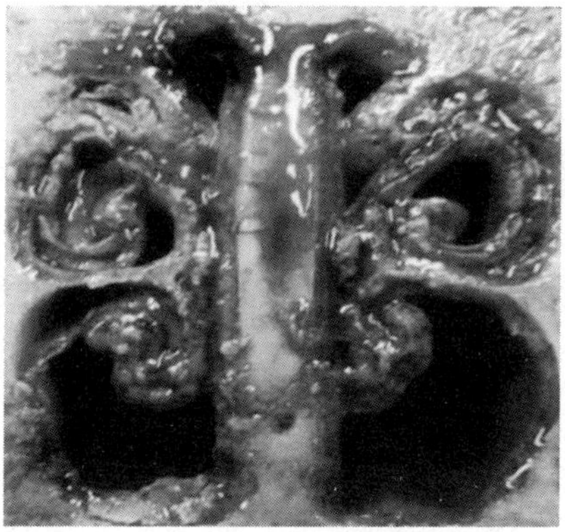

图 2-23　正常猪鼻腔纵切面

图 2-24　AR 导致猪鼻甲骨完全消失、鼻中隔弯曲

（五）临床症状

由于病原菌的不同，感染发病的情况有所不同。临床明显病变主要见于1~5月龄猪，严重病变多见于1~3月龄猪，有时还伴发肺炎，受感染猪群除了发生一定数量的颜面变形外，大多数猪只表现严重生长迟滞。在发病猪群中，虽然许多成年猪没有表现出临床症状，但在其鼻腔带菌率相当高。AR的特征性变化是猪吻部扭曲变形，病猪上颌比下颌短，面部皮肤皱缩，骨质变化严重时可出现鼻盘歪斜，伴有鼻炎或支气管炎，病猪出现咳嗽、喷嚏，呈连续或断续性发生，呼吸有鼾声，有时还有不同程度的黏液性或脓性分泌物。猪只常因鼻类刺激黏膜表现不安定，用前肢搔抓鼻部，或鼻端拱地，或在猪圈墙壁、食槽边缘摩擦鼻部，并可留下血迹；从鼻部流出分泌物，分泌物先是透明黏液样，继之为黏液性或脓性分泌物，甚至流出血样分泌物，或引起不同程度的鼻出血。在出现鼻炎症状的同时，病猪的眼结膜常发炎，眼角不断流泪。由于泪水与尘土沾积，常在眼眶下部的皮肤上，出现一个半月形的泪痕湿润区，呈褐色或黑色斑痕，故有“黑斑眼”之称，这是具有特征性的症状。有些病例，在鼻炎症状发生后几周，症状渐渐消失，并不出现鼻甲骨萎缩。大多数病猪，进一步发展引起鼻甲骨萎缩。当鼻腔两侧的损害大致相等时，鼻腔的长度和直径减小，使鼻腔缩小，可见到病猪的鼻缩短，向上翘起，而且鼻背皮肤发生皱褶，下颌伸长，上下门齿错开，不能正常咬合。当一侧鼻腔病变较严重时，可造成鼻子歪向一侧，甚至成45°歪斜（如图2-25和图2-26所示）。由于鼻甲骨萎缩，致使额窦不能以正常速度发育，以致两眼之间的宽度变小，头的外形发生改变。病猪体温正常。生长发育迟滞，育肥时间延长。有些病猪由于某些继发细菌通过损伤的筛骨板侵入脑部而引起脑炎，发生鼻甲骨萎缩的猪群往往同时发生肺炎；并出现相应的症状。如伴发其他呼吸道传染病如支原体、猪呼吸与生殖综合征病毒或猪嗜血杆菌等可加重病情，严重的可导致死亡。

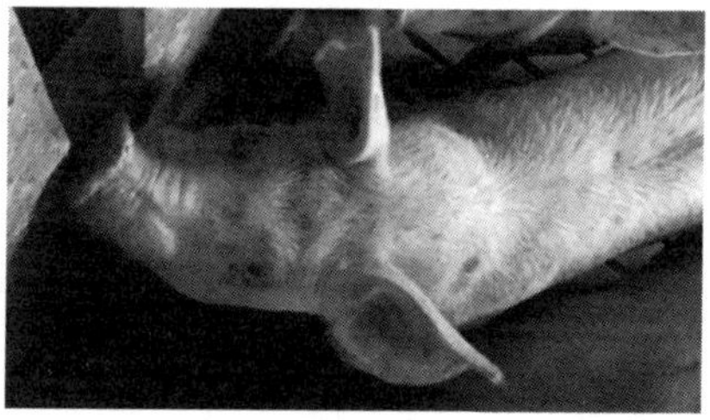

图 2-25 AR 导致猪鼻子歪斜

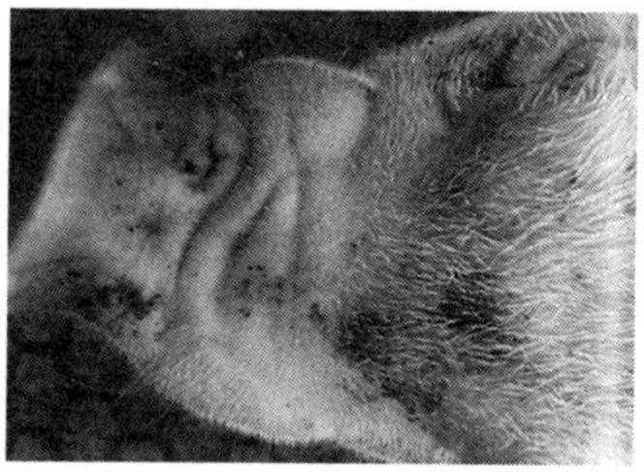

图 2-26 AR 导致猪鼻子歪斜，明显偏向一方

（六）诊断

目前，WOAH 提供了检测 AR 的方法，包括先进行病原分离再生化鉴定或 PCR 核酸鉴定、血清学检测（ELISA 方法）等。

首先，要对细菌进行分离培养。先用棉拭子对病猪鼻腔中的黏液进行采集，并把其接种于鲜血平皿中，之后等待 48h，在革兰氏阴性小球杆菌长出来后，选择菌落纯培养物，并对其进行具体的生化以及细菌学鉴定。其次，要观察其生长的特点。鲜血琼脂培养基上的菌落，乳黄色，表面十分光滑，而且边缘是比较整齐的，其中心部分会隆起，还十分黏稠。然后，要了解其生化的特点。这一病菌在兔血琼脂平皿中，呈现 V-P 阴性，而且其有周毛，可以进行运动。同时，其不能对碳水化合物进行发酵，但是可以将其分解成尿素，还能对柠檬酸盐进行利用。其在半固体培养基上的形状是漏斗形的，而且其免疫血清凝聚试验的结果是阳性的。最后，要进行药敏试验。其对氨苄青霉素、白霉素不敏感，对庆大霉素、氟哌酸以及磺胺嘧啶等有着轻度的敏感，对卡那霉素会产生中等程度的敏感。

（七）防控/防制措施

对 PAR 最有效的治疗是多种因素的综合，如加强饲养管理、药物治疗和接种疫苗等。加强饲养管理主要采取改善圈舍卫生和通风条件，保障日粮中各种营养成分和微量元素的比例适当以及减少各种应激等措施。药物治疗主要针对患有急性鼻炎的育肥猪和仔猪，以减少细菌感染和增生性变化。很多种抗菌素对治疗 PAR 有效果，如磺胺、土霉素、青霉素及链霉素等。长效土霉素和强力霉素均可降低鼻腔感染的患病率和由 Pm 引起的鼻甲骨萎缩程度。饲料中添加一种或几种有效抗菌素对治疗 PAR 和促进生长均有益，但如长时间应用抗菌素的猪会不可避免地产生耐药性，而且容易造成体内药物残留，尤其是疾病流行时对临近屠宰的育肥猪，药物治疗的意义有待于进一步评价。预防 PAR 最有效的方法是对母猪和断奶仔猪接种 Pm 和 Bb 二联苗。将疫苗接种母猪，可使仔猪通过吸食初乳而获得保护，一般于母猪临产前 6 周和 2 周进行接种疫苗。国外在 20 世纪 70 年代初研制出 AR 灭活菌苗。中国农业科学院哈尔滨兽医研究所于 20 世纪 90 年代初研制成功 Bb 和 Pm 二联油佐剂灭活疫苗，经过多年广泛的田间实验，证明该疫苗安全、有效，在我国预防 AR 中发挥着巨大作用。

（八）风险评估

AR 是重要的猪细菌性传染病之一，在欧美国家具有较高的感染率。该病的致病菌对外界环境具有较强的抵抗力，病原可通过接触或气溶胶传播，防控难度较大。因此，AR 具有较高的传入风险。WOAH 将 AR 列为需上报的重要多种动物共患病，即在国内对社会经济或公共卫生有影响，并对动物和动物产品国际贸易有明显影响的能感染多种动物的传染病。中国是养猪大国，AR 作为一种细菌病对养猪业的危害较大，防控较难。一旦发生大规模的疫情，控制和扑灭疫情所需要的人力、物力投入将巨大。因此，从口岸家畜进口的途径，加强对该病的检疫，切断其传播具有重要意义。

九、猪支原体肺炎

猪支原体肺炎（Mycoplasmaal Hyopneumonia，MPS）是由猪肺炎支原体（Mycoplasma hyopneumoniae，Mhp）引起的慢性、接触性、高发病率及低死亡率的呼吸道传染病，是常见的一种免疫抑制性疾病，又被称为猪气喘病、猪流行性肺炎。Mhp 对各个品种、年龄段与性别的猪只都具有感染性，其中哺乳期的仔猪感染率、发病率与死亡率最高。患病后猪只会出现咳嗽、气喘等现象，同时会造成多种并发症与继发性感染，从而导致猪呼吸疾病混合感染综合征，不仅治疗难度大幅度增加，同时还易引起大规模死亡，造成不可挽回的经济损失，严重影响了养猪业的良性发展。

该病在《中华人民共和国进境动物检疫疫病名录》中归类为二类传染病。

（一）病原

Mhp 缺乏细胞壁，是一种介于细菌和病毒之间的、最简单且能够自行繁殖的原核生物，自然宿主仅见于猪。Mhp 在呼吸道中的附着可造成纤毛的聚集和上皮细胞的病变或坏死，甚至破坏呼吸道黏膜层，使纤毛发生萎缩或脱落，不能有效清除呼吸道中的碎片及侵入的病原菌，导致黏膜纤毛功能的降低，从而引起猪的呼吸道疾病。

（二）历史及地理分布

人们对 Mhp 的认识经历了一段长期的过程，早期它曾被认为是细菌，1930 年以后被认为是病毒。Mhp 最早是在 1948 年，由澳大利亚人 Puller 发现，但没有分离出来。至 1953 年开始在国内陆续发现该病，并在 1959 年在南京召开了全国 Mhp 会议，会议认为该猪气喘病为猪病毒性肺炎，也有疑其病原与类胸膜肺炎微生物（PPLO）有关。直至 1965 年，美国的 Mare & Switzer 和英国的 Good win & Whitle stone 在无细胞的人工培养基上成功分离培养，并证实是猪支气管肺炎的病原后，才被正式命名。之后我国科学家从江苏、上海、广西、湖北等地也分离到了致病性的 Mhp，经国际细菌学分类委员会支原体命名分会将其定名为 Mhp，并设立 J 株为模式株（ATCC25934 或 NCTC10110）。

Mhp 流行于世界各国，如美国、英国、澳大利亚、法国、丹麦、日本、比利时、西班牙、中国等，并且在我国感染范围较广，云南省（2010 年）、西藏自治区（2016 年）、广东省（2013—2014 年）、湖南省（2013 年）、四川省（2013 年）、江苏省（2008 年）、河南省（2006 年）、山西省（2008 年）、山东省（2006 年）、吉林省（2016 年）等地均发生过 Mhp。根据流行病学调查结果，我国超过 99%的猪场都存在 Mhp 感染，该病在猪场的感染十分普遍。

（三）流行病学

各个年龄阶段的猪都能够感染 Mhp 发病，哺乳仔猪和断奶仔猪有较高的发病率和病死率，同时妊娠后期及哺乳期母猪也较易感染。

带菌猪是 MPS 的主要传染源，特别当初产母猪和母猪携带病原时，可在扁桃体上持续几周、几个月甚至几年存在病原体且不被检出，从而导致后代哺乳仔猪感染发病。MPS 主要经由呼吸道传播，即病猪在咳嗽、气喘、打喷嚏时会排出病原体，健康猪通过呼吸道感染病原体，并在喉管、气管以及支气管纤毛上皮黏附几个月或者几年，大量增殖就会引起病变。

(四) 发病机理及病理变化

猪呼吸道纤毛上皮（气管、支气管和细支气管）细胞的全长黏附是 Mhp 感染的第一步，随后诱导纤毛停滞和纤毛丧失。Mhp 释放的主要黏附素是 P97 及其类似物，另一个黏附素家族是 P102 及其类似物。P159 是与以上两种无关的黏附素。细胞表面脂蛋白，也被称为脂质相关膜蛋白（LAMP），被发现与细胞凋亡有关。P146（LPPS）是一种含有富含丝氨酸区域的黏附性脂蛋白，其遗传基础也可用于 Mhp 基因分型。再加上 Mhp 可以改变 P146 中连续丝氨酸重复的数量（到目前为止观察到 9~48 个），表明它还参与了抗原变异和免疫逃避。

MPS 引起分化良好的支气管间质性肺炎，在感染早期，可观察到血管周围和细支气管周围淋巴浆细胞增生，肺泡Ⅱ型细胞增生和肺泡腔水肿，并伴有中性粒细胞、巨噬细胞和浆细胞。随着疾病发展，这些病变逐渐加重，会出现明显的支气管和血管周围淋巴滤泡，杯状细胞数量增加，黏膜下腺增生（如图 2-27 和图 2-28 所示）。

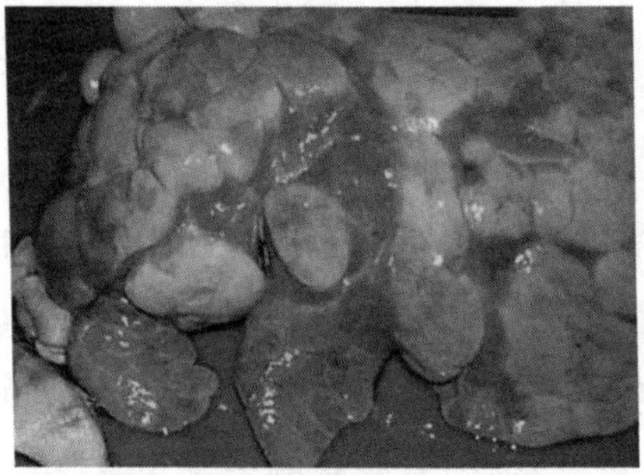

图 2-27　MPS 造成猪肺脏双侧出现对称性虾肉样变

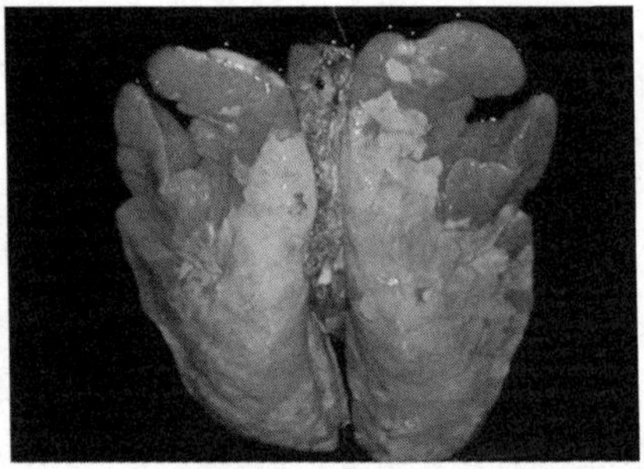

图 2-28　MPS 造成猪肺脏虾肉样坏死

(五) 临床症状

该病的主要症状是咳嗽和气喘，根据发病经过大致分为急性型、慢性型和隐性型 3 种类型，以慢性型和隐性型为主，但是病型可以随着条件因素的变化而相互转变。

1. 急性型

常见于新发生该病的猪群，以仔猪、怀孕母猪和哺乳母猪多见，病猪常突然发病，病的初期精神不振，头下垂，常站立于角落或趴伏在地，呼吸次数增加，每分钟可达到 60～120 次。病猪呼吸困难，有喘鸣声，严重病例张口呼吸，口腔和鼻腔流出带有泡沫的黏液。体温一般正常。如有继发感染，会出现体温升高现象。急性型病例的病程一般在 1 周左右，死亡率较高。

2. 慢性型

多由急性型转化而来。病猪出现气喘症状前有长期咳嗽的现象，早晨、夜晚以及进食后相对严重，发病初期为单咳，严重时呈现连续的痉挛性咳嗽。咳嗽时病猪站立不动，后背拱起，脖子伸直，头部垂，直到呼吸道分泌物被咳出咽下为止。病猪常流鼻涕，有眼屎，逐渐消瘦，病程较长，如饲养管理较差并伴有其他继发感染，则死亡率增高。病猪生长发育缓慢，生长率降低 15%左右，饲料利用率降低 20%，有的成为僵猪或因为继发感染死亡（如图 2-29 所示）。

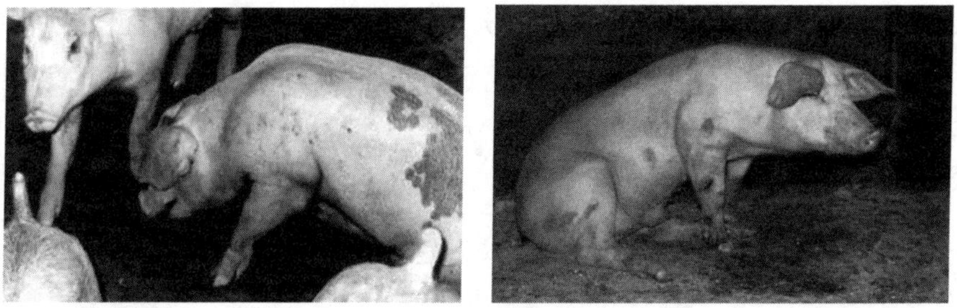

图 2-29　MPS 导致猪只犬坐呼吸

3. 隐性型

病猪在饲养管理良好的条件下不表现任何症状，个别的偶见咳嗽和气喘，全身状况没有明显变化，这些病猪仍能够正常地生长发育。但是在剖检时可以发现肺部有不同程度的肺炎症状存在，这种外表没有明显症状的病例在老疫区或曾经发生过该病的猪场占有一定的比例，往往成为新的传染源。

（六）诊断

MPS 可采取多种方法进行诊断，如病原检测技术（包括病原分离培养、PCR 技术、免疫酶技术、免疫荧光技术、DNA 探针技术）、抗体检测技术（包括 CFT、HA、ELISA），各种方法都具有各自的优缺点。在临床实际应用时，不仅要根据试验目的和条件选择适宜的检测技术，还要结合病猪的临床症状和剖检变化进行综合诊断，从而确保诊断结果可靠。

（七）防控/防制措施

免疫接种是目前我国防控 MPS 最常用、最有效的方法。我国常用两种疫苗来预防该病，即 Mhp 168 株兔细胞培养弱毒苗和 Mhp 乳兔化弱毒冻干苗。一般来说，成年种公猪和种母猪每年接种 1 次疫苗；仔猪在 7~15 日龄进行 1 次免疫接种；后备种猪在配种前再接种 1 次。猪群必须在感染病原体前进行疫苗免疫接种，对于中、晚期育肥阶段出现感染的猪群通常选择在 10 周龄时进行 1 次紧急免疫接种。在实际养猪生产中，要根据猪群受威胁情况制定合理的免疫程序。

（八）风险评估

1. 传入评估

自然感染仅见于猪，不同年龄、性别和品种的猪均能感染，在所有年龄段的猪中，18 周龄的猪有较高的易感性，具有发病率高和死亡率低的特点。其他家畜和动物未见发病。Mhp 对外界环境的抵抗力不强。圈舍、用具上的支原体，一般在 2d~3d 失活；病料悬浮液中的支原体在 15℃~20℃放置 36h 即丧失致病性。

MPS 广泛分布于世界各国（地区）猪群，其感染率为 30%~80%，目前大多数养猪国家均报道有该病的发生。我国于 1973 年首次在上海分离病原成功，以后在江苏、广东、广西等 8 个省、自治区相继分离到 Mhp。本病原对青霉素和磺胺类药物不敏感，但对土霉素、壮观霉素和卡那霉素较为敏感；常用的消毒药物都可迅速将其杀死。

因此，经过高温处理的动物产品风险很低或无风险。

2. 后果评估

WOAH 未将 Mhp 列入名单中，但我国规模化猪场 Mhp 感染非常普遍，种猪和后期育成猪是猪场的主要传染源。据初步统计，该病每年造成的直接经济损失高达 40 亿元。近年来，由于其经常和 PRRS、圆环病毒等其他病原混合感染，因此，常易造成重大的经济损失。

尽管 Mhp 的发病率很高，但是死亡率却很低，只有当混合感染 PRRSV 或继发感染而发生 Mhp 时，死亡率才会升高。生产中观察到发生 Mhp 后的死亡率一般都在 10%以上，产生较大的经济损失。

十、猪圆环病毒感染

猪圆环病毒（Porcine Circovirus，PCV）是圆环病毒科、圆环病毒属的单链环状 DNA 病毒，是目前为止发现的最小动物病毒之一。根据其核酸序列及抗原的差异性可将其分为 4 种型，包括猪圆环病毒 1 型（PCV-1），猪圆环病毒 2 型（PCV-2），猪圆环病毒 3 型（PCV-3）和猪圆环病毒 4 型（PCV-4）。

（一）病原

PCV 属于圆环病毒科、圆环病毒属，是一种单股的闭合环状 DNA 病毒，病毒粒子为正二十面体对称，无囊膜结构，其一般大小为 14nm～25nm，直径约 17nm，是目前发现的最小的动物病毒之一。PCV 对外界环境的抵抗力较强，在酸性、高温、低温环境下均可存活一段时间。而且该病毒对大部分的有机溶剂都不敏感，比如碘酒、三氯甲烷、酒精和甲醛等，但是其对季胺类化合物、苯酚、氢氧化钠和氧化物等比较敏感。PCV 不具有血凝活性，对多种红细胞都没有凝集反应，无法凝集牛、羊、猪和火鸡等动物及人的红细胞。

（二）历史及地理分布

自 PCV 发现以来，PCV-1 和 PCV-2 已经证实为世界性流行和存在的病毒。1991 年在加拿大发现 PCV-2 后，相继在美国、德国、瑞士、英国、丹麦等 30 多个国家与地区流行，并在我国大部分地区广泛流行。郎洪武等于 2001 年首次报道了从猪群中分离到了 PCV-2 病毒，王忠田等（2002 年）等在对北京、天津、广东、深圳、山东、山西等地 12 个规模化猪场进行圆环病毒流行病学调查时发现，11 个猪场都有断奶仔猪多系统衰竭综合征（PMWS）的发生。琚春梅（2002 年）等用 ORF2–ELISA 诊断试剂盒对湖北、江西、上海、湖南、河南等地的送检血清进行检测，结果显示 PCV-2 血清总阳性率为 52. 8%。由此可见，PCV-2 在我国猪群中感染情况已经相当严重。PCV-3于 2016 年在美国首次报道。PCV-3 基本上存在于包括北美、南美洲和欧洲在内的所有生猪产区，且得到证实，在我国广东、广西、江苏和山东等大部分地区存在 PCV-3 感染情况，2019 年，我国湖南省从有严重临床症状的病猪样本中检测到 PCV-4，随后研究表明，PCV-4 在韩国和中国河南、山西、江苏和广西等地区猪场中均存在不同程度的流行。

（三）流行病学

猪是PCV的天然宿主，无论是家猪还是野猪，所有品系、年龄、性别的猪都可感染PCV。对于家猪而言，断奶仔猪与保育猪感染的比例较大。不同品系感染情况有所不同，长白猪相较于大白猪、杜洛克猪以及皮特兰猪更易感染，且出现较为严重的临床症状与病理变化。除了猪科动物，其他动物都不易感染PCV。有研究报道，在人、牛、鼠中都检测到PCV-2，但是否导致发病尚不可知。隐性带毒猪和发病猪是主要传染源，有些带毒不发病的猪持续排毒是导致猪场PCV-2长期存在的原因。PCV-3在猪流产胎儿中被检测到，虽未经过实验证明，但怀疑母猪与胎儿易感。

PCV的传播方式分为水平传播和垂直传播。因为对外界环境具有很强的抵抗力，所以可在环境中长时间存活。感染猪的消化道排泄物以及呼吸道分泌物都含有PCV，可随猪群流动和人员走动以及工具反复使用而传播，从而通过间接接触猪群发生水平传播。PCV可通过妊娠母猪的胎盘垂直传播给仔猪，造成流产、死胎以及木乃伊胎。但研究表明，垂直传播不是PCV传播的主要方式，自然条件下很少出现PCV垂直传播病例，其原因可能是疫苗免疫使母猪体内含有中和抗体，从而减少垂直传播的发生。

（四）发病机理及病理变化

PCV经水平和垂直传播感染猪，发现在病猪鼻黏膜、支气管、肺脏、扁桃体、肾脏、脾脏和小肠中有PCV粒子存在。胸腺、脾、肠系膜、支气管等处的淋巴组织中均有该病毒，其中肺脏及淋巴结中检出率较高。表明PCV严重侵害猪的免疫系统。病毒与巨噬细胞、单核细胞、组织细胞和胸腺巨噬细胞相伴随，导致患猪体况下降，形成免疫抑制，从而导致免疫缺陷。

当猪感染PCV后，其病理变化为：肺脏肿胀，间质增宽，质度坚硬或似橡皮，其上散在有大小不等的褐色实变区，实变区可在肺脏的前下缘融合成片。全身淋巴结，特别是腹股沟、纵隔、肺门和肠系膜淋巴结显著肿大，切面为灰黄色，或有出血。肾脏灰白，皮质部散在或弥漫性分布白色坏死灶，大小由正常到显著扩大和肿胀。脾脏轻度肿胀。肝脏可能有中等程度的黄疸和/或明显萎缩伴有肝小叶融合。胃肠道有时呈现不同程度的损伤，胃的食管部黏膜苍白、水肿和非出血性溃疡，肠道尤其是回肠和结肠段肠壁变薄，肠管内液体充盈。继发细菌感染的病例可出现相应疾病的病理变化，如胸膜炎、心包炎、腹膜炎、关节炎等。猪皮炎与肾病综合征的病例在猪的后肢和会阴部，乃至全身出现明显的坏死性皮炎；肾脏苍白、极度肿胀，皮质部有出血或淤血斑点。

（五）临床症状

PCV 感染可导致猪群出现一系列的临床症状，主要的临床表现有以下几类。

1. 断奶仔猪多系统衰竭综合征（PMWS）

多发生于仔猪，病猪精神沉郁、食欲不佳、发热。被毛粗乱、进行性消瘦、生长迟缓、呼吸困难、咳嗽、喘气、贫血。有的皮肤与可视黏膜发黄、腹泻、胃溃疡。剖检可见病猪淋巴结髓样肿胀，尤其是腹股沟淋巴结和肠系膜淋巴结。肾脏发生以淋巴细胞为主的浸润增生，表面或切面有灰白色病灶，称为“白斑肾”（如图 2-30 所示）。

图 2-30　PCV 引起的断奶仔猪多系统衰竭综合征

2. 猪皮炎肾炎综合征（PDNS）

主要发生于断奶仔猪，病猪发热、食欲不佳、消瘦、苍白、跛行、结膜炎、腹泻等。特征性的症状是在会阴部、四肢、胸腹部及耳部等处的皮肤上出现圆形或不规则的红紫色病变斑点或斑块，有时这些斑块融合成条带状，不易消失。剖检可见两侧肾肿大、苍白，表面有出血点，腹股沟淋巴结肿大、出血（如图 2-31 所示）。

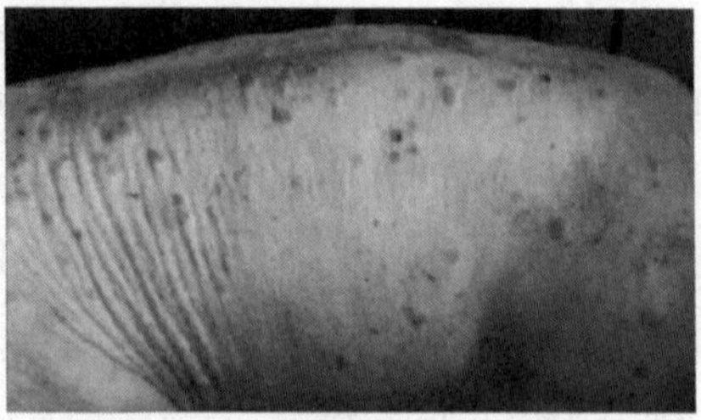

图 2-31　PCV 引起的猪皮炎肾炎综合征

3. 母猪繁殖障碍

多发生于初产母猪，出现母猪返情、流产、木乃伊胎、死胎、弱仔等繁殖障碍（如图 2-32 所示）。

图 2-32　PCV 引起的母猪流产等繁殖障碍

4. 猪间质性肺炎

临床上主要表现为猪呼吸道病综合征，多见于保育猪和育肥猪，咳嗽、流鼻涕、精神沉郁、食欲不振、生长缓慢。

5. 先天性震颤

发病仔猪站立时震颤，由轻变重，卧下或睡觉时震颤消失，受噪声、寒冷等外界刺激时震颤加重。

（六）诊断

PCV 感染猪的临床症状和病理变化与 PRRSV、CSFV 相似，其中各型 PCV 感染也有相同之处。临床上 PCV 可单独感染，各型可混合感染，PCV 又可与猪的其他多种病毒混合感染，给疾病的诊断带来了诸多困难。目前，PCV-4 难以分离，因此 PCV 的检测主要集中于 PCV-2 与 PCV-3，检测方法主要是病原学与血清学等实验室检测方法。病原学检测包括 PCR、限制性片段长度多态性（RFLP）、免疫组织化学方法（IHC）、原位杂交方法（ISH）、基因芯片等方法、血清学诊断包括 ELISA、IFA、过氧化物酶单层实验（IPMA）等方法。

（七）防控/防制措施

免疫接种是预防 PCV 感染的最好方法，目前对于具有致病性的 PCV-2、PCV-3、PCV-4，仅 PCV-2 具有可靠的商品化疫苗可以应用，PCV-3 与 PCV-4 还在探索研究中。商品化的 PCV-2 疫苗主要包括 PCV-2 灭活疫苗和重组亚单位疫苗。预防 PCV 不能只依靠疫苗免疫，建立完善的生物安全体系对于猪场来说至关重要，必须严格进行引种工作，引种而导致病毒大范围的感染，危害极大，在引种时需要对母猪血清以及公猪精液进行严格的检测。猪场需要控制饲养密度，减少应激，增强饲养管理，配制营养合理的日粮，改善猪群的免疫能力。种猪群需做好净化工作，坚持自繁自养原则，对猪群的健康状况及时监测。

（八）风险评估

1. 传入评估

PCV-2 的易感动物是猪，各种年龄、不同性别的猪均可感染，但并不都能表现出临诊症状。由 PCV-2 感染所致的 PMWS 主要发生于哺乳期和保育期的仔猪，尤其是 5~12 周龄的仔猪，多于断奶后 2~3 周开始发病，急性发病猪群中，病死率升高，并常常由于并发或继发其他细菌（如猪链球菌、猪胸膜肺炎放线杆菌、副猪嗜血杆菌等）或病毒（如猪繁殖与呼吸综合征病毒）感染而使死亡率大大增加，有时高达 50%~100%。在疾病流行感染过的猪群中，发病率和死亡率都有所降低。由 PCV-2 感染所致的 PDNS 主要发生于保育猪和生长育肥猪，一般呈散发，死亡率低。由 PCV-2 感染引起的繁殖障碍主要危害初产的后备母猪和新建的种猪群。

猪是否是 PCV-2 唯一的易感动物目前还不十分明确，有报道称在人、牛、鼠血清中存在与 PCV 发生特异性反应的低水平抗体，表明这些宿主体内存在着与 PCV 有交叉的 PCV 感染。

2. 暴露评估

几乎所有年龄段的猪都能感染 PCV，且还能通过胎盘垂直传播。如果某地区存在该病毒且传播不阻断，就存在易感动物感染该病的风险。

3. 后果评估

当前世界上几乎一半的猪在我国养殖，养猪业已经成为我国畜牧业经济的主体部分。目前我国养猪模式存在散养和集约化养殖两种方式，PCV的持续传入，造成该病的持续流行，对流行区的养殖户和猪肉加工企业造成巨大的经济损失，影响我国畜牧业经济。在人、牛、鼠血清中存在能与PCV发生特异性反应的低水平抗体，表明这些宿主体内存在着与PCV有交叉的PCV感染，所以具有公共卫生意义。

十一、革拉泽氏病（副猪嗜血杆菌）

副猪嗜血杆菌病（Haemophilus Parasuis，HP）又称多发性纤维素性浆膜炎和关节炎，也称革拉泽氏病（Glaesser's Disease），由猪副嗜血杆菌引起。这种细菌在环境中普遍存在，世界各地都有，甚至健康的猪群当中也能发现。对于采用无特定病原或用药早起断奶技术而没有猪副嗜血杆菌污染的猪群，初次感染这种细菌时后果会非常严重。

副猪嗜血杆菌病是《中华人民共和国进境动物检疫疫病名录》列入的二类传染病。

（一）病原

副嗜血杆菌属革兰氏阴性短小杆菌，形态多变，有15个以上血清型，其中以血清型5、4、13最为常见（占70%以上）。该菌生长时严格需要烟酰胺腺嘌呤二核苷酸（NAD或V因子），一般条件下难以分离和培养。

（二）历史及地理分布

1910年，德国科学家Glasser首次报道副猪嗜血杆菌。1922年，Schermer和Ehrlich首次分离到副猪嗜血杆菌。1931年，Lewis和Shope在研究猪流感时发现了这一细菌，并将其命名为H. influenzae suis。Lewis和Shope分离到的细菌同时需要X因子和V因子。1943年，Hjarre和Wramby将该病原体称为猪嗜血杆菌（Haemophilus suis）。1969年，Biberstein和White证明该细菌在生长时不需要X因子，细菌更名为副猪嗜血杆菌（Haemophilus parasuis）。1952年，Bakos等人首先报道副猪嗜血杆菌存在血清型。1992年，Rapp-Gabrielson和Kielstein曾对副猪嗜血杆菌进行定型，并报道了15种血清型，其所鉴定的血清型也被称为“KielsteiN-Rapp-Gabrielson（KRG）血清分型方法”。

随着世界养猪业的发展，该病已成为影响世界养猪业的一种典型的细菌性疾病，危害日益严重。血清型4和血清型5在日本、德国、美国、西班牙、加拿大和中国最常见。血清型5和血清型13是从澳大利亚和丹麦分离的主要菌株，但约20%的临床分离株难以确定类型。近年来，由于饲养技术不当以及与其他免疫抑制疾病的共同感染，该病日益流行，并逐渐成为我国养猪业造成保护猪死亡的重要病原体，造成了巨大的经济损失。在中国，副猪嗜血杆菌引起的多发性浆膜炎和关节炎的报告也很常见。副猪嗜血杆菌已从北京、黑龙江、辽宁、河南、湖南、宁夏、湖北等猪场的病料中分离到，给我国养猪业造成重大损失。

（三）流行病学

副猪嗜血杆菌只感染猪，可以影响从2周龄到4月龄的青年猪，急性病例往往首先发生于膘情良好的猪。慢性病例多见于保育猪。副猪嗜血杆菌主要通过空气、猪与猪之间的接触及排泄物进行传播，主要传染源为病猪和带菌猪。

副猪嗜血杆菌病通常只感染猪，有较强的宿主特异性。通常情况下，母猪和育肥猪是副猪嗜血杆菌的携带者。副猪嗜血杆菌病可影响2~4周龄猪，主要在断奶后和保育期间发病。感染高峰为4~6周龄的猪。副猪嗜血杆菌病的发病率为10%~15%，严重时病死率可达50%。

（四）发病机理及病理变化

病死猪剖检可见典型的心包炎、腹膜炎、纤维素性胸膜炎。在浆膜面有浆液性和脓性渗出，胸腔内积液明显。肺脏表面有大量纤维素性渗出物，有大量小的化脓灶。脾脏表现为出血性梗死，全身淋巴结肿大，切面呈大理石样花纹。

（五）临床症状

副猪嗜血杆菌可能导致高发病率和高死亡率的全身性疾病。主要在断奶前后和保育阶段发病，通常见于5~8周龄的猪。

高度健康的猪群若感染本病，会表现为发病迅速，临床症状出现得很突然。急性病例初期表现为发热、气喘、精神不振、咳嗽、腹式呼吸、眼结膜发绀、腕跗关节肿大、共济失调，3d 左右死亡。耐过后会有母猪流产、跛行等后遗症。慢性型常由急性型转化而来，多见于保育猪，表现为食欲下降、被毛粗乱、关节肿大、四肢无力或跛行。

（六）诊断

国际暂无副猪嗜血杆菌检测方法，国内检测标准为《副猪嗜血杆菌检测方法》（GB/T 34750—2017）。

根据临床症状和剖检病变可作出初步诊断：副猪嗜血杆菌病患猪会出现厌食、精神沉郁、被毛粗乱、跛行、呼吸困难、震颤及共济失调等症状。如疾病暴发可能引起较高的死亡率。剖检可见心包炎、腹膜炎、胸膜炎，全身浆膜表面出现浆液性纤维素性以及纤维素性化脓性渗出。

病料中的副猪嗜血杆菌较难分离。在选择病料时，应选择发病典型且从未进行药物治疗的猪只。从猪只各部位采集鲜组织样品，并在 12h 内送检。琼脂扩散试验主要通过对细菌进行培养后分离鉴定，是目前最准确有效的方法，但此方法耗时较长。间接血凝试验（Indirect Hemagglutination Assay，IHA）操作简单，可凭肉眼进行判断。PCR 方法快速、准确且特异性高。

（七）防控/防制措施

1. 疫苗防治

使用疫苗防治副猪嗜血杆菌病是最有效的办法之一，疫苗可以选用自家苗或商品疫苗。但副猪嗜血杆菌病血清型太多，也使得疫苗的研制工作受到一定程度的制约。

日前，在我国批准的商品疫苗有：勃林格殷格翰动物保健有限公司副猪嗜血杆菌病灭活疫苗（Z-1517 株）Haemophilus Parasuis Vaccine. Inactivated（Z-1517 株）（Ingelvac HP-1），西班牙海博莱生物大药厂猪副猪嗜血杆菌病灭活疫苗，以及华中农业大学、武汉科前动物生物制品有限责任公司、中牧实业股份有限公司的副猪嗜血杆菌病灭活疫苗。

2. 药物防治

使用抗生素联合用药，如阿莫西林、四环素、庆大霉素进行肌肉注射，并配合地塞米松增强效果。

（八）风险评估

1. 传入评估

副猪嗜血杆菌主要通过空气、猪与猪之间的接触或受污染的排泄物传播。病猪和感染猪是主要的感染源。副猪嗜血杆菌广泛存在于自然界，我国存在大量易感动物群。这种疾病可以通过进口动物、产品和运输工具来传播。副猪嗜血杆菌的发生与环境应激有关，如温度变化、空气质量差、饲料或饮用水供应不足、长途运输等。

2. 暴露评估

未接种疫苗的猪场或特别健康的猪群（如 SPF 猪）最易受感染。第一次感染的猪的症状可能非常严重，免疫猪在感染时只表现出典型症状。对于猪呼吸道疾病，如 Mps、PRRS、PCV-2、猪流感和其他感染，副猪嗜血杆菌的存在会加重临床症状。此外，副猪嗜血杆菌可能是引起纤维素化脓性支气管肺炎的主要因素。总之，近年来副猪嗜血杆菌已成为猪呼吸道疾病的主要病原体之一。

3. 后果评估

目前，尚无动物间直接传播病例报告，疾病症状显著，诊断、治疗和预防手段简单，影响有限，出现大规模疫情概率低。

十二、猪流行性感冒

猪流行性感冒（Swine Influenza，SI）是由猪 A 型流感病毒（Swine Influenza Virus，SIV）引起的一种急性、高度传染性呼吸道疾病。该病可感染不同年龄、性别和品种的猪，并引起猪群发烧、呼吸困难、咳嗽、厌食和消瘦等，感染此病一般持续 2d~6d，虽然死亡率很低，而且大多数动物都能康复，但体重减轻可能会很严重。更重要的是会导致亚临床感染的发生，在这种感染中，猪可以感染一种或多种流感亚型，而没有明显的疾病症状，这很容易因免疫力的降低而与其他病毒或细菌造成混合感染，在某些情况下，由于发高烧而导致受感染母猪繁殖失败，会给养猪业造成重大的经济损失。

（一）病原

SIV 为正粘病毒科 A 型流感病毒属成员，典型的流感病毒粒子，一般呈球形，其表面有类脂膜、糖蛋白和基质蛋白组成的囊膜，直径为80nm~120nm。从世界各地猪群中分离到的SIV有H1N1、H1N2、H3N2、H5N1、H5N2、H6N6、H7N2、H4N8、H9N2和H11N6等多个亚型，在多个SIV亚型中最流行的是H1N1、H1N2和H3N2亚型。SIV对外界的抵抗力很差，在体外仅能存活2h左右，加热至71℃即可杀灭，常规的消毒液（来苏儿、84消毒液等）也可将其杀灭。

（二）历史及地理分布

猪流感于1918年初次暴发，初期被认定是与人流感有关的疾病，当时猪和人同时发病。1998年在北美洲，H3N2亚型流感病毒第一次在猪群中引起严重发病。这个H3N2流感毒株属三重组病毒（禽-人-古典猪流感病毒），不同于以前的毒株。2009年3月18日起在墨西哥暴发人甲型H1N1型流感疫情，并扩散到世界各地，截至2009年10月30日，全世界已经有近45万人被感染，死亡人数近6 000人。此次分离出的甲型H1N1型流感病毒包含有禽流感、猪流感和人流感3种流感病毒的基因片段。此次流行给全世界带来了巨大的损失和灾难性危害。

在世界各地猪群中，已分离出多株变异毒株，当前正在全球流行的甲型H1N1流感病毒就属于变异毒株。猪流感是目前世界上最为常见的猪传染性疾病之一，该病传播速度快，传播范围广泛，且易引起猪群急性呼吸道疾病。但由于该病在单独感染的情况下，致死率较低，因而在国内至今尚未引起有关养殖企业与养殖人员对该病防治的重视。根据猪流感血清学流行病学调查，目前在我国的华北、华南、华中、华东以及东北等地，H1、H3亚型猪流感普遍存在，个别地区猪群感染已经呈现出一定的地方性流行趋势。

（三）流行病学

SIV不仅可以感染猪，也可以感染人、禽、马和其他哺乳动物，在生猪养殖过程中，不同年龄、品种、日龄的猪均可被感染而发病，该病一年四季均可发生，但是季节性明显，在温度变化较大的早春、晚秋、冬季，生猪受到冷应激的影响而导致猪流感的发病率较高。患病猪、携带猪流感病毒的猪以及发病后康复的猪是该病的传染源，传播途径主要是呼吸道传染。同时，呼出的飞沫也可污染饲料、饮水、料槽等，病毒通过消化道进入健康猪体内而引起生猪患病。

（四）发病机理及病理变化

SI 是猪流感病毒和猪嗜血杆菌两种病原体共同配合作用而引起的，是一种急性、热性、高度接触性传染病。猪流感病原及致病机理猪流感病毒进入呼吸道后侵入呼吸道黏膜上皮细胞并在细胞内增殖，造成细胞变性、坏死、脱落，引起黏膜充血、水肿等病变。气管和支气管排出大量的渗出液，其中含大量感染性极强的病毒，病毒可使支气管和肺部感染，导致支气管炎和肺炎，使病猪出现流感症状。

SI 病理变化主要在呼吸器官。鼻、咽、喉、气管和支气管的黏膜充血、肿胀，表面覆有黏稠的液体，小支气管和细支气管内充满泡沫样渗出液。胸腔、心包腔蓄积大量混有纤维素的浆液。肺脏的病变常发生于尖叶、心叶、叶间叶、膈叶的背部与基底部，与周围组织有明显的界限，颜色由红至紫，塌陷、坚实，韧度似皮革，脾脏肿大，颈部淋巴结、纵隔淋巴结、支气管淋巴结肿大。

（五）临床症状

生猪患病后，体温突然升高，一般在 41℃左右，严重者可达 43℃。精神沉郁，食欲减退，不愿走动，出现呼吸困难、咳喘等典型症状，随着病程的发展，咳喘越发严重，甚至出现痉挛性咳嗽，眼角常有泪斑，鼻孔分泌大量浆液状黏液（如图 2-33 所示），病猪在此期间如果没有继发感染其他病，则通常会在 7d 左右痊愈，但若是继发感染其他病症则会使病程延长，症状复杂。

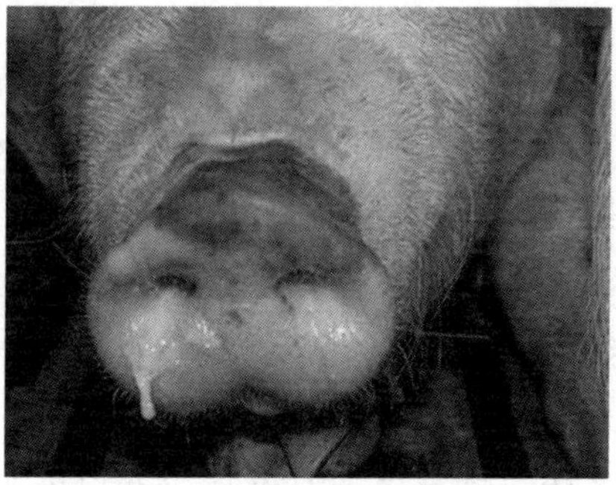

图 2-33　SI 导致猪鼻孔分泌大量浆液状黏液

（六）诊断

在对该病进行诊断时，先通过临床症状对该病进行初步诊断，确诊需要通过实验室诊断方法进行。一般采集病猪的呼吸道棉拭子或者肺脏组织病料，然后通过鸡胚接种或细胞培养分离病毒，直接通过测血凝性对是否存在 SIV 作出初步的诊断，免疫组织化学方法能够用于检测组织切片中的病毒，在细胞质和细胞核中都可以看到流感病毒抗原，RT-PCR 检测被认为是诊断流感最敏感，且特异性和通用性最高的检测方法，可以用相应引物扩增病毒 RNA 以用于流感病毒的鉴定和分型，还可以通过全基因组序列进一步确定为何种流感病毒，抗原检测 ELISA 试剂盒能够检测鼻腔、支气管拭子和支气管肺泡灌洗液中的病毒。

（七）防控/防制措施

目前该病没有特效药物，发病后都是按照临床症状来对症治疗。目前国内外使用的手段包括免疫、监测、消毒、限制、销毁、用药、无害化处理等。

加强饲养管理对该病的防控具有重大意义，养殖当中应做好以下几点：第一，做好清洁消毒工作，定期对圈舍、料槽等生产用具进行打扫消毒，保证消毒时不留死角，及时清理排泄物，保证圈舍卫生；第二，减少不良应激，尽量保持安静，避免受惊，做好保温、防暑、御寒工作；第三，从疫区引种，引进的猪做好隔离工作并进行血清学检测，防止引入带毒的血清学阳性猪，引种后 15d 再进行混养，发现病猪及时隔离，做好免疫接种。

疫苗免疫接种是预防猪流感的有效手段，国外已研制出猪流感灭活疫苗，并已商品化和投放市场。国内研制的猪流感灭活疫苗已进入兽用疫苗的审批程序。建立健全猪场的卫生消毒措施。

猪场暴发猪流感时，应及时采取隔离病猪、加强对猪群的护理，改善饲养环境条件，对猪舍及其污染的环境、用具及时严格消毒，以防止本病的蔓延和扩散。对猪舍和饲养环境定期消毒，可用 0.03%的百毒杀或 0.3%~0.5%的过氧乙酸喷洒消毒。对发病猪群提供避风、干燥、干净的环境，避免移群。提供清洁的饮水，采取一些对症疗法，同时可用一些抗生素或磺胺类药物来控制继发感染。

SI 具有重要的公共卫生意义，在其发生和流行期间，要注意人员的防护。

（八）风险评估

1. 传入评估

病猪和亚临床感染猪是主要传染源，该病毒可能通过猪的鼻子和鼻子的直接接触在感染猪和易感猪之间传播，还可以通过人员、交通工具、鸟和空气等途径传播，还未证实该病毒能够通过精液传播。流感病毒能被乙醚、三氯甲烷、福尔马林、β-丙内酯等试剂灭活，经福尔马林灭活后，病毒失去血凝活性和感染性，在 56℃ 30min 可被灭活。

在国际间活动物的贸易过程中，随着隐性感染或者感染后康复期的猪的输入，存在使该病毒传播入境的风险。

2. 后果评估

该病传入带来的危害：该病主要引起猪的呼吸道疾病，与其他病毒混合感染时症状会比较重。不会对养猪业造成巨大的经济损失。但流感病毒亚型多，引入一个新的病毒，在猪体内发生重组，会使疫情更加复杂。

产品的用途及进境后能够采取的检疫管理措施：对于作为引进种用的种猪，应该加强在出境前的检疫工作，所有的种猪要选择来自一定时期内未发生该病的种猪场，并对所有的种猪进行检测，发现阳性猪应及时淘汰，杜绝感染流感病毒的猪只引入。

种猪引进后，严格按照要求进行隔离检疫，对发现有阳性猪应立即进行扑杀，防止该病传播到我国。对于未经过加工处理的进境动物产品，应该要求来自非猪流感疫区，并且加强对猪流感的监测。凡来自疫区的车辆等运输工具，应严格按照要求进行消毒处理。

发生后造成的危害及风险预测：猪流感病毒一旦变异，毒力变强，可能会对养猪业造成重大经济损失，新流感病毒的产生，可能造成人间流感大流行，社会影响难以估量。

该病的发生能够造成较大的经济损失，且具有重要的公共卫生意义，因此要及时关注该病的流行发生动态，对该病的发生地区的动物及其产品的引进做好严格的检疫工作，防止该病通过动物及其产品的贸易传入我国。

十三、猪传染性胃肠炎

猪传染性胃肠炎（Transmissible Gastroenteritis，TGE）是由猪传染性胃肠炎病毒（Transmissible Gastroenteritis Virus，TGEV）引起的一种猪的急性高度接触性胃肠道疾病，临床主要症状为呕吐、腹泻以及严重脱水。猪对本病最为易感，各年龄段猪均可感染，年龄越小症状越严重，其中可致两周龄内仔猪死亡率达到100%；随着猪只日龄增长，死亡率呈递减趋势，成年猪只极少出现死亡现象。

TGE于1946年在美国首次被报道，随后在世界各国相继发现该病，并呈流行性发展，对世界养猪业造成严重危害。我国最早是在1956年在广东省首次报道发生TGE，随后在全国大部分地区都发生该病的流行，造成了巨大经济损失。WOAH将其列为法定报告动物疫病，《中华人民共和国动物防疫法》将其列为三类动物疫病，《中华人民共和国进境动物检疫疫病名录》将其归为二类传染病。

（一）病原

TGEV属于套式病毒目，冠状病毒科，冠状病毒属。TGEV是一种有包膜的单链正向RNA病毒，其基因组长度约28kb。TGEV只有一个血清型，病毒可以凝集鸡、豚鼠和牛的红细胞，但不能凝集小鼠、鹅和人的红细胞。病毒粒子的形状与日冕相似，即直径为60nm~220nm的病毒颗粒周围有一条杆状突起，该突起长12nm~24nm，在负染样品中，TGEV多呈圆形或椭圆形，形态大小均一。TGEV与鸡传染性支气管炎病毒等其他冠状病毒具有相似的结构特征，核衣壳蛋白与其基因组RNA共同构成了直径为10nm的卷曲螺旋状核衣壳，不同书中记载的核衣壳蛋白大小差异较小。相关报道称TGEV在PK15（猪肾细胞）中培养，TGEV粒子平均直径是95nm，而在猪的肠上皮细胞中TGEV粒子直径为65nm~95nm。病毒粒子之间的差异与毒株之间的常规差异无关，可能是细胞种类与样品制备的方法导致的。

（二）历史及地理分布

1933年起，美国的伊利诺伊州就有关于TGE的记载，此后该病在美国广泛流行。1946年，Doyle等确定TGE的病原体为病毒，并作了比较详细的报道。1956 年在日本，1957 年在英国相继发生本病。以后法国、荷兰、德国、匈牙利、意大利、波兰、苏联、罗马尼亚、比利时、马来西亚和加拿大等国家及我国台湾地区都报道了本病。现在除阿拉斯加、北欧各国之外，在北半球，特别是北纬 30℃以北的温带至寒带地区，均有本病分布。我国于 1956 年在广东省发现该病，随后该病在内地蔓延开来，山东、天津、辽宁、甘肃、河北、陕西、湖北等地陆续发现该病传播。20 世纪 80 年代曾在华中地区广为流行，造成较大的经济损失。

（三）流行病学

TGEV 主要感染猪，任何生长阶段以及不同品种的猪只均可被感染。新生仔猪出生 20h 以内感染 TGEV 引发胃肠炎可存活 1d~4d。患病猪只康复后仍带病毒以及其他携带 TGEV 的动物可被视为传染源，其中病猪是主要的传染源，它们会污染周围环境，通过“粪—口”途径传染给易感猪。TGEV 的流行方式可分为地方性流行与季节流行性，初春和冬季多呈现出流行性趋势，1~2 月份通常为患病的高峰期，此种趋势可能与 TGEV 不耐热的生物学特性有关，相反在低温的条件下则可以稳定存活。TGEV 的嗜性器官是猪肠道并且引起仔猪小肠绒毛萎缩，感染后的仔猪死亡率极高。地方性猪传染性胃肠炎的不同猪群中，仔猪小肠绒毛萎缩的情况不同。猪场应定期消毒，否则难以抵抗该病。该病是导致世界各国仔猪死亡的主要病因，虽然近些年该病的发病率低于 PEDV，但该病的防控依然不可忽视。

（四）发病机理及病理变化

TGEV 经口和鼻感染，小肠是本病毒的靶器官。经呼吸道传染后，病毒先在鼻黏膜和肺中繁殖，然后经咽、食道、胃（本病毒能抵抗胃酸 pH 值 3.0~4.0 和蛋白分解酶而保持活性）或经血液而进入小肠，与小肠上皮细胞接触，大量小肠上皮细胞受感染后，使空肠和回肠的绒毛显著萎缩。肠黏膜的功能性上皮细胞迅速破坏脱落，降低了产生某些酶的能力，因此病猪不能水解乳糖和其他必要的养分，而发生消化与吸收不良。乳糖在肠腔中的存在，由渗透压的作用，引起水分的停留，甚至从身体组织中吸收体液，于是产生了腹泻和失水。哺乳仔猪发病严重，是由于小肠特别是空肠黏膜绒毛未发育完全。死亡原因可能是脱水和代谢性酸中毒以及高血钾症而引起的心功能异常和肾功能减退。

感染 TGEV 的仔猪尸体脱水明显。眼观变化，胃内充满凝乳块，胃底黏膜充血、出血。肠内充满白色至黄绿色液体，肠壁菲薄而缺乏弹性，肠管扩张呈半透明状，肠系膜充血，淋巴结肿胀，淋巴管没有乳糜。组织学变化，小肠黏膜绒毛变短和萎缩。肠上皮变性明显，上皮细胞不是柱形而是扁平至方形的未成熟细胞。黏膜固有层内可见浆液渗出和细胞浸润。肾浑浊肿胀和脂肪变性，并含有白色尿酸盐类。有些仔猪有并发性肺炎病变。有些病例除了尸体失水、肠内充满液体外，并无其他病变可见。

十二指肠、空肠、回肠黏膜中的病毒检出率和病毒滴度最高，特别是空肠。病毒在鼻腔、气管、肺等呼吸道黏膜及扁桃体、颌下淋巴结、肠系膜淋巴结等淋巴系统也能良好增殖。TGEV 随病猪和恢复期带毒猪的粪便和鼻汁排出。经粪便排毒的持续时间约 8 周。Underdahl（1975 年）经鼻腔内接种 SPF 猪，30d~104d 后，仍可从肺和小肠分离到病毒，且可在 56% 的猪体内看到肺部肉眼病变。Kemeny 等（1975 年）检查了与感染仔猪同居的繁殖母猪的鼻汁、乳汁和粪便，发现鼻汁中的病毒检出率最高。上述事实表明，TGEV 经消化道和呼吸道均可感染。康复猪带毒的时间相当长，病猪和康复猪都是主要的传染来源。

当外界环境中存在病毒粒子时，病毒从鼻腔进入猪的呼吸系统，并在呼吸道黏膜中大量繁殖，最后通过血液循环的方式侵入猪消化道，主要侵入的地点为肠道。其中小肠黏膜上皮细胞是病毒主要入侵的部位，宿主细胞的受体被 TGEV S 蛋白识别而后病毒吸附于小肠黏膜上皮细胞表面，随后通过内吞的方式进入到猪小肠黏膜上皮细胞中。进入细胞后 TGEV N 蛋白发挥生物学功能，使病毒在细胞核内大量增殖。S 蛋白影响病毒致病性强弱，S 蛋白位于病毒表面可与猪氨基肽酶 N 和唾液酸产生作用，通过与唾液酸的结合使病毒顺利通过含有丰富唾液酸的小肠上皮细胞黏膜层，帮助病毒感染猪小肠。这种与唾液酸结合能力正向影响着病毒结合数量。当病毒 S 蛋白发生变异时便会改变病毒对猪的致病力。病毒的入侵会破坏小肠绒毛上皮细胞，无法发挥其正常生理功能，并引发肠绒毛萎缩或脱落，隐窝变浅，降低其对营养物质的吸收。这些影响一方面导致仔猪身体素质的降低，另一方面电解质的运输受到阻碍，此时未完全吸收的母乳在肠道内大量堆积，从而引发渗透压的增高，造成脱水、腹泻，进而导致代谢性酸中毒和高血钾等症状，增加心脏及肾脏的负担，最后引发患病的仔猪死亡。

TGE 的剖检发现，病死的猪除严重脱水外，与健康猪无明显差异，小肠是主要的病变部位。新生仔猪的胃消化不良、小肠壁变薄、胀气、透明、肠腔内充满灰白色或黄绿色泡沫状内容物（如图 2-34 所示）。空肠和回肠的绒毛伴有萎缩或脱落的现象，肠系膜充血和肠系膜淋巴结肿大。肠系膜淋巴管是小的白线，在淋巴管中未发现乳白色乳糜，表明猪的消化系统遭到了破坏，组织病理学特征是小肠绒毛明显萎缩，小肠黏膜上皮细胞发生病理变化，如：固有结构的丧失，并伴随着空泡变性，坏死的上皮细胞有炎性细胞浸润。

图 2-34　TGE 导致仔猪肠壁变薄，充满水样内容物

（五）临床症状

TGE 对于日龄 10d 以内的仔猪的潜伏期较短，约 15h~18h，一般表现为突然发病。患病仔猪精神沉郁，发生水样腹泻，腹泻程度严重，粪便中含有血液或乳凝块并有恶臭味，出现严重脱水症状（如图 2-35 所示），一周内死亡，致死率几乎高达 100%，但随着仔猪日龄的增加，致死率会逐渐降低。患病仔猪康复后无法正常生长，常表现为营养不良，出现僵猪等情况。成年猪潜伏期长于仔猪，通常为 7d。成年猪对该病的抵抗力较高，通常患病猪只发生精神沉郁、食欲下降、呕吐、水样腹泻、脱水等临床症状，排出的粪便中含有大量未消化的食物，但通常不会引起死亡。成年猪一旦停止腹泻，则不会再次发生腹泻等临床症状。TGE 不会引起妊娠母猪流产。

图 2-35　TGE 导致仔猪严重腹泻、脱水

（六）诊断

TGEV 可导致所有年龄的猪感染，尤其对哺乳仔猪危害更大，感染后会出现厌食、呕吐、腹泻和脱水的症状，且死亡率高。在临床中该病易与其他猪肠道病毒混合感染导致猪病情加重，同时该病与其他猪腹泻病毒临床症状极为相似，难以通过临床症状明确病原，为该病的防控带来巨大困难。所以，诊断时根据流行病学及特征性临诊症状可作出初步诊断，确诊须进行实验室检查。病原学的检测方法有病毒的分离鉴定、电子显微镜检测、免疫组化；血清学检测方法有病毒中和试验、ELISA 试验；分子生物学诊断方法有 PCR、反转录环介导等温扩增技术；免疫学诊断方法有 ELISA 检测方法、GICA、IFA、原位杂交等。

（七）防控/防制措施

至今尚无有效方法可以治愈 TGEV，养殖场常采取加强饲养管理、加强通风等综合防治措施，做好保暖以及防寒等工作，对猪舍及外界环境卫生管理，做到彻底清扫并且勤消毒，使用过氧乙酸对猪体进行消毒，以消灭体内外病原为标准做到彻底消毒。控制好猪舍内温度、空气湿度、密度，提高空气质量，保持通风良好以及环境适宜，避免或减少猪群应激反应。

加强检疫，对进出场猪只进行严格检疫以及对引进猪只进行严格检疫，坚持做到每隔两周做隔离观察，无疫病猪只才可被引进到猪场，也可利用血清学检测方法对猪只进行检测。怀孕待产母猪分别在产前半个月和一个半月进行疫苗免疫，进行肌肉注射或鼻内接种 TGEV 弱毒疫苗。可采用干扰素等生物制剂配合抗病毒等药物，如肌肉注射黄芪多糖进行防治。同时，在饮水中加入口服补液盐防止脱水和酸中毒，在饲料中加入维生素防止细菌继发感染。

（八）风险评估

1. 传入评估

病猪和带毒动物为 TGE 的主要传染源，病毒存在于口鼻腔分泌物、排泄物、乳汁中，造成畜舍、饲料、车辆、水源、工具、空气等污染，通过呼吸道和消化道两条途径感染易感动物。如果受感染动物或受污染物品进入我国，就会将 TGE 疫情传入我国境内。感染动物的肠道、血液中存在大量病毒，如未经检疫屠宰，将会造成猪肉及相关产品、周边猪群感染 TGE 的风险。

目前 TGE 在世界各地广泛流行，在美国、法国、丹麦、俄罗斯、韩国、缅甸等国家和我国台湾地区都有该病流行的报道。因为种质资源的需求，我国每年都要从美国、法国、丹麦等国家进口大量的种猪及相关产品，而我国与这些发达国家以及周边国家和地区贸易往来，人员交流频繁，如受污染的车辆、饲料、人员等入我国境内，该疫情传入的风险巨大。

2. 暴露评估

TGEV 主要感染猪，不同日龄、不同品种的猪都可以感染发生本病，但哺乳仔猪感染本病的频率及发病严重程度要高于育肥猪。我国猪群养殖规模巨大，2021 年全国生猪出栏 6.7 亿头、存栏 4.5 亿头，由于没有针对本病的特效治疗方案及有效可靠的疫苗，猪群几乎没有抵抗力，一旦传入本病，发生疫情的风险较大。同时由于小鼠、仓鼠、豚鼠、犬、猫和狐狸等动物可感染 TGEV 但不发病，当本病传入，可感染这些保存宿主，造成本病在区域内循环反复持续感染。

3. 后果评估

当前我国大部分养殖场均存在 TGEV 感染情况。针对 TGEV 感染，我国并没有成熟可用的药物治疗方案，并且现存的疫苗只针对一定范围内的流行毒株，并不能对所有 TGEV 毒株感染产生抗感染免疫。TGEV 对猪最为易感，各年龄段的猪均可感染该病，年龄越小越易感，发病症状越严重，其中两周龄以下的仔猪最为严重，死亡率可达100%，因此一旦发生TGE，对保育仔猪很可能是毁灭性的打击。成年猪可携毒排毒而不发病，此外，犬、猫、八哥等动物也可感染TGEV却不发病，但可排毒，作为传染源进行传播该病。这些患病动物经口鼻腔黏液、排泄物、乳汁等途径排毒，持续污染畜舍、饲料、水源、工具、空气等，屠宰带毒的动物，可污染胴肉及相关产品。TGEV在低温环境中较稳定，可长期保存感染力，当被污染的物品与易感动物接触后，引发新感染，造成新疫情。这给我国的养猪行业带来严重威胁，也给活猪及猪肉产品对外贸易造成了极大的损失。

十四、捷申病毒性脑脊髓炎

捷申病毒性脑脊髓炎（Teschovirus Encephalomyelitis），过去称为捷申病/塔尔凡病（Talfan Disease），后来称为肠道病毒性脑脊髓炎，最近WOAH将其改为现名，我国则多称为猪传染性脑脊髓炎，《中华人民共和国进出境动物检疫疫病名录》称之为猪铁士古病毒性脑脊髓炎，是由小RNA病毒科捷申病毒属猪捷申病毒血清1型（Porcine teschovirus serotype 1，PTV-1）引起的猪脑脊髓灰质炎、繁殖障碍、肺炎、下痢、心包炎和心肌炎、皮肤损伤及无症状等多种表现的一种病毒性传染病，其中繁殖障碍主要表现为死木胎症候群即死产、木乃伊胎、死胎和不孕症以及新生胎儿畸形和水肿。

（一）病原

捷申病毒为小RNA病毒科（Picornavirudae）捷申病毒属（*Teschovirus*）成员。捷申病毒属原被划分为肠道病毒属（*Enterovirus*）的成员，1999年第11届和2002年第12届国际病毒学大会将原来的猪肠道病毒13个血清型的一部分单独列为捷申病毒属，其余的猪肠道病毒划为肠道病毒属。除了猪捷申病毒血清1型毒株外，捷申病毒其他血清2型、3型、4型、5型、6型、9型和10型也能导致温和型疾病。

病毒呈球形，直径22nm~30nm，无囊膜，核衣壳呈20面立体对称，病毒核心为单股RNA。没有脂蛋白，用脂溶剂处理病毒依然稳定，对热和pH值3.0~9.0的环境相对稳定，其中血清1型在15℃可存活168d，病毒可长期存活于稀粪中。未证明有血凝性。对多种消毒剂有相对抵抗力，但

3%福尔马林溶液，20%漂白粉溶液可灭活病毒。

捷申病毒易在猪源细胞增殖，如PK细胞系，IBRS-2、ST细胞系或猪肾原代细胞，可产生细胞病变，也可形成蚀斑。在PK细胞中不同毒株产生3种细胞病变效应（CPE）的一种。

（二）历史及地理分布

该病于1929年首次暴发于原捷克斯洛伐克的捷申小镇，由此得名捷申病。当时发病的猪主要症状为脊灰质炎、神经系统紊乱、高死亡率（90%以上）。20世纪50年代该病蔓延整个欧洲，给工业化养猪带来了巨大的经济损失。后来在英国和丹麦发现了一种危害程度较轻的疾病，可以引起中度的神经系统紊乱，病死率也很低，人们把该病称为塔尔凡病。该病与1929年发现的捷申病一样，均是由猪捷申病毒的血清1型引起的。

自1980年起，西欧没有报道过该病，目前认为该病很少。在过去十几年内，WOAH通报了下列国家发生了该病：白俄罗斯（1996、1999和2005）、日本（2002）、拉脱维亚（1997和2000—2002）、马拉加斯加（1996—2000，2002和2004—2005）、摩尔达维亚（2002—2004）、罗马尼亚（2002）、俄罗斯（2004）、乌干达（2001）和乌克兰（1996—2005）。在亚洲，日本报道了不同血清型的病毒在日本流行；我国台湾地区2000年从南投县送检样品中分离出了1型捷申病毒，随后几年的流行病学调查显示该病在台湾的感染率很高，成为养猪场的主要疫病。哈尔滨兽医研究所在2003年分离到血清1型，随后相继分离到2型和8型。

（三）流行病学

猪是猪捷申病毒的唯一宿主，不同年龄的猪均易感，幼龄猪易感性较强。

猪捷申病毒主要通过口腔进入体内，也可通过呼吸道等途径传播。感染猪的粪便、呼吸道的分泌物及其污染物，都可携带病毒，导致其他易感猪的感染。病猪、康复猪和隐性感染猪是本病的主要传染源。该病多为散发，在大型养猪场可表现为地方流行性。猪感染本病毒后，可通过粪便持续大量地排出病毒，污染饲料、饮水，经消化道或呼吸道，也可通过眼结膜和生殖道黏膜感染其他各年龄段猪群。

感染后病猪排毒时间很长，可达6周。怀孕母猪带毒期约为3个月，可经胎盘感染胎儿。未怀孕母猪感染后，带毒期也可达 2 个月。排毒可能是间歇的，并且与个体的免疫状态有关。口服活疫苗、接种灭活疫苗以及肠道病毒感染的竞争作用使病猪排毒的数量和排毒的时间有显著差异。病猪发病急性期的早期，通过鼻拭子或肛拭子即可检测到病毒，但是在粪便中的排毒时间更长。

在同一个猪群中常可见猪捷申病毒的多个血清型，任何年龄猪在感染某一血清型毒株后，常可见再感染其他血清型毒株。所以在猪群中可常见到有几种血清型猪捷申病毒呈地方流行性感染。在猪捷申病毒亚临床感染的猪群中，新引进的或未接触过本病的怀孕母猪可表现出生殖紊乱。

（四）发病机理及病理变化

感染猪肠道黏膜无特异性病变。病毒不损伤肠绒毛。因脑脊髓炎死亡的猪除有时可见肌肉萎缩外，不见眼观病变。脑脊髓炎病猪的组织学病变，广泛分布于神经系统的灰质中，尤以脊髓腹角、小脑皮质、间脑和视神经床等处最为明显。组织学变化的特征是：神经细胞变性、坏死和伴随变性坏死的噬神经细胞结节的形成，血管周围淋巴细胞浸润，形成淋巴细胞套。大脑的组织学变化较小脑轻微。

（五）临床症状

本病潜伏期因感染的病毒量而异，变动幅度为 4d～28d。早期的表现为发热，体温达 40℃～41℃，厌食，精神沉郁，后肢麻痹，很快转为共济失调。严重病例四肢强直，不能站立；眼球震颤，抽搐，接着发生瘫痪。声音刺激或触摸可引起肢体不协调运动。病程经过迅速，发病后 3d～4d 死亡。轻症病例，经过精心照料可以恢复，但耐过猪可能表现肌肉萎缩和麻痹或瘫痪等后遗症。

剖检无肉眼可见病变，仅脑部充血和水肿。中枢神经系统为非脓性脑脊髓炎变化。由血清 1 型毒株感染引起的猪脑脊髓炎症状最为严重，具有很高的发病率和病死率。

（六）诊断

1. 病毒分离

传统的病毒分离技术尽管耗时、烦琐、易受其他病毒干扰，但在早期捷申病毒诊断中发挥了重要作用。

病毒分离最好的样品是粪便、肛拭子、喉拭子、脑和脊髓液，在发病急性期的早期采集喉拭子和脑脊髓液有利于病毒的分离。对于疑似病例，可用粪便样品进行病毒的分离，因为病毒在肠道内保持很长时间、高低度的排毒。一般用脊髓、脑干或小脑的组织悬液在 PK 细胞上培养，初代培养往往病毒含量低，细胞病变不明显或荧光染色不典型，难以判定，最好盲传三代。组织培养细胞可作荧光抗体染色或免疫酶染色鉴定病毒抗原。

2. 血清学诊断

PTV 的血清学诊断方法有 IFA、ELISA、斑点酶联免疫吸附试验（Dot-ELISA）及 VNT 等。目前应用最为广泛的是 IFA 和 ELISA，但由于捷申病毒多血清型的存在，最终确诊还是通过中和试验。许多其他的试验如补体结合试验虽然敏感，但容易产生部分血清型的交叉反应。

3. 分子检测方法

目前已知的 PTV 毒株血清型基因组序列已全部获得，基于病毒核酸序列发展起来的分子检测方法得到广泛应用。目前已可以使用普通 RT-PCR 方法对猪捷申病毒进行基因分型，也可以通过 RT-PCR 方法区分 PTV 和 PEV 等其他肠道病毒，但需要使用多套引物。基于病毒基因组 5’ 端保守区域的荧光 RT-PCR 方法，可以检出捷申病毒，但无法鉴别出捷申病毒的血清型。捷申病毒血清型的分子鉴定，还需要通过 vp1 基因测序。

（七）防控/防制措施

预防本病可采用引进种猪严格检疫、发病猪群及时诊断、隔离和扑杀、严格消毒等一般性措施。国外有报道可用氢氧化铝灭活苗、弱毒苗和细胞培养灭活苗进行免疫接种，前者的保护率低，弱毒活疫苗的保护率可达 80%以上，免疫期为 6~8 个月。由于本病的血清型较多，因此，在实际生产中建议使用多种血清型的疫苗。

本病目前无特效疗法。猪群发病后主要采取对症治疗，也可用康复血清治疗，但效果不是很好。猪群发病时必须迅速确诊，对病猪实行捕杀或全群淘汰，群内假定健康猪实行严格隔离和观察，及时清除疑似病猪，对其他未发现被感染的健康猪实行严格封锁，加强消毒。如果本病呈暴发流行，则应考虑新毒株的感染。

对于作为引进种用的种猪，应该加强在出境前的检疫工作，所有的种猪要选择来自一定时期内未发生该病的种猪场，并对所有的种猪进行检测，发现阳性猪应及时淘汰，杜绝感染捷申病的猪只引入。种猪引进后，严格按照要求进行隔离检疫，对来自捷申病疫区的种猪，应在隔离检疫期间检测捷申病，对阳性猪应立即进行扑杀，防止该病传播到我国。对于未经过加工处理的进境动物产品，应该要求来自非捷申病疫区，并且加强对捷申病的监测。凡来自疫区的车辆等运输工具，应严格按照要求进行消毒处理。当本病侵入时，实施迅速而确实的诊断，对感染猪场实行完全隔离，及时对污染区实施消毒。对感染猪或同群猪作扑杀处理。进口动物时实验室检疫一旦查出，阳性动物应作扑杀、销毁或退回处理，其他同群动物隔离观察。

（八）风险评估

1. 传入评估

本病仅见于猪和野猪。各种年龄和品种的猪都有易感性，幼龄猪比成年猪更易感，成年猪多为隐性感染。病猪、康复猪和隐性感染猪是本病的主要传染源。猪感染本病毒后，可通过粪便持续大量地排出病毒，污染饲料、饮水，经消化道或呼吸道，也可通过眼结膜和生殖道黏膜感染其他各年龄段猪群。另外，本病可通过人和动物的运输、移动而间接传播。

猪捷申病毒主要通过口腔进入体内，也可通过呼吸道等途径传播。感染猪的粪便、呼吸道的分泌物及其污染物，都可携带病毒，导致其他易感猪的感染。感染后病猪排毒时间很长，可达 6 周。因此，如果在国际间活动物的贸易过程中，该病毒随着隐性感染或者感染后康复期的猪的输入，存在使该病传播入境的风险。

2. 暴露评估

所有年龄和品种的猪都易感染。一旦该病传入我国，将存在再发生易感动物感染该病的风险。

3. 后果评估

PTV 血清 1 型毒株感染引起猪严重的脑脊髓炎症状，具有很高的发病率和病死率。20 世纪 40—50 年代，该病给欧洲的养猪业造成严重的经济损失。最近 10 年，在俄罗斯、白俄罗斯和乌克兰等周边国家频繁发生该病疫情，目前病毒株在我国内蒙古、黑龙江等地猪场出现，具体流行情况尚不得而知，病毒致病力较弱，是否变异也不清楚，未来可能会波及我国其他猪场，对我国养猪业生产安全构成威胁。

我国是畜牧业大国，随着国内经济的发展，畜产品市场需求日益增加，畜禽饲养管理水平不断提高。但总体来说，我国畜牧业还处于较低的发展水平，生产方式也以散养为主，饲养规模较小，卫生状况较差。该病的传入会对我国养猪业造成巨大的经济损失，造成相关行业出现波动。目前该病尚无有效的预防措施，我国猪场传染病本来就比较复杂，扑灭和根除某一疫病相当困难，损失大，费用昂贵。

十五、猪密螺旋体痢疾

猪密螺旋体痢疾（Swine Dysentery，SD）又称“血痢”或“黑痢”，是由猪痢疾密螺旋体引起的一种以大肠黏膜卡他性、出血性及坏死性炎症、腹泻、黏液性或黏液出血性下痢为特征的猪肠道传染病。本病呈世界性分布，一旦侵入猪群，长期存在不易根除，仔猪的发病率和死亡率都较高，育肥猪患病后生长速度下降，饲料利用率降低，给养猪业带来巨大的经济损失。

WOAH 将其列为法定报告动物疫病，《中华人民共和国动物防疫法》将其列为三类动物疫病，《中华人民共和国进境动物检疫疫病名录》将其归为二类传染病。

（一）病原

SD 虽由 Whiting 等人于 1921 年首先做了报道，但不明病原长达 50 年之久。1971 年 Taylor 等在英国报道了一种能繁殖的病原性螺旋体。这项工作同时被 Harris 等在美国证实，并将此螺旋体命名为猪痢疾密螺旋体（Treponemahyodysenteriae，Th）。普通猪或 SPF 猪口服接种 Th 能产生 SD 典型症状和病变。Taylor 等（1971 年）还发现在正常猪粪中存在第二型厌氧螺旋体，形态与 Th 相似，可能存在于所有猪群，根据溶血型和对猪或小鼠的肠致病性可以加以区别，1979 年 Kinyon 等将此螺旋体命名为无害密螺旋体（T. innocens，Ti）。Kinyon 等（1979 年）以 25 株 β 溶血的 Th 口服接种 SPF 猪均能引起 SD，而 13 株 β 溶血的 Ti 对猪不致病。Stanton 等（1991 年）对 Th 和 Ti 进行了 DNA-DNA 重组试验，菌体蛋白 SDS-聚丙烯酰胺凝胶电泳和 16SRNA 顺序分析，发现这二者之间关系密切，与密螺旋体和其他螺旋体仅有疏远相关，因而将二者归入小蛇（Serpula）新属。后来发现此名已用作霉菌的属名，于是在 1992 年改为蛇样（Serpulina）属，

Th 和 Ti 分别更名为猪痢疾蛇样螺旋体（Serpulinahyodysenteriae，Sh）和无害蛇样螺旋体（S. innocens，Si）。Sh 为革兰氏阴性，耐氧和厌氧，长 6μm~8.5μm，直径 0.32μm~0.38μm。松卷曲，有动力和溶血性。具有 7~13 根内鞭毛，从每端插入，至原生质圆柱部重叠。整个菌种被一层疏松外膜所覆盖。Kimyon 等（1979 年）和 Lemcke 等（1981 年）对 Sh 和 Si 的培养特性作了比较，二者均能对有限的碳水化合物发酵，通常为葡萄糖和麦芽糖产酸，发酵终末产物为醋盐、丁酸盐、H_2 和 CO_2。能使丙酮酸盐降解，但不能使乳酸盐降解。过氧化氢酶、细胞色素氧化酶、H_2S、明胶水解、肉质水解、甘氨酸耐量、淀粉水解和尿素酶等试验均为阴性。胆汁耐量、七叶苷水解和碘乙酸耐量等试验均为阳性。Sh 可以果糖发酵（-）、靛基质产生（+）、β 溶血（强）和对猪及小鼠肠致病（+）与 Si 某些菌株区别。Miao（1978 年）发现 Sh 和 Si 的 C+G 含量极低（25.8%），DNA 顺序二者仅有 28%相同，而 Sh 菌株之间则有 75%相同。Baum 等（1979 年）对 Sh 酚抽提物的水相物（LPS）用琼脂凝胶扩散试验可分成 4 种血清型。Mapother 等（1985 年）发现另外 3 种血清型。Lemcke 等（1984 年）也发现 3 种新血清型，但与前 3 种未作比较。Li 等（1991 年）在加拿大发现了血清 8 型和 9 型。Hampson 等（1989 年，1990 年）对北美、欧洲和澳大利亚 Sh 菌株的 LPS 进行了研究，建议 LPS 血清型应修正为血清群（目前已有 A~I 9 个群）每群含有几个不同血清型。在美国分离的大部分属血清 1 型、2 型，而在欧洲和澳大利亚分离的血清型比较分散。至今未见 Sh 血清型之间有毒力差异的报道。

（二）历史及地理分布

SD 在 1919 年美国就有发生，1921 年由美国 Whiting 首次报道并命名以来，至今已呈世界性分布。在 1971 年首次报道猪痢疾病原分离成功，我国 1978 年从美国进口的种猪发现该病，而后疫情迅速扩大。近年来不断有新的病例及疫情发生，对 SD 的流行蔓延不容忽视，应引起高度重视。

SD 在下列国家（地区）发生：

美洲：美国、加拿大、墨西哥、古巴、巴西、哥伦比亚、阿根廷、特立尼达和多巴哥。

欧洲：比利时、保加利亚、丹麦、芬兰、法国、德国、希腊、荷兰、匈牙利、爱尔兰、意大利、挪威、波兰、葡萄牙、罗马尼亚、西班牙、瑞典、英国、捷克斯洛伐克等。

非洲：摩洛哥、肯尼亚、赞比亚、几内亚、津巴布韦、尼日利亚、南非、坦桑尼亚。

亚洲：老挝、韩国、马来西亚、日本、中国、泰国。

大洋洲：澳大利亚、新西兰。

（三）流行病学

猪痢疾密螺旋体具有非常强的抵抗外界环境的能力，如在室温条件下能够生存几天，粪便中、污染的土壤以及新鲜的水中的病原体能够在4℃条件下生存几个月，但是有较弱的抵抗消毒药的能力，大部分消毒药都可使其被杀死。该病主要是平均体重为30kg～35kg、日龄42d～84d的猪易感。一般来说，体重超过20kg的育肥期猪较易感染，感染率能够达到80%左右，其中大约有36%～67%会发生下痢，有30%～50%呈现无症状感染，感染持续期通常可达到14d，最长甚至能够达到42d。

SD的主要传染源是携带猪痢疾密螺旋体的动物，该菌的宿主范围广泛，包括猪、犬、鸡等多种家禽、野生水禽、野鸟等。尤其是隐性感染或者未彻底治愈的猪也是该病的重要传染源，而康复病猪也能够持续几个月带菌并排菌。患病动物和携带病原体动物排出的粪便中含有大量病菌，非常容易造成猪舍地面、饮水、饲料、用具、饲槽以及母猪的体表、奶头污染，从而使易感猪感染。

（四）发病机理及病理变化

SD的发生与饲养管理环境密切相关，如饲养管理不到位、圈舍保温性较差、持续积聚大量有毒有害气体、猪群饲养密度过大、缺乏营养等，都是导致该病的暴发和流行的重要因素。该病往往会混合感染沙门氏菌及胞内劳森氏菌等，也可混合感染其他病原体。只要发生混合感染，就会导致病情更加复杂。

本病的特征性病变主要在大肠（结肠、盲肠），尤其回、盲肠结合部，而小肠一般没有病变。剖检见病尸明显脱水，显著消瘦，被毛粗刚和被粪便污染。急性期病猪的大肠壁和大肠系膜充血、水肿，肠系膜淋巴结也因发炎而肿大。结膜黏膜下的淋巴小节肿胀，隆凸于黏膜表面。黏膜明显肿胀，被覆有大量混有血液的黏液。当病情进一步发展，大肠壁水肿减轻，而黏膜表层形成一层出血性纤维蛋白伪膜。剥去假膜，肠黏膜表面有广泛的糜烂和潜在性溃疡。当病变转为慢性时，黏膜面常被覆一层致密的纤维素性渗出物。本病的病变分布部位不定，病轻时仅侵害部分肠段，反之则可分布于整个大肠部分，而发病后期，病变区扩大，常呈广泛分布。

病理组织学的特征：病初由于肠黏膜，然后肠黏膜上皮坏死脱落，毛细血管裸露，破裂或通透性增大，故大量红细胞和纤维蛋白渗出，并于坏死的上皮混在一起被覆在黏膜表面。肠腺病初因杯状细胞与上皮细胞增生而伸长；病重时常发生萎缩、变性和坏死。镀银染色时常在黏膜表层和腺窝内发生大量猪痢疾蛇样螺旋体，有的密集呈网状。

一般而言，本病的病理变化主要局限于黏膜和黏膜下层，而肌层和外膜的病变轻微或无变化。

（五）临床症状

各种年龄、品种的猪都可感染 SD 并发病，但以仔猪发病率高，死亡率也高。康复猪排毒至少有 89d。新疫区可出现无症状突然死亡的病例；老疫区则成慢性经过，病猪反复消瘦，消瘦贫血，生长发育不良。本病的主要症状表现为轻重程度不等的腹泻。在污染的猪场，几乎每天都有新病例出现。病程长短不一，通常可分为以下几种：

最急性型：此型病例偶尔可见，病程仅数小时，多腹泻症状而突然死亡；有的先排带黏液的软便，继而迅速下痢，粪便色黄稀软或呈红褐色水样从肛门中流出；重症者在 1d~2d 间粪便中充满血液和黏液（如图 2-36 和图 2-37 所示）。

图 2-36　SD 典型的血便

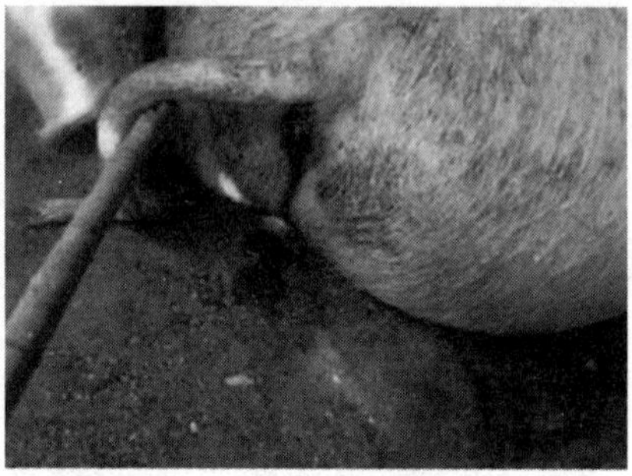

图 2-37　SD 导致猪只拉血便

急性型：大多数病猪为急性型。初期，病猪精神沉郁，食欲减退，体温升高（40℃~40.5℃），排出黄色至灰红色的软便；继而，发生典型的腹泻，当持续下痢时，可见粪便中混有黏液、血液及纤维素碎片，使粪便呈油脂样或胶冻状，棕色、红色或黑红色。此时，病猪常出现明显的腹痛，弓背吊腹；显著脱水，极度消瘦，虚弱；体温由高下降至常温，死亡前则低于常温。急性型病程一般为1~2周。

亚急性和慢性型：病猪表现时轻时重的黏液出血性下痢，粪呈黑色（称黑痢），病猪生长发育受阻，进行性消瘦；部分病猪虽然可以自然康复，但这样康复后的猪，经一定时间后还可以复发。本型的病程较长，一般在1个月以上。

（六）诊断

临床上猪病中有许多肠道疾病的症状容易与SD混淆，临床诊断SD要准确区分其他肠道疾病与猪痢疾不同的典型症状。SD临床诊断的主要特征是大肠黏膜卡他性、出血性及坏死性炎症、腹泻、勃液性或勃液出血性下痢。胞内劳森氏菌引起的回肠炎与猪痢疾的症状极其相似，关键在于小肠是否出现病变，猪痢疾并不侵害小肠；猪霍乱沙门氏菌的感染也容易与SD混淆，实质性器官和淋巴结出血和坏死是沙门氏菌病的症状，而SD并不导致实质性器官的病变。

根据流行特点、临床症状和病理特征可做出初步诊断；但类症鉴别困难或需进一步确诊时，应进行实验室检查。实验室检查常用镜检法，即取新鲜粪便（最好为带血丝的黏液）少许，或取小块有明显病变的大肠黏膜直接抹片，在空气中自然干燥后经火焰固定，以草酸铵结晶紫液、姬姆染色液染色3min~5min，涂片水洗阴干后，在显微镜下观察，可看到猪痢疾蛇样螺旋体，或将上述病料1小滴置于载玻片上，再滴1滴生理盐水，混匀，而后盖上玻片，以暗视野显微镜检查（400倍），发现有呈蛇样活泼运动的菌体时，即可确诊。

（七）防控/防制措施

对于猪痢疾，目前无成熟可靠的商业化疫苗可用，对发病个体采取有针对性的抗菌药物治疗，可以取得明显的效果。泰乐菌素、林可霉素、痢菌净、克林霉素、泰妙菌素、伐奈莫林等抗菌药物均对病原有特效。然而随着抗生素的广泛使用，在世界范围内，病原对泰乐菌素普遍耐药。

控制本病主要采取综合防治措施。杜绝从 SD 检测阳性的猪场引种或进猪。如果要引入，则要做好猪只进场前的隔离观察、检疫和净化工作，采用全进全出的换群连续流程体系，能有效降低生产猪群的感染风险。环境对猪病的发生有着密切的影响。猪场要按消毒程序定期进行消毒，加强饲养管理，灭鼠、灭蝇，通风保持室内外干燥，对粪便采取无害化处理，对猪的饲料和饮水添加抗生素和营养物质，提高猪的抵抗力。病猪的饮水应该加入含氯的消毒剂，饲料中添加药物进行治疗。

发病猪场的猪应该全部淘汰，彻底消毒和清理。猪舍要保持 3~4 个月以上的空舍，之后再购进健康的猪。治愈后的病猪产生了免疫能力，并在体内发现了抗体，可制成抗血清，给其他猪注射，提高猪对猪痢疾的抵抗能力。结合清除粪便、消毒、干燥及隔离等措施，可以控制猪痢疾病的发生，甚至可以净化猪群。

（八）风险评估

1. 传入评估

SD 在全球范围内都十分流行，呈全球分布，并且发病数在不同国家、不同地域有明显的不同。该病的发病率以美国、欧洲、大洋洲等发达地区较高，发病十分普遍。在发病的区域，患病动物和携带病原体动物排出的粪便中含有大量病菌，该病原有较强的生存能力，其在猪的粪便中存活时间最长可以达 112d，非常容易造成猪舍地面、饮水、饲料、用具、饲槽以及母猪的体表、奶头污染，从而使整个猪群感染甚至是屠宰加工厂、食品生产线都遭到全面的污染。

此外，该病病原具有广泛的宿主，包括猪、犬、鸡等多种家禽、野生水禽、野鸟以及人等，养殖场周边的鼠、蝇也是该病病原的携带者，因此一旦感染此病，极易造成在感染区域内的循环传播及大面积的散播，受污染面广，难以防控。

我国几乎每年都要从欧美等发达国家进口大量的生猪及其产品，这些国家很多都是 SD 感染的国家，如检疫不严格，就有疫情传入的风险。我国最早就是从美国引进的种猪中检测发现的 SD 病原。

2. 暴露评估

该病对保育后期、育肥前期的猪群易感。我国是传统的生猪养殖大国，猪群养殖量巨大，由于养殖过程中没有针对该病的疫苗，因此这些猪群几乎没有免疫抵抗力，一旦传入，发生 SD 疫情的风险较大。

我国家畜家禽品种繁多，部分地区畜禽养殖密度大，生物安全防控不全面，养殖场内鼠、蝇等媒介生物频繁出现；农村或偏远地区，畜禽混养或养殖区域距离很近，一旦传入 SD 病原，发生大面积感染的疫情风险巨大。

3. 后果评估

当前 SD 在我国主要养猪省份都有报道。近些年来，通过大量使用抗生素，我国各猪场基本抑制了该病的流行，但是也给病原的分离研究工作带来困难。而且目前随着抗生素的大量使用，耐药性菌株随之出现，加之目前我国尚无有效的商用疫苗，这些都严重影响了 SD 的防治。加之由于 SD 病原宿主范围广泛，一旦发生感染，会造成该病大面积的散播及无季节性、循环往复式的感染，难以清除。此外，由于国外不同血清型病原的传入，大大增加了该病防控难度，更是使原本难以防控的 SD 雪上加霜，给我国养殖行业及对外动物及动物产品贸易带来巨大的经济损失。

十六、猪传染性胸膜肺炎

猪传染性胸膜肺炎（Porcine Contagious Pleuropneumonia，PCP）是由胸膜肺炎放线杆菌（*Actinobacillus pleuropneumoniae*，App）引起的猪肺脏出血、坏死和纤维素性渗出为主要病变特征的高度接触性、致死性呼吸道传染病。该病发病急、死亡快、死亡率高，所有年龄猪均易感，并且易继发其他疾病，导致生长受阻，饲料利用率降低，给养猪业造成巨大损失。病的严重程度与免疫状况有关，病原可以在未免疫群迅速传播。

（一）病原

胸膜肺炎放线杆菌（*Actinobacillus pleuroplneumoniae*，App）以前也称副猪嗜血杆菌（*Haemophilus pleuropneumoniae*）、副溶血嗜血杆菌或猪胸膜肺炎嗜血杆菌，后根据其表型（phenotype）和 DNA 杂交水平均与放线杆菌属的林氏放线杆菌有较高的同源性，于 1983 年起更名为猪胸膜肺炎放线杆菌，并将其归为巴氏杆菌科（Pasteurellaceae）放线杆菌属（*Actinobacillus*）。

App 革兰氏染色阴性，在新鲜病料中呈两极着色。散在排列，有荚膜和鞭毛，不形成芽孢，为多形态的小球杆菌，一般长为 60nm~450nm、宽为0.5nm～2nm，菌体有周身菌毛，具有运动性。兼性厌氧或需氧，大部分血清型培养时需要添加V因子（即NAD，烟酰胺腺嘌呤二核苷酸，Nicotinamide Adenine Dinucleotide）。最适生长温度为37℃。绝大部分血清型需要5%～10% CO_2才可生长。鲜血琼脂平板培养24h的菌落，针尖大小，圆形，稍凸，边缘整齐，有黏性，具有溶血性，可产生稳定的β溶血，金黄色葡萄球菌可增强其溶血性（CAMP试验阳性），初次分离培养可出现卫星现象；在巧克力琼脂平板上经37℃ 24h培养生长的菌落比上述在鲜血琼脂平板生长的菌落稍大，形态相同。常用培养基为巧克力培养基，在普通培养基上不生长。

根据培养时是否需要添加V因子，可将胸膜肺炎放线杆菌分为生物Ⅰ型和生物Ⅱ型。生物Ⅰ型为NAD依赖型，生物Ⅱ型为NAD非依赖型。据报道，所有血清型App均可能致病，只是各血清型之间致病的严重程度有显著差异。长期以来，认为生物Ⅰ型菌株毒力强，对猪具有较强的致病性；生物Ⅱ型菌株毒力弱，常引起局部病变，但目前后者也可以引起致死性胸膜肺炎。根据App的荚膜抗原（Capsular polysaccharide，CP）和细菌LPS的不同，将胸膜肺炎放线杆菌分为15个血清型，其中1型和5型又分为1a、1b和5a、5b两个亚型。血清1～12型、血清15型属于生物Ⅰ型，血清13、14型属于生物Ⅱ型。App血清1～12型是典型的生物Ⅰ型，App血清15型发现较晚。各型之间无很好的交叉免疫性。各血清型的毒力有差异，其中，血清1、5、9、11型4种血清型致病力最强，临床上暴发的具有严重肺损伤和高死亡率的App一般都是由血清1、5、9、11型引起的。10^2CFU的1型菌可使猪发病，10^5CFU可致猪死亡。由于临床资料少，根据菌株的致病性及产生毒素种类的差异，普遍认为生物Ⅰ型中S3型毒力比其他型弱。S3是否致病，不同的研究得出不同的结论。1982年丹麦Nielsen将3株欧洲的S3菌株与其他5个型的菌株进行了比较。S3的10^9菌未产生临床症状或胸损伤，说明这几株S3菌株无致病力或致病力非常弱。Mittal 1984年通过猪鼻腔感染$10^{7.3}$的S3（S1421）菌，未发现有致病性，但血清学阳性。另外，1984年美国Sharpee用未知来源的S3通过鼻腔感染猪，出现胸腔损伤，且产生的严重程度至少与其他型（1、4、5）感染相当。1987年英国Brandreth使用5个英国S3菌株及4个S2菌株（包括1个丹麦S2菌株）分别鼻腔感染猪，结果S2菌株和S3菌株都有致病株和非致病株。4 个 S2 型菌株（包括丹麦菌株）以及 2 个 S3 菌株都产生不同程度的肺实变，伴随脓肿和胸膜炎。1 个感染 S3 型的猪产生化脓性关节炎和腱鞘炎。英国的 2 株 S2 菌株比丹麦标准的 S2 菌株毒力更强，2 个英国 S3 菌株几乎与两个英国的 S2 菌株毒力相当。以上研究表明，除型之间毒力有差异外，同一个型不同来源菌株之间也有差异。目前，血清型与生物型关系的区分也不是绝对的。

本菌抵抗力不强，对常用消毒剂敏感，60℃ 5min～20min 即可被杀死。4℃下通常存活 7d～10d。不耐干燥，排出到环境中的病原菌生存能力非常弱，而在黏液和有机物中的病原菌可存活数天。对结晶紫、杆菌肽、林肯霉素、奇霉素（又称壮观霉素）有一定的抵抗力。对土霉素等四环素族抗生素、青霉素、泰乐菌素、磺胺嘧啶、头孢类等药物较敏感。本病的发生受外界因素影响很大，气温剧变、潮湿、通风不良、饲养密集、管理不善等条件下多发，无明显季节性，但一般冬、春季节多发。

（二）历史和地理分布

该病由 Pattison 等于 1957 年首次在英国报道，Shope 于 1964 年从阿根廷暴发 PCP 的猪群中分离到病原，此后在欧洲、美国、加拿大、日本、韩国、澳大利亚等地陆续发生。我国于 1987 年首次发现本病，此后流行蔓延开来，危害日趋严重，成为猪细菌性呼吸道疾病的主要疫病之一。

在一定的地域，App 通常有一个或者几个主要血清型。App 在世界各地的血清型及流行型分布见表 2-1。

表 2-1　胸膜肺炎放线杆菌血清型地理分布

国家（地区）	流行血清型	主要血清型
阿根廷（Argentina）	1，2，3，5，12	1
澳大利亚（Australia）	1，2，3，7，12	1
比利时（Belgium）	2、3、6、7、8、9、11	3
巴西（Brazil）	1，3，4，5，7，9	5，3
加拿大（Canada）	1，2，3，5，6，7，8，10	1，5，7
智利（Chile）	1，5	1，5
克罗地亚（Croatia）	2，7，8，9	2，9

续表

国家（地区）	流行血清型	主要血清型
捷克（Czechoslovakia）	1，2，7	2
丹麦（Denmark）	1，2，3，5，6，7，8，10，11，12	2
法国（France）	2，3，7，8，9	9
德国（Germany）	2，3，4，5，6，7，9，10	9，2，7
匈牙利（Hungary）	1，2，3，5，6，7，9，10	3，2，7
意大利（Italy）	1，2，3，4，5，7	5
爱尔兰（Ireland）	3	3
日本（Japan）	1，2，3，5，6，7，8，9，12	1，2
韩国（Korea）	2，3，5，7	5，2
墨西哥（Mexico）	1，2，3，4，5，6，7，8，9	1，8
荷兰（Netherlands）	1，2，3，5，7，8，9，11	2，9，11
挪威（Norway）	2	2
波兰（Poland）	1，2，5，9	1，9
西班牙（Spain）	1，2，3，4，5，6，7，8，9，10，12	4，7，2
瑞典（Sweden）	2，3，4	2
瑞士（Switzerland）	2，3，7，9	2
中国台湾（Taiwan，China）	1，2，3，5	1，5
英国（UK）	1，2，3，5，6，7，8，10	2，3，8
美国（USA）	1，3，5，7，8，9	1，5
委内瑞拉（Venezuela）	1，7，4，2，3，6	1
中国（China）	1，2，3，4，5，6，7，8，9，10	3，7

各地 App 的流行型也在变化，比如，加拿大 1993 年前流行 1 型，1993 年后主要流行 5 型，其次为 7 型。北美以前没有 4 型，Lebrun 等于 1999 年首次报道北美有血清 4 型。猪可以混合感染一个以上型的 App，加拿大魁北克分离的 360 个菌株，混合 2 个型以上的占 12%，包括 1 型分别与 2 型、3 型、5 型、7 型混合感染，以及 1 型、2 型、5 型，1 型、5 型、7 型混合感染。最多的是 1 型与 5 型混合感染，占 7%，其次为 1 型与 2 型，占 3%。

（三）流行病学

App 有严格的种属特异性，一般只感染猪，但也有例外。曾有报道称从一例羔羊关节炎病例中分离到 S5 型菌株。上海海关曾用 App 免疫兔，S1 型引起兔死亡。各种年龄、性别的猪都有易感性，其中 6 周龄至 6 月龄的猪较多发，由于初乳中母源抗体的存在，以 3 月龄仔猪最为易感。本病的发生多呈最急性型或急性型病程而迅速死亡，急性暴发猪群，发病率和死亡率一般为 50%左右，最急性型的死亡率可达 80%~100%。急性期死亡率很高，与毒力及环境因素有关，其发病率和死亡率还与其他疾病的存在有关，如伪狂犬病、蓝耳病。另外，转群频繁的大猪群比单独饲养的小猪群更易发病。

病猪和带菌猪是本病的传染源。种公猪和慢性感染猪在传播本病中起着十分重要的作用。App 主要通过空气飞沫传播，在感染猪的鼻汁、扁桃体、支气管和肺脏等部位是病原菌存在的主要场所，病菌随呼吸、咳嗽、喷嚏等途径排出后形成飞沫，通过直接接触而经呼吸道传播。也可通过被病原菌污染的车辆、器具以及饲养人员的衣物等而间接接触传播。猪群的转移或混养，拥挤和恶劣的气候条件（如气温突然改变、潮湿以及通风不畅）均可引起本病发生或加速疾病传播，使发病率和死亡率增加。

（四）发病机理及病理变化

App 的致病因子主要有：溶血素（Hly）、荚膜多糖（CP）、LPS、黏附素、外膜蛋白（OMP）及转铁结合蛋白（Tbp）等，其中溶血外毒素是引起宿主肺部病变的最主要因素。

App 可产生 4 种溶血毒素：Apx Ⅰ、Apx Ⅱ、Apx Ⅲ和 Apx Ⅳ，这些毒素对肺泡巨噬细胞、肺内皮细胞及上皮细胞具有潜在毒性并伴随细胞毒性，能杀灭宿主肺内的巨噬细胞和损害红细胞，是引起肺部严重病损的主要原因。这些毒素都属于 RTX（Repeat in Structure Toxin）毒素家族，且不同血清型的 App 所分泌的毒素种类不同，毒素的溶血性及细胞毒性也不同，因此可以作为分型的依据之一，Apx 毒素在不同 App 血清型中的分布见表 2-2。

表 2-2 Apx 毒素在不同 App 血清型中的分布

毒素类型	App 血清型	毒性
ApxⅠ	1、5、9、10、11、14	强溶血性，强细胞毒性
ApxⅡ	1、2、4、5、6、7、8、9、11、12、13、14、15	强溶血性，中毒细胞毒性
ApxⅢ	2、3、4、6、8、15	无溶血性，强细胞毒性
ApxⅣ	1、2、3、4、5、6、7、8、9、10、11、12、13、14、15	未知

ApxⅠ分布在血清型 1、5、9、10、11、14 的菌体内；ApxⅡ除 3、10 型以外的其他血清型均分泌；ApxⅢ由 2、3、4、6、8、15 血清型分泌。ApxⅠ具有强溶血性，强细胞毒性。ApxⅡ具有强溶血活性和中毒细胞毒性，而ApxⅢ无溶血性，只有强细胞毒性作用。这三种 App 毒素不仅是 App 致病的主要毒力因子，也是 App 主要的保护性抗原。ApxⅣ存在于所有血清型中，但仅在体内分泌，体外培养的细菌不能分泌该毒素。只有当 App 在动物体内时，ApxⅣ才会被诱导表达，在任何培养基上均不表达。这是 App 中迄今发现的唯一一个只在体内表达的基因。

App 的荚膜多糖由五碳糖、六碳糖及类脂 A 所组成，各血清型荚膜多糖之间的差异是 App 血清型的划分依据。每个血清型的 App 的荚膜多糖都有其独特的组成结构。App 荚膜多糖的免疫原性很差，提纯的荚膜没有毒性。其主要作用就是保护 App 不被补体结合，从而避免被杀死。相比较而言，没有荚膜的突变株一般都很容易被宿主的防御系统所清除。App 不同血清型的毒力不同，与荚膜也有一定关系。另外，菌株产生荚膜的数量、荚膜的类型以及荚膜分泌机制与 App 对猪的致病性有关，也是影响 App 毒力的因素之一。

App 的 LPS 既是抗原又是内毒素，也是良好的有丝分裂原。LPS 是 App 外膜的重要组成成分，在 App 的致病方面起到了一定的作用。LPS 内毒素可以刺激机体的防御系统，活化巨噬细胞，排除感染菌；另外，LPS 内毒素还可能引起全身组织出血性坏死，同时引起肺损伤，但没有出血和坏死现象。App LPS 的免疫原性很弱，刺激产生的 LPS 抗体只能抵抗发病，不能抵抗感染，但具有血清型的特异性，只能对 App 的攻击提供部分的保护。有些血清型的 LPS O-链显示结构相似性或同一性，这可以解释血清 1 型、9 型和 11 型之间，血清 3 型、6 型和 8 型之间，血清 4 型和 7 型之间的交叉反应。提纯的 LPS 能对肺组织造成损伤，但这种损伤与因感染胸膜肺炎放线杆菌而形成的坏死病灶及溶血病灶不同。LPS 可以和外毒素相互作用而增加 App 的毒力。而且，LPS 与 App 的吸附有关，约 83%的具有光滑型 LPS 的 App 可以大量吸附在气管上，而约 80%的具有半光滑型的 App 很难吸附在气管上，这说明 LPS 是 App 定居于猪上呼吸道上不可缺少的一个因子。

App 的其他毒力因子如黏附素、外膜蛋白、转铁蛋白等在致病过程中也起到了一定的作用。细菌靠其黏附素与宿主细胞表面的受体结合而得以入侵和繁殖。App 在下呼吸道的黏附作用可能会导致高浓度的溶血毒素散布于真核细胞的表面，从而在致病的初始阶段表现出其重要的致病性。外膜蛋白（Outer Membrane Protein，OMP）是外膜的主要结构。研究发现，App 的 OMP 具有致病作用。首先是吸附作用；其次 OMP 有助于 App 通过防御屏障；最后有助于 App 逃避免疫防御。App 的外膜蛋白具有良好的免疫原性，不仅可激发机体的体液免疫，而且可以引起细胞免疫。App 要在猪呼吸道持续存在并繁殖，必须有转铁结合蛋白。除了以上几种主要的毒力因子外，App 还有一些不为人们所充分了解的毒力因子，其中包括蛋白酶及所谓的渗透因子等。

（五）临床症状

人工感染猪的潜伏期为 1d~7d 或更长。由于动物的年龄、免疫状态、环境因素以及病原的感染数量的差异，临诊上发病猪的病程可分为最急性型、急性型、亚急性型和慢性型。最急性型：猪群中突然有 1 头或几头猪发病，并可在无明显征兆下死亡。随后，疫情发展很快，病猪体温升高达 41.5℃以上；精神委顿、食欲明显减退或废食，张口伸舌，呼吸困难，常呈犬坐姿势；口鼻流出带血性的泡沫样分泌物，鼻端、耳及上肢末端皮肤发绀，可于 24h~36h 内死亡，死亡率高。急性型：病猪精神沉郁，食欲不振或废绝，体温升高至 40.5℃~41℃；呼吸困难，喘气和咳嗽，鼻部间可见明显出血。整个病情稍缓，通常于发病后 2d~4d 内死亡，耐过者可逐渐康复，或转为亚急性型或慢性型。亚急性型或慢性型：临诊症状不甚明显，仅见食欲不振，精神欠佳，增重缓慢，饲料转化率下降，成为危险的带菌者。当受到严重应激或其他病原（如支原体、多杀性巴氏杆菌等）侵染时，可激发而使之转化为急性型。急性暴发2~3周后因猪群免疫力的增强而使发病率降低。在慢性感染群中往往因为应激而突然发病，在免疫过的成年猪中往往无临床病例。然而急性病例有时可见于3~8周龄的猪，这时母源抗体水平已经很低，初次暴发时可能会发生流产。App也可加剧其他呼吸道病的发作。

（六）诊断

对于本病的诊断，仅仅依靠临床症状和流行病学特点很难确诊，确诊还需要借助实验室诊断技术。目前，国内外常用的App诊断方法有病原分离鉴定、血清抗体检测及分子生物学诊断。

1. 病原分离鉴定

病原分离鉴定主要是针对病原检测，主要方法有：病原的分离（一般急性病例在死亡猪只的鼻腔、气管及分泌物、扁桃体、肺部组织及分泌物、心包积液中比较容易分离到细菌，但一些亚临床感染猪，病原菌在上呼吸道数量较少，且受上呼吸道共生菌的影响，使得病原菌分离非常困难）、培养特性的研究（包括对培养条件的要求以及最适生长培养基等）、生化特性的测定（主要包括CAMP实验，葡萄糖、蔗糖、麦芽糖、甘露糖、乳糖发酵，V-P试验，M. R试验，以及柠檬酸盐利用试验等）、动物实验等。蔡宝祥等在加有V因子的巧克力琼脂上培养24h~48h，可形成1mm~2mm不透明菌落，在牛羊血液琼脂上，产生β溶血。也有介绍在加有V因子的牛心肌浸汁培养基或PPLO培养基上，37℃培养6h~8h就可出现菌落。逯忠新等用病肺组织接种于马血胰蛋白胨大豆汤巧克力琼脂平皿，37℃培养24h，长出直径为1mm~2mm的菌落。Veronika Huter等用含有0.01%NAD的PPLO琼脂培养基在37℃，含10% CO_2的条件下培养细菌，6h就可产生菌落。李树清等对免疫磁珠分离App的方法进行了研究。Gagne等曾用免疫磁化法选择性地分离App血清1型菌株，免疫磁化技术的敏感性是直接培养基的1 000倍以上。Angen等报道了用免疫磁珠分离App血清2型病原，检测限量可达到10 CFU/mL。尽管免疫磁珠分离法可分离App，但这种方法基于的原理是免疫学的抗原抗体反应。

2. 血清抗体检测

（1）补体结合试验（CFT）

CFT 是用来检测 App 最早的血清学方法。1971 年瑞士 Nicolet 首次用改良补反试验检测猪胸膜肺炎。1986 年国际 App 病研究协作组成立以后，研究并肯定了改良补反试验为较敏感、特异的主要血清学方法。具体方法主要参照美国公共卫生专题论文第 74 期标准补体结合试验方法进行。朱士盛等人分别制备盐水-全细胞抗原、酚水抗原、超声波处理抗原、荚膜抗原用于改良补反试验，结果以盐水全细胞抗原方法简便、效价高、重复性好。在试验中，App 抗原改良补反试验与喘气病、猪瘟、猪萎缩性鼻炎、猪肺疫、猪流感无交叉反应，在流行病学调查中尤为重要。CFT 的特异性比间接血凝试验（IHA）高，能够将副溶血性嗜血杆菌（*Haemophilus parahaemoelyticus*）与 App 区别开。但该方法敏感性较差，而且操作烦琐，只能在实验室进行。

（2）乳胶凝集试验（LAT）

THOMAS JI 在 1995 年使用一种荚膜抗原特异的 IgG 抗体来检测 App 菌体或组织样品。这种方法灵敏度和特异性较好，不仅能从肺脏组织、鼻腔中而且能从尿液中检测出 App，并且不与多杀性巴氏杆菌、副猪嗜血杆菌和猪放线杆菌反应。

（3）间接血凝试验（IHA）

朱士盛等人于 1987 年用 IHA 检测猪胸膜肺炎。1999 年逯忠新等报道用处理过的绵羊红细胞经 App 抗原致敏后，用间接血凝试验来检测猪传染性胸膜肺炎病猪血清抗体。本检测方法适用于猪传染性胸膜肺炎流行病学的调查和定性。IHA 具有敏感、特异、适用和可早期诊断的特点。

（4）琼脂扩散试验

朱士盛等人于 1999 年用分离到的 App HT 株制备酚水抗原，超声波处理抗原和 CTAB 处理抗原，分别与自制的 App 1～12 型血清做琼脂扩散试验，与 8 型反应呈阴性。其中尤以酚水抗原最佳，沉淀线最清晰。

（5）ELISA

ELISA 有型特异性和种特异性两种。型特异性 ELISA 是指只能对某一种血清性的 App 作出检测的 ELISA 方法。该 ELISA 方法可以鉴定出猪传染性胸膜肺炎并能区分出血清型，但是区分过程较为烦琐，并且每个血清型都要进行检测，工作量大，耗时。种特异性 ELISA 是指能对所有血清型的 App 作出检测的 ELISA 方法。该 ELISA 方法可以鉴定出猪传染性胸膜肺炎，以区别于猪的其他类传染病，但是不能区分血清型。

1981 年 Nicolet 等使用 EDTA 提取抗原建立了 App 间接 ELISA 检测方法。试验结果证明 ELISA 敏感性和特异性都高于 CF，是替代传统 CF 的理想方法。BOSSE 等用含有血清 1 型、5 型、7 型特异性 LPS 的混合抗原建立 ELISA 方法来检测 App。1991 年丹麦国家兽医试验室建立了阻断 ELISA 检测 S2 型的方法，作者比较了阻断 ELISA 和 CF 的敏感性，ELISA 方法敏感性高于 CF 试验，两者相符率 80%（77/96），文章还认为，由于该方法采用了热处理抗原建立的阻断 ELISA，敏感、特异，可以替代之前建立的 CF、试管凝集试验和间接 ELISA 试验。1992 年加拿大 Sophie R 使用生理盐水提取抗原建立了检测 S5a 和 S5b 的间接 ELISA 方法，该文结果表明 App LPS 是特异的抗原，可以用于间接 ELISA 检测 S5 型抗体。Loftager、Nielsen 等人于 1993 年报道了用 ELISA 检测黏膜和血清之中 App 血清 2 型抗体，检测黏膜如唾液、鼻液、支气管泡液中的抗体可用于诊断 App 早期感染猪。1993 年丹麦国家兽医试验室 R. Nielsen 建立了检测 S8 型的阻断 ELISA 方法，试验表明，阻断 ELISA 试验能分辨出 App 血清 8 型感染的患畜与其他各型感染的患畜，包括抗原性相关的血清 3 型、6 型感染猪。该方法敏感性高于 CF，两者的相符率为 95.8%（69/72），作者认为文章建立的 S8 阻断 ELISA 是用于监测 App 有用工具。Jiannen 等于 1990 年建立了种特异性的间接 ELISA 方法。以 5 型 App 的培养物上清（主要成分是 Apx Ⅰ和 Apx Ⅱ）浓缩后免疫兔子，制备的抗血清经亲和纯化后包被 ELISA 酶标板。该方法的稳定性和重复性好，虽然对不同血清型检测结果的强弱不同，但仍然可以出现阳性反应。Leiner 等（1999 年）以原核表达的 Apx Ⅱ的重组蛋白作为抗原，建立了种特异性的 ELISA 诊断方法，因 Apx Ⅱ在除 3 型、10 型外所有的血清型中都可以表达，所以该方法理论上可以对几乎所有的 App 感染作出检测。Klausen 等人于 2001 年报道用阻断 ELISA 检测 App 血清型 6 抗体的方法。用该方法检测 App 生物Ⅰ型的 12 个血清型试验感染猪血清，试验表明，该试验与血清 3 型、8 型有交叉反应，但与其他血清型无交叉反应。该方法敏感性 100%，特异性 97%。2001 年 Claes E 等通过检测 S2 型，评估阻断 ELISA 和 CF 的特异性、敏感性，使用独立的、最大概率法估计，在95%置信区间，ELISA特异性、敏感性分别为100%、92.8%，而CF为90.6%和98.6%。Thomas在2001年提出了一种新的ELISA方法，他将App荚膜多糖与生物素结合在一起作为抗原，并用抗生物素蛋白包被酶标板进行ELISA。2004年Dreyfus等使用App毒素Apx IV重组蛋白建立了检测所有血清型的间接ELISA试验方法，方法特异性为100%，敏感性为93.8%。

从以上可以看出，鉴于CF试验费时费力，需要添加小牛血清或者SPF猪血清，部分血清出现抗补体等原因，国外致力于ELISA的研究。从研究结果可以看出，ELISA试验敏感性优于CF，而特异性不同报道有差异。目前，没有国际公认的App参考方法。自1971年建立了改良CF以来，CF作为丹麦猪SPF项目的监测方法，也是诊断的标准方法。但1991年阻断ELISA建立后，丹麦从1994年开始，使用阻断ELISA进行监测，并作为诊断的标准方法。

由于ELISA对抗原纯度要求很高，因而对ELISA检测方法的改进主要在于抗原的纯化。就荚膜抗原而言，其纯化可以通过煮沸细菌收集上清制备，也可用酚三氯甲烷抽提法获得。抗原与酶标板的结合依赖的是亲水作用，而荚膜抗原为多糖，是疏水的，因而其与酶标板的结合力很低，这在很大程度上影响ELISA反应的敏感性和特异性。

（6）其他血清学方法

环状沉淀试验（RPT）、IFA、2-ME试管凝集试验以及凝集和协同凝集试验（Coagglutination Test）都可以用于猪传染性胸膜肺炎的血清分型检测。另外，有的学者还尝试用单克隆抗体技术对App进行分型。但是，这些方法由于敏感性和特异性受到限制，或者由于操作过于复杂，目前一般只限于实验室临床诊断。

我国与种猪出口国如美国、新西兰签订的检验条款，以前均以CF试验为主。但随后与部分国家（如丹麦、加拿大）修订的条款中增加了ELISA方法。

3. 分子生物学诊断

（1）PCR

Frey等（1995年）用PCR分型系统分析了App的毒素基因模式。Terry等建立了一种基于荚膜多糖抗原基因的多重PCR，用来检测放线杆菌血清5型。Angen等根据外膜蛋白部分基因设计了一对引物建立了检测App的PCR方法。该方法灵敏度高，特异性强，检出极限为每反应管1CFU。Gram T等（1999年）报道，280个扁桃体腺分离物的PCR毒素基因分型结果表明，268个（96%）菌株具有反映其血清型的Apx基因。Ahrens等（2000年）报道了编码OmlA基因建立PCR检测App，并据此对血清型分群。Gram T等把他们自己测定的基因序列与Chevalier Kobisch等测定的OmlA基因序列比较，发现除血清8型以外，其余结果都相同。Jennifer A等建立了一种多重PCR方法用来鉴别放线杆菌血清1型、2型和8型。他们仍然采用荚膜多糖部分基因设计引物进行PCR扩增，通过这种方法有效地解决了血清学鉴定中血清6型和血清8型的交叉反应问题。李树清等根据App的ApxⅣA基因序列设计特异性引物建立了检测App 15个血清型的套式PCR、复合PCR以及实时荧光PCR方法。这些PCR方法为App的检测鉴定提供了一定的实验依据，同时也给App的检测带来了新的方法与构想。

（2）核酸杂交检测技术

Min K等（1998年）用PCR扩增610 bp的核酸序列，将PCR产物用非放射性地高辛标记制备核酸探针，对人工感染血清2、5、6型和未定型放线杆菌猪的肺脏进行检测。结果在凝固坏死区，很容易检测到放线杆菌核酸。Hernanz等（1999年）建立了一种App的PCR诊断方法，扩增出基因aroA的一段长1 025bp的片段，随后将这些片段进行酶切分析，结果可将App的12个血清型分成两大群；Victor等（2000年）对App的转铁蛋白tbpA和tbpB进行扩增，并将产物加以酶切分析（PCR-RFLP），可以区分开8个血清型。该法敏感性和特异性都较高，也可以对污染的样品直接进行检测，但操作复杂，消耗大，其结果的可靠性还需进一步检验。CHOIC等（2001年）用PCR扩增自然感染猪的Apx Ⅰ、Apx Ⅱ和Apx Ⅲ基因，并用非放射性地高辛标记制备核酸探针。对于感染血清2型或6型猪的肺脏组织，可以检测到ApxⅡCA、ApxⅢCA、ApxⅠBD和ApxⅢBD的杂交信号；对于感染血清5型的猪，可以检测到ApxⅠCA、ApxⅡCA和ApxⅠBD的杂交信号；若感染血清7型，可以检测到Apx ⅡCA和ApxⅠBD的杂交信号。刁有祥等利用PCR反应扩增出App ApxⅣ基因650bp的DNA，回收并纯化PCR产物，用地高辛标记制备出核酸探针。对App的最

低检出限量为 1.0×10^3 个放线杆菌。对疑似 App 感染病变组织检测结果表明，在扁桃体、鼻腔、气管、肺脏均可检测出 App，以扁桃体的检出率最高。为 App 的诊断和流行病学调查提供了良好的方法。

（3）DNA 指纹识别技术

Rychilk I 等用 DNA 指纹识别技术来对 App 精确分型。选取了 23 个 App 菌株，其中 12 个参照菌株，每个菌株代表一个血清型。对 12 个参照血清型进行分型，用该技术可以区分出 9 个，但重复实验表明，血清 1 型、9 型、11 型之间有很好的相关性，不好区分。在 12 个血清 9 型菌株中可以鉴定 4 个 DNA 型。表明该方法可以用于 App 的诊断与血清分型。Kristina J 等用通用引物 M13、T3～T7 对 App 的 12 个血清型进行扩增，得出了不同的扩增片段。但是，这种方法只能用于纯化的细菌，不能对污染的样品进行检测，而且重复性差，因而没有得到广泛的认同。

（七）防控/防制措施

虽然报道许多抗生素有效，但由于细菌的耐药性，本病临床治疗效果不明显。实践中选用普杀平、强化抗菌剂、帝诺、氟甲砜霉素肌肉注射或胸腔注射，连用 3d 以上；饲料中拌支原净、强力霉素、氟甲砜霉素或北里霉素，连续用药 5d～7d，有较好的疗效。有条件的最好做药敏试验，选择敏感药物进行治疗。抗生素的治疗尽管在临床上取得一定成功，但并不能在猪群中消灭感染。猪群发病时，应以解除呼吸困难和抗菌为原则进行治疗，并要使用足够剂量的抗生素和保持足够长的疗程。本病早期治疗可收到较好的效果，但应结合药敏试验结果选择抗菌药物。一般可用青霉素、新霉素、四环素、泰妙菌素、泰乐菌素、磺胺类等。对发病猪采用注射效果较好，对发病猪群可在饲料中适当添加大剂量的抗生素，每吨饲料添加土霉素 600g，连用 3d～5d，或每吨饲料用利高霉素（林肯霉素+奇霉素）500g～1 000g，连用 5d～7d，或用泰乐菌素（每吨饲料 500g～1 000g）-磺胺嘧啶（每吨饲料1 000g），连用 1 周，可防止新的病例出现。抗生素虽可降低死亡率，但经治疗的病猪常仍为带菌者。药物治疗对慢性型病猪效果不理想。

（1）首先应加强饲养管理，严格卫生消毒措施，注意通风换气，保持舍内空气清新。减少各种应激因素的影响，保持猪群足够均衡的营养水平。

（2）应加强猪场的生物安全措施。从无病猪场引进公猪或后备母猪，防止引进带菌猪；采用“全进全出”饲养方式，出猪后栏舍彻底清洁消毒，空栏1周才重新使用。

（3）对已污染本病的猪场应定期进行血清学检查，清除血清学阳性带菌猪，并制订药物防治计划，逐步建立健康猪群。在混群、疫苗注射或长途运输前1d~2d，应投喂敏感的抗菌药物，如在饲料中添加适量的磺胺类药物或泰妙菌素、泰乐菌素、新霉素、林肯霉素和奇霉素等抗生素，进行药物预防，可控制猪群发病。

（4）疫苗免疫接种。目前国内外均已有商品化的灭活疫苗用于本病的免疫接种。一般在5~8周龄时首免，2~3周后二免。母猪在产前4周进行免疫接种。可应用包括国内主要流行菌株和本场分离株制成的灭活疫苗预防本病，效果更好。

（八）风险评估

1. 传入评估

App是国际公认的危害现代养猪业的重要疫病之一，据报道，欧洲所有国家和美国的部分地区及加拿大、墨西哥、南美、日本、韩国和澳大利亚等国家及中国台湾地区均有该病的发生。尽管在一些国家（地区）流行的是某一种血清型，但是多个血清型经常出现在同一个国家（地区）。美国主要是S1、S5、S7型，丹麦70%暴发的临床病例是S2型引起，其余为S1、S5、S6、S7型。加拿大魁北克从胸膜肺炎急性死亡病例的扁桃体和鼻拭子分离的3 000多株App，经鉴定S1型占68%，S5型占23%，S3、S6、S7、S8、S12型占9%，但从慢性感染病例上分离的菌株以S7型为主，占16%。因此，加拿大的App主要以S1、S5、S7型为主。而荷兰以S9型为主，他们分离的443个分离株，经鉴定，40%为S9型，仅少于3%的为S1型。据报道，从英国、爱尔兰的99个农场分离的122株菌株，S2型为35.8%，S8型为79.9%，S3型为38.3%，S7型为63.3%，S6型为27.5%。在英国主要是S2、S8、S3、S7、S6型。

一些血清型（如S3）在一些国家（地区）的毒力较低且没有造成流行，但在另一些国家（地区）就可能造成流行。各地App的型也在变化，比如，加拿大1993年前流行1型，1993年后主要流行5型，其次7型。北美以前没有4型，Lebrun A（1999年）首次报道北美有血清4型。猪可以混合感染一个以上型的App，加拿大魁北克分离的360个菌株，混合两个型以上的占12%，包括1型分别与2型、3型、5型、7型混合感染，以及1型、2型、5型，1型、5型、7型混合感染。最多的是1型与5型混合感染，占7%，其次为1型与2型，占3%。虽然不同国家具有不同的血清型，但所有血清型都致病，只是致病强弱不同。在美国和加拿大，临床上可以相对地控制该病，但在拉丁美洲和欧洲国家仍然是一个棘手的问题。从急性发病期康复的动物可以持续带菌几个月。因此，App具有广泛的传染源，进口种猪可能为带菌猪。

App存在于病猪和带菌猪的鼻汁、扁桃体、支气管和肺脏等部位，通过空气飞沫传播，病菌随呼吸、咳嗽、喷嚏等途径排出后形成飞沫，通过直接接触而经呼吸道传播。也可通过被病原菌污染的车辆、器具以及饲养人员的衣物等而间接接触传播。已证实，感染的母猪可以把该病传入给后代。在母源抗体水平高时，只有少数的小猪可以感染App，且这些被感染的小猪在断奶后可以把病菌传染给其他猪。本菌可感染各种年龄、性别的猪，特别是3月龄仔猪，我国是生猪饲养大国，所有的猪都是易感动物。猪群的运输、饲养条件的改变均可引起本病发生或加速疾病传播，使发病率和死亡率增加。因此，进口种猪传入App风险非常高，我国曾多次从美国、丹麦、加拿大等国进口的种猪中检出App。该病一旦传入，在种猪场“定居”，将很难根除，对我国的养猪业将会造成很大的影响。

App主要存在于呼吸道，抵抗力不强，对常用消毒剂敏感，60℃ 5min~20min即可被杀死。4℃下通常存活7d~10d。不耐干燥，排出到环境中的病原菌生存能力非常弱，而在黏液和有机物中的病原菌可存活数天。生猪经过宰前宰后检疫，屠宰加工过程实施危害分析与关键控制点（HACCP）管理，其猪肉及其制品传播App的风险较低，至今未见猪肉及其制品引起App暴发的报道。

人工授精或胚胎传播该病的可能性较小，因为生殖道不是传染的常见途径。

2. 暴露评估

猪传染性胸膜肺炎在全世界养猪国家，特别是集约化养猪国家广泛存在，我国有数量巨大的易感动物，通过引种会传入到我国猪群中。

3. 后果评估

本病的发生多呈最急性型或急性型病程而迅速死亡，急性暴发猪群，发病率和死亡率一般为50%左右，最急性型的死亡率可达80%~100%。耐过者可逐渐康复，或转为亚急性或慢性型。亚急性或慢性型病猪临诊症状不甚明显，仅见食欲不振，精神欠佳，增重缓慢，饲料转化率下降，成为危险的带菌者。当受到严重应激或其他病原（如支原体、多杀性巴氏杆菌等）侵染时，可激发而使之转化为急性型。由于病猪死亡、生长受阻、生产力下降和治疗费用而造成巨大经济损失。临床上该病即使使用抗生素治疗，但由于肺部损失的严重性和病原的特点，抗微生物药物在一定程度上不起作用。人们已对病原微生物和疫病进行了广泛的研究，对该病的研究有助于实施高效的消除该病的计划，然而，控制该病最经济的方法还有待于进一步探索。

十七、猪带绦虫病

猪囊虫病（Taenia Solium，也称 Porcine Cysticercosis），是由猪带绦虫的中绦期幼虫——囊尾蚴引起的一种重要的人畜共患寄生虫病，只感染人和猪。此病流行范围甚广，呈世界性分布。发展中国家较为多见，尤以中非、南非、拉丁美洲和南亚地区发病率较高。此病多限于地方性散发，且多呈慢性经过，临床症状不明显而易被忽略，仔猪感染本病后发育不良，肉品质下降，人感染本病会引起不同部位的病变，尤其是脑囊虫病，致残率、死亡率均较高，且难以和其他颅内疾病鉴别，易误诊误治。加强囊虫病流行病学、自然病程和防治措施的研究已成为当前的重要课题。

猪囊虫病是 WOAH 名录内法定报告疫病，《中华人民共和国进境动物检疫疫病名录》将其归类为二类传染病、寄生虫病。

（一）病原

病原体为猪囊尾蚴，其成虫是有钩绦虫或称猪带绦虫，寄生于人的小肠，虫体大，长达1m~2.5m，头节呈球形或略似方形，有4个吸盘，在头节顶端有一个顶突，顶突上有两排小钩。节片很多，约900个。未成熟的节片长度小于宽度，成熟节片近似正方形，孕卵节片的长度大于宽度。从人粪中排出的孕卵节片常常是数节连在一起。孕卵节片内的子宫每侧有7~12个主侧支。猪囊尾蚴寄生在猪肌肉里，特别是活动性较大的肌肉。虫体为一个长约1cm的椭圆形无色半透明包囊，内含囊液，囊壁的一侧有一个乳白色的结节，内含一个由囊壁向内嵌入的头节。通常在嚼肌、心肌、舌肌和肋间肌、腰肌、臂三头肌及股四肌等处最为多见，严重时可见于眼球和脑内。囊虫包埋在肌纤维间，如散在的豆粒，故常称猪囊虫的肉为“豆猪肉”或“米猪肉”。囊尾蚴在猪肉中的数量，可由数个到成千上万个，甚至多到无法计算。

（二）历史及地理分布

古代医籍中称之为寸白虫或白虫。早在公元217年，《金匮要略》中即有白虫的记载，公元610年巢元方在《诸病源候论》中将该虫体形态描述为“长一寸而色白、形小扁”，并指出因炙食肉类而传染。中国《神农本草经》中记录了三种驱白虫的草药。人体感染囊尾蚴早在1558年就为Rumler所发现，以后又由Kuchemeister与Leuchart分别以饲养方式证实了猪囊尾蚴与人体成虫的关系。

猪囊虫病分布于全球，主要流行于一些经济不发达的国家和地区，尤其是东南亚、非洲和拉丁美洲。根据囊虫病流行病学调查，每年至少有5 000万人感染囊虫病，至少有5万人死于脑囊虫病。在秘鲁，大约18.8%的癫痫患者是由猪囊尾蚴引起的。猪囊虫病在我国零星分布，全国各地均有报告。在中国，约10%的癫痫患者是由囊虫病感染引起的，主要分布在西北、东北和西南地区。猪囊虫病不仅给养殖业造成经济损失，而且严重威胁公共卫生安全。

（三）流行病学

1. 易感动物

猪带绦虫感染是人畜共患的一种寄生虫疾病，虫体由600~1 000个节片构成，节片分为头节、颈节、未成熟节、成熟节和孕卵节。每个孕卵节内含3万~5万个虫卵，孕卵节片时常数节同时脱离虫体，孕卵节片破裂后散布污染在自然环境中，在适宜的环境中可生存数周，能感染猪、牛、羊、犬、骆驼及人体；成虫主要寄生于人体小肠内，还可寄生于脑、眼及皮下组织等部位，可能给人的身体健康造成严重影响。人群普遍易感，患者以21~40岁青壮年为主，男女比为（2~5）：1，以农民居多，近年来儿童和城市居民患病率有所增加。

2. 传播方式和传染源

猪带绦虫病患者是囊尾蚴病的唯一传染源。患者粪便排出的虫卵对其自身和周围人群均具有传染性。

吞食猪带绦虫卵经口感染为主要传播途径。感染方式有以下 3 种：

（1）外源性异体感染：因进食被猪带绦虫卵污染的蔬菜、瓜果、饮用水和食物等而被感染。

（2）外源性自身感染：因猪带绦虫病患者手指污染自身粪便中的虫卵而经口感染。

（3）内源性自身感染：猪带绦虫病患者因呕吐引起胃肠道逆蠕动，使虫卵或妊娠节片返流人胃或十二指肠而感染。

（四）发病机理及病理变化

猪带绦虫卵经口入胃、十二指肠后，在消化液和胆汁的作用下，六钩蚴自胚膜孵出，钻入肠黏膜，通过小血管进入血液循环至全身各组织器官。六钩蚴侵入组织后引起局部炎症反应，初期为中性粒细胞和嗜酸性粒细胞浸润，中性粒细胞可释放嗜酸性粒细胞趋化因子，从而吸引大量的嗜酸性粒细胞在囊尾蚴周围聚集。之后淋巴细胞大量聚集，部分淋巴细胞分化为浆细胞，并伴有炎症介质的释放，如 IL-2、IL-12、IFN 等，出现成纤维细胞增生。随后巨噬细胞及上皮样细胞开始出现，但炎性细胞仍以嗜酸性粒细胞和淋巴细胞浸润为主，在炎性细胞外层开始出现结缔组织增生。随着感染时间的延长，虫体周围出现坏死，坏死细胞主要是嗜酸性粒细胞和淋巴细胞。同时巨噬细胞和上皮样细胞变得非常活跃，在虫体周围呈围墙样增生，幼虫被来自宿主的致密纤维包膜包绕，形成结节。在囊尾蚴定殖在肌肉组织时可能向周围组织释放溶解酶，在虫体周围形成组织溶解区，这些酶与淋巴细胞产生的酶一起加剧宿主炎性反应。囊尾蚴在侵入宿主器官或组织后，体积逐渐增大，因而逐渐形成了压挤周围组织的作用，而且囊尾蚴在生活过程中不断向宿主排泄代谢产物及释放毒素类物质，使宿主产生不同程度的损害。另外，囊尾蚴在生长发育过程中需要从宿主体内获取一定量的糖、蛋白质、脂肪、维生素及其他一些物质，从而引起宿主营养缺乏，影响机体的正常生长发育。六钩蚴一般在体内经 2~3 个月形成囊尾蚴。囊尾蚴的形成是囊尾蚴与宿主组织炎症反应相互间不断作用的病理生理演变过程。病变程度因囊尾蚴的数量、寄生部位及局部组织反应不同而异，整个过程为 10~20 年。

脑组织是囊尾蚴寄生的常见部位，病变多发生在灰质、白质交界处，以额、颞、顶、枕叶为多，常引起癫痫发作。囊尾蚴由脉络丛进入脑室及蛛网膜下腔可引起脑室扩大、脑积水及蛛网膜炎，严重者可出现脑疝。颅底的葡萄状囊尾蚴易破裂引起脑膜炎，炎症引起脑膜粘连，可阻塞脑底池导致脑积水。囊尾蚴囊液内含相当高水平的异体蛋白，虫体溶解后释放入脑组织可产生明显的炎症反应，导致脓肿并在脑内形成石灰小体（Calcareous Bodies）。弥漫性脑囊尾蚴病患者脑内含大量囊尾蚴，可产生广泛脑组织破坏与炎症病变，导致颅内压增高及器质性精神病和痴呆。寄生于皮下组织和肌肉的囊尾蚴形成皮下结节，大量寄生时可引起假性肌肥大（Muscular Pseudohypertrophy）。囊尾蚴死亡后常有钙盐沉积，形成钙化灶。寄生于眼部的囊尾蚴常在视网膜、玻璃体、眼肌、眼结膜下等处引起相应病变和功能失常。

（五）临床症状

轻度感染无明显症状，大量感染时小猪发育停滞，出现前宽后窄体型。由于寄生部位不同，出现症状也不同。如寄生在脑部，则出现癫痫痉挛，或因急性脑炎而死，寄生在咽喉肌肉内时，则叫声嘶哑、呼吸加快，并常有短声咳嗽，寄生在四肢肌肉时则出现跛行，寄生在舌肌或咬肌时常引起舌麻痹、咀嚼困难，寄生于心肌时可导致心肌增厚或心包炎。只有在强度感染或某个器官受损时，大多表现营养不良，生长发育受阻、贫血、水肿。如寄生严重时，表现为消瘦，外观呈葫芦形，行走时前摇后摆似酒醉状。猪囊虫在宿主体内可生活 3~8 年，个别的可达 13~18 年。

（六）诊断

猪囊虫病的国际诊断标准有 WOAH《陆生动物诊断试验与疫苗手册》（2019）第 3.9.5 章，包括病原分离、特异性抗原捕捉 AG-ELISA、抗体-ELISA、免疫印迹（EITB）、舌肌检验。国内标准有《猪囊尾蚴病诊断技术》（GB/T 18644—2020）和《猪囊尾蚴血清抗体胶体金斑点检测方法》（SN/T 2987—2011）。

免疫学和分子检测：通过 AG-ELISA 检测粪便中的带绦虫共抗原，可以诊断成人带绦虫感染。已经开发了几种基于物种特异性 DNA 的技术，可以应用于寄生虫材料或粪便提取物，但仍有待于充分验证。

血清学试验中的商用抗体检测试验（酶联免疫电转移印迹）可用于诊

断人和猪的梭菌囊虫病，但对于猪，由于假阳性率高，诊断性能有限。

（七）防控/防制措施

目前对于囊虫病的治疗主要还是依据囊尾蚴寄生的部位不同，而采取不同的治疗手段。眼囊虫病唯一合理的治疗方法是手术摘除虫体，若待虫体死亡后引起剧烈的炎症反应，则将严重影响预后，最终仍需摘除眼球。对于某些脑囊虫病，如脑室内囊虫病患者，采用外科手术摘除法治疗的效果也较好。姜之全等报道，对 2000 年 1 月至 2006 年 11 月收治的 15 例四脑室囊虫病患者进行了囊虫团摘除术。对于在特殊部位或较深处的囊尾蚴往往不易施行手术，因此需要给予药物治疗。国内外在囊虫病的药物治疗方面进行了多年探索，近年来证明，中药治疗、中西医结合治疗以及单纯吡喹酮（PQT）、阿苯达唑（ALB）或两者联合治疗均有一定疗效。但由于药物治疗同时也伴随了不同程度的头痛、呕吐、发热、头晕、皮疹等毒副作用，而且囊虫在机体内的发育时间不齐，有的时候可能有滞育现象，故无论采取何种治疗方案都应间歇 1~2 个月后再复查。

因为有钩绦虫和猪囊尾蚴病对人的危害性很大。本病的防治原则是“预防为主”，把住病从口入关，实行以驱为主，另外，有囊尾蚴的猪肉，常不能供食用，做好宰后检验，按规定处理。

（八）风险评估

1. 传入评估

囊虫病可以感染人、猪、牛、羊、犬、猫等多种动物，一旦发生疫情，传播速度将十分迅速，很难将疫情控制住，而且囊尾蚴在宿主体内存活时间较长，成虫排到体外的节片散布到自然环境中，在适宜条件下可生存数周，其生命力的顽强增强了传播的机会，加大了危害的程度，我国多个省、自治区、直辖市存在着囊虫病感染的高阳性率，并且存在着不断扩大化的趋势，鉴于囊虫病对人类健康和动物带来的巨大危害，应该引起我们的极大重视。

本病呈世界性分布，以中非、南非、拉丁美洲、东亚、南亚的发展中国家为甚，东欧与西欧次之。在我国分布相当广泛，以东北、西北、华北和西南等地发病率较高。农村发病率高于城市，以散发病例居多。

2. 暴露评估

对猪的危害一般不明显，主要是妨碍猪的发育和生长，特别是影响幼龄猪的生长。重度感染时，可导致营养不良，贫血，水肿，衰竭。胸廓深陷入肩胛之间，前肢僵硬，发音嘶哑和呼吸困难。大量寄生于猪脑时可引起严重的神经扰乱，特别是鼻部的触痛，强制运动，癫痫，视觉扰乱和急性脑炎，有时突然死亡。

3. 后果评估

WOAH 将囊虫病列为须报告的多种动物共患病，我国是畜牧大国，囊虫病的宿主来源广泛且数量巨大，近几年大型集约化养殖场数量迅速增多，使疫病的传播风险增大，一旦发生大规模的囊虫病疫情，将严重影响我国畜牧业经济发展，并威胁到从事动物养殖和产品加工行业的员工的健康，并且控制和扑灭疫情所需要的人力、物力投入将非常巨大，会造成社会对疫病的恐慌，病原体对环境的负面影响也将持续很长时间，所以疫情引发的不良影响将是长期和深远的。

十八、塞内卡病毒病

塞内卡病毒病（Seneca Virus）是由单股正链的小 RNA 病毒科 A 型塞内卡病毒（Seneca Virus A，SVA）引起的育肥猪口鼻黏膜、口边缘、鼻镜、蹄冠等部位发生水疱和溃疡；新生仔猪常发生腹泻或因毒血症致死、死亡率极高为主要特征的一种高度接触性的动物传染疫病。本病传染性强，特别是对哺乳期母猪的产奶和幼猪的危害性极大，常与口蹄疫、猪水泡病混合感染或继发猪瘟、猪蓝耳病等烈性传染病，必将给养殖者造成重大的经济损失。

（一）病原

病原体是 A 型塞内卡病毒，它是一种单股正链的 RNA 病毒，属于 RNA 病毒科、是塞内卡病毒属的唯一成员。在电子显微镜下可以观察到该病毒颗粒呈典型的二十面体对称结构，直径在 25nm~30nm 之间，没有囊膜结构，标准的 L-4-3-4 布局，即先导蛋白（L）、P1（裂解 VP1、VP2、VP3 和 VP4 四种结构蛋白）、P2（裂解成 2A、2B 和 2C 三种非结构蛋白）是结构较为简单的动物病毒。虽然 RNA 病毒基因容易发生变异、重组，但是目前各国发现的菌株都属于同一血清型。SVA 的致病力与不同的菌株或猪品种、年龄的不同存在较大的差异。本病毒对干湿度、光照和温度等外界环境的耐受性强，但对 pH 值的变化敏感。

（二）历史及地理分布

20世纪80年代，新西兰、澳大利亚和美国在猪群中发现了病因不详的水疱病。2002年，美国遗传治疗公司（Genetic Therapy Inc）的科研人员从PER. C6（人胚胎视网膜细胞）细胞系中偶然分离出塞内卡谷病毒。研究人员推测该病毒可能是通过使用受污染的胎牛血清或猪胰蛋白酶引入细胞培养物中。由于该病毒是在位于盖瑟斯堡（Seneca Creek State Park）附近的Neotropix公司的实验室中分离的，因此被命名为塞内卡谷病毒（Seneca Valley Virus，SVV）。

直到2014年，在NCBI数据库中仅有三个完整的塞内卡病毒的病毒全基因组序列（GenBank登录号NC011349，DQ641257，KC667560）。因此，很少有基于病毒基因组的研究，其原型毒株为SVV-001（GenBank登录号DQ641257）。通过构建种系发育树，明确了该病毒的分类学地位，属于小核糖核酸病毒科（Picornaviridae），与心病毒属（*Cardio virus*）的亲缘关系较近。2015年，国际病毒分类委员会（ICTV）将SVV更名为“A型塞内卡病毒（SVA）”，其所在的属命名为“塞内卡病毒属（*Seneca Virus*）”。

2004年，美国印第安纳州不同生产阶段的猪群暴发了水疱病。临床表现类似于水疱性跨境动物疾病，这些疾病经过了调查但未进行病毒检测。由于无法确定临床体征的病因，该综合征被命名为猪特发性水疱性疾病。

在欧洲，英国和意大利分别于2007年和2010年报道发现了该病。在新西兰和澳大利亚报道的病例中，猪水疱性病变的发生与接触污染了核盘菌的绿色蔬菜和饲喂海产品有关。在美国、英国和意大利发生的病例中，水疱性跨境动物疾病的诊断结果为阴性，这些动物暴发水疱病的可能原因尚不清楚。人们没有对这些病例进行塞内卡病毒的检测。在新西兰、澳大利亚和美国，由于疾病暴发时人们尚未认识该病毒，因此并未对SVA感染病例进行调查研究。然而，由于英国和意大利对SVA感染疫情掌握的可用资源有限，因此这两个国家未对该病毒进行调查研究的原因不详。2014年底，在巴西出现由SVA引起大量仔猪急性死亡、母猪伴有水疱发生的病例。

2015年3月，SV首次在我国广东某猪场暴发，并从发病的病料中分离到了SVA。根据华南农业大学兽医学院贺东生教授的相关研究资料，2016年3月华南某集约化猪场肉猪和母猪群暴发水疱性疾病，发病率100%、病死率约40%。发病猪的病料经多项技术和实验排除了FMDV、

SVD 等类似病原存在，证实这是一起单纯 SVA 引起的暴发。2015 年年底，美国有 1 个州确诊暴发塞内卡病毒病。我国已经 5 个省分离出塞内卡毒株，并且每年毒株均不相同。其中，2017 年分离毒株和 2015 年美国分离检出的毒株同源。

（三）流行病学

处于病毒血症期的感染猪是主要传染源，包括患病猪和隐性感染猪，病猪的水疱液、水疱皮、呼吸道分泌物、体液以及排泄物中含有大量病原体，它排出体外后进而污染圈舍、活动场所、饮用水、食物、喂养用具和运输车辆等，形成新的传染源。感染或带毒的其他偶蹄目动物如牛、羊等，虽然本身自带 SVA 中和抗体，不发病，但也会传播本病；此外，蚊蝇、虱子等吸血昆虫和鼠类作为媒介在传染本病中也起到非常重要的作用，接触患病猪的饲养人员如果消毒不彻底，也能成为潜在的传染源，但人不会感染。

该病毒可通过直接接触或间接接触如运输、饲料、饮水、消化道等进行水平传播，目前没有证据证明其可垂直传播，但其可通过水平传播由大猪传染给小猪，从而在猪群中持续存在。此外，蚊蝇、虱子等吸血昆虫和鼠类作为媒介也能传染本病。FMDV 还可以通过气溶胶传播。虽然目前尚不清楚 SVA 是否也可以通过上述方式传播，但人工感染试验证实，鼻内接种 SVA 可以使健康猪发病。

本疫病的易感动物主要是猪，其次是牛、老鼠、犬类等其他动物，但 SVA 的致病力随着不同菌株或猪品种、年龄的不同存在巨大的差异。SVA 发病率因猪群不同生长阶段而异，断奶仔猪的发病率为 0.5%~5%，育肥猪及后备猪的发病率为 5%~30%，本病危害最大的是新生仔猪，发病率高达 70%以上，死亡率达到 30%~70%。

本病的发生没有明显的季节性，但是春秋季节发病率偏高。在我国局部地区不同规模各种类型的养猪场呈零星散发。本病是猪群自身免疫力低下才容易致病的，发病急，临床症状和病变相对于口蹄疫来说比较温和，也更容易痊愈，单个养猪场发病多发生在某个特定阶段，具有隐性感染范围广、排毒持续时间长等特点。

（四）发病机理及病理变化

研究者使用 SVA 对 9 周和 4 月龄健康猪进行攻毒试验，显示 SVA 在宿主体内的潜伏期为4d~5d。在感染的初期，宿主定植于扁桃体，并开始大量复制和增殖。随后病毒进入血液造成病毒血症，继而经血液循环系统进入各主要器官。攻毒试验显示，接种后第3d血清中的病毒含量就到达顶峰；接种后第3d~5d，宿主的主要组织包括肺、纵隔和肠系膜淋巴结、肝、脾、小肠、大肠、肾和心脏等开始出现病毒感染，引发多器官的炎症反应，表现为淋巴组织淋巴样增生，肺部血管周边淋巴细胞、浆细胞和巨噬细胞浸润等。由于攻毒试验使用的是保育猪和育肥猪，试验观察到的炎症反应都较为轻微，但猜测这种多器官的炎症反应极有可能就是造成新生猪突然死亡的原因。随着病毒血症的发展，接种猪从第4d开始也出现嗜睡、厌食和跛行等临床症状，皮肤表面开始出现白色肿胀或红斑；接种后第5d~6d，皮肤出现水疱，然后慢慢发展为多发性的深部溃疡、皮肤腐烂或破损，形成典型的水疱病病变。随着宿主体内中和抗体的出现，病毒血症逐渐减弱，到感染第10d后血清中基本不再检测出病毒，即SVA引起的病毒血症只持续7d。随着病毒血症的减弱和消失，水疱损伤部位开始好转，一般到接种的第12d~16d可痊愈。

剖检可见：病死猪（新生仔猪为主）小脑出血，咽部、颈部淋巴结充血、水肿、出血；腹股沟淋巴结、小淋巴结数量增多，出血；心脏出血，心包有黄色或淡褐色积液，心肌炎；肺部肺气肿，呈局灶性间质性肺炎；肾脏被膜增厚，肾表面出血，有斑点状的坏死灶；腹腔呈现浆液性纤维素性腹膜炎；局灶性胃溃疡和局部广泛出血性空肠炎。

（五）临床症状

本病有一个明显的潜伏周期，潜伏期为4d~5d，病程一般在两个星期内。在不同的地区、不同品种、不同年龄的猪群中因不同的毒株所表现出来的临床症状差异极大。在同一个疫情同一猪场中也可能只有部分猪只发病，并表现一种或某些明显的症状，近年来更多的病猪呈亚临床发病症状。在发病猪群里，可以观察到以下病征：发病迅速，体温上升到40.3℃~40.8℃，精神萎靡不振，食欲下降、厌食甚至废食，嗜睡，四肢无力，不爱动，站立困难，跛行。病猪口鼻黏膜、口边缘、鼻镜、蹄冠状带，趾间皮肤红肿、发热，然后发白，形成不规则大小各异的水疱（如图2-38和图2-39所示），水疱皮相对于口蹄疫、猪水泡病的来说比较厚，水疱液混浊，水疱破裂后形成有浆液纤维素性渗出覆盖的溃疡，一个星期内结痂，严重的病猪蹄壳会脱落，多数病猪在两个星期内快速愈合康复，成年猪极少死亡。新生仔猪特别是4日龄以内，发病率高达90%以上，死亡率达到30%~70%。母猪发病率较低，在10%以下，痊愈快，危害较小。

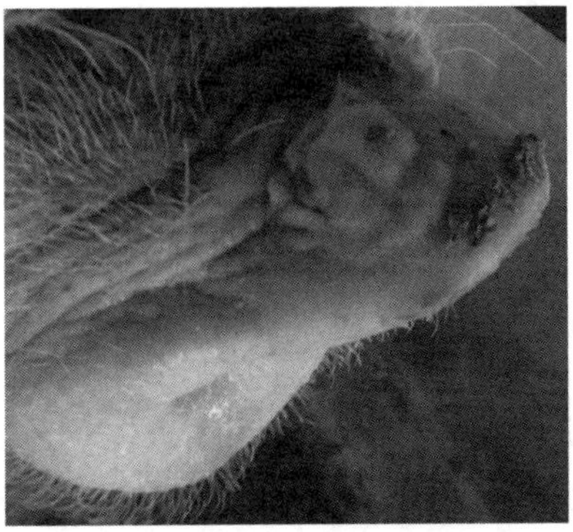

图 2-38　SVA 导致猪鼻镜水疱

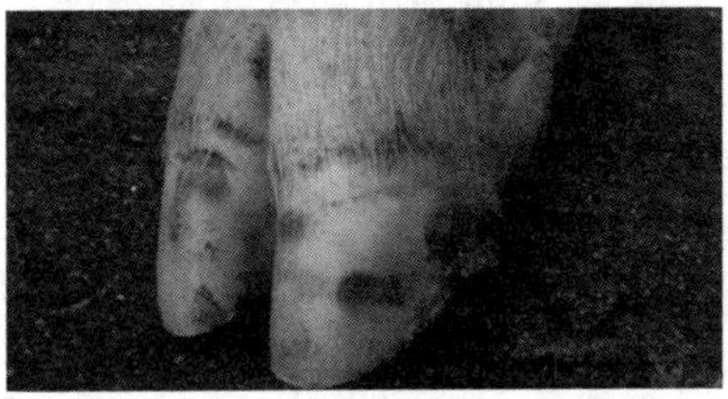

图 2-39　SVA 导致猪蹄冠状带、趾间皮肤红肿、发白

（六）诊断

本病不管是发病特点，还是临床症状都不能与口蹄疫（FMD）、猪水泡病（SVD）、水疱性口炎（VS）和水疱疹（VES）等猪传染性水疱病区分清楚。特殊情况也有，例如在本病与口蹄疫的鉴别诊断中当出现以下特征时：接种过当地流行的口蹄疫疫苗，产生了特异性免疫抗体，且在有效保护期内的猪群；仅发生在猪场内某个特定的阶段；新生仔猪成批快速死亡，死亡率达30%以上，但成年猪不会发生死亡；剖检病猪心脏不会发生心肌炎，皮肤病变主要集中在口部，鼻镜、舌头，蹄冠状带、趾间，基本可以初诊为本病。要确诊就必须进行病原学检测或血清学检测。由于感染猪群的临床症状、病理变化极为相似，临床上难以区分，需借助实验室检测才能鉴别诊断。

分子生物学检测是鉴别和诊断本病最有效、最准确的方法。首先采集病猪的水疱液、病变的皮肤组织、血液、唾液、淋巴组织、口腔咽拭子、脾脏组织等样品，通过人肺癌单层细胞系（NC1-H1299）或猪肾细胞系（PK-15）培养和分离出高滴度的SVA。然后利用电子显微镜来观察确诊，也可以用普通的PCR或RT-PCR检测SVA。此外简单快速，重复性更好，灵敏度更高，特异性强的实时定量RT-RPA更是检测SVA的首选方法。

与病原学检测相比，血清学检测操作比较简单，成本低廉，准确率和灵敏度较高，而且不用借助电子显微镜，非常适合大规模疫病检测和疫情监控。血清学诊断方法很多，其中VNT和ELISA最为常用。例如，中国农业科学院兰州兽医研究所研发的由单克隆抗体开发的竞争性ELISA试剂盒，美国Biostone公司生产的SVA抗体试剂盒效果都很好。

（七）防控/防制措施

目前市场上尚无针对SVA的疫苗和抗病毒药物，SVA的防控仍然存在一定的困难。根据兽医科研工作者的建议，结合养猪生产实际，需采取综合措施对SVA感染进行防控。

1. 日常管理

加强生猪饲养的环境卫生管理，优化饲养模式，注重营养均衡，提高生猪自身非特异性免疫力。

2. 疫情应对

当猪群出现水疱症状时，要马上隔离、监控，有条件的养猪场可以自行检测，早发现，早对症下药，对降低养猪场的损失意义重大。当发现病死猪时要立即对病死猪进行无害化处理，以防止造成大面积的本病流行。发生疫情的养猪场可以采用加热的1%~2%氢氧化钠溶液中加入5%~10%的食盐来消毒或用0.2%~0.5%的过氧乙酸溶液来消毒。成年猪感染SVA后不会致死，可以选择兽用的碘制剂清洗伤口然后涂上溃疡散或鱼石膏等药物，效果很显著；幼猪发病急，可以使用价格昂贵的高特异性免疫血清或全免疫血清来治疗。

3. 生物安全

养猪场要禁止饲养各种犬类、猫或牛羊等易感动物或自然宿主，做好蚊子、苍蝇、老鼠等传播媒介的灭杀工作。建立严格的门卫检查制度，外来人员、运输车辆、饲料以及各种设备物资进入场内，必须要做好相应的消毒工作，场内工作人员不能随意走动、串区，不准带入包括猪在内的各种动物或动物产品，以降低本病传播的风险。

4. 及时诊断疫情和报告

各地发现猪出现水疱性病变等临床症状后，应立即采集病料样品，由省级动物疫病预防控制机构进行检测。对口蹄疫、猪水泡病等病原检测结果为阴性的，应该送检样品进行 SVA 检测，要及时将检测结果反馈给样品来源的省级动物疫病预防控制机构。省级动物疫病预防控制机构要按疫情快报程序做好疫情报告工作。中国动物疫病预防控制中心要做好疫情信息的收集、分析预警和报告工作。

5. 严格做好疫情处置工作

各地要监督养殖场（户）对患病猪进行隔离、监控，对病死猪进行无害化处理，对染疫场（户）生猪及有关物品要采取限制移动措施，并加强对整个养猪场所的消毒和清洁，防止疫情扩散。发病猪场（户）最后一头病猪康复并经检测合格后，相关生猪及有关物品方可解除移动限制措施。中国动物疫病预防控制中心要及时关注疫情发生态势，指导做好疫情的控制工作；中国动物卫生与流行病学中心要调整完善紧急流行病学调查方案，组织开展疫源追溯和疫情追踪等调查工作。确定国内 SVA 起源问题，了解 SVA 在我国猪群的分布情况，为进一步制定和实施塞内卡病毒病的防控措施提供有效的参考数据。建议监测口蹄疫的同时兼顾监测塞内卡病毒病，及时掌握流行情况。

（八）风险评估

目前，SV 尚未列入 WOAH 通报性疫病名录，但已被《中华人民共和国进境动物检疫疫病名录》列为二类传染病、寄生虫病。

我国与美国、巴西的国际贸易十分频繁，种用家畜（猪、牛）及其遗传物质（胚胎、精液）进口数量较大，因此，通过引进良种及其遗传物质传入我国的风险很大。

该病已传入我国并在局部地区零星散发，随着时间推移和世界贸易往来频繁，不排除该病大范围流行的可能，对养猪业存在较大的潜在威胁，并且目前没有预防 SV 的疫苗，也没有特定治疗方法。

尽管 SVA 不具有像 FMDV 一样的危险性，不会引起严重的公共卫生后果和经济损失，大多数成年猪感染后预后良好。但作为与 FMDV 同一病毒家族的成员，SVA 的流行可能会导致养猪户对日后出现类似 FMDV 的猪习以为常，进而忽略发生 FMDV 的可能性。美国十分担心 SVA 会对猪肉、牛肉出口造成影响，据测算生猪价格可能因出口限制迅速下跌 40%~60%。

国内 SVA 毒株的基因组变异和重组现象频繁出现，流行毒株复杂多样，给疫苗研发增加不少压力。如何研发出可抵抗不同类型毒株攻击的 SVA 疫苗是疫苗研发的重点。

十九、猪 δ 冠状病毒

猪 δ 冠状病毒（德尔塔冠状病毒） （Porcine Deltacorona Virus，PDCoV）又称为猪丁型冠状病毒，是近年来新出现的一种可引起仔猪肠道疾病的猪肠道冠状病毒。临床感染症状为引起猪只急性腹泻、呕吐导致严重脱水衰竭而亡。PDCoV 可感染不同年龄段的猪，其中哺乳仔猪最为易感。PDCoV 的临床症状与 TGEV 和 PEDV 相似，但其导致的临床症状严重程度和死亡率（30%~40%）相对较低。2012 年，中国香港首次报道了 PDCoV，但并未分离得到该病毒。2014 年，在美国俄亥俄州暴发了 PDCoV 疫情，此后迅速蔓延至美国多个州。在这之后，PDCoV 在加拿大、韩国、泰国、越南、日本和中国的猪群中均被检测出来。PDCoV 的出现及流行给全球养猪业带来了巨大的经济损失。

（一）病原

PDCoV 属于尼多病毒目、冠状病毒科、冠状病毒亚科德尔塔冠状病毒属，为不分段的单股正链 RNA，直径为 60nm~180nm。病毒粒子具有囊膜和纤突，呈球形是典型的冠状病毒形态。PDCoV 在饲料原料中于 25℃环境下储存 21d 以上才能减少存活且不能保证完全灭活，在不同的饲料原料中的存活也有差异，在粪便和粪浆中温度越高，存活越少。

（二）历史及地理分布

该病分布范围广，从 2012 年德尔塔冠状病毒在我国香港首次检测到后，相继在美国、加拿大、泰国、老挝、缅甸、韩国等地均有发生。

2014 年 2 月，美国俄亥俄州、印第安纳州及爱荷华州等地相继暴发猪腹泻疫情，在排除 PEDV 等病毒感染的可能后，最终确定该疫情由 PDCoV 引起。这也是美国农业部首次宣布美国存在 PDCoV。随后疫情迅速传播到美国的其他州，美国国内 20 多个州相继报道由 PDCoV 引发的猪腹泻疫情。同年，加拿大、韩国及我国内地也分别从国内猪群腹泻猪的临床样品中检测到 PDCoV。

2015 年，我国研究人员将于 2013 年至 2014 年间采集自我国广东、江苏、安徽、河南、湖北等地规模化猪场的 258 份粪便样品进行检测后发现有 21 份样品检测为阳性，这也是首次证实 PDCoV 在我国猪场中存在。此外，在对 2004 年在中国收集的腹泻猪样品的研究中也检测到 PDCoV 的存在，这说明，至少从 2004 年起，PDCoV 便已存在于我国猪群中。随后，泰国养猪场于 2015 年 6 月出现与 PDCoV 相关的猪腹泻疫情，并在随后进行的病原检测与分离鉴定中成功分离到 PDCoV 毒株。

（三）流行病学

临床上 PDCoV 可感染各年龄段猪，主要引起哺乳仔猪急性腹泻、呕吐，导致患病仔猪迅速脱水衰竭而亡。目前尚无人和猪以外的动物感染 PDCoV 的报道。传染源主要是感染 PDCoV 的猪，仔猪感染病毒后发病突然、传播迅速，尤其是日龄 10d 左右的仔猪，感染概率最大，也是主要的传染源。

PDCoV 传播途径可能与 PEDV 和 TGEV 相似，直接或间接的“粪—口”传播途径可能是 PDCoV 传播的主要手段。与 PEDV 传播相同，腹泻猪的粪便或呕吐物和其他受污染的污染物，例如运输拖车和饲料、饲养者所穿的工作服装等可能是病毒的主要传播源。本病的发生没有严格的季节性，但其流行却有明显的季节规律，一般冬、春季较易发生，夏季偶有发生。

（四）发病机理及病理变化

PDCoV 的致病机理与猪流行性腹泻病毒相似，病毒经口和鼻感染后，直接进入小肠，空肠和回肠是病毒复制的主要部位，大量病毒导致肠绒毛萎缩，造成了吸收表面积的减少，小肠黏膜碱性磷酸酶含量显著减少进而引起营养物质吸收障碍，引起腹泻。持续性腹泻导致机体脱水，最终衰竭死亡。PDCoV 的致病过程中肠道细菌可能还起到协同作用。

感染了此病毒的猪，病毒不仅存在于消化道，还广泛分布于其他组织，如心、肝、脾、肺、肾等脏器以及血液、扁桃体、膈肌、肠系膜淋巴结等处，但是在这些组织中没有检测到 PDCoV 相关抗原，推测可能与 PDCoV 感染引起的病毒血症有关。PDCoV 早期主要聚集在十二指肠，幽门和胃腔也有胃上皮细胞坏死的情况。而在高峰期和后期，病毒转移到空肠和回肠。偶尔，在盲肠和结肠中检测到少量 PDCoV 抗原阳性细胞。除了感染猪外，PDCoV 还能在试验条件下感染鸡和犊牛，表明其具有较大的跨种传播能力。

当猪感染德尔塔冠状病毒后，其病理变化为：十二指肠、空肠和回肠上皮组织变薄透亮、绒毛萎缩，胃上皮细胞和胃黏膜上皮细胞均有病变，伴有合胞体细胞，而盲肠和结肠的黏膜上皮细胞没有明显变化；盲肠、结肠扩张，肠腔内充满黄色液体；胃和小肠内有未消化的凝乳块，严重者还可观察到腹腔、胸腔积水，胸腺萎缩；小肠黏膜充血、出血，肠系膜呈索状充血等，有时肺脏也会出现明显病变，人工感染 PDCoV 48h 后发现病猪患有轻度的间质性肺炎，镜下表现为肺间质纤维组织增生、肺泡间隔增厚变宽，炎症细胞浸润、肺泡结构改变等，并且在肺组织及支气管黏膜上皮细胞中检测到病毒（如图 2-40 和图 2-41 所示）。

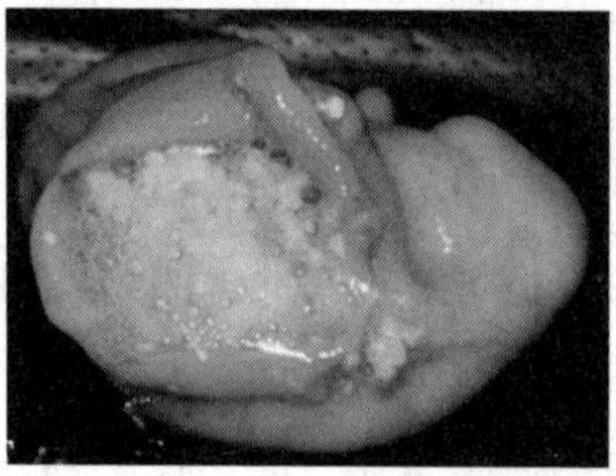

图 2-40　PDCoV 导致猪肠系膜充血、出血

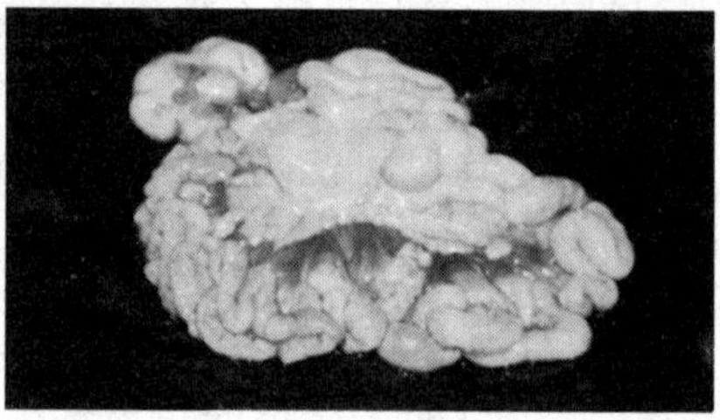

图 2-41　感染 PDCoV 的猪胃内有未消化凝乳块

（五）临床症状

PDCoV 与 PEDV 和 TGEV 等其他猪肠道病毒感染引起的临床症状非常相似，并且存在混合感染。临床上难以区分，需通过实验室检查进行鉴别诊断。在临床上，该病毒可感染各个年龄阶段的猪只，主要引起新生仔猪的腹泻，其主要临床症状为呕吐、水样腹泻、脱水和采食量下降。仔猪一旦感染，常表现为发病突然、传播迅速，一般持续腹泻 3d~4d 后因脱水而死（如图 2-42 所示），病死率大概在 30%~40%，有时可高达 98%以上。生长猪、成年猪及生产母猪发病轻微，一般可不治而愈，死亡率低，但其生产性能、饲料报酬会受到严重影响。PDCoV 除了引起猪只腹泻外，还可引发感染猪只的肺炎。

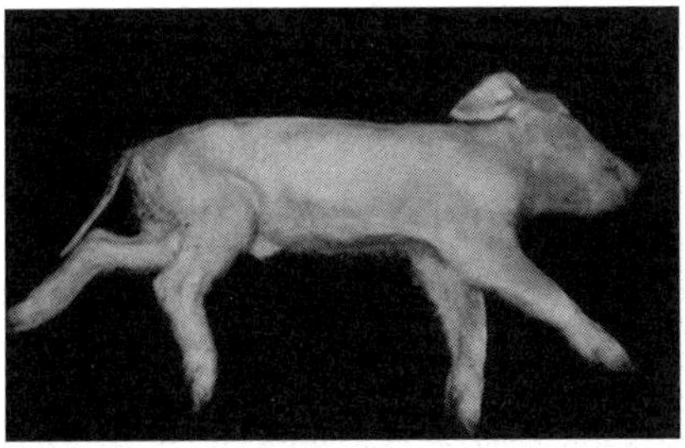

图 2-42 PDCoV 感染导致仔猪水样腹泻、脱水

（六）诊断

PDCoV 与其他引起猪只腹泻的病毒或细菌的临床症状极为相似，且猪只一旦发生腹泻常伴随混合感染与继发感染，确诊需进行实验室诊断。目前，常用的实验室诊断方法有病原学检测和抗体检测。病原学检测方法：病毒分离培养与鉴定，免疫电镜观察（IEM）、IFA、普通 RT-PCR、巢式 RT-PCR、荧光定量 RT-PCR、免疫组织化学分析法（ICH）、原位杂交法。其中 ICH 与原位杂交法经常用于检测组织中的 PDCoV。抗体检测方法常用的有 ELISA 法及免疫荧光技术等。

（七）防控/防制措施

建立完善的生物安全体系。猪场工作人员需具备“养重于防，防重于治”“无病先防，环境、饲养管理都是防疫”的理念，培养工作人员的生物安全意识，减少或杜绝猪群的外源性感染和继发感染，降低或清除猪场内的病原微生物。同时，规范生产、制定严格的消毒制度、做好免疫接种、严格引种检疫、合理进行人员管理、优化养殖环境等。加强猪群的饲养管理。注意猪场的防寒保暖，控制好产房的温度和湿度，保证圈舍的干燥卫生，制订计划定期消毒。生产区的生产垃圾、胎衣、死胎等及时处理，粪便及时清理，尤其是产床要保持洁净。猪只料槽、料桶、料管以及饮水器，定期清理消毒，防止霉变。保证猪只膘肥体壮，提高机体的免疫力和抗病力。

（八）风险评估

1. 传入评估

PDCoV 是一种近年来新发现的病原体，作为德尔塔冠状病毒属中成功分离得到的唯一病毒，但冠状病毒存在高频率的重组，可产生具有高度遗传多样性的新型病毒，使其存在跨种间传播的可能性。目前，PDCoV 主要通过与发病猪直接接触导致健康猪发病，“粪—口”途径可能是其传播的主要途径。气溶胶传播也是潜在传播方式之一。受污染的车辆、饲料等其他成分可以作为 PDCoV 的传播载体。如果受感染的动物或受污染的动物产品、车辆、饲料从境外进入我国，就可能将 PDCoV 传入我国。感染动物在消化系统或血液中存在大量病毒，未经严格检疫屠宰，猪肉及相关产品、周边猪群就有可能遭遇 PDCoV 感染的风险。

目前，美国、加拿大、韩国、泰国等国家及中国香港等地区猪群中均检测到了 PDCoV 的存在。我国与这些国家和地区贸易、交流频繁，车辆、人员来往密集，如果 PDCoV 污染的车辆、饲料、人员等大量进入我国境内，疫情传入的风险巨大。加之我国每年都要从美国、加拿大等国家进口大量的生猪及其产品，这就给我国 PDCoV 的检疫及防控带来严峻考验，PDCoV 疫情传入风险较高。

2. 暴露评估

PDCoV 对猪群易感，特别是仔猪，感染后发病。我国是传统的生猪养殖大国，猪群养殖量巨大，由于没有针对该病毒疫苗，猪群几乎没有免疫力，一旦传入，发生动物感染该病的风险较大。

3. 后果评估

当前已有多个省份报道猪群 PDCoV 的感染，但我国目前无有效的药物用于治疗该病，也没有成熟的商品化疫苗预防 PDCoV 的感染流行。各个日龄阶段的猪均易感染 PDCoV，尤其是哺乳仔猪感染引起的临床症状最为严重，会出现持续性的腹泻、呕吐、脱水、食欲下降，排出的粪便呈黄色水样，部分仔猪会由于严重脱水而死亡。育肥猪和母猪感染 PDCoV 后不显现特征性临床症状仅表现一过性的腹泻，常可耐受，但母猪会持续排毒引起交叉污染。个别仔猪感染后虽然耐过但会出现生长发育迟缓，食欲下降，最终变为僵猪、架子猪而被淘汰。同时，由于冠状病毒是一种高重组率和高突变率的病毒，感染后冠状病毒可能出现高度变异而产生具有多种遗传多样性的病毒，使其存在毒力变异及跨种间传播的可能性。因此一旦发生PDCoV的感染，将给我国畜牧养殖行业及对外动物及动物产品贸易造成重大的负面影响。

二十、猪副伤寒

猪副伤寒（Swine paratyphoid），又称猪沙门氏菌病（Swine salmonellosis），是由沙门氏菌属细菌引起的一种猪传染病。本病多发生于1~4月龄的仔猪，成年猪较少发病，故许多学者将其称为“仔猪副伤寒”。本病遍发于世界各地，一年四季均有发生，传播速度快，发病率、死亡率较高。随着养猪业的发展和养猪规模化、集约化水平的提高，猪只的饲养密度越来越大，猪副伤寒也越来越严重，除了发生单独感染外，还往往与猪瘟、猪蓝耳病、猪圆环病毒病等病毒性疾病或其他细菌性疾病混合感染，对养猪业造成重大损失。

（一）病原

猪副伤寒是由致病性沙门氏菌属细菌引起的一种猪传染病。目前认为引起猪副伤寒的主要是猪霍乱沙门氏菌（Salmonella choleraesuis）和猪伤寒沙门氏菌（Salmonella typhisuis）。此外，鼠伤寒沙门氏菌（Salmonella typhimurium）、德尔俾沙门氏菌（Salmonella derby）和肠炎沙门氏菌（Salmonella enteritidis）等也常引起本病。

沙门氏菌（Samlonelal）为肠杆菌科沙门氏菌属成员，是一类条件性细胞内寄生的革兰氏阴性肠杆菌，分为肠道沙门氏菌（Salmonella enterica）和邦戈尔沙门氏菌（Salmonella bongori）两个种，其中有致病性的血清型几乎都属于肠道沙门氏菌。该菌是自然界分布极为广泛的病原菌，几乎可以从所有脊椎动物乃至昆虫体内分离得到。

沙门氏菌为革兰氏染色阴性、两端钝圆、卵圆形小杆菌，大小为（0.6~1.0）μm×（2.0~3.0）μm，一般无荚膜，无芽孢，多数有菌毛。除鸡沙门菌外，绝大多数有周鞭毛，能运动。该菌对营养要求不高，在普通琼脂平板就能形成中等大小、无色半透明的光滑型菌落。最适生长温度为37℃，最适pH值为6.8~7.8。沙门氏菌具有O（菌体）、H（鞭毛）、K（荚膜，又叫Vi）和菌毛4种抗原，其中H抗原和O抗原是沙门氏菌血清学分型的重要依据。O抗原为LPS，耐热，性质稳定。至今已发现O抗原有58种，并按照O抗原将沙门菌属分成A~Z，O51~63，O65~67，42个群。H抗原为蛋白质抗原，不耐热，不稳定，经60℃ 15min或经酒精处理后即被破坏。Vi抗原是一种表面抗原，是一种不耐热的酸性多糖复合物，存在于菌体表面，可阻止O抗原与相应抗体的凝集反应，加热60℃或苯酚处理易被破坏，人工传代培养可消失。沙门氏菌属依据不同的O抗原、Vi抗原和H抗原分为不同的血清型。迄今，沙门氏菌共有近3 000个血清型。除了不到10个罕见的血清型属于邦戈尔沙门氏菌外，其余血清型都属于肠道沙门氏菌。

沙门氏菌生命力顽强，对外界的抵抗力较强，对干燥腐败等因素有一定的抵抗力。在7℃~45℃都能繁殖，冷冻或冻干后仍存活，在冻土中可以过冬，在猪粪中可存活1~8个月，在粪便氧化池中可存活47d，在垫草上可存活2~5个月，在10%~19%食盐腌肉中能存活75d以上。在适合的有机物中可生存数周、数月甚至数年。60℃经1h，70℃经20min，75℃经5min死亡。沙门氏菌对消毒剂的抵抗力不强，一般常用消毒剂（如3%来苏儿、0.2%甲醛溶液、3%苯酚等）和消毒方法均能将其杀死。

（二）历史及地理分布

本病遍发于世界各地，具有全球性特点，对牲畜的繁殖和幼畜的健康带来严重威胁。许多血清型沙门氏菌可使人感染，引发食物中毒和败血症等，是重要的人兽共患病原体。该菌属具有广泛的宿主，很容易在动物与动物、动物与人、人与人之间通过直接或间接的途径传播，没有中间宿主，是世界上引起食物中毒最多的病原菌。据统计，全球每年因感染沙门氏菌而患胃肠炎的患者约有9 380万，死亡人数高达15万人。在美国，沙门氏菌感染在人感染性疾病中居前十位。在法国，沙门氏菌在食品污染中尤为严重。在我国，沙门氏菌感染率很高，常常经污染的猪肉、鸡肉、鸡蛋及其他畜产品引起人的沙门氏菌感染，导致人类疾病。沙门氏菌感染不仅给经济造成巨大的损失，同时严也重威胁人民的身体健康和畜牧业的健康发展，在医学、兽医和公共卫生方面都有十分重要的意义，世界卫生组织将沙门氏菌列入具有严重危害和中等危害的食物传播性病原。

（三）流行病学

1. 流行情况

沙门氏菌在全世界的感染程度非常严重，所引发的相关疾病属于世界性疾病，各国的血清型分布情况也较为复杂，受伤寒沙门氏菌和猪霍乱沙门氏菌感染的情况较为普遍。随着国际间肉、蛋食品贸易繁荣和旅游业的发展，本病有逐年增多的趋势。由于出口食品的沙门氏菌污染而引起的退货和索赔在世界各国时有发生，给出口国造成了巨大的经济损失。

本病一年四季均可发生，但在多雨潮湿季节发病较多。一般呈散发性或地方流行性。饲养管理较好的猪群，即使发病，亦多呈散发性；反之，则常为地方流行性。环境污秽、潮湿、棚舍拥挤、粪便堆积、饲料和饮水供应不及时等应激因素易促进本病的发生。

2. 易感动物

沙门氏菌属中的许多类型细菌对人、畜以及其他动物均有致病性。各种年龄的动物均可感染，但幼年较成年者易感。本病常发生于6月龄以下的仔猪，尤以1~4月龄、密集饲养的断奶仔猪多发，6月龄以上的仔猪、成年猪及哺乳猪很少发生。

3. 传播方式和传播源

病猪和带菌者是本病的主要传染源，病原菌可由粪、尿、乳汁以及流产的胎儿、胎衣和羊水排出。主要是由于病猪及带菌猪排出的病原体污染了饲料、饮水及土壤等，健康猪采食了这些污染物而感染发病。交配或人工授精也可感染，子宫内也可能感染。另外，健康畜带菌（特别是鼠伤寒沙门氏菌）相当普遍，当受外界不良因素影响（如饲养管理不当、气候突变、环境改变等）以及动物抵抗力下降时，病原体就乘机大量繁殖，毒力增强，引起肠壁发炎，进一步破坏肠黏膜，进入肠壁集合淋巴滤泡，并沿着淋巴管扩散到局部淋巴结，在其中大量繁殖，而随后随淋巴流入血液，可造成内源性感染，造成菌血症和毒血症，病菌连续通过若干易感家畜，毒力增强而扩大传染。另外仔猪饲养管理不当、圈舍潮湿拥挤、缺乏运动、饲料单一、缺乏维生素及矿物质或品质不良、突然更换饲料、气候突变、长途运输、患寄生虫病、断奶过早、去势等都是主要的发病诱因。

（四）发病机理及病理变化

据近年来的研究，沙门氏菌主要致病因素主要是侵袭力和内毒素，个别菌株尚能产生肠毒素等。沙门菌的侵袭力表现为有毒株借助菌毛吸附于小肠黏膜上皮细胞并穿过上皮细胞层至皮下组织。细菌虽然可在此部位被吞噬细胞吞噬，但不被杀灭，并可在细胞内继续生长繁殖。这种抗吞噬作用除与O抗原以及Vi抗原有关外，现在认为，沙门氏菌具有质粒和染色体的毒力基因。当动物从被污染饲料摄入大量活菌，病菌可在肠道内继续繁殖，肠道内大量的细菌及菌体崩解后释放出来的内毒素，对肠道黏膜、肠壁及肠壁的神经、血管有强烈的刺激作用，造成肠道黏膜肿胀、渗出、黏膜脱落，因而中毒症状表现出呕吐、腹痛及不同性质的腹泻。沙门氏菌经肠系膜淋巴系统进入血液循环后，在血液中大量繁殖，从而引起败血症。其根本原因是病菌繁殖时产生大量内毒素。

急性型猪副伤寒主要为败血症变化。全身浆膜和黏膜及各内脏有不同程度的点状出血，肢体末梢淤血，呈青紫色，耳、腹部有广泛出血斑。脾常肿大，色暗带蓝，坚实似橡皮，切面蓝红色，脾髓质不软化。肠系膜淋巴结索状肿大，其他淋巴结也有不同程度的增大，软而红，大理石状。肝脏表面有多量针尖大至粟粒大的灰黄色坏死灶和灰白色副伤寒结节，肝实质可见糠麸状、极细小黄灰色的小坏死灶。有时胆囊黏膜出现粟粒大的结节。肾皮质部苍白，偶见细小出血点与斑点状出血，肾盂、尿道和膀胱黏膜也常有出血点。

亚急性和慢性型猪副伤寒主要病变在胃肠道，特征性病理变化为坏死性肠炎。盲肠、结肠、回肠肠壁增厚，黏膜覆盖一层弥漫性坏死性和腐乳状物质，呈糠麸状，剥开见底部红色、边缘不规则的溃疡面，此种病理变化有时波及回肠后段（如图2-43和图2-44所示）。少数病例滤泡周围黏膜坏死，稍凸出于表面，有纤维蛋白渗出物积聚，形成隐约可见的轮环状。胃黏膜部分呈红色，特别在胃底部某些部分出现红色，有时出现坏死性病灶。肝、脾、肠系膜淋巴结肿大，切面有针尖大到米粒大的灰白色坏死灶。

图2-43　沙门氏菌感染导致小肠出血，肠壁增厚，出现白色结节状增生

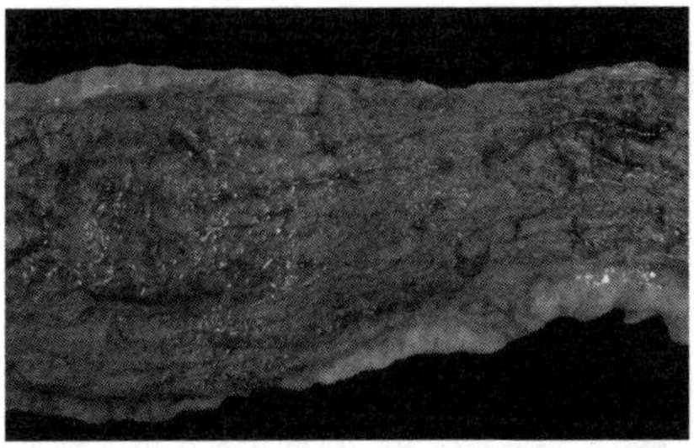

图 2-44　沙门氏菌感染呈现坏死性肠炎，肠壁增厚，覆盖糠麸状物质

（五）临床症状

本病潜伏期一般为 2d 至数月不定，与猪体抵抗力及细菌的数量、毒力有关。

临床上分急性型、亚急性和慢性型。

急性型（败血型）多发生于断乳前后的仔猪，常突然死亡。病程稍长者，表现体温升高（41℃~42℃），精神不振，俯卧，食欲减退或废绝，腹痛，呼吸困难。在病猪的耳根、嘴尖、颈、前胸、脚、尾巴、后驱及腹下部皮肤出现大片蓝紫色斑点等败血症症状。后期出现水样，黄色下痢。多数病程 1d~4d，多以死亡告终，耐过者转为慢性。

亚急性和慢性型（肠炎型）为临床常见病型。表现体温升高（40.5℃~41.5℃）、精神沉郁、食欲减退、咳嗽、寒颤，常堆叠在一起。眼结膜发炎，有脓性分泌物，少数发生角膜浑浊，严重者导致溃疡。初便秘后腹泻，排灰白色或黄绿色恶臭粪便，此病多呈周期性恶性下痢，便秘与下痢交替反复（如图 2-45 所示）。病猪消瘦，皮肤有痂状湿疹，特别是耳尖和四肢较明显，病猪腰背拱起后退软弱无力，叫声嘶哑，强迫行走时东倒西歪。病程持续可达数周，终至死亡或成为僵猪。

图 2-45　感染副伤寒的猪精神沉郁、消瘦、恶性下痢

(六) 诊断

根据流行病学、临诊症状、病理剖检变化只能作出初步诊断，确诊需进行实验室诊断。

(1) 初步诊断。多发生于 1~4 月龄的仔猪，病猪临床表现慢性下痢，耳、尾、蹄等处皮肤呈青紫色，生长发育不良。剖检可见大肠发生弥漫性纤维素性坏死性肠炎变化，肝、脾及淋巴结有小坏死灶或灰白色结节。沙门氏菌亦可继发于其他疾病，特别是猪瘟。必要时应做区别性实验诊断，方能得出正确的结论。副伤寒主发于 1~4 月龄小猪，常限于一个猪场，发病率不高。病程一般为数天，剖检脾肿大，大肠壁增厚，黏膜显著发炎，表面粗糙，有大小不一、边缘不齐的坏死灶，可与猪瘟区别。

(2) 实验室诊断。

①病原学检测。采取病猪的粪、尿或肝、肾、肠系膜淋巴结或流产胎儿的胃内容物，流产病猪的子宫分泌物等作涂片镜检或分离培养。将被检材料制成涂片，自然干燥，革兰氏染色后镜检，沙门氏菌呈两端钝圆或卵圆形，不运动，不形成芽孢和荚膜，为革兰氏阴性小杆菌。细菌培养鉴定法是国内外迄今为止最准确、最传统的检测方法，应用范围广泛。实验方法简述如下，首先，利用高营养的培养基将样品中间歇的、低密度的细菌进行复苏和增菌；其次，在沙门氏菌选择性培养基中进行选择性增菌；再次，在选择性琼脂平板上划线分离培养，通过一系列生化和血清学实验做出鉴定。分离培养鉴定法是检测沙门氏菌的传统标准检测方法，可作为其他检测方法结果准确性的参照。但是整个操作过程烦琐，不适用于沙门氏菌鉴定的快速检测。

②免疫学检测。免疫学检测方法是建立在抗原抗体特异性反应基础上的一类检测方法，主要包括 ELISA、免疫层析方法、免疫荧光抗体技术等。用免疫荧光抗体技术检测猪副伤寒沙门氏菌，特异性强、敏感性高，临床应用效果良好。

③分子生物学检测。常用于检测沙门氏菌的分子生物学方法主要有 PCR 技术、荧光定量 PCR 技术和 LAMP 等。PCR 是聚合酶链反应体外扩增 DNA 技术，因其敏感度高、特异性强、快速方便等优势，被广泛用于实验室检测沙门氏菌。其检测的特异性最主要取决于扩增的靶序列，因此必须要找到高度保守的特异性核酸片段。

（七）防控/防制措施

1. 免疫接种

目前预防沙门氏菌病主要的手段就是进行免疫接种。在本病常发地区，可对 1 月龄以上哺乳或断奶仔猪用仔猪副伤寒活疫苗进行预防。对经常发生仔猪副伤寒的猪场和地区，为了加强免疫，可在断乳前后各注射一次，间隔 21d~28d。

2. 药物预防

不管是败血型还是肠炎型猪沙门氏菌病，对其暴发的治疗旨在尽可能控制其临床症状，防止此病及细菌感染的传播，并防止其在猪群中再发。抗菌素经口服后可减少此菌的传播，对还没有感染的猪有预防作用。最好选择那些经药敏试验确认有效的抗生素。对有感染沙门氏菌风险的猪群，大量广泛地应用抗菌素可减轻病情，减少沙门氏菌的传播。抗菌素的选择依靠抗菌素的抗菌谱以及先前猪群的经验。如果没有这些依据的话，胺卡霉素、庆大霉素、新霉素、阿普拉霉素以及三甲氧嘧啶-磺胺在实验室中对大多数沙门氏菌分离株有效。抗菌素有时用于病重猪的治疗，可以降低沙门氏菌内毒素作用。

3. 综合防制

除了进行免疫接种和药物预防外，还需采取有效的综合防制措施，配合以最佳的饲养管理措施和环境条件才能进一步做好猪沙门氏菌的防控工作。尽量减少与沙门氏菌暴发有关的应激因素，需要时时注意管理、饲养中的细节，包括适当的猪密度、干燥、舒适的猪舍、适宜的温度，以及合适的通风等。除采用预防药品措施外，改善猪场设施环境，采用全进全出的经营方式也是必要的。猪场发病后病猪及时隔离和治疗，圈舍要彻底清扫、消毒，粪便及时清除，堆积发酵后利用，对健康猪可在饲料中加入抗生素进行预防。

为了防止本病传染给人，病死猪应严格执行无害化处理，加强屠宰检验，特别是急宰病猪的检验和处理。肉类一定要充分煮熟，注意防鼠，以免被其排泄物污染。饲养员、兽医、屠宰人员以及其他接触人员要注意卫生消毒工作。

（八）风险评估

沙门氏菌作为食源性致病菌在20世纪前就为人们所认识，沙门氏菌引起的沙门氏菌病无论在发达国家还是发展中国家都是被最频繁报道的食源性疾病之一。

1. 传入评估

猪沙门氏菌病遍发于世界各地，我国境内也普遍存在。

病畜和带菌者是本病的主要传染源，可从粪、尿、乳汁以及流产的胎儿、胎衣和羊水排菌，污染水源和饲料等，经消化道感染。病畜和健畜交配或用病公畜的精液人工授精也可感染。在子宫内也可能感染。健康动物的带菌现象（特别是鼠伤寒沙门氏菌）相当普遍。病菌可潜藏于消化道、淋巴组织和胆囊内。当外界不良因素使动物抵抗力降低时，病菌可变为活动化而发生内源感染，病菌连续通过若干易感家畜，毒力增强而扩大传染。

2. 暴露评估

本病的易感动物主要是断奶后1~4月龄的仔猪，一旦该病传入我国，将存在再发生易感动物感染该病的风险。

3. 后果评估

因为猪沙门氏菌病在世界各地都普遍存在，我国也经常发生，所以要在正常入境检疫中做好检测，防止从别国传入。入境动物及其产品中的沙门氏菌污染可分为内源性污染和外源性污染两个方面。内源性污染，是指活体动物已经患有沙门氏菌病，这些患病猪血液、内脏、肌肉中均可能含有大量的沙门氏菌。外源性污染则是指动物及动物产品在屠宰、加工、运输、储存和销售等过程中受到污水、粪便、加工工具等的污染而感染沙门氏菌。因此，要有效控制猪沙门氏菌的污染，就必须针对其污染源，有区别地采取不同的监控措施。活猪及其产品入境时，进境口岸要有针对性地做好检疫工作。如果本病经进口猪及其产品传入我国，将对我国畜牧业生产及当地养猪业的发展带来不利影响，同时造成经济损失。

二十一、猪流行性腹泻

猪流行性腹泻（Porcine epidemic diarrhea，PED）是由猪流行性腹泻病毒（Porcine epidemic diarrhea virus，PEDV）感染引起的猪的一种急性、高度接触性、高致死性传染病。主要临床症状表现为患病猪呕吐、急性水样腹泻、脱水及严重的消化道黏膜糜烂等。PEDV 可引起各个年龄段的猪发病，发病率和死亡率极高，仔猪感染后死亡率可高达 100%。本病的发生具有一定的季节性，多发生于冬季，该病流行严重时曾导致猪死亡率达到 100%。

PED 的症状和病理变化都与猪传染性胃肠炎（Transmissible gastroenteritis of swine，TGE）非常相似。《中华人民共和国进境动物检疫疫病名录》中也将 PED 归为其他传染病。PEDV 是目前猪场消化道疫病的重要病原，其严重影响仔猪的正常生长，导致育肥猪呈进行性消瘦，使饲料报酬显著降低，机体抵抗力低下，容易继发感染其他病原，影响整个猪群的健康，它在世界范围内的流行，给全球的养猪业发展造成十分不利的影响。

（一）病原

PEDV 属于套式病毒目（Nidovirales）冠状病毒科（Coronaviridae）α-冠状病毒属（*Coronavirus*）的一种单股正链 RNA 病毒。病毒形态近似球形，但在粪中的病毒具有长且多形性的特点，病毒粒子直径为 95nm ~ 190nm，平均 130nm，外覆囊膜，且囊膜上具有花瓣或皇冠状纤突结构，呈放射分布，因此被命名为冠状病毒。同其他冠状病毒一样，目前 PEDV 还未被发现具有凝血活性。

PEDV 基因组长约 28kb，具 5’ 端帽子结构和 3’poly（A）尾结构，包含 5’ 非翻译区（Untranslated Region，UTR），3’ UTR 和至少 7 个开放阅读框（Open Reading Frames，ORF），位于 5’UTR 后占据 2/3 基因组的是最大的两个 ORF，即 ORFla 和 ORFlb，编码大的非结构蛋白前体（复制酶 pp1a 和 pp1ab）。另外 1/3 基因组编码 4 个结构蛋白，分别为 S 纤突蛋白、E 包膜蛋白、M膜蛋白、N核蛋白和1个非结构蛋白（ORF3）。

PEDV对热相对敏感，其在60℃ 30min以上就可失去感染力，但在4℃，pH5.0~9.0条件下，或者37℃，pH值6.5~7.5条件下都能稳定存活。PEDV粒子外有囊膜结构，因此对乙醚和三氯甲烷等脂溶剂非常敏感，酸性及碱性的消毒剂也能很快杀死病毒。

（二）历史及地理分布

目前，全球PEDV毒株主要分为两大类：一类是以20世纪70年代在欧洲地区首次出现的CV777毒株为代表的经典型PEDV毒株，另一类主要是2010年以后出现的新型PEDV变异毒株，包括S基因没有插入或缺失的高毒力型“noN-S INDEL”毒株，和S基因有插入及缺失的、致病力相对较弱的“S INDEL”毒株。

PED最早于1971年暴发于英国，临床症状和TGE类似，并很快传播到欧洲其他国家。5年后，PED再次兴起，并且能感染包括仔猪在内的各个年龄阶段的猪群。直到1978年，比利时科学家才确定该病病原为一种新型冠状病毒，将其命名为CV777毒株。20世纪70—80年代，PEDV在欧洲地区广泛流行，对哺乳仔猪严重致病，随后PEDV在欧洲地区呈散点暴发，在2010年前，PEDV在绝大多数欧洲国家均有报道，包括英国、法国、德国、瑞士、比利时、意大利、捷克、匈牙利等。亚洲地区最早出现PED的报道是1973年中国，1991年分离到PEDV。和欧洲地区的流行情况不同，PEDV在亚洲地区的流行特点表现为新生仔猪的致死率更高。2010年前，PEDV在我国主要呈现地方散发性，没有大规模暴发。1992年，韩国首次报道PED，但2004—2013年，韩国通过使用弱毒疫苗能有效控制住PED的流行。早在20世纪80年代日本地区就曾出现过PEDV的暴发，在2006年忽然消失，可能与1997年以来持续使用PEDV活疫苗防控有关。经典型PEDV毒株同样在越南、泰国、菲律宾等国家及我国台湾地区等出现并引起PED的暴发。2013年之前，在美国、非洲以及大洋洲的澳大利亚地区均未出现PED的病例。

2010年冬季，我国南方省份的猪场暴发PED并迅速传播到整个国家，仔猪的死亡率高达100%，造成巨大经济损失。使用PEDV CV777毒株灭活疫苗无法控制PED的流行，预示着高毒力型PEDV毒株的出现。2013年，高毒力型PEDV在美国首次出现并迅速传播，导致美国约10%的猪发生死亡，造成巨大经济损失。至2015年，PEDV已经传播到美国36个州及墨西哥、加拿大、哥伦比亚等。2013年10月起，高毒力型PEDV在日本流行并多次暴发。根据序列分析，2013年韩国、越南均出现高毒力型PEDV，同时间段在泰国检测到经典型和高毒力型的PEDV毒株混合感染。2014年，菲律宾也出现PEDV流行。高毒力型PEDV毒株主要在亚洲地区和北美地区流行，在欧洲、非洲、大洋洲等国家基本无报道。

2013年，美国出现新的PEDV变异毒株，被称为S INDEL毒株，与高毒力型毒株相比，其S蛋白N端有一个氨基酸的插入（aa. 161~162）以及两个位点的缺失（aa 59~62和aa 140），该特征与经典型PEDV毒株类似，但除了S基因外的其他基因（ORF1、ORF3、E、M、N）都和高毒力型毒株更接近。S INDEL毒株在其他很多地区均有出现，包括日本、加拿大、韩国、比利时、法国、德国、荷兰等。与non-S INDEL毒株相比，S INDEL毒株致病力相对较弱。

（三）流行病学

PED一年四季均可发生，多暴发和流行于寒冷时期，特别是多发生于冬、春两季，其他季节较少发生。PED的主要传染源是患病猪和隐性带毒的猪。PEDV主要通过“粪—口”途径传播，病毒通过污染饲料、水源、交通工具、未消毒干净的饲养设施及用具等环境媒介，在直接接触或间接接触感染健康的猪，侵入消化道系统，在猪的肠上皮组织及其淋巴结中繁殖。PED能通过呼吸道途径感染，最近研究表明，患病猪舍的空气样本，发现了PEDV粒子及病毒遗传物质，说明了PEDV能够通过气溶胶传播，导致周围健康猪群发病。PEDV也可通过垂直传播途径感染，患病母猪分泌的乳汁中检测出了PEDV的病毒粒子，仔猪通过吃母乳患病，为PEDV的防控增加了难度。

（四）发病机理及病理变化

PED发病机理研究，是在经剖腹产、未吮初奶的仔猪中进行的，仔猪于日龄3d时口服感染CV777分离株，接毒后22h~36h仔猪发病。免疫荧光技术和透射电镜观察发现，PEDV在整段小肠和结肠的绒毛上皮细胞浆中复制，少数分散于隐窝和肠系膜淋巴结中。病毒的复制导致了细胞变性，使绒毛变萎缩，造成了吸收表面积减少，小肠黏膜碱性磷酸酶含量显著减少进而引起营养物质吸收障碍，这是引起腹泻的主要原因，属于渗透性腹泻。严重腹泻引起脱水，是导致病猪死亡的主要原因，在幼猪小肠上的发病机制与 TGEV 很相似，最早于接毒后 12h～18h 可见感染的上皮细胞，于 24h～36h 时达到高峰。受侵害的小肠上皮细胞变性，绒毛变短，结肠上皮细胞中未见细胞变性。接种 5d 后可检测到荧光细胞。

PEDV 在仔猪小肠中的致病特点与 TGEV 极为相似，但 TGEV 更为迅速，更为严重，接种后 8h～24h 内小肠绒毛变短，受侵害的绒毛范围更广。由于 PEDV 在小肠中复制和感染过程较慢，故其潜伏期较长。此外，肠道外其他组织细胞中未检测到 PEDV 的复制。由于 PEDV 发生较慢，因而有稍长的潜伏期。对于濒死猪和成年猪突然死亡时伴有的背部肌肉急性坏死的机理现在还不清楚。但无论在自然感染还是实验感染的普通育肥猪小肠和结肠绒毛上皮细胞中，均可发现荧光。

PED 的发病机制是病原、机体和环境相互作用的结果，多发于冬、春季节和天气忽然变冷，仔猪保暖措施不够造成。用 SPF 猪在室内进行实验表明，日龄 2d 和日龄 7d 的未吃初乳小猪在攻毒后一天产生水样腹泻，3d～4d 内死亡，2 周龄和 4 周龄小猪只是一过性发病，8 周龄和 12 周龄猪不发病。但在临床情况下，由于发病多在冬、春季节，气候寒冷，以及饲养密度较大，可导致全群发病，日龄 7d 内小猪死亡严重。

病理变化主要在小肠，可见肠管肿胀，充满黄色液体，肠壁变薄，肠系膜充血，肠系膜淋巴结水肿（如图 2–46 所示）。在人工接种 24h 后，可观察到小肠绒毛细胞形成空泡并脱落。电镜观察可见绒毛变短。小肠微绒毛消失，部分胞质突出于肠腔内，细胞变平，紧密结合处出现空隙，细胞脱落于肠腔内。亚显微结构的变化主要发生在肠细胞的细胞质中，其中的细胞器减少，细胞内病毒装配通过在内质网上出芽而完成。结肠中，在含病毒粒子的肠细胞中可观察到细胞病变，但未见有脱落。在感染培养细胞后，发生细胞融合形成合胞体。人工接种 PEDV 至 PK-15 传代后可观察到明显的细胞融合现象。

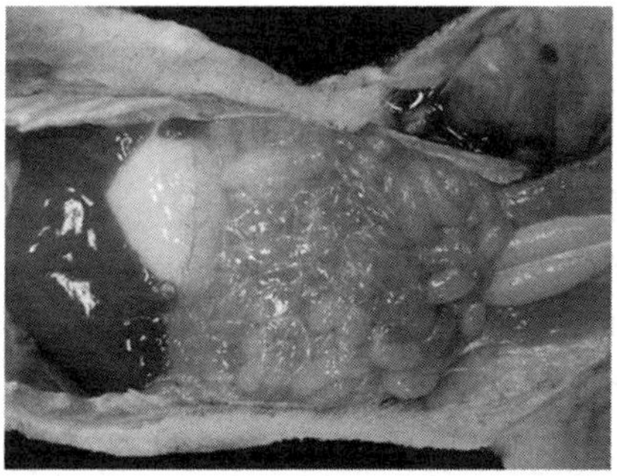

图 2-46　PED 导致仔猪肠管肿胀、
肠壁变薄、肠系膜充血

（五）临床症状

PEDV 可感染不同年龄、品种和性别的猪，主要临床症状为腹泻，粪便呈淡黄色或黄绿色（如图 2-47 所示），病情严重者粪便几乎为水样，并黏附于肛门周围和会阴部位，发病猪常出现呕吐，且多发于进食后。该病在自然感染或人工感染下，潜伏期一般为 1d~8d 不等，从临床症状出现到消失要 3~4 周。随着被感染猪的年龄不同，其临床症状会有所差别，一般年龄越小，症状越重。一周龄以下新生仔猪一旦发病，就会出现严重水样腹泻和呕吐，持续 3d~4d，由于严重脱水和体内电解质的失衡而导致死亡（如图 2-48 所示）。断奶仔猪和育肥猪等年龄较大的猪，因自身具有一定的抵抗力，发病后腹泻和呕吐的症状较轻，虽然死亡率有所降低，但治愈后的病猪生长性能受到不同程度的影响，有些甚至成为僵猪。

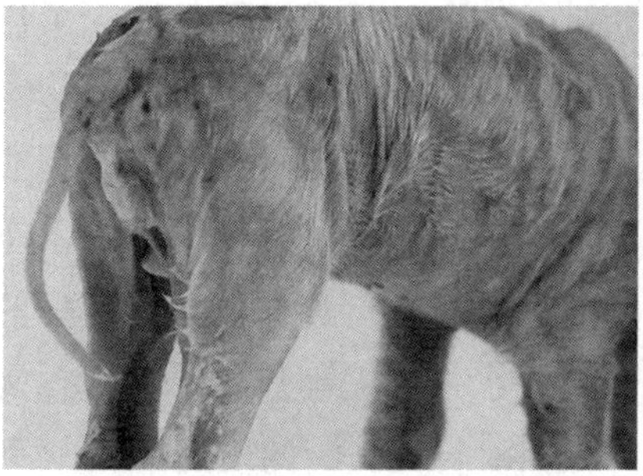

图 2-47　PED 导致仔猪腹泻，
粪便呈黄绿色水样

图 2-48　PED 导致仔猪
脱水死亡

（六）诊断

当前的 PEDV 诊断方法可分为两类：病毒学和血清学方法。病毒学方法的目的是检测病毒，主要检测核酸和病毒蛋白；而血清学方法则是检测机体中因感染而产生的抗体。具体的实验方法有 RT-PCR、免疫荧光测定（IF）、免疫组织化学（IHC）、ELISA、荧光定量 PCR 等。RT-PCR 因为其诊断的敏感性和特异性以及高效性，成为实验室诊断 PEDV 的首选方法。现如今，这种测定法大都已被更灵敏、更快速的 rRT-PCR 所取代。rRT-PCR 方法的一个主要优势是分析灵敏度高，并且能够在扩增反应的同时检测靶基因序列，另一个优势是它的多重检测能力，可以同时检测和区分 PED 的不同毒株和猪的其他肠病毒病原体，包括 TGEV、PRRSV、PDCoV 等。快速准确诊断 PEDV 对于实施有效的疾病控制措施至关重要。因此，可靠的病毒学和血清学诊断方法极为重要。病毒学检测可以快速鉴定 PEDV 及其与猪的其他肠道病原体的区别，而血清学检测则可提供有关先前接触 PEDV 和当前流行的有价值的信息。

（七）防控/防制措施

PEDV 的持续性变异以及与其他肠道病毒共感染往往是导致 PED 较难防控的关键。目前预防 PED 发生的最主要方法疫苗接种，已研发出的疫苗包括灭活苗、弱毒疫苗、新型基因工程苗在内的多种疫苗。但由于 PEDV 感染宿主后可通过多种机制逃逸机体的固有和获得性免疫应答，且目前对 PEDV 的免疫机理性研究不多，尤其是对 PEDV 感染机体后病毒与宿主免疫细胞相互作用介导其功能被抑制等机理不清楚，致使 PED 的防控工作仍面临较多问题和挑战。因此 PED 的防控是否成功主要还是取决于生物安全的控制是否成功，而生物安全的核心是消毒卫生，保证猪群间病原传播感染的最小化，提高猪群的健康环境，减少病原的传播，实现猪场的生态安全。在做好生物安全防控的前提下，就要选择与流行毒株抗原相匹配的疫苗进行免疫，诱导机体产生更高的 IgA 抗体水平，提高仔猪保护率，实现 PED 防控的双重保障，如此才能极大降低猪流行性腹泻的发病率。

（八）风险评估

1. 传入评估

病猪是本病的主要传染源，通过病猪排泄的粪便散播病毒，污染饲料、饮水和环境，健康猪经口接种了含 PEDV 的粪便即可发生自然感染，“粪—口”途径可能是传播的主要方式。病毒传入猪群的途径主要是运输病猪或者被污染的饲料、车辆，以及被病毒污染的靴、鞋或其他携带病毒的污染物。该病的传播不是很快。

目前该病普遍存在于我国，因此，该病的传入对我国养猪业存在一定程度负面影响。

2. 后果评估

在我国 PEDV 感染已经非常严重，其感染率明显高于另外的两个猪病毒性腹泻病原：猪传染性胃肠炎病毒和猪轮状病毒。由于该病原在临床中持续变异，在不同国家形成不同的变异毒株，新的毒株传入给我国养猪业带来更大的防控难度。

第三节 牛　病

一、牛传染性胸膜肺炎

牛传染性胸膜肺炎又称牛肺疫（Contagious Bovine Pleuropneumonia，CBPP），俗称烂肺瘟，是世界三大历史性牛瘟之一，是由丝状支原体或霉形体引起的牛和水牛的一种高度接触性传染病，以发生肺小叶间质淋巴管、结缔组织和肺泡组织的渗出性炎症与浆液纤维素性胸膜肺炎为特征，引起发热和呼吸道症状。CBPP 的潜伏期约为 6 个月，致死率高达 50%，任何年龄和品种的牛均有易感性。

CBPP 是 WOAH 法定报告疫病，《中华人民共和国进境动物检疫疫病名录》将其归为一类传染病、寄生虫病。WOAH 规定了一个国家 CBPP 状况的认可程序，根据 WOAH 认可条件，截至 2022 年 1 月，我国是 WOAH 认可的 22 个 CBPP 无疫区国家之一。

（一）病原

本病的病原是丝状支原体或丝状支原体丝状亚种（M. *mycoides var. mycoides*），其分类地位为软细胞膜纲（Mollicutes）、支原体目（Mycoplasmatales）、支原体科（Mycoplasmatales）、支原体属。丝状支原体无细胞壁，只有3层结构的细胞膜，故其形态为多形性：有的呈弧形弯曲的细丝状或呈S状，细丝长约几微米到150μm；也有的呈球状、环状、星状、半月状、球杆状，含有能通过细菌滤器的小体，球状的直径为125μm～250μm。这种多形体和滤过性是本病原体的特征。丝状支原体的生长形态发育程序分为5个期：始体期或静止期、丝状期、分枝期、链状期和崩解期，从而形成一个发育轮环。

从中国各地分离的M. *mycoides* 种能发酵葡萄糖、麦芽糖、糊精、淀粉、甘露糖、果糖、蕈糖，轻微发酵肝糖，仅产酸，不产气。不产生吲哚，不还原硝酸盐，M. R和V-P试验阴性，但可产生硫化氢。未发现不同的血清型。

丝状支原体可通过日龄9d～11d鸡胚绒毛尿囊膜接种连续传代，在毒力减弱情况下可保持良好的免疫原性。

用Hela细胞、鸡心成纤维细胞、人结膜细胞和牛肾细胞进行组织培养时，均可取得较无细胞培养基更为满意的结果。

丝状支原体在直射阳光下，几小时即失去毒力，在60℃水中30min死亡。对寒冷有抵抗力，在冻结的病肺和淋巴结可存活一年以上；真空冻干后，在冰箱中可存活3～12年。

0.1%升汞、1%～2%克辽林、2%苯酚、0.25%来苏儿、10%生石灰、5%漂白粉均能于几分钟内杀灭本菌。其对青霉素和醋酸铊都不敏感，当每毫升培养基含500IU青霉素和0.25mg醋酸铊时，可以抑制污染杂菌而不影响丝状支原体的生长。这种特性可应用于病原性丝状支原体的分离培养及病料运送全过程中。

（二）历史及地理分布

CBPP于1693年在德国首次发生并确证，其引入国家和随后根除的历史通常与兽医服务的发展相关。美国自1892年以来就根除了这种疾病，英国自1898年以来就没有发生，南非（该疾病是由1853年从荷兰进口的受感染公牛引入的）自 1924 年后根除，澳大利亚 1970 年后根除，欧洲自 19 世纪消除本病后，分别于 1951 年和 1957 年在葡萄牙和西班牙再次出现。法国南部报告了几次暴发，最近一次是在 1984 年。在意大利，该病于 1990 年再次出现，但到 1993 年被消灭。1918 年 CBPP 由苏联传入我国黑龙江省滨洲（哈尔滨—满洲里）铁路沿线一带，1919 年由澳大利亚进口奶牛传入上海。20 世纪 30—40 年代，该病在黑龙江省、内蒙古自治区的呼伦贝尔市、锡林郭勒盟、林西以及甘肃省甘南藏族自治州一带严重流行，造成重大经济损失，中国从 1980 年后就一直没有发生本病。1993—1994 年，有本病流行的国家有：安哥拉、几内亚、尼日利亚、纳米比亚、加纳、尼日尔、科特迪瓦、贝宁、埃塞俄比亚、塞内加尔，本病在 20 世纪初传入印度，在亚洲的部分地区有报道。

目前已根除 CBPP 的国家有美国（1892 年[①]）、英国（1898 年）、南非（1916 年）、澳大利亚（1967 年）、日本（1932 年）和中国（1996 年）等。

（三）流行病学

所有品种的牛包括水牛及印度瘤牛都是其宿主，绵羊和山羊也可自然感染，但是没有相关的病理变化，野牛和骆驼似乎对此病有抵抗力，到目前为止，没有资料显示野牛和骆驼在 CBPP 的传播中起到重要作用。

病牛、康复牛及带菌牛是主要的传染源。病原主要从呼吸道排出。通过飞沫传染，反复接触以及空气传播也是此病传播的主要方式。

此病原可以在唾液、尿液、胎膜和子宫分泌物中存在，也可通过胎盘感染，无症状携带病原体的牛以及慢性感染牛是导致牛感染的一个重要传播链，病原可以在病变的肺组织中保持 2 年以上的活性，普遍认为，当临床恢复健康的牛受到刺激或者免疫抑制时，存在于其肺部的传染性致病因子的活性增强而释放病原。本病是通过散播病原的病牛或长期排出病原的康复牛而在牛群中传播的。无严格检疫制度的活牛贸易、运输、迁徙等环节，能起到特别突出的作用。近年一些文献报道，患病绵羊、山羊与牛混群放牧或饲养，对此病流行具有重要意义。此外，本病潜伏期长达 1~8 个月，牛群中有 45%症状轻微或不出现感染，难以查出康复后的病原排出

---

① 括号内的年份为该国根除 CBPP 的时间。

者。病原主要从呼吸道排出，通过飞沫传染；严重病牛也可从尿、乳汁中排菌，污染饲料、饮水。成年牛可通过被尿污染的干草经口感染。

（四）发病机理及病理变化

病原起初侵害细支气管，继而侵入肺脏间质，随后又侵入血管和淋巴管系统，取支气管源性和淋巴源性两种途径扩散，进而形成各种病变。支气管源性系沿细支气管蔓延，引起肺小叶细支气管发生炎症和部分坏死，并进一步扩展到毗邻小叶。由于大量小叶病变迅速发展扩大和大量淋巴液蓄积，患部很快硬化，使淋巴管和血管栓塞而形成坏死。又因肺炎的进展阶段不同，出现红色、黄色和灰色等不同色彩的肝变。淋巴源性是沿细支气管周围发展，侵入肺小叶间的结缔组织和淋巴间隙中，引起小叶间结缔组织广泛而急剧的炎性水肿。淋巴管显著扩张，其中淋巴液大量增加。由于淋巴管舒张，淋巴液大量蓄积，病原的繁殖与淋巴液的渗出相互促进，造成血液和淋巴循环系统的堵塞，导致小叶间组织显著增宽，呈白色，内含大量淋巴液和炎性细胞，形成广泛的坏死。这种间质变化与肺泡的各期肝变构成了色彩不同的大理石样的典型病变。通过淋巴管病变迅速扩展，可很快形成融合性大叶性肺炎。肺脏发生炎症，导致大量淋巴液渗出胸腔，继而引起浆液纤维素性胸膜炎，而胸膜纵隔和肺门淋巴结的肿大则是病原沿着淋巴管的侵入而引起的。

肺脏的病理变化特征性病变，且常常是一侧肺脏有病变，受影响的肺实质没有气味，肺叶肿大、坚实，表面肺膜厚而粗糙且无光泽。切面见大小不等的肺炎区，呈红色、黄色和灰色等不同阶段的肝变，被肿大呈白色并且舒张如索状的淋巴管的间质分区阻隔，外观如大理石样色彩。肺门和纵隔淋巴结肿大、多汁并有出血。病变严重的还可见肺坏死、液化，形成脓腔、空洞，被很厚的结缔组织包囊所包围。心包膜变厚，常与肺及纵隔粘连；心包积水，心脏实质脆弱。脾肿大，被膜紧张，切面突出。

急性病例胸腔多有积液，量多少不定，无色或微黄色，内含有絮状的纤维素凝片。胸膜增厚粗糙，肺表面与胸膜间常被丝状绒毛样的纤维素粘连。

慢性型的部分病例的粘连性胸膜炎，胸膜肥厚，肺小叶发生肉质样变、坏死、液化或钙化，有的液化灶被局部增生的结缔组织包围，形成瘢痕。

病理组织学的变化以在病变肺小叶形成血管周围机化灶和支气管周围机化灶为特征，这在本病的诊断上具有重要意义。

（五）临床症状

在自然情况下，潜伏期一般为 2~4 周，最长可达 8 个月。人工感染的潜伏期：犊牛皮下注射为 6d~27d，成年牛呼吸道感染为 12d~16d。

急性型病例体温急剧上升至 40℃~42℃，稽留热，继而频发干咳，精神沉郁，食欲缺乏。不久呼吸困难，常发“吭”声，按压肋间有疼痛表现，常因胸部疼痛而不愿卧下，站立时取头高尾低姿势，呈肋式呼吸，肋间下陷，吸气长而呼气短。眼结膜潮红并有脓性眼分泌物。有时流出浆液性或脓性鼻液。如肺部病变面积大并有大量胸腔积液时，胸部叩诊可听到浊音或水平浊音。病的后期，心脏衰弱，脉弱而快，心音在患侧不易听到。胸前、腹下和垂肉常发生水肿，可视黏膜呈蓝紫色。消化机能障碍，反刍迟缓或停止，泌乳大减，常有慢性臌胀、腹泻和便秘交替发生。幼龄牛则常并发多发性关节炎。体况迅速恶化，呼吸更加困难，呻吟，有时口鼻流出白沫，伸颈伏卧，体温下降，因窒息而死亡。整个病程为15d~30d。

亚急性型症状与急性型相似，但病程较长，症状较轻且不如急性型明显。

慢性型多数由急性型转化而来，但也有少数一开始就取慢性经过。病牛逐渐消瘦，不时有痛性短咳，叩诊胸部有实音区且敏感，使役时易感疲劳，体温时高时低，消化机能紊乱，食欲时好时坏，有的不表现临诊症状，但长期带菌、排菌。

（六）诊断

CBPP 的起始临床症状较轻或者是表现时间很短，且与其他急性肺炎也不易区分，不能以临床症状进行本病的诊断，因此 CBPP 的诊断需要结合病理变化、微生物实验、分子或者血清学方法。

在解剖中见到病肺的间质扩张，淋巴管索状肿及淋巴管和血管栓塞，胸腔积液并有纤维素渗出，甚至覆盖肺和胸膜表面等病变时，具有诊断价值。病理组织学观察到血管和支气管周围机化灶，则有重要的诊断意义。牛只生前采用 ELISA、CFT 等血清学诊断方法，以及 RT-PCR 方法进行病原学诊断，死后用病料分离病原体等，细菌学诊断丝状支原体为需固醇支原体，需氧，发育适温为37℃~38℃，pH 值7.6~8.0，可确诊。

（七）防控/防制措施

亚急性型和无症状感染情况的出现，以及临床期过后的牛持续携带病原是控制和根除 CBPP 的主要难点。

在大多数国家，控制本病主要依赖于早期诊断、控制动物移动和扑杀政策，北美和欧洲就是采取上述措施成功消除了本病，目前，非洲本病的控制主要是疫苗的免疫接种。

通过屠宰场检验等监测活动是检测到临床病例的一个有效方式和方法。

对于受影响的动物以抗生素治疗，会导致临床健康但仍然感染且能够传播疾病，因此不推荐。疫苗的生产参照 WOAH《陆生动物诊断试验与疫苗手册》。

中国禁止从牛肺疫疫区输入牛，在进境牛检疫时发现有牛肺疫，对有阳性动物的牛群作全部退回或扑杀销毁处理。消灭 CBPP 的具体措施主要是进行免疫接种并结合扑杀、区划、隔离、流通控制和消毒等。发生疫情时，划定疫区、受威胁区和缓冲区，对出现该病症状的牛进行隔离饲养，对疫点进行封锁和消毒，同时尽快进行诊断；如确诊为 CBPP，则扑杀病牛和可疑感染牛乃至同群牛，并将病牛尸体彻底焚毁或深埋；采用20%~30%的新鲜草木灰溶液和10%~20%的石灰乳对病牛污染的场舍彻底消毒，消灭传染源和切断传染途径。在疫区，停止牲畜交易、限制流动，不准从疫区运出牛只。其他地区之间的牲畜调运也必须进行检疫。

（八）风险评估

1. 传入评估

病牛、带菌牛及康复牛是本病的主要传染源，病原可通过病牛或长期排出病原的康复牛而在牛群中传播，任何年龄和品种的牛均有易感性，所以来自发生或曾经发生过 CBPP 的国家或地区的活牛，进境或过境都有极高的风险。

牛精液可被支原体严重污染，通过人工授精可导致本病传播。

牛肉（冷藏肉或冷冻肉），由于牛肺疫病原耐低温，屠宰时牛的胴体容易受到交叉污染，来自 CBPP 疫区的，可能携带具有感染力的病原。

由于病原侵害细支气管，继而侵入肺脏间质，随后又侵入血管和淋巴管系统进行扩散，因而肺脏和含有血管、淋巴管的牛内脏（冷藏和冷冻的）可能携带具有感染力的病原。

2. 暴露评估

病牛、康复牛及带菌牛是主要的传染源，病牛康复 1 年甚至 2 年以上仍可带毒而感染健康牛，病原体主要经飞沫通过呼吸道感染，也可随尿、乳汁及产犊时子宫渗出物排出经生殖道感染，也可通过污染的饲料和饮水经过消化道感染。经对意大利 1990—1993 年发生牛肺疫的流行病学的研究表明，在伦巴第地区空气传播可能起了主要作用。牛精液常被支原体严重污染，通过人工授精可导致该病传播。无严格检疫制度的活牛贸易、运输、迁徙等环节对该病的传播风险极高。

3. 后果评估

我国在 1996 年已经根除了 CBPP。CBPP 在传入无疫区后，一般要在几个月后才可以被检测到，而一旦暴发往往呈现急性症状，死亡率极高。而且由于我国养牛业的集约化程度低，给消灭和控制疫情造成极大困难。该病传入造成的损害有以下 3 个方面：

（1）大量牛只被宰杀，牛只死亡率增加，泌乳量减少，繁殖力降低等直接经济损失。

（2）免疫接种、免疫监测和研究经费的投入巨大。

（3）相关产品的出口贸易受到严重影响。

因此，我国作为牛传染性胸膜肺炎无疫国，在进口贸易中必须实施严格的动物卫生检疫措施，防止该病传入。

二、牛海绵状脑病

牛海绵状脑病（Bovine Spongiform Encephalopathy，BSE），又称疯牛病，是牛的一种传染性、渐进性、致死性的中枢神经系统疾病，是由非常规致病因子引起的一种亚急性海绵状脑病。该病属于传染性海绵状脑病（TSE），也叫朊病毒病。临床主要表现为精神失常、共济失调、感觉过敏。组织病理学特征是病牛脑组织神经元空泡化。这类病还包括绵羊的痒病、人的库鲁病、人的克雅氏病（Greutzfeldt-Jakob diseash，CJD）、人格斯特曼氏病（GerstmaN-Straussler-Scheinker Syndrome，GSS）、貂传染性脑病

(Transmissible Mink Encephalopathy，TME）以及麋鹿的慢性消耗性疾病(Chronic Wasting Disease，CWD)。

BSE是WOAH法定报告疫病，《中华人民共和国进境动物检疫疫病名录》将其归为一类传染病、寄生虫病，WOAH规定了一个国家传染性海绵状脑病风险状况的评估及认可程序，根据WOAH认可条件，我国于2015年获得了WOAH认可的传染性海绵状脑病风险可忽略国家。

（一）病原

根据目前对BSE病原的研究，认为朊蛋白（PrP^{SC}）是BSE病原的理论占主导地位。大量的实验说明，PrP^{SC}为一组至今未能查到任何核酸、对各种理化作用具有很强的抵抗力、感染性甚强的蛋白颗粒，能引起哺乳动物中枢神经组织病变。近年来的研究表明，人新型克雅氏病（nvCJD）与BSE有关。BSE的病理学特点是大脑皮质的神经元细胞退化、空泡变性、死亡、消失、被星形胶质细胞取而代之，因而造成灰质变薄，白质相对增加，呈海绵状病变。

BSE病原在牛体内的分布没有羊痒病病原在羊体内那样分布广泛。迄今只在自然发生BSE病牛的脑、脊髓和视网膜中检测到了感染性物质。实验表明，三叉神经、坐骨神经也具有感染性，与其他检测到的具有感染性的组织相比，扁桃体的感染性较低。给4月龄的牛口服100g BSE病牛的脑组织后6~10个月，可在回肠远端检测到感染性。

对BSE病牛的其他组织（40多种）用易感的小鼠进行检测，均未测出感染性，这些组织包括精液、许多淋巴组织、乳汁、胎盘、乳腺、外周神经（Bradley，1994）。

病原对理化因素如热、电离和紫外线等具有很强的抵抗力，对理化因素比一般的细菌和病毒抵抗力强，对甲醛溶液、紫外线不敏感；对强酸强碱有很强的抵抗力，pH值2.1~10.5时，用2%的次氯酸钠或90%的苯酚经2h以上才可灭活病原，在121℃中能耐热30min以上，机体对感染BSE不产生免疫应答。

（二）历史及地理分布

本病1986年11月在英国首次暴发，通过对病牛脑组织病理学检查而首次确诊了BSE，至1996年，英国总共有161 663头BSE病牛，是全球

(英国除外) BSE 总数的 400 倍。随后，爱尔兰、法国、瑞士、葡萄牙、德国、丹麦、意大利、阿曼和加拿大等地都报道发生 BSE。

BSE 给英国造成的经济损失相当严重。刚开始造成的损失仅限于 BSE 感染牛的死亡和屠宰，由农场主承担因此而造成的损失，1988 年 8 月后实施了部分补偿政策，随 BSE 病例的增加，许多农场主再次发现 BSE，自 1990 年 2 月起，英国政府采取了完全补偿政策。10 年间，英国共扑杀了 158 800 头病牛，政府向牛主补偿约 13 000 多万英镑。

当流行病学确定肉骨粉是感染途径时，英国政府于 1988 年 7 月开始禁止用反刍动物蛋白饲喂反刍动物，这一禁令立即对炼制业产生影响，表现为肉骨粉的国内销售和出口的大幅度下降，另一个影响就是增加了屠宰厂动物废弃物的处理费用。随即，牛肉及其产品的市场也因此而受到影响。

欧盟于 1989 年 7 月决定禁止从英国进口 1988 年 7 月以前出生的牛，后来又修改为禁止 6 月龄以下的牛出口，许多欧盟外的国家也纷纷禁止从英国进口所有活牛、牛胚胎和牛精液，有些国家还禁止进口牛奶及其制品。

BSE 还对人类和宠物食品业造成很大的经济影响。1989 年冬，英国政府禁止人食用含有 6 月龄以上的牛内脏的食物，这些内脏包括脑、脊髓、扁桃体、胸腺、脾脏和小肠。后来该禁令被延伸至所有哺乳动物、鸟类和宠物。这对英国贸易出口造成了极大的影响。

1996 年 3 月 20 日，英国政府宣布，其国内 20 余名克雅氏病患者怀疑与 BSE 感染有关，并对疫区内1 100多万头牛采取扑杀处理，直接损失达 300 亿美元。随即引起了全球对英国牛肉的恐慌，世界各国纷纷采取措施禁止从英国进口牛及其产品。

目前 WOAH 认可 BSE 风险可忽略国家共有 52 个，我国（台湾和澳门地区除外）2015 年 5 月获得 WOAH 认可的风险可忽略国家。

（三）流行病学

BSE 的临床病例大都发生在 4~6 岁的牛，也发现有 24 月龄以下的牛患病，最老的 19 岁。BSE 的潜伏期较长，一般认为，BSE 的潜伏期为 3~5 年，大多数是在 1 岁内被感染的，而肉用牛还未活到发病年龄就被屠宰了(一部分牛可能处于潜伏期)。在英国，尽管确诊出了大量的 BSE 牛，但即使在发病的高峰期（1992—1993 年之间的冬季），每年也只有 1%的成年育种牛出现临床病例。在流行的早期，BSE 多发生在大畜群，因为畜群越大，购买受污染的饲料也越多，感染机会相应增大。尽管如此，1 个畜群内出现多个 BSE 病牛的情况并不多见，74%的病例牛场有 5 头或少于 5 头 BSE 牛，35%的病例牛场只有 1 例 BSE 牛。只有 1 个病例牛场曾有过 124 头 BSE 病牛。从目前世界的情况看，发现不断有散发的病例，且非典型 BSE 的病例发生概率也较高，2021 年 9 月 3 日，WOAH 通报了巴西发生 2 例非典型 BSE；2021 年 12 月 WOAH 证实加拿大发生 1 例非典型 BSE，上述病例的发生并没有影响巴西（WOAH 认可的 BSE 风险可忽略国家）和加拿大（WOAH 认可的 BSE 风险可控国家）的 WOAH 分类状况。

迄今还没有 BSE 水平传播的直接证据，未见水平传染引起的 BSE 流行。Donnelly 等人（2002 年）估算，在母源潜伏期的最后 6 个月，母源传播率为 0.5%。对 BSE 公牛和健康公牛的后代进行 BSE 发病情况的统计，二者没有差别。用 BSE 公牛的精液、精囊和前列腺进行的实验性感染，也没有检出感染性。

本病不是接触性传染病，研究证明 BSE 的传播是通过饲喂被病牛污染的或者是用病牛制作的肉骨粉而传播的，因此各个国家（地区）都出台了相关的饲料禁令，禁止用反刍动物肉骨粉饲喂所有的哺乳动物，禁止进口含有牛羊源性成分的饲料，自从饲料禁令发布和实施以来，BSE 病例的发生呈下降趋势，世界范围内病例数都在减少。

（四）发病机理及病理变化

目前认为，自然条件下 BSE 的感染途径主要是经口感染。目前普遍持有的观点或最可能发生的情形是，人和动物经口摄入的病原，在肠道由肠壁淋巴结吸收，其中的淋巴细胞将 PrP^{SC} 吞噬，并随淋巴管到达其他淋巴组织（如脾、淋巴结、扁桃体）。PrP^{SC} 在这些部位可以增殖（用 ICC 在这些部位可以检测到 PrP^{SC}），随后进入分布在这些组织上的外周神经，在神经元增殖，之后进入脊髓，随后进入脑组织，引起 PrP^{SC} 沉积，脑组织变性成海绵状。这说明淋巴系统在朊病毒病的发生过程中具有重要意义（例如在严重复合型免疫缺陷综合征的鼠，不能发生痒病）。但是，根据 2003 年 9 月 D. Matthews 博士和 G. Wells 博士在美国 Fort Collins 举办的研讨会上所做演讲，牛体中 BSE 的发病机理尚不明朗。有人认为小肠的派伊尔氏淋巴集结（Peyer's Patches）与动物的初期感染有关。在试验条件下，在潜伏期的最初阶段，在末梢回肠中能够检测到感染性。人们还不了解从派伊尔氏淋巴集结（Peyer's Patches）到中枢神经的路径。据推测，可能与内脏神经或迷走神经有关。头盖神经也可能起作用。血液作为潜在途径的可能性尚未被排除。试验条件下，皮下感染、腹腔感染、静脉接种、脑内接种均获得成功。

BSE 无肉眼可见的病理变化，也无生物学和血液学异常变化。典型的组织病理学和分子学变化都集中在中枢神经系统。

BSE 有 3 个典型非炎性病理变化：

（1）神经元突起和神经元细胞体中形成两侧对称的神经空泡。

（2）神经胶质增生，胶质细胞肥大，常规 HE 染色可以检测。

（3）大脑淀粉样变性，空泡主要发生在延脑、中脑的中央灰质、下丘脑室外旁核区核中隔区，在小脑、海马、大脑皮层和基底神经节空泡较少。

除了痒病家族应有特征性组织病理变化外，牛脑组织提取液中还含有大量的异常纤维（SAF），可用电镜负染技术观察到。这对牛感染 BSE 的确诊非常重要。

SAF 容易纯化，可从正常的膜糖蛋白 PrP 中提取，PrP 存在于许多组织中，尤其是脑组织。在痒病感染过程中，这种正常的蛋白经不正常的转录后修饰，从而具有形成原纤维的能力，这种修饰过的蛋白对蛋白水解酶具有部分抵抗力，聚积在脑组织中，比正常蛋白的浓度高约 10 倍。

（五）临床症状

初期四肢伸展，姿势和运动异常，体重及产奶量下降，继而触觉和听觉过敏，离群，惊厥，惊恐，运动失调，震颤，卧地不起，最后死亡。从最初的症状到病牛死亡，常持续数月至一年，发病年龄常为 3~6 岁，最小的 22 个月，最大的 19 岁。

BSE 的病程一般为 14 天至 6 个月，其临床症状包括神经性的和一般性的变化，神经症状可分为以下 3 个类型：

（1）最常见的是精神状态的改变，如恐惧、暴怒和神经质。

（2）3%的病例出现姿势和运动异常，通常为后肢共济失调、颤抖和倒下。

（3）90%的病例有感觉异常，表现多样，但最明显的是触觉和听觉减退。

大部分患牛（87%）出现的临诊症状可分为以上 3 种。这与中枢神经系统的弥漫性病变相一致。

在临诊期的某些阶段，大约 79%的病牛出现一种临诊症状和一种神经症状。经病理学确诊为 BSE 的动物，没有只表现一般临诊症状而无神经症状的。将病牛置于安静和其所熟悉的环境中，有些症状可得到减轻，尤其是感觉衰退。

出现临诊症状几星期后，病牛因症状加剧而不活动并出现死亡。

（六）诊断

临床诊断最常见的是神经症状，如出现明显的异常姿势，不愿进入挤奶室，挤奶时狂暴乱踢。最初的运动变化是后肢步态有轻微的变化，活动有困难。早期的行为变化会与低镁症及神经酮病相混淆，对治疗无效是 BSE 区别于这两种病的一种办法。此外，BSE 患牛的症状在不知不觉中明显加剧，且呈慢性进行性过程，持续数周，这也是鉴别 BSE 和上述两种微量元素缺乏病的原则，尤其是行为变化的发展，出现更为明显的摇摆步，步伐变短，拐弯反应迟钝。

BSE 患牛最主要的神经症状是恐惧、共济失调及感觉衰退，动物一旦出现上述 3 种症状并持续 1 个月以上，就应该怀疑是 BSE，目前朊病毒的诊断方法主要包括组织病理学、电镜、生物试验等。目前建立的常用 BSE 检测方法绝大多数都是根据 PrP^{sc}能部分抵抗蛋白酶 K 消化，而宿主编码的细胞蛋白 PrP^{c}不能耐受蛋白酶的消化这个原理设计的。

1. 组织病理学

中枢神经系统的组织病理学变化是确诊 BSE 的基础，它需要将脑组织保存在福尔马林中，随后染色和在显微镜下检查 BSE 特异变化的特征表现。BSE 最重要的病变是延髓（脑闩）部位灰质神经纤维网出现中等数量的不连续的卵形和球形空泡，通常对称性分布，在孤束核和三叉神经脊束核空泡化最严重。组织病理学诊断只能用于死后诊断，因为 BSE 的组织病理学变化都发生在疾病的后期。如果在检查之前脑组织有任何程度的分解，都不适合组织病理学检查。空泡化有时还可以在正常的动物脑内发现。在这些情况下，就要采用其他不依赖组织形态和空泡化的程度的其他诊断方法。

2. 电镜检查痒病相关纤维的方法

最早是将痒病羊脑组织提纯、负染后，在电镜下可以看到呈纤维状或管状的物质，这种物质与痒病的感染性相关，所以被称为痒病相关纤维。在患 BSE 的牛脑组织中也可以检查到这种物质，这种方法比较准确，也是一种辅助诊断，但由于技术复杂、设备费用昂贵，不宜作为日常检测方法推广使用。

3. 生物试验

生物试验就是将可疑患病动物脑组织匀浆，对小鼠进行脑内接种或口服接种、腹腔接种，然后观察被接种动物的发病情况，是早期判断生物体是否感染朊病毒、测定感染滴度、研究朊病毒感染性的主要手段，随着检测技术的进步，现在动物实验的许多功能已被更快捷、更准确的方法所代替，但作为生物学方法仍然是研究朊病毒不可缺少的重要环节。目前，已知的朊病毒病大多已建立了动物感染模型，小鼠、大鼠和仓鼠是最常用的朊病毒实验动物。该方法的优点是比较敏感，是研究朊病毒生物学特性的重要实验；缺点是病程长、费力、滴定误差大、动物消耗最大、费用昂贵。种属屏障和毒株、动物个体差异等因素限制了生物试验的敏感性，转基因技术的问世促进了生物试验的发展。

4. 免疫组织化学检测（Immnohistochemistry，IHC）

免疫组织化学又称免疫细胞化学，是指带显色剂标记的特异性抗体在组织细胞原位通过抗原抗体反应和组织化学的呈色反应，对相应抗原进行定性、定位、定量测定的一项传统技术。这种方法依赖于用特异性抗体检测免疫组织化学染色的切片上 PrP^{sc}，不需要任何的蛋白纯化步骤。用福尔马林固定脑组织，石蜡包埋，切片进行变性处理以破坏 PrP^{sc}，用硫氰酸胍、高压蒸汽等方法使抗原暴露，以增强 PrP^{sc} 的免疫组化染色。此方法是特异性检测朊病毒的第一个方法，被认为是检测 BSE 的标准方法。但这种方法需要检查每一个切片，不适合大规模筛选。

5. 免疫印迹（Western Blot）试验

免疫印迹试验是将被检牛脑组织做成匀浆悬液，经过离心逐步纯化，之后分成两份，一份用蛋白酶 K 消化，一份不消化，进行蛋白质电泳，膜转印，最后进行抗原抗体反应。此方法用来检测未经固定的新鲜脑组织或冻存脑组织提取物中的抗蛋白酶的 PrP^{sc}，通过检测与特异性抗体反应的

PrP^{sc}蛋白对蛋白酶 K 的抵抗力和分子量大小来判定结果。这种方法特别适合确证有临床症状的 BSE，也可用来对那些死亡的或屠宰的牛进行 BSE 筛选。此方法具有高度的敏感性、特异性和可信度，但脑的正确部位采样和蛋白提取方法对准确检测相当重要，用这种方法也能检测到亚临床病例。免疫印迹较组织病理学检测迅速，而且可以通过分析朊病毒分子量的大小和糖基化水平来识别不同的 PrP^{sc}类型。它也是目前公认的一种检测方法。但此方法作为筛选方法在一块凝胶上只能做几个样品，较费时。

6. ELISA

ELISA 是当前应用最广、发展最快的一种方法，主要是不同表位 PrP 抗体的双抗夹心法，该方法适合筛选大量样品。早期一直用于 TSE 的基础研究。有报道用异氰硫酸胍（GdnSCN）变性纯化的 PrP^{sc}，然后再包被微孔板上可以增加抗 PrP 抗体的免疫反应性。因胍有破坏蛋白间的氢键而增溶蛋白的作用，胍促进 PrP^{sc}分子解开，使抗原表位暴露出来。在 2002 年欧盟评估的 BSE 快速检测方法中多数是 ELISA 方法。采用 ELISA 方法检测 BSE，使诊断方法更加实际和快速，目前许多国家用此方法进行 BSE 筛查。

7. 其他借助特殊仪器的检测方法和新的活体检测途径

毛细管 SDS 凝胶电泳、荧光标记肽链的毛细管电泳免疫测定法、双色强荧光目标扫描法、核磁共振技术等常用分析手段在脑脊液、血液、尿液等样品的检测中也进行了初步尝试。

（七）防控/防制措施

目前公认的 BSE 的传染源是含有被 BSE 病牛污染的肉骨粉。BSE 传入一个国家的途径有两条：第一，通过进口有 BSE 国家或地区的活牛及其产品或被污染的饲料；第二，进口有痒病国家或地区的活羊及其产品或被污染的饲料。

1. 禁止从有 BSE 的国家进口牛及其产品

活动物的贸易很明显是传入 BSE 的最大风险，即从有 BSE 或痒病的国家或地区进口牛、羊，由于 BSE 和痒病具有很长的潜伏期，对活牛、羊没有诊断方法，隔离检疫的价值很小，除非克服种种困难，在特定的环境下，对进口的动物进行为期数年的隔离检疫，因此禁止从 BSE 发生地进口活牛及其产品是防控措施之一。

2. 实施饲料禁令

限制肉骨粉的贸易，禁止使用反刍动物的蛋白饲喂反刍动物或者哺乳动物，尤其是有痒病或 BSE 国家或地区生产的反刍动物蛋白饲料，以此来控制 BSE 通过污染的饲料传染给牛，禁止在人的食物和动物饲料中添加不明产地牛的内脏器官和组织。

3. 剔除特殊风险物质

在用于加工动物蛋白的原料中剔除中枢神经系统、扁桃体等特殊风险物质（SRM）。

4. 通过生产工艺，降低肉骨粉（MBM）风险

MBM 的生产工艺应保证杀灭 BSE 病原，原材料应该在不低于 133℃、不少于 20min、绝对压力 3bar 的饱和蒸汽压下处理。

（八）风险评估

1. 传入评估

从 BSE 发生国家（地区）进口活牛、反刍动物蛋白如 MBM、骨粉，以及任何可能携带有 BSE 病原并可暴露给反刍动物的产品，都具有传入 BSE 的风险。

流行病学研究表明，含有 BSE 病原的反刍动物蛋白（RMBM）的饲料是引发 BSE 的主要原因，并得到世界公认，各国纷纷颁布禁止给反刍动物使用反刍动物蛋白的饲料禁令，实行饲料禁令可有效降低发生 BSE 的风险，但由于 BSE 具有较长的潜伏期，一般要在饲料禁令实施 5 年后才能产生明显效果。英国 1988 年实施的禁止使用反刍动物蛋白喂养反刍动物的政策的确产生了一定的效果，但没有取得迅速从饲料系统中消除感染源的预期目标。与禁止使用反刍动物蛋白喂养反刍动物措施的实施本应完全消除该病的期望不同，1994 年英国仍发现24 438个 BSE 病例。欧盟科学指导委员会（SSC）认为，不含动物蛋白的牛饲料如果被含有 BSE 病原的反刍动物蛋白污染，即使污染不超过 0.5%，其引起 BSE 的可能性也不能排除。为防止交叉污染，欧盟把反刍动物蛋白禁令扩大为哺乳动物蛋白禁令，颁布相关法令，禁止给反刍动物饲喂所有种类的哺乳动物蛋白（MMBM）。

传入评估应考虑 3 个方面的问题：一是 BSE 致病因子是否可能在我国牛群中定殖。二是 BSE 致病因子是否在我国动物饲料链中循环。三是 BSE 致病因子是否引起人感染。

2. 暴露评估

带骨牛肉和下水等产品如果进口到我国，对我国的公共卫生具有潜在的威胁，而且这些器官特别是带骨牛肉的骨头不能被完全食用，在餐桌上遗弃成为泔水，再进入伴侣动物和其他动物饲料链的可能性大大超过牛肉，牛感染 BSE 的主要途径是食入含有 BSE 感染性的饲料，任何携带 BSE 感染性且可能进入反刍动物饲料链的产品的风险都不能忽略。

如果 BSE 风险因子传入，对我国人民群众生命健康安全影响要远比欧美国家严重。人类 prion 蛋白的基因是 PRNP，人类 PRNP 基因在第 129 位氨基酸密码子的多态性影响人类的 BSE 易感型，目前所有感染 BSE 的 vCJD 患者都是 M/M 基因型，这个统计遗传医学证据明确表明：带有 M/M 基因型的人属于感染疯牛病的高危险人群。例如 vCJD 患者最多的英国，仅有 38%的人带有此型基因，但每一个英国 vCJD 患者均为 M/M 基因型。研究表明，高达 98%的中国人带有此基因型，因此几乎每一个中国居民都属于感染 BSE 的高危险人群。

3. 后果评估

世界卫生组织认为，如果充分接触病原，所有的动物包括人都有患病的潜在风险。联合国粮农组织警告 BSE 很可能席卷全球。目前的研究表明，TSE 可发生于牛、绵羊、山羊、驼鹿、麋鹿、水貂、猫等多种动物。BSE 虽然发病率低，病例均系散发，但是 BSE 对动物个体的危害是致命的。该病潜伏期长，缺乏活体诊断的方法，从动物群中剔除感染动物相当困难。

BSE 与人类的克雅氏病同属 TSE，新型的克雅氏病（nvCJD）很可能与食用污染 BSE 的牛肉有关，该病自从 1994 年 2 月首次出现于英国以来，到 2009 年底已死亡 200 例。除法国 2 例外，其余均发生于英国。经研究，已初步证明 nvCJD 和 BSE 是由同一种病原引起的。尽管目前也有一些专家预计人的新型的克雅氏病患者不会达到以前估计的那么多。英国的 Azra Ghani 博士曾预测，在最坏的情况下，vCJD 案例可达到 7 000多（Ghani，2003），而 Boelle 建立的模型预测可能出现的案例在 183 到 304 之间（Boelle，2003）。尽管如此，世界上大多数的消费者对 BSE 的极度恐慌心理尚未消除。

BSE 给欧盟各国造成的损失是十分巨大的。1996 年 3 月英国政府正式宣布食用 BSE 患牛可能染上克雅氏病，立即在全球范围内引起轩然大波，很多国家马上宣布禁止进口英国活牛、牛肉及其制品，有的国家甚至禁止英国产的化妆品和巧克力。英国牛的出口销售急剧下降，海外市场基本丧失，年产值 6 亿英镑的牛肉出口业崩溃。此外，还得从国外进口牛肉以供国内的消费需求，并支付 10 亿英镑补贴进口牛肉所带来的贸易赤字。据英国金融界测算，BSE 使英国的对外贸易增加 60 亿英镑的赤字，国民经济总产值将下降 1%。中国也不例外，如果中国发生 BSE，目前牛和牛肉产品的海外市场将全部关闭，因为世界上没有几个国家从 BSE 国家进口牛和牛肉。

扑杀病牛根除 BSE 也需耗用巨额资金，如果按照欧盟兽医专家的建议，将1 180万头牛全部杀掉，仅屠杀费用就需 3 亿英镑，畜牧界还会向政府追讨数十亿英镑的赔偿，BSE 的实际经济损失将是巨大的。

BSE 还会引发一系列社会问题，诸如农场破产、工人失业、通货膨胀、股票价格下跌、汇率下降等。人们对 BSE 深感恐慌，害怕会得克雅氏病，不得不改变原来的传统饮食习惯。此外，BSE 风波还会引起人民对政府的不信任。

三、牛结节性皮肤病

结节性皮肤病（疙瘩皮肤病，Lumpy Skin Disaese，LSD）是由痘病毒科的结节性皮肤病病毒引起的，特征是发热，皮肤、黏膜和内脏器官出现结节，病牛消瘦，淋巴结肿大，皮肤水肿，有时发生死亡。该病对经济影响重大，它可以导致奶牛的产奶量下降，引起公牛暂时或永久性的不育，还可以损坏皮张，引起牛的二次感染造成死亡。该病在大多数非洲国家是地方流行病，2006 年、2007 年暴发在非洲以外的中东地区，2008 年暴发于毛里求斯。本病的患病率是 10% ~20%，致死率是 1% ~5%，不是人畜共患病。

牛结节性皮肤病是 WOAH 规定的法定通报疾病，《中华人民共和国进境动物检疫疫病名录》一直将其归为一类传染病、寄生虫病，2021 年 12 月农业农村部进行动态调整，将其归类为二类传染病。

（一）病原

该病病原为结节性皮肤病病毒（Lumpy skin disease virus，LSDV），属

于痘病毒科（Poxviridae）山羊痘病毒属（*Capripoxvirus*）成员之一，该属还包括绵羊痘病毒（Sheeppox virus，ShPV）和山羊痘病毒（Goatpox virus，GPV）。LSDV 基因组序列长为 145kb～152kb，基因组中没有发卡环结构。LSDV 基因组包含一个核心编码区，两端有两个连接的相同的反向末端重复序列区（ITR），大小约为 2 418 bp。LSDV 有 156 个开放式阅读框（ORFs），编码的蛋白质大小为 53～2 025个氨基酸不等。与其他痘病毒相似，LSDV 中有 41 个假定的早期基因，46 个与病毒粒子有关的痘病毒保守基因，LSDV 中有 7 个与脊椎动物痘病毒必需基因和 DNA 复制基因同源的基因，包括 LSDV039、LSDV077、LSDV082、LSDV083、LSDV112、LSDV133 和 LSDV139。LSDV 编码 6 个与其他痘病毒蛋白同源的蛋白，包括已知与病毒毒力、病毒在特异细胞类型中生长、细胞凋亡反应有关的蛋白。其形态特征与痘病毒相似，长 350nm，宽 300nm，于负染标本中，表面构造不规则，由复杂交织的网带状结构组成。其理化学性质与山羊痘病毒类似，可于 pH 值 6. 6～6. 8 环境中长期存活，在 4℃甘油盐水和组织培养液活存 4～6 个月。干燥病变中的病毒活存 1 个月以上。本病毒耐冻融，置-20℃以下保存，可保持活力数年。在 55℃ 2h，65℃ 30min 条件下就能将其灭活，不耐强酸强碱，对 12%乙醚、1%福尔马林、三氯甲烷等敏感。

病毒可在鸡胚绒毛尿囊膜上增殖，并引起痘斑，但鸡胚不死亡。接种 5 日龄鸡胚，随后置 33. 5℃孵育，6d 后收毒，可获得很高的病毒量，对细胞培养物的感染滴度可达 104. 5TCID$_{50}$。病毒可在犊牛、羔羊肾、睾丸、肾上腺和甲状腺等细胞培养物中生长。牛肾（BEK）和仓鼠肾（BHK-21）等传代细胞也适于病毒增殖。细胞病变产生较慢，通常在接种 10d 后才能看到细胞变性。提高生长液中的乳白蛋白水解物含量至 2%，可使病变提前到接种后 3d 出现。感染细胞内出现胞浆内包涵体，用荧光抗体检查，可在包涵体内发现病毒抗原。已经适应于细胞培养物内生长的病毒，可在接种后 24h～48h 内使细胞培养物内出现长梭形细胞。病毒大多呈细胞结合性，应用超声波破坏细胞，可使病毒释放到细胞外。

（二）历史及地理分布

LSD 于 1929 年在赞比亚首次发生，1943 年传播至波扎那，然后传入南非，引起 800 万牛只发病，造成了重大的经济损失。1957 年在肯尼亚发生，1977 年毛里塔尼亚、加纳、利比里亚均有该病的报道。1981—1986 年，坦桑尼亚、肯尼亚、津巴布韦、索马里、喀麦隆均发生该病，死亡率在 20%左右。总的来说，非洲中部多数地区发病严重。1989 年在以色列单独暴发流行。2006 年，埃及农业部首席兽医官 Ahmed Tawfik Mohamed 博士在开罗宣布埃及暴发 LSD，用羊痘弱毒苗进行免疫接种，疫情得到了有效控制。2006 年，以色列农业部首席兽医官 MosheChaimovitz 博士宣布以色列发生 LSD 疫情。2007 年，莫桑比克农业部首席执行官 AdolfoPaulo Mavale 宣布莫桑比克发生 LSD 疫情。2008 年暴发于毛里求斯，2009 年马里也发生了该病，从 2012 年起，该病在中东、东南欧、巴尔干国家、高加索、俄罗斯和哈萨克斯坦等地迅速传播。近年来，该病在世界范围内广泛发生。2019 年 8 月，我国新疆首次发生，随后多地陆续报道。

（三）流行病学

该病的自然宿主是牛，牛不分年龄和性别，都对本病易感，水牛、绵羊和山羊也可能感染。通常情况下普通牛比较易感，亚洲水牛、奶牛也易感。

本病主要是通过节肢动物进行传播的，尽管无法确定具体是哪种昆虫，但是蚊子、苍蝇以及雄蜱在病毒的传播过程中起到了决定性作用。该病的感染率为 5%~85%。同一条件下的牛群，有隐性感染到死亡不同的临床表现差异，这可能与传播媒介的状况有关。在实验室条件下，长角羚羊、长颈鹿、黑斑羚也能感染。病毒广泛存在于皮肤、真皮损伤部位、结痂、唾液、鼻汁、牛乳、精液、肌肉、脾脏、淋巴结等处。目前没有发现病原携带者。通常情况下该病的死亡率是 1%~3%，但由于毒株的变异和易感动物体质的差异，死亡率有时可以高达 85%。

病畜唾液、血液和结节内都有病毒存在，病牛恢复后可带毒 3 周以上，所以一般认为本病的传播是由于和病牛直接接触所致，病毒通过吸血昆虫叮咬传播。自然界没有媒介昆虫的情况下，很难接触传播。

（四）发病机理及病理变化

剖检时可见皮下组织有灰红色浆液浸润。切开结节，腔内含有干酪样灰白色的坏死组织，有的有脓、血，结节可深达皮下组织或至肋骨组织。体表肌肉、咽、气管、支气管、肺、瘤胃、皱胃，甚至肾表面都可能有类似结节分布。结节处的皮肤、皮下组织及邻近的肌肉组织充血、出血、水肿、坏死及血管内膜炎；淋巴结增生性肿大、充血和出血；口腔、鼻腔黏膜溃疡，溃疡也可见于咽喉、会咽部及呼吸道；肺小叶膨胀舒张不全；重症者因纵隔淋巴结而引起胸膜炎；滑膜炎和腱鞘炎的可见关节液内有纤维蛋白渗出物；睾丸和膀胱也可能有病理损伤。

病理变化为水肿、表皮增生及上皮样细胞浸润，随后出现淋巴细胞、浆细胞和成纤维细胞。除非发生二次感染和进一步坏死，否则观察不到多型核白细胞和红细胞。真皮和皮下组织血管形成血栓，发生血管炎和血管周炎，血管周围细胞聚集成套状。上皮细胞、平滑肌细胞、皮腺细胞、浸润的巨噬细胞、淋巴细胞可观察到嗜伊红染色的胞浆内包涵体。这些包涵体呈圆形或卵圆形，表面有球状突起，周围有晕圈。

(五）临床症状

该病潜伏期为7d~14d，临床表现从隐性感染到发病死亡不一，死亡率变化也较大。表现有临床症状的通常呈急性经过，初期发热达41℃，持续1周左右；鼻内膜炎、结膜炎，在头、颈、乳房、会阴处产生直径2cm~5cm的结节，深达真皮，2周后浆液性坏死，结痂；由于蚊虫的叮咬和摩擦，结痂脱落，形成空洞；眼结膜、口腔黏膜、鼻黏膜、气管、消化道、直肠黏膜、乳房、外生殖器发生溃疡，尤其是皱胃和肺脏；导致原发性和继发性肺炎；再次感染的患畜四肢因患滑膜炎和腱鞘炎而引起跛行；乳牛产乳量急骤下降，约1/4的乳牛失去泌乳能力；患病母畜流产，流产胎儿被结节性小瘤包裹，并发子宫内膜炎；公牛暂时或永久不育。皮肤结节可能完全坏死，破溃但硬固的皮肤病变可能存在几个月甚至几年之久。

病牛体表淋巴结肿大，胸下部、乳房和四肢常有水肿，产乳量下降，孕牛经常发生流产。病牛还常表现呼吸困难、食欲不振、精神委顿、流涎，从鼻内流出黏脓性鼻液等症状（如图2-49所示）。

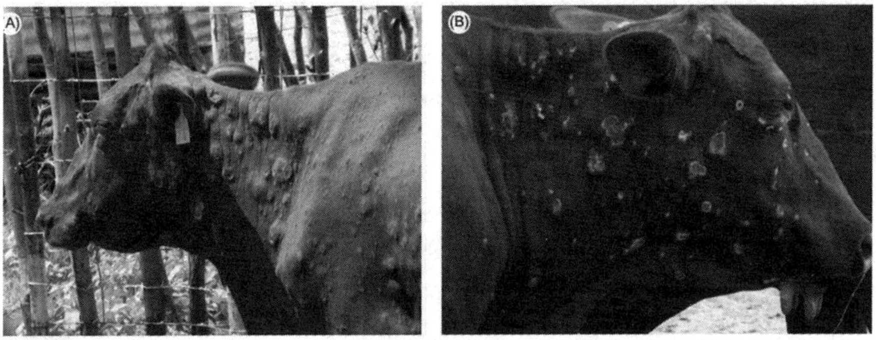

GURE 7.6 (A) Acute lumpy skin disease in cattle. (B) Animal approximately 2 months after infection with lumpy skin disease virus. *(Courtesy o Scacchia, Namibia.)*

图 2-49　牛结节性皮肤病急性发病期及感染后两个月典型临床特征①

（六）诊断

1. 临床诊断

急性 LSD 特征非常明显，但是温和型可能容易与其他疫病相混淆：牛疱疹性乳头炎、嗜皮菌病、癣、昆虫或蜱的叮咬、贝诺虫病、金钱癣、牛皮蝇叮咬、过敏、牛丘疹性口炎、荨麻疹和皮肤结核等与 LSD 的临床症状相似，需认真鉴别。

LSD 的症状从不明显到急性感染，目前没有证据表明不同的 LSD 病毒株的活力和致病力有所不同。牛自然感染后 2～5 周，可出现体温上升（40.0℃～41.5℃），与此同时有流涎、流泪、鼻漏、厌食、精神委顿、泌乳降低、不愿行走等症状。发病 1d～2d 后，可见皮肤出现硬实、圆形隆起结节，其颈部、胸部、会阴、阴部、乳房和四肢尤为突出。结节大小不等，直径约为 5mm～10mm 或 20mm～50mm。病牛表面淋巴结肿大，尤以肩前、腹股沟外、股前、后肢和耳下淋巴结最为突出，胸下部、乳房、四肢和阴部常有水肿，四肢可肿大 3～4 倍。

2. 实验诊断

PCR 是检测 LSDV 最便宜、最快捷的方法，皮肤结节和试子、唾液、鼻液及血液等都可以作为 PCR 的检测样本。

用透射电子显微镜检查是初步检查 LSDV 最直接快速的方法。病毒中和试验常用且有效。但由于 LSDV 感染主要引起细胞免疫，所以对于中和

① 来源于"Fenner's Veterinary Virology 4th"。

抗体水平低的动物，用血清学试验较难确诊。琼脂凝胶免疫扩散试验和免疫荧光抗体试验特异性较低，这是因为该病抗体与其他痘病毒引起的牛丘疹性口炎、伪 LSD 等的抗原之间存在交叉反应。蛋白印迹分析法检测 LSDV 的 P32 抗原具有很好的敏感性和特异性，但由于耗费较大和操作困难使其在应用上有一定的局限性。血清学检验方法不能鉴别山羊痘病毒、绵羊痘病毒和牛结节性皮肤病病毒。PCR 方法和荧光 PCR 方法可用于来自活体或组织培养的结节性皮肤病病毒的检测。

（七）防控/防制措施

LSD 在欧洲和西亚的流行表明，有效并成功防控及根除 LSD 依赖于早期监测出指示病例，而后进行快速和大范围的免疫工作，利用数学模型来评估是将感染动物和未感染动物全部淘汰，还是部分淘汰。研究表明，在病毒浸染之前进行初期免疫是非常重要的。

对发病畜舍、用具可用碱性溶液、漂白粉等消毒，粪便堆积经生物热发酵处理。对病牛隔离，已破溃的结节采用外科方法处理，彻底清创，注入抗菌消炎药物或用 1%明矾溶液、0.1%高锰酸钾溶液冲洗，溃疡面涂擦碘甘油。为了防止并发症，可使用抗生素和磺胺类药物。

平时应加强饲养卫生管理，有病牛存在的地区可对健康牛接种疫苗。东非地区曾用绵羊痘病毒给牛接种，以预防此病。近年来应用鸡胚化弱毒疫苗也获得良好效果。试验证实，疫苗接种的牛可产生高度中和抗体反应，病后恢复牛也具有较高滴度的中和抗体，并可持续数年，对再感染的免疫力超过半年，因此，新生犊牛可经初乳获得这种抗体，可在其体内持续存在 6 个月。

（八）风险评估

1. 传入评估

该病的自然宿主是牛，不分年龄和性别，都对本病易感，水牛、绵羊和山羊也可能感染，目前还没有绵羊和山羊种间传播的报道。在实验室条件下，长角羚羊、长颈鹿、黑斑羚也能感染。病毒广泛存在于皮肤、真皮损伤部位、结痂、唾液、鼻汁、牛乳、精液、肌肉、脾脏、淋巴结等处。病畜、皮张、精液、肌肉等都可以成为传染源，吸血昆虫是其主要传播媒介。LSD 不危害人类，但 LSD 感染的活动物具有很大的风险。

2. 暴露评估

一些种类的吸血昆虫是本病主要的传播媒介。通过饮水、饲料、直接接触存在传播的风险，但不是其传播主要方式。该病不会传染人。由于我国的养牛数量比较大，有吸血昆虫的存在，一旦带毒的动物或污染的产品进入我国，可以通过吸血昆虫进行传播。如和国内的易感动物接触，在动物皮肤有破损的情况下，有可能出现接触传染。在吸血昆虫繁殖的季节，可能会出现大范围流行。

3. 后果评估

如果阳性牛进入中国，对 LSD 的血清学监测要消耗巨大的人力和物力，扑灭阳性牛会造成巨大的经济损失。本病的传播途径和方式也不是很明确，目前已知吸血昆虫可以传播该病，一旦进入，难以根除。本病尚无特效疗法，用抗生素治疗可以避免再次感染，目前商品化的 LSD 疫苗只有南非的 Neethling 株鸡胚弱毒苗，用同源弱毒苗进行免疫接种，一般皮内注射，免疫力能持续 3 年，如在进口口岸发现该病，对活动物进行扑杀，杀灭隔离场周围的吸血昆虫。对于牛产品可以销毁，或做无害化处理，该病一旦进入，我国的牛病疫情将更加严重和复杂。

四、牛传染性鼻气管炎/传染性脓疱性阴户阴道炎

牛传染性鼻气管炎/传染性脓疱性阴户阴道炎（Infectious bovine rhinotracheitis/ infectious pustular vulvovaginitis，IBR/IPV）是由牛疱疹病毒 1 型（BHV1）感染牛和野生牛引起的一种病毒性传染病。牛传染性鼻气管炎又称“坏死性鼻炎”“红鼻病”，典型症状主要出现在上呼吸道，如化脓性鼻液伴有结膜炎，一般症状有发烧、抑郁、厌食、流产和奶产量下降。传染性脓疱阴户阴道炎又称“交合疹”“媾疹”，病毒感染生殖道导致外阴道炎和龟头包皮炎。该病死亡率较低，许多感染牛呈亚临床症状经过，往往由于继发细菌感染导致更为严重的呼吸道疾病。该病广泛分布于世界各地，到目前为止只有奥地利、丹麦、芬兰、瑞士和瑞典消灭了该病，一些国家开始实施控制程序。

（一）病原

牛传染性鼻气管炎病毒（Infectious bovine rhinotracheitis virus，IBRV）属于疱疹病毒科、α 疱疹病毒亚科、水痘病毒属。病毒基因组是双股

DNA，有囊膜，直径为130nm～180nm，编码30～40个结构蛋白。病毒表面的糖蛋白在致病性和免疫原性上起重要作用。根据限制性内切酶分析，IBRV可分为3个亚型：BHV1、BHV2a和BHV2b。BHV2b比BHV1亚型致病力弱，然而BHV1仅有一个抗原型。本病毒具有疱疹病毒科成员所共有的形态特征，成熟带囊膜病毒粒子的直径为150nm～220nm，包含基因组的核衣壳为二十面体，有162个壳粒，周围为一层含脂质的囊膜。

根据抗原性和核酸酶切图谱的不同，牛疱疹病毒分为6个生物型：BHV1型为IBRV；BHV2型为牛乳腺炎病毒（BUMV）；BHV3型是牛恶性卡他热病毒（MCFV）；BHV4型是一些无致病性或致病性很弱的病毒，俗称"孤儿病毒"，现称牛巨细胞病毒；BHV5型为牛脑炎疱疹病毒（BEHV）；BHV6型为山羊疱疹病毒（CapHV-1）。根据DNA酶切图谱及血清学交叉反应证实，IBRV、BUMV、BEHV起源于同一祖先，以后分化为各具特性的病毒；BHV1与BHV6的同源性较高；BHV1和BHV2在TK基因的同源性为50%；BHV1和BHV3也有一定的抗原相关性；BHV1与BHV4、BHV5的关系较为疏远。

用聚丙烯酰胺凝胶电泳分析证明，IBRV含25～33种结构蛋白，其中11种是糖蛋白。IBRV表面的糖蛋白能刺激机体产生中和抗体，并在补体存在的情况下使感染细胞裂解，在致病性和免疫原性上起重要作用。据推测IBRV基因组可至少编码70种蛋白，其主要的蛋白gB、gC、gD、gE基因和TK基因等已经测序，并已在哺乳动物细胞中表达。

IBRV是疱疹病毒科中抵抗力较强的一种。病毒在pH值4.5～5.0时不稳定，在pH值6.0～9.0时稳定。据Griffin等报道，在pH值7.0的细胞培养液中，病毒十分稳定，在4℃以下保存30d，其感染滴度几乎无变化；22℃保存5d，感染滴度下降10倍；-70℃保存的病毒，可存活数年；在37℃时其半衰期为10h。在适宜条件下，如在饲料中，病毒可存活30d以上。高温可使病毒很快灭活，在56℃需要21min。另外该病毒对乙醇和酸敏感，0.5% NaOH、0.01% $HgCl_2$、1%漂白粉等只需数秒即可使病毒灭活；5%的甲醛也只需1min便可灭活病毒；丙酮、酒精或紫外线均可破坏病毒的感染力。

本病毒除了能在牛的肾、胚胎皮肤、肾上腺、睾丸、肺和淋巴等细胞培养物内良好增殖外，还可在羔羊的肾、睾丸及山羊、马、猪和兔的肾细胞培养物内增殖，并可产生病变，使细胞聚集，出现巨核合胞体。无论在体内或体外被感染细胞用 Bouin's 液固定和苏木紫伊红染色后均可见嗜酸性核内包涵体。但不能在猴肾、鼠肾和鸡胚细胞 KB 和 L 细胞内增殖，本病毒只有一个血清型。与马鼻肺炎病毒、马立克氏病病毒和伪狂犬病病毒有部分相同的抗原成分。

（二）历史及地理分布

1955 年，美国科罗拉多州的育肥牛群首次出现以传染性鼻气管炎症状为特征的疾病，随后出现于洛杉矶和加利福尼亚等地，并命名为牛传染性鼻气管炎。1956 年 Madin 等首次从患牛分离出病毒。随后，一些学者相继从结膜、外阴、大脑和流产胎儿分离出病毒。Huck 于 1964 年确认 IBRV 属于疱疹病毒。

从 20 世纪 50 年代初发现本病至今，各大洲都有发生 IBR 的报道。通过血清抗体检查表明，几乎所有国家的牛群都不同程度地检出 IBRV 抗体。20 世纪六七十年代，在美国 34 个州进行的血清抗体检测调查表明，其中 31 个州的牛群阳性率达 35%，仅 3 个州的牛群为阴性；在意大利 30. 4%的成年牛呈阳性反应；在英国牛群的阳性率较低，为 2%；在非洲的乍得和尼日利亚，阳性率分别为 30%和 60%。1999 年和 2000 年，在意大利的维罗纳省和维琴察省，5 166个饲养场中有2 776个（54%）表现血清学阳性。在比利时，根据 1997—1998 年的采样检测估计，阳性牛的流行率在 31%~43%，奶牛群和混合牛群的阳性率较高，肉牛比较低。我国在 20 世纪 80 年代首次从新西兰进口奶牛中发现本病，并分离和鉴定了病毒。1982 年陈永涧等对北京等地牛群进行血清学调查发现有阳性反应牛。国内部分省、自治区的血清学调查表明：广东、广西、河南、河北、新疆、山东、四川等地的黑白花奶牛、本地黄牛、牦牛和水牛中均有 IBRV 感染。

（三）流行病学

病畜及带毒动物为本病的主要传染源和贮主。牛感染本病后，自然条件下可不定期排毒，特别是隐性经过的种公牛危害性最大。患传染性鼻气管炎型病犊牛，发病后第一天就能从鼻液中排毒，并可持续 2 周。从气管黏液、鼻中隔、血液、唾液、尿等均能分离到病毒，病愈牛可带毒 6~12 个月，甚至长达 19 个月。

本病可通过空气、飞沫、物体和病牛的直接接触、交配（精液带毒）而传播，但主要为飞沫经呼吸道传染。吸血昆虫等在本病传播上也起一定作用。胚胎移植技术传播 BHV1 的危险性似乎不存在。

自然条件下，仅牛对本病易感。所有年龄牛都易感，没有母源抗体的新生牛比老龄牛易感，肉用牛比乳用牛易感，肉用牛群的发病有时高达75%，其中又以 20～60 月龄的犊牛最为易感，病死率也较高，而其他家畜和实验动物，如绵羊、山羊、马、猪、犬、猫、豚鼠、小鼠等，都具有抵抗性，但多种动物能产生抗体。Afshar 等（1970 年）在人和犬、马的血清中检出了 IBRV 的沉淀抗体，且检出率很高。曾从山羊、猪的死胎、水牛的包皮、水貂、雪貂分离到本病毒。雪貂、家兔、新生臭鼬可被人工感染，雪貂与兔可产生与牛相似的症状。用病毒培养物人工感染犊牛时，因感染途径（气管内、鼻内、口腔、静脉等）不同，可引起不同的临诊类型。阴道内人工感染时，可引起脓疱性阴道炎，常用此法来诊断本病。

本病在秋、冬寒冷季节较易流行，特别是舍饲的大群奶牛，密切接触的条件下，更易迅速传播。运输、运动、发情、分娩、卫生条件、应激等因素均与本病发病率有关。本病发病率视牛的个体和环境而异。对育肥牛群常引起广泛蔓延，一般牛群临床发病率为 20%～30%，多数感染牛临床表现不明显或处于无症状的潜伏感染状态，所以血清阳性率很高。同发病率相比，死亡率很低，育肥牛的死亡率为 2%～10%，奶牛更低。

（四）发病机理及病理变化

病毒常常经上呼吸道黏膜、生殖道黏膜侵入，还可经眼结膜上皮和软壳蜱侵入，经上呼吸道入侵的病毒沿黏膜、神经纤维、淋巴管扩散到邻近部位引起上呼吸道炎症、结膜炎。虽然血液的细胞成分在病毒复制、扩散中起重要作用，但很少观察到病毒血症。在病毒血症期间，病毒可侵入呼吸道深部、中枢神经系统、胎犊，在这些部位引起病变，表现发热性全身性呼吸器官疾病、脑膜脑炎或流产。因条件致病菌易在发炎的黏膜中繁殖，所以有时还可能发生继发性炎症病变，如肺炎。

由 IBRV 引起的呼吸道或生殖道疾病持续 5d～10d，如继发巴氏杆菌感染，可加剧病情并造成下呼吸道感染。病毒经鼻腔进入动物体内并在上呼吸道和扁桃体的黏膜上繁殖，达到高滴度。随后扩散到结膜并通过神经轴突传到三叉神经节。偶尔也可发生低病毒血症。IBRV 在阴道或包皮黏膜中繁殖并潜伏于荐神经节。病毒 DNA 可在宿主神经节中维持终生。需强调指出，病毒的传播和繁殖，可以诱导持续感染，当然，病毒也可间歇地排放到环境之中。

IBRV 主要损伤鼻腔、喉头、气管或生殖道黏膜，导致出现局灶性坏死。这些损伤是病毒繁殖和致细胞病变（CPE）的直接后果。动物伴有强烈的炎症反应，损伤可融合由大量白细胞浸润形成的化脓灶，当继发细菌感染时，则可能引起肺炎。在流产胎儿体内，多种组织可出现极小的坏死性病灶，特别是肝脏。

动物接触 IBRV 后，可以产生特异性病毒中和抗体，这些中和抗体可以防止病毒与细胞膜粘附和穿透细胞膜，还可以参与感染细胞的抗体补体溶解或抗体依赖细胞的细胞毒性作用。通常在感染 7d～10d 内引发抗体反应和细胞免疫反应，免疫反应可持续终生。可是，感染后的免疫保护却不是终生的，牛可能再次被感染。母源抗体通过初乳传递给犊牛，使犊牛产生抵抗 IBRV 侵袭的能力。母源抗体的生物半衰期为 3 周，但是在 6 个月的犊牛体内偶尔可检出抗体，但超过此期限后则很少检出阳性。

持续感染是 IBRV 感染的特征之一。给感染耐过的牛投予免疫抑制剂地塞米松时，不论血液中有无抗体，均能在鼻腔、阴道采集液或包皮冲洗液中发现有病毒存在。有报道称阴户、阴道自然感染的牛，在发病 11 个月后仍能在阴道采集液中分离到病毒。Snowdon 证明试验牛感染 IBRV 后，常呈间歇性复发，排泄病毒可长达 578d。由此可见，IBRV 持续感染可能是终生的。近几年来对 IBRV 潜伏感染的研究表明，弱毒疫苗接种后也可在体内保持一种持续感染状态，这种牛不能阻止强毒在体内复制。另外，对自然带毒牛进行疫苗接种也不能阻止其排毒。

呼吸道病变表现在上呼吸道黏膜的炎症，窦内充满渗出物，黏膜上覆有黏脓性、恶臭的渗出物组成的伪膜。在极少数病例，肺小叶间水肿，一般不发生肺炎。组织学检查，黏膜面可见嗜中性粒细胞浸润，黏膜下层有淋巴细胞、巨噬细胞及浆细胞的浸润。在疾病早期，气管上皮细胞内见有 CowdryA 型包涵体。

受侵害的消化道表现颊黏膜、唇、齿龈和硬腭溃疡（与黏膜病不同），在食道、前胃、真胃也可见同样的病变，肠表现卡他性炎症。组织学检查，上皮细胞空泡变性，派伊尔氏淋巴集结（Peyer's Patches）坏死，肝可见坏死灶、核内包涵体。

生殖道型的病例，表现为外阴、阴道、宫颈黏膜、包皮、阴茎黏膜的炎症，一些病例可发生子宫内膜炎。组织学检查，见有坏死灶区积聚大量嗜中性白细胞，坏死灶周围组织有淋巴细胞浸润，并能检出包涵体。

(五) 临床症状

潜伏期一般为4d~6d，有时可达20d以上，人工滴鼻或气管内接种可缩短到18h~72h。IBR在致病性方面的最大特点是其组织嗜性广，除经常侵害呼吸系统外，还能侵害生殖系统、神经系统、眼结膜和胎儿。在自然感染时，发病程度的差别也很大，最轻的是无临床症状的隐性感染；严重时侵害整个鼻腔、喉和气管，引发急性上呼吸道炎症。

病牛出现严重的鼻液、流涎、发烧、厌食和抑郁，几天后鼻液转为脓性。鼻腔中的坏死性病变发展成为干酪样假膜的脓疱和溃疡，阻塞上呼吸道而导致用口呼吸。感染还诱发流产和奶产量下降。在自然交配的地区，生殖道感染常引发化脓性外阴阴道炎或龟头包皮炎，特征是阴道或包皮黏膜坏死性灶。感染的精液人工授精后，则出现子宫内膜炎。感染了IBRV的牛，伴随着内脏器官病灶区坏死性损伤和严重的胃肠炎的全身性疾病。该病死亡率较低，许多病例呈亚临床经过，往往由于继发细菌感染导致更为严重的呼吸道疾病。

IBRV可引起两种原发性感染。最常见的是传染性鼻气管炎，并经常伴发结膜炎、流产和脑膜脑炎；其次是以局部过程为主的传染性脓疱性外阴阴道炎或龟头包皮炎。根据临床表现，分为以下5种类型：

(1) 呼吸道型：最重要的一种类型，传染性鼻气管炎人工感染的潜伏期为2d~3d，自然感染的潜伏期较长，可达一周。病毒首先侵入上呼吸道黏膜，这是最常见的感染部位，其次是消化道，引起急性卡他性炎症，在24h~48h，患畜体温升高至39.5℃~42℃。鼻分泌物开始呈浆液性，继而转为黏液性，最终变为脓性，并常伴有血液。鼻黏膜高度充血呈火红色，又名红鼻病。随着病情的发展，经常表现出不同程度的呼吸困难症状，但咳嗽并不常见。眼结膜上形成黄色针头大的颗粒，有脓样渗出物。食欲严重减退时，体重下降，这在育肥牛表现得更为明显，泌乳牛的产乳量减少。无继发感染时，病程持续7d~9d，随后很快好转，恢复正常。但因病牛个体情况，可能会引起两种继发症：在妊娠牛，特别是妊娠5.5~7.5个月的母牛可引起流产；在3~6月龄的犊牛，偶尔继发脑膜脑炎。虽然后者很少发生，但在许多发病地区都有报道。脑膜脑炎的症状主要表现为共济失调、沉郁和兴奋症状交替出现、部分病畜失明，病程一般持续4d~5d，几乎均以死亡告终。

（2）生殖道型：即传染性脓疱性外阴阴道炎，俗称交合疹、媾疹。潜伏期很短，一般为24h~72h，随后出现持续数天的轻度波浪式体温反应。外阴部发生轻度肿胀，附着少量黏稠的分泌物。病畜站立时举尾，排尿时有明显的疼痛感。食欲和产奶量无影响。病情缓和时外阴黏膜发炎，表面散在多量白色小脓疱，阴道黏膜轻度充血，无脓疱，阴道壁上附着淡黄色渗出物。重症外阴表面的脓疱融合成淡黄色斑块和痂皮，当阴道黏膜发生出血灶时，阴道分泌物大量增加，几天后出血灶结痂脱落，形成圆形裸露的表面。临床康复需10d~14d，阴道分泌物的排出可能持续数周。怀孕牛一般不发生流产，病程约2周。公牛感染时，潜伏期为2d~3d，在生殖器黏膜充血的同时，表现一过性体温升高，数天后痊愈。较重的病牛出现与母牛相似的症状，包皮皱褶和阴茎头肿胀，形成的脓疱数天后破溃，留下边缘隆起的溃疡。通常在发病后一周开始痊愈，彻底痊愈需两周左右，偶尔发生包皮与阴茎粘连，又称传染性脓疱性龟头包皮炎。

（3）脑炎型：多发于犊牛，主要表现为脑膜脑炎。病牛共济失调，先沉郁后兴奋，或兴奋沉郁交替发生，吐沫，惊厥，最后卧倒，角弓反张。发病率低，但死亡率高。目前认为脑膜脑炎病例出现是由于一种相关的病毒所致，但不同于疱疹病毒，最近被认为是BHV5所引起的。

（4）结膜炎型：由于该病毒对黏膜的亲嗜性，常引起角膜、结膜炎，表现为角膜上形成灰色坏死膜，呈颗粒状外观。眼、鼻流出浆性或脓性分泌物。有时可与呼吸道型同时发生，但多数无明显全身反应。William等报道，纽约有一个118头荷兰黑白花奶牛的牧场，其中约30%牛发生结膜炎型鼻气管炎，主要临床特征为角膜表面形成直径1.0mm~2.5mm白色斑点，同时结膜水肿，流泪，出现黏液脓液分泌物。病牛体温升高，精神沉郁，食欲减退，产奶量下降约一半。取5头患病牛的眼拭子分离病毒，结果4头呈阳性。两周后症状消失，眼睛恢复正常。7头妊娠4~6个月的母牛发生流产，经8周后产奶量完全恢复正常。

（5）流产型：多见于青年母牛，可出现于怀孕期的任何阶段，有时也见于经产母牛。常于怀孕5~8个月流产，多无前驱症状，胎衣不滞留。根据Cuthbertson等对苏格兰东北部育肥牛群1977—1978年暴发的20起牛传染性鼻气管炎的统计资料，可见主要临床表现为突然发病，厌食，体温高达39.5℃~42℃，结膜发炎，流鼻液，有的大量流涎，咳嗽，呼吸加速，病程约5d。发病率为70%，死亡率为1.7%。

（六）诊断

根据临床症状、病理变化和流行病学可初步诊断IBRV感染，但是若要确诊，必须通过实验室检查，诊断实验室必须具备检测病原体（或病毒成分）和特异性抗体的一套完整诊断程序和能力。

病原鉴定可从急性感染期的鼻腔拭子和尸体解剖时采集其他脏器分离病毒，尸检可见到鼻炎、喉炎和气管炎，流产胎儿可取其胸腔液，或用胎盘子叶。病毒分离可用多种牛源细胞，如牛肺或肾的次代细胞或MDBK细胞系。病毒在2d~4d内可致细胞病变。鉴定可用中和试验或利用单因子血清或单克隆抗体作抗原检测。IBRV分离株可用DNA限制性内切酶分析法作进一步亚型鉴定。检测抗体时最常用的血清学方法是VNT及ELISA，ELISA可检测出奶中的抗体。病毒DNA检测得到较快发展，已经证明PCR方法在检测精液样品时非常有效。国际贸易指定检测方法有VNT、ELISA、荧光PCR、精液中病毒分离等。

（七）防控/防制措施

本病尚无特效药物。防制本病必须采取检疫、隔离、封锁、消毒等综合性措施，如加强饲养管理、严格检疫制度、加强冻精检疫和监督管理，不从有病地区引进牛只。从国外引进牛只，需经过隔离观察和血清学试验，证明未被感染方准入境。发病时，立即隔离病牛，采取广谱抗生素防止细菌继发感染，配合对症治疗以减少死亡。牛只健复后可获得坚强的免疫力。

控制IBR有很多不同的方法，一些国家采取了检验和扑杀政策，也有些国家用疫苗控制疾病。然而，尽管已有各种控制计划，IBR仍在继续增加。采取扑杀阳性牛的方法耗资巨大，对拥有大量牛群且经济并不发达的国家来说是不现实的，接种疫苗就成为多数国家控制和预防本病的主要措施。

疫苗通常可起控制临床症状发展和减少排毒作用，免疫母牛所产的犊牛血清中可检出母源抗体，一般效价不高，有时可持续 4 个月，母源抗体的干扰可影响主动免疫的产生，这在牛群免疫接种时必须予以注意。目前使用的常规疫苗有灭活苗和减毒或无毒活苗两大类，其研制及应用无疑对一些传染病的预防控制在一定程度上是成功的。但就疫苗制造方法、免疫程序的繁简、免疫效果的可靠性、大面积应用可行性，以及生物安全性而言，常规疫苗尚存在不少缺点。弱毒疫苗的毒力返强问题尚难以控制，而且依靠传统致弱方式寻找疫苗用毒株往往劳而无获。使用传统疫苗的缺点是无法区别免疫产生的抗体和自然感染产生的抗体。这就影响了通过血清学方法来进行农场、地区或国家净化计划的实施。使用基因缺损疫苗或特定（糖）蛋白的亚单位疫苗，可解决这个问题。如有些国家已有了 BHV1 糖蛋白 gE 缺失疫苗，配套的检测方法只检测病毒缺损糖蛋白所产生的抗体，从而可区别由该疫苗免疫产生的抗体与野毒感染产生的抗体（或传统疫苗免疫产生的抗体）。用这些手段就可以鉴别免疫地区的野毒感染，为大面积消灭 IBRV 展示了一定的前景。

在进口牛中一旦检出 IBRV，阳性牛作扑杀、销毁或退货处理，同群动物在隔离场或其他指定地点隔离观察。

目前尚无有效的治疗方法。对发病牛，应立即隔离；采用抗菌药物防止细菌性继发感染，并配合对症治疗，可减少死亡。对可疑和未被感染的牛群接种疫苗，常发地区给半岁左右犊牛接种疫苗是预防本病的有效措施之一，目前预防 IBR 的疫苗有灭活疫苗、弱毒疫苗、温度敏感株疫苗、亚单位苗等。

（八）风险评估

1. 传入评估

一般认为自然感染仅发生于牛，多见于育肥牛、奶牛。在人、犬和马血清中检出 IBRV 抗体，但未发现临床症状。本病可以水平传播也可以垂直传播。当牛群中发生 IBR 时，会发生水平传播，传播与直接接触和持续暴露时间有关，患病牛和带毒牛为主要的传染源，牛感染本病后，在自然条件下可不定期排毒，这对本病的传播流行起着重要作用，有的病牛康复后带毒长达 17 个月以上。病毒存在于病牛的鼻腔、气管、眼睛以及流产胎儿和胎盘等组织，随鼻、眼和阴道分泌物、精液等排出，可通过空气、媒介物及与病牛的直接接触而传播，但主要为飞沫、交配和接触传播。易感牛接触被污染的空气飞沫或与带毒牛交配，即可通过呼吸道或生殖道感染。病毒也可通过胎盘侵入胎儿引起流产。在秋季、寒冷的冬季较易流行，特别是大量奶牛在过分拥挤、接触密切的条件下更易迅速传播。运输、集中饲养、分娩等饲养环境的急剧改变以及各种应激反应均可诱发本病。所以 IBRV 感染的活动物具有传入风险，尤其是隐性感染带毒的动物具有更大的潜在风险。

2. 暴露评估

本病可以通过被污染的饮水、饲料、空气飞沫、直接接触传播，也可通过交配、胎盘和初乳传播。牛群过分拥挤，密切接触，可促进本病的传播。运输、集中饲养、分娩等饲养环境的急剧改变以及各种应激反应均可诱发本病或促进本病传播。由于我国的养牛数量比较大，一旦带毒的动物或污染的产品进入我国，可以通过接触、饲料、饮水、空气飞沫、交配、人工授精、胚胎移植等方式进行传染。由于本病在牛群中交叉传染率很高，一旦牛群感染该病，可能会出现大范围流行。

3. 后果评估

本病可以通过多种方式传播，传播速度快，具有潜伏感染、继发感染、长期带毒排毒等特征，在潜伏期病毒隐藏在三叉神经节或荐神经节中，不易检测和诊断。本病给养牛业造成明显的经济损失，它可延缓肥育牛群的成长和增重，乳牛患病后，乳产量大减，甚至完全停止产乳，种公牛患病后，由于精液带毒，不宜继续作种用，病毒经胚胎循环可引起胎儿感染并流产。

控制 IBR 有很多不同的方法，一些国家采取了检验和扑杀政策，也有些国家用疫苗控制疾病。然而，尽管已有各种控制计划，IBR 仍在继续增加。特别是自 1993 年欧洲共同体内部允许动物自由出入境以来，此病的传播速度进一步加快。但也有成功的例子，如丹麦、瑞士和芬兰等几个国家已通过禁止接种、除去血清阳性牛和其他的预防措施而根除了 IBRV，但也付出了巨大的代价，如在瑞士 1978 年首次确认 IBR，其血清阳性农场数在 1%~15%范围内变动。从 1978 年到 1982 年，每年耗资在 600 万~1 500万瑞士法郎，主要用作扑杀血清阳性牛的补偿金。1983 年，随着 IBR 根除计划的制定，1.2 万头牛的补偿费用达到2 300万瑞士法郎，因 IBR 而被禁止贸易的农场数由1983年的1 030家到1988年降至3家，这时的费用为每年大约500万瑞士法郎，主要用于维持全国200万头牛血清监控所必需的费用。

由此可见，采取扑杀阳性牛的方法耗资巨大，对拥有大量牛群且经济并不发达的国家来说是不现实的，接种疫苗就成为多数国家控制和预防本病的主要措施，但疫苗接种后不能阻止强毒在体内复制，自然带毒牛进行疫苗接种也不能阻止其排毒。如果阳性牛进入我国，有可能使我国的IBR疫情更加严重和复杂，并难以根除。

五、牛恶性卡他热

牛恶性卡他热（Malignant Catarrhal Fever，MCF），又名牛恶性卡他（Bovine Malignant Catarrhl）、恶性头卡他（Malignant Head Catarrhl），在非洲也被称为黏液病（Snotsiekt），是一种独特的世界性分布的传染病。该病的特征是持续发热，口、鼻流出黏脓性鼻液，眼黏膜发炎，角膜混浊，并有脑炎症状，病死率很高。该病通常散发，偶尔也有大的暴发，WOAH将恶性卡他热列入了陆生动物疫病名录；《中华人民共和国进境动物检疫疫病名录》将其列为二类传染病、寄生虫病。

（一）病原

恶性卡他热病毒（Malignant Catarrhal Fever Virus）又名角马疱疹病毒Ⅰ型（Alcelphine Herpesvirus-1），属疱疹病毒科（Herpesviridae）疱疹病毒丙亚科（Gammaherpesvirinae）猴病毒属。其病原为两种γ-疱疹病毒中的任何一种：一种是狷羚属疱疹病毒1型（AIHV-1），其自然宿主为角马；另一种是作为亚临床感染在绵羊中流行的绵羊疱疹病毒2型（OVHV-2）。病毒不易通过滤器，在血液中附着于白细胞不易洗脱。病毒可在牛、羊甲状腺和牛肾上腺、睾丸、肾等的细胞培养物中生长，引起细胞病变。

（二）历史及地理分布

MCF多为散发，一年四季都可发生，但以冬季和早春发生较多。

病原为狷羚属疱疹病毒1型（AIHV-1）的MCF只发生在非洲。但是病原为绵羊疱疹病毒2型（OVHV-2）的MCF分布于世界各地，在新西兰属于地方病。

我国山东、河南、江苏、安徽、甘肃、新疆等地有疑似MCF流行的报道，20世纪60年代初本病在山东的致死率为82%。近年来，在四川甘孜藏族自治州牦牛中散发流行一种以高热、腹泻为主的疫病，广谱抗菌素治疗效果不明显，1岁以上哺乳母牛多发，四季皆有发生，而以春秋发病较多。群众称其为“巴拉病”“雍卡病”或“假牛瘟”，怀疑是MCF，致死率在60%左右。

（三）流行病学

黄牛、水牛、奶牛易感，多发生于2~5岁的牛，老龄牛及1岁以下的牛发病较少。绵羊、非洲角马也感染，但呈隐性经过，是本病的自然宿主及传播媒介。

隐性感染的绵羊、山羊和角马是本病的主要传染源。狷羚和绵羊是该病的传染源，欧洲绵羊是该病的自然宿主和传播媒介。绵羊产羔期最易传播该病。MCF以散发为主，病牛不能通过接触而传染健康牛，主要通过绵羊、角马以及吸血昆虫而传播。病牛都有与绵羊接触史，如同群放牧或同栏喂养，特别是在绵羊产羔期最易传播本病，本病可通过胎盘垂直传播感染犊牛。

（四）发病机理及病理变化

病死牛尸体消瘦，眼和鼻有多量分泌物，血液浓稠，眼角膜周边或全部混浊。头窦与角窦黏膜呈卡他性炎。消化道（尤其口腔、皱胃和大肠）黏膜为急性卡他性炎，并有糜烂和溃疡。上呼吸道黏膜充血、出血，常有纤维素附着。肝、肾、心脏变性，色黄红，有针尖至粟粒大灰白色病灶。全身（尤其咽部与支气管）淋巴结肿大，色深红，周围胶样水肿，切面多汁，偶见坏死灶。脑膜充血、出血，脑质水肿，脑脊液增多。肺充血水肿。全身多器官组织均有明显变化。血管呈坏死性血管炎。许多动脉、静脉和小血管都发生炎症。血管内皮肿胀、增生，管腔内形成纤维素性血栓，外膜有单核细胞、淋巴细胞浸润。病变的血管壁有一种凝固的嗜伊红物质沉着，原结构破坏消失。小血管明显充血、出血，管壁纤维素样坏死，管周单核细胞、淋巴细胞浸润。皮肤主要表现为真皮水肿、血管充血、出血和血栓形成，管周有单核细胞、淋巴细胞、浆细胞和广泛的嗜酸性粒细胞浸润。角膜呈间质性角膜炎，上皮坏死，间质水肿，单核细胞与白细胞浸润。淋巴结充血、水肿并有血管炎。淋巴组织坏死，小淋巴细胞减少甚至消失。皮质层变薄，淋巴滤泡和生发中心缺乏。网状内皮细胞和淋巴样细胞增生、坏死。髓质窦内充满巨噬细胞，髓素中浆细胞浸润。脾呈坏死性血管炎，红髓充血、出血，含铁血黄素沉着，白髓有些增生。心、肾、肝除有变性和坏死灶外。间质血管周淋巴、单核细胞浸润。鼻黏膜充血、出血，血管周围和间质单核细胞浸润。黏膜上皮变性坏死脱落。表面有黏液和血液附着。肺严重充血、出血，肺泡壁增厚，肺泡气肿，并有血管炎。血管壁坏死，弹性纤维断裂崩解。脑主要为化脓性脑膜炎，脑膜炎以小脑最为明显。

（五）临床症状

自然感染的潜伏期差异很大，一般为 4～20 周或更长，人工感染平均是 22d。临床症状主要有糜烂性口炎、胃肠炎、上呼吸道糜烂、角膜结膜炎、皮肤的红疹和淋巴结肿大等，是以发烧和黏膜病变为主的疾病。该病从病情和症状可分为特急型、消化道型、头和眼型及轻症型。其中以头和眼型最为典型。

病牛大都突然出现不能起立，精神高度沉郁、食欲废绝、泌乳停止、高烧到 41℃～42℃及脉搏增速（100～210 次/min）。由于黏膜受到侵袭，所以流出大量黏稠的鼻汁堵塞鼻腔，致使病牛呼吸极度困难。病牛眼睑水肿，巩膜高度充血，病牛经常流泪，从角膜周围向中心呈现白色混浊状态。口腔黏膜完全坏死及糜烂，流出有臭味的涎液，内含坏死组织碎片，口腔内发出腐败性恶臭。蹄冠部和角根也出现同样的病变，病牛因疼痛而呈现跛行状态，并且起立困难，也有蹄壳和角壳脱落的情况。体表淋巴结变得硬肿。病程延长时，眼和鼻的分泌物逐渐增多，而且变成脓性白色混浊状。另外，体表的皮肤由于充血而患湿疹，触诊时感觉黏稠。病牛表现痛楚。急性病例病初表现运动失调、意识障碍或肌肉痉挛；末期眼球出现震颤和痉挛。特急型病例则出现高烧、呼吸困难及因急性胃肠炎引起的下痢症状，在 1d～3d 内就会死亡。消化道型与头和眼型很相似，但主要以消化道黏膜变化为主。该病在出现临床症状期间，其特征是持续高烧 39.5℃以上，对抗生素无反应。

（六）诊断

1. 临床诊断

根据流行特点，无接触传染，呈散发。临床症状如病牛发烧40℃以上。连续应用抗生素也无效，典型的头和眼型变化以及病理变化，可以做出初步诊断。最后确诊还应该通过实验室诊断。

2. 实验室诊断

病原检查：病毒分离鉴定（病料接种牛甲状腺细胞、牛睾丸或牛胚肾原代细胞，培养3d~10d可出现细胞病变，用VNT或IFA进行鉴定）。血清学检查：IFA、IPT、VNT。

（七）防控/防制措施

目前本病尚无特效治疗方法，也无免疫预防的措施。此病多不能由病牛直接传染给健康牛，而绵羊无症状带毒是牛群中暴发本病的来源。因此，在流行地区应避免牛与绵羊接触。发现病牛应立即隔离，采取对症治疗。对病畜用0.1%高锰酸钾溶液冲洗口腔，用2%硼酸水溶液洗眼，然后涂抹土霉素软膏，以及用抗生素、磺胺类药物进行对症治疗的同时，加强饲养管理，进行强心和补液，增强机体抵抗，以减少死亡。

我国每年从国外进口大量动物及其制品作为食品和工业原料，病原体通过商品传入的风险高。商品进口前必须证书齐全，并严格执行病原和媒介昆虫消灭措施。

禁止来自疫区的黄牛、水牛、奶牛、绵羊、非洲角马及其产品以及胚胎、精液进境。

发现病畜后，按《中华人民共和国动物防疫法》及有关规定，采取严格控制、扑灭措施，防止扩散。病畜应隔离扑杀，污染场所及用具等应实施严格消毒。

（八）风险评估

1. 传入评估

原发宿主为无临床症状的非洲幼龄角马和美、欧的绵羊，同带毒角马和绵羊接触的所有年龄和品种的牛、牦牛、水牛、山羊、北山羊、驼鹿、红鹿、斑鹿、白尾鹿、驯鹿和长颈鹿，都有自然感染性。非洲毒株可通过脑内或腹腔接种家兔、豚鼠、仓鼠致发感染，但难在鸡胚、鸭胚、小白鼠感染成功。人无感染本病的迹象。同时，本病可通过胎盘感染犊牛。所以感染 MCF 的活动物具有传入风险。

2. 暴露评估

精液：MCF 以散发为主，病牛不能接触传染健康牛，主要通过绵羊、角马以及吸血昆虫而传播，因此感染 MCF 公牛在自然交配时不会感染易感母牛。染病牛是终末宿主，通过精液将病毒传入的可能性微乎其微。很多精液进口国家都采用从 MCF 阴性公牛采集的精液，国际贸易中对来自感染动物的精液有限制，WOAH 对输入牛精液提出了具体要求。

胚胎：虽然病牛不能接触传染健康牛，但是病毒可以在妊娠中通过胎盘感染胎儿或在生殖道中感染，本病可通过胎盘感染犊牛。国际贸易中对提供卵母细胞或胚胎的供体母牛有一定的要求，并要求按照 WOAH 推荐的方法收集、加工和储存。

肉及肉制品：因病毒主要存在于血液淋巴细胞中，屠宰放血后的生肉中仍然有一定量的血液，血液中含有大量病毒，在细胞内的病毒可以在宿主体外生活 72h。病毒在 pH 值 5.5~8.5 之间大多数是稳定的，冷却排酸之后的生牛肉在 18h~24h pH 值可以降到 5.4~5.7，不能确认可以杀灭所有的病毒，因此，生肉具有一定的传播风险。病毒对外界环境的抵抗力不强，不能抵抗冷冻和干燥。含病毒的血液在室温下 24h 则失去活力。消毒剂/化学药品包括次氯酸钠消毒剂（3%浓度的溶液，对于存在于有机物残骸内的病毒）可以灭活病毒。太阳光可迅速灭活病毒。因此经过腌制、干燥、蒸煮烤制后的肉制品比较安全。

动物副产品：血液中有大量的病毒，感染力主要存在于淋巴细胞中，在细胞内的病毒可以在宿主体外生活 72h，分离出的病毒在干燥的环境中迅速灭活，但在潮湿的环境下可能存活超过 13d，细胞成分有较强的感染性。血液制品风险较高。

牛乳中有病毒存在，但是自然条件下乳传播病毒的风险较低，因乳中特异性抗体会抑制病毒传播，而且牛对经口感染的敏感性随年龄增长而降低。牛初乳在喂饲小牛时有较高风险。关于人喝了感染了 MCF 的牛奶是否会受到影响尚没有确定的结论。奶中的病毒可被巴氏消毒温度灭活。

动物皮毛、蹄等副产品中，基本不含有病毒，且病毒对外界抵抗力低，消毒剂/化学药品包括次氯酸钠消毒剂（3%浓度的溶液，对于存在于有机物残骸内的病毒）可以灭活病毒。太阳光可迅速灭活病毒，所以盐湿皮和经过浸酸鞣制的熟皮，在传播和感染 MCF 方面具有较低风险。

3. 后果评估

MCF 给农场主带来巨大的经济损失，死亡率高达 100%。目前，尚未制定出特异性预防措施，所推荐的对症治疗，在多数情况下对病畜未能产生良好效果。

六、牛白血病

牛白血病（Bovine Leukaemia），又名牛地方流行性白血病（Enzootic Bovine Leukosis，EBL）、牛淋巴瘤病（Bovine Lymphomatosis）、牛恶性淋巴瘤（Malignant Lymphoma of Cattle）和牛淋巴肉瘤（Bovine Lymphosarcoma），是由牛白血病病毒（Bovine Leukosis Viru，BLV）引起牛的以淋巴样细胞恶性增生，进行性恶病质变化和全身淋巴结肿大为特征的一种慢性、进行性、接触传染性肿瘤病。牛可以在任何年龄被感染，包括胚胎阶段，多呈亚临床感染，约 30%的 3 岁以上的牛发展为持续的淋巴细胞增多，少部分牛会在外部组织中发展为淋巴细胞肉瘤，发生淋巴细胞肉瘤的牛一般都会在发生临床症状的数周或数月后死亡，或突然死亡。

WOAH 将 BLV 列为通报疫病，《中华人民共和国进境动物检疫疫病名录》将其列为二类传染病、寄生虫病。

（一）病原

BLV 是一种外源性反转录病毒，属于反转录病毒科，ð-反转录病毒属，在结构和功能上与人类的 T－嗜淋巴细胞病毒 1 和 2（HTLV-1 和 HTLV-2）相关。BLV 的主要靶细胞为 B-淋巴细胞。病毒呈球形，直径为 80nm～100nm，有囊膜，囊膜表面有糖蛋白突起。病毒在蔗糖密度梯度中的浮密度为 1. 16～1. 17g/cm^3，病毒 RNA 的沉降系数为 60S～70S。病毒由单股 RNA、核心蛋白 P12，核衣壳蛋白 P24，跨膜蛋白 gp30、囊膜糖蛋白 gp51 和几种酶包括反转录酶构成。其中以 gp51 和 P24 的抗原活性最高，用这两种蛋白作为抗原进行血清学试验，可以检出特异性抗体。BLV 通过诱导 B 淋巴细胞系的淋巴细胞产生肿瘤。

该病毒的抵抗力较弱，紫外线照射和反复冻融对病毒有较强的灭活作用，在实验中超速离心或一次冻融等常规处理都能使病毒的毒力大大减弱。所以在实验室里无法进行病毒的冻干保存。病毒在宿主外部不能长时间存活。对温度较敏感，可在 56℃ 30min 完全灭活，60℃ 以上迅速灭活。奶中的病毒可被巴氏消毒法灭活。病毒对各种有机溶剂敏感。但是在血液中的病毒在 40℃下可存活 2 周。病毒可用羊胎肾传代细胞系和蝙蝠肺传代细胞系进行培养。

（二）历史及地理分布

BLV 最初于 1878 年被发现于德国，在 20 世纪上半叶传播到美洲大陆，又进一步通过从北美洲进口牛再次传回欧洲并传播到其他国家，现已呈世界性分布，几乎遍及所有养牛的国家和地区，在我国的安徽、上海、江苏、广东、陕西、江西、新疆、北京、浙江、黑龙江等地都有发病的报道。

BLV 病主要侵害 3 岁以上的成年牛，以 4~8 岁之间的牛感染率最高。本病病程长，一般在症状出现数周或数月后死亡，在欧洲有该病流行的牛群，每年由于本病所导致的死亡率约为 2%，也有的高达 5%。地方流行时，年发病率可达 0. 06%，非地方流行的年发病率为 0. 004%。该病除了能引起直接的经济损失外，对出口的活畜及其精液、胚胎也有影响。

（三）流行病学

自然条件下本病主要感染牛。所有品种的牛均有易感性，奶牛的发病率高于肉用牛，发病率随着年龄的增长而升高，2 岁以下的牛发病率很低。在南美所做的血清学调查表明，水牛和豚也可感染，并表现出血清学阳性，但不出现临床症状。绵羊偶尔也可被感染而死亡。EBL 主要流行于牛群中，感染牛只大多呈无症状终生带毒，对其他动物的感染可能是偶然的，到目前为止，经血清学、病毒学及生物化学方法研究表明，BLV 不感染人，在一些家养动物中还没有发现有牛白血病抗体的存在。

BLV 病主要是通过牛的相互接触而传播，同时也存在呼吸道感染的可能性，可进行垂直传播和水平传播。病毒可以通过胎盘感染胎儿，这种感染主要发生在母牛怀孕 6 个月以后，感染本病的母牛所生的犊牛有 3%~20%在出生时已被感染。犊牛通过吸吮感染母牛的初乳也可被感染，但这种感染的发病率较低。

吸血昆虫是传播 BLV 的重要媒介，虻、蝇、蚊、蜱、蠓和吸血蝙蝠都可传播本病，另外，注射、手术等也可机械性地传播本病。输血可能是本病传播最直接的途径。但到目前为止尚未发现通过牛的精液、唾液、鼻腔分泌物和尿液传播本病的实例。外科手术及打耳号等都可通过污染的器具把感染的淋巴细胞从一个动物传递给另一个动物。

（四）发病机理及病理变化

当感染病毒的淋巴细胞进入宿主机体后，病毒可能是像在体外培养中增殖的那样在感染的淋巴细胞中复制，感染了病毒的淋巴细胞通过与其他淋巴细胞的接触而传递给另一个淋巴细胞，并完成下一次复制过程。在最初感染的牛血浆中偶尔有细胞外病毒，但不常见。试验感染后最初的几周内可在淋巴组织中建立感染，从第 3 周至第 5 周可在血液淋巴细胞中分离到病毒。当血液中出现病毒数天后，可从血液中检测到病毒的抗体，所有被感染牛的血液中都有抗体的存在，但这种特异性抗体对已感染的牛并不具有保护作用，仍然可发病并形成肿瘤。

在感染牛的组织中很少或没有细胞外病毒，感染力主要存在于淋巴细胞中，因此血液中有大量的病毒。牛奶和初乳中也有病毒存在，这是由于奶中有淋巴细胞的原因。虽然唾液、尿液、精液和呼出的气体中也偶尔发现有感染力或病毒抗原，但较血液的感染力低得多。引起出血的炎症或组织损伤灶因含有大量的血液细胞成分，而有很高的感染力。

BLV 具有免疫抑制性，患散发型和地方流行型的成年牛中约有 80% 牛的 IgM 的形成受到明显抑制。自然条件下，健康牛与 BLV 感染牛接触后，感染病毒的淋巴细胞进入宿主机体，在感染的淋巴细胞中复制，RNA 在反转录酶的催化下转录成前病毒 DNA，随机进入并整合到宿主细胞的 DNA 中，在那里留存并不断产生病毒子代，造成感染动物终生持续感染。牛在感染后一段时间内，不表现临床症状，逐渐发展到血液循环中的淋巴细胞数量增加，为持续性淋巴细胞病，最后出现肿瘤。

感染牛主要表现为机体消瘦、贫血。腮淋巴结、肩前淋巴结、股前淋巴结、乳房上淋巴结和腰下淋巴结常肿大，被膜紧张，心脏、皱胃和脊髓常发生浸润。心肌浸润常发生于右心房、右心室和心膈，色灰而增厚。循环扰乱导致全身性被动充血和水肿。脊髓被膜外壳里的肿瘤结节，使脊髓受压、变形和萎缩。皱胃壁由于肿瘤浸润而增厚变硬。肾、肝、肌肉、神经干等亦可受损，但脑的病变少见。

经组织学检查，肿瘤含有致密的基质和两种细胞：一种是淋巴细胞，直径为8μm～10μm，具有一个中心核和簇集的染色质；另一种是成淋巴细胞，直径为12μm～15μm，核中至少有一个明显的核仁。在任何器官里，均有瘤细胞浸润，破坏并代替许多正常细胞，并常见核分裂现象。

（五）临床症状

根据临诊表现和发病情况可分为地方流行型和散发型。

（1）地方流行型。潜伏期一般为4～5年，故多发生于3岁以上成年牛，4～8岁间牛感染率最高。感染牛在非显性期只有血相变化，即白细胞和淋巴细胞增多及出现异常淋巴细胞，5%～10%表现为最急性病程，无前驱症状即死亡。大多为亚急性病例，病程多为7d至数月，表现为食欲减退、贫血和肌无力。当肿瘤广泛生长时，体温可升高至39.5℃～40℃。病牛表现为生长缓慢，全身体表淋巴结显著肿大而且坚硬，依部位不同可导致病牛头偏向一侧，眼球突出，严重时被挤出眼眶，有的出现贫血，心脏受损，消化功能紊乱，流产、难产或不孕，共济失调、麻痹，个别导致脾破裂而突然死亡。

（2）散发型。比较少见，青年牛型多见于18～20月龄的青年牛，出现全身淋巴结肿大，内脏特别是胸腺出现肿瘤，并伴有贫血和下痢，心和肝脏的肿瘤可导致病牛死亡。犊牛型见于4月龄以下的犊牛，主要表现为淋巴结的对称性肿大。皮肤型见于1～3岁的牛，主要表现为真皮有结节状白细胞浸润，最后由于淋巴和内脏器官发生肿瘤而死亡。

（六）诊断

根据流行病学、临诊症状、血液学和组织病理学对发病动物不难做出诊断结果，对本病具有诊断意义的症状有：全身淋巴结的显著肿大而坚硬，直肠检查发现腹股沟和髋淋巴结肿大，以及内脏器官有肿瘤硬块。98%的牛白血病是淋巴肿瘤型。组织学检查会发现肿瘤中含有致密的基质和淋巴细胞及成淋巴细胞。本病具有诊断意义的血液学变化是在疾病的早期白细胞总数的增加，淋巴细胞数量的增加超过75%。

WOAH推荐AGID和ELISA方法为国际贸易指定方法，其中ELISA检测牛乳中抗体，阻断ELISA检测血清中抗体。其他方法有病原分离鉴定、PCR方法等。

（七）防控/防制措施

因 BLV 具有高度的接触传染性，而且还可以通过虫媒、注射和采血等污染的器械传播，为了防止引进病牛或带毒牛，在进口牛检疫中应了解进口牛产地的流行病学和原农场的病史，避免从流行严重的地区和农场选牛。在昆虫活动季节，应有防蚊蝇措施。在采血、打耳号和注射时应严格消毒，防止人为传播本病。另外，应注意隔离饲养和运输时的密度，防止隔离饲养期间及运输途中由于动物密度不当造成外伤性感染。最后，应强调对本病的检疫项目尽可能在原农场完成，防止阳性牛进入隔离场。必要时应在隔离期间进行第 2 次检疫。

进口牛一旦检出牛白血病，阳性动物作扑杀销毁或退回处理。同群动物隔离观察。

牛场定期进行临床、血清学检查血液和乳，不断剔除阳性牛；对感染不严重的牛群可借此净化，阳性牛的后代均不可作为种用，犊牛和后备母牛应与感染母牛分开饲养，目前还没有适用的 BLV 疫苗。

（八）风险评估

自然感染仅发生于牛、水牛、绵羊和水豚。多种动物能通过人工接种病毒发生感染。羊对实验接种非常敏感而且更容易发生淋巴肉瘤，而且比牛发生的年龄要小。鹿、兔、大鼠、豚鼠、猫、狗、猴、羚羊和猪在接种病毒后都可以检测出持续性抗体。目前认为，BLV 不危害人类。本病可以水平传播也可以垂直传播。

1. 传入评估

当牛群中发生 EBL 时，会发生水平传播，传播与直接接触和持续暴露时间有关。易感动物接触病畜和带毒动物的血液、唾液、支气管分泌物可以将 BLV 传递给其他动物，血细胞具有很强的感染性，医源性的水平传播是主要方式。同时，EBL 具有遗传性，感染牛的后代患病的概率增大。所以 BLV 感染的活动物具有传入风险，尤其是隐性感染带毒的动物具有潜在风险。

2. 暴露评估

我国每年从国外引进大量的种用牛以及牛精液和胚胎等，在我国的安徽、上海、江苏、广东、陕西、江西、新疆、北京、浙江、黑龙江等地都有此病发生的报道。

3. 后果评估

BLV 潜伏期长，发生淋巴肉瘤的牛死亡率较高。在欧洲有该病流行的牛群，该病被认为有明显的家系倾向和免疫抑制性。阳性牛的后代发生此病的概率要高于平均水平。另外，有研究表明，BLV 感染的群体产乳降低（2.5%~3%），淘汰率增高，并且对其他传染病更易感，比如乳腺炎、腹泻和肺炎。在控制和扑灭 EBL 的过程中，对 EBL 的血清学监测要消耗大量的人力和物力，扑灭阳性牛会造成大量的经济损失。本病尚无特效疗法，也无对抗 BLV 的有效的商品化疫苗。另外由于吸血昆虫可以传播该病，使我国的 EBL 疫情更加严重和复杂，并难以根除。

七、牛无浆体病

牛无浆体病（Bovine Anaplasmosis），又称边虫病，是由边缘无浆体经蜱传播而引起的一种传染性血液寄生虫病，呈急性或慢性病程，表现为发热、贫血、黄疸和渐进性消瘦，严重时常引起死亡，但临床病例只有通过鉴定病原才能确诊。牛一旦感染，可能成为终生携带者，其诊断依赖于用血清学试验检测特异性抗体或用扩增技术检测 DNA。

WOAH 将牛无浆体病收入牛传染病名录并归入应通报疾病，《中华人民共和国进境动物检疫疫病名录》将其列为二类传染病和寄生虫病。

（一）病原

该微生物在基因上分类属于立克次体目、无浆体科、无浆体属。对牛羊有致病力的无浆体有 3 种：边缘无浆体（*A. marginale subsp. marginale*）、中央无浆体（*A. marginale subsp. central*）和绵羊无浆体（*A. ovis*）。无浆体几乎没有细胞浆，呈致密的、均匀的圆形结构，直径为 0.3μm~1.0μm。在红细胞里，边缘无浆体和绵羊无浆体多位于边缘，而中央无浆体则多数位于中央。姬姆萨染色呈紫红色，一个红细胞中有含 1 个的，也有含 2~3 个的。用电子显微镜观察，这种结构是由一层限界膜与红细胞胞浆分隔开的内含物，每个内含物包含 1~8 个亚单位或称初始体。初始体是实际的寄生体。每个初始体直径 0.2μm~0.4μm，呈细颗粒状的致密结构，其外包有双层膜。

（二）历史及地理分布

边缘无浆体分布最广，非洲、南美洲、中美洲、北美洲、地中海沿岸、巴尔干半岛、中亚各国、印度、缅甸、东南亚地区、朝鲜半岛和澳大利亚北部均有分布，在中国广东、广西、湖南、湖北、江西、江苏、四川、云南、贵州以及河南、山东、河北12地的黄牛和水牛都曾检出有边缘无浆体感染。

中央无浆体最早发现于南非，目前这种病原的分布区已扩大到非洲、澳大利亚、东南亚和拉丁美洲。边缘无浆体致病性强，暴发流行时牛的死亡率可达50%~80%，良种奶牛的产奶量降低30%~50%，甚至停止泌乳，肉用牛体重也大量下降，使畜产品的质量和数量遭受严重损失。

绵羊无浆体发现于非洲、法国、西班牙、土耳其、叙利亚、伊拉克、伊朗、中亚地区、俄罗斯和美国。在中国西北养羊区，经血清学和病原学调查，甘肃、青海、宁夏、新疆、陕西北部和内蒙古西部均属病原分布区，1982年和1986年新疆和内蒙古曾先后发生绵羊无浆体病流行，绵山羊死亡率达17%。

（三）流行病学

边缘无浆体对成年牛和小牛都可感染，并产生轻重不同的临诊症状。病愈牛是病原携带者，产生带病原免疫（premunition），对无浆体再感染具有坚强的抵抗力；同时也是病原的保藏宿主，无浆体在牛体内可存活13~15年，是病原的主要传染源。不少地区牛边缘无浆体经常与双芽巴贝斯虫（*B. bigemina*）和牛巴贝斯虫（*B. bovis*）以及文氏附红细胞体或牛巴尔通体混合感染，为防治和诊断增加了困难。无浆体对动物的感染需经传播媒介，在自然界，蜱和吸血昆虫是病原的主要传播者，因此，无浆体病的流行多在蜱和各种吸血昆虫活动季节，从春季到秋季均有发生。在我国，牛的无浆体病多见于夏末和初秋。雨量稀少的旱年，由于传播媒介的数量减少，病例也相对较少，此外，吸血昆虫，采血和外科手术的器械消毒不彻底，都可能使动物感染。经胎盘垂直感染也时见报告。

（四）发病机理及病理变化

寄生于红细胞内的无浆体在代谢过程中产生的化学毒素及其繁殖时对宿主细胞机械性的破坏，造成红细胞大量崩解，此外，发生变化的红细胞产生自家抗体使红细胞发生免疫性溶血，都促使病畜出现高度贫血、黄疸和一系列病理变化。

自然死亡的牛羊主要病变为可视黏膜苍白，血液稀薄，血凝不良，皮下和大网膜黄染，胶样浸润。肝轻度肿大，胆囊肿胀，充满黏稠的胆汁，肾脏肿大，肾盂水肿、黄染。心包积液，心冠脂肪黄染，心外膜可见少量出血点，心肌软化。胃肠黏膜有出血性炎症。慢性型死亡者明显消瘦。山羊的病变常见咽喉轻度水肿。本病的病理组织学无特异病变，主要为肝小叶中心坏死、星细胞肿大，小叶间组织淋巴细胞浸润。淋巴结滤胞扩张，核萎缩，脾髓充血，肺和心肌水肿，轻度出血，淋巴细胞和嗜中性白细胞浸润。

（五）临床症状

本地牛和小牛感染边缘无浆体病时发病轻微，或感染后无明显异常反应，成年牛特别是外地引进的易感牛发病严重。潜伏期较长，在野外自然感染为30d以上，在试验条件下蜱叮咬感染时为21d～42d或更长，血液接种为11d～30d。病初体温升高到40.5℃～42.0℃，稽留6d～10d，或呈间歇热型。动物迅速贫血，结膜黄染，进行性消瘦，病情严重时出现心跳加快，呼吸急促，并常伴有流产、水肿和肌肉颤抖。红细胞数可降至（1.5～2.0）$\times 10^{12}$/L，血红蛋白降至40g/L，同时出现异形和大小不等红细胞以及嗜碱颗粒红细胞等贫血相。急性型病程短，一般7d～12d死亡，最短为24h，死亡率为50%。慢性型病期长，死亡率低于5%。

成年和幼龄绵羊和山羊都可感染绵羊无浆体病。媒介蜱感染羊的潜伏期较长，血液接种较短。实验证明，草原革蜱成虫叮咬除脾绵羊时，潜伏期为18d～25d，红细胞感染率最高升至18%～55%，死亡率6%；摘除脾绵羊静脉接种含病原血液，潜伏期为4d～6d，红细胞感染率可达到71%，病初体温上升至39℃～41℃；呈不规则热型，精神和食欲不佳。然后出现眼结膜苍白黄染，流泪，流鼻液，面壁呆立或喜卧，进行性消瘦。病情严重时两颊水肿，心跳和呼吸加快，最后高度消瘦，衰竭死亡。在我国多数地区的绵羊和山羊被无浆体感染后无明显的临诊症状，只是病原保藏宿主。

（六）诊断

牛无浆体病的诊断应根据流行病学、临诊症状、病原检查和血清学检测几个方面综合判定，在多种蜱传病流行的疫区，应与巴贝斯虫病、泰勒虫病以及附红细胞体病进行区别诊断。

流行病学和临诊症状：凡是在不安全区放牧的牛羊，在春、夏、秋季蜱和吸血昆虫较多的季节发病，并在临诊上表现有高热、贫血和黄疸者，即可怀疑为无浆体病，如果是从安全区引进的易感牛羊，可能性则更大，但最后确诊必须以查出病原为根据。

病原检查：血涂片检查从动物耳尖制备薄血膜涂片，甲醇固定 10min，姬姆萨液染色 10min~45min，水冲洗后干燥，油镜检查病原体。死亡动物可用肝、脾脏器的压片进行检查或者 PCR。

血清学检测：检测无浆体感染后血清中特异性抗体的方法有多种，用于诊断和检疫的方法只有补体结合试验、快速卡片凝集试验及间接荧光抗体试验。检测牛的无浆体时，以上方法均可使用。而羊无浆体主要用补体结合试验及间接荧光抗体试验检测。

（七）防控/防制措施

灭蜱是防制本病的关键。经常用杀虫药消灭牛体表寄生的蜱。保持圈舍及周围环境的卫生，常作灭蜱处理，以防经饲草和用具将蜱带入圈舍。引进牛只应作药物灭蜱处理。在本病常发区，有的国家用无浆体灭活苗或弱毒苗进行免疫接种，获得良好效果。有的国家为了防止牛进入疫区大批发病，用含有纯中央亚种的新鲜脱纤血给牛皮下注射 5mL，3~6 周牛出现轻微反应，同时牛体产生抵抗力。对幼龄牛或犊牛，在冬季接种带无浆体牛血 1mL~2mL，一般在接种后 17d~48d 发生反应，愈后可产生带菌免疫。病牛应隔离治疗，加强护理。供给足够的饮水和饲料。每天喷药驱杀吸血昆虫。用四环素、金霉素或土霉素等药物治疗有效，而青霉素或链霉素则无效。

清除媒介蜱及机械性传播本病的节肢动物，是预防本病最有效的方法。但事实上难以做到，不过于发病季节进行药物预防还是可行的。在只有无浆体病牛的农场里，于发病季节每间隔 15d 对牛体以 1%的敌百虫溶液灭蜱 1 次，共处理 5~6 次，并注射四环素 3 次，每次间隔 48h，可防止本病发生。

当发现病畜应立即进行隔离治疗，对体表皮肤上的体外寄生虫同时用杀虫药物进行喷洒驱除。灭蜱和吸血昆虫，可选用双甲脒、林丹等杀虫药定期对畜体进行喷洒或药浴，或采取人工捕捉方法进行驱除。加强饲养管理，注意牛舍羊圈的环境卫生和用具的清洁。

（八）风险评估

1. 传入评估

本病可以水平传播，当牛群中发生牛无浆体病时，会发生水平传播，发病动物和病愈后动物（带毒者）是本病的主要传染源，易感动物的各种年龄都可感染，但年龄越大致病性越重。

2. 暴露评估

黄牛、奶牛、瘤牛、水牛、鹿、绵羊、山羊等反刍动物是易感动物，我国多地已有本病发生的报道。

3. 后果评估

牛无浆体病在热带、亚热带和部分温带地区广泛传播，呈世界性分布。本病是一种危害极为严重的全球性寄生虫病，潜伏期长，发病率可达10%~20%，病死率可达5%，死亡多半是无浆体和其他病原微生物（如焦虫）的联合作用引起或营养缺乏和微量元素缺乏所致。一旦感染上边缘无浆体，会影响牛的生命。目前所使用四环素治疗，感染边缘无浆体的牛只是暂时从血液中去除了细菌，并没有把机体中携带的无浆动物体完全去除。另外，该病可影响牛正常生长，耗费饲料成本，引起流产、死胎、畸形胎，延长繁殖周期，治疗过程中耗费大量药物，增加投入成本，给国内外养牛生产带来巨大的经济损失。

由于各种其他叮咬的节肢动物可以传播该病，如果阳性牛进入我国，有可能使我国的牛无浆体病疫情更加严重和复杂，并难以根除。

八、牛生殖道弯曲杆菌病

牛生殖道弯曲杆菌病（Bovine Genital Campylobacteriosis）是由胎儿弯曲菌（*C. fetus*）引起的一种以不育、胚胎早期死亡及流产为特征的传染病，国内外研究者对胎儿弯曲菌进行了大量研究，发现胎儿弯曲菌呈世界性分布，是危害人和动物健康的重要病原微生物之一。

胎儿弯曲菌可引起牛（包括奶牛、水牛等）和羊（包括绵羊、山羊等）的流产和不孕；胎儿弯曲菌胎儿亚种可引起牛羊的流产（包括不孕）和多种动物（包括羊、牛、猪等）的胃肠炎，此外还可以引起人的多种疾病，如菌血症、败血症、急性化脓性脑炎（脑膜脑炎、脑脊髓炎）、急性化脓性关节炎，亦能引起流产和不孕。免疫机能不全或免疫力低下的老年人或有严重疾病的患者感染该菌后易发病。

（一）病原

胎儿弯曲菌是弯曲菌属中的一员。该菌为革兰氏阴性菌，呈撇形、S形和O形。长1.5μm~0.5μm，宽0.2μm~0.5μm，具有一端或二端鞭毛结构，不形成芽孢，一般不形成荚膜，有动力，呈S状或螺旋状弯曲（如图2-50所示）。老龄培养物中呈螺旋状长丝或圆球形。其生化特性为不发酵碳水化合物、氧化酶试验阳性、还原硝酸盐、不分解尿素、不液化明胶，V-P、M.R试验阴性，对1%牛胆汁有耐受性，DNA G+C比例是30~35。本菌微需氧，在含有3.5%O_2、10%CO_2和86.5%N_2的混合气体环境中生长良好，在培养基上形成圆形、针尖大小、半透明、不溶血菌落，菌落直径为1mm~3mm，在10%绵羊血CH琼脂平板培养基上纯培养形成淡灰色半透明的薄面纱样菌落。最适生长温度为37℃，在42℃不生长。对链霉素、氯霉素、四环素、红霉素敏感，而对青霉素、扦菌肽、多粘菌素B、新生霉素、三甲氧苄氨嘧啶（TMP）有抵抗力。本菌对干燥、阳光和一般消毒药敏感。58℃加热5min即死亡。在干草、土壤中于20℃~27℃可存活10d，于6℃可存活20d，在冷冻精液（-79℃）内仍可存活，胎儿弯曲菌又分为胎儿亚种（*C. fetus subsp. fetus*）和性病亚种（*C. fetus subsp. Venerealis*）。

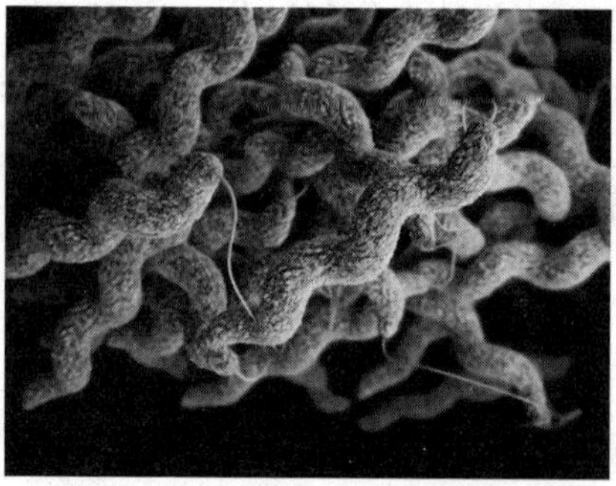

图2-50　弯曲杆菌具有螺旋形状和较长的极性鞭毛

牛生殖道弯曲杆菌病是WOAH规定的应通报疾病，《中华人民共和国进境动物检疫疫病名录》将其列为二类传染病和寄生虫病。

（二）历史及地理分布

世界上大部分国家或地区均有牛生殖道弯曲杆菌病发生。美国、加拿大、牙买加、巴西、澳大利亚、新西兰、英国、丹麦等大部分国家，尤其在澳大利亚、南非、美国和俄罗斯，亚洲的日本、马来西亚、印度等国已广泛流行本病，中国部分地区有发生本病的迹象，但未分离出病原菌。斯里兰卡、印度尼西亚等也有报道，本病已呈世界性分布。

（三）流行病学

牛生殖道弯曲杆菌病亚种主要通过生殖道，由自然交配和人工授精两种接触方式传播，可从公牛的精液、包皮黏膜，母牛的阴道、子宫颈、流产胎儿分泌物中分离到此菌，但不生长在人或动物的胃肠道中。自然交配是主要的流行、传播途径。公牛和母牛都可传播本病，患病公牛可将病菌传给其他母牛达数月之久，公牛带菌期限与年龄有关，5 岁以上公牛带菌时间长，有的甚至可带菌 6 年。不育多发生在发病的急性期，流产可发生于发病的整个过程，一般在发病的 5~6 个月的慢性期。

胎儿弯曲菌胎儿亚种多存在于牛、羊的流产胎儿、胎盘和胃内容物中，亦可从多种动物和人的胆汁、胃肠道、生殖道中发现，有时也可从粪便和生殖道分泌液中分离出来，主要通过口腔、生殖道交配等传播，在绵羊的分娩旺季易引起传播流行。

（四）发病机理及病理变化

胎儿弯曲菌主要感染生殖道黏膜。实验感染胎儿弯曲菌性病亚种，在子宫内接种第三天，菌体从子宫内消失而在子宫颈和阴道出现。感染早期子宫对菌体的排斥反应被认为是对菌体内毒素的第一反应或是已致敏子宫的第二反应。经过更进一步的研究发现，IgG 抗体在子宫黏膜分泌液中占优势，IgA 在子宫颈黏膜分泌液中占优势。IgG 在嗜中性粒细胞和单核细胞对胎儿弯曲菌的吞噬作用中只起着调理素的作用，而不是对菌体的直接杀灭作用。尽管 IgA 不是调理因子，但它能固定细菌，限制细菌进入子宫和穿过黏膜层。因此，IgA 的存在使生殖道更容易处于带菌状态。

实验表明，胎儿弯曲菌在肠道中运动力极强，可在肠道黏液中迅速移动，菌体附着在肠黏膜和肠腺腔内引起肠炎。细菌鞭毛在菌体对肠黏膜的侵袭作用中起着很重要的作用。肠上皮细胞带有空肠弯曲杆菌鞭毛和菌体LPS的受体，L-胱氨酸、L-谷氨酰胺、L-天门冬氨酸和L-丝氨酸的存在可增加菌体对肠上皮细胞的附着作用。

公牛感染胎儿弯曲菌既无组织学变化，精液也无特性的改变。但5岁以上带菌公牛阴茎上皮腺的数量增加，体积变大，因为该处很适合胎儿弯曲菌生存。采集可疑牛的阴道黏液、包皮刮取物或精液样品接种于运送增菌培养基（Transport Enrichment Media，TEM），送往实验室检验。

母牛经交配感染后，病初阴道呈卡他性炎，黏膜发红，特别是子宫颈部分，黏液分泌增加，黏液常清澈，偶尔稍混浊。有时出现子宫内膜炎和输卵管炎。生殖道病变可使胚胎早期死亡并被吸收，从而不断虚情，多数母牛于感染后6个月可以受孕。胎儿死亡较迟者，则发生流产，流产多发生于怀孕的第5~6个月。流产率为5%~20%。早期流产，胎膜常随之排出，如发生于怀孕的第5个月以后，往往有胎衣滞留现象。胎盘水肿，绒毛叶充血，可能有坏死灶；流产胎儿呈明显的胶胨状水肿，胸、腹腔充满红色或红褐色渗出液；肝脏肿胀，多呈黄红色，也可被覆灰黄色伪膜，偶见坏死灶。

（五）临床症状

牛、羊发病后出现流产（牛多发生在妊娠期的第5个月和第6个月）、不孕、不育、死胎。

人感染致病后出现发热（39℃~40℃），持续发热时间较长。临床上分为心型，包括心内膜炎、心外膜炎两种；脑膜炎型，包括急性化脓性脑膜炎或脑膜脑炎；脑脊髓炎，多发生于初生儿，有时为成人；关节炎型，包括急性化脓性关节炎，有时可引起人的流产和不孕。

（六）诊断

牛生殖道弯曲杆菌病可根据牛群病史进行初步诊断，因牛初次感染为急性型，后转为慢性，在急性感染期常发生不育、子宫内膜炎、输卵管炎和平均一个月以上的发情期，偶发流产，在慢性感染期常发生流产，特别是怀孕5~6个月时流产，早期流产胎儿和胎盘一起排出，晚期流产胎衣有可能滞留在子宫内。样品运送增菌培养基由成牛血清和抗生素制成，样品在该培养基中保存2d~5d，细菌仍保持活力，在18℃~37℃条件下，该培养基可使细菌增殖。

牛生殖道弯曲杆菌病可通过临床病史及子叶触片或胎儿皱胃液涂片染色观察到细长弯的细菌进行初步诊断。此细菌为革兰氏阴性，但可被大多数简单染色方法所着色而呈现其形态特征。怀疑牛生殖道弯曲杆菌病可用下列方法确诊：

（1）分离胎儿弯杆菌性病亚种。

（2）FA 染色。FA 检查在运送增菌培养基之后进行。FA 检查的不足之处是不能区分性病弯杆菌与胎儿弯杆。

（3）血清学。阴道黏液凝集试验被用作群体检查。动物感染数月后可能出现抗体，并且动物的抗体可很快变为阴性。ELISA 未被广泛采用，但初步结果表明，ELISA 试验比凝集试验敏感，检查到抗体的时间也更早。

（4）PCR 检测方法。国内外研究用 PCR 技术来检测牛胎儿弯曲菌，证明此法特异性强，敏感性高。

（七）防控/防制措施

由于牛胎儿弯曲菌主要是通过交配传染，因此，淘汰有病种公牛，选用健康种公牛进行配种或人工授精，是控制本病的重要措施，有报道用佐剂疫苗给牛进行预防注射，据说可增强对胎儿弯曲菌的抵抗力而提高繁殖率。牛群暴发本病时，应暂停配种 3 个月，同时加强抗生素治疗，平时应加强饲养环境卫生管理，加强对疫病的预防监控、检验检疫，及时发现情况，杜绝本病的传播。

进口种用牛或用于饲养的牛需满足以下条件：第一，种用牛未发生过自然交配或者自然交配的对象为确证无胎儿弯曲菌感染；第二，生长在无牛生殖道弯曲杆菌病的区域内；第三，经检测为胎儿弯曲菌阴性。如不满足上述情况，则不得进口。

（八）风险评估

1. 传入评估

在欧洲、美洲、大洋洲和非洲均有胎儿弯曲菌分离和致病的报道，尤其在澳大利亚、南非、美国和俄罗斯。印度、斯里兰卡、印度尼西亚、日本等也有报道。本病已呈世界性分布，牛胎儿弯曲菌感染的活动物具有传入风险，尤其是隐性感染带菌的动物具有更大的潜在风险。

2. 暴露评估

胎儿弯曲菌胎儿亚种可存在于流产胎盘及胎儿胃内容物、感染的人畜血液、肠内容物及胆汁之中，并能在人畜肠道和胆囊里生长繁殖，其感染途径是消化道。胎儿弯曲杆菌性病亚种存在于生殖道、流产胎盘及胎儿组织中，不能在肠道内繁殖，其感染途径是交配或人工授精，带菌公牛、感染母牛和康复母牛是主要的传染源。畜禽在屠宰加工过程中肉品被污染，如未充分煮熟即食用，常易引起本病的暴发。在国外由于饮用未经巴氏消毒的牛奶而引起疾病暴发的报道屡见不鲜。我国是一个养牛及畜牧业大国，若是有风险因子存在，就有感染和发生本病的可能。

3. 后果评估

胎儿弯曲菌可以引起牛散发性流产和羊地方流行性流产，也可感染人，引起流产、早产、败血症以及类似布鲁氏菌病的症状。感染本病可以导致牛的不育、胚胎早期死亡及流产，给养牛业造成严重的经济损失，此外本病还可以引起人的多种疾病，如菌血症、败血症、急性化脓性脑炎（脑膜脑炎、脑脊髓炎）、急性化脓性关节炎，亦能引起流产和不孕。免疫机能不全或免疫力低下的老年人或有严重疾病的患者感染该菌后易发病。由于本病是一种重要的人畜共患疾病，主要通过污染的水源、食物、精液、流产的胎儿和粪便等进行传播，因此在活牛以及冷冻精液的进出口贸易中一定要加强检测，严防传入我国。

九、牛病毒性腹泻/粘膜病

牛病毒性腹泻（Bovine Viral Diarrhea，BVD）是由牛病毒性腹泻病毒（Bovine Viral Diarrhea Virus，BVDV）引起的一种以腹泻为临床特征的传染病，可导致怀孕母牛的流产、死胎、畸胎或新生犊牛的持续感染。它具有高度传染性，但症状和病变较轻，发病率高而死亡率低。粘膜病（Mucosal Disease，MD）也是由 BVDV 引起的一种以牛的急性型口腔、消化道粘膜发炎、糜烂、溃疡为特征的传染病。它和牛病毒性腹泻由同一病原引起，但表现不同的临床症状，发病动物口腔，特别是沿齿龈边沿糜烂，还可出现流泪和大量流涎。该病传染性不高，临床症状明显。

该病呈全球性分布，各养牛业发达国家均有流行，已成为美国牛场中主要传染病之一。在自然条件下，本病可感染家养和野生的反刍兽，但主要侵害6~18月龄的幼牛，患牛表现为发病急，体温突然升高至40℃~42℃，食欲废绝，消化道黏膜损伤严重，最初常表现为水样腹泻，后期便中带血和黏膜，病牛的死亡率可高达90%。怀孕母牛感染后，可造成流产、早产或死胎。如足月牛产，犊牛可表现为先天性缺陷、小脑发育不全、共济失调，或不能站立、发育不良、生长缓慢、饲养困难。如母牛在怀孕头4个月感染了非致细胞病变（N-CPE）BVDV时，病毒可经胎盘感染胎儿，如能正常分娩，犊牛将成为持续感染牛，持续感染牛可终生带毒，但不产生抗体，而成为BVDV的重要感染源。持续感染牛对疾病的抵抗力下降，如遭到致细胞病变（CPE）BVDV攻击时，将发生致死性MD或慢性BVD。

本病为WOAH规定的须通报的动物疫病，《中华人民共和国进境动物检疫疫病名录》将其归为二类传染病、寄生虫病。

（一）病原

BVD病毒为黄病毒科、瘟病毒属，是一种单股RNA、有囊膜的病毒。新鲜病料作超薄切片进行负染后，电镜下观察可见病毒颗粒呈球形，直径为24nm~30nm。病毒在牛肾细胞培养中，有三种大小不一的颗粒，最大的一类直径为80nm~100nm，有囊膜，呈多形性，最小的一类直径只有15nm~20nm。

病毒对乙醚和三氯甲烷等有机溶剂敏感，并能被灭活，病毒悬液经胰酶处理后（0.5mg/mL，37℃下60min）致病力明显减弱，pH值5.7~9.3时病毒相对稳定，超出这一范围，病毒感染力迅速下降。病毒粒子在蔗糖密度梯度中的浮密度为1.13~1.14g/mL；病毒粒子的沉降系数是80~90S，病毒在低温下稳定，真空冻干后在-60℃~-70℃下可保存多年。病毒在56℃下可被灭活，氯化镁不起保护作用，病毒可被紫外线灭活，但可经受多次冻融。

BVDV的分离株之间有一定的抗原性差异，但是用常规血清学方法区别病毒分离物之间的差异是非常困难的，一般认为一种BVDV产生的抗体能抵抗其他毒株的攻击。BVDV可在胎牛的肾、睾丸、脾、气管、鼻甲骨等牛源性细胞上生长，并且对胎牛睾丸细胞和肾细胞最敏感，做病毒分离时最好采用这两种细胞。BVDV也能在牛肾继代细胞（MDBK）上生长良好，因取用方便，所以常用MDBK和牛鼻甲骨细胞进行诊断实验和制造疫苗。病毒不能在鸡胚上繁殖。根据分离到的 BVDV 在细胞培养中是否能产生病变（CPE），可将 BVDV 分为两种生物型，即致细胞病变（CPE）BVDV 和非致细胞病变（N-CPE）BVDV。这两种生物型 BVDV 能由它们在细胞培养物上的表现区分开。CPE BVDV 能引起感染细胞变圆，胞浆出现空泡，细胞单层拉网，最后导致细胞死亡而从瓶壁上脱落下来。N-CPE BVDV 对感染的细胞不产生不利影响，不出现 CPE，但可在感染的细胞中建立持续感染。分离到的 BVDV 多为 N-CPE。

BVDV 与猪瘟病毒在琼脂扩散试验、中和试验、免疫荧光试验中有交叉反应，这两种病毒可能含有共同的可溶性抗原。用 BVDV 接种猪后能产生对低毒力猪瘟病毒的免疫力，但不能抵抗强毒株的攻击。BVDV 与绵羊边界病病毒在琼脂扩散试验、中和试验、免疫荧光试验中也有交叉反应。

（二）历史及地理分布

自 1946 年 Olafson 等首先在美国纽约州发现该病以来，该病已在世界各地广泛流行和传播，尤其在一些畜牧业发达国家。

BVD 在世界范围内都有分布，具有流行率高、发病率相对较低的特点。BVD 的流行率在各个国家，甚至一个国家的不同地区都有所不同，这是由一些影响因素造成的，如群体密度、不同的畜舍系统或者管理方式。很多的调查研究显示的血清学流行率和持续感染动物的发病率都不一样。但是，在 BVD 流行区域，血清学流行率主要为 60%~80%，持续感染动物的发病率为 0.5%~2%。

美国、加拿大感染该病的阳性率为 50%~85%；在瑞士，大约 60%的海福特牛抗体阳性，母牛的血清学阳性率可以达到 80%，阳性动物几乎存在于所有的农场，平均每 8 个奶牛场有一头或几头这种免疫耐受的持续感染动物（1%的流行率）。每个农场每隔 10 年就有可能出生一头持续感染动物；在德国的巴伐利亚，所有被检测的奶牛群中抗体的阳性率达到 75%~80%，持续感染动物的比率估计为 1%~2%；在意大利的部分地区（伦巴第和艾米利亚罗马涅地区）血清阳性率估计达到 62%左右；英国的农场中抗体阳性动物的比例估计在 95%左右。

就感染的 BVDV 基因型来说，BVDV-Ⅰ 分布于世界各地，而 BVDV-Ⅱ 主要在北美发现，在许多欧洲国家也被检出。根据各国已经报道的 BVDV 分子流行病学分析表明，各国流行的病毒株有所不同。欧洲主要以北欧流行较为严重，存在 BVDV-Ⅰ型的Ⅰa、Ⅰb、Ⅰd、Ⅰe、Ⅰf 等多种亚型以及 BVDV-Ⅱ型。爱尔兰为Ⅰa 亚型，西班牙、奥地利、德国等国家以Ⅰb 亚型为主，多种亚型并存。美国和加拿大最主要的流行株为 BVDV-Ⅰb 亚型，其次为 BVDV-Ⅱ型和 BVDV-Ⅰd 亚型。

我国李佑民等（1980 年）首次从国外引进牛的流产胎儿脾脏中分离并鉴定出 BVDV，从此证明该病在我国的存在。刘世杰等（1985 年）从四川红原地区牦牛腹泻病料中检出 BVDV，证实该病在牦牛中存在。高双娣等（1999 年）对我国西北和西南五省部分地区黄牛、牦牛 BVD 血清学调查表明，黄牛群中 BVDV 抗体阳性平均检出率为 46. 15%，牦牛群阳性检出率为 30. 08%。周继章等（2000 年）对安徽、江苏、广西部分地区水牛 BVD 进行了血清学检测，结果表明安徽省水牛血清阳性平均检出率为 7%。张光辉等（2004 年）从河南省 15 个县市的规模化肉牛场检测表明，肉牛抗体阳性率为 21%。冯诺飞等（2006 年）测得西安市和宝鸡市荷斯坦新生小牛血清 BVDV 抗体阳性平均率分别为 21. 55%和 29. 16%。魏伟（2009 年）对黑龙江省部分奶牛场 BVDV 感染的血清学调查表明呈递增趋势。刘亚刚（2009 年）对四川省部分 BVD/MD 血清中和抗体检测中发现水牛的阳性率最高达 50%。

王治才、王新平等研究表明新疆、长春、内蒙古绵羊 BVDV 阳性率为 13. 8%~83. 3%。杜锐等（2000 年）对吉林等地无任何临床症状的幼鹿粪便进行检测，结果表明 BVDV 感染率达 60%~86. 7%。王新平等（1996 年）从内蒙古哲盟地区自然感染的在临床及病理学诊断为疑似猪瘟的病料（用 RT-PCR 检测为 CSFV）中分离得到“猪源 BVDV 毒株（命名为 ZM-95）”，徐兴然等（2005 年）揭示猪源 BVDV 除来源于牛的传播外，还具有独立的遗传衍化来源的可能性。郭燕等（2007 年）对新疆北疆部分集约化奶牛场 BVDV 分子流行病学调查，结果显示平均阳性率为 35. 4%。杨得胜等（2007 年）对福建省规模牛场 BVDV 抗体检测，结果表明奶牛血清阳性率为 88. 8%，肉牛/黄牛血清阳性率为 29. 8%。我国境内野生动物感染 BVDV 的研究尚未见报道。

（三）流行病学

家养和野生的反刍兽及猪是本病的自然宿主，自然发病病例仅见于牛，没有明显的种间差异。各种年龄的牛都有易感性，但 6~18 月龄的幼牛易感性较高，感染后更易发病。绵羊、山羊也可发生亚临诊感染，感染后产生抗体。

病毒可随分泌物和排泄物排出体外，持续感染牛可终生带毒、排毒，因而是本病传播的重要传染源。本病主要是经口感染，易感动物食入被污染的饲料，饮水而经消化道感染，也可由于吸入由病畜咳嗽、呼吸而排出的带毒的飞沫而感染。病毒可通过胎盘发生垂直感染，病毒血症期的公牛精液中也有大量病毒，可通过自然交配或人工授精而感染母牛，直接或间接接触均可传播本病，主要由于摄食被病毒污染的饲料、饮水而感染，也可由于病畜咳嗽、剧烈呼吸喷出的传染性飞沫而使易感动物感染，另外通过运输工具、饲养用具或者自然界的某些宿主如鹿、羊、猪也可以传播本病。应用被病毒污染的其他疫苗或未经消毒的注射器，也可引起本病，带毒公牛能长期从精液中排出病毒，通过配种可传染给母牛，暂时感染或持续性感染的母牛可以通过胎盘传染给胎儿，可引起流产及犊牛的先天损失，也可能产下貌似正常的持续性感染的犊牛，持续性感染母牛的后裔也常是持续感染牛，形成母系持续感染家族。

病毒和带毒动物是本病的主要传染源，它们通过分泌物和排泄物往外散毒，污染水源和饲料等。易感牛群主要经消化道和呼吸道感染，胎牛可经胎盘感染。本病呈地方性流行，一年四季均可发生，该病常发生于冬季和早春，舍饲和放牧牛都可发病。

（四）发病机理及病理变化

在自然条件下，病毒是经口、鼻侵入宿主体内的。病毒首先在甲状腺腺窝上皮细胞中繁殖，病毒或被病毒感染的细胞被巨噬细胞吞噬后转移到导管淋巴组织。

犊牛经口、鼻人工感染后 2d ~ 4d 可从血液中查到病毒，感染后 2 ~ 3 周内可产生很高的抗体水平（1 ∶ 100 ~ 1 ∶ 10 000），在抗体出现 11d 后，感染力主要存在于白细胞中，病毒是以这种方式躲避了中和抗体的作用，但是在检测到中和抗体后，血浆中的感染力迅速消失。最后由于抗体的出现，病毒似乎从各感染的组织中消失了，但是在此之前，感染牛可经排泄物和分泌物向体外排毒。感染本病的公牛精液中也有病毒存在；病毒还可通过胎盘发生垂直感染。

缺乏 BVDV 抗体的怀孕母牛，在怀孕后头 4 个月内，如感染 N-CPE 病毒，母牛将发生急性 BVD，并可在感染后 2~3 周内产生抗体，并最终康复。但是，在感染后母牛处于病毒血症时，病毒可通过胎盘感染胎儿。此时胎儿还不具备对病毒的免疫力，胎儿的免疫系统不能识别病毒，不产生免疫应答，而将病毒接受为“自身物”在胎儿体内保留下来，形成了持续感染。这样的胎牛不产生抗体，而处于免疫抑制状态。持续感染胎儿可正常分娩，出生时表现正常但却是持续感染牛，并可终生保持病毒血症状态。持续感染母牛的后代将是持续感染的，持续感染公牛的精液中也存在病毒，但其后代的持续发生率较低。

由于持续感染牛的免疫系统受到抑制，对某些 CPE BVDV 是不敏感的，出生后特别是 6~18 月龄时，如受到 CPE BVDV 攻击将不产生免疫应答，病毒将大量繁殖，而暴发致死性 BVD-MD。再次感染的 CPE BVDV 可能是来自其他动物或疫苗，也可能是 N-CPE 病毒变异而来。

犊牛吸吮初乳后获得的母源抗体滴度可达 1∶1 024，由于持续感染时，病毒主要存在于白细胞中，母源抗体不能改变病毒血症状态，但可抵抗 CPE 病毒的攻击。28 周龄时母源抗体滴度下降到 1∶16 以下，此时不能抵抗 CPE 病毒的攻击。这就说明了为什么 8 月龄以下的犊牛很少发生慢性 BVD 和 MD。

引发 MD 或慢性 BVD 时，N-CPE 病毒和 CPE 病毒及宿主之间的相互作用的关系尚不十分清楚，有限的研究表明引发 MD 或慢性 BVD 的 N-CPE 病毒和 CPE 病毒在与中和作用有关的病毒膜上的位点的抗原性是相似的，当存在这样的相似性时，持续感染牛体内的 N-CPE 病毒导致感染牛的免疫抑制，使宿主的免疫系统不能识别 CPE 病毒，在 CPE 病毒感染后不产生抗 CPE 病毒抗体，CPE 病毒将大量繁殖引发致死性的 BVD-MD。反之，当 CPE 病毒的抗原性与持续感染的 N-CPE 病毒的抗原性不同时，持续感染牛的免疫系统仍能识别 CPE 病毒，在 CPE 病毒攻击时，持续感染牛的免疫系统将会发生应答反应，而产生抗 CPE 病毒的抗体，在临诊上感染牛可能发生急性 BVD 但不发生 MD。这也说明了为什么有些持续感染牛血清中有 BVD-MD 病毒的抗体存在。

在怀孕中后期（大约 180d 以后），怀孕母牛感染 BVDV 时也会发生垂直感染，但此时胎儿已具备免疫应答能力，感染 20d~30d 后胎牛可产生抗体，随后病毒将从体内消失，而不发生持续感染。这样的胎儿出生后，在哺乳前可检测到 BVD-MD 抗体。

BVD-MD 的病理变化依感染的病程不同而有所不同。在重度病例中见到上呼吸道和消化道前段粘膜的广泛性溃疡或弥漫性坏死。组织病理学检查会发现溃疡部位的黏膜下血管有血栓形成，瓣胃和幽门到直肠间的肠段小动脉有玻璃样栓塞。由于白细胞的浸润和环绕性坏死引起毛细血管渗透性增加及心包炎。淋巴结中淋巴细胞基质中单核细胞明显减少，这一现象也可见于脾脏，表现了淋巴细胞的衰竭。呼吸系统的弥漫性损伤包括腹侧胸膜和气管黏膜的无炎症迹象的点状或瘀斑状出血。10%的病例表现有喉、气管水肿。

亚急性、慢性和恢复期病例，大体及显微变化最为明显，但疾病的早期病理学变化不明显。MD 和 BVD 的病理损伤部位及特性是相似的，但 MD 比 BVD 的病理学变化严重得多，主要表现在消化道淋巴组织的糜烂、溃疡和破坏。但试验条件下所致的病理学变化都是温和的。上皮的坏死首先是从黏膜下层开始的，基层表现出退化性变化而不出现表面的坏死，但坏死通常可延伸到上皮组织的深层。在怀孕前 1/3 时间，BVD-MD 病毒经胎盘感染胎儿时引起的损伤主要表现为小脑和眼睛的退化和畸形，胃肠黏膜固有层的循环障碍导致粘膜的充血和出血，表现为出血点和淤斑。

（五）临床症状

BVD-MD 潜伏期为 7d~14d。在临床上分为急性、慢性经过。

急性病牛主要表现为突然发病、体温升高、重度腹泻、白细胞减少、大量流涎、口腔粘膜糜烂和溃疡，可在发病后几天死亡。病母牛所产的犊牛发生下痢，在口腔、皮肤、肺和脑有坏死灶，在体温升高的同时白细胞减少。

慢性病例临床症状不明显或逐渐发病，生长发育受阻、消瘦、体重逐渐下降。比较特殊的症状是鼻镜上的糜烂，糜烂可在鼻镜上连成一片，表现为间歇性腹泻，有时因蹄叶炎导致跛行，病程较长，可在发病几周或数月死亡。

（六）诊断

在临诊上的间歇或持续性腹泻，两次的体温升高，口腔黏膜的糜烂，胃黏膜的出血和溃疡等对 BVD-MD 的诊断有一定的价值。但仅根据流行病学、临诊症状和病理变化很难确诊。首先必须与能引起相似的临诊症状和病理学变化的其他疾病加以区别，如 BVD-MD、牛瘟、牛恶性卡他热和新生犊牛的牛传染性鼻气管炎的消化道型都可能出现口腔损伤和腹泻症状，特别是前三者在临诊上彼此很相似，常见到口腔的糜烂及胃肠炎。口蹄疫、水泡性口炎、蓝舌病、牛坏死性口炎虽然不出现腹泻症状，但均能引起口部的损伤，在实际工作中也很难能与 BVD-MD 相区别。另外，还必须注意到无临诊症状的持续感染。所以最后的确诊必须依靠实验室检查。

目前，对于牛病毒性腹泻的诊断标准主要有：

（1）国际标准：WOAH 推荐的方法，包括病毒分离、ELISA 和 VNT。

（2）国内标准：《牛病毒性腹泻/粘膜病诊断技术》（GB/T 18637）；《牛病毒性腹泻/粘膜病检疫规范》（SN/T1129）等。

（七）防控/防制措施

BVD-MD 的预防措施包括加强兽医防疫措施，尤其要严格执行口岸检疫工作，严防引进病牛；掌握牛场本病的流行情况，如发现少数血清抗体阳性牛，应立即屠宰淘汰，防止扩大疫情，以消除传染源；加强饲养管理和卫生消毒措施，必要时慎重考虑接种本病弱毒疫苗。妊娠母牛在临分娩前，要饲喂全价饲料；犊牛出生后，除供应充足的初乳外，同时投服或注射抗生素类药物。

目前对本病尚无有效的治疗药物。应用收敛止泻强心补液可缩短恢复期，减少损失。用抗生素和磺胺类药物，进行预防性治疗，减少条件性细菌感染（如肺炎），减少继发感染引起的死亡。输液以纠正水、电解质平衡紊乱；纠正酸中毒；对于发热、腹泻牛应避免应激；对有饮食欲的牛可用适当剂量的阿司匹林解热；必要时输血。急性感染牛禁用皮质类固醇。

保持良好的卫生，定期对污染区域进行消毒。通过消毒防止来自外界的污染；防止与未知感染状态的邻近牛群进行接触；保护怀孕牛，使之在怀孕的前 1/3 期内免于暴露于潜在的传染源；在育种之前和怀孕的前 1/3 期内避免动物的混群；通过对死亡动物进行剖检，对生长状态不佳和有呼吸症状的动物采取血样进行检测，定期对 BVD 进行监测，确保无 BVD 感染；每年对牛群接种疫苗。确保母牛在 6 个月时接受适当的免疫（两次），并在育种之前加强免疫。

对所有进口牛在入境之前都应该进行 BVD 抗原检测，检测结果为阴性方可入境。如果要进口怀孕母牛，应同时进行BVD抗原和抗体的检测，因为抗体阳性的母牛会持续散毒。所有的牛在入境之后还需要进行BVD抗原的检测，对于阳性结果牛要进行扑杀。

（八）风险评估

1. 传入评估

进口牛为持续感染牛或进口牛为怀有持续感染犊牛的母牛，都会成为畜群的持续感染源，可能会造成病毒的大规模扩散，并且引起畜群的慢性感染。抗体阳性的怀孕母牛体内可能带有持续感染的胎儿，是牛群病毒传播的重要传染源。暂时感染（急性感染）的动物也会把BVDV引入畜群，但是与持续感染动物相比，暂时感染动物的进口风险较低。

2. 暴露评估

对于急性的、出生后的感染，BVDV通过鼻分泌物传给其他动物。急性感染牛对于BVDV的传播在拥挤的情况下，如饲养场和小牛棚中比较严重。

从母牛到胎儿的感染会对牛群造成严重影响。当从未免疫过的牛与感染牛接触时，鼻和喉的白细胞就会受到感染并且进入血液。在血液中BVDV变得十分强大，可以通过胎盘并感染胎儿。

3. 后果评估

该病的发生导致产奶量下降、肉产量降低、繁殖障碍、生长迟缓、继发其他病原感染概率增加甚至死亡等，给养牛业造成较大的经济损失。

十、赤羽病

赤羽病（Akabane Disease）是由阿卡斑病毒（Akabane Virus，AKV）引起的牛、羊等动物流产、早产、胎儿畸形、死胎以及先天性关节弯曲和积水性无脑综合征（AH综合征）的一种虫媒性传染病，也称为阿卡斑病。赤羽病给畜牧业造成了严重的经济损失，是我国动物疾病防控和国际动物贸易中的重点检疫对象。

赤羽病不属于WOAH法定通报性疾病，《中华人民共和国进境动物检疫疫病名录》将其列为二类传染病、寄生虫病。

（一）病原

赤羽病病原为布尼病毒科（Bunyaviridae）布尼病毒属辛波（Simbu）

血清群的一个亚群，为负链单股 RNA 病毒。该病毒粒子的直径为 70nm～130nm，近似于球形，病毒粒子表面有囊膜和糖蛋白纤突。李树清等（1998 年）在国内首次用电镜及负染照片证实了 AKV 在 Vero 细胞上的生长和其形态学特征。该病毒不耐热，对乙醚和三氯甲烷敏感，20% 乙醚可在 5min 内使其灭活。1.0% 的 β-丙内脂在 4℃ 下，于 3d 内将其灭活。在 pH 值 6.0～10.0 的范围内稳定，对 56℃ 和低 pH 敏感。该病毒有凝集性，在高浓度 NaC1 和 pH 值 6.1 条件下，能凝集雏鸡、鹅、鸭和鸽子的红细胞，不能凝集人、羊、牛、豚鼠及日龄 1d 的雏鸡的红细胞，但鸽子的红细胞凝集后溶血。同时具有溶血性，反复冻融可增强其溶血活性，但冻融超过 10 次时，不再增强，并以 37℃ 活性最高。

AKV 含有 3 个核衣壳，核衣壳由大量的核衣壳蛋白和少量的大蛋白分别包裹大（L）、中（M）、小（S）3 个分节段的 RNA 而成。病毒互补的 L-mRNA 编码病毒的转录酶和复制酶；M-mRNA 编码两种囊膜糖蛋白（G1 和 G2），具有型特异性，分别诱导中和抗体和血凝抑制抗体的产生，还编码 1 种或多种非结构蛋白（NSm）；S-mRNA 编码核衣壳蛋白（N）和非结构蛋白（NSs），较为保守，N 蛋白上存在 3 个抗原表位，具有群特异性，可刺激机体产生抗体，通过检测核蛋白抗体来诊断此病。AKV、Aino 病毒（AINV）和 Peaton 病毒（PEAV）均属于布尼病毒科（Bunyaviridae）布尼病毒属的辛波（Simbu）病毒群，M 片段的互补序列包含一个大的开放阅读框，其长度分别为1 401aa、1 404aa 和1 400aa。AKV 可在许多种类的细胞内生长，并产生细胞病变，包括牛、猪、豚鼠和仓鼠等的原代肾细胞、鸡胚原代细胞以及 Vero、HmLu-1、BHK-21、ESK、PK-15、BeK-1、MDBK、RK-13 等继代或传代细胞。其中以来自仓鼠肺的 HmLu-1 细胞的敏感性最高，并易产生蚀斑。

（二）历史及地理分布

赤羽病首次于 1949 年在日本群马县赤羽村发生，1972—1975 年，日本关东地区大流行时，日本兽医黑木、稻叶在流行区从出生后未吃过初乳的犊牛和母牛的血清中分出病毒。除日本外，澳大利亚（1950 年）、以色列（1969 年）、沙特、科威特、也门、巴林、土耳其和阿联酋（1988 年）等国也相继报道本病，1979 年在印度尼西亚的爪哇和巴厘岛、1982 年在韩国的牛体内查出赤羽病病毒抗体。

AKV广泛分布于北纬35°至南纬35°之间的热带和亚热带的地区。该病在澳大利亚北半部分是流行病，且在适合病毒传播条件的澳大利亚南部也偶尔暴发，血清学证据表明该病已遍布非洲、亚洲和大洋洲。

（三）流行病学

赤羽病传染源主要是病畜和带毒动物。黄牛、奶牛、肉牛、水牛等均对本病易感，除牛外，绵羊、山羊、马、猪、骆驼、猴、野兔、树獭等也检出了抗体并分离到病毒。本病为虫媒病，主要传染媒介是蚊和库蠓，在日本从骚扰伊蚊和三带喙库蚊分离到病毒，澳大利亚也多次从短附蠓（Culoides brevitarsis）分离出病毒。本病的流行呈明显的季节性，流产和早产病例从8月起逐渐增多，10月达到高峰，以后逐渐减少。死产发生在流行初期，到次年1月达到高峰，流行至5月底停止。异常产多发于8月到次年3月，初期（8—9月）为早期流产，中期（10月至次年1月）为体型异常，后期（2—3月）大脑缺损最多。本病在同一地区连续2年发生的极少，即使发生病例也极少，同一母牛连续2年异常产的几乎没有。

（四）发病机理及病理变化

AKV的细胞受体在中枢神经系统。AKV对神经元和星形神经胶质细胞易感，不感染小神经胶质细胞。AKV在细胞培养物中还能引起被感染细胞的凋亡，可能与病毒的发病机理有关。妊娠母畜感染AKV后随血流增殖，并持续存在于胎盘子叶的滋养层细胞、胎儿中枢神经系统和骨骼肌中未充分发育和分裂的细胞，导致坏死性脑脊髓炎和多发性肌炎。如果胎儿幸存下来，细胞的这些损伤就表现为关节弯曲、积水性无脑、脑穿通、脑过小、脑水肿、脑脊髓炎。由于胚胎期细胞比较脆弱，胚胎早期胎儿不具有免疫力，因此胚胎感染越早，对其损伤就越严重。如果是在细胞分化的器官形成期感染AKV，可完全阻断器官的发育成熟。在胚胎晚期感染AKV，将引起脑和脊髓的非化脓性炎症、早产、死产或流产，受感染的犊畜不能存活。感染的病毒病粒子或病毒抗原出现在胎牛的大脑、脊髓和骨骼肌。

病理组织学特征为流行初期的异常胎儿以中脑、桥脑和延脑非化脓性脑炎为主，大脑缺损的病例，缺损部分的固有结构不完全，但看不到炎性变化，脑膜呈现水肿变化。脊髓腹角神经细胞显著变性和消失，灰白质内中央管及血管周围的淋巴腔扩张，实质内形成空隙；躯干肌肉出现短小的肌纤维，肌纤维走向不连续，变细，纤维间质增宽变疏，间质脂肪组织增生并见出血、水肿。

（五）临床症状

动物感染后，一般不表现体温反应和临床症状。当妊娠牛、羊感染AKV后，则出现流产、早产、死产以及木乃伊胎儿等症状。妊娠牛异常分娩，多发生于7个月以上至接近妊娠期满的牛。流行初期，胎龄较长的母牛，发生早产的较多，母牛多不能站立。流行中期，胎儿体型异常，如关节、脊柱弯曲等，易发生难产；即便顺产，新生犊牛也不能站立，哺乳困难。流行后期，犊牛则出现无生活能力或瞎眼。但出现异常生产，对母牛下次妊娠基本无影响。绵羊在怀孕1~2个月内感染本病毒后，可产生畸形羊羔，如关节弯曲、脊柱S状弯曲等。

（六）诊断

可根据流行病学、症状以及病理变化上的特征进行初步诊断，但要确诊本病需进行实验室诊断。

SNT和ELISA为国际贸易常用方法，其他方法还有AGID、血凝抑制试验（HI）、病毒分离和PCR等。

（七）防控/防制措施

目前对该病尚无有效的治疗方法。最可靠的预防方法是在流行期之前对妊娠家畜及预定配种的家畜进行赤羽病疫苗接种，可获得充分的免疫力。目前所用疫苗有活苗和灭活苗两种，活苗为30℃下，在HmLu-l细胞上致弱的弱毒疫苗，给牛免疫接种；灭活苗为OBE-1灭活氢氧化铝苗，给牛注射2次，间隔4周，每次3mL，具有良好的保护作用。犊牛和妊娠羊在如上接种以后，用强毒进行攻击，不发生病毒血症和胎儿感染。

防制本病流行可采取控制吸血昆虫、切断传播媒介的方法，可以在媒介昆虫开始活动以前进口动物，本病为一般传染病，检出阳性动物，阳性个体作扑杀处理。

（八）风险评估

1. 传入风险

黄牛、乳牛、肉牛、水牛、绵羊、山羊、马、猪、骆驼及猴、野兔、树獭等动物均曾发现感染，孕期的牛、绵羊、山羊对AKV最易感染，感染后果也最严重。虫媒叮咬患病动物或带毒动物带毒后可借风力到达不同地区，再度叮咬易感动物引起流行。此外，该病还可通过母体垂直传播。所以感染活动物具有传入AKV的风险，尤其是隐性感染带毒的动物具有更大的潜在风险。

2. 暴露评估

我国现有的牛、羊都是赤羽病的易感动物，特别是蚊蠓猖獗的季节和地区，容易被病畜或带毒动物传染。结合我国养牛业的现状以及地理、气候特点，我国具备赤羽病暴发、传播的条件。目前尚未有人被AKV感染的报道。

3. 后果评估

AKV暴发以妊娠母畜流产、早产、死胎、胎儿畸形、木乃伊胎、新生胎儿发生关节弯曲和积水性无脑综合征（简称AH综合征）为特征，日本在1973—1975年发生此病的两次大流行，因异常产损失4万头以上。澳大利亚在此病流行时也损失数千头犊牛。我国在20世纪90年代初也发现本病流行，1996—1997年上海暴发本病，牛场中流产、早产、死产和畸形胎儿占20%~30%，给养牛业造成了巨大损失，对良种选育也有重大阻碍。本病尚无特效疗法，由于吸血昆虫可以传播该病，如果阳性牛进入中国，有可能使我国的牛赤羽病疫情更加严重和复杂，并难以根除。

十一、牛皮蝇蛆病

牛皮蝇蛆病（Cattle Hypodermosis）通常是指由皮蝇科皮蝇属的牛皮蝇和纹皮蝇的幼虫所致的感染和损伤。牛皮蝇蛆病的特征性症状为牛背部或背侧部、食管、中枢神经的损伤，偶尔还会出现过敏反应导致死亡，本病不具有强传染性，对牛群的损伤和危害有限，且灭蝇和杀虫可以有效控制本病的发生。

WOAH没有收录牛皮蝇蛆病，《中华人民共和国进境动物检疫疫病名录》将其列为二类传染病、寄生虫病。

（一）病原

病原主要有牛皮蝇和纹皮蝇，属双翅目、皮蝇科、皮蝇属。成蝇外形似蜜蜂，被浅黄色至黑色的毛，长13mm~15mm，有足3对和翅1对，体表被有密绒毛，翅呈淡灰色。纹皮蝇较小，胸部背面有四条黑色的纵纹，牛皮蝇稍大、腹末为橙黄色。口器均退化。在夏季晴朗的白天飞翔、交配并追牛只产卵。卵长圆形，长不到 1mm，浅黄色，有一小柄附于牛被毛上，牛皮蝇的卵一根毛上只有一个，多在体侧及腹部等，纹皮蝇的卵一根毛上多个成排，多在四肢下部。每一雌虫一生产卵 400~800 个，存活仅 5d~6d，产完卵后死亡。雄虫交配后死亡。

（二）历史及地理分布

牛皮蝇和纹皮蝇的成蝇生活在北半球，除北极圈外，其他各地均有分布。我国西南、西北、华北、东北地区都有流行。牛皮蝇喜好栖息在北方地区，而纹皮蝇则喜欢南方的温热带地区，这两种蝇有时会同时出现。成蝇腹部呈黄色，上有特征性的黑色宽绒毛纹。每年随着气候的转暖，成蝇活动逐渐频繁，在欧洲主要集中在 6—8 月份，它们的集中出现可对牛群构成严重滋扰，使牛躁动不安。

（三）流行病学

雌性牛皮蝇通常将卵逐个产在牛后肢踝关节的体毛上。而纹皮蝇产下的卵有序排列，因此得名纹下皮蝇。成蝇通常将卵产在牛体较低的部位，此处无论是成虫还是虫卵都很难被清除。成蝇的寿命很短，在羽化后两周内成熟、交配、产卵和死亡。牛、羊、驯鹿、马、驴、人均可感染此病。在幼虫发育过程中，有两个阶段的致病性最强。第一阶段是秋末和冬季，此时两种幼虫分别位于硬膜外脂肪和食管壁内。如果此时幼虫数量较多或经治疗在原位杀死，可导致过敏反应，引起脊髓伤害，致使脊柱麻痹，或吞咽困难和嗳气，导致瘤胃臌气。第二阶段是幼虫钻出皮肤前，此时幼虫可对皮下组织和背部皮肤造成损伤，导致皮革等级降低，畜体（屠宰后）整齐度下降，发炎及生长速度减慢。

（四）发病机理及病理变化

早卵牢固地固定在被毛上，4d~6d 孵化后，第 1 期幼虫爬到皮肤上并钻入皮肤，继续移行穿过软体组织到达它们“越冬”的位置。移行需要几周时间。秋末，牛皮蝇幼虫移行到脊柱里的硬膜外脂肪，纹皮蝇到食管的黏膜下层。幼虫在这些部位度过整个冬季，蜕皮进入第 2 期幼虫。冬末，它们再次移行，在春季都到达背部的皮下组织。蜕化发育长到第 3 期的时候，在上方的皮肤钻洞，通过洞呼吸。第 3 期幼虫长度为 2cm~3cm，大部分体节的后缘长有成排的小刺，末端结节有后气孔。第二年春季，白色的幼虫就会从宿主的背部钻出，掉落到地面上，化蛹继续生长，5 周后羽化成蝇。

（五）临床症状

此病最大的特点是，当幼虫移到牛背部时，可形成大小不同的结节，凸出皮肤，牛只发痒而在栏杆上挤擦，用舌头舔；皮蝇的成虫虽不叮咬进食，但追逐牛只产卵时使牛恐惧不安，影响休息进食，导致健康下降，生产能力减退，甚至引起外伤流产。幼虫在深层组织内移行时，造成组织损伤及炎性反应；在背部皮下时，有不同程度的蜂窝织炎，隆起部位的穿孔常因微生物的感染而化脓，有脓汁和渗出物流出，干结后成为痂皮，被毛粗乱；分泌的毒性物质对血液和血管壁有损害作用。

（六）诊断

幼虫化蛹前期，背部皮肤的隆起，并有通气孔是特征性病变，没有其他疾病能引起相似的损伤。用力在四周挤压，可使虫体蹦出，检验虫体的形态学特征可作诊断。另外，ELISA 试验可检测出移行幼虫的抗体。

（七）防控/防制措施

（1）牛舍、牧场定期用滴滴涕或除虫菊酯喷雾消毒。

（2）在牛皮蝇、纹皮蝇产卵季节经常擦刷牛体，可除去附着的虫卵，减少感染。

（3）利用注射、喷洒、泼背和涂擦等方法，在成蝇飞翔季节（6 月初至 9 月上旬），使用有敌百虫、倍硫磷、阿维菌素、敌虫菊酯、溴氰聚酯等药物对牛只进行体内外驱虫。

（4）动物进境前临床检验时，要注意背部皮肤有无结节、隆起和气孔等特征性症状，及时淘汰有临床症状的牛。隔离检疫期间进行体内外驱虫。

（八）风险评估

1. 传入评估

牛皮蝇和蚊皮蝇的卵寄生在牛的被毛上，孵化成幼虫后钻入皮下组织，如食管、脊髓、硬膜外脂肪等地，造成组织损伤。寄生有牛皮蝇和蚊皮蝇的虫卵和幼虫的牛，体内外的幼虫在适当的季节，就会从宿主的背部钻出，掉落到地面上，化蛹然后羽化成蝇，开始新的发育过程。所以，有皮蝇寄生的牛是传染源，有传播皮蝇蛆病的风险。

肉及肉制品、动物副产品等传播皮蝇蛆病的风险较低。

2. 暴露评估

我国是畜牧业大国且在西南、西北、华北、东北地区都有牛皮蝇和纹皮蝇的成蝇生活，此病有发生的可能。

3. 后果评估

感染严重时畜体消瘦，肉质不良，幼畜发育受阻，母牛产奶量减少，役畜使役能力减退；最严重的损害是背部大片皮肤穿孔，造成皮革的经济损失。灭蝇、驱虫需耗费大量人力、物力。

十二、牛巴贝斯虫病

牛巴贝斯虫病（Bovine Babesiosis）是牛的一种蜱传播性疾病，由牛巴贝斯虫（*B. bovis*）、双芽巴贝斯虫（*B. bigemina*）、分歧巴贝斯虫（*B. divergens*）等寄生原虫引起。常发生在放牧牛群中，黄牛、水牛和牦牛均易感染，成地方性流行，该病可以引起牛的高热、全身循环性休克，血红蛋白尿以及某些神经症状，严重者可导致死亡。

牛巴贝斯虫病为 WOAH 规定的应通报疾病，《中华人民共和国进境动物检疫疫病名录》将其列为二类传染病、寄生虫病。

（一）病原

牛巴贝斯虫离开宿主后就不能存活，其传播主要是通过蜱这个载体，寄生于牛的巴贝斯虫，迄今为止公认的有 4 个独立种：双芽巴贝斯虫、牛巴贝斯虫、分歧巴贝斯虫和大巴贝斯虫。双芽巴贝斯虫和牛巴贝斯虫是分布广泛和最为重要的两种。用油镜检查所有染色涂片。牛巴贝斯虫较小，通常位于红细胞中央，其长宽为（1~1.5）μm×（0.5~1.0）μm，虫体常成对出现，且一端相连呈钝角。分歧巴贝斯虫也较小，其形态与牛巴贝斯虫非常相似，所不同的是呈钝角的成对虫体常位于红细胞边缘。双芽巴贝斯虫较长，成对虫体往往呈锐角相连，虫体呈典型梨形，但也有形状各异的单个虫体存在，长 3μm~3.5μm，宽 1μm~1.5μm，成对排列的两个虫体各有两个不相连的红染点。

（二）历史及地理分布

牛巴贝斯虫病的流行范围广泛，在中美洲、南美洲、非洲、亚洲、欧洲、大洋洲均有流行的报道。据文献资料，巴贝斯虫病最早发生于美国，1868年流行性暴发于伊利诺伊州和印第安纳州的牛群中，共损失15 000头牛。2008年5月20日新加勒多尼亚发生牛巴贝斯虫病，感染来源包括活体动物引进、在草场或水源地接触了染疫动物、带菌（毒）媒介。在我国主要流行于河南、湖北、福建、云南、江苏等地，已确定的媒介蜱有微小牛蜱和镰形扇头蜱。

巴贝斯虫病因各地气候不同，一年之内可以暴发2~3次，春季到秋季以散发形式出现，在南方发生于6—9月。双芽巴贝斯虫病的发病季节出现春、夏、秋季3次流行。其中，夏秋两季是主要发病季节。牛巴贝斯虫病的流行病学与双芽巴贝斯虫病相似。分歧巴贝斯虫病主要分布在欧洲的西部和北部，其季节动态表现为两个发病高潮，第一个高潮为4月底5月初至7月底8月初，占全年病例的90%；第二个高潮为8月中旬至9月或更迟。

（三）流行病学

牛巴贝斯虫病的发病率和致死率变化很大，一般会受到几个因子的影响，如地区的防制措施、前期暴露于寄生虫的情况、年龄、牛的品种和疫苗接种状况等。

在地方流行区域，牛在幼年时感染本病且形成长期免疫力，然而，如果青年牛受到蜱的叮咬或者牛的免疫力下降就会导致本病的暴发和流行，感染牛巴贝斯虫病的蜱进入先前没有蜱的地区也会导致本病的暴发。

在自然条件下，梨形虫必须通过硬蜱传播。硬蜱传播巴贝斯虫主要通过两种方式：经卵传播和期间传播。经卵传播是巴贝斯虫随着雌蜱吸血进入蜱体内发育繁殖后，转入蜱的卵巢经过卵传播给蜱的后代，而后由蜱的幼虫、若虫、成虫进行传播。期间传播是指幼蜱或若蜱吸食了含有巴贝斯虫的血液，可以传递给下一个发育阶段的若蜱或成蜱进行传播。

（四）发病机理及病理变化

巴贝斯虫经硬蜱传播进入哺乳动物体内后特异地侵袭红细胞，在红细胞内分裂、繁殖、产生毒素。其主要致病因素包括化学性致病因素和机械性致病因素两种，尤以化学性致病因素最为重要，子孢子和裂殖子进入红细胞都是一种主动侵入过程，首先是虫体与红细胞膜相接触，然后顶复合体取向于红细胞膜，并释放出顶体内成分，进而使红细胞膜内陷，虫体表膜与红细胞膜融合后进入细胞内。

对死亡不久的奶牛剖检发现，尸体消瘦，尸僵明显，可视黏膜贫血，黄疸，血液稀如水；皮下组织、肌间结缔组织和脂肪组织呈黄色胶样水肿状；各脏器均有不同程度的黄染，肠黏膜有小出血点，脾脏肿大 2~3 倍，被膜有小出血点；肝脏肿大，呈黄褐色，被膜上有少量点状出血；胆囊肿大，充满浓稠胆汁，色暗；肾脏肿大，淡红黄色，有点状出血；膀胱肿大，存在少量红色尿液，黏膜上有点状溢血；肺脏淤血水肿；心肌呈黄红色，内外膜有出血斑。

（五）临床症状

潜伏期为 1~2 周。起初病牛发热 40℃~42℃，呈稽留热型。脉搏及呼吸加快，精神沉郁，喜卧地。食欲减退或消失，反刍迟缓或停止，便秘或腹泻，有的病牛排黑褐色、恶臭带黏液的粪便。患牛迅速消瘦、贫血、黏膜苍白黄染。血红蛋白尿，尿的颜色由淡红色变为棕红色乃至黑色。血液稀薄，红细胞数量显著下降，血红蛋白量减少到 25%，红细胞大小不均，着色淡，有时可见幼稚型红细胞。重症时可在 2d~6d 内死亡。慢性病例，体温波动于 40℃上下持续数周，渐进性贫血消瘦，需经数周或数月才能康复。幼年病牛，病程仅数日表现为中度发热、心跳略快、食欲减少、略见虚弱、黏膜苍白或微黄、热退后迅速康复。

（六）诊断

根据流行病学资料、临床症状和病理变化可做出临床诊断。牛巴贝斯虫病的诊断方法主要分为病原鉴定和血清学检测。显微镜检查染色的厚、薄血液涂片是传统的病原鉴定方法。

目前，对于牛巴贝斯虫病诊断标准主要有 WOAH 推荐的方法，包括染色法、PCR、IFA、ELISA。

（七）防控/防制措施

环境卫生方面的预防措施有：

（1）牛体灭蜱：在春季和夏季蜱活动频繁季节，每周对牛体喷洒或药浴灭蜱1次。

（2）避蜱放牧：牛群应避免到蜱大量滋生和繁殖的牧场去放牧，以免受到蜱叮咬，必要时改为舍饲。

（3）药物预防：对疫区放牧的牛群，在发病季节到来前，每隔15d用三氮咪注射1次，剂量为每千克体重2mg。用咪唑苯脲预防效果更佳。

（4）药物治疗措施：可用锥黄素、三氮咪、硫酸喹啉脲、咪唑苯脲等药物。

牛巴贝斯虫病的预防要做到早发现、早治疗、定期灭蜱，在蜱的繁殖旺盛期，可用1%～2%敌百虫溶液，消灭牛体表、牛舍内及牧草上的蜱。同时加强饲养管理，增强牛的体质及抗病能力，也可用贝尼尔和盐酸咪唑苯脲的预防量进行药物预防。对该病的治疗方面，用贝尼尔和盐酸咪唑苯脲联合治疗，效果理想。

我国采取严格的进口限制措施，禁止患有或疑似牛巴贝斯虫病的活牛、牛肉产品进入国内。

（八）风险评估

由于牛的品种不同，含抗蜱基因的多少不一，有抗蜱力的牛对巴贝斯虫病的抵抗力是有限度的，澳大利亚昆士兰州暴发的牛巴贝斯虫病病例发生在抗蜱品种牛中。抗蜱品种牛对双芽巴贝斯虫病并无抗力。所以牛巴贝斯虫病感染的活动物具有传入风险，尤其是隐性感染带毒的动物具有更大的潜在风险。

1. 传入风险

牛对本病易感，牛的年龄与感染的敏感性有关。通常9月龄至1岁以下的牛对巴贝斯虫的敏感性较高，但反应轻。种牛和由外地引入的牛感受性高，病情重，死亡多。微小牛蜱是在野外繁殖的，故在放牧时期多发生水平传播，我国有牛巴贝斯虫病的潜在传播媒介，并且有大量易感动物，具有传入风险。

2. 后果评估

一旦感染巴贝斯虫病，动物的肺、脑、肾等实质器官毛细血管中的红细胞呈线状或集落状凝巢，从而影响这些器官的正常功能。此外，机体抗巴贝斯虫感染的特异和非特异免疫反应系统也参与了病理反应，虫体在繁殖过程中释放的分泌抗原，有些吸附于红细胞表面，当抗体与这些膜抗原结合后便在补体参与下导致红细胞溶解。

牛巴贝斯虫病因少有大流行和暴发，往往不被人们重视，一旦发病，不能及时做出诊断和采取有效的防治措施，给畜牧业发展带来较大的经济损失，应引起足够重视。

由于硬蜱可以传播该病，如果阳性牛进入我国，有可能使我国的牛巴贝斯虫病疫情更加严重和复杂，并难以根除。

十三、出血性败血症

出血性败血症（Haemorrhagic Septicaemia，HS），又名牛巴氏杆菌病，是由特定血清型的多杀性巴氏杆菌引起的牛和水牛的一种急性、高发病率和高致死率的疾病，其特征为高热、肺炎、急性胃肠炎、败血症以及内脏器官广泛出血。在许多亚洲国家，HS 大多数在高温和高湿季节暴发，然而随着气候的变化，本病在一年中的任何月份都会发生，不同时间和空间都有发生 HS 的情况。

WOAH 将其列入须通报疾病，《中华人民共和国进境动物检疫疫病名录》将其列为二类传染病、寄生虫病。

（一）病原

出血性败血症病原为多杀性巴氏杆菌，为革兰氏阴性球杆菌，不形成芽孢，无鞭毛，新分离的强毒株具有荚膜。病料涂片用美蓝或姬姆萨染色，菌体两端浓染，大多在动物的上呼吸道中以常在菌的形式存在，本病主要是亚洲血清型 B：2 和非洲血清型 E：2 两个特定的血清型引起的。

多杀性巴氏杆菌对外界的抵抗力不强，对温热（55℃）很敏感，对多数医用消毒剂敏感，在动物体外不会长期存活。在土壤和泥浆中，存活时间不超过 24h，潮湿的条件下可以存活时间较长，直射阳光下数分钟死亡，在干燥空气中 2d～3d 死亡，在血液、排泄物和分泌物中能生存 6d～10d。在无菌蒸馏水和生理盐水中迅速死亡，普通消毒药常用的浓度对它都有良好的消毒效果，在数分钟内均可将其杀死。

（二）历史及地理分布

出血性败血症在亚洲、非洲和中东是非常重要的疾病，在墨西哥及美国的中部和东部从没有确诊此病，B：2 血清型曾经在欧洲南部、中东、亚洲东南部、埃及和苏丹等地暴发，E：2血清型在埃及、苏丹、南非和非洲的几个国家有过报道，在美国野牛群中曾经有暴发并确诊的报道，然而，没有迹象表明此次流行发病传染给了附近的牛。

此病在世界范围内广泛流行，尤其在亚洲和非洲的一些热带国家是一种灾难性的动物流行病，如不丹、印度、蒙古国、菲律宾、缅甸、斯里兰卡、马来西亚等国，有很高的发病率和死亡率。WOAH网站曾经发布的疫情信息显示，发生本病的国家有越南、孟加拉国、阿富汗、坦桑尼亚、埃塞俄比亚、塞内加尔、布基纳法索、塞拉利昂等。我国在20世纪五六十年代曾广泛流行，造成巨大的经济损失，后使用牛出败弱毒菌苗后，疫情有所控制，近年来又陆续发生，青海、黑龙江、云南、湖南、广东、广西、安徽、湖北、江西等省份均有发病报道。

（三）流行病学

牛和水牛是最易感HS的动物，且水牛是最敏感的，上述品种的牛及野牛是传染性病原的贮存库，尽管也有绵羊、山羊和猪感染本病的报道，但这并不常见且也不是很严重的疾病，也有极少数鹿、骆驼、大象、马、驴等发病的报道，兔子和小鼠对实验室人工感染非常敏感，没有人类感染的报道。

多杀性巴氏杆菌主要通过直接接触感染动物和污染物而传播，牛和水牛通过食入或者吸入了来自带病动物鼻咽部的致病因子而感染本病，在本病的流行区域，超过5%的牛和水牛通常是带菌者，在动物身体状况差且是梅雨季节时，会发生本病最严重的流行状况。

本病一般散发或呈地方流行，环境应激是造成本病急性暴发的重要因素，如食物供给差、畜群密集、环境潮湿等，在这种情况下，带菌动物的免疫力下降，致使病原体快速繁殖，并从带菌牛传播给所接触的易感牛，上述条件会增加本病传播的可能性以及加快本病的传播速度。

（四）发病机理及病理变化

本菌存在于健康牛的上呼吸道和消化道中，饲养管理不良、气候突变、风大、受寒、饥饿、拥挤、圈舍通风不良、长途运输、过度疲劳、饲料突变、营养缺乏、寄生虫等因素导致动物机体抵抗力降低时，健康带菌动物的呼吸道和扁桃体内所存在的巴氏杆菌，会变成强毒菌而造成内源性感染；另外可由于污染的饲料、水、空气和器具等经消化道、呼吸道、外伤而造成外源性感染。

如果机体抵抗力较弱而侵入强毒菌时，病菌将会很快通过淋巴结进入血流，形成菌血症，染病动物可于 24h 内因败血症死亡。如果机体抵抗力强或侵入机体的菌数不太多或毒力较弱，病程可延长 1d~2d 或更久。如果病原菌属于弱毒力，机体又具有较强的抵抗力，则病变会局限于局部。

在尸体剖检中，明显的特征是在浆膜及各器官，特别是肺脏和肌肉出现广泛性出血斑，咽部区域皮下水肿。肺部水肿也可出现早期间质性肺炎，通常还伴有出血性胃肠炎。在水肿型病例中，头部、舌头、胸部和单肢或多肢可发生广泛性水肿，脾脏肿胀不明显。败血型呈一般败血症变化，内脏器官出血，淋巴结显著水肿，胸腹腔有大量渗出液；浮肿型在咽喉或颈下有浆液浸润，切开浮肿部流出深黄色透明液体，间或杂有出血，咽周组织和会咽软骨韧带呈黄色胶样浸润，咽淋巴结和颈前淋巴结高度急性肿胀；肺炎型主要表现为胸膜炎和格鲁布氏性肺炎，胸腔中有大量浆液性纤维素性渗出，肺切面呈大理石状，心包与胸膜粘连，内有干酪样坏死物。

（五）临床症状

大部分牛和水牛都呈现出急性和超急性症状，由于比牛更敏感，水牛通常表现出以下明显的急性临床症状：首先是发热、迟钝及不愿移动，而后发展为流涎、浆液性鼻炎和鼻咽部明显的水肿性肿胀，这些肿胀扩散到腹侧颈部和胸部；黏膜充血，呼吸窘迫，动物通常在最初症状出现后的 6h~24h 后倒地和死亡。

病牛突然死亡或者病程延长至 5d 以上都有可能，具有临床症状的牛，特别是水牛几乎无法恢复，牛和水牛几乎没有见到慢性病例。

近来，HS 被认为是牛和水牛的第二复杂传染病，它可引发免疫功能受损及各种应激等，如果治疗不及时，病畜的致死率可达 100%，临床可分败血型、肺炎型和水肿型 3 种。

败血型：多见于水牛。病初高热达 41℃~42℃，继而出现全身症状如精神沉郁、结膜潮红、鼻镜干燥、不食、泌乳和反刍停止、腹痛腹泻、粪便恶臭并混有黏液、脱落的黏膜甚至血液。一般在 12h~24h 内死亡。

肺炎型：表现为急性纤维素性胸膜炎、肺炎症状。病畜呼吸高度困难，痛性干咳，流泡沫样鼻液。胸部叩诊有实音区并有痛感，听诊有湿啰音，有时有摩擦音。初期便秘后期下痢，粪便带血或黏膜，有恶臭。

水肿型：以牦牛常见。病牛胸前及头颈部水肿，严重者可波及下腹部。肿胀部初热、痛而坚硬，后变冷而疼痛减轻。舌、咽高度肿胀，眼流泪、红肿，流涎，呼吸困难，黏膜发绀，常因窒息或下痢虚脱致死。

败血症是任何疾病状况下的特征性表现。水牛一般比牛更敏感，并且有更严重的临床症状。从下颌到胸部的皮下水肿是此病在死亡率最高的地区的一个区别性表现，这些表现限于稍大些的牛犊和较年轻的成年牛中。

（六）诊断

初步诊断基于临床症状，病理学损伤和畜群病史、发病率、死亡率等流行病学特点。确诊依靠病原分离、培养和生物化学方法。血清学方法可以用来分型，如快速玻片凝集试验和间接血凝试验（用于荚膜分型）、AGID（用于荚膜或菌体抗原分型）、对流免疫电泳试验（能快速鉴定荚膜B型和E型）、凝集试验（用于菌体抗原分型）。分子生物学方法进行核酸鉴定，如多杀性巴氏杆菌—特异性PCR试验、多杀性巴氏杆菌—多荚膜PCR分型试验、HS-B型特异性PCR试验、HS-A型特异性PCR试验。

（七）防控/防制措施

注意加强饲养管理，避免拥挤和受寒，定期对圈舍、围栏等环境设施进行消毒，增强牛的机体抵抗力，减少应激反应。发病的地区，对病畜及时隔离、治疗，对健康牛群采取注射高免血清等保护措施。在易感牛群中定期接种牛出血性败血病疫苗。

从无牛出血性败血症的国家和地区进口牛，进口牛时按照WOAH的相关要求进行检疫。

（八）风险评估

1. 传入评估

家畜、家禽和野生动物都可感染。病畜排泄物、分泌物和带菌动物（包括健康带菌动物和病愈后带菌动物）为传染源。病菌主要存在于感染动物的鼻咽部尤其是上呼吸道的淋巴结和扁桃体。传染多经消化道，其次为呼吸道，偶尔可经皮肤黏膜的损伤或吸血昆虫的叮咬而传播。主要通过直接接触传播，带菌动物及血液制品具有传播风险。

被感染的带菌牛作为精液的供体牛时，有一定的传播风险，但是风险较低，胚胎及动物副产品传播风险较低。

2. 后果评估

牛出血性败血症的特点是发病急、病程短、死亡率高。牛群一旦发病，来不及治疗即快速死亡，且呈群发态势，对养牛企业造成巨大的经济损失。亚急性和慢性病例治疗花费巨大，巴氏杆菌易与其他细菌、病毒和寄生虫混合感染，不易在牛群中根除。

另外，本病在亚洲受到高度重视，印度尼西亚、马来西亚、泰国、缅甸、老挝、柬埔寨、菲律宾等国都将 HS 界定为最具有经济学意义的牛和水牛的传染病。经济损失不仅来源于动物死亡造成的直接损失，还包括乳、肉、畜力及动物繁殖能力下降、诊断和治疗的费用等间接损失。我国作为亚洲国家，如果 HS 疫情严重，带来的损失同样是巨大的。

十四、泰勒虫病

泰勒虫病（Theileriosis）是由泰勒科、泰勒属的各种原虫寄生于牛体内引起的，以高热、贫血、出血、黄疸、消瘦和体表淋巴结肿大为主要临床症状的一种血液寄生原虫病。

寄生于牛的泰勒虫有很多种，都属于梨形虫亚纲、梨形虫目、泰勒科、泰勒属。常见的泰勒虫病病原主要是环形泰勒虫（*Theileria annulata*），分布颇广，黄牛、水牛均可感染，常呈地方性流行；其次是瑟氏泰勒虫（*T. sergenti*）。泰勒虫寄生于牛的网状内皮细胞和红细胞内。该病主要通过中间宿主蜱传播，流行于我国西北、华北、东北的一些省区，是一种季节性很强的地方性流行病。本病多呈急性过程，发病率高、死亡率大，可使养牛业遭受很严重的损失。

泰勒虫病被 WOAH 列入通报名录，《中华人民共和国进境动物检疫疫病名录》将其归为二类传染病、寄生虫病。

（一）病原

泰勒虫病主要发生于北方各省，其中环形泰勒虫分布较广，危害较大，死亡率最高。泰勒虫病俗称为捻巴病或黄病、肝火病，是一种季节性的地方流行病，而且是取急性过程的急性侵袭病。寄生在红细胞内的血液型虫体标准形态为圆环状，直径为 0.8μm~1.7μm，另外还有椭圆形、逗点状、杆状、十字形等形状，但环形的戒指状比例始终大于其他形状。一个红细胞内感染虫体 1~12 个不等，常见的为 2~3 个。重症可高达 95%，各种形态可同时出现于一个红细胞内。环形泰勒虫病的传播者为残缘璃眼蜱，是一种二宿主蜱。瑟氏泰勒虫虫体除有特别长的杆形外，其他的形状和大小与环形泰勒虫相似，也有多型性，有杆形、梨籽形、逗点形、卵圆形、圆点形、三叶形和十字形等各种形态。它与环形泰勒虫的主要区别为各种形态中以杆形和梨籽形为主，占 67%~90%；但随着病程不同，这两种形态的虫体比例有变化。

蜱的幼虫或若虫吸食了带泰勒虫的血液后，泰勒虫在蜱体内发育繁殖，当蜱的下一个发育阶段吸血时即可传播本病。泰勒虫病不能经卵传代，当感染泰勒虫的蜱，在牛体吸血时，虫体随蜱的唾液进入牛体，在淋巴结、脾、肝等网状内皮细胞内时行裂体增殖。裂体增殖所形成的多核虫体称为裂殖体或石榴体（柯赫氏兰体），裂殖体呈圆形、椭圆形或肾形，位于淋巴细胞或单核细胞浆内或散于细胞外，用姬姆萨染色时，胞浆呈浅蓝色，其中包含许多红紫色颗粒状的核。反复进行数次裂体增殖后，虫体侵入红细胞内寄生。

（二）历史及地理分布

泰勒虫病流行广，具有很强的地方流行性，发病率和死亡率均很高，对养牛业危害极大。据估计，全世界每年约有 2.5 亿头牛受到环形泰勒虫病的威胁，该病严重影响着世界养牛业的发展。近年来牛的瑟氏泰勒虫病亦呈上升趋势，尤其是对改良的新品种、外地引进的牛危害更为严重。环形泰勒虫可寄生于黄牛、水牛、瘤牛、牦牛等，呈世界性分布，我国内蒙古、浙江、江西、福建、广东等很多地方均有报道，但主要流行于北方地区。

（三）流行病学

病牛和带虫牛是本病传染源。环形泰勒虫的传播媒介为璃眼蜱属的蜱种，在我国有两种，一种为残缘璃眼蜱，是我国的主要传播者，分布于内蒙古、宁夏、陕西、甘肃、山西、河北、河南和新疆的大部分地区；另一种为小亚璃眼蜱，是新疆南部流行区的媒介蜱。幼蜱和若蜱在病牛或带虫牛体上吸入病原体，成蜱将病原传给易感牛，使其发病。这种蜱主要在牛圈内生活，因此本病主要在舍饲条件下发生。瑟氏泰勒虫病的传播者是血蜱属的蜱，在我国主要是长角血蜱，在蜱的体内发育繁殖，当蜱的下一个发育阶段吸血时即可传播此病。瑟氏泰勒虫不能经卵传播。长角血蜱生活在山野或农区，因此瑟氏泰勒虫病主要在放牧条件下发生，泰勒虫病的发病季节与媒介蜱侵袭牛体的消长规律是完全一致的，一般在 6 月下旬到 8 月中旬，而以 7 月份为发病高峰期，8 月中旬后逐渐平息。

（四）发病机理及病理变化

环形泰勒虫孢子进入牛体后，侵入局部淋巴结的巨噬细胞和淋巴细胞内反复进行裂体增殖，形成大量的裂殖子，在虫体对细胞的直接破坏和虫体毒素的刺激下，局部淋巴结巨噬细胞增生与坏死崩解，引起充血、渗出等病理过程。临床上出现淋巴结肿胀、疼痛等急性炎症症状。

剖检见血液稀薄，全身性出血，脾、肝、肾肿大，胆囊扩张，并充满黏稠的胆汁。尤其是真胃的病变具有诊断意义，真胃黏膜充血、肿胀、有针头帽至黄豆大黄白色或暗红色的结节，结节部上皮细胞坏死后形成大小不一糜烂或溃疡。有时十二指肠部也可见到结节和溃疡。全身各脏器、浆膜和黏膜上有大量出血点、各处淋巴结肿胀，贫血，切面多汁，有出血点。

（五）临床症状

环形泰勒虫潜伏期为 9d~25d，平均为 15d，常为急性经过，大部分病牛经 4d~20d 趋于死亡，平均为 10d。病牛体温升高到 40℃~42℃，为稽留热，4d~10d 内维持在 41℃左右。少数病牛呈弛张热或间歇热。病牛随体温升高而表现精神沉郁、行走无力，离群落后，多卧少立，脉弱而快，心悸亢进有杂音，呼吸增数，肺泡音粗粝，咳嗽，流鼻汁。眼结膜初期充血，流出多量浆液性眼泪，以后贫血黄染，布满绿豆大出血斑，可视黏膜及尾根、肛门周围、阴囊等薄皮肤上出现粟粒大乃至蚕豆大的深红色结节状（略高出于皮肤）的出血斑。有的可在颌下、胸前、腹下、四肢发生水肿。病初食欲减退，中后期病牛喜啃泥土或其他异物，反刍次数减少，以至停止，常磨牙、流涎，排少量干而黑的粪便，常带有黏液或血丝，病牛往往出现前胃弛缓。病初或者重病牛有时可见肘部肌肉震颤。体表淋巴结肿胀为本病特征，大多数病牛一侧肩前或腹股沟浅淋巴结肿大，初为硬肿，有痛感，后渐变软，常不易推动（个别病牛也有不肿胀的）。病牛迅速消瘦，血液稀薄，红细胞减少至100万~200万，血红蛋白降至20%~30%，血沉加快，红细胞大小不匀，出现异形现象。病的后期，食欲、反刍完全停止，出血点增大、增多，濒死前体温降至常温以下，往往卧地不起，衰弱而死。

（六）诊断

WOAH规定的用于国际贸易的环形泰勒虫病诊断方法为病原鉴定和IFA。

（七）防控/防制措施

每年10—11月蜱幼虫藏于圈舍中，春季2—3月虫体寄生在牛身上，3—5月是稚虫蜕皮和成蜱的活动期，均要加强圈舍卫生工作，可喷洒双甲脒或敌百虫。采取灭蜱措施，12月至翌年1月用杀虫剂消灭在牛体“越冬”的若蜱。4—5月用泥土堵塞牛圈墙缝，闷死在其中蜕皮的饱血若蜱，8—9月可再用堵塞墙洞的方法消灭其中产卵的雌蜱和新孵出的幼蜱。实行舍饲饲养前，牛舍必须经过彻底灭蜱、消毒后方能饲养。

为防止外来牛只将蜱带入或本地牛只将蜱带到其他地区，调运牛只应在9—10月无蜱寄生的季节进行，并进行一次灭蜱处理。在其他月份调运时，必须在出发之前与到达之后，经过半个月的隔离检查，并给以灭蜱处理。在蜱大量滋生时期，停止放牧，以免受侵害。

（八）风险评估

1. 传入评估

黄牛、水牛、瘤牛、牦牛等均可感染。作为养牛大国，我国具有大量的易感动物。牛泰勒虫病已在我国多个地方发生过流行疫情，再次发生的可能性很高，并且我国媒介蜱的分布广泛，适于该病的传播。另外，我国养牛业总体养殖管理水平不高，预防控制措施较缺乏，具备该病暴发的条件。因此，该病传入的风险较高。

2. 后果评估

在我国，泰勒虫病的传播媒介分布广泛且数量巨大，一旦引入可迅速传播，疫病的传播风险很大，严重影响我国畜牧业经济发展。泰勒虫病在世界范围内分布较广泛，病程急，发病率和死亡率较高，并且至今尚无特效药物。一般通过使用灭蜱药物进行预防，而灭蜱药物价格高昂，对环境危害也大，同时存在耐药性的问题，因此预防和治疗该病的经济成本和社会成本较高。一旦发生大规模疫情，将给养牛业带来重大损失。

十五、牛流行热

牛流行热（Bovine Ephemeral Fever，BEF）又称牛暂时热、三日热、僵硬病或流行性感冒，是由弹状病毒科（Rhabdoviridae）成员牛流行热病毒（Bovine Ephemeral Fever Virus，BEFV）引起牛和水牛的一种急性热性传染病，其特征是突发高热、呼吸迫促、消化道机能障碍以及跛行和肢体僵直，是奶牛、黄牛和水牛的一种病毒性、急性、热性传染病。本病的特征是体温突然升高（40℃以上），呼吸迫促，全身虚弱，伴随消化机能和运动器官的机能障碍，本病虽然死亡率低，但发病率高、传播迅速，可导致奶牛产奶量和奶质下降，种公牛精子畸形，役用牛跛行或瘫痪，部分怀孕母牛流产等，给养牛业造成严重的经济损失。

《中华人民共和国进境动物检疫疫病名录》将牛流行热列为其他传染病、寄生虫病。

（一）病原

BEFV，又名牛暂时热病毒，属弹状病毒科、狂犬病病毒属的成员，形状为子弹形或圆锥形。成熟的病毒粒子长130nm~220nm、宽60nm~70nm，含单股RNA，有囊膜，除典型的子弹形病毒粒子外，还常可见到T形粒子，即截短的窝窝头样病毒粒子。特别是在高浓度病毒传代的细胞培养物内。

枸橼酸盐抗凝的病牛血液于2℃~4℃贮存8d后仍有感染性。感染鼠脑悬液（加有10%犊牛血清）于4℃经一个月，毒力无明显下降。反复冻融，对病毒无明显影响。于-20℃以下低温保存，可长期保持毒力。本病毒对热敏感，56℃10min，37℃18h灭活。pH值2.5以下或pH值9.0以上数十分钟内使之灭活，对乙醚、三氯甲烷等敏感。

BEFV可在牛肾、牛睾丸以及牛胎肾细胞上繁殖，并产生细胞病变，也可在仓鼠肾原代细胞和传代细胞（BHK-21）上生长并产生细胞病变。绿猴肾传代细胞（Vero）上也能繁殖。

（二）历史及地理分布

BEF从1867年首次在西非报道至今已有100多年的历史，随后流行于非洲、亚洲和大洋洲许多国家和地区，曾在我国多个省份多次暴发流行。目前该病主要流行于非洲、大洋洲及亚洲的热带和亚热带地区。在我国主要见于南方，如广东、广西、云南、贵州、湖南、湖北、江西、江苏等，一般零星散发或呈地方流行性发生，尤其是夏末初秋、高温季节较多发生，在1991年本病流行时，从吉林市某病牛场分离到牛流行热病毒，从而证明在我国北纬44°地域有牛流行热的存在。

（三）流行病学

BEF于1949年以前在中国部分地区就有发生流行的记载，1954年、1966年、1976年、1983年、1987年和1991年6次大流行的发病率为14%~39.89%，死亡率为0.73%~1.80%，可见本病的发病率高、死亡率低。本病的流行有一定的周期性，而这种周期性似有逐渐缩短的趋势，临诊观察统计似可看出，饲养密度高比饲养密度低的地区发病率高。幼龄和9岁以上的牛发病率低。5~8岁的牛发病率高。气压急剧上升或下降，温度高或持续的异常干燥以及日夜温差变化激烈等异常气象，可视为本病的诱因。

（四）发病机理及病理变化

感染BEF的病牛在高热期时能引起病毒血症，因此发热期的血液是重要的传染源。本病自然发生传播机制尚在研究，但本病发生迅猛且传播不受自然屏障的影响，而以跳跃的形式扩散蔓延。流行发生季节一般从夏末秋初开始。我国虽在媒介昆虫方面进行了调查研究，但分离鉴定病毒工作尚待开展。

病理剖检变化的特征为浆液纤维素性关节炎、关节周围炎、腱鞘炎、肺间质性气肿、支气管肺炎、骨骼肌局灶性坏死、肾贫血性梗塞和全身性脉管炎。

喉黏膜明显充血、水肿。气管、支气管黏膜潮红，有不同程度的出血点（斑），管腔内有大量红色泡沫样液体，有的混有血液或血凝块。个别病例见有气胸，膈后移，纵隔内有大量气体。

急性死亡的自然病例，可见明显的肺间质气肿，个别的间质形成拳头大的气囊，肺实质充血、水肿或肺泡气肿，并可见暗红色、青紫色、黄豆大至蚕豆大的突变区，散在于尖叶、心叶和膈叶前缘，该区间质明显增宽。肺水肿病例胸腔积有多量暗紫红色液，两侧肺肿胀，间质增宽、内有胶冻样浸润，肺切面流出大量暗紫红色液体，气管内积有多量的泡沫状黏液。

肝脏显著肿大，质脆，色黄，切面结构不清，胆囊胀满，充满油样胆汁；脾脏无明显肿胀，被膜下见有点状出血，有时可见切面白髓增生较为明显；肾被膜易剥离，黄色或紫红色，质脆、柔软，表面和切面常见散在的小灶状坏死或贫血性梗死灶；心包腔积液，心冠、纵沟点状出血，心内膜有明显的点状、斑状或条纹状出血。右心扩张，心肌变软，色淡黄；瘤胃臌气，瓣胃内容物干燥，真胃黏膜弥漫性潮红、肿胀，内有出血。有的病例见有粟粒大溃疡灶。常见十二指肠、回肠黏膜弥漫性充血和出血，集合滤泡肿大。

（五）临床症状

BEF 潜伏期为 3d~7d。发病突然，体温升高达 39.5℃~42.5℃，维持 2d~3d 后，降至正常。在体温升高的同时，病牛流泪、畏光、眼结膜充血、眼睑水肿。呼吸促迫，患牛发出哼哼声，食欲废绝，咽喉区疼痛，反刍停止。多数病牛鼻炎性分泌物成线状，随后变为黏性鼻涕。口腔发炎、流涎，口角有泡沫。有的患牛四肢关节浮肿、僵硬、疼痛，病牛站立不动并出现跛行，最后因站立困难而倒卧。皮温不整，特别是角根、耳、肢端有冷感。有的便秘或腹泻。发热期尿量减少，尿液呈暗褐色、混浊，妊娠母牛可发生流产、死胎、泌乳量下降或停止，多数病例为良性经过。病程 3d~4d，很快恢复。病死率一般不超过 1%，有的病例常因跛行或瘫痪而被淘汰。

（六）诊断

确诊 BEF 要作实验室病原分离和血清学鉴定。可取高热期病牛的血液或病料人工接种乳鼠，采集的含毒组织接种适宜的细胞培养物进行病毒分离，通过中和试验或免疫荧光试验进行病毒抗原的检查或鉴定；也可采取高热期病牛的血液加入抗凝剂，人工感染乳鼠或乳仓鼠，通过中和试验鉴定病毒；也可将病死牛的脾、肝、肺等组织及人工感染乳鼠的脑组织制成超薄切片，电镜检查子弹状或圆锥形的病毒颗粒。另外，还可将病牛肝、脾、肾、肺等脏器或细胞培养物制成涂片或压印片，用特异性荧光抗体染色和镜检。

（七）防控/防制措施

掌握 BEF 发生、流行规律，管理好监测牛群，做好流行预测预报。在饲养管理上注意卫生，加强营养，防止过度使役，消除本病发生的不利因素。为预防本病发生可用疫苗定期进行预防接种。

在本病流行时，为防止扩散蔓延，应采取迅速隔离患畜，发病厩舍消毒，限制向未发病地区输送牛只等措施。为消除媒介昆虫传播本病，特别是在流行期内，可使用杀虫剂、防虫网，避免媒介昆虫的侵入。当本病暴发流行时，可用疫苗实施紧急预防接种。在进口牛中一旦检出牛流行热，阳性动物作退回或扑杀销毁处理。

（八）风险评估

1. 传入评估

BEF 主要侵害奶牛和黄牛，水牛很少感染。以 3~5 岁牛多发，1~2 岁牛及 6~8 岁牛次之，犊牛及 9 岁以上牛少发。6 月龄以下的犊牛无明显临诊症状。肥胖的牛病情较一般牛严重。母牛，尤其怀孕牛发病率略高于公牛。高产奶牛发病率高，野生动物中，南非大羚羊、猬羚可感染本病，并产生中和抗体，但无临诊症状。绵羊可人工感染并产生病毒血症，继而产生中和抗体，所以 BEF 感染的活动物具有传入风险。

因为是虫媒传播疾病，所以动物遗传物质、肉类制品及动物皮毛、蹄等副产品基本没有传播和感染牛流行热的风险。

病牛是本病的主要传染源。感染 BEFV 高热期的牛能引起病毒血症，因此发热期的血液是重要的传染源。吸血昆虫（蚊、蠓、蝇）叮咬病牛后再叮咬易感的健康牛而感染本病，故疫情的存在与吸血昆虫的出没相一致。实验证明，病毒能在蚊子和库蠓体内繁殖。因此，这些吸血昆虫是重要的传播媒介。

2. 后果评估

本病的特点是大群发生，有明显的季节性，传播速度快。发病率可高达 80%，在无并发症的情况下，病死率较低，该病可导致奶牛产奶量和奶质下降，种公牛精子畸形，役用牛跛行或瘫痪，部分怀孕母牛流产等，给养牛业造成严重的经济损失。

十六、毛滴虫病

毛滴虫病（Trichomonosis）是由一种有鞭毛的原虫——胎儿毛滴虫引起的牛的疾病。毛滴虫病在世界范围内广泛分布，尤其对于奶牛，因引起流产和不育会带来严重的经济损失。近年来，在世界的很多地区因广泛使用了人工授精的方法，减少了此病的流行。然而，在没有使用人工授精的地方，毛滴虫病仍然是畜群中重要的疾病。

WOAH 将 BEF 列为应通报疫病，《中华人民共和国进境动物检疫疫病名录》将其列为其他传染病、寄生虫病。

（一）病原

胎儿毛滴虫是有鞭毛的梨形的真核原生寄生虫，长 8μm~18μm，宽 4μm~9μm，前面有 3 个、后面有 1 个鞭毛，有波浪状的膜，以波动旋转的方式运动。鉴定细微结构需用相差暗视野显微镜，鞭毛的数量是区别胎儿毛滴虫与牛其他相似原虫的重要特征。胎儿毛滴虫通过纵向二分体分裂进行繁殖，没有发现有性繁殖。

在凝集试验的基础上认定了 3 个血清型：贝尔法斯特株主要在欧洲、非洲和美国有报告，布里斯班株在澳大利亚，曼利株只有少数的几次暴发报道。在建立可靠的株和血清型的分型方法之前，应对从不同地区分离到的毛滴虫的生长特性、遗传特性、抗原变异和发病机理等做更多的研究工作。胎儿毛滴虫可以在体外培养，最好的是戴蒙德培养基、克劳森培养基或毛滴虫培养基。用感染公牛的阴茎包皮清洗液、感染母牛的阴道洗液或子宫颈阴道黏液或流产胎儿进行培养，可以在抹片或染色的玻片上观察到原虫。

毛滴虫可抵御寒冷，但对热、光、肥皂液和消毒液较为敏感。5℃条件下，虫体可在原倍或稀释的精液中存活。

（二）历史及地理分布

自 Kunstle（1888 年）、Mazzanti（1890 年）报道牛毛滴虫病以来，到 1950 年已有近 30 个畜牧业发达国家先后发生了牛毛滴虫病。近几十年来推广使用了人工授精技术，但由于感染公牛无可见临床症状，毛滴虫又能存活于新鲜和冷冻精液并经受精器具传播，故本病的发病率仍较高，感染率一般维持在2%~5%的水平，而在严重地区感染率达到15%~40%。该病呈世界性分布，据WOAH网站公布的信息，自2008年以来，发生本病的国家有美国、巴西、乌拉圭、委内瑞拉、阿根廷、纳米比亚、俄罗斯、巴基斯坦、乌兹别克斯坦等。

（三）流行病学

胎儿毛滴虫的一般宿主是牛。公牛是疾病主要的宿主，可长期带虫，对于3岁以上的公牛，很少可以自然恢复，成为群里永久的传染源。3岁以下的公牛感染是一过性的。大多数的母牛可以自然地清除感染。公牛是进行诊断和在畜群中控制本病的关键。

毛滴虫感染多发生于配种季节，主要通过自然交配和人工授精的精液以及器械、母牛产科检查传播。母牛感染牛毛滴虫后15d内扩散于整个生殖道，在发情的前几天虫体数量最多。

（四）发病机理及病理变化

毛滴虫对牛生殖道的感染期常为100d左右，妊娠母牛带虫可持续整个妊娠期甚至延续至产后6~9周，从而成为感染公牛的传染源。毛滴虫主要寄生在母牛的阴道和子宫，以及公牛的包皮、阴茎黏膜、输精管内。母牛怀孕后，在胎儿体内、胎盘和胎液中都有大量的虫体。

组织样品中无特异性的肉眼变化。组织学检查时，可观察到胎盘炎和化脓性肉芽肿的支气管肺炎症状，还可以观察到含寄生虫的组织浸润现象。

（五）临床症状

感染毛滴虫的公牛不表现临床症状且长期为虫体的携带者，感染的母牛的临床表现也不明显，母牛感染之后，表现出不规则发情，感染母牛最初的病变是阴道炎，毛滴虫侵入怀孕的牛子宫颈和子宫，继而引起各种并发症，如胎盘炎导致早期流产（1~16周），子宫脱出和子宫积脓。有些情况下，即使感染，怀孕也没有中止，并可以分娩出正常足月的小牛。多数母牛如果4~5个月不用于交配，能够自然清除感染，并获得免疫。

（六）诊断

培养镜检法：对公牛，收集和培养阴茎和包皮上的污物，如清洗包皮或用人工授精吸管刮取包皮槽和阴茎龟头的残余物；对母牛，收集子宫阴道黏液，收集物在培养基生长后镜检。

其他的诊断方法包括：PCR 方法；使用从子宫颈收集到的黏液和毛滴虫培养物制备的抗原进行凝集试验；使用虫体的三氯乙酸沉淀物进行皮内试验。

（七）防控/防制措施

牛群中防治毛滴虫的措施可以考虑以下几方面：一是对种用公牛定期进行检查，非种用公牛去势；二是杜绝或减少自然交配，人工授精可以有效防止本病发生；三是在人工授精和进行产科检查时对器械严格消毒；四是可以对母牛采取免疫预防措施，接种商品化的全细胞灭活疫苗，单价或包括弯曲杆菌和钩端螺旋体的多价疫苗，但对于公牛没有有效的疫苗。

（八）风险评估

1. 传入评估

公牛是主要的宿主和带毒动物，感染后无明显症状，但带虫可达 3 年之久，因此在疾病的传播中占重要地位；感染母牛怀孕后，在胎儿体内、胎盘和胎液中都有大量的虫体。阴道分泌物和流产胎儿也可传播疾病；感染毛滴虫的公牛的精液可以传播疾病，人工授精的器械也可带有虫体，感染的胚胎具有传播毛滴虫病的风险。

2. 后果评估

如果引进感染后的动物，很容易在新的牛群中定殖，如不采取全群淘汰措施，需要长时间净化本病。牛毛滴虫病引起的经济损失主要表现在流产所造成的损失以及疫病监测和净化费用的增加。该病在过去数年给美国养牛业造成了很大的经济损失，主要是由于受毛滴虫感染的母牛反复育种，产犊间隔时间长，使受影响的牛群产出的牛犊个体小、数量少、淘汰率高。另外，还有不断增加的更换母牛的费用和兽医的费用。

十七、中山病

中山病（Chuzan Disease）又称为牛异常分娩病，是由中山病病毒引起的牛异常分娩病毒性传染病，妊娠母牛受到感染后，产出积水性无脑和脑发育不良的犊牛。

WOAH没有将中山病列为须报告的动物疫病名录，《中华人民共和国进境动物检疫疫病名录》将其列为其他传染病、寄生虫病。

（一）病原

中山病病毒为呼肠孤病毒科、环状病毒属 palyam 亚群的 RNA 病毒。病毒直径为 50nm，中央有芯，周围有外壳。病毒能在仓鼠传代细胞、BHK21 细胞、HmLn 细胞中繁殖并出现 CPE。该病毒能凝集牛、绵羊、兔的红细胞。病毒对有机溶剂具有较强的抵抗力，特别是对乙醚和三氯甲烷有抵抗力，对酸耐受性较弱，pH 值 3.0 时感染性完全丧失。本病毒能刺激机体产生血凝抑制抗体、琼扩抗体和中和抗体。该病毒在脑神经部位增殖力较强。

（二）历史及地理分布

1985 年，日本学者首次在日本九州鹿儿岛县曾於郡发现中山病，鹿儿岛市中山镇的日本家畜卫生试验场九州支场分离到该病毒，故称中山病病毒和中山病。1985 年以后，尽管日本在牛群中可以检测到血清抗体，也偶然从一头母牛血液和尖喙库蠓体内分离到病毒，但没有临床病例发生，本病在日本的熊本、大分和宫崎等县都发生过，1986 年日本对九州地区奶牛场进行血清学调查，其血清阳性率达 30%～87%。日本第二次怀疑发生了中山病病例已是 12 年后的 1998 年。2002 年，日本的鹿儿岛发生过几例病例，日本从澳大利亚进口牛和韩国送检牛血清中也检出了中山病病毒抗体。1991 年和 1992 年，我国台湾的牛群中分离到该病毒。

（三）流行病学

中山病的易感动物主要是牛，并以肉用日本黑牛多发，奶牛及其他品种牛较少发生。本病属虫媒病毒病，其传播媒介为尖喙库蠓，因此，本病的流行具有明显的季节性，多流行于 8 月下旬至 9 月上旬，异常分娩发生的高峰在 1 月下旬至 2 月下旬，用中山病病毒给妊娠母牛静脉接种，接种后无发热等症状，但一周左右白细胞减少，特别是淋巴细胞明显减少，红细胞中病毒的感染价较高，而血浆中病毒的感染价较低。本病毒能通过胎盘传染给胎儿。用病毒培养液给日龄 1d 未哺乳的犊牛静脉接种，症状与妊娠母牛相似，病毒在红细胞中明显增殖，并于接种后 14d 开始出现中和抗体。病毒经脑内接种，犊牛在接种后的第 1d 开始发热，体温可达 40.9℃，第4d开始出现弛张热，于第6d左右体温明显降低，吸乳量从第4d开始明显减少，至第6d不能站立，呈角弓反张等神经症状。

（四）发病机理及病理变化

中山病病毒主要侵害犊牛的中枢神经系统。剖检可见脑室扩张积水，大脑和小脑缺损或发育不全，脊髓内形成空洞等中枢神经系统病变。

组织学变化为大脑中出现神经细胞和具有边毛的室管膜细胞残存，在脊髓膜中可见吞噬了含铁血黄素的巨噬细胞。在残存的脑中可见神经纤维分裂崩解和在细胞及血管中出现石灰样沉淀。多数病例可见小脑中固有结构消失，蒲金野氏细胞或颗粒细胞崩解或消失，并伴有小脑发育不全。病犊中有的大脑皮质变成薄膜状，脑室内膜中残留有脑髓液，并出现圆形细胞浸润，神经胶质细胞增生，出现非化脓性脑炎。脑外组织未见病理变化。由于病犊中枢神经系统的变化，说明中山病病毒具有嗜神经性，此病毒在神经组织中增殖力强，而在其他组织中增殖力较弱。

剖检可见脑室扩张，大脑和小脑缺损或发育不全，头盖骨腔内积水，骨髓内形成空洞等神经系统病变。多数病例可见小脑中固有结构消失，并伴有小脑发育不全。

（五）临床症状

成年牛呈隐性感染，不表现任何临诊症状。妊娠母牛感染后，可出现异常分娩，主要表现为流产、早产、死产或畸形产。异常分娩的犊牛少数病例出现头顶部稍微突起，但体形和关节不见异常，多数表现为哺乳能力丧失（人工帮助也能吸乳）、失明和神经症状。有些病例可见视力减弱、眼球白浊、听力丧失、痉挛、旋转运动或不能站立等症状。

（六）诊断

中山病可根据流行病学、临诊症状和病理变化做出初步的诊断，但是，要确诊本病需进行实验室诊断，方法主要有病原分离鉴定和VNT。

（七）防控/防制措施

中山病阳性动物作扑杀销毁或退回处理，在媒介昆虫活动季节，对同群动物作继续隔离检疫或追踪检疫。

（八）风险评估

1. 传入风险

目前的文献资料显示，日本是中山病的主要发生国，韩国、澳大利亚等国家以及中国台湾地区存在血清抗体阳性的牛。该病通过媒介昆虫传播，如果引进动物携带中山病病毒，且引进到存在传播媒介的地区，本病具有传入的可能性。

没有发现有关中山病病毒通过精液传播的报道。有实验表明，给妊娠85d~150d的15头牛接种中山病病毒，所有母牛接种后几天内表现病毒血症，但没有任何临床表现，并在正常妊娠期内产犊，15个后代中只有1个表现运动障碍，其余全部临床正常，且剖检正常。病毒经胎盘感染胎儿的可能性很小。

2. 后果评估

本病的最大危害在于感染母牛可发生异常分娩。我国曾做过流行情况调查，抗体阳性率在一些农场较高，达到68.3%~72%，但调查报告并没有说明有多少牛表现出临床症状或发生异常分娩现象。

十八、茨城病

茨城病（Ibaraki Disease），又名牛类蓝舌病（Bluetongue-like Disease），是由茨城病病毒（Ibaraki Virus，BAV）所致的一种急性、热性传染病，以高热、吞咽困难、关节疼痛、肿胀为主要特征。由于本病流行季节、临诊表现与流行热非常相似，故又称异型牛流行热。

WOAH没有将茨城病列入动物疫病名录中，《中华人民共和国进境动物检疫疫病名录》将其列为其他传染病、寄生虫病。

（一）病原

病原为BAV，属于呼吸肠孤病毒科（Reoviridae）、环状病毒属（*Orbivims*）。病毒粒子呈球形或圆形，内含双股RNA，无囊膜。病毒结构基因产物含群特异抗原和型特异抗原。病毒经卵黄囊接种鸡胚（在33.5℃孵化）易生长繁殖并致死鸡胚；脑内接种乳鼠，可发生致死性脑炎。病毒可在牛、绵羊和仓鼠肾的原代细胞和传代细胞上繁殖并产生细胞病变，根据聚丙烯酰胺凝胶电泳的结果，RNA由10个片段组成，蛋白质组成中有7

种结构蛋白和3种非结构蛋白，核酸序列与蓝舌病病毒有70%左右的同源性。结构蛋白中的VP_7是主要的群特异性蛋白，与鹿流行性出血病的VP_7具有相同的生物学特性，这一结构也决定了BAV与鹿流行性出血病病毒在群特异性检测方法中具有较多的交叉反应。VP_2是主要的特异性蛋白，这是有别于鹿流行性出血病病毒群其他成员的基础，该蛋白能刺激动物体产生保护性中和抗体。

该病毒可以在牛、绵羊、地鼠肾原代或继代细胞上繁殖，并可引起细胞病变。本病毒经卵黄囊接种，可在鸡胚中生长；新生小鼠脑内接种可引发致死性脑炎。BAV对乙醚和脱氧胆酸盐有抵抗力，对三氯甲烷敏感或稍有抵抗力，于pH值6.8~9.5中稳定，在pH值4.0以下迅速失去活性，56℃ 4h~5h灭活。1mol/L $MgCl_2$有提高病毒稳定性的作用，在37℃条件下病毒滴度下降不明显，3周后仅下降100倍，于-70℃条件下可长期保存，4℃可保存6个月。

（二）历史及地理分布

茨城病于1959年8—10月在日本茨城县牛群中首次发生，共发病39 076头，死亡4 023头，致死率为10.3%。1975年韩国也有发病的报道。1982年，在日本的九州又发现33头茨城病病牛，以后在日本进行抗体调查发现，关东以南地区抗体阳性率很高。本病毒及抗体也见于菲律宾和印度尼西亚。另外，在东南亚、大洋洲和美洲一些国家和地区普遍发现牛群有本病毒中和抗体的存在。本病可能相当广泛地分布于热带地区。

茨城病在日本、朝鲜、印度尼西亚、菲律宾、澳大利亚、美国和加拿大等国都有发现，我国台湾地区已明确该病的存在，其他省份也存在抗体阳性牛。我国广东、湖南、浙江、上海、深圳、北京等地的牛场已检出BAV抗体阳性牛。从检出状况来看，存在BAV抗体阳性牛的牛场大部分分布于气候温暖湿润的南方，这种结果与茨城病的流行病学特征相符，说明茨城病在我国南方已存在，只是可能被其他症状相似的疾病所掩盖。

（三）流行病学

本病毒是由库蠓（Culicoides）传播的，故本病的流行有明显的季节性。本病只发生于牛，1岁以内牛不发病或少发病，日本肉用牛比荷兰奶牛发病率高，病情也更重。病愈牛至少可获得一年的免疫力。绵羊不发病，茨城病的发生与吸血昆虫滋生、活动的季节和分布的地域有密切关系，多发生于8—10月。病愈牛可获得一定的免疫力。

（四）发病机理及病理变化

病牛和带毒牛是本病的主要传染源，鹿和绵羊也可感染该病毒。

剖检变化以第四胃最为明显，出现黏膜充血、出血，并见有大面积糜烂溃疡。瘤胃内容物干燥呈粪块状，黏膜面出血，有时见有糜烂和轻度溃疡。病畜眼结膜、鼻黏膜充血，鼻孔周围有鼻液附着，齿龈糜烂，剥离痂皮后呈红色，严重病例见有溃疡。舌明显肿大，表面粗糙无光泽，可见多处糜烂溃疡。食道壁弛缓，黏膜表面见有出血、糜烂。镜下观察口腔、食道和前胃黏膜的病变部位，发病初期的病例可见棘细胞间桥消失，空泡变性、核崩解。严重病例上皮细胞广泛坏死，嗜中性粒细胞浸润，溃疡处见有成纤维细胞增生，食道除上述变化外，还可见到比较特征性的变化，即食道肌层的横纹肌横纹消失，肌原纤维膨胀、断裂、溶解消失，有的肌层有出血。

（五）临床症状

人工感染的潜伏期为3d~5d，病牛突发高热，可达40℃以上，稽留2d~10d，并伴发精神委顿、厌食、反刍停止等全身症状，流泪，流泡沫状口涎。此时或稍后结膜充血、水肿、白细胞减少，病情较轻者一般2d~3d完全康复。有些病例在充血的口鼻黏膜、鼻镜或唇上发生糜烂或溃疡，易出血，而后即愈合。在发热或最初的症状消退后7d~10d常发生腿关节疼痛性肿胀。有20%~30%的病牛咽喉麻痹，舌头脱到口腔外，出现吞咽困难。轻症病牛仅表现呕吐、吞咽困难、脱水和消瘦。偶有吸入性肺炎，成为死亡的主要原因。

（六）诊断

根据流行季节、临床表现等情况，不难做出初步诊断，但确诊仍需分离病毒。分离病毒材料，以发病初期的血液为宜；用中和试验、补体结合试验、琼脂扩散试验等血清学方法进行本病的诊断和病毒的鉴定；本病的流行季节、临床表现与牛流行热、牛传染性鼻气管炎、牛蓝舌病等有很多相似之处，应注意区别。

（七）防控/防制措施

日本1961年研制的茨城病鸡胚弱化苗是将BAV强毒株在鸡胚细胞上连续传代60次致弱而成。在疾病的流行期来临之前进行皮下注射可以有效防止本病的发生。目前我国尚未有可应用的疫苗，因此应通过加强饲养管理、兽医卫生检验和进出口检疫来预防该病的发生。保证厩舍通风、干燥、凉爽、卫生，定期消毒、防止蚊蝇叮咬是预防本病传播的有效措施。

患畜只要没有发生吞咽障碍，愈后一般良好。发生吞咽障碍的，由于严重缺水和误咽性肺炎，可造成死亡，这是淘汰的主要原因。因此，补充水分和防止误咽是治疗的重点。为此，可使用胃导管或左肷部插入套管针的方法补充水分，也可经此注入生理盐水或林格氏液（可加入葡萄糖、维生素、强心剂等）。患畜高热时可肌肉注射药物降温（如复方氨基比林），重症病牛应注射大剂量抗生素（青霉素、链霉素）防止继发感染。四肢关节肿胀疼痛时可静脉注射镇痛药物（如水杨酸钠）。静脉注射时，为了减轻心脏的负担，需要缓慢注入。由于注射时间长，对多数患畜大规模注射有困难，这时应试用直接腹腔内注射。可根据病情在注射液中添加葡萄糖、维生素、强心剂等。发生误咽性肺炎的患畜一般预后不良，可以扑杀。另外，本病常侵害心肌，病牛需要保持安静。

在日本采用鸡胚化弱毒冻干疫苗来预防本病的发生。在无本病发生的国家和地区，重点是加强进口检疫，防止引入病牛和带毒牛。

（八）风险评估

1. 传入评估

病牛是主要的传染源，取发热期病牛的血液静脉接种易感牛可发生与自然病例相似的传染病。

2. 暴露评估

自然状况下茨城病主要通过吸血昆虫传播，其中库蠓是本病主要的传染媒介，并且病毒在库蠓体内能够繁殖。茨城病具有明显的季节性和地区性，多发生于热带地区的6—8月，这与节肢动物的分布与活动密切相关。

3. 后果评估

虽然该病的致病性不像其他烈性传染病一样大，如果该病随风险产品侵入我国，除对动物本身的危害外，还将影响动物及有关动物产品的对外贸易。有茨城病的国家（地区）出口反刍动物及其遗传物质时，往往要接受进口国（地区）提出的严格的检疫要求，为此需花费大量的检疫费用。茨城病没有特效治疗方法，发现该病应采取以扑杀为主的控制措施。对于茨城病的预防，可行的措施包括加强饲养管理、兽医卫生检验和进出口检疫以及注射疫苗等。对于发病牛只应综合临床症状、病理变化及病原学和血清学特点进行诊断，实施正确的救治方法。

十九、嗜皮菌病

嗜皮菌病（Dermatophilosis）是由刚果嗜皮菌（Dermatophilus congolensis）引起的一种呈急性或慢性感染，以浅表渗出性、脓疱性皮炎，局限性痂块性和脱屑性皮疹为主要临床特征，为各种动物和人类共患的皮肤性传染病。本病以前有多种名称，如链丝菌病、绵羊真菌性皮（Mycoticdermatitis）、羊毛结块病（Lumpy wool）、莓状腐蹄病（Strawberry foot rot）、牛羊皮肤链丝菌病（Cutaneous streptothricosis）等。此传染病主要感染牛、绵羊和马，也感染山羊、许多野生哺乳动物以及蜥蜴和海龟，偶尔也感染人、犬、猫和猪。绵羊感染嗜皮菌后可造成皮革、羊毛及肉品质的下降。嗜皮菌病是由放线菌属刚果嗜皮菌感染引起。嗜皮菌病的发生和流行对畜牧业的生产和制革工业的发展造成影响，同时对公共卫生的危害很大。

《中华人民共和国进境动物检疫疫病名录》将其列为其他传染病、寄生虫病。

（一）病原

嗜皮菌首先于1915年由Van Saceghem在扎伊尔发现，并分离病原加以鉴定。由于培养基类型及分离培养时间不同，观察到的菌体结构也不同。在嗜皮菌科属于I型菌丝，游动孢子为感染阶段。菌丝和孢子对一般苯胺染料容易着色，革兰染色为阳性。新鲜培养物孢子的运动性较明显。在显微镜下观察，病菌形态特征：分隔的分枝状的长菌丝，并且横向分裂成多排球杆状或卵圆状球菌，每个直径约为0.5μm。在染色的涂片中容易看到4个或4个以横排的球状菌，这种形态具有诊断意义。

嗜皮菌属于裂殖菌纲、放线菌目、嗜皮菌科、嗜皮菌属，为变形菌。嗜皮菌的生长阶段可以分为菌丝期和孢子期。菌丝和孢子均为革兰氏阳性。需氧兼性厌氧，液体培养基中是清亮的，在含有血液和血清的营养琼脂平板上培养于37℃生长良好。

对理化因素抵抗力较强，分离物可存活2~5年，活力不受贮藏、温度、培养基或培养条件的影响。孢子抗干燥，在干燥病痂中可存活42个月。75%乙醇、2%来苏儿作用30min，2%甲醛、0.1%新洁尔灭作用10min均不能杀死本菌；0.2%新洁尔灭作用10min，60℃ 10min、80℃ 5min、煮沸1min能杀死本菌。对盐酸土霉素、硫酸链霉素、青霉素、氯霉素、四环素、甲氧苄氨嘧啶、三甲氧苄二氨嘧啶、林肯霉素、枯草杆菌素、红霉素敏感；对多黏菌素B、恩诺沙星、青霉素、新霉素、卡那霉素、磺胺药物、氨苄西林、阿莫西林、庆大霉素、头孢菌素等不敏感。

（二）历史及地理分布

嗜皮菌于1915年首次在刚果的发病牛分离到，在非洲很普遍，现已在世界上许多国家和地区发生并有扩大蔓延的趋势。本病在我国甘肃省甘南藏族自治州、青海省海南及黄南两个藏族自治州、四川省甘孜藏族自治州的牦牛，贵州省铜仁地区石汗县的水牛，云南省曲靖地区路南县的水牛和山羊，以及云南省丽江地区丽江县和水胜县的马和水牛都曾出现过。

我国于1969年从牦牛身上发现并分离到该菌，1984年检测甘肃、青海、四川、贵州、云南、河南等地的黄牛、水牛和奶牛，其血清中皆有不同程度的嗜皮菌抗体。

（三）流行病学

嗜皮菌病以牛多发，羊次之，马少发。不同年龄的动物都可发病，品种对嗜皮菌病的抵抗力有差异。有资料表明，动物长期锌缺乏容易感染。牛、羊、马、骆驼、鹿和其他食草动物为自然宿主，现已报道人、猴、两栖类动物（龟、蜥蜴）、猫、狗、豚鼠、小鼠、家兔也可感染。家禽对其有抵抗力。

带菌动物是该病的传染源。蜱和咬蝇是牛、马传播本病的重要因素，天然的皮肤和羊毛蜡质作用对传染是有效的屏障，而粗毛绵羊和美利奴羊因缺乏蜡质，对本病很敏感。人感染嗜皮菌病主要是因为接触患畜组织或污染的畜产品，屠宰厂的工作人员、猎人、挤奶工人、兽医和制革工作者感染该病的概率大些。

（四）发病机理及病理变化

病畜为传染源，通过直接或间接接触水平传播。由菌丝或孢子的转移而致，特别是孢子，具鞭毛，能游运，故称游动孢子，易随渗出物与雨水而扩散，嗜皮菌侵入人体，萌发成菌丝，菌丝体按纵、横方向分裂产生扁平体，横向分裂产生侧支。遇合适条件，孢子可在菌丝体内萌发，变为能运动的孢子，导致损害。本病可通过直接接触或间接接触（如共用厩舍、饲槽或蝇类叮咬的机械携带），引起水平传播。

肺部的病理变化特别引人注目，表现在整个肺脏充血、淤血，炎性变化十分明显。肺脏表面弥漫灰白色脓性坏死的病灶，气管及支气管充满泡沫样炎性渗出物，气管壁充血、淤血，其他脏器剖检变化不大。

（五）临床症状

各种动物感染本病共同的特殊症状是在皮肤的表面上出现小面积的充血，有的形成丘疹，有的形成豆粒大小的硬痂，病畜表现奇痒症状。不同的是成年羊可在全身摸到粟粒样的痂块，颈部及背部明显，羔羊在口鼻出现疣样痂块，病情较为严重，死亡率高。牛的病变主要表现在乳房、阴囊及腿的内侧。马的病变主要发生于背部、臀部及尾部，驴和骡以耳部和鬃尾部明显，个别的出现于蹄系部。猪在全身都可见到病变。

感染嗜皮菌的家畜，表现营养不良，被毛粗乱无光泽，初见皮肤充血，继而形成丘疹，产生浆液性渗出物，形成豆大的结节，结节融合，形成灰白色结痂，凹凸不平呈菜花样。发病多全身性，但唇、鼻、耳等部位易见。体躯多毛部不易发现。本病一般无体温反应，疾病后期精神沉郁，低头弓背。

人主要见于臂部及腿的皮肤出现渗出性皮炎和痂块。关于人群的病例，青海省海南藏族自治州同德县河北乡有一女放牧员，因挤乳常接触有本病的病牛乳房患部而感染本病，临床症状为手臂皮肤上出现带有渗出性皮炎的结节和痂块。国外亦有人接触病鹿而出现类似症状的报道。

（六）诊断

根据临床症状、病理变化和流行病学可初步诊断嗜皮菌病感染，但是若要确诊，必须通过实验室诊断。嗜皮菌病的实验室诊断是要查证皮肤或其他组织材料中存在刚果嗜皮菌。除皮肤外，其他部位很少被病菌感染。本病应与螨病加以鉴别，螨病镜检能发现幼螨和虫卵。国际上常采用《陆生动物疫病诊断及疫苗手册》中的检测方法，包括病原学检测（显微观察、分离培养等）和血清学检测（如 ELISA 等），ELISA 被证明是一种敏感而方便的检测技术。流行病学研究中，滴度比基础值升高就可确定动物感染此病，目前 ELISA 仅在研究和调查中应用，常规诊断中则不常使用。此外，PCR 和双向免疫扩散试验（DID）也可用于嗜皮菌病诊断。

（七）防控/防制措施

本病采取综合性防制措施，圈舍保持干湿度适宜、防止淋雨，能减少该病的发生，对病畜采取隔离治疗，用药及时合理就能治愈。嗜皮菌革兰氏染色阳性，对青霉素敏感，以青霉素加链霉素联合治疗效果好。将病畜隔离、治疗，尽可能防止牲畜淋雨或受蝇、蜱等叮咬，均有助于控制本病的发生和发展，对集市贸易及牲畜的运输，应加强检疫。疫苗免疫未获得成功，可能由于本病主要局限于皮肤的表层和真皮的乳头层，能进入血循环和其他器官的菌体抗原不多，不能产生良好的免疫力。

嗜皮菌病的发生与环境条件密切相关，嗜皮菌有较明显的季节性，夏季天气炎热，蜱和蚊蝇数量与活动在高峰期，而多雨季节，致使动物皮毛长期潮湿，加之发病动物食欲减退，瘦弱，受吸血昆虫叮咬的机会多，使机体抵抗力下降而导致发病死亡。

刚果嗜皮菌病为人畜共患病，因此，在防治工作中技术人员应做好自身的防护工作，如穿好工作服、戴上手套等。嗜皮菌病的疫苗正在研制中，至今尚无适用的商品疫苗。

我国每年从国外引进大量牛、羊及其副产品作为家畜和服装行业的原料，病原体传入的风险较高。商品进口前必须证书齐全，并严格执行病原和媒介昆虫消灭措施。

禁止来自疫区的牛、绵羊、山羊及其产品进境。

（八）风险评估

1. 传入评估

嗜皮菌是病畜皮肤的专性寄生菌，带菌动物是该病的传染源。通过直接或间接接触水平传播，垂直传播也有可能。蜱和咬蝇是牛、马传播本病的重要因素，主要通过直接接触经损伤的皮肤而感染，或经吸血蝇类及蜱的叮咬传播，或经污染的厩舍、饲槽、用具而间接接触传播。病畜发病的主要原因是畜体潮湿或长期淋雨、塑料棚养畜通风不良、圈舍湿度过大等，必须注意的是痂和培养物都可以感染人，所以嗜皮菌感染的活动物具有传入风险。

嗜皮菌对理化因素抵抗力较强，所以盐湿皮和经过浸酸鞣制的熟皮在传播和感染嗜皮菌方面也具有一定风险。

2. 后果评估

嗜皮菌病多为群体性发病，极易出现暴发疫情，常常引起较严重的社会影响。我国存在大量易感动物，传播疾病的蜱、蚊蝇等媒介生物数量多。病原体对干燥条件和化学杀菌剂耐受力强，容易通过皮革、羊毛等国际贸易传播，同时嗜皮菌病还可通过接触或人工挤奶等方式感染饲养动物的人群。绵羊感染嗜皮菌后可造成皮革、羊毛及羊肉的品质下降，给养羊业带来较大的经济损失。

第四节 羊 病

一、痒病

羊痒病（Scrapie）又称瘙痒病、震颤病、摩擦病或摇摆病，是传染性海绵状脑病（TSE）的原型，迄今已有 270 多年的历史，它是由痒病朊病毒（Prion）引起的成年绵羊和山羊的一种缓慢发展的致死性中枢神经系统变性疾病，其特征是中枢神经系统（CNS）出现空泡和海绵状变化。羊痒病和 BSE、人的克雅氏病（CJD）同属朊病毒病，是一种渐进性、致死性神经系统疾病，临床表现以潜伏期长、剧痒、运动失调、肌肉震颤、衰弱和瘫痪为特征，没有活体检测手段和有效治疗方法，病死率 100%。

WOAH 将其列为法定申报的疾病，《中华人民共和国进境动物检疫疫病名录》将其列为一类传染病、寄生虫病。

（一）病原

羊痒病的病原是一种朊病毒，也叫朊粒子，是一种蛋白质侵染颗粒或传染性蛋白粒子。Prion 是引起人和动物发生 TSE 的病原体，可以引起 CJD、BSE、羊痒病以及鹿的慢性消耗性疾病（CWD）等，为世界各国高度关注。Prion 最早是由美国学者 Prusiner 于 1982 年提出的，其也因此获得了 1997 年诺贝尔生理医学奖。朊病毒学说认为，Prion 是由宿主机体内神经细胞表面的正常糖蛋白（PrP^{C}）发生空间构象改变而转变成的致病型异常蛋白（PrP^{SC}），PrP^{SC}是导致 BSE 发生的主要原因，并且很多人与动物中枢神经海绵状变性的疾病均由朊蛋白的突变引起。

痒病病原不能引起免疫应答，无诱生干扰素的性能，也不受干扰素的影响，尤其重要的是可以抵抗核酸灭活剂的破坏和紫外线的照射。痒病病原对福尔马林和高热有耐受性，在室温放置 18h，或加入 10%福尔马林，在室温放置 6~28 个月，仍保持活性。痒病病原大量存在于受感染羊的脑、脊髓、脾脏、淋巴结和胎盘中，脑内所含的病原比脾脏多 10 倍以上。

病原对化学物质的抵抗力差别不大，但对热的敏感性有差异，湿热比干热更有效。痒病因子用高压灭菌器 134℃~136℃持续作用 18min，或间隙高压消毒 6 次，每次 3min，可使其失去活性。甲醛液对痒病因子无效，次氯酸钠在无有机物质存在的情况下可全部或部分灭活其感染性，使用 1mol/L 的氢氧化钠也有相同的效果。

痒病病原的感染性可以因一些酶，如蛋白酶 K、胰酶、木瓜蛋白酶等的溶解而减弱，一些使蛋白变性的制剂也可以降低其传染性。55mmol/L 氢氧化钠、90%苯酚、5%次氯酸钠、碘酊、6~8mol/L 的尿素、1%十二烷基磺酸钠对病原体有很强的灭活作用。

（二）历史及地理分布

绵羊痒病最早于 1732 年在大不列颠被发现，1755 年痒病广泛传播，19 世纪传入苏格兰。1920—1950 年曾在英国广泛流行，1922 年第一次较全面地报告了绵羊痒病。1934 年出现了第一例实验性感染痒病的报道，此后 3 年又出现了痒病可以实验性传染给山羊的报道，1942 年出现了山羊自然感染痒病的报道。1780—1820 年痒病在德国流行严重但现在却很少见，英国羊群痒病的发生率是 2%，冰岛是 3%~5%，极个别的羊群痒病发生率达到 20%~30%。在 20 世纪 50 年代，澳大利亚和新西兰有本病的报道，然而这些国家通过严格的健康措施，现在已经是“无痒”国家。南非上一次报道痒病是 1972 年，至今没有类似的报道。痒病是欧洲国家的地方病，特别是在西欧国家很流行，但是在瑞典，直到2004年才有该病发生的报道。根据WOAH公布的疫情资料，痒病现在已经广泛发生于欧洲、亚洲和美洲多数养羊业发达国家，曾经发生或报道过痒病的国家有37个。我国曾在1983年从英国进口羊中发现了痒病，并迅速进行了扑杀和销毁处理，本土羊群中从未发生过此病。

（三）流行病学

绵羊和山羊是羊痒病的主要储存宿主和传染来源，不同性别和品种的绵羊和山羊均可发病，但品种间的易感性有明显差异。羔羊特别是新生羔羊高度易感，由于自然感染的潜伏期为1~3年，故多发于2~5岁的成年绵羊，5岁以上和1岁以下的羊通常不发病，18个月以下的幼龄绵羊很少表现临床症状。临床上绵羊痒病发病日龄较早，大约24月龄，自然传播感染的母羊所产羔羊发病率很高，并且在出生后60d~90d危险性更高，产羔期间，成年绵羊、山羊和感染羊同舍饲养也可以被感染。痒病也可实验性传给小白鼠、仓鼠、大鼠、沙鼠、水貂、牛、猴，但给黑猩猩的试验传染未成功。

痒病可在无关联的绵羊间水平传播，还可以通过垂直传播将痒病传给其后代。

痒病病原主要存在于病羊的中枢神经系统和淋巴组织中，脑组织和脊髓中具有高度感染性；回肠、淋巴结、近端结肠、脾、扁桃体、硬脑膜、松果体、胎盘、脑脊髓液、脑垂体、肾上腺具有中度感染性；远端结肠、鼻黏膜、外周身经、骨髓、肝、胰、胸腺具有低度感染性，剩下的没有检测出感染性。

消化道很可能是自然感染痒病的门户，可首先在患羊消化道的淋巴组织中查到病原。痒病可经口腔或黏膜感染，也可在子宫内以垂直方式传播，直接感染胎儿。通常呈散发性流行，感染羊群内只有少数羊发病，传播缓慢。羊群一旦感染痒病，很难根除。首次发生痒病的地区，发病率为5%~20%或更高，病死率极高，几乎达到100%。在已受感染的羊群中，以散发为主，常常只有个别动物发病。人可以因接触病羊或食用带感染痒病因子的肉品而感染本病。

（四）发病机理及病理变化

Prion是由宿主机体内神经细胞表面的PrP^{C}发生空间构象改变而转变

成的 PrP^{SC}，PrP^{SC}是导致疾病发生的主要原因，PrP^{SC}可以通过消化道、淋巴、外周神经，最后到达脑部，以指数增长方式诱导正常朊蛋白构象发生改变，而大量异常朊蛋白将在脑部富集沉淀，导致脑组织海绵体化、空泡化，甚至产生淀粉样斑等，引起脑部神经功能紊乱，最终导致动物死亡。

除尸体消瘦、掉毛、皮肤损伤外，内脏器官缺乏明显可见的肉眼变化。剖检病死羊，除摩擦和啃咬引起的被毛脱落和皮肤损伤、体况衰竭外，突出的变化是中枢神经系统的海绵样变性。

（五）临床症状

痒病潜伏期较长，一般为 1~3 年或更长。该病是经过较长潜伏期后不知不觉发生的，初期症状为不安、兴奋、震颤及磨牙，不仔细观察不容易发现。最特殊的症状是瘙痒和共济失调。

瘙痒部位多发生在臀部、腹部、尾根部、头顶部和颈背部，通常是两侧对称性的。病羊频繁靠围栏等硬物摩擦身体和口咬瘙痒部位，造成大面积掉毛和皮肤损伤，有角的山羊用其角摩擦背部和身体其他部位。之后病羊呈现磨牙、水代谢紊乱（频繁喝水和频繁排尿）。

共济失调主要表现为走动时四肢高抬呈小跑步或“兔子跳”步伐，这种步态在动物跑动时尤为明显。随着疾病的发展，后腿共济失调，引起摇摆，站立时靠着篱笆以支撑后驱，起立困难，或者全身颤抖站立不移，卧地不起，全身消瘦、衰竭，直至死亡。处于潜伏期的羊不会表现出临床症状，但仍然可以传染给别的动物，病毒侵入中枢神经时，痒病的临床症状才会表现出来。

神经症状主要表现为异常低头，有的病羊会攻击或离群独处等异常行为，眼凝视或目光呆滞，颤抖，一些病羊还表现出对外界的刺激高度敏感，在不受干扰的情况下，感染动物一般表现正常，但受惊吓后则震颤加剧，动物呈抽搐样跌倒，并非所有病羊都会表现出全部的症状，有的病羊未呈现任何症状就死亡。

（六）诊断

临床诊断：痒病的临床特点是发病缓慢，体温不升高，以瘙痒、不安和运动失调为显著特征，据此可以做出初步判断，确诊需要依靠实验室诊断。

痒病病原不含有核酸，也不会诱导宿主产生免疫反应，所以对痒病的诊断只能依赖于病原学检测。常用的诊断方法包括电镜检查痒病相关纤维、组织病理学（HE）、免疫组织化学（IHC）、ELISA 和蛋白免疫印迹（Western Blot）等。

WOAH 推荐方法为用电泳和免疫印迹的方法证明致病型 PrP^{sc} 的存在。国内标准主要有《痒病诊断技术》（GB/T 22910—2008），《痒病组织病理学检查方法》（SN/T 1317—2003）。

（七）防控/防制措施

由于痒病病原和 BSE 病原具有相似性，一旦发病，没有任何治疗手段，因此该病在预防和控制方面与 BSE 相同，即重在预防。

实施严格的进口限制，严禁从存在痒病的国家或地区引进羊、羊肉、羊的精液和胚胎等。一旦发现病羊或疑似病羊，应迅速确诊，立即扑杀全群，并进行焚烧销毁等无害化处理。接触病羊的羊群隔离封锁 42 个月，如发现病羊或疑似羊，也作同样处理。

禁止用病死羊加工蛋白质饲料，禁止用反刍动物蛋白饲喂牛、羊，禁止用病肉喂水貂、猫等动物。

加强对市场和屠宰场肉类的检验，检出的病羊肉必须销毁，不得食用。受感染羊只及其后代坚决扑杀后焚烧。

无痒病地区如果发生本病，应立即申报，同时采取扑杀、隔离、封锁、消毒等措施。

常用的消毒措施有焚烧、5%～10%氢氧化钠溶液作用 1h、5%次氯酸钠溶液作用 2h、浸入 3%十二烷基磺酸钠溶液煮沸 10min。

（八）风险评估

1. 传入评估

所有品种羊均易感染痒病，因此在进口活体羊时有传播痒病的风险。处于潜伏期的羊是本病的传染源和痒病病原的主要储存宿主。许多国家或地区发生痒病都是输入病羊或处于潜伏期的感染羊所致。

痒病是可以垂直传播的，感染羊的胚胎、卵和精液具有风险。

感染羊的脑、脊髓、骨髓、脾、扁桃体和淋巴结，回肠、坐骨神经、脑下垂体、肾上腺、结肠、骨髓、脑脊髓液、胸腺、肝、肺等被国际上认为具有特定风险的物质禁止用于制备食品、饲料、肥料、化妆品、药品、生物制品和医用器材。

肉骨粉、肉粉、骨粉和油渣及含有这些物质的动物饲料已经引起了BSE的流行，由此可证明这些物质可以携带病原，具有很大风险。

2. 后果评估

WOAH将痒病列为对动物和动物产品国际贸易有明显影响的传染病。

据文献报道，痒病病原可试验感染小白鼠、仓鼠、大鼠、沙鼠、水貂、牛、绵羊、山羊、猴等多种动物。世界卫生组织认为，如果充分接触病原，所有的动物包括人都有得病的潜在风险。

痒病一旦传入我国，就要对疫区所有的病羊进行扑灭，对疫区内非感染羊进行隔离。我国是畜禽养殖大国，疫情传入不仅会对国内养殖业带来严重的威胁，给畜主带来巨大的损失，还会造成社会对疫病的恐慌，同时痒病病原对环境的影响也很大。任何国家（地区）根除痒病也将耗费巨资、人力和物力。疫情引发的不良影响将是长期和深远的。

二、小反刍兽疫

小反刍兽疫（Peste des Petits Ruminants，PPR），是由小反刍兽疫病毒（Peste des Petit Ruminants Virus，PPRV）引起的一种急性病毒病，以发热、眼鼻分泌物、胃炎、腹泻和肺炎为特征。小反刍兽疫影响山羊、绵羊和一些驯养的小反刍动物的野生近缘种以及骆驼。它于1942年在科特迪瓦首次报道，它的特点是发病率和死亡率高，受影响的动物表现出高烧和抑郁；眼睛和鼻子出现分泌物；不能吃东西，因为嘴巴会被疼痛的侵蚀性病变覆盖患上严重的肺炎和腹泻。PPRV感染绵羊和山羊引起临床症状，感染牛则不产生临床症状，该病毒在密切接触的动物之间通过气溶胶传播，PPR流行于非洲、中东和亚洲地区。

小反刍兽疫属于WOAH规定的15种重要动物传染病之一，《中华人民共和国进境动物检疫疫病名录》将其列为一类传染病、寄生虫病。

（一）病原

PPRV属于副黏病毒科、麻疹病毒属。基因组结构为3’-N-P-M-F-H-L’，分别编码核蛋白（N）、磷蛋白（P）、基质蛋白（M）、融合蛋白（F）、血凝素（H）、大蛋白（L）6种结构蛋白和2种非结构蛋白（C和V）。其中编码核蛋白的N基因在麻疹病毒属的基因组中是非常保守的。利用抗N蛋白的单克隆抗体，可以鉴别诊断与PPRV有血清学交叉反应的牛瘟病毒(RPV)，小反刍兽疫的ELISA、PCR等检测方法，都是以N基因为基础而建立的。

PPRV与同属中的牛瘟病毒（RPV）抗原关系最为密切，存在血清学交叉反应。PPRV只有1个血清型。经60℃ 60min处理，部分病毒仍存活，在pH值4.0~10.0稳定，对酒精、乙醚和大多数消毒药如苯酚、2%氢氧化钠等敏感。病毒在冷藏和冷冻的组织中长时间存活。其理化特性多与牛瘟病毒相似。56℃条件下，病毒在牛血液、脾或淋巴结中的半衰期为5min，组织培养在-20℃条件下至少存活4个月，在4℃条件下至少存活8周，20℃~25℃可存活1周。在4℃ pH值7.2~7.9的条件下，病毒最稳定，其半衰期为3.7d。紫外线可迅速杀灭病毒。

（二）历史及地理分布

PPR于1942年在科特迪瓦首次报道，从那时起，这种疾病的传播范围远远超出了它在西非的起源。自2000年以来，它的传播呈指数级增长，现在PPR已在亚洲、非洲、近东和中东的70多个国家/地区出现，在塞内加尔（1962年），非洲西部和中部（1981年），东非苏丹（1984年），肯尼亚、乌干达（1995年），埃塞俄比亚（1994年），印度南部（1987年），阿拉伯半岛和印度（1993—1995年），中国（2007年，2008年，2010年）等地流行和暴发，并于2016年到达欧洲（格鲁吉亚）。

根据小反刍兽疫的N基因，将PPR病毒划分为4个基因型。Ⅰ型主要存在20世纪70年代的西非和近来在中非出现的疫情；Ⅱ型主要存在于西非的象牙海岸、几内亚、几内亚比绍；Ⅲ型主要存在于东非的苏丹、也门和阿曼；Ⅳ型主要存在于阿拉伯半岛、中东、南亚和非洲大陆。近年来出现的病毒主要为Ⅳ型。

（三）流行病学

PPR自然发病主要见于绵羊和山羊，不同品种的羊易感性不同。山羊比绵羊易感，欧洲品系山羊易感性更高，山羊中小型品种更易感。幼龄动物比成年动物易感，但哺乳期的幼畜抵抗力强。在非洲进行此病的野生动物流行病学研究中发现，许多野生偶蹄动物也可感染，如瞪羚、南非大羚羊、努比亚野山羊、骆驼、美洲白色长尾鹿。牛和猪也可感染此病毒，但它们不显示临床症状，猪感染不排毒，牛感染可产生抗体，据报道这种感染可导致小反刍兽疫病毒的血清型改变。

小反刍兽疫主要以直接接触方式传播。病畜的眼、鼻和口腔分泌物以及粪便都是病毒来源，当病畜咳嗽或打喷嚏时这些分泌物向空气中释放病毒，其他动物吸入就会被感染，被感染动物在潜伏期成为重要的传染源。

(四) 发病机理及病理变化

因 PPRV 对胃肠道淋巴细胞及上皮细胞具有特殊的亲和力，故能引起特征性病变。一般在感染细胞中出现嗜酸性胞浆包涵体及多核巨细胞。在淋巴组织中，PPRV 可引起淋巴细胞坏死。脾脏、扁桃体、淋巴结细胞被破坏。含嗜酸性胞浆包涵体的多核巨细胞出现，极少有核内包涵体。在消化系统，病毒引起马尔基氏层深部的上皮细胞坏死，感染细胞产生核固缩和核破裂，在表皮生发层形成含有嗜酸性胞浆包涵体的多核巨细胞。

尸体剖检，病变从口腔直到瘤—网胃口，患畜可见结膜炎、坏死性口炎等肉眼病变，严重病例可蔓延到硬腭及咽喉部。皱胃常出现病变，而瘤胃、网胃、瓣胃很少出现病变，病变部位常出现有规则、有轮廓的糜烂，创面红色、出血。肠可见糜烂或出血，特征性出血或斑马条纹常见于大肠，特别在结肠直肠结合处。淋巴结肿大，脾有坏死性病变。在鼻甲、喉、气管等处有出血斑，还可见支气管肺炎的典型病变。

(五) 临床症状

山羊临床症状比较典型，绵羊症状一般较轻微。

本病的潜伏期是 4d ~ 6d，临床表现为突然发热，第 2d ~ 3d 体温达 40℃ ~42℃时为发病高峰。发热持续 3d 左右，病羊死亡多集中在发热后期。病初有水样鼻液，此后变成大量的黏脓性卡他样鼻液，阻塞鼻孔造成呼吸困难。鼻内膜发生坏死。眼流分泌物，遮住眼睑，出现眼结膜炎。发热症状出现后，病羊口腔内膜轻度充血，继而出现糜烂。初期多在下齿龈周围出现小面积坏死，严重病例迅速扩展到齿垫、硬腭、颊和颊乳头以及舌，坏死组织脱落形成不规则的浅糜烂斑。部分病羊口腔病变温和，并可在 48h 内愈合，这类病羊可很快康复。多数病羊发生严重腹泻或下痢，造成迅速脱水和体重下降。怀孕母羊可发生流产。特急性病例发热后突然死亡，无其他症状，在剖检时可见支气管肺炎和回盲肠瓣充血。

（六）诊断

根据发病的流行病学和临床症状可对该病做出初步诊断，但该病必须与牛瘟、蓝舌病、口蹄疫和其他麻疹病做鉴别诊断。

目前，PPR 诊断的国际标准（WOAH 推荐）主要有病毒分离鉴定和中和试验、竞争 ELISA；国内标准有《小反刍兽疫检疫技术规范》（SN/T 2733—2010）。

（七）防控/防制措施

（1）严禁从存在本病的国家或地区引进相关动物。

（2）以扑杀和免疫相结合的方式进行。

（3）从全球牛瘟根除计划中汲取的经验表明，有效的 PPR 疫苗是可用的，并且可以在接种疫苗的动物中诱导终生保护性免疫。WOAH 指定的 PPRV 疫苗株为 Nigeria75/1 株，我国所用的疫苗株也为此毒株。印度也研制出了热稳定性的本地疫苗株。

（4）一旦发生本病，应按《中华人民共和国动物防疫法》规定，采取紧急、强制性的控制和扑灭措施，扑杀患病和同群动物。疫区及受威胁区的动物进行紧急预防接种。

（八）风险评估

1. 传入评估

易感动物主要为山羊和绵羊等小反刍兽疫，其中山羊和绵羊是 PPRV 的自然宿主。牛和野生反刍动物在小反刍兽疫的流行病学上的意义不很清楚，这些动物可能仍具有传播 PPRV 的风险。根据目前的资料，猪虽可发生无临床表现的感染，但并不传播病毒。

2. 后果评估

2007 年 PPR 首次在我国发生，随后在我国境内传播，于 2008 年 6 月再度在我国西藏自治区暴发，造成了巨大的经济损失。目前我国羊的存栏量较大，暴发 PPR 疫病时的发病率可达 100%，在严重暴发时死亡率达 100%，如果暴发一次全国性的大流行，单由羊死亡造成的损失就将达到数百亿元人民币，其他如免疫、扑杀、卫生防疫等产生的费用也将是一笔不小的损失。由于羊的饲养主要存在于我国中西部地区，养羊收入往往是当地牧民或农民的主要生活来源，所以一旦我国暴发了 PPR 的大流行，必将带来灾难性的影响。

三、绵羊痘和山羊痘

绵羊痘（Sheep Pox，SP）和山羊痘（Goat Pox，GP）是由羊痘病毒属（*Capripoxvirus*）的羊痘病毒引起的一种以全身皮肤、呼吸道、消化道黏膜出现痘疹为特征的高度接触性、发热性传染病。羊痘是所有动物痘病中最为严重的一种，呈地方流行性，不同品种、性别、年龄的羊都有易感性，羔羊比成年羊易感，发病率与死亡率相对较高。本病的发生容易造成巨大的经济损失，严重影响国际贸易和养羊业的发展。

此外，本病在公共卫生方面也具有重要意义，中国、印度和斯堪的纳维亚半岛（Scandinavian）都有人类感染羊痘病毒的报道。

WOAH 将其列为须通报的疫病，《中华人民共和国进境动物检疫疫病名录》将其列为一类传染病、寄生虫病。

（一）病原

羊痘病毒是痘病毒科（Poxviridae）脊椎动物痘病毒亚科（Chordopox-virdae）羊痘病毒属（*Capripoxvirus*）的成员，包括绵羊痘病毒、山羊痘病毒和疙瘩皮肤病病毒（LSDV）等。羊痘病毒无血凝素，其形态与正痘病毒相似。羊痘病毒属各种痘病毒的核酸存在广泛的同一性，血清学上有明显的交叉反应。羊痘病毒是有囊膜的双股 DNA 病毒，在透射电镜下为卵圆形或砖形的粒子，大小为 194nm~300nm。其中央为两面凹陷的核心，两个侧体分别位于凹陷内。核心和侧体一起，由脂蛋白性表面膜包裹，中间填充着可溶性蛋白。

绵羊痘病毒和山羊痘病毒基因组约有 150kb，彼此十分相似，约有 96%的核苷酸完全相同。和其他痘病毒一样，羊痘病毒基因组包括中间编码区和两端相同的反向末端重复序列（Inverted Terminal Repeat，ITR）。绵羊痘病毒和山羊痘病毒基因组共有 147 个 ORF，编码密度为 93，所编码的蛋白为53—2027个氨基酸不等。基因组的中间区域（ORFs024-123）其他痘病毒同源的保守序列，编码病毒复制所需的蛋白，其功能主要是负责病毒的转录、修饰 RNA、病毒 DNA 的复制以及成熟的病毒粒子在胞内的装配、在胞外的包裹囊膜。两端基因序列（ORFs001-0023 和 ORFs124-

156)，包括 1 个基因家族（由 8 个基因组成）及其他与病毒修饰或逃避宿主免疫识别、细胞凋亡和免疫应答相关的基因；还有同系细胞因子结合蛋白、白细胞介素-10（IL-10）、PKR 阻遏蛋白、丝氨酸蛋白酶抑制剂等，以及痘病毒所特有的致病基因和宿主范围基因。

羊痘病毒对外界环境的抵抗力较强，在室温下耐受干燥几个月。对热敏感，在干燥条件下，可耐 10℃ 5~10min；在潮湿条件下，60℃ 10min、55℃ 30min 即可将其灭活。对常用的消毒剂具有较强抵抗力，但 50%酒精和 0.01% $KMnO_4$ 1h 后可灭活。于-70℃可存活多年。保存于 50%甘油中的羊痘病毒 0℃下可存活 3~4 年。

（二）历史及地理分布

绵羊痘于 1275 年首先在英格兰出现，15—17 世纪相继在法国、意大利和德国出现。1805 年在欧洲东南部及地中海地区的一些国家发生较大面积的流行，造成大批羊只死亡。在非洲该病主要出现在摩洛哥、阿尔及利亚、埃及、苏丹等国，亚洲主要发生于伊朗、伊拉克、印度等国。蒙古国、哈萨克斯坦、阿塞拜疆以及越南都有不同程度的暴发。目前，许多发达国家，如英国、美国、德国、日本、荷兰等已消灭了绵羊痘，仅欧洲东南部尚有绵羊痘地方性流行，1958 年由 Plowright 等人首次从培养细胞中分离出 SPV，并确定了其分类地位。

山羊痘是最早发现于公元前 200 年的一种古老疾病，现主要分布在印度大陆和西南亚地区、北非和中非，在以养羊业作为重要农业经济结构成分的地区尤为严重。印度、伊拉克、伊朗、科威特、黎巴嫩、斯里兰卡、约旦、马来西亚、尼泊尔、阿曼、巴基斯坦、片塔尔、塔吉克斯坦、土耳其、也门、俄罗斯、蒙古国、阿富汗、巴林、孟加拉国、阿联酋等国均有该病的流行，其中不少国家与我国接壤。

近年来羊痘在我国多个省份均有发生，如黑龙江、内蒙古、河北、吉林、甘肃、青海、贵州、浙江、山东、江苏、福建、江西、广西，有的地方呈暴发流行。

（三）流行病学

本病一年四季均可发生，多发生于冬末春初，气候严寒、饲草缺乏和饲养管理不良等因素都可促使发病和病情加重。羊痘对山羊、绵羊都易感染，羔羊染病后死亡率较高，妊娠母羊易引起流产。初期羊群中个别发病，以后逐渐蔓延至全群。各种年龄、品种、性别的羊均易感，成年羊发病率一般为50%~80%，死亡率高达20%~75%；1月龄以下的羔羊最为易感，其死亡率常为100%。

(四) 发病机理及病理变化

羊痘病毒对皮肤和黏膜上皮细胞具有特殊的亲和力，是可以在宿主细胞胞浆中增殖的DNA病毒。病毒侵入机体后，先在网状内皮系统增殖，而后进入血液（病毒血症），全身扩散，在皮肤和黏膜的上皮细胞内繁殖，引起一系列的炎症过程而发生特异性的痘疹。除皮肤和黏膜上皮细胞的病变外，病毒也可见于巨噬细胞和成纤维细胞等其他细胞的胞浆。羊痘病毒在细胞浆内复制组装，先形成无结构的病毒浆，而后在病毒浆内出现不同繁殖期的病毒颗粒，大部分以裸露的形式留在细胞内。大多数病毒是在胞浆内或病毒包涵体内复制、组装、繁殖并成熟，通过细胞裂解释放出无囊膜的病毒颗粒，部分病毒释放是通过胞吐或细胞表面微绒毛释放出有囊膜的病毒颗粒。在此过程中，病毒可能逃避接种疫苗所产生的中和抗体。

痘疹多发生于皮肤无毛或少毛部分，如眼周围、唇、鼻、乳房、外生殖器、四肢和尾根内侧。初为红斑，1d~2d后形成丘疹，突出皮肤表面，随后丘疹逐渐扩大，变成灰白色或淡红色、半球状的隆起结节。结节在几天之内变成水疱，水疱内容物起初像淋巴液，后变成脓性，如果无继发感染则在几天内干燥成棕色痂块，痂块脱落遗留一个红斑，后颜色逐渐变淡。山羊痘的病变除见于皮肤外，也可见于内脏器官，特别是呼吸系统和消化系统。呼吸系统检查可见咽、喉、气管及肺脏有大小不等的痘斑，在咽、喉及气管可见痘斑破溃形成溃疡，而在肺脏表面及切面均可见粟粒大至黄豆大小结节或白色斑块状病灶，呈岛屿状分布。有时可见多个病灶相互融合成一片，并见胸腔积液增多。消化系统从口、舌到肛门及整个消化道，均可见到不同程度的痘疹形成情况。在显微镜下可见病变部位的皮肤上皮组织增生明显，出现水疱变性，变性的细胞高度肿胀，有的胞浆内可见嗜酸性包涵体的形成，有些变性的细胞破裂融合形成一充满液体的空泡。真皮和皮下组织及肌层充血、出血。大多数血管出现炎症，血管周围有大量的细胞浸润。有时可见血栓形成，从而使病变部位因缺血造成凝固性坏死。其病变部位真皮及皮下组织水肿，并见有椭圆形、星形或不规则形的大细胞，细胞核卵圆形或类圆形，染色质稀少，形成山羊痘细胞。肺脏痘疹部位的肺泡壁毛细血管充血，有数量不等的嗜中性白细胞浸润，肺泡腔内为富含蛋白质的渗出液。坏死灶周围有一充血水肿带，外围为间质性肺炎的区域，可见肺泡间隔水肿增宽，其中结缔组织细胞肿胀，嗜中性白细胞浸润，肺泡壁上皮呈立方状，有的脱落进入肺泡腔，有些病例尚可见到坏死性肺炎的变化。脾脏和淋巴结可见不同程度淋巴细胞减少和生发中心缺乏现象，有的淋巴结无明显变化。心脏、肝脏、脑及其他实质器官有时可见不同程度的变性。

(五) 临床症状

潜伏期平均为 8d~13d。

典型羊痘：病羊病初体温升高，达 41℃~42℃，呼吸加快，结膜潮红肿胀，流黏液脓性鼻汁。经 1d~4d 进入发痘期，痘疹多见于无毛部或被毛稀少部位，如眼睑、嘴唇、鼻部、腋下、尾根以及公羊阴鞘、母羊阴唇等处，先呈红斑，1d~2d 后形成丘疹，突出皮肤表面，随后形成水疱，此时体温略有下降，经 2d~3d，由于白细胞集聚，水疱变为脓疱，体温再度上升，持续 2d~3d。在发痘过程中，如无其他病菌继发感染，脓疱破溃后干燥形成痂皮，即为结痂期，痂皮脱落后痊愈。顿挫型羊痘常呈良性经过。病羊通常不发烧，痘疹停止在丘疹期，呈硬结状，不形成水疱和脓疱。

非典型羊痘：病羊全身症状较轻，有的脓疱融合形成大的融合痘；脓疱伴发出血形成血痘；脓疱伴发坏死形成坏疽痘。重症病羊常继发肺炎和肠炎，导致败血症或脓毒败血症而死亡（如图 2-51 所示）。

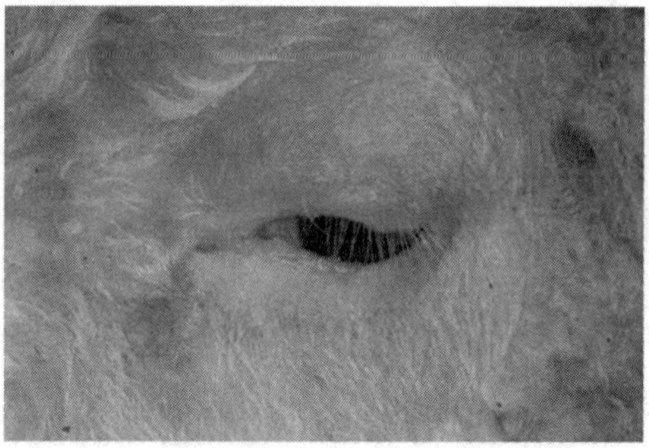

图 2-51 绵羊痘典型皮肤隆起病变[①]

① 来源于“Fenner's Veterinary Virology 4th”。

（六）诊断

目前，对于绵羊痘和山羊痘诊断标准主要有：WOAH 推荐的方法，包括病毒分离培养、组织学方法（电镜观察、动物接种）、血清学方法（IFA、AGID、ELISA）、核酸识别方法；国内标准有《绵羊痘和山羊痘检疫技术规范》（SN/T2452—2010）。

（七）防控/防制措施

利用有效的疫苗进行免疫接种，是预防和控制山羊痘和绵羊痘的重要措施。目前用于山羊痘和绵羊痘的疫苗主要有两种：一种是灭活疫苗，另一种是弱毒疫苗。灭活疫苗包括福尔马林氢氧化铝疫苗和庄丙内脂油佐剂疫苗，可用于各种年龄和品种的绵羊，但免疫效果不佳，免疫期较短，一般不超过 5 个月。弱毒疫苗包括鸡胚化弱毒疫苗和细胞培养弱毒疫苗，免疫效果较好，有的疫苗免疫后保护力达 1 年以上，有的甚至终生免疫。通常，同源的标准疫苗混合当地流行的山羊痘和绵羊痘的弱毒株，联合使用可更有效地预防羊痘病。弱毒疫苗虽有较高的免疫力，但接种后会刺激痘疹反应，严重时还会引起已患其他疾病的动物死亡，因此，它的应用受到一定的限制。许多羊痘病毒株致弱后均可作为活疫苗使用。目前，正在研发新一代羊痘病毒基因工程疫苗。目前对山羊痘的治疗尚无特效方法，主要以预防为主，对症治疗为辅，注意控制继发感染。对发病羊群首先采取病、健分群，严格封锁、隔离。假定健康群仍可放牧，一旦发现病羊，立即隔离；对病羊舍饲，只进不出，如有病死羊应作深埋或无害化处理：对所有圈舍、用具、运动场、道路等彻底消毒。治疗可局部涂 2%的碘酒或碘甘油，也可涂龙胆紫药水，如有并发感染可采用一些抗菌药物。

（八）风险评估

1. 传入评估

绵羊痘和山羊痘一年四季均可发生，可以感染不同品种、性别、年龄的羊。世界各地广泛分布，其中绵羊痘主要分布在欧洲东南部，山羊痘主要分布在印度大陆和西南亚地区、北非和中非，在以养羊业作为重要农业经济结构成分的地区尤为严重，其中不少国家与我国接壤。我国曾在 10 多个省、自治区发生过绵羊痘和山羊痘疫情，再次发生的可能性非常高。因此，该病的传入对我国仍有巨大的负面影响。

2. 后果评估

本病的发生容易造成巨大的经济损失，严重影响国际贸易和养羊业的发展，威胁到从事动物养殖和产品加工行业的员工健康，并且控制和扑灭疫情所需要的人力物力投入将非常巨大，会造成社会对疫病的恐慌，病原体对环境的负面影响也将持续很长时间，所以疫情引发的不良影响将是长期和深远的。

四、山羊关节炎/脑炎

山羊关节炎/脑炎（Caprine Arthritis Encephalitis，CAE）是由反转录病毒科、慢病毒属山羊关节炎脑炎病毒（Caprine Arthritis Encephalitis Virus，CAEV）引起的山羊的慢性病毒性传染病。成年羊为慢性多发性关节炎，间或伴发间质性肺炎或间质性乳腺炎；羔羊常呈现脑脊髓炎症状。本病呈世界性分布且在许多国家感染率很高，潜伏期长，感染山羊终生带毒，没有特效的治疗方法，最终死亡，对畜群的生产性能影响极大，可造成严重的经济损失。

《中华人民共和国进境动物检疫疫病名录》将其列为二类传染病、寄生虫病。

（一）病原

CAE 病原为反转录病毒科、慢病毒属，与其同属一科的还有马传染性贫血、人免疫缺陷病、猴免疫缺陷病、牛免疫缺陷病、猫免疫缺陷病以及梅迪-维斯纳病毒，而 CAEV 与梅迪-维斯纳病毒更为相似，二者在血清学上有多种交叉反应。

CAEV 为有囊膜的 RNA 病毒，其基因组在感染细胞内由逆转录酶转录成 DNA，再整合到感染细胞的 DNA 中成为前病毒。CAEV 的病毒粒子呈球形，直径 70nm~110nm，有囊膜，为单股 RNA 病毒，分子质量约 5.5×10^6 u，由 64S 和 4S 2 个片段构成。病毒在氯化铯溶液中的浮密度为 1.14~1.6g/cm^3。病毒可在山羊肺、滑液膜、睾丸或角膜等细胞上增殖，有的形成合胞体。病毒感染胎山羊滑膜细胞后，经 15h~20h 即能检出病毒，96h 达增殖高峰，但 7d~10d 后才出现细胞病变。病毒在 56℃ 30min 可被灭活。

（二）历史及地理分布

本病最早可追溯到瑞士（1964 年）和德国（1969 年），称为山羊慢性淋巴细胞性多发性关节炎、山羊肉芽肿性脑脊髓炎和脉络膜-虹膜睫状体炎，实际上与20世纪70年代美国山羊病毒性蛋白质脑脊髓炎在症状上相似。1980年Crowford等人从美国已患慢性关节炎的成年山羊体内分离到一株合胞体病毒，接种SPF山羊复制本病成功，证明上述病由同一病毒引起，统称为CAE。

目前本病分布于亚洲的日本、以色列和非洲的阿尔及利亚、莫桑比克、突尼斯、扎伊尔、肯尼亚和尼日利亚；美洲和大洋洲的巴巴多斯、加拿大、哥伦比亚、牙买加、秘鲁、美国、特里尼亚和多巴哥、澳大利亚和新西兰；欧洲的丹麦、法国、德国、荷兰、挪威、瑞典、瑞士和英国等国家和地区。

我国于1988年首次从血清学上确诊CAE，1982年从英国进口了患病的萨能奶山羊，随后将CAEV分离出来，并进行了初步鉴定，将该病毒株命名为SH-1病毒株。我国曾对CAEV进行过流行病学调查，其中甘肃、四川、云南、贵州、海南、陕西、新疆、黑龙江、辽宁、山东、河南等地发现CAE，阳性率为4.8%，最低的为新疆（0.2%）。同时鉴定和分离出5个不同的毒株，分别是甘肃、陕西、四川、贵州和山东株。

（三）流行病学

各品种的山羊均易感，但随年龄不同，感染的症状也不同。山羊羔主要表现为脑脊髓白质炎，而成年山羊则表现为关节炎、间质性肺炎和硬结性乳房炎。CAEV可感染绵羊，导致绵羊的血清阳转、发生关节炎，说明CAEV对绵羊有一定的致病性。

CAE呈地方性流行，发病山羊和隐形带毒者为传染源。

CAEV感染最常见的传播途径是经乳传递，感染性初乳和乳汁虽含有该病毒的抗体，能被羔羊吸收，但抗体不足以防止羔羊感染。CAEV感染也可在各种年龄山羊间经接触而传播。

（四）发病机理及病理变化

CAEV自然感染先局限于消化道内，首先感染血液单核细胞，然后在进入脑、关节、肺和乳腺等靶器官转化为巨噬细胞的过程中，基因组转录复制，释放出的子代病毒扩散、感染，形成巨噬细胞、淋巴细胞增生性的炎症反应。随着病毒不断从组织内释放，吸收入血，又可以感染新生单核细胞，形成病毒在体内的复制侵染循环。由于病毒只在单核细胞发育成巨噬细胞时开始转录，使巨噬细胞不能发挥清除作用反而成为 CAEV 免疫逃避的屏障，这是 CAEV 在病羊体内终生潜伏存在的主要原因。另外，经 CAEV 感染的山羊不产生中和抗体，使宿主免疫系统残缺，有利于病毒的持续性感染。

从细胞因子层面上来考虑 CAEV 的致病机理，一般来说病毒感染后，可以引发宿主产生细胞因子，而细胞因子反过来可以调节新感染细胞内病毒的合成量。

主要病变见于中枢神经、肺脏及关节，其次是乳腺、肾脏。

中枢神经：主要发生于小脑和脊髓的灰质，左前庭核部位将小脑与延髓横断，可见一侧脑白质有一棕色区。镜检见血管周围有淋巴样细胞、单核细胞和网状纤维增生，形成套管，套管周围有星状胶质细胞和少突胶质细胞增生包围，神经纤维有不同程度的脱髓鞘变化。

肺脏：轻度肿大，质地硬，呈灰色，表面散发灰白色小点，切面有大叶性或斑块状实变区。支气管淋巴结和纵隔淋巴结肿大，支气管空虚或充满浆液和黏液，镜检见细支气管和血管周围淋巴细胞、单核细胞或巨噬细胞浸润，甚至形成淋巴小结，肺泡上皮增生，肺泡隔肥厚，小叶间结缔组织增生，临近细胞萎缩或纤维化。

关节：关节周围软组织肿胀波动，皮下浆液渗出。关节囊肥厚，滑膜常与关节软骨粘连。关节腔扩张，充满黄色、粉红色液体，其中悬浮纤维蛋白条索或血凝块。滑膜表面光滑，或充满结节状增生物。透过滑膜可见到组织中的钙化斑。镜检见滑膜绒毛增生折叠，淋巴细胞、浆细胞及单核细胞灶状聚集，严重者发生纤维蛋白性坏死。

乳腺：发生乳腺炎的病例，镜检见血管、乳导管周围及腺叶间有大量淋巴细胞、单核细胞和巨细胞渗出，继而出现大量浆细胞，间质常发生灶状坏死。

肾脏：少数病例肾表面有 1~2 个的灰白小点。镜检可见广泛性的肾小球肾炎。

（五）临床症状

本病在临床可分为 4 种类型。

脑脊髓炎型（神经型）：多见于 2~4 月龄羔羊，但有时也见于大龄山羊。潜伏期53d~151d，体温一般无变化，但也可见轻度体温升高。初发病时，病羊羔精神沉郁，跛行，进而四肢僵硬，共济失调，一肢或数肢麻痹，横卧不起，作游泳状，角弓反张。有的头歪颈斜、进行转圈运动。病羊经半个月或更长时间死亡，耐过羊多留有后遗症。

关节炎型：见于1岁以上的羊。患病关节疼痛、肿大，病羊行动困难，后期则出现跛行，伏卧不动或由于韧带和肌腱的断裂而长期躺卧，有的患病数年，仅出现关节僵直，而有些病羊则关节很快不能活动，此型病羊体质量减轻。病程的长短与病变的严重程度有关，长期卧倒病羊多由于继发感染而死亡。

间质性肺炎型：此型比较少见，无年龄差异。病羊呈进行性消瘦，咳嗽，呼吸困难，肺部叩诊有浊音，听诊有湿口啰音。

硬结性乳房炎型：母羊在分娩和生产时，乳房坚硬肿胀并伴有乳汁缺乏，但奶的质量不受影响。有些山羊乳房能变软，这些山羊虽能产奶，但产量很低。

（六）诊断

根据发病的流行病学和临床症状可对该病做出初步诊断，但该病必须通过实验室诊断来确诊。

国际标准（WOAH推荐）主要有病毒分离鉴定和中和试验、AGID、ELISA等方法；国内标准有《山羊关节炎-脑炎抗体检测方法：酶联免疫吸附试验》（SN/T 1171.1），《山羊关节炎-脑炎抗体检测方法：琼脂免疫扩散试验》（SN/T 1171.2），《山羊关节炎-脑炎病毒分离试验操作规程》（SN/T 1676）。

（七）防控/防制措施

由于目前对CAEV尚无有效的药物和疫苗进行防治，该病诊断方法的建立对能否及时、准确发现并剔除CAEV阳性羊群，减少经济损失具有极其重要的意义。

CAEV的防治主要通过检测、隔离、剔除病原，配合一些管理措施，例如将刚出生的羊羔与母羊隔离，给它们喂加热过（56℃ 60min或巴氏消毒法）的奶、初乳或乳的替代物。经常对羊群进行血清学检测；鉴定和隔离群内的阳性和阴性组，剔除阳性羊。只有采取检疫隔离、彻底扑杀病羊的综合防治措施才能控制疫情蔓延。然而，成功控制和消除 CAEV 常会受到缺乏阳性和阴性群隔离设施的限制；另外，给羊羔喂热处理过的奶有时也有困难；再者有些养羊者不愿意扑杀健康的带病羊。而且，由于该病潜伏期长，对一些无症状的羊即便是用血清学方法也检测不出，为此而造成的隐患，给防制工作带来了极大的困难，最终会造成大量的财力、物力损失。因此，对该病的防制和其他病毒性疾病一样，做好预防工作是至关重要的。

（八）风险评估

1. 传入评估

山羊是本病的主要易感动物，山羊品种不同，其易感性也有区别，安格拉山羊的感染率明显低于奶山羊，萨能奶山羊的感染率明显高于中国地方山羊。该病的特点为潜伏期较长，一旦感染终生带毒，在进出口贸易中，易随携带病毒但无临床症状的羊只传入。除山羊外，绵羊也可感染、携带病毒，所以 CAEV 随绵羊传入的可能性不容忽视。

2. 后果评估

进入 20 世纪 90 年代中期，我国山羊数已超出绵羊数，山羊存栏量占绵羊、山羊总数的比例逐年增加。近年来，我国山羊存栏量增长幅度较大，因此如 CAE 在羊群中暴发，产生的扑杀、治疗和卫生防疫等费用将是一笔不少的开支，将严重影响我国山羊养殖业的发展。

五、梅迪-维斯纳病

梅迪-维斯纳病（Maedi-Visna，MV）是由反转录病毒科、慢病毒属的成员梅迪-维斯纳病毒（Maedi-Visna virus，MVV）引起的绵羊的慢性接触性传染病。临床上以绵羊严重消瘦、呼吸困难、麻痹、跛行、由淋巴组织增生而致乳腺硬化为特征，维斯纳（意为消瘦）是一种进行性脑膜脑炎。该病潜伏期长，可通过母羊哺乳及呼吸道和消化道广泛传播，目前呈世界性分布。成年羊感染该病后，大都成为传染源终生带毒，最后因衰竭而死亡。目前对 MV 尚无有效药物和疫苗进行防制，一旦暴发将造成重大的经济损失。

WOAH 将 MV 列入动物疫病名录，《中华人民共和国进境动物检疫疫病名录》将其列为二类传染病、寄生虫病。

（一）病原

MVV 是两种在许多方面具有共同特性的病毒，属反录病毒科、慢病毒属。病毒对乙醚、三氯甲烷、乙醇、酚和胰酶等敏感，可被 0.1%福尔马林，4%酚和酒精灭活。在 pH 值 7.2~9.2 时最为稳定，pH 值 4.2 条件下 10min 内灭活。完整病毒粒子的直径约为 100nm，含有一个电子致密的锥形核心，其直径为 30nm~40nm，在内部核心和外膜之间有时可见到一种内部结构。外膜上附有约 10nm 长的球形突起，在负染时很容易见到。将病毒用组织细胞培养后进行透射电镜观察，可见病毒粒子通过胞浆膜出芽而完成组装。

MVV 在蔗糖中的浮力密度为 1.15~1.16g/mL，沉淀系数为 600S，等电点为 3.8。对反复冻融相对稳定，在-50℃贮存数月稳定，4℃贮存 4 个月，在 1%血清中于 50℃温育 10min~15min、其感染性失去 90%。在 pH 值 5.1~10.0 条件下，病毒的感染性相对稳定。尚未发现 MVV 有血凝和血细胞吸附特性。

MVV 在绵羊的细胞中复制最有效。这些细胞包括室管膜、脉络丛、肾和唾液腺的原代、继代和传代细胞。用低浓度的病毒接种这些细胞培养物，2d~3d 后导致细胞融合，即形成多核巨细胞（也叫合胞体细胞），每个合胞体细胞中含有 2~20 个细胞核，以合胞体细胞为中心，周围是折光性强的梭形细胞，病变细胞最后崩解。初代分离病毒时，细胞培养物中出现的细胞病变需要 1~3 周。当病毒经过多次传代后，特别是大量接种时，可在 3d~15d 内出现细胞病变。MVV 也可以在牛、猪、犬和人的脉络丛原代细胞及牛源、猪源的传代细胞上生长，但不能在鸡胚中生长，其宿主范围很窄，不能在常用实验动物的体内复制，无致瘤性，在体外也不能转化培养的细胞。发生 Visna 的绵羊在脉络丛中有炎症。脉络丛是脑室中的带状结构，可产生脑脊液，由此推测它是病毒的一种靶组织。用 Visna 绵羊的脑匀浆接种到由健康绵羊制备的脉络丛培养物上，可形成多核巨细胞，在培养上清液中产生大量的病毒粒子，因此，该培养系统至今仍常用于增殖病毒。

MVV 能在绵羊的原代巨噬细胞培养物中复制。在体内，巨噬细胞是病毒的重要靶细胞，病毒与中和抗体的亲和性远低于对巨噬细胞的亲和性，与抗体结合的病毒经 Fc 受体的介导更容易吸附和穿入巨噬细胞。这些生物学特性，是MVV乃至其他慢病毒的最重要特征。

（二）历史及地理分布

MV最早于1915年在美国的蒙大拿被发现，1923年由Marsh定性为成年绵羊肺间质的淋巴增生，并命名为绵羊进行性肺炎（OPP）。1915年在南非也发现类似疾病，称为Graaff Reinet。1929年，Koelt提出该病与美国发现的OPP属于同一种疾病。1939年，在冰岛的绵羊群中发现一种进行性间质性肺炎，称为Maedi，该病呈暴发性，迅速传遍全国，一些农场因发生此病而导致年死亡率达20%~30%。而后采取屠宰措施，才在1952年基本得到控制，1965年完全清除了该病。在其他国家也发现了类似疾病。在冰岛发现Maedi的同一时期，绵羊群中也发现一种脑膜脑炎，称Visna，其经济损失不大，只有几个绵羊群的损失超过Maedi病。除冰岛外，其他国家有关Visna的报道极少，美国爱达荷地区的绵羊曾发生类似疾病。

从20世纪60年代后期开始，我国在新疆、甘肃、内蒙古和青海等地区曾先后报道OPP的发生，并于1984年首次从血清学角度确定了OPP在我国的存在，1985年从血清学阳性的绵羊分离到病毒。

2004年，辽宁省锦州市一养羊户发生一种以不表现发热症状、潜伏期极长、进行性间质肺炎或脑脊髓炎、病程缓慢、进行性消瘦和呼吸困难、最终导致死亡为特征的慢性病毒病，确诊为绵羊MV。

（三）流行病学

该病主要发生于绵羊，山羊也可感染。2岁以上公羊更为敏感。

MVV可通过母羊哺乳及呼吸道和消化道广泛传播，其中，乳腺和肺脏是病毒排出的主要途径。实验观察发现，在MV发病率高的羊圈内出生的羔羊，于出生当时以及出生后10h、6周和1年后隔离，然后观察8年，结果于出生当时被隔离的羔羊未观察到感染，而其他3群则分别有28%、75%和81%出现症状。在感染双亲的羊圈内生活的时间越长，发病率越高，病情越严重。这些结果说明，乳汁传递是MVV的主要传播途径。本病毒也可以经呼吸道的飞沫传播，摄入病毒污染的牧草也可引起感染。当冬季舍饲时，容易发生这种形式的传播，放牧羊群中，即使有呈现临床症状的病羊，传播率仍很低。吸血虫可能成为传播者。而胎内感染的可能性很小，在流行病学上无明显意义。一旦感染，成年羊大都将成为传染源，终生带毒。

(四) 发病机理及病理变化

当病毒被吸入呼吸系统后，即侵入细胞，有时还可侵入支气管、纵隔淋巴结、血液、脾和肾。被病毒侵袭的肺细胞，可能还有网状细胞和淋巴细胞，由于病毒刺激而增生。随后，肺泡间隔由于出现许多新的组织细胞和一些新的纤维细胞以及胶原纤维而变厚。同时肺泡壁的鳞状上皮细胞变成立方形细胞。此外，细支气管和血管周围的淋巴样组织增生形成活动性的生发中心。由于肺泡的功能减低甚至消失，交换受到影响，逐渐发展成致死性的缺氧症，如果并发急性细菌性肺炎，则加速病羊的死亡。

将病毒接种于绵羊脑内，引起神经症状（维斯纳），而鼻内接种时则引起呼吸道症状（梅迪），因此，维斯纳被认定是梅迪的脑型。

持续感染是本病的特征之一，这可能与感染细胞里存在的前病毒 DNA 在感染细胞保护下，逐渐释放病毒，以及病毒抗原发生变异等因素有关。因此，尽管病毒感染可以激发机体产生高滴度的中和抗体，但并不能阻止病毒的复制和播散。发病绵羊可表现一组复杂病症，进行性间质性肺炎、脑炎、关节和乳腺炎。

病理上，梅迪以慢性、间质性、增生性肺炎为主要病理变化，剖检可见，肺因膨大而遗留肋弓压痕，其大小和重量比正常肺大 2~4 倍，呈灰黄或灰蓝色，质地坚硬，触之有橡皮感，透过浆膜常可见到大量的粟粒状灰色小点，切面干燥。支气管淋巴结和纵隔淋巴结明显肿大，呈灰白色、切面凸出，肺叶之间及肺与胸壁之间常发生粘连。经组织学检查可见，肺泡壁增厚，呈弥漫性淋巴增生性肺炎。在细支气管和小血管附近有大量淋巴滤泡，肺实质内有稀疏的淋巴细胞结节，肺泡间隔中有淋巴细胞、浆细胞和巨噬细胞浸润，淋巴滤泡和肺泡间隔浸润物由网状纤维形成的鞘包裹。

梅迪病的病理组织学变化与绵羊肺腺瘤明显不同，前者的特征性变化是肺泡壁增厚和淋巴组织增生，后者的特征是肺泡壁细胞呈乳头状增生，两者有时可合并发生。

脑炎时解剖可见骨骼肌萎缩，其他变化不易见到。组织学变化局限于中枢神经系统，弥漫性脑脊髓炎、淋巴细胞增生和星形胶质细胞增生。早期可见增生的星形胶质细胞环绕小血管形成的病灶。随着病程的发展，病灶融合成片，边缘密度增加而中央形成微小的空泡，口神经纤维变性，有轻度脱髓鞘，血管周围有淋巴细胞和浆细胞浸润。病变从室管膜开始，向脑和脊髓的实质广泛地蔓延。

感染绵羊不常发生关节炎，仅有很少的自然感染和实验感染绵羊发生关节炎。最常发生的部位是腕关节，双侧的关节及黏液囊明显肿胀，病羊表现跛行、消瘦。组织学变化主要表现为滑液囊膜增生、关节囊纤维化、关节骨和关节软骨变性。关节面干燥，并有纤维素沉着，一般无细菌的继发感染。

总之，肺炎是MVV感染绵羊最常见的临床病理学表现。在同一群绵羊甚至同一个体绵羊，脑炎可与肺炎共同存在，但是前者主要发生在冰岛的绵羊群中。关节炎可与肺炎共同存在，但乳腺炎经常单独发生。例如，有研究者曾对13只MVV感染母绵羊进行病理解剖和病理组织学检查，发现4只母绵羊发生肺炎，1只母绵羊发生脑炎，3只母绵羊发生乳腺炎，2只母绵羊发生双侧性慢性腕关节炎。这些不同器官和不同系统的症候群，构成了MV。

（五）临床症状

MV感染早期，表现为放牧、上坡、驱赶时掉群、落单，出现干咳，随后逐渐呼吸困难，且日益加重。当病情恶化时，每分钟的呼吸次数达80~120次。病羊鼻孔扩张，头高仰，有时张口呼吸。病羊一般保持站立姿势，因为躺卧时压迫横膈膜前移可加重呼吸困难。听诊时在肺的背侧可闻啰音，叩诊时在肺的腹侧有实音区。病羊体温一般正常，仍有食欲，但体重不断下降，逐渐消瘦、衰弱，最终因缺氧和并发急性细菌肺炎而死亡。

梅迪病的病变主要见于肺和肺淋巴结。病肺体积和重量比正常增大2~4倍，呈淡灰黄色或暗红色，触摸有橡皮感觉。病肺组织致密，质地如肌肉，以膈叶的变化最重，心叶和尖叶次之。病肺切面干燥，滴加醋酸，很快会出现针尖大小的小结节。维斯纳病主要表现为弥漫性脑膜炎，淋巴细胞和小胶质细胞增生、浸润以及出现血管套现象。大脑、小脑、脑桥、延脑和脊髓白质内出现弥漫性脱髓鞘现象。

维斯纳（神经型）病羊经常落群。初时表现为步样异常，运动失调和轻瘫，特别是后肢易失足、发软。轻瘫逐渐加重，成为截瘫。有时头部也有异常表现，唇部震颤，头偏向一侧。病情进展缓慢并逐渐恶化，最后四肢陷入对称性麻痹而死亡。感染绵羊可终生带毒，但大多数羊并不表现临床症状。

自然和人工感染病例的病程均很长，通常为数月，有的可长达数年。病程的发展有时呈波浪式，中间出现轻度缓解，但终归死亡。

（六）诊断

目前，对于MV诊断标准主要包括：国际标准为WOAH推荐的AGID和ELISA；国内标准为《梅迪－维斯纳病琼脂凝胶免疫扩散试验方法》（NY/T 565）。

（七）防控/防制措施

本病目前尚无疫苗和有效的治疗方法，防制的关键是防止健康羊接触病羊。加强进口检疫，引进种羊来自非疫区，新进的羊必须隔离观察，经检疫确诊健康后才可混群。避免与病情不明羊群共同放牧。每6个月对羊群做一次血清学检查。凡从临床和血清血检查发现病羊，最彻底的办法就是将感染群绵羊全部扑杀。病尸和污染物应销毁或用石灰掩埋。圈舍、饲养管理用具应用2%氢氧化钠或4%碳酸钠消毒，污染牧地停止放牧1个月以上。

绵羊群中一旦传入MVV，清除感染将是极为费力的，并将付出重大的经济代价。控制和清除MVV感染的措施包括：屠宰、建立健康群、淘汰老龄绵羊、培育遗传抗性品种。

（八）风险评估

1. 传入评估

MVV主要感染绵羊，也可感染山羊，可通过乳汁、消化道、呼吸道等途径广泛传播，吸血虫可能成为传播者，而胎内感染的可能性很小。该病潜伏期长，感染该病的成年羊可终生带毒，成为传染源，由国外引进动物携带病原的风险很大，而经过化学制剂处理动物产品为低风险。

2. 后果评估

我国是绵羊和山羊养殖大国，随着我国产业结构的调整，畜牧业在农业生产中的比重加大，大型集约化养殖场数量迅速增多，使疫病的传播风险增大。由于该病呈弥漫性持续性感染，潜伏期长，待该病发现时群体内已经大规模感染，感染该病后，成年羊大都成为传染源，且目前对MV尚无有效的疫苗和药物进行防制，一旦暴发将严重影响我国畜牧业经济发展，并且控制和扑灭疫情所需要的人力物力投入将非常巨大，所以疫情引发的不良影响将是长期和深远的。

六、边界病

边界病（Border Disease，BD）是由边界病病毒（Border Disease Virus，BDV）引起的绵羊的一种先天性慢性进行性传染病。1959 年，Hughes 等最早在英格兰和威尔士的边界地区的羊群中发现，故命名为边界病，也称为长毛摇摆病（Hairy Shaker Disease）和茸毛羔（Fuzz Lambs）。临床上以母羊不孕、流产、死胎或产出弱羔，新生羔羊体重减轻、活力差、体弱、震颤、体形异常、被毛厚而粗乱为特征。

WOAH 将 BD 列入疫病名录，要求各成员方予以关注；《中华人民共和国进境动物检疫疫病名录》将其列为二类传染病、寄生虫病。

（一）病原

本病病毒是黄病毒科（Flaviviridae）、瘟病毒属（*Pestivirus*）的成员。呈圆形，直径 40nm~70nm，外有囊膜，囊膜上有糖蛋白突起，核衣壳呈二十面体对称，在敏感细胞的胞浆内繁殖并出芽成熟，可在羊胎肾细胞内繁殖并产生细胞病变。本病毒与牛腹泻-黏膜病毒十分相近，也与猪瘟病毒有着一定的类属关系。感染母羊在感染 BD 后，血清中出现对 BDV 和牛腹泻-黏膜病病毒的中和抗体。根据中和试验，BDV 可能存在 1 个以上的抗原型。耐过母羊能在其下一个怀孕期内呈现对同株病毒再攻击的抵抗力，曾有母羊在连续 2~3 个怀孕期产出病羔的报道。

BDV 对 0.5% 的三氯甲烷和乙醚敏感，0.05% 胰蛋白酶 37℃ 条件下 60min 可灭活，56℃ 条件下 30min 亦可灭活，37℃ 条件下 24h 后感染力降低。对乙醚中等敏感，在 pH 值 3.0 的酸性环境中可迅速灭活，但在外界环境中可存活数周。

某些 BDV 毒株已适应在羔羊不同初代和第二代细胞系以及牛、猪 PK-15 细胞系上增殖。不同毒株或不同生物型在细胞培养中都有差异，绵羊分离株适应于绵羊细胞系，但也可在牛源细胞上增殖，只是不产生细胞病变效应。在琼脂培养基覆盖面上两种生物型毒株皆可产生噬斑，而且在适应之后于连续传代的羔羊黏膜细胞上产生噬斑能力降低。Potts 等（1982 年）

比较了 BDV 在 2 个细胞系上的增殖周期，在 PSCP 细胞上接种后 12h 开始生长，36h 达到高峰，而在 PK-15 细胞上于 8h 即开始生长，54h 达到高峰。

BDV 在原代犊牛睾丸细胞上可以干扰腹泻-黏膜病病毒的生长，减少其产生的蚀斑数，而且这种干扰作用可被特异性抗血清所中和，故在难以分离获得病毒的情况下，可用这样的干扰试验间接证明 BDV 的存在。

自然或实验感染 BD 的绵羊可以产生对腹泻-黏膜病病毒和猪瘟病毒的沉淀抗体。因对自然发病后的母羊进行实验性攻击，常常不见抵抗力，所以 Potts 早在 1972 年就提出 BDV 可能存在不同的抗原型。交叉攻毒试验证明，具有抗腹泻-黏膜病病毒的母羊，对同源 BDV 的攻击表现坚强的免疫力，而在应用异源病毒攻击时大都发病。

（二）历史及地理分布

该病呈世界性分布，大多数饲养绵羊国家都有该病的报道，主要发生于新西兰、美国、澳大利亚、英国、德国、加拿大、匈牙利、意大利、希腊、荷兰、法国、挪威等国家，我国尚未见有报道。

（三）流行病学

BDV 的主要自然宿主是绵羊，山羊也可感染。感染的绵羊、牛、山羊和猪是潜在传染源。从红鹿、牝黇鹿和黇鹿体内均已分离到病毒，多种野生及反刍动物体内也已检测到病毒抗体，它们皆可成为绵羊感染的传染源。

持续感染的羔羊或绵羊是本病的主要传染源。先天性感染的动物可呈现终生病毒血症，并可通过呼吸道、消化道和泌尿道持久地排泄病毒。虽然从鼻黏膜、肺、腮淋巴结、口腔黏膜和尿中经常分离到传染性病毒，但动物可能不表现出临床症状。试验研究发现易感羔羊与持续性感染羔羊接触较成年羊易发生传播。

直接接触：易感动物可通过直接接触而感染，口咽是感染的主要途径。易感畜群在引进新的动物时暴发本病。

垂直传播：在流行病学调查中，于睾丸、子宫、阴道黏膜及流产胎儿、胎膜和羊膜液均分离到病毒，证实本病可垂直传播。Grardiner 等（1981 年）报道母羊因人工授精导致所生羔羊被感染。

机械和试验性传播：通过肌肉、静脉、大脑、皮下、腹膜和气管等途径注射均可试验性传播，口服和结膜攻击也可感染，也可通过注射器机械性地传播病毒。

（四）发病机理及病理变化

BDV的致病作用受到多种因素的影响，与母羊的免疫状态及妊娠时间有关，母体处于病毒血症时，病毒可通过胎盘感染胎儿。非怀孕绵羊（包括羔羊）感染后6d~11d出现微热和一过性白细胞减少等亚临诊症状，这时动物正处于病毒血症状态。实验感染3d~7d可以从外周血液及鼻分泌物中检测到病毒，同圈舍内未接种的对照组于实验接种后2周，血液中出现中和抗体；实验感染后1周可以从大多数的组织器官中分离到病毒，实验感染后21d从感染动物的血液和组织中均检测到病毒或病毒抗原。怀孕母羊感染BDV时，母羊不表现出明显的症状，但在母体出现病毒血症后的1周之内，病毒迅速通过胎盘而感染胎儿。母体可产生抗体消除母体各组织内的病毒，但母源抗体不能通过胎盘屏障，消除胎儿体内的病毒。此时病毒可经过血流或细胞的感染广泛地存在于胎儿的各个组织中。对胎羊而言，在怀孕后60d~80d才开始出现免疫应答能力。所以在怀孕的最初60d内，免疫应答能力出现之前，胎羊最易受到BDV的攻击，病毒大量增殖，以至于几乎所有的组织中都可以检测到病毒或病毒抗原。由于胎儿的死亡，流产可持续到感染后的数周或数月，有时流产不被人注意。在怀孕后60d~85d发生感染时，由于胎儿已开始具有免疫应答能力，感染的结果可能是多样的，有的胎羊始终保持病毒血症状态，成为持续感染羊，出生时血液中无中和抗体存在。有的胎羊可产生抗体，消除体内的病毒，出生时可从血液中检测到中和抗体。怀孕85d后感染BDV时，多数情况下胎儿可产生免疫应答。

BDV的致畸作用可能是广泛的，也可能是组织特异性的。广泛的胎盘坏死可导致胎儿营养供给减少和暂时生长缓慢；已证实BDV的持续感染是胎儿持续在子宫内生长缓慢的主要原因；甲状腺和其他内分泌腺的感染可影响到一些激素的产生和分泌，从而导致胎儿出生体重轻、产后增重慢。对神经系统的作用主要表现在少突神经胶质细胞的前体细胞的分化，从而导致在发育的关键时期轴索髓鞘形成减慢或完全停止。

BDV引起的病理学变化是多方面的，实验感染的羔羊，于感染后3d~

5d 后循环淋巴细胞明显减少，中性白细胞和淋巴细胞减少症可持续到感染后的第 10d。怀孕期间受到感染的胎羊主要表现为脑和髓鞘质弥散或斑点状退化，毛囊和骨骼的异常生长；有的病例出现羔羊的“毛颤”和“骆驼腿”以及关节弯曲、脊柱后侧凸和颅内畸形等病状。怀孕母羊感染 BDV 的病理学变化表现为胎盘肉阜中隔的坏死性炎症。

持续性感染 BDV，循环白细胞或多形棱细胞（PMN）没有显著差异，但外周血液淋巴细胞亚群失调。绵羊持续性感染，其循环 T 淋巴细胞（OV CD_5）数量显著减少，且 $OVCD_8$：$OVCD_4$ 比率增加。羔羊试验感染后 3d~5d，其淋巴细胞数显著减少。10d 时发生嗜中性白细胞症及淋巴细胞减少，但淋巴细胞中 B 和 T 细胞没有显著差异。

Roeder 等（1983 年）报道中枢神经系统的髓鞘质生成缺陷是绵羊 BD 的主要病变。肌肉接种 BDV 的羔羊没有发现病理学变化，小脑内接种的羔羊呈严重的非化脓性脑炎。证实了 BDV 可能在新生羔羊的 CNS 增殖，但不产生损伤。BDV 在母羊体内，除攻击胎盘外，CNS、肌与骨系统、淋巴网状内皮细胞和内脏均未发现肉眼可见或显微损伤。胎儿感染 BDV 可引起广泛的病理学变化和损伤，主要是 CNS 的髓鞘形成不足及皮肤毛囊变异，但未发现神经细胞破坏或炎性变化。患羊脑通常变小，但外观正常，还可见脑积水、脑皮质缺乏或几乎没有、小脑发育异常和发育不全、脑白质软化、囊或腔形成。此外，在脑和脊髓的所有部位都可发现髓鞘形成，髓脂质散开或不调和或二者皆有，束间神经胶质细胞增多并聚集。白质因多形细胞和星状细胞存在而导致细胞过多，血管周巨噬细胞中见有鞘磷脂微粒。

(五) 临床症状

羊群受到感染时，主要表现为繁殖季节母羊不孕或流产增多，流产可发生于怀孕的任何时期，但以怀孕后 90d 左右为最多；公羊精液质量低劣，严重污染，生殖力减退。感染胎儿症状表现与感染时所处的妊娠阶段、病毒毒力、母畜感染的病毒量以及母畜的免疫状况等因素有关。主要表现为以下 4 种病症：早期胚胎的死亡；吸收和死胎；生出畸形胎儿；生出缺乏临床症状但具有免疫抑制的弱小胎儿。据报道，BDV 表现症状与胎儿感染时的胎龄有直接关系。胚胎发育前 16d 受精卵不受感染。胚胎发育 90d 以后，由于免疫器官的发育能产生免疫应答抵抗感染。发生在 16d~90d 的这个“敏感期”的感染，往往产生以上4种明显症状。青年羊和成年羊感染BDV后表现为温和型，而且常检测不出来。胎儿感染后可导致新生羔羊的许多症状。最典型的是强直性痉挛性震颤，严重的致使羊羔不能吮奶。长茸毛样被毛也非常明显，在颈背后形成晕圈样斑纹，细毛羊品种尤为明显，偶见色素沉着。最常见的是运动失调，出现醉样步态，后肢有时表现出特征性的双腿叉开，呈八字形姿势，羊羔比正常要小，如果怀胎数量正常则更为明显。病羊的骨骼发育异常，由于长骨的生长受到抑制，往往表现为羊的体长正常，而高度则较正常要矮，头部畸形，头盖骨呈拱形，面骨短而宽，四肢骨短细，骨密度降低，关节弯曲、外翻等。若细心照料，羊羔可以存活下来，但生长速度慢，体重、体形也不能达到健康水平。较易发生继发感染，而且肉品质下降，由于持续排毒，因此禁作种用。出生后感染的羊羔临床上表现为一过性轻微发病或不明显。妊娠母羊感染难以查出，因为其只出现短期发热和白细胞减少，但胚胎和胎儿可能发生死亡，且流产之后伴有一过性阴道排液。

自然条件下，许多病羔羊在出生后头几周内死亡，未死亡的羔羊表现为震颤或可逐渐好转，并可在20周龄左右消失，死亡可一直延续到整个哺乳期及断奶以后。后期的死亡是由于重度腹泻或呼吸系统疾病所致，很可能是继发感染的结果。出生后羔羊受到感染时表现为一过性、轻微或不明显的症状。流产的母羊不表现出明显的症状，有时出现低热或短暂的白细胞减少，很少出现胎盘不下或产后子宫炎。

（六）诊断

本病可依据临诊表现和剖检变化做出初步诊断。目前，对于羊BD诊断标准主要为国际标准：WOAH推荐的方法，包括病毒分离、免疫组化法、ELISA检测抗原、核酸识别法、VNT、ELISA、AGID。

（七）防控/防制措施

本病目前尚无有效疫苗，免疫和疫苗试制工作尚处于试验阶段。对于BD能否产生获得性免疫，目前还有争论。经验证明，感染母羊能在连续2~3个怀孕期产出病羔，虽然疾病的严重程度有所减轻。Gardiner等发现，接种感染病料的母羊产出病羔，但这些母羊在一年后再用同样的病料攻击，却可表现抵抗。Vantsis等在分离获得致细胞病变性Moredum毒株后，将其继续在细胞培养物上传代，并试制弱毒疫苗，具有一定的免疫力。另以高滴度病毒培养液，加入甲醛灭活，再用甲醇沉淀，并加 BCG 或 dsRNA 作为佐剂，制备灭活苗。分组给配种前 4 周的母羊注苗，并在怀孕 45d 时攻毒，结果有 50%的保护力，两次注射组的效果较好。

控制措施是扑杀患病和持续感染的羔羊及母羊，淘汰病羊及产羔母羊，加强环境卫生及消毒措施。应注意从境外疫区引进种羊，进行严格检疫，以防本病传入我国。家畜饲养场，应加强兽医卫生管理措施，并定期进行血清学检测，及时发现疫情，防止本病传播。

（八）风险评估

1. 传入评估

BDV 的主要自然宿主是绵羊，山羊也可感染。可通过接触传播。感染的绵羊、牛、山羊和猪是潜在传染源，红鹿、牝黇鹿、黇鹿、野生及反刍动物都可成为绵羊感染的传染源。一旦发生疫情，传播将十分迅速。

2. 暴露评估

感染 BD 的动物身体各组织器官均可能含有病原体，口咽是感染该病的主要途径。人工授精及通过肌肉、静脉、大脑、皮下、腹膜和气管等途径注射均可试验性传播，口服和结膜攻击也可感染，注射器机械性地传播该病毒。我国是养羊大国，目前尚未发现此病，但存在发生此病的可能性，因此，严格控制该病的传入有重大的意义。

3. 后果评估

我国牛、羊等 BD 易感动物养殖数量巨大，近几年大型集约化养殖场数量迅速增多，使疫病的传播风险增大，一旦发生大规模的 BD 疫情，将严重影响我国畜牧业经济发展，并威胁到从事动物养殖和产品加工行业的员工的健康。由于我国未发生过该病，对于 BD 疫情的控制和扑灭应急机制不够完善，如果暴发此病，控制疫情所需要的人力物力投入将非常巨大，会造成社会对疫病的恐慌，病原体对环境的负面影响也将持续很长时间，所以疫情引发的不良影响将是长期以及深远的。

七、羊传染性脓疱皮炎

羊传染性脓疱皮炎（Contagious Ecthyma，CE）亦称羊传染性脓疱病、羊传染性脓疱口炎，俗称羊口疮（ORF），是由羊口疮病毒（Contagious

Ecthyma Virus，CEV）引起的一种人畜共患的、接触性的、嗜上皮性传染病。人、骆驼、狗、麝牛、猴子、海豹等对该病毒有易感性，羔羊最易感。本病一年四季均可发生，主要危害羔羊，以口腔黏膜、嘴唇及部分皮肤形成红疹、脓疱、溃疡、结痂为特征，严重影响羔羊哺乳和成年羊的采食，继而影响发育与增重，给养羊业造成相当大的经济损失。

WOAH 没有将 CE 列入动物疫病名录；《中华人民共和国进境动物检疫疫病名录》将其列为二类传染病、寄生虫病。

（一）病原

CEV 属痘病毒科、副痘病毒属。病毒粒子长 250nm～280nm、宽 170nm～200nm，呈椭圆形的线团样，还有锥形、砖形以及特殊中空的线团样球形粒子，呈现 M（Mulberry）形和 C（Clear）形两种可互变的形态。病毒粒子表面呈特征性的编织螺旋结构——绳索样结构相互交叉排列，但也有呈其他缠绕形式的。病毒粒子的外层由较厚的囊膜包裹，内为圆锥形或卵圆形核心（核心是由双股线性 DNA 和蛋白质组成的核蛋白复合体），核心的两侧为侧体。病毒粒子核心中含有双链 DNA。

CEV 对外界环境有较强的抵抗力，其中对干燥有极高的耐受力。干燥痂皮内的病毒在野外可保持毒力数月，存活几个月乃至几年，将含毒痂皮人工干燥室温保存，保存期可达 15 年。CEV 比较耐热，55℃～60℃经 30min 或煮沸 3min 才能灭活，痂皮内的病毒于夏季暴晒 30d～60d 才丧失致病力。-75℃时十分稳定，在 10℃时则稳定性较差。病毒在青草里存活 187d，在畜圈里存活 3～4 年，在 50%甘油中能存活数月。0.01%琉柳汞、0.05%的叠氮钠均不影响病毒的活力。病毒在潮湿的环境里抵抗力很弱，当加热至 60℃～65℃时经过数分钟便死亡，而在 56℃经过 30min 就能灭活。痂皮用 1%苯酚溶液、1/2 万升汞处理 2h，10%石灰乳 30 min、3%土碱作用 20min，2%福尔马林浸泡 20min、紫外线照射 10min 均能使病毒灭活。可被三氯甲烷灭活，但对乙醚、苯及丙酮轻度敏感。

CEV 可在体外进行人工培养，且有着广泛的宿主细胞谱。CEV 感染各种细胞后的 CPE 主要表现为细胞变圆、肿胀、细胞间质增宽、折光性增强、颗粒增多、细胞脱落等。CEV 与绵羊痘等正痘病毒没有交叉保护力，但耐过山羊痘的动物对 CEV 具有一定免疫力。国内外许多学者通过大量试验证明，CEV 与痘苗病毒具有许多同源性的蛋白质，它们之间存在共同的进化源。有人用 4 株 CEV 与它们的抗血清进行交叉中和试验，发现 4 株 CEV 的交叉中和反应都是单向的。SDS 聚丙烯酰胺凝胶电泳对 11 株 CEV 多肽的结构分析表明，除了分子量在 37KDa~44KDa 区域的多肽不同外，其他区域蛋白质谱图相似。由于世界各地分离的 CEV 毒株的抗原性不尽一致，它们基因组的限制性酶切图谱也存在差异，但同株病毒基因组的限制性酶切图谱又比较保守。各株之间可以互相产生交叉免疫保护力。在补体结合试验和琼脂扩散试验中，本病毒与其他副痘病毒（如假牛痘病毒、牛丘疹性口炎病毒等）具有明显的抗原交叉反应。CEV 与某些正痘病毒的交叉反应不明显。

CEV 具有高度嗜上皮性。研究人员曾用强毒对羊只静注、肌肉各 5mL，未引起羊发病，皮下注射在注射部位出现水泡和脓疱，其他部位不发病，从而验证了 CEV 的这一特性。

（二）历史及地理分布

早在 1920 年 CE 就发现于欧洲，首次记载于英国（1787 年），当时认为是绵羊的一种接触性传染病。1920 年 Zelller 利用病羊的痂皮复制了本病，直到 1923 年法国 Aynaud 才证实本病的病原是病毒。Glover（1927 年）曾确定 Aynaud 的资料，并进行了组织学研究。Theiler（1928 年）在南非，Seddon 在澳大利亚，Melanidi、Caminopetros 在希腊，lanfranchi 在意大利，Jacato 在印度都曾报道过本病，另外在美国、捷克、波兰、俄罗斯、阿塞拜疆、吉尔吉斯斯坦等国家均有本病流行。

我国有关该病的文献记载最早见于 1955 年。近年来，我国新疆、甘肃、内蒙古、陕西、西藏、四川、云南等地均有本病发生和流行的报道。

（三）流行病学

本病为一种人兽共患病，通过直接接触传染，其中以绵羊、山羊最易感，幼畜（包括初生畜）较成年畜易感。其中以 3~6 个月的羔羊最为易感，成年羊发病较少。CEV 常引起群体发病，尤其是密集的羊群。人、骆驼、猴子、狗、猫等对 CEV 易感，而大鼠、小鼠、鸽子、鸡、猪等对 CEV 无易感性。1970 年 Wilkinson 报道因狗食入没有去皮的病羊尸体而感染，2002 年 Becher 报道 CEV 也可感染海豹。在试验条件下，CEV 可感染家兔、犬、牛、猪等动物。CEV 也可通过直接接触感染人，主要是屠宰工人、皮毛处理工人、兽医及常与病畜接触的人员。

本病的传染源主要是病羊。在自然条件下，CEV 随口涎及脱落的痂皮排出，污染饲料、用具、羊舍、土壤、垫草等饲养环境，经接触黏膜或皮肤而感染，也可经呼吸道感染。感染动物与易感动物直接接触是病毒传播的主要途径。在本病流行期间，病羊与健康羊同居一个羊舍，同群放牧或将健康羊置于病羊用过的羊舍和污染的牧场，可引起健康羊感染 CEV。羔羊乳齿发生期，在有多刺的或干枯植物的牧场上放牧，饲喂粗干草等而造成的小伤口都可成为感染门户。

在试验条件下，CEV 可通过动物头部、舌头、牙龈、腋窝、乳房、外阴、蹄部等部位的损伤、擦伤、表皮脱落而侵入机体，通常认为皮肤或黏膜的损伤是此病传播的必要条件。

（四）发病机理及病理变化

CEV 经唇、足端的皮肤、口腔或外阴部黏膜的擦伤和创伤侵入机体后，在该部位上皮细胞中繁殖，引起上皮层的角质化细胞骤然增生、空泡化、膨大，使网状组织恶化等。由于表皮浮肿、毛细血管增生，血管产生内皮生长因子；血管内淋巴细胞和单核细胞向外周渗透，产生嗜碱性胞浆内包涵体并且最后液化，从而形成水疱，继而因嗜中性粒细胞移往网状组织坏死区，形成脓疱。表面的上皮细胞坏死，纤维蛋白凝结，脓疱干燥后成为痂块，痂块脱落后不遗留疤痕，成为再生皮肤。

CE 的组织学变化以棘细胞层外层角质形成细胞（Keratinocytes）肿胀，水疱化，网状变性，上皮明显增生，上皮内微脓肿形成和痂皮增厚为主要特征。病变开始为表皮细胞肿胀、变性和充血、水肿。接着表皮细胞增生并发生水疱变性，使表皮层增厚而向表面隆突，真皮充血，渗出加重；表皮细胞呈水疱变性，气球样变基础上溶解坏死，形成多房的小水疱，有些可融合成大水疱。真皮内充血的血管周围见大量单核细胞和中性粒细胞浸润；随着中性粒细胞向表皮移行并聚集在表皮的水疱内，水疱逐渐转变为脓疮。可见，病变的特征性变化在真皮部分。真皮浅层无明显变化，真皮深层含有若干个充满红色角蛋白的腔，大小不一，有的呈椭圆形，有的呈圆形，有些角蛋白呈实心状。角蛋白腔的腔壁由基底层细胞构成，基底层之上是棘细胞颗粒细胞层，其中的角质形成细胞在腔壁内形成角化珠，角蛋白脱落后进入腔内。角化珠是由毛囊间的表皮向深层生长加厚，形成陷窝，最后成为多个封闭包囊，充满永久存在的角质蛋白。随着病程的发展，角质蛋白包囊越集越多，最后与表皮一起形成瘤肿块。

（五）临床症状

动物感染 CEV 后，发病部位主要在嘴唇、口角、鼻孔周围，其次是乳房、外阴及蹄等部位。首先出现丘疹，继而形成水疱、脓疱，破溃流黄水，最后结痂。痂皮为褐色或黑色的疣状物，揭开痂皮出现黄水或脓样物质。病羊患部发痒，嘴、头不断在建筑物或树木上强行摩擦，严重时采食困难，精神不振，体温升高，采食和反刍减少，最后因机体衰竭而死亡。根据侵害部位的不同在临诊上分为唇型、蹄型和外阴型，也偶见混合型。

唇型：这是一种最常见的病例。病羊首先在口角、上唇或鼻镜上发生散在的小红斑点，很快形成小结节，继而成为水疱或脓疱，破溃后形成黄色或棕色的疣状硬痂。若为良性经过，这种痂垢逐渐扩大、加厚、干燥，1~2 周内脱落而恢复正常。严重病例的患部继续发生丘疹、水疱、脓疱、痂垢，并互相融合，涉及整个口唇周围及颜面、眼睑和耳廓等部位，形成大面积龟裂、易出血的污秽痂垢，痂垢下伴以肉芽组织增生，整个嘴唇肿大外翻呈桑葚状突起，严重影响采食，病羊日趋衰弱而死。病程可长达 2~3 周。同时常有化脓菌和坏死杆菌等继发感染，引起深部组织的化脓和坏死。口腔黏膜也常受害，出现黏膜病变。少数严重病例可因继发性肺炎而死亡。

蹄型：几乎仅侵害绵羊，多单独发生，偶有混合型。多数仅一肢患病，但也可能同时或相继侵犯多数甚至全部蹄端。常在蹄叉、蹄冠或系部皮肤上形成水疱或脓疱，破裂后形成由脓液覆盖的溃疡。如继发感染则化脓坏死变化可能波及皮基部或蹄，病羊跛行，长期卧地，病期缠绵，还可能在肺脏、肝脏和乳房中发生转移性病灶，严重者衰弱而死或因败血症而死。

外阴型：此型少见。有黏性和脓性阴道分泌物，在疼痛肿胀的阴唇和附近的皮肤上有溃疡。乳房和乳头的皮肤上（多系病羔吃乳时传染）发生脓疱、烂斑和痂垢。公羊阴鞘肿胀，阴鞘口和阴茎上发生小脓疱和溃疡。单纯的外阴型很少死亡。

羊感染 CEV 的一般潜伏期为 4d~7d，自然感染的潜伏期为 6d~8d，人工感染的潜伏期为 2d~7d。

（六）诊断

对于CE，目前尚无诊断标准，WOAH也未对其诊断方法进行推荐。常用的实验室诊断方法主要有以下几种：电子显微镜检查、病毒分离培养、动物接种试验、分子生物学诊断（包括PCR和核酸探针法）。

（七）防控/防制措施

该病目前尚无特效治疗药物，采取有效的预防措施是防止本病发生与流行的关键。

加强对相关动物及其产品的引进管理。不从疫区引进羊或购入饲料、畜产品。引进羊须经隔离观察2~3周，严格检疫，同时应将蹄部多次清洗、消毒，证明无病后方可混入大群饲养。

加强对易感动物的饲养管理。保护动物黏膜、皮肤勿受损伤，切断传播途径。注意饲料和垫草质量，及时去除其中的杂质和芒刺等硬物，防止发生机械性损伤。

加强对畜舍的卫生管理和消毒。畜舍要保持通风透光、干燥、清洁。定期对畜舍、场地、饲养用具等进行消毒处理。

加强疫区易感动物的免疫工作。当前国内外主要使用常规的弱毒疫苗和灭活疫苗对该病进行免疫防治。这些疫苗能在一定程度上降低感染率，被证实较为有效，然而病毒变异株的出现、毒力返强以及活病毒逃逸等不安全因素导致免疫效果差甚至免疫失败的现象时有发生。此外，CEV在免疫学上的特殊性也使得疫苗的免疫效果受到一定的限制。在本病流行地区，可使用羊传染性脓疱弱毒疫苗进行免疫接种，所使用的疫苗株型应与当地流行毒株相同，可有效地防止CE的发生。

（八）风险评估

1. 传入评估

CE广泛存在于世界各养羊国家和地区，病原在所有养羊国家和地区均有发现。感染CE的动物上皮细胞中含有病原体，CEV对环境有很强的抵抗力，干燥痂皮内的病毒在野外可保持毒力数月，存活几个月乃至几年，在地面上经过秋、冬、春仍有传染性。感染CE的动物是本病的传染源。

2. 暴露评估

近年来，为改良品种、优化畜牧养殖结构，我国不断从国外引进品种优良的种羊，该病的传入风险随引进数量的增多而加大。在我国，本病的易感动物数量巨大，分布广泛，因此，该病的传入对我国人民身体健康和养殖业将产生一定的负面影响。

3. 后果评估

该病在我国部分地区发生，我国有成熟的防制措施，因此，该疫病流行对我国畜牧业健康发展影响有限。

八、羊肺腺瘤病

羊肺腺瘤病（Sheep Pulmonary Adenomatosis，SPA；Ovine Pulmonary Adenomatosis，OPA），又称绵羊肺癌（Ovine Pulmonary Carcinoma，OPC）或驱羊病（Jaagsiekte），是由绵羊肺腺瘤反转录病毒（Jaagsiekte Sheep Retrovirus，JSRV）引起的一种慢性、进行性、接触传染性、肺脏肿瘤性疾病。其主要临床表现是患羊咳嗽、呼吸困难、虚弱、逐渐消瘦、流出大量浆液性鼻漏；主要病理特征是Ⅱ型肺泡上皮细胞（Type Ⅱ Pneumocytes）和无纤毛细支气管上皮细胞（Clara Cells）肿瘤性增生。当SPA首次传入易感羊群时，发病率可能高达50%～80%。该病的死亡率可根据病原感染的时间长短而不同，如冰岛和肯尼亚，在该病发生的第一年，死亡率达30%～50%，当该病变为地方性流行病时，死亡率降至1%～5%。目前，SPA主要发生于欧洲、美洲、非洲、东南亚等地区，几乎所有的养羊业发达的国家和地区，包括我国新疆、内蒙古等地都有该病的发生和流行，严重影响着世界范围内养羊业的发展。

WOAH未将SPA列入动物疫病名录；《中华人民共和国进境动物检疫疫病名录》将其列为其他传染病、寄生虫病。

（一）病原

本病病原为JSRV，属D型逆转录病毒。病毒在肿瘤细胞内复制，从肿瘤细胞膜表面出芽成熟。

病毒粒子在蔗糖中浮力密度为1.15g/cm^3～1.20g/cm^3，沉降系数为60S～70S。JSRV对热、三氯甲烷、去污剂和甲醛敏感。

JSRV至今尚不能在体外培养，其为外源性，与存在绵羊基因组里的绵羊内源性逆转录病毒（Sheep Endogenous Retroviruses，SERVs）或内源性JSRV（enJSRV）明显不同。当二者共同扩增时，低拷贝的本病毒可被高本底的 SERVs（enJSRV）所遮盖。为了区分外源性与内源性 JSRV，特别是为了检出非呼吸性组织里低表达的 JSRV，设计了以应用 JSRV LTR 的 U3 区的引物的半巢 PCR（hemi-nested PCR，hnPCR）。此法可在所有自然和实验感染的 SPA 的肿瘤和肺分泌物中以及几种淋巴组织中，检出前病毒 DNA 和 JSRV 转录产物。为了检测对本病的体液免疫应答，以重组 JSRV 衣壳蛋白（JSRV capsid protein，JSRV-CA）作抗原，用免疫印迹（Immunoblotting）法检测自然感染山羊血清中的抗体应答，未获成功。

马学恩等近年来研究结果表明，JSRV 中国内蒙（NM）株的前病毒基因组全长为 7630bp，与南非代表株的核苷酸同源性为 90.4%，氨基酸同源性为 90%，与美国代表株的同源性分别为 89.1%与 90%，说明我国 NM 株与国际代表株亲缘关系相对较远。通过制备 JSRV-2 基因探针，检测出患羊肺肿瘤细胞的细胞浆与核内都有 JSRV-2 基因 mRNA 的表达，也检测到了前病毒 DNA。

（二）历史及地理分布

SPA 在全世界范围内散发，呈世界性分布。在不同国家和地区，SPA 的发生率有显著差异，有暴发、地方性流行和散在发生等几种流行方式。SPA 最早是 1825 年在南非发现的，人们在驱赶有此病的羊群时，发现病羊呼吸非常困难，于是当时用荷兰语命名这种未知疾病为 Jaagsiekte，即驱羊病或驱赶病。除了非洲地区外，本病之后又陆续发现于英国（1888 年）、德国（1899 年）、法国（1899 年）、中国（1951 年）、墨西哥（1981 年）、美国（1982 年）、加拿大（1982 年）、爱尔兰（1985 年）等。现在大部分养羊业发达的国家和地区都有本病的存在。澳大利亚和新西兰由于地理位置的隔绝从未有本病发生的报道。冰岛在 1952 年用严格扑杀病羊的方法人为消灭了本病。

我国首例 SPA 于 1951 年被西北畜牧兽医学院朱宣人教授在病检时发现并记录。我国第一次公开报道此病是 1958 年，新疆农业大学邓普辉教授描述了 1955—1957 年在新疆屠宰羊中发现的 11 例 SPA。之后，在青海、内蒙古等地的绵羊群中也诊断出了 SPA。内蒙古农业大学林曦教授等人于 1982—1985 年进行动物肿瘤发病规律调查时发现 7 例 SPA 病羊。本病主要发生于成年绵羊，但也有发生于山羊的报道。

（三）流行病学

各种品种的绵羊均可感染，但品种间的易感性有所区别，以美利奴绵羊的易感性最高，据报道，JSRV 感染羊不受性别限制，公羊和母羊同样敏感。JSRV 主要感染绵羊，偶尔也见于山羊，如印度（1964 年、1975 年）、秘鲁（1975 年）报道了山羊的 SPA。我国西藏王选等（1994 年）从流行病学、临床症状、病理剖检、细胞学检查等方面确诊了当地山羊的 SPA 病例。目前，除绵羊、山羊外，SPA 尚未见于其他反刍动物，此外 JSRV 也不能实验性感染啮齿类动物。

根据细胞转化实验的研究，似乎所有年龄的绵羊都对 SPA 易感，但在自然条件下很少见 7~9 月龄的临床病例，多数自然感染的 SPA 病羊年龄在 5 岁以下，3~4 岁为发病高峰期。但新生羔羊也可人工感染诱发此病。

自然条件下，JSRV 可经接触传播、飞沫传播，也有通过胎盘而使羔羊发病的报道。可经人工感染诱发。据报道，用病羊的肺肿瘤组织的无细胞滤液、鼻腔分泌物或肺灌洗液接种新生羔羊的鼻腔或气管内，可以复制此病，而且潜伏期可缩短到几周。

（四）发病机理及病理变化

自然发生的 SPA 常与梅迪-维斯纳病毒（Maedi-visna Virus，MVV）等病原体同时感染。经实验研究，MVV 容易侵染已感染 JSRV 的羊群，而且 MVV 在 SPA 畜体中更为活跃，但病理损伤未见协同效应。虽然 MVV 不是 SPA 的病原，但在 SPA 的发病过程中可能起某种协同作用，一种可能是 SPA 是免疫抑制性的，导致体内潜伏的 MVV 活化；另一种可能是，由于 SPA 病羊体内肺泡腔内巨噬细胞增殖，产生了大量的 MVV 易感细胞，从而对 MVV 高度易感。

SPA 自然病例也可与其他绵羊慢病毒（Lentivirus）伴发，通过在 SPA 病羊肿瘤细胞建立的肿瘤细胞系中可以分离到某些慢病毒的实验，证实了由 JSRV 引发的 SPA 病羊中，可能在早期就存在某些慢病毒感染。用此细胞系接种实验羊，结果在所有诱发的 SPA 病例中都有慢病毒的感染。至于这些慢病毒在 SPA 中的作用尚不清楚。但是 JSRV 与慢病毒的伴发提示二者在疾病传播和致病方面可能起协同作用，尽管它们在绵羊体内单独存在时也可导致特定的病理变化。另外，有报道认为某些慢病毒在 SPA 患羊中感染和传播的范围很大，慢病毒在实验性感染的绵羊中可诱发温和的免疫抑制作用，这将影响其他病毒和细菌的侵染。据报道，用混有慢病毒的JSRV 提取物连续接种新生羔羊，可以使潜伏期缩短至 3 周。

剖检的主要病理变化集中在肺脏，但有时支气管淋巴结和纵隔淋巴结也显示特征性的病理变化。典型病例的肺部变实，回缩不良，体积变大，重量增加，可为正常羊的 3 倍以上。肿瘤病灶多发生在一侧或双侧肺的尖叶、心叶和膈叶的下部，呈灰白或浅褐色的小结节，外观钝圆，质地坚实，小结节可以发生融合，形成大小不一、形态不规则的大结节。在肿瘤灶的周围是狭窄的肺气肿区，而且病灶发生慢性纤维化。切开肿瘤时切面不规整，并有多量液体从切面渗出，肺表面湿润，轻轻触压可从气道内流出清亮的泡沫性液体。随病情的发展，肿瘤灶高度纤维化，病灶变为豚脂状白色，质地更加坚实。如果有其他细菌混合感染时，有时会误认为是单纯的细菌性肺炎而把肿瘤灶忽略，这时在疾病早期，临床症状还未辨明之前，剖检在肺内见到的孤立小结节便是该病的唯一证据。

纵隔淋巴结和支气管淋巴结偶见增生和肿大，偶尔在其表面可见小的转移病灶，但从未见转移远距离的器官。非典型性的 SPA 病例，病变主要发生在膈叶，而且腺瘤灶始终呈结节状，并不融合，病灶呈纯白色，质地非常坚实，很像瘢痕。病变部位与周围实质分界清楚，肺表面比较干燥。这种病例一般少见。虽然典型性和非典型性的 SPA 病例在病理变化上有些区别，但从分子水平上它们区别不大。

镜检时在肺泡和支气管内可见上皮细胞肿瘤性增生灶，并散插于未腺瘤化的肺泡群中，成为乳头状腺瘤。肺泡细胞变为立方或低柱状细胞，细胞壁完整，核位于细胞的基底部，少见有丝分裂像。胞质嗜酸性，有空泡，并有糖原颗粒沉积。肿瘤的基质较少，常见各种淋巴细胞、浆细胞和结缔组织纤维浸润。随病情发展，在病灶中央区，基质的纤维化特别突出。由于肺肿瘤结节压迫邻近的肺泡而导致膨胀不全或相邻肺泡融合。腺瘤病灶之间有数量不等的未腺瘤化的肺泡群，肺泡腔内充满巨噬细胞。有的腺瘤灶呈圆形，其周围可能有薄层结缔组织包囊，或由萎陷的肺泡壁构成假性包囊，称类腺瘤区（Para-adenomatous Areas）。在终末细支气管内，也有柱状上皮细胞增生并突入腔内，在其周围有淋巴细胞、浆细胞、巨噬细胞环绕。

超微结构上，扫描电镜观察肿瘤细胞电子密度很高，呈乳头状生长，在其表面有突出的微绒毛（Microvilli），有时可见小的纤毛（Cilia），透射电镜观察可见立方状腺瘤细胞和柱状腺瘤细胞表面都有突出的微绒毛，胞质内有丰富的胞质体和糖原颗粒，核位于基底部，在胞质体内存在板层结构。

SPA 有转移现象，可直接蔓延到支气管，或通过淋巴道转移到支气管淋巴结和胸腔内的其他淋巴结，偶尔也通过血道转移到腹部器官、肌肉等胸外组织。在淋巴组织和网状内皮细胞系统，如局部淋巴结和外周血液单个核细胞（PBMCs）内，用 RT-PCR 技术可以检测到前病毒 DNA，但少见眼观和组织学病变。

（五）临床症状

自然感染的患病羊以进行性衰弱、消瘦和呼吸困难为主要症状。一般在肺肿瘤很小时并不表现临床症状，只有当肺肿瘤长大到严重影响肺的正常生理功能时才表现临床症状。听诊肺部呼吸音粗，为湿啰音。发病后期，一个特征性症状是在呼吸道积聚大量浆液性液体，如迫使病羊低头或将其后躯抬高，则有大量泡沫性、稀薄液体从鼻孔流出，这就是所谓的“小推车试验”。这种症状具有一定的参考诊断意义。由于这些液体积聚于呼吸道，造成病羊痉挛性咳嗽，一般在发病的 2~3 个月内死亡是不可避免的结局，但是如果该病又被其他细菌感染，病程则缩短为几周便以死亡告终。在整个病程发展过程中，病羊精神状态良好、无发热表现。

（六）诊断

目前，绵羊 SPA 诊断标准包括：WOAH 推荐方法，主要靠临床和病理学检查；国内暂无相关诊断标准。

（七）防控/防制措施

目前，还没有一种很好的针对 SPA 的治疗方法，还未见 SPA 疫苗的出现，因此无法用疫苗防治此病。控制本病的有效措施是尽早发现可疑病畜，并立即屠宰，进行淘汰。冰岛就是依靠这种屠宰可疑病畜的方法，成功地消灭了本病，成为无本病的地区。

此外，下列措施可减少本病的发生。引进羊只时应加强检疫，防止病原的传入；注意平时搞好畜舍及周围环境的清洁卫生，作好羊舍的定期消毒；加强饲养管理，特别是冬春季适当补饲，注意防寒过冬；注意饲养密度和畜舍通风，应有良好的活动空间和新鲜空气；种公羊与种母羊分开饲养，减少横向传播的可能性；对疑似病例应做好隔离工作，一旦发现病羊，应尽快隔离或最好淘汰；畜舍及用具彻底消毒，确诊的病羊应及早淘汰，病死畜应进行焚烧处理，严格消毒。

（八）风险评估

1. 传入评估

各种品种的羊均对 JSRV 敏感，在每年从国外引进种羊进行良种繁育过程中，有较高的传入风险，未洗净羊毛、羊绒风险较高。

2. 后果评估

中国存在大量的易感动物，在良种繁育过程中种羊频繁调动，一旦发生大范围的绵羊 SPA 疫情，将严重影响我国养羊业的发展，控制和扑灭疫情所需要的人力物力投入将非常巨大。

九、干酪性淋巴结炎

绵羊和山羊干酪性淋巴结炎（Caseous Lymphadenitis，CLA）也称绵羊和山羊假（伪）结核病（Pseudotuberculosis in sheep and goat），是由假（伪）结核棒状杆菌（Corynebacterium Pseudotuberculosis）引起的一种人畜共患的慢性传染病。该病主要引起患羊消瘦、生产性能低下和死胎，严重者发生死亡。人、各种家畜和许多野生动物均可患本病。世界上几乎所有养羊的国家或地区都有本病存在。由于本病发展缓慢而且致死性低，所以常常被人们所忽视。本病是国际上公认的难以防治的传染病之一，一旦侵入羊群则很难彻底清除，给养羊业的发展造成较大危害。

WOAH 没有将 CLA 列入疫病名录；《中华人民共和国进境动物检疫疫病名录》将其列为其他传染病、寄生虫病。

（一）病原

该病病原属于伪结核棒状杆菌属（*Corynebacterium*），为兼性细胞内寄生菌，能够产生坏死性、溶血性外毒素，其主要成分为磷脂酶，该菌在牛、羊等动物血液培养基上能够产生 β 型溶血。该菌是一种多形态的杆菌，大小（0.5~0.6）μm×（1.0~3.0）μm，球状至杆状、较长的菌体，一端或两端常膨大呈棒状，单在或成栅状、丛状排列。在淋巴结的干酪状脓液中常呈杆状，在纯培养物涂片中，多数为球状，酷似葡萄球菌，少数为杆状。此菌不形成荚膜和芽孢，不能运动，革兰氏染色阳性，抗酸染色阴性；用奈氏（Neisser）法或美蓝染色，多有异染颗粒，似短链球菌。该菌为兼性厌氧菌，最适生长温度37℃，最适pH7.2。该菌营养要求较高，在普通营养琼脂上生长缓慢、贫瘠，在鲜血琼脂平板和血清琼脂平板上生长良好。普通肉汤中培养24h，肉汤轻度混浊，无沉淀，培养48h，肉汤混浊，有黏稠沉淀，摇振时沉淀呈絮状升起，培养72h后液面生长有片状菌膜；马丁培养基培养效果较好，所以液体培养多用马丁肉汤。在马丁肉汤37℃培养24h底部有颗粒状沉淀、表面有薄的白色菌膜，培养时间稍长，则出现厚的菌膜。

该菌发酵葡萄糖、半乳糖、麦芽糖、甘露糖产酸不产气，而不发酵淀粉、海藻糖，对其他大多数糖如乳糖、单奶糖、蔗糖等的发酵结果可变；明胶液化及硝酸盐还原试验是可变的；不产生靛基质和H_2S，MR及VP试验均为阴性。

在该菌细胞裂解物中有7种20~120kD的主要抗原，其中40kD的抗原是最主要的保护性抗原，该抗原是在感染动物体内早期激发免疫的抗原，在培养的滤液中有12、25.1、31.6、36.3、39.8、63.1、70、75、79.4kD的外毒素抗原，这些抗原都能使机体产生保护性抗体。

伪结核棒状杆菌抵抗力不强，65℃经15min即可杀灭，煮沸立即死亡，2.5%苯酚溶液经1min就可将其杀死。但该菌能使绵羊、山羊、骆驼、马、牛等多种动物致病，其中以绵羊和山羊伪结核病最常见，该菌对人也有致病性，所以在公共卫生学上应引起注意。

（二）历史及地理分布

1891年Preisz和Guinand由羊的肾脏脓肿首次分离到伪结核棒状杆菌。此后，一些学者先后由其他动物如羊驼、马、牛、鹿、骆驼、猿、猪及人的病料分离到该菌。我国赵宏坤等成功研制用于该菌分离的选择培养基，并先后用该培养基由羊的鼻腔、咽腔和正常分娩猪子宫颈的拭子及山羊死胎等材料分离到该菌。

该病广泛发生于世界各养羊国家或地区，尤其是澳大利亚和美国西部地区的羊只患病率都比较高，Schreuder和Stoops等的调查结果分别为

30.9%和42.41%；而日本北海道羊只的患病率为5.2%；本病常为散发，偶尔也有地方性流行。德国、法国、保加利亚及波兰均有本病发生的报道。而我国的陕西、甘肃、新疆、云南和广东等地一些羊群的患病率也多在30%以上，个别羊群高达80%以上。本病的患病率随年龄增长而升高，Batey调查了8 711只羊的患病率，未满1岁的3 501只仅为3.4%、1~3岁的636只为41.8%、3岁以上的4 574只为53.7%；赵宏坤等用ELISA进行血清学调查也获得了类似的结果。此外，我国内蒙古东部地区屠宰的6 260只羊中有2 054只患有该病，患病率为32.8%。

在我国，本病多发生于山羊，主要侵害2~4岁的山羊，1岁以内和5岁以上者较少发生。不同品种、性别的山羊都可发生。但也有报道称此病以母山羊和奶山羊占大多数，有的地方群养舍饲的奶山羊发病率可达10%~50%。据庞仕龙等报道，经对云南省保山地区的4县1市的33群山羊调查，山羊CLA的感染率为7%~40%，并发现本病可常年发生，温凉山区以初春和秋末为高发季节，河谷亚热带地区发病无明显季节性，可能与虫媒-蜱的活动有关。也有人认为本病的发生与啮齿类动物的活动有关。

（三）流行病学

伪结核棒状杆菌的易感动物包括绵羊、山羊、马、骆驼、鹿和骡，牛和人类则罕见致病。不同品种、性别的山羊都可发生。国外报道该病主要发生于绵羊，发病率从8% 到90%不等。国内主要见于奶山羊，以群养舍饲的羊多发，有些地区的发病率可达10%~50%。

伪结核棒状杆菌大都存活在颗粒状污染物上面，如粪便、麦秸、颗粒性饲料等，存活时间也较长，27℃可存活23d，动物的饮水中也有病原体存在，啮齿类动物如鼠类是极其重要的传染源。病畜也向外界排放大量的病原体。细菌随病羊的粪便尤其是随汁的排出而使健康羊受到感染。该病主要通过消化道传播，经过创口也可感染此病，如打耳号、去角、脐带处理不当、尖锐异物等引起的外伤均可成为病原菌侵入羊体的门户。此外，肺脏形成脓肿时可经鼻腔排出病原菌，然后经皮肤伤口或口腔、呼吸道、生殖道等途径侵入机体，被吞噬细胞吞食后经淋巴或血流带到临近的淋巴结或内脏等部位形成化脓性坏死灶。

（四）发病机理及病理变化

伪结核棒状杆菌为兼性细胞内寄生菌，能够产生坏死性、溶血性外毒素，其主要成分为磷脂酶。该菌与结核分枝杆菌有着非常相似的菌体表层构成成分，都含有多量的脂质类物质。一般认为这种物质能够抵抗吞噬细胞的消化作用。病原侵入动物体后，进入细胞内寄生，经血液循环到达淋巴间隙，在此繁殖或到达淋巴结和其他器官繁殖，形成特征性的化脓性坏死灶。下列因素对病原在动物体内存活并产生脓肿是有帮助的：一种是能增强血管渗透性的外毒素；另一种是能吸引白细胞的热稳定性化脓因素。另外，大量对吞噬细胞有毒性的表面脂类的存在，能使细菌生存在寄主的吞噬细胞的吞噬溶酶体中而不受损害，并在局部淋巴结或被带到其他部位产生脓肿。

伪结核棒状杆菌被吞噬细胞带到邻近的淋巴结或脏器后，开始增殖，并导致细胞不断破碎和局部组织坏死。由于病灶形成缓慢、水分不断吸收，加之菌体发育过程中菌落干燥的特性，故脓汁呈干酪样，典型者切面呈同心圆状。组织学检查可见到病灶由层次清晰的中央组织坏死区和呈纤维素性肉芽肿的包囊两部分组成，中央组织坏死区含有多量菌体和白细胞及其碎片。该病灶及其形成过程与干酪样结核结节基本相似，厚而致密的纤维性肉芽肿性包囊内包有脓汁。

剖检病羊可见到某些淋巴结和内脏淋巴结肿胀，内含干酪样坏死物，较大的脓肿被较厚的纤维包裹。肺、肝、脾、肾、大网膜、胸膜、胃壁、胆囊、子宫等处有数目不等、大小不同的化脓灶和干酪性病灶，有时可见到胸膜肺炎、腹膜炎的病变。具有明显消化道症状的病例剖检变化主要在肠系膜淋巴结，表现为肿大、化脓，在较新鲜的结节内，其内容物呈淡黄绿色的污奶油状，无臭味。而陈旧结节中的内容物则呈干酪样，略干燥而有小碎渣，呈现类似洋葱的层状结构，在肺、肝、肾等器官也有大小不一的干酪样坏死灶，病轻者零星散在，严重者坏死灶占据大部分。另外肠黏膜也有出血点、出血斑，严重者肠黏膜脱落。

（五）临床症状

病原菌多侵害羊的局部淋巴结，形成脓肿，脓汁呈干酪样，有时在病羊肺、肝、脾、子宫等内脏器官上形成大小不等的结节，内含淡黄色干酪样物质。此病潜伏期长短不定，根据病变发生部位，临床上可分为体表型、内脏型和混合型 3 种。其中以体表型的病例多见，混合型次之，内脏型者发生较少。

体表型病变常局限于体表淋巴结，以颌下淋巴结最常见，肩前淋巴结次之，髂下等淋巴结较少见。病羊一般无明显的全身症状。患病淋巴结肿胀呈圆形或椭圆形，形成脓肿，继而破溃，流出淡黄绿色或黄白色浓稠如牙膏样的脓汁，脓汁排出后数日即可结痂痊愈。若乳房受害，腹股沟浅淋巴结肿大，有时可达拳头大。因受害局部肿胀，乳房呈高低不平的结节状，乳汁性状异常，泌乳量下降。体表型呈良性经过，当淋巴结肿得很大或有多处化脓时，影响采食，病羊贫血、瘦弱、生长发育受阻。

内脏型病变即在内脏器官上形成化脓灶和干酪样病灶，较为少见。

混合型病羊兼有体表型和内脏型的症状。

一般症状开始于体表淋巴结的肿大，继而形成脓肿，随着病情的发展，病羊出现明显的全身症状，食欲减退，精神萎靡，体温升高，消化道症状明显，生产性能下降。

（六）诊断

目前，对于 CLA 的诊断尚未见相关国际标准；国内标准为《羊干酪样淋巴结炎诊断技术》（NY/T 908）。

（七）防控/防制措施

利用伪结核棒状杆菌菌苗研制的疫苗，现仍在技术的改进和研究中。本病的预防措施，主要包括避免从疫区引进羊，定期检查，发现类似羊干酪性淋巴结炎症状者及时隔离检查。另外，本病发生与啮齿类动物的存在和活动有着密切关系，因此消灭圈舍的鼠类在本病的预防上有重要意义。

总之，坚持临床检查，隔离病羊，及时治疗或淘汰，采取综合性的预防措施，才能使 CLA 发病率显著降低，甚至可在羊群中消灭本病。

（八）风险评估

1. 传入评估

我国通过从境外进口羊只及羊肉制品作为食品及种羊来改良本地品种，病原体通过商品及运输工具等传入的风险高。我国各地有大量易感动物，随着我国养羊业的迅速发展，该病的流行风险会增高。由于 CLA 发病缓慢、致死率低，所以常被人们忽视，但其却是难以防治的传染病之一。

2. 后果评估

CLA 疫情一旦引入或暴发则很难彻底清除，所带来的后果是灾难性的，所以商品进口前必须保证证书齐全，严格执行病原消灭措施及运输工具的杀菌措施，一旦传入该病，不但造成动物直接死亡，而且会导致动物及其产品的国际贸易受到限制。

十、绵羊地方性流产（绵羊衣原体病）

绵羊地方性流产（Enzootic Abotion of Ewes，EAE）又称母羊衣原体流产（Ovine Chlamydiosis）或绵羊衣原体病，以前认为本病的病原体为鹦鹉热衣原体（Chlamydia psittaci）免疫Ⅰ型，现在被认为是流产衣原体（Chlamydophila abortus）。绵羊怀孕后期衣原体流产已在世界上许多地区引起了严重的繁殖损失，尤其是临产期曾有过密切接触的羊群，母羊感染后可引起流产、早产、死产及肺炎、多发性关节炎、脑脊髓炎和腹泻，种公羊发生睾丸炎等病症。山羊也可感染，但不如绵羊严重。牛和鹿也偶有感染。该病原体具有潜在的人畜共患性，怀孕妇女尤为易感，因此操作必须谨慎，并采取严格的微生物防范措施和实验室限制手段。

WOAH将EAE列入动物疫病名录；《中华人民共和国进境动物检疫疫病名录》将其列为其他传染病、寄生虫病。

（一）病原

EAE病原是流产衣原体，流产衣原体属于衣原体科、亲衣原体属（*Chlamydophila*），革兰氏染色阴性。细胞壁的结构和成分与其他革兰氏阴性菌相似，但只有微量或无胞壁酸。细胞壁用特异LPS涂片后用改良妻尔-尼尔森抗酸染色，在高倍显微镜下可观察到在蓝色的细胞碎片背景中有大量红色单个或成丛的、小的（约300nm）球菌样原生小体，在暗视野光源下，原生小体呈淡绿色。同时含DNA和RNA，在宿主细胞内繁殖，有一定的生活周期。衣原体对理化因素抵抗力不强，在干燥的外界环境中存活5d，在室温和阳光的直射下最多能存活6d，在水中存活17d，加热56℃ 5min灭活。对低温抵抗力强，组织内4℃存活2个月，-50℃存活1年以上。感染了的鸡胚卵黄囊中可在-20℃下保存数年，在-70℃下可长期保存。0.1%甲醛、0.5%苯酚在4℃下作用24h灭活，3%过氧乙酸、季胺盐类、70%酒精、2%碘酊均可在几分钟内将其杀灭。对煤酚类化合物和石灰有抵抗力。所有的衣原体对四环素族抗菌素都敏感，另外对红霉素、盐酸林可霉素（洁霉素）、乙酰螺旋霉素、强力霉素、麦迪霉素、泰乐素和利福平等也敏感。

衣原体是专性细胞内寄生菌，具有独特的两阶段生活方式，即细胞外感染期和细胞内寄生期，致使由其所引发的各种病症很难控制。为了逃避宿主的免疫应答，衣原体能够转变进入以具有截然不同抗原外形为特征的持久稳固发育期。接种日龄 6d~8d 鸡胚卵黄囊，日龄 3d~9d 内可致死鸡胚。小白鼠鼻内、脑内或腹腔接种可致死或发病，海猪腹腔接种可引起发热反应。

（二）历史及地理分布

1949 年，Stamp 和 Nisbeth 首次在苏格兰报道了该病，之后德国、法国、匈牙利、罗马尼亚、保加利亚、意大利、土耳其、新西兰、美国等相继报道了该病。该病是造成欧洲、北美洲和非洲养羊业损失的主要原因，是造成羔羊流产的最常见原因，例如英国大约 50%的羊流产，估计英国每年因 EAE 对养羊业的经济损失就达到1 500万英镑。在爱尔兰，近年 EAE 发病率明显上升。目前本病在欧洲的流行情况、在经济上的重要性尚无法做出评估。我国最早对羊衣原体的研究始于 1978 年，中国农业科学院兰州兽医研究所对青海、甘肃、内蒙古、西藏等地羊流产病料进行了分离、鉴定及免疫学研究，从而揭开了羊衣原体病在我国流行的面纱。其后的调查发现，在我国的青海、甘肃、陕西、宁夏、广西、北京、内蒙古、海南、新疆等多地都存在该病的流行，个别羊场的阳性率高达 57. 1%。

（三）流行病学

不同品种的成年绵羊和山羊均可感染 EAE，但以 2 岁母绵羊发病最多。流产多发生在怀孕后期，因胎盘炎和胎儿损害而致。易感羊与流产母羊接触后，到下一个产羔期流产率最高。密集饲养的羊发病率高于草原上产羔的羊。

本病常呈地方性流行，病畜和带菌者是主要传染源。通过粪便、尿、乳汁以及流产的胎儿、胎衣和羊水排出的病原菌，污染水源和饲料，经消化道、呼吸道或眼结膜感染直接或间接接触等途径传染，也可通过吸入污染尘埃及散布于空气中的液滴而感染，还可通过交配和蚊虫叮咬传播。

感染母羊在流产或分娩时排出大量感染性流产亲衣原体，特别是在胎盘和子宫排出物中。人可能通过接触这些感染源，或在实验室处理衣原体培养物时不小心受到感染，从而导致亚临床感染，甚至发生急性流感样疾病。

（四）发病机理及病理变化

EAE 是一种原发性、全身性疾病，衣原体侵入机体后即被吞噬细胞吞噬，并在其内增殖，随后造成衣原体血症，继而感染实质性器官。妊娠羊胎盘是衣原体常定居并增殖的部位。在胎盘形成之时，衣原体即侵入羔羊，一般认为流产是由胎盘炎引起的，但有人认为流产的主要原因是胎盘的广泛坏死，破坏了胎盘的功能，因而造成胎羔的死亡。若胎盘损害轻时，则可引起早产或产下弱羊羔。

感染母羊的主要病变是胎盘炎，患病胎盘的子叶及绒毛膜表现有不同程度的坏死，子叶的颜色呈暗红色、粉红色或土黄色。绒毛膜由于水肿而整个或部分增厚。组织变化主要表现为灶性坏死、水肿、脉管炎及炎性细胞浸润，在组织切片中的细胞浆内可见有衣原体。

剖检可见胎盘绒毛膜水肿、血染；子叶黑红如黏土色；胎盘周围有黑色渗出物。流产胎儿有肝病，有的甚至在其表面呈现很多白色针尖大的病灶。多数流产胎儿皮下水肿、出血、胶样浸润，胸腹腔积水。组织学早期病变主要在胎盘的入口区，有些中隔顶端坏死，白细胞浸润，有些绒毛膜上皮膨大，间质水肿，白细胞浸润。病变由此向整个胎盘呈放射状扩散。在发展期，绒毛和中隔的坏死区可扩至子叶的基底部。多数绒毛膜上皮细胞受损，绒毛和中隔分离。流产胎儿的肝、肾、心和骨骼肌的血管周围常有网状内皮细胞增生病灶。

（五）临床症状

感染羊通常是在妊娠的中后期发生流产，观察不到前期症状，临床上主要表现为精神沉郁、食欲减退，常有腹痛表现，大多在 1d～2d 发生流产、死产或产下生命力不强的弱羔羊。流产后可见胎衣滞留，阴道排出分泌物达数天之久，有些病羊可因继发感染细菌性子宫内膜炎而死亡。羊群第一次暴发本病时，流产率可达 20%～30%，以后流产率下降，流产过的母羊，一般不再发生流产，流产后的母羊数天内体温较高。无母羊死亡。对于羔羊和未妊娠母羊，感染可潜伏到受孕。母羊妊娠后期被感染时，可能在下次妊娠后才表现感染症状。

在本病流行的羊群中，可见公羊患睾丸炎及附睾炎。在山羊流产的后期，曾见有角膜炎及关节炎。

（六）诊断

目前，EAE 诊断标准主要包括国际标准：WOAH 推荐的染色法、病原检测、PCR、组织切片、病原分离、补体结合（CF）试验和 ELISA；国内标准《衣原体感染检测方法 补体结合试验》（SN/T 1161）和《动物衣原体病诊断技术》（NY/T 562）。

（七）防控/防制措施

由于该病前期症状不明显，可经消化道、生殖道、呼吸道和蚊虫叮咬等多种方式感染。因此，平时应做好 EAE 疫源的分布和人畜感染该病程度的基本调查，一旦发现疑似病例立即开展针对性措施，检出阳性羊及时淘汰或治疗，以净化本病，预防大规模感染。更重要的是要加强防疫意识，科学饲养管理，不多群羊混群共牧和饮用同一水源，加强清洁卫生和消毒灭菌意识，要对羊舍、周围环境及用具进行经常性清洁消毒。将流产病羊及时隔离，对流产死胎、分泌物、胎盘和污染的羊舍、场地等环境做适当处理和必要的消毒。对同群未发病羊和周围受威胁区的羊用灭活苗进行紧急预防接种。要做好防止和监视疫畜输入，保护孕畜围产期外部环境，预防与病畜密切接触人群的发病等工作。对直接接触感染家畜或其产品的人群的预防措施包括：加强人群衣原体抗体的监测；加强家畜特别是孕畜的管理、抗体监测和严格进出口检疫；加强家畜屠宰和畜产品加工场地的消毒、通风和个人防护；不喝生奶，加强食品卫生检疫；限制怀孕妇女和有免疫缺陷的人从事易于受染的工作；严格 EAE 实验室的安全防护措施。

疫苗免疫能大大降低衣原体排除和防止流产，并且有助于根除疫病。早在 1978 年，Nichols R L 等用从豚鼠结膜炎包涵体分离鹦鹉热衣原体制备成 60%卵黄囊悬液作为肠疫苗来免疫豚鼠，结果表明该疫苗起到了明显的保护作用。其后，各国学者相继研制成羊流产衣原体灭活疫苗，并进行了大面积推广应用，有效控制了衣原体病对养羊业的危害。

（八）风险评估

1. 传入评估

世界上英国、德国、法国、匈牙利、罗马尼亚、保加利亚、意大利、土耳其、新西兰、美国等多个国家都发生了该病，我国也有该病的广泛存在。随着近年来进口动物及其产品的增多及国际贸易往来的频繁，该病传播扩散的风险较大，疫情一旦发生，将会快速传播。

2. 后果评估

我国是绵羊和山羊养殖大国，EAE 的宿主来源广泛且数量巨大。近几年大型集约化养殖场数量迅速增多，使疫病的传播风险增大，一旦发生大规模的 EAE 疫情，将严重影响我国畜牧业经济发展，并威胁到从事动物养殖和产品加工行业的员工健康。控制和扑灭疫情所需要的人力物力投入将非常巨大，会造成社会对疫病的恐慌，病原体对环境的负面影响也将持续很长时间，所以疫情引发的不良影响将是长期以及深远的。

十一、传染性无乳症

传染性无乳症（Contagious Agalactia）是绵羊和山羊的疾病，表现为乳腺炎、关节炎和角膜结膜炎，偶尔表现流产。无乳支原体（*Mycoplasma Agalactiae*，Ma）是山羊和绵羊发病的主要病原，山羊支原体山羊亚种（*M. capricolum subsp. capricolum*，Mcc）、丝状支原体丝状亚种（*M. mycoides subsp. capi*，Mmc）（之前命名为 *M. mycoides subsp*，*mycoides LC*）及腐败支原体（*M. putrefaciens*）3 种支原体可引起类似疾病，常发生于山羊，同时伴发肺炎。已从南非骆驼科（羊驼、美洲驼和小羊驼）动物中检测出 Mcc 和 Mmc 抗体，但还没分离到支原体。

WOAH 将其列为动物传染病名录；《中华人民共和国进境动物检疫疫病名录》将其列为其他传染病、寄生虫病。

（一）病原

支原体是在 1898 年发现的，又称霉形体，是一种简单的原核生物。其大小介于细菌和病毒之间，为 0.2μm~0.3μm，可通过滤菌器，无细胞壁，不能维持固定的形态而呈现多形性。革兰氏染色不易着色，故常用姬姆萨染色法将其染成淡紫色。细胞膜中胆固醇含量较多，约占 36%，对保持细胞膜的完整性具有一定作用。凡能作用于胆固醇的物质（如两性霉素 B、皂素等）均可引起支原体膜的破坏而使支原体死亡。

营养要求比一般细菌高，除基础营养物质外还需加入 10%~20%人或动物血清以提供支原体所需的胆固醇。最适 pH 值 7.8~8.0，低于 7.0 则死亡。大多数兼性厌氧，菌株在初分离时加入 5% CO_2 生长更好。生长缓慢，在琼脂含量较少的固体培养基上孵育 2d～3d 出现典型的“荷包蛋样”菌落：圆形（直径 10μm～16μm），核心部分较厚，向下长入培养基，周边为一层薄的透明颗粒区。此外，支原体还能在鸡胚绒毛尿囊膜或培养细胞中生长。繁殖方式多样，主要为二分裂繁殖，还有断裂、分枝、出芽等方式。同时，支原体分裂和其 DNA 复制不同步，可形成多核长丝体。

支原体对热和紫外线敏感。在试验条件下，支原体在室温可存在 1～2 周，4℃～8℃可存活几个月，-20℃可存活 6 个月至几年。Mmc 在 5℃的山羊奶中可存活 70d 以上。Ma 在 8℃可存活 4 个月。对环境渗透压敏感，渗透压的突变可致细胞破裂。对重金属盐、苯酚、来苏儿和一些表面活性剂较细菌敏感，但对醋酸铊、结晶紫和亚锑酸盐的抵抗力比细菌大。对影响壁合成的抗生素如青霉素不敏感，但红霉素、四环素、链霉素及氯霉素等作用于支原体核蛋白体的抗生素，可抑制或影响蛋白质合成，有杀灭支原体的作用。

（二）历史及地理分布

传染性无乳症是绵羊和山羊的一种疾病，表现为乳腺炎、关节炎和角膜结膜炎，200 年前已为人所知。本病主要发生在欧洲特别是地中海地区以及亚洲和南非的游牧农场和小反刍动物乳品生产企业。近来，由 Ma 引起的绵羊传染性无乳症在西班牙、法国及比利牛斯山脉呈现出急速增加的趋势，且在法国科西嘉岛又有新的疫情暴发（Chazel et al.，2010），意大利每年还报道有 50 多起疫情，主要集中在意大利的两个岛上。在伊朗和蒙古国时常有大量疫情发生（Nicholas et al.，2008）。

许多国家包括意大利（Marogna et al.，2015）、南非和澳大利亚，均从患有乳腺炎和关节炎的绵羊及山羊体内分离到了山羊支原体。另外，腐败支原体也在山羊中引起乳腺炎和关节炎，其特征与 Ma、Mcc 和 Mmc 的症状也相似。1999 年，在法国图卢兹会议上，传染性无乳症工作组达成一致意见，这 4 种支原体都应认为是引起接触传染性无乳症的病原。

伊拉克、阿联酋、伊朗、阿富汗、巴基斯坦、印度、尼泊尔、中国、蒙古国和印度尼西亚等至少 55 个国家均报道过该病。

（三）流行病学

支原体常常在群体中各个品系、各个年龄的动物中进行传播。幼畜、孕畜和哺乳期的母畜更易受感染。

动物生育繁殖的季节、产奶时期和季节性牲畜迁移时期是此病的发病高峰期。口腔、呼吸道和乳腺是自然条件下的几个主要感染途径。经眼睛和生殖器途径感染也会发生。除此之外，创伤也有可能造成感染。垂直传播方式中，哺乳是主要途径，在母畜怀孕时或分娩时都有传染的可能。直接的水平传播发生在临床感染时期，健康动物接触感染动物的乳腺分泌物或呼吸道分泌物都有可能造成感染。群体密度过大会促使本病通过直接接触而传播。寄生虫、环境因素、机械挤奶和人工剪毛或工具皆有可能导致间接传播。

（四）发病机理及病理变化

感染动物是主要的传染源，在出现临床症状时期，可通过奶、泪、呼吸道分泌物、粪便、尿液、关节液等排出体外。奶和尿液中，病原含量很高。实验性感染，根据剂量和途径不同，发病期为1d~7d。皮下注射，支原体在奶中可持续存在4d~7d。研究者通过动物实验发现，从无临床症状的母羊的奶中分离出的支原体，再次感染健康动物时，可能会出现严重的临床症状。

口腔是该病重要的感染途径，病原进入消化道，在小肠中进行黏附和入侵。小创伤感染也是其感染途径之一。此病一旦发生，羊群在4~6周即全部发生热性疾病，支原体随着循环系统散播，在败血症之后，即侵入乳房淋巴结、眼睛和关节，引起病变。

已知的致病机理是Ma具有调节膜表面衣壳的能力，从而使其逃避宿主免疫应答。近年的研究发现，其表面抗原存在变异，表面抗原的结构和变异的机制都是近年来的研究热点。

剖检时可见肺炎病变。这种支原体实验感染时，可见严重关节病变，伴以关节周围极度皮下水肿，影响到离关节甚远的组织。

（五）临床症状

在症状上，由Ma引起的疾病表现为体温升高、食欲不振，产奶母羊的奶黏稠度改变，产奶量下降，甚至无奶，2d~3d内，导致间质性乳房炎；5%~10%的感染动物出现跛行和角膜结膜炎。发热在急性病例中常见，还可能伴随神经症状，此症状在亚急性和慢性感染中极少见。孕羊可能流产。偶尔可见肺部病变，但肺炎不是常见症状。菌血症是常见的，特别是对 Mmc 和 Mcc，可从短暂存在病原体的部位分离到该菌。

Mmc 感染时，可引起乳房炎、关节炎、胸膜炎、肺炎、角膜结膜炎。Mmc 最常发生于山羊，但偶尔也可从感染生殖系统疾病的绵羊和关节炎或呼吸系统疾病的牛体中分离得到。此病为散发，但可在羊群中长期缓慢传播。母羊分娩后，此病在吮乳羊羔中传播机会增加，幼畜由于摄入带菌的初乳和奶而引起感染。呈关节炎和肺炎的败血症致羊羔死亡率增加。

Mcc 分布很广且致病性强，特别是在北非，但发病率低。山羊常比绵羊多发，临床症状为发热、败血症、乳房炎和严重关节炎，随后迅速死亡。

山羊腐败支原体感染常见于法国西部的哺乳期山羊，有无临床症状的山羊均可分离到病原。美国加利福尼亚州的山羊发生乳房炎、胸膜炎导致严重关节炎，并伴发流产和死亡，由感染山羊体内可分离到腐败支原体。在西班牙，山羊羊羔暴发多发性关节炎主要是由腐败支原体感染引起的。

在南美骆驼中，包括羊驼、美洲驼和小羊驼中检测到 Mmc 和 Mcc 的抗体但没分离到支原体。这些骆驼存在多种类支原体疾病，包括多发性关节炎和肺炎，所以看起来在将来会分离到包括 Mmc 和 Mcc 等的支原体病原。

（六）诊断

目前，对于传染性无乳症的诊断标准主要包括病原分离培养、生化检测和血清学鉴定、PCR、CFT、ELISA 和免疫印迹实验。

（七）防控/防制措施

1. 免疫

欧洲和亚洲西部的一些地中海沿岸国家使用疫苗预防 Ma 引起的传染性无乳症。

Ma 灭活苗：在禁止使用活苗的国家，研究工作集中在福尔马林和氢氧化铝等灭活苗的应用上，但灭活苗的制苗滴度都较高。有一些预防 Ma、Mcc 和 Mmc 的三价商用疫苗，但对于效果评价的资料较少。

Ma 弱毒苗：Ma 弱毒苗在土耳其已使用多年，据报道，对母羊和羊羔有较好的保护力，比灭活苗要好，但有造成散毒的可能。活苗不能在哺乳期动物身上使用。

Mmc 疫苗：灭活苗在地中海沿岸一些国家已广泛使用，亚洲局部地区也在使用。

2. 预防与治疗

（1）增强山羊体质，避免寒冷潮湿和过分拥挤等不良因素；不从疫区购买羊只，新进山羊必须隔离饲养；对发病羊群进行封锁，对全群羊逐头检查，对病羊、可疑病羊分群隔离治疗；对被污染羊舍、场地、饲养用具和死羊尸体、粪便等进行无害化处理。

（2）通过抗生素治疗。红霉素、四环素、链霉素及氯霉素等作用于支原体核蛋白体的抗生素，可抑制或影响蛋白质合成，有杀灭支原体的作用。

（八）风险评估

1. 传入评估

传染性无乳症在世界各地广泛分布，尤其是在地中海沿岸的国家。20 世纪 70 年代，我国也有该病的报道。它可感染所有繁殖畜群，支原体常常在群体中各个品系、各个年龄的绵羊和山羊中进行传播。

感染动物是主要的传染源，在出现临床症状时期，可通过奶、泪、呼吸道分泌物、粪便、尿液、关节液等排出体外。奶和尿液中，病原含量很高。

2. 后果评估

我国是畜牧业大国，存在大量的易感动物，近几年大型集约化养殖场数量迅速增多，使疫病的传播风险增大，疫情暴发，将会给国家和养殖户造成重大的经济损失。

十二、山羊传染性胸膜肺炎

山羊传染性胸膜肺炎（Contagious Caprine Pleuropneumonia，CCPP）是由支原体引起的山羊和小反刍动物特有的急性或慢性高度接触性传染病，俗称烂肺病，是目前山羊传染病中最为流行的疾病之一。它引起山羊的厌食、发热及呼吸系统症状，如呼吸急促、呼吸障碍、咳嗽和流鼻涕等，急性和亚急性感染可以通过单侧血清纤维蛋白性胸膜肺炎伴有严重胸腔积液而确诊。

本病在夏末和秋季气温骤变时最常流行，感染该病的山羊常常引起胸腔的病变，临床上以高热、卡他性鼻液、咳嗽、眼结膜炎、呼吸道啰音、纤维素性胸膜炎、肺炎以及部分母羊流产、进行性消瘦为主要特点，具有很高的发病率和死亡率。该病在非洲、亚洲、欧洲和大洋洲的许多国家和地区较为流行，给这些地区的山羊产业造成巨大的经济损失，也给不存在该病的周边地区的山羊饲养业带来了潜在的威胁。

WOAH 将 CCPP 列为动物疫病名录；《中华人民共和国进境动物检疫疫病名录》将其列为其他传染病、寄生虫病。

（一）病原

引起 CCPP 的支原体除丝状支原体山羊亚种外，还有山羊支原体山羊肺炎亚种（*M. capricolum subsp. capripneumonia*，Mccp），模式株为 F38；丝状支原体丝状亚种大菌落型（*M. mycoides subsp. mycoides Large Colony Type*，MmmLC），模式株为 Y-goat，它们均属于一个丝状支原体簇的成员。这个簇成员所特有的基因组和抗原的特性决定了它们在生化和血清学上非常相似。另外，绵羊肺炎支原体（M. O）也能引起 CCPP，模式株为 Y98，但 M. O 不属于丝状支原体簇的成员。

目前在国际上对丝状支原体簇成员的鉴定也是依靠个别基因的序列分析，还未能确定各自特有的基因。研究表明，丝状支原体山羊亚种的膜蛋白主要有：脂蛋白、糖蛋白等，这些蛋白对于病原体的黏附功能、抗原性等有着重要意义，病原体编码这些蛋白的基因或基因家族往往具有高度的可变性，这种可变性对于支原体病理学、抗原性有着很大作用。病原体对于细胞的吸附相关因子，不仅有表面脂蛋白，也有表面存在的糖蛋白。

丝状支原体山羊亚种对理化因素的抵抗力较弱，日光、干燥、高热、机械处理和酸类均可迅速将其杀死，在干粪中经强烈日光照射后，仅维持活力 8d，一般加热 45℃ 15min~30min，55℃ 5min~15min 即被破坏，在沸水中立刻死亡，4℃可存活 1~2 周，−20℃低温下存活 6~12 个月，−70℃或冷冻干燥后可保存数年或更久。反复冻融对其存活有一定影响。对紫外线和渗透压都敏感，因无细胞壁，环境中渗透压的突然改变可使细胞破裂。对多种抗生素敏感性，可因种类的不同有差异；对影响细胞壁合成的抗生素如青霉素、先锋霉素有抵抗作用，对放线菌素 D、丝裂菌素 C 最为敏感，而对影响蛋白质合成的抗生素如四环素族、大环内酯族抗生素（泰乐菌素、螺旋霉素）较为敏感。对常用浓度的重金属盐类、苯酚、来苏儿、克辽林等消毒剂均比细菌敏感，1%的克辽林可于5min内杀死本菌，对表面活性物质洋地黄皂苷敏感，而对醋酸铊、结晶紫、亚硝酸钾等有较强的抵抗力。病原菌在腐败材料中可维持活力3d。

（二）历史及地理分布

Longley（1951年）首先分离到了丝状支原体山羊亚种，与此同时，Chu和Berieidg等也成功地从病羊中分离到丝状支原体山羊亚种，Edward（1954年）检查了上述两地的分离物，并选用后者作为模式株（PG3）。

在国外常有大规模CCPP暴发的报道，如1995年厄立特里亚暴发的全国性的CCPP，导致山羊死亡率和感染率分别超过了60%和90%。从WOAH通报的国际动物疫情看，近年来CCPP主要发生在亚洲、非洲的部分国家。例如，2003年有14个国家报道了CCPP，其中印度发病3 223例，死亡463例；伊朗发病16 073例，死亡1 395例；阿曼发病9 347例，死亡571例；坦桑尼亚发病1 090例，死亡390例。2009年塔吉克斯坦发生2起CCPP，涉及的易感动物有670只山羊，其中400只发病，80只死亡，320只销毁；毛里求斯岛区的1家农场发生CCPP，涉及的易感动物有15 000只山羊，其中312只发病、死亡。

我国从1935年有该病报道以来，陆续有学者分离到了CCPP病原。王栋等（1988年）按Freund（1979年）介绍的方法，系统地鉴定了来自山东、山西和新疆的CCPP病原，结果表明，4株病原在形态特征、培养特性、生化特性和血清学反应等方面均与丝状支原体山羊亚种国际模式株PG3相一致，从而认为我国的CCPP病原是丝状支原体山羊亚种。万一元（2001年）和邱立新（2002年）也相继在贵州、湖南分离到与PG3接近的支原体。李媛等（2006年）从湖羊肺脏中分离到了绵羊肺炎支原体。杜永凤等（2006年）从山羊体内分离到了与PG3相近的丝状支原体山羊亚种和与Y-98相近的绵羊支原体。储岳峰等（2007年）分离到了Mmc。李媛等（2007年）对4株CCPP中国分离株进行鉴定，将其确定为Mccp，并将我国国内流行的CCPP的病原定名为Mccp。辛九庆等（2007年）从山羊肺脏中分离到一株山羊支原体山羊肺炎亚种。可见，我国CCPP的病原也是多样化的。

（三）流行病学

在自然条件下，丝状支原体山羊亚种只感染山羊，本病多感染3岁以下的山羊，奶山羊比其他山羊更易感染，呈地方性流行。

流行病学和人工感染试验的资料表明，接触传染是本病的主要方式，更确切地说，呼吸道的飞沫传染是本病传播的主要方式；在通常情况下，丝状支原体山羊亚种也可以经由粪便排泄物在山羊之间传播；通过人工接种怀孕母山羊，证实PG3也可经胎盘垂直传播。一年四季均有流行，营养缺乏、气候骤变、羊群密集等有利于本病的发生和流行，因此多发生于冬季和早春。死亡率高，而且一旦感染则难以净化。有资料报道，在疫区该病持续感染力可达25年之久，自然耐过的山羊可获得一定的免疫力。

病羊或带菌羊是本病的主要传染源，其肺组织和胸腔渗出液中含有大量的病原体，主要经呼吸道分泌物排菌。耐过羊的肺组织内的病原体在相当长时期内具有生活力，这种羊也有散播病原的危险性。新疫区的暴发几乎都由引进病羊并把它们混入健康羊群饲养所致。发病后传播迅速，20d左右可波及全群。冬季流行期平均20d，夏季可达2个月以上。

（四）发病机理及病理变化

病原菌经呼吸道进入肺脏，先引起细支气管炎，很快侵入其周围间质，引起浆液性或纤维素性炎症；随后又沿淋巴管和血管向全肺蔓延，因此肺脏出现大灶性肝变。病原菌进入支气管后，能紧密贴附于纤毛间的上皮细胞膜，因此不能被黏液-纤毛清除排出，甚至可免于吞噬细胞的作用。黏附于上皮的病原菌通过释放其代谢物对纤毛和细胞膜发生毒性作用，导致纤毛脱落、细胞膜受损。此外，病原菌入侵机体，还可带来复杂的免疫学发病机制，如产生广泛的免疫异常反应和免疫系统损坏。病原菌在沿血管、淋巴管蔓延的过程中，可引起血管炎与血栓以及淋巴管与淋巴栓。血栓可导致肺梗死；淋巴栓则影响炎性渗出物的吸收，进而带来机化及肺肉变。病畜如继续存活，小坏死灶可被肉芽组织取代，大坏死灶则形成结缔组织包裹。当疾病好转或临诊痊愈后，病原菌能在肺病灶里长期存活，成为疾病内源性再发的基础。

病理变化一般局限于胸部器官，病原菌主要存在于病羊的肺、胸腔积液和纵隔淋巴结中，有浆液纤维素性胸膜炎变化，胸腔积有大量淡黄色浆液纤维素性渗出物，胸膜充血、晦暗、粗糙，附以纤维素絮片。肺胸膜与肋骨膜常发生粘连。支气管于纵隔淋巴结充血、出血、肿大。心肌松软，心包积液。肺表现为纤维素性肺炎特征。肺炎最初为炎性充血和水肿，随后发生肝变，因病情不同，肝变区可呈局灶性或弥散性两种形式。局灶性肝变首先出现在通气良好的膈叶或中间叶胸膜下局限的红色实变区，以后实变区逐渐扩大。弥散性通常表现为一侧肺的膈叶大部或全部发生炎症，对侧肺也可能有大小不等的肺炎灶；但两侧肺全部发生肝变者罕见。弥散性肺炎的外观和牛传染性胸膜肺炎相似，也呈多色性和大理石样景观，但间质水肿没有牛传染性胸膜肺炎的显著。慢性病例，肝变肺有坏死灶形成，小坏死灶可被机化，大者其外围以结缔组织包裹，这和牛传染性胸膜肺炎的结局也较相似。镜检，有纤维素性肺炎的一般组织变化。间质虽有炎性水肿，但没有严重的坏死以及血管周围机化灶与边缘机化灶。发病初期，支气管与血管周围为浆液性炎，以后则为增生性炎，主要表现为淋巴网状细胞增生，甚至可形成淋巴小结；肺膜增厚，膜下及肺泡间隔也有淋巴细胞浸润。

（五）临床症状

CCPP 潜伏期平均为 18d～20d，短者 3d～5d，长者可达 40d 以上。根据病程和临床症状可分为最急性、急性和慢性类型。

最急性型：体温升高，可达41℃～42℃，精神沉郁，不食，呼吸急促，随之呼吸困难，咳嗽，流浆液性或脓性鼻液，黏膜发绀，呻吟哀鸣，卧地不起，多于 1d～3d 死亡。

急性型：最常见。体温升高，初为短湿咳，流浆液性鼻液，后变为干咳，流黏液性脓性鼻液。当压迫胸壁时，病畜有疼痛反应，病侧叩诊常有实音区，听诊时可听到胸膜摩擦音和水泡音，有时也听到粗粝的呼吸音；高热不退，呼吸困难，呻吟痛苦。弓腰伸颈，腹肋紧缩，最后衰竭死亡。死前体温下降。孕羊大批流产。病程 1～2 周，有的达 3 周以上。

慢性型：主要由慢性病例转变而来的，全身症状较轻，体温降至 40℃左右。山羊染病以后，如果在 4d～10d 以后未死亡，则体温、食欲恢复正常，除有时发生咳嗽和被毛较无光泽外，别无其他异状。但宰杀检查时，肺脏常有陈旧的肺炎病灶。

（六）诊断

通过临床及尸体解剖检可以进行初步诊断，但是确证还需要进行实验室检测，因为分离培养 Mccp 非常困难，所以，分子生物学技术是确诊的首选方法。

目前，对于 CCPP 诊断标准主要包括：国际标准为 WOAH 推荐的抹片或切片镜检、核酸识别、凝胶沉淀试验、支原体分离鉴定、CF 试验、间接血凝试验（IHAT）、乳胶凝集试验（LAT）、ELISA；国内标准为《丝状支原体山羊亚种检测方法》（NY/T 1468），包括病原分离、病原鉴定培养特性鉴定、生化鉴定、IFA、PCR、IHAT、ELISA。

（七）防控/防制措施

CCPP 是接触性传染病，因此在疫病发生时，如能遵守防疫制度，严格执行隔离消毒措施，就可以防止疫病的蔓延。消毒隔离的具体办法是当一群山羊发病后，严格封锁，并逐头进行检查，凡有咳嗽和体温在 40℃以上的，就应看作是病羊。把病羊隔离在一定的地点，由专人饲养，并根据具体情况，作以下处理。

用对病原敏感的抗生素治疗。药物选择得当，治疗及时，治愈率较高；当病程发展到中晚期，肺的病变范围过大时，则治疗无效。治疗的原则为抗菌、消炎、制止渗出、止咳、平喘、镇痛。常用的药物主要有新胂凡纳明（914）、大环内酯类（如红霉素、泰乐菌素等）、喹诺酮类（如环丙沙星、恩诺沙星、单诺沙星等）。治愈后转到治愈群饲养，但仍不能放入健康群。

如果病羊数目不多，为了根除传染源，可以屠宰。屠宰的肉经煮熟后可供食用，病羊羊皮可用 5%克辽林或 3%来苏儿浸泡 24h，或用 0.7%氯胺溶液浸泡 3h。

对疫群中还没有出现症状的山羊，亦应封锁在一定的地区饲养，并注射疫苗进行预防。在注射疫苗的 10d 以内，应经常检查，凡出现症状或体温反应持续 2d 以上的，就应怀疑已经发病，须及时隔离和治疗。

病羊住过的畜舍及其用具，应用 5%克辽林、1%～2%氢氧化钠、10%漂白粉或 20%热草木灰水进行消毒，圈内垫草应彻底清除并烧毁。

因为 CCPP 病羊常有转为慢性的，因此在疫病停止发生或病羊治愈后，必须再经过两个月的隔离观察，如果不再出现病羊，才可解除封锁。

从外地输入山羊时，必须隔离饲养一个月，经检查证明健康后，才可和原有的山羊混群饲养。

有过本病流行的地区及其周围地带，每年应采用丝状支原体山羊亚种制造的 CCPP 氢氧化铝组织灭活苗进行一次疫苗预防注射。

（八）风险评估

1. 传入评估

山羊在世界各地广泛分布，病原在许多国家和地区均有发现，耐过病羊肺组织内的病原体在相当时期内具有活力，有散播病原的危险性。羊痘、羊狂蝇侵袭等可继发该病，且发病率和死亡率较高，野生动物跨境或跨省迁徙是该病传播的一种途径，且我国大部分省份均有该病的发生，呈地方性流行，具备大规模流行的条件。

2. 后果评估

我国绵羊、山羊的存栏量、出栏量、羊肉产量均居世界第一位，各省份均有不同方式和规模羊的养殖，CCPP 所危害的易感动物数量之大，范围之广，不容忽视。一旦暴发全国性的大流行，羊只的死亡、流产、生产能力下降等造成的经济损失巨大；病羊的治疗、健康羊只的免疫与预防等都需要投入巨大的人力、物力、财力；同时，我国羊肉、活羊、羊毛、羊绒、肠衣等的出口必将受到重大打击。病原传入后有可能扩大感染范围到野生羊种，增加控制和扑灭疫情的难度。

十三、羊流产沙门氏菌病（流产沙门氏菌）

羊流产沙门氏菌（*S. abortusovis*），具有宿主特异性，仅引起山羊和绵羊发病，以怀孕母羊的流产，死胎和初生羔羊的疾病为特征。

WOAH 将其列为动物传染病目录；《中华人民共和国进境动物检疫疫病名录》将其列为其他动物传染病、寄生虫病。

（一）病原

本病的病原属于肠杆菌科（Enterobacteriaceae）、沙门氏菌属（*Salmo-*

nella)。本病菌为革兰氏阴性短杆菌，长 1μm~3μm，宽 0.5μm~0.6μm，两端钝圆，不形成荚膜和芽孢，具有鞭毛，有运动性。

本菌为需氧兼厌氧性菌，在肉汤培养基中变混浊，而后沉淀，在琼脂培养基上生成光滑、微隆起、圆形、半透明的灰白色小菌落。羊流产沙门氏菌为缓慢生长的血清型，在平板培养基上需要培养 72h 以上。

本属细菌对干燥、腐败、日光等因素具有一定的抵抗力，在外界条件下可以生存数周或数月。在水、土壤和粪便中能存活几个月，60℃ 1h，70℃ 20min，75℃ 5min 死亡。对低温有较强的抵抗力，在 6℃~12℃的条件下，可存活 4~8 个月。对于化学消毒剂的抵抗力不强，一般消毒剂和消毒方法均能达到消毒目的。

（二）历史及地理分布

流产沙门氏菌于 1921 年由德国首次分离报道，随后，1925 年于英国，1931 年于德国，1932 年于塞浦路斯，1933 年于法国相继被分离报道。之后，其他国家也报道了该病。

流产沙门氏菌主要分布于欧洲和亚洲西部，特别是法国、西班牙、德国、塞浦路斯、俄罗斯、保加利亚、英国和威尔士。近几年，在意大利和瑞士多发。

（三）流行病学

本病可见于所有品种的母羊，年龄轻者发病率较高，多见于怀孕的最后 3 个月，无季节性。本病在畜群内发生后，一般呈散发或地方周期性流行。

患病与带菌动物是本病的主要传染源，经口途径是最主要的感染途径，食入被阴道分泌物、胎盘、死胎（肝和胃内容）和感染新生胎儿所污染的食物和水而感染。此外，在某些情况下，粪、乳汁和呼吸道分泌物也可成为传染源。该病也可经呼吸道和眼结膜方式感染。受感染的羊可通过性途径传播给健康羊群，感染的公羊能将疾病带给整个羊群。

环境污秽、潮湿、棚舍拥挤、粪便堆积，饲料和饮水供应不良，长途运输中气候恶劣、疲劳和饥饿、内寄生虫和病毒感染，分娩、手术，母畜缺奶，新引进家畜未实行隔离检疫等均可促进本病的发生。

（四）发病机理及病理变化

Uzzau 等以鼠为动物模型研究流产沙氏菌的致病机理，发现流产沙门氏菌的致病与肠道派伊尔氏淋巴集结有关。怀孕 150d，胎儿派伊尔氏淋巴集结组织学上是成熟的。新生羊羔在结肠，接近回肠的位置有一段长 2m~5m 的回盲部派伊尔氏淋巴集结。12 周后，这个淋巴组织消失，仅有个别囊泡还能在 18 周时检测得到。因此，一个对成年动物、胎儿和新生羊羔感染情况不一样的可能的解释就是沙门氏菌暂时感染母羊的小肠，一部分细菌会扩散至全身，特别是网状内皮组织，强烈刺激了免疫系统。在怀孕期间，派伊尔氏淋巴集结的趋向性可能使细菌在胎儿体内定植，导致流产和将会有肠炎、败血症状的弱胎的分娩。

流产型羊出现死产或初产羔羊几天内死亡，呈现败血症病变。组织水肿、充血，肝脾肿大，有灰色坏死灶。胎盘水肿出血。母羊有急性子宫炎，流产或产死胎的子宫肿胀，有坏死组织、渗出物和滞留的胎盘。

（五）临床症状

潜伏期长短不一，依动物的年龄、应激因子和侵入途径等而不同。

流产多见于妊娠的最后两个月。病羊在流产前体温升高到 40℃~41℃，厌食，精神沉郁，部分羊有腹泻症状，阴道有分泌物流出。之后流产，产下死胎。感染孕羊也能产下活的羊羔，但活羊羔比较衰弱，不吃奶，并有腹泻，一般于 1d~7d 内死亡。病羊伴发肠炎、胃肠炎和败血症等症状。病母羊也可在流产后或无流产的情况下死亡。未孕母羊感染无临床症状。首次怀孕的母羊流产率较高。羊群暴发 1 次，可持续 10d~15d，流产率和病死亡率均很高。

（六）诊断

根据流行病学、临诊症状和病理变化，可做出初步诊断，确诊需要取病母羊的粪便、阴道分泌物、血液和胎儿组织进行沙门氏菌的分离和鉴定。

国际标准为 WOAH 推荐的方法，如病原分离和血清学诊断，ELISA 和 PCR 被用于羊流产沙门氏菌的实验室检测；国内标准为《食品安全国家标准　食品微生物学检验　沙门氏菌检验》（GB 4789.4）。

（七）防控/防制措施

加强饲养管理，增强抵抗力。对妊娠母羊特别是妊娠后期的母羊，要合理供应饲料，保证有丰富的蛋白质、矿物质和维生素，以使胎儿能获得发育所必需的营养物质；加强产房的清洁卫生，助产时，应严格消毒；羊舍、奶具定期消毒，保证清洁卫生。

采用添加抗生素的饲料添加剂，不仅有预防作用，还可促进家畜的生长发育，但应注意地区抗药菌株的出现，如发现对某种药物产生抗药性时，应改用其他药物。根据不少地方的经验，应用自本场（群）或当地分离的菌株，制成单价灭活苗，常能收到良好的预防效果。

本病的治疗，可选用经药敏试验有效的抗生素并辅以对症治疗。对病羊隔离治疗，对流产胎儿、胎衣及污染物进行销毁，对污染场地全面消毒处理。对可能受威胁的羊群，注射相应菌苗预防。病初用抗血清较为有效。选用经药敏试验有效的抗生素，每次最好选用一种抗菌药物，如无效立即改用其他药物。在抗菌消炎的同时，还应进行对症治疗。

沙门氏菌污染饲料是动物感染最常见的来源。因为饲料污染经常由与公共卫生相关的沙门氏菌血清变种引起，因此应该对饲料特别是肉骨粉进行沙门氏菌调查。

屠宰的卫生控制很必要，当屠宰和加工可能感染的动物群时，也应采取一些特殊的防范和消毒措施。

（八）风险评估

1. 传入评估

所有品种的母羊均易感，我国存在大量的易感动物，在引进种用动物和动物产品时存在传入的可能性。

2. 后果评估

羊流产沙门氏菌主要感染绵羊和山羊，多呈散发或地方性流行，由于该病会造成大批母畜突然流产，因此对畜牧业会造成重大损失。一旦发现疫情，若不及时处理，容易造成地方性流行，特别是在家畜繁殖季节，会造成重大的经济损失。感染家畜的排泄物和流产出的胎儿中含有大量的病原体，若处理不当将引发本病扩散，对环境造成进一步影响，并对动物和动物产品的国际贸易有明显影响。

十四、内罗毕羊病

内罗毕羊病（Nairobi Sheep Disease，NSD）是由内罗毕羊病病毒（Nairobi Sheep Disease Virus，NSDV）引起的，由蜱传播的一种羊的急性发热性传染病，以发热、腹泻、虚脱为主要特征，没有接触传染性，是人畜共患病。

WOAH 将其列至动物疫病名录；《中华人民共和国进境动物检疫疫病名录》将其列为其他动物传染病、寄生虫病。

（一）病原

本病的病原是 NSDV，属布尼亚病毒科（Bunyaviridae）内罗毕病毒属（*Nairovirus*）。病毒粒子呈球形或卵圆形，有双层衣壳和囊膜，核酸为多链单股 RNA，结构与黏膜病病毒相似。

该病毒能在绵羊、山羊肾细胞和仓鼠传代肾细胞系中培养增殖，后者可产生细胞病变。在感染的细胞内可见胞浆内包涵体。给幼龄小鼠脑内接种，病毒增殖良好。

该病毒在 50℃可耐受 1h，60℃ 5min 可使之灭活，病毒在 4℃保存的血液和血清中仍具有传染性。

（二）历史及地理分布

该病在肯尼亚 Kabete 兽医病理实验室 1910—1911 年年报中首次报道，Montgomery 将其描述为绵羊和山羊的流行性出血性胃肠炎。1969 年 Terstra 对本病病原做了详细描述。本病主要发生在非洲，曾发现于乌干达、刚果和卢旺达之间的基伍湖地区。根据在 WOAH 网站查询的疫病信息，只有也门在 2006 年下半年发现了该病未确诊疑似病例（Disease suspected but not confirmed），其他国家均无本病发生。

（三）流行病学

NSD 在自然条件下只有绵羊和山羊易感，绵羊最易感。本病主要以蜱为媒介，具尾扇头蜱（Rhipicephalus appemdiculatus）是最主要的传播者。本病也可通过扇头蜱属和 Ambylomma 杂色斑点蜱传播，不能通过接触传播。

（四）发病机理及病理变化

在病畜的血液和组织中含有病毒，可以传染给寄生的媒介蜱并在其体内和后裔中长期存活，所以放牧地区一旦有这种蜱就将成为最危险的传染源，某些野生啮齿类动物和反刍动物也能起到病毒宿主的作用。

剖检时可见大部分脏器和组织充血，消化道黏膜充血和出血，以腺胃的纵行皱襞、回肠后部和整个结肠最为显著。淋巴结充血肿大，脾也肿大，常见肺水肿、心肌炎、肾炎，组织学检查可见血管球-肾小管性肾炎、心肌纤维透明变性和胆囊凝固性坏死。出血性瘀斑，特别是淋巴结和脏器表面浆液性瘀斑遍布整个尸体。

（五）临床症状

绵羊发生 NSD，潜伏期为 2d～5d。病羊突然发生高热（41.5℃），呼吸急速，伴随高度沉郁、食欲减退和不愿走动，站立时头低下。稽留 3d～10d 后发生腹泻，随后病情不断加重，出现出血性胃肠炎症状，有约半数病例可以见到黏脓性鼻涕，有时混有血液。母羊阴门充血肿胀，孕羊常出现流产。急性病例可随时在发热期间死亡，而最急性病例在发热后 12h 内就可死亡。体温下降 3d～7d 后，可发生腹泻和严重脱水而死亡。

（六）诊断

根据临床症状、流行病学资料和病理解剖学变化可做出初步诊断，但须依靠病毒鉴定、血清学试验来确诊。

目前，对于 NSD 诊断标准主要为 WOAH 推荐的病毒分离方法、IFA。本病应与裂谷热和韦塞尔斯布朗病加以鉴别诊断。

（七）防控/防制措施

对本病耐过的绵羊或山羊均可获得坚强的免疫力。应用组织细胞培养物制成的灭活疫苗保护效果良好。通过小鼠脑传代致弱的疫苗也被证实安全有效。

本病的防制措施包括加强饲养卫生管理，对病羊进行隔离饲养，及时淘汰病重的羊，严禁牧区内畜群移动，对畜舍、用具和垫草等进行消毒或焚烧处理，并对疫区的羊或其边界地区进行疫苗接种。在蜱滋生可能性较大的地区，应对绵羊和山羊每周实行药浴，清除媒介蜱。

（八）风险评估

1. 传入评估

在本病的发热阶段，病畜的血液和组织中含有病毒，可以传染给寄生的媒介蜱并在其体内和后裔中长期存活，所以蜱为本病最危险的传染源。我国存在大量本病的易感绵羊和山羊，有该病传播媒介蜱的存在，随着我国产业结构的调整，从国外引进羊及其遗传物质的数量大幅增加，有传入风险。

2. 后果评估

在我国主要牧区均有蜱的流行，如果本病一旦发生，将影响我国畜牧业健康发展。

第三章

进境家畜国门生物安全风险管理措施

CHAPTER 3

第一节
法律法规

一、《中华人民共和国生物安全法》

《中华人民共和国生物安全法》是为维护国家安全，防范和应对生物安全风险，保障人民生命健康，保护生物资源和生态环境，促进生物技术健康发展，推动构建人类命运共同体，实现人与自然和谐共生而制定的法律。该法由中华人民共和国第十三届全国人民代表大会常务委员会第二十二次会议于2020年10月17日通过，自2021年4月15日起施行。

该法赋予海关生物安全管理的主要职责包括：（1）建立首次进境或者暂停后恢复进境的动植物、动植物产品、高风险生物因子国家准入制度。进出境的人员、运输工具、集装箱、货物、物品、包装物和国际航行船舶压舱水排放等应当符合我国生物安全管理要求。海关对发现的进出境和过境生物安全风险，应当依法处置。经评估为生物安全高风险的人员、运输工具、货物、物品等，应当从指定的国境口岸进境，并采取严格的风险防控措施。（2）建立境外重大生物安全事件应对制度。境外发生重大生物安全事件的，海关依法采取生物安全紧急防控措施，加强证件核验，提高查验比例，暂停相关人员、运输工具、货物、物品等进境。必要时经国务院同意，可以采取暂时关闭有关口岸、封锁有关国境等措施。（3）海关应当建立进出境检疫监测网络，组织监测站点布局、建设，完善监测信息报告系统，开展主动监测和病原检测，并纳入国家生物安全风险监测预警体系。

海关是《中华人民共和国生物安全法》的执法主体之一。海关的主要执法路径是通过国境卫生检疫，能有效防止包括重大新发突发传染病在内的各类传染病传入传出，防范生物恐怖袭击和应对生物武器威胁，维护公共卫生安全；通过进出境动植物检疫，能有效防止重大新发突发动植物疫情在内的动植物病虫害以及人畜共患病传入传出，保护生物资源安全和生态环境；通过日常的海关监管，维护生物技术的合法应用秩序，保护我国人类遗传和生物资源安全，防范外来物种入侵。

二、《中华人民共和国进出境动植物检疫法》

为防止动物传染病、寄生虫病和植物危险性病、虫、杂草以及其他有害生物传入、传出，保护我国农、林、牧、渔业生产和人体健康，促进对外经济贸易的发展，我国于1991年10月30日通过了《中华人民共和国进出境动植物检疫法》，该法于1992年4月1日起施行。该法的出台表明进境动物检疫是国家行政执法行为，法制性是其基本属性。动物检疫的主要内容包括了明确检疫名录和检疫范围的适用范围、主管部门以及执法机构、行政措施如禁止进境措施、强制处理措施、紧急措施等，检疫制度包括检疫审批制度、报检制度、调离检疫物批准制度、检疫物验放制度、废弃物处理制度、检疫监督管理制度等、行政处罚和检疫执法。《中华人民共和国进出境动植物检疫法》规定，国务院设立动植物检疫机关，统一管理全国进出境动植物检疫工作。国家动植物检疫机关在对外开放的口岸和进出境动植物检疫业务集中的地点设立的口岸动植物检疫机关，依照本法规定实施进出境动植物检疫。

《中华人民共和国进出境动植物检疫法》第五条规定，禁止进境的物质包括：动植物病原体（包括菌种、毒种等）、害虫及其他有害生物；动植物疫情流行的国家和地区的有关动植物、动植物产品和其他检疫物；动物尸体；土壤。因科学研究等特殊需要引进本条规定的禁止进境物的，必须事先提出申请，经国家动植物检疫机关批准。相关部门会根据规定公布禁止进境物的名录，以及制定、调整并发布需要检疫审批的动植物及其产品名录。根据《中华人民共和国进出境动植物检疫法》，1996年12月2日国务院发布了《中华人民共和国进出境动植物检疫法实施条例》（国务院令第206号），于1997年1月1日起施行。《中华人民共和国进出境动植物检疫法实施条例》共包含十章内容，对进境动物检疫的主管部门、检疫审批、进境检疫、检疫监督等有了更明确的规定。如该条例规定输入动物、动物产品和禁止进境物（《中华人民共和国进出境动植物检疫法》第五条第一款所列）的检疫审批，由相关机关负责。

三、《中华人民共和国动物防疫法》

《中华人民共和国动物防疫法》是为了加强对动物防疫活动的管理，预防、控制、净化、消灭动物疫病，促进养殖业发展，防控人畜共患传染病，保障公共卫生安全和人体健康而制定的法规。2021 年 1 月 22 日，《中华人民共和国动物防疫法》由中华人民共和国第十三届全国人民代表大会常务委员会第二十五次会议第二次修订，自 2021 年 5 月 1 日起施行。

为了迅速控制、扑灭重大动物疫情，保障养殖业生产安全，保护公众身体健康与生命安全，维护正常的社会秩序，2005 年 11 月 16 日经国务院第 113 次常务会议通过了根据《中华人民共和国动物防疫法》制定的《重大动物疫情应急条例》，2017 年 10 月 7 日，《国务院关于修改部分行政法规的决定》（国务院令第 687 号）对其进行了修订。

该法对海关的职责做出了明确的要求：（1）国务院农业农村主管部门和海关总署等部门应当建立防止境外动物疫病输入的协作机制；（2）海关按照本法和有关法律法规的规定做好动物疫病监测预警工作，并定期与农业农村主管部门互通情况，紧急情况及时通报；（3）海关发现进出境动物和动物产品染疫或者疑似染疫的，应当及时处置并向农业农村主管部门通报；（4）进出口动物和动物产品，承运人凭进口报关单证或者海关签发的检疫单证运递；（5）海关的官方兽医应当具备规定的条件，由海关总署任命，具体办法由海关总署会同国务院农业农村主管部门制定。

四、《中华人民共和国海关法》

《中华人民共和国海关法》是为维护国家的主权和权益，加强海关监督管理，促进对外经济贸易和科技文化交往，保障社会主义现代化建设而制定的法律，自 1987 年 7 月 1 日起施行。

海关依照本法和其他有关法律、行政法规，监管进出境的运输工具、货物、行李物品、邮递物品和其他物品，征收关税和其他税、费，查缉走私，并编制海关统计和办理其他海关业务。

进境家畜在口岸接受海关的官方兽医现场查验。

五、其他规章制度

1.《中华人民共和国进境动物检疫疫病名录》

为防止动物传染病、寄生虫病的传入，保护我国畜牧业及渔业生产安全、动物源性食品安全和公共卫生安全，依据《中华人民共和国进出境动植物检疫法》《中华人民共和国动物防疫法》等法律法规和《国家中长期动物疫病防治规划（2012—2020 年）》要求，农业农村部会同海关总署，在对当前国内外动物疫情形势进行分析研判和风险评估的基础上，2020 年 7 月 3 日，农业农村部、海关总署联合发布了第 256 号公告，公布了新修订的《中华人民共和国进境动物检疫疫病名录》，同时 2013 年 11 月 28 日发布的 2013 号联合公告废止。

我国进境动物检疫疫病名录先后共公布了 6 次。第 1 次为 1979 年公布的《中华人民共和国进口动物检疫对象名单》，包括 54 种疫病，其中一类疫病 32 种，二类疫病 22 种；第 2 次为 1982 年公布的《中华人民共和国进口动物检疫对象名单》，包括 75 种疫病，其中严重传染病（即一类或 A 类）24 种，一般传染病（即二类或 B 类）51 种；第 3 次为 1986 年公布的《中华人民共和国进口动物检疫对象名单》，包括 86 种疫病，其中严重传染病 23 种，一般传染病 63 种；第 4 次为 1992 年公布的《中华人民共和国进境动物一、二类传染病、寄生虫病名录》，包括 97 种疫病，其中一类病、寄生虫病 15 种，二类传染病、寄生虫病 82 种；第 5 次为 2013 年公布的《中华人民共和国进境动物检疫疫病名录》，包括 206 种疫病，其中一类传染病、寄生虫病 15 种，二类传染病、寄生虫病 147 种，其他传染病、寄生虫病 44 种；第 6 次为 2020 年公布的《中华人民共和国进境动物检疫疫病名录》，是目前最新的名录，包括 211 种疫病，其中一类传染病、寄生虫病 16 种，二类传染病、寄生虫病 154 种，其他传染病、寄生虫病 41 种。

依据疫情变化和形势需要，动物疫病名录实施动态调整，2022 年初经过社会征求意见，将牛结节性皮肤病由一类动物传染病调整为二类动物传染病。

2.《中华人民共和国禁止携带、邮寄进境的动植物及其产品名录》

为防止动植物疫病及有害生物传入和防范外来物种入侵，保护我国农林牧渔业生产安全、生态安全和公共卫生安全，根据《中华人民共和国生物安全法》《中华人民共和国动物防疫法》《中华人民共和国进出境动植物检疫法》《中华人民共和国种子法》等法律法规，农业农村部会同海关总署对《中华人民共和国禁止携带、邮寄进境的动植物及其产品名录》（原农业部、原国家质量监督检验检疫总局公告第 1712 号）进行了修订完善，形成了新的《中华人民共和国禁止携带、寄递进境的动植物及其产品和其他检疫物名录》，2021 年 10 月 20 日农业农村部、海关总署公告第 470 号发布。

该名录自发布之日起生效，适用于进（过）境旅客、进境交通运输工具司乘人员、自境外进入边民互市或海关特殊监管区域内的人员、享有外交特权和豁免权的人员随身携带或分离托运，以及邮递、快件和跨境电商直购进口等寄递方式进境的动植物及其产品和其他检疫物。

根据口岸检疫工作出现的新情况，该名录一直在不断更新完善。历经《中华人民共和国禁止携带、邮寄进境的动物、动物产品和其他检疫物名录》［（1992）农（检疫）字第 12 号］和《中华人民共和国禁止携带、邮寄进境的动植物及其产品名录》（原农业部、原国家质量监督检验检疫总局公告第 1712 号），农业农村部和海关总署还将在风险评估的基础上，对该名录实施动态调整。

第二节
检疫准入

一、问卷评估

近年来中国种猪、种牛和种羊等活畜进口需求旺盛，但限于境外动物疫病控制效果，家畜来源国（地区）扩张一直很慢，种猪来源国（地区）依然主要是美国、加拿大、英国、法国和丹麦等；种牛来源国（地区）主要是澳大利亚、新西兰、乌拉圭和智利；种羊来源国（地区）主要是澳大利亚和新西兰。这些国家（地区）天然条件比较好，相关动物疫病控制理想，长期是我国种质资源来源地。近年海关总署也在积极探索寻找新的家畜来源国（地区），一直在开展风险评估工作。

《中华人民共和国生物安全法》第二十三条规定："国家建立首次进境或者暂停后恢复进境的动植物、动植物产品、高风险生物因子国家准入制度。"家畜的中国市场准入是从疫情的风险评估开始的。有家畜出口意愿的国家（地区），通过使馆向海关总署索要《输华活猪/牛/羊调查问卷》，出口地官方组织答卷并提交海关总署，海关总署组织专家开展基于问卷的评估工作。由于疫情禁令导致不能出口的国家（地区），疫情根除或得以控制后，通过使馆向海关总署索要《×××疫情评估调查问卷》，出口地官方组织答卷并提交海关总署，海关总署组织专家开展问卷评估工作。

根据《进境动物和动物产品风险分析管理规定》（原国家质量监督检验检疫总局令第 40 号）的要求，进境动物需要进行风险分析。疫情解禁评估主要是评估出口地兽医机构以及兽医机构采取的疫病监测、控制措施是否有能力维持某种一类病的无疫状态。风险分析要形成书面报告，报告内容包括背景、方法、程序、结论和管理措施等。

风险评估的危害因素主要是指：（1）《中华人民共和国进境动物检疫疫病名录》所列动物传染病、寄生虫病病原体；（2）境外新发现并对农牧渔业生产和人体健康有危害或潜在危害的动物传染病、寄生虫病病原体；（3）列入国家控制或者消灭计划的动物传染病、寄生虫病病原体；（4）对农牧渔业生产、人体健康和生态环境可能造成危害或者负面影响的有毒有害物质和生物活性物质。

根据需要，对输出国家或者地区的动物卫生和公共卫生体系进行评估。动物卫生和公共卫生体系的评估以书面问卷调查的方式进行，必要时可以进行实地考察。

风险评估过程包括传入评估、暴露评估、后果评估和风险预测。

传入评估要考虑以下因素：（1）生物学因素，如动物种类、年龄、品种、病原感染部位，以及免疫、试验、处理和检疫技术的应用；（2）国家因素，如疫病流行率，动物卫生和公共卫生体系，危害因素的监控计划和区域化措施；（3）动物因素，如进境数量、免疫状态等。传入评估证明危害因素没有传入风险的，风险评估结束。

暴露评估要考虑以下因素：（1）生物学因素，如易感动物、病原性质等；（2）国家因素，如传播媒介、人和动物数量、文化和习俗、地理、气候和环境特征；（3）商品因素，如进境动物品种、数量和用途。暴露评估证明危害因素在我国境内不造成危害的，风险评估结束。

后果评估要考虑以下因素：（1）直接后果，如动物感染、发病造成的损失以及对公共卫生的影响等；（2）间接后果，如危害因素监测和控制费用、补偿费用、潜在的贸易损失、对环境的不利影响等。

对传入评估、暴露评估和后果评估的内容进行综合分析，对危害发生作出风险预测。

根据风险评估的结果，确定与我国适当保护水平相一致的风险管理措施。风险管理措施要有效、可行。进境动物的风险管理措施包括产地选择、时间选择、隔离检疫、预防免疫、实验室检验、目的地或者使用地限制和禁止进境等。

当境外贸易国家（地区）发生重大动物疫情时，海关总署根据我国进出境动植物检疫法律法规，并参照国际标准、准则和建议，采取应急措施，禁止从发生国家或者地区输入相关动物。疫情禁令是我国严防一类动物传染病传入的重要风险管理措施。

二、境外疫情实地评估

根据风险评估的结论，有必要开展实地评估的，海关总署组织专家代表团赴境外对疫情开展实地评估。海关总署负责境外疫情实地评估工作的筹划协调，统一管理人员的派出，根据工作需要，下达派出任务，考核和确定派出人选，审查拟派出人员出境前的准备工作，对派出人员在境外执行评估任务中遇到的重要问题进行指导，考核评价派出人员在外执行评估任务的情况。

境外实地评估工作人员对外代表中国海关检疫机构，在对方动物检疫机关配合下，按照对方向我方提供的调查问卷内容，同时参考 WOAH 官方网站公布的动物疫情信息，根据动物疫情管理控制的关键点，对动物疫情及其控制体系进行实地验证评估，最终形成评估结论，并向海关总署汇报。

评估旨在通过与被评估国兽医主管部门交流，查阅官方监管档案，现场验证官方控制措施的执行情况，走访相关实验室、兽医执法机构、养殖场、屠宰加工厂、出入境口岸等方式，全面了解被评估国家或地区兽医监管体系，对相关疫病的控制或区域化管理措施进行全面评估。

根据实地评估情况，结合风险分析报告，形成评估报告。评估代表团形成的一致专家意见，对我国市场准入或疫情解禁至关重要。

三、议定书谈判

经风险评估，认为满足活畜准入条件后，双方组织专家起草兽医卫生条件议定书，落实风险管理措施，对出口国家或地区的疫病要求、农场的卫生要求和出口动物的卫生要求提出明确的规定。

种猪、种牛和种羊的议定书谈判磋商，涉及风险管理措施的落实，兽医卫生条件要求高，操作过程非常慎重。我国作为输入国，海关总署先组织专家根据我方的检疫卫生要求起草议定书草案，起草后通过使馆转交给对方兽医主管部门，对方提完意见后再通过使馆转给海关总署，双方对议定书技术细节往来磋商。磋商反馈时间长短不一，有的议定书磋商数年达不成一致。有时双方会组织动物检疫技术交流，双方专家一起来谈判。一般而言，议定书中的国家（地区）要求和农场资质都是根据出口国（地区）的实际情况提出的，争议不大。其他关于动物免疫、治疗的要求偶有争议，双方拉锯协商的多是农场检疫和隔离检疫实验室检测什么项目，用什么检测方法，甚至检测试剂是否商品化、方法是否简便都可能成为磋商的焦点。如遇到重大分歧双方均不能妥协，议定书可能谈判失败。

海关总署与出口国（地区）磋商检疫卫生要求和卫生证书，协商一致后双方签署检疫议定书并确定检疫卫生证书的内容和格式，可作为准入的依据允许家畜贸易。双边动物检疫议定书是国际条约的一种，是常用的文本方式。根据《中华人民共和国缔结条约程序法》，政府间动植物检疫协定属于以中华人民共和国政府名义缔结的规定各方在动植物检疫领域的权利和义务的文件，是条约文件中最常用的一种形式。除由双方签订的检疫协议外，由双方部门签订的动植物检疫议定书、检疫条款（条件）、补充备忘录、实施细则、工作计划等，目前由海关总署相关部门负责，代表中国检疫部门在议定书上签字。海关总署也会向各直属海关通报允许进口国家或地区的检疫准入信息、议定书、卫生证书模板、境外签证官笔迹等。

双边议定书的签订可以促进中国家畜资源结构的优化升级，进口市场的日益多元化，有助于形成良好的产业发展格局。

四、境外疫情管理

动物疫情影响境外种用家畜准入和已准入家畜的进口。影响市场准入的疫病主要是重大动物疫病，即《中华人民共和国进境动物检疫疫病名录》15 种一类传染病，其中猪牛羊疫病包括口蹄疫（Infection with foot and mouth disease virus）、猪水泡病（Swine vesicular disease）、猪瘟（Infection with classical swine fever virus）、非洲猪瘟（Infection with African swine fever virus）、尼帕病（Nipah virus encephalitis）、牛传染性胸膜肺炎（Contagious bovine pleuropneuonia）、牛海绵状脑病（Bovine spongiform encephalopathy）、痒病（Scrapie）、蓝舌病（Infection with bluetongue virus）、小反刍兽疫（Infection with peste des petits ruminants virus）、绵羊痘和山羊痘（Sheep pox and Goat pox）等。出口国家或地区存在任意一种一类疫病，未达到相关疫病的根除或区域化控制要求，疫病涉及的活动物及动物产品就不能出口中国，基本算是排除在中国市场之外。

海关总署组织专家工作组负责日常从 WOAH、联合国粮食及农业组织（FAO）等相关国际组织或主要贸易国家（地区）兽医官方网站收集整理境外动物疫情信息，分析境外疫病对我国进口动物及动物产品的贸易影响，更重要的是研判对我国国门生物安全的影响。海关总署根据境外动物疫情的变化，持续更新《禁止从动物疫病流行国家、地区输入的动物及动物产品一览表》，疫病流行国家、地区名单表中涉及的动物及其产品禁止进口。

一旦贸易国家（地区）发生一类动物疫病或经评估影响重大的新发或再发动物疫病，海关总署会发布警示通报或联合农业农村部发布进口禁令，海关风险防控管理部门将通报或禁令作为指令布控进管理系统。禁令一般要求：

（1）禁止直接或间接从相关国家或地区输入动物及其相关产品。

（2）禁止寄递或携带来自相关国家或地区的动物及其相关产品入境。一经发现，一律作退回或销毁处理。

（3）进境船舶、航空器、公路车辆和铁路列车等运输工具上，如发现有来自相关国家或地区的动物及其相关产品，一律作封存处理，且在我国境内停留或者运行期间，未经海关许可，不得启封动用。其废弃物、泔水等，一律在海关的监督下做无害化处理，不得擅自抛弃。运输工具上如发现相关动物疫情，严格依法对污染或可能污染区域监督实施防疫消毒处理。

（4）加强对来自相关国家或地区交通运输工具媒介昆虫的消杀处理（涉虫媒病）。

（5）对边防等部门截获的非法入境的来自相关国家或地区的动物及其产品，一律在海关的监督下作销毁处理。

（6）凡违反上述规定者，由海关依照《中华人民共和国海关法》《中华人民共和国进出境动植物检疫法》及其实施条例有关规定处理。

（7）各海关、各级动物疫病预防控制机构及动物卫生监督机构要分别按照《中华人民共和国海关法》《中华人民共和国进出境动植物检疫法》《中华人民共和国动物防疫法》等有关规定，密切配合，做好检疫、防疫和监督工作。

疫情禁令的解除需要重新开展风险评估，满足解禁条件的，海关总署和农业农村部联合发布解禁公告。

第三节
进境检疫

一、隔离场审批

进境动物隔离检疫是严防国外动物疫病传入我国所采取的一项重要措施，进境动物隔离检疫场就是实施封闭隔离检疫的场所。海关总署主管全国进境动物隔离场的监督管理工作，直属海关负责辖区内进境动物隔离场的监督管理工作。根据海关总署《进境动物隔离检疫场使用监督管理办法》，进境动物隔离检疫的场所包括两类：一是海关总署设立的动物隔离检疫场所（以下简称“国家隔离场”），二是由企业建设、海关指定的动物隔离场所（以下简称“指定隔离场”）。

国家隔离场由海关总署统一安排使用，凡需使用国家隔离场的单位提前3个月到海关总署办理预定手续。根据《进境动物隔离检疫场使用监督管理办法》，进境种用大中动物应当在国家隔离场隔离检疫，当国家隔离场不能满足需求，需要在指定隔离场隔离检疫时，应当报经海关总署批准。进境种用大中动物之外的其他动物也应当在国家隔离场或者指定隔离场隔离检疫。

申请使用国家隔离场的，使用人应当向海关总署提交相关申请材料，海关总署按照规定对隔离场使用申请进行审核。申请使用指定隔离场的，应当建立隔离场动物防疫、饲养管理等制度。使用人应当在办理中华人民共和国进境动植物检疫许可证前，向所在地直属海关提交相关申请材料。海关总署、直属海关对使用人提供的有关材料进行审核，并对申请使用的隔离场组织实地考核。指定隔离场是按照《进境牛羊指定隔离检疫场建设规范》（SN/T 4233）、《进境种猪指定隔离检疫场建设规范》（SN/T 2032）技术要求建设，由海关总署组织专家验收通过、批准后方可申请进口许可证用于动物隔离检疫。申请使用指定隔离场用于隔离种用大中动物的，由直属海关审核提出审核意见报海关总署批准；用于种用大中动物之外的其他动物隔离检疫的，由直属海关审核、批准。经审核合格的，直属海关受理的，由直属海关签发隔离场使用证；海关总署受理的，由海关总署在签发的中华人民共和国进境动植物检疫许可证中列明批准内容。

二、检疫审批

海关总署统一管理进境家畜检疫审批工作，海关总署或者海关总署授权的其他审批机构负责签发中华人民共和国进境动植物检疫许可证和中华人民共和国进境动植物检疫许可证申请未获批准通知单。各直属海关负责所辖地区进境家畜检疫审批申请的初审工作。货主或代理企业应向初审机构提供法人资格等证明文件。初审机构审核申请单位提交的材料后，根据进出境动植物检疫审批管理办法中的规定进行初审。初审合格的，由初审机构签署初审意见。初审不合格的，将申请材料退回申请单位。同一申请单位对同一品种、同一输出国家或者地区的家畜，一次只能办理1份检疫许可证。海关总署根据审核情况，自初审机构受理申请之日起20日内签发检疫许可证或者检疫许可证申请未获批准通知单。20日内不能做出许可决定的，经海关总署负责人批准，可以延长10日，并应当将延长期限的理由告知申请单位。获得进境家畜检疫许可证后，由海关总署派出预检人员进行境外产地预检。

三、境外预检

进境动物产地检疫统称为“预检”或“外检”，外检是针对农业农村部负责管理的国内动物疫病的检疫工作（内检）而言的。海关总署动植物检疫司负责全国进口动物的产地检疫工作，种猪、种牛和种羊等家畜的产地检疫是工作的重中之重，不仅仅因为进口家畜的数量大，优良家畜品种深刻影响着我国养殖业转型升级，外来家畜疫病的引入也严重影响我国养殖业的健康发展，危害农业生态安全。

四、预检兽医的选派

根据《进境动物预检人员管理办法》，海关总署动植物检疫司统一管理预检人员的派出，具体负责以下工作：对各直属海关推荐的预检兽医备选人员进行审核，符合条件的纳入境外预检兽医库，预检兽医库实施动态维护；根据我国对外签署的动检协议和检疫工作需要，从境外预检兽医库中随机选派预检人员，下达派出检疫任务；考核和确定预检人选；审查拟派出预检人员出境前的准备工作；对拟派出预检人员进行出国前教育；对预检人员在境外执行检疫任务中遇到的重要问题进行指导；考核、评价预检人员在外执行检疫任务的情况。

五、境外检疫工作

预检兽医作为中国海关兽医代表，应按照动检协议的要求，配合派往国家或地区政府动物检疫机关执行双边动检协议；落实议定书中每一项规定，确保向中国输出的动物符合动检协议的规定；学习并了解派往国家或地区的动物疫病流行情况、动物检验检疫机构组织形式及其职能、动物疫病防疫体系及预防措施、检疫技术水平和发展动态等情况。预检兽医在境外主要开展以下工作：

1. 同输出国家或地区官方兽医商定检疫工作

了解整个输出国家或地区动物疫情，特别是本次拟出口动物所在地的疫情，确定从符合议定书要求的地区的合格农场挑选动物；初步商定检疫工作计划。

2. 挑选动物

确认输出国家或地区输出动物的原农场符合议定书要求，特别是议定书要求该农场在指定的时间内（如 3 年、6 个月等）及农场周围（如周围 20km 范围内）无议定书中所规定的疫病或临诊症状等，查阅农场有关的疫病监测记录档案，询问地方兽医、农场主有关动物疫情、疫病诊治情况；对原农场所有动物进行检查，保证所选动物在临诊检查日提健康的。

3. 农场检疫

预检兽医参与农场检疫，确认该农场符合议定书要求，检查农场动物是健康的，确认农场免疫和检疫项目、方法、标准、检验检疫结果符合动检协议要求，监督动物结核或副结核的皮内变态反应及结果判定；到官方认可的负责出口检疫的实验室，参与议定书规定动物疫病的实验室检验工作，并按照议定书规定的判定标准判定检验结果；只有符合要求的阴性动物方可进入官方认可的出口前隔离检疫场，实施隔离检疫。

4. 隔离检疫

确认动物隔离场条件，动物隔离场必须经输出国家或者地区官方检疫机构认可，符合动物隔离检疫要求，使用前经过严格消毒处理；核对动物编号，确认只有农场检疫合格的动物方可进入隔离场；到官方认可的实验室参与有关疫病的实验室检验工作及结果判定；根据检验结果，阴性的合格动物准予向中国出口；在整个隔离检疫期，定期或不定期地对动物进行临诊检查；监督对动物的体内外驱虫工作；对出口动物按照议定书规定进行疫苗注射；做好动物装运前的临床检查。

5. 动物运输

落实动物的运输路线、运输要求（包括从隔离场至离境口岸的运输过程），以及应由输出国家或者地区提供的检疫试剂准备情况；监督运输动物的车、船或飞机的消毒及装运工作，并要求使用药物为官方认可的有效药物；确认输出国家或地区动物卫生证书内容是否全面反映了动检协议规定要求；根据情况对输出动物实施监装。

六、检疫数据处理

海关总署为了对进境动物实施数字化管理，建设了中国海关进境动物检疫管理信息系统。该系统初始研发于2011年，利用地理信息技术、物联网技术、数据库技术和互联网技术，基于“.NET”开发平台，于2013年5月正式上线运行，主要满足进口奶牛检疫管理工作需要。后经过第二期升级改造，于2016年10月正式上线运行，实现了我国进境大中种用动物和屠宰牛从境外农场检疫、境外隔离检疫、监督装运、入境口岸现场检疫、运输监管、境内隔离检疫、屠宰加工等全过程的信息化管理，以及进境动物疫情信息的可视化管理。系统自启用以来，共620余项预检任务录入系统，检疫动物213万余头，600余名兽医人员进行了在线操作，收录了4 300余万条数据，显著提高了进口大中动物检疫管理工作效率。

预检兽医除了要参与境外检疫工作外，还需要根据检疫实际工作流程，按照节点在系统内填写该批任务境外检疫的详细信息，并确保信息准确无误。

1. 制订该许可证动物的预检工作计划

农场检疫：按照议定书审查出口农场资质，审定每一头动物的出口编号，核对样品送检项目，在系统内判定实验室检测结果，撰写农场检疫工作总结。

国外隔离检疫：审查国外隔离资质审定，逐头核对合格进场检疫动物编号，审核隔离场内疫苗接种、药物治疗等防治措施，核对样品送检项目，实验室检测结果判定。

实验室审定：承担检测任务的实验室的资质审定，对实验室检测工作进行督查，实验室审查是否合格。

装运及运输监管：启运前24h临床检查，运输工具检疫消毒审核，动物装运监督，检疫证书审定。

2. 撰写整个预检工作的总结

动物入境后，由口岸实际监管海关官方兽医负责填写国内隔离检疫、监管的数据信息，直至隔离检疫结束合格放行。通过海关进口的每一头种牛、种羊或种猪，可以追溯至境外的来源农场，进口过程中经历的每一次检测数据都可以追溯，这样进境动物实现了全链条的闭环数据管理。

七、预检案例

近年来，我国从境外进口活动物数量不断增多，在促进国内畜牧业发展的同时，也为国门生物安全防控带来潜在风险。为了确保我国进口活动物质量安全，根据我国与出口国家或地区签订的双边议定书的规定，只有经过检疫合格的动物才允许进境。多年来，我国坚持实行境外预检制度，根据需要，派出预检兽医配合出口国家或地区检疫机关按照双边动物检疫协议的规定实施检验检疫，旨在实现关口前移、御疫于国门之外，极大降低了国外动物疫病传入我国的风险，坚定地维护了国家利益。

本书选取预检兽医在境外预检时发现的一些违反双边检疫条款的案例，以小见大，可以看出预检制度对防范家畜进口引入疫病风险所起到的积极作用。

1. 境外官方兽医和出口商联合对农场资质作假

2011 年，我方派往澳大利亚的预检兽医在进行进口牛预检任务时发现，出口商故意将蓝舌病黑名单中的某农场改名，澳大利亚兽医官员和官方注册兽医在明知该农场的情况下，仍允许该农场 197 头牛进入隔离场，澳大利亚兽医主管部门也为该农场出具了农场合格资质证明。该行为严重违反了《中华人民共和国国家质量监督检验检疫总局和澳大利亚农渔林业部关于中国从澳大利亚输入牛的检疫和卫生要求议定书》第六条（一）“如发现蓝舌病阳性牛，则该牛所在农场的所有牛都不能对华出口”之规定，我方预检兽医将该情况通报澳官方和出口商，来自该农场的 197 头牛被全部淘汰。本案例是境外官方兽医和出口商联合起来作假的典型案例，我方预检兽医工作严谨细致，坚持原则，毫不让步，坚定地维护了国家利益。

2. 外方兽医违反农场检疫操作

2014 年，我方派往澳大利亚的预检兽医在进口种羊农场检疫时发现，该国认可兽医对羊副结核皮内变态反应试验时，注射前后均未进行皮厚测量，仅凭触摸和目视判定是否合格。该行为违反《中华人民共和国从澳大利亚输入绵羊、山羊的检疫和卫生条件》第五条 2（2）“禽型结核菌素（PPD）颈部皮内试验，皮厚肿胀差不超过 2mm 为阴性”的规定。鉴于该行为的严重性，预检兽医请示原国家质检总局后作以下处理：(1) 暂停本批次澳大利亚种羊对华出口，正在实施农场检疫但未按检疫协议规定实施检疫的动物不得对华出口，对正在实施隔离检疫的种羊加做羊副结核ELISA试验。(2) 促使澳大利亚官方修改输华种羊副结核PPD试验的标准操作程序，并经我方确认后生效。

2016年，我方派往澳大利亚的预检兽医在进口羊农场检疫时再次发现，该国认可兽医仍未按照修改后SOP要求在禽型结核菌素皮试注射前对注射部位进行剃毛处理，预检兽医立即向澳方兽医官员提出，澳方官员承认兽医操作不规范，最终将该农场的270头羊全群淘汰。

本案例中，澳方认可兽医明知故犯，对该病的检疫敷衍了事，我方预检兽医工作认真细致发现了对方的错误，不仅使澳方官员承认错误，还促使澳官方修改工作程序，极大地降低了该病传入我国的风险。

3. 出口国兽医卫生证书违反相关规定

2013年，我方派往美国的预检兽医在执行进境种猪境外预检任务时发现，美方出具的官方证书中存在未正确注明源农场信息，未出具无甲型流感H1N1声明，未按两国议定书要求列明每头猪采血、疫病检测、免疫等情况，未注明种猪境外隔离起止时间等，该证书严重违反《中华人民共和国从美利坚合众国输入猪的检疫和卫生条件》第十条关于证书要求之规定，我方预检兽医当即要求美方修改证书，美方官员提出种种理由，坚持按照原证书格式和条款签发。我方预检兽医据理力争，经过多次交涉，成功说服美方兽医官，按照我方的要求对证书内容做了更改和补充。

4. 出口国官方兽医诚信不足

2013年，我方派往加拿大的预检兽医在执行进口种猪检疫任务，加拿大官方兽医以隔离场已整改合格为由拒绝我方预检兽医前往隔离场检查，但在预检兽医的一再坚持下被迫同意其前往隔离场。结果我方预检兽医发现该隔离场不仅未进行整改，还存在多项疫病防控方面的漏洞，与加拿大官方提供的证明性材料严重不符，加拿大官方立即表示责令企业整改。临近动物进入隔离场时，预检兽医发现该隔离场未落实整改，但加方官员却口头通知我方兽医隔离场已经整改完毕，并拒绝提供书面证明。该行为严重违反《中华人民共和国国家质量监督检验检疫总局与加拿大食品检验署关于从加拿大输入种猪的检疫和卫生要求议定书》第八条“猪输出前，在中加双方批准的隔离场隔离检疫至少30天”之规定，同时有违反第四条“中方将派动物检疫官员到输出猪的农场和有关隔离场、实验室配合加方兽医对输出种猪进行检疫”之嫌。预检兽医立即通知出口商和加方官员暂停活动物从农场转移至该隔离场。只有在隔离场整改符合要求后方可实施隔离检疫。在中方兽医的坚持下，加官方兽医切实加强监督隔离场整改，并向我方递交了确认隔离场整改合格的官方信函，预检兽医在加方官员陪同下再往隔离场检查，确认隔离场整改符合要求后同意种猪进入隔离场。

这些案例具有较强的代表性，案例的成功处理，在很大程度上是对出口国家或地区官方兽医及出口企业的规范和警告，对于规范出口国家或地区做好输华动物检疫监管、确保输华动物质量安全等方面具有积极的作用。

八、国内隔离检疫

1. 口岸现场查验

动物进港前，货主或者其代理人应当向口岸检验检疫机关报检。托运人或者其代理人报检时，应当出具动物入境检疫许可证等有关证件，如实填写报检单。

进口动物到达入境口岸时，动物检验检疫人员必须登临运输工具进行现场检验检疫。现场检验检疫的主要工作是查验出口地动物检疫机关或者兽医机关出具的动物检疫证明和其他有关证件，掌握动物临床表现，对交通工具和动物污染的场所进行防疫消毒处理。现场检疫合格的，由口岸检验检疫机构出具有关单证，将进境动物转移到隔离场进行进一步隔离检疫。

2. 隔离检疫监管

进口猪、牛、羊等种用家畜的隔离检疫期为45d。隔离场不能同时隔离检疫两批动物，每次检疫期满后至少空场30d才可接下一批动物。每次接动物前对隔离厩舍和隔离区至少消毒3次。

隔离检疫期对动物的饲养工作由货主承担，饲养员应在动物到达前至少7d到所在地海关指定的医院或县级以上人民医院做健康检查。患有结核病、布病、肝炎、化脓性疫病及其他人畜共患病的人员不得进驻隔离场。在隔离场内不得食用反刍动物肉食及其制品。货主在隔离期不得对动物私自用药或注射疫苗。动物隔离检疫期间所用的饲草、饲料必须来自非动物疫区，并用海关指定的方法如药物熏蒸，处理合格后方可使用。

在动物进场7d内对动物进行采血、采样用于实验室检验。采血的同时可进行结核病、副结核病等的皮内变态反应实验。

隔离场驻场兽医需每天对动物进行临诊检查和观察。临诊检查可包括两方面的检查，如体格、发育、营养状况、精神状态，体态、姿势与运动、行为、被毛、皮肤、眼结膜、体表淋巴结、体温、脉搏及呼吸数等；其他系统的检查，如心血管系统、呼吸系统、消化系统、泌尿、生殖系统、神经系统等。发现有临诊症状的动物要及时单独隔离观察、检查。

3. 实验室检疫

实验室检疫根据海关总署年度监测计划开展。《中华人民共和国生物安全法》第十四条明确规定："国家建立生物安全风险监测预警制度。国家生物安全工作协调机制组织建立国家生物安全风险监测预警体系，提高生物安全风险识别和分析能力。"为贯彻落实《中华人民共和国生物安全法》有关生物安全风险监测预警的制度安排，建立健全进出境动物疫病风险监测预警体系，提高监测敏感性和准确性，提升实时分析、集中研判能力，严防动物疫病传入传出，维护国门生物安全、农业生产安全和人民身体健康安全，海关总署加强顶层设计，组织编制了《国门生物安全监测方案（动物检疫部分）》，着力升级打造进出境动物疫病风险监测"1+N"体系。该方案包括"一个指南"，即《国门生物安全监测（动物检疫部分）指南》（简称《监测指南》）和"N个计划"，即国门生物安全监测（动物检疫部分）年度计划（简称《年度监测计划》）。进口种猪、种牛和种羊的实验室检疫同属于《年度监测计划》的一部分。

《监测指南》是全国海关系统开展进出境动物疫病风险监测工作的纲领性、指导性文件，明确了《年度监测计划》的编制和实施应当遵循的基本原则和要求，其内容保持相对稳定。

《年度监测计划》是在风险分析的基础上，遵循《监测指南》规定的原则要求，按年度组织制订的针对不同进出境动物和动物产品的疫病监测工作计划。根据上一年度疫病监测情况和全国进出口贸易情况，可动态增减年度监测计划数量，调整各个监测计划的监测范围、检测项目、抽样数量等相关内容，提高疫病监测工作的针对性、有效性和可扩展性。

（1）监测的疫病及抽批（样）比例

家畜监测的疫病分为重点监测疫病、一般监测疫病、潜在风险疫病和指令检查疫病4类。

重点监测疫病是指经风险评估，显示存在较高跨境传播风险、应在进出境动物和动物产品检疫过程中重点关注的疫病。主要涉及具有较高传入风险的一类动物疫病、国内制订消灭计划的二类疫病、重要的人畜共患病、既往进出口贸易中检出率较高的双边检疫议定书要求检测的动物疫病、既往监测计划中检出率较高的潜在风险疫病。

一般监测疫病是指为监测和研判进出境动物和动物产品疫病传播风险而在年度监测计划中列明的监测疫病，其监测结果为确定重点监测疫病提供决策参考。主要关注双边检疫议定书或输入方检疫卫生要求规定需要检测的动物疫病（已纳入重点监测的疫病除外）。

潜在风险疫病是在风险分析的基础上，对具有潜在跨境传播风险的疫病开展监测，其监测结果为确定重点监测疫病及议定书修订提供决策参考。主要关注新发动物疫病、有证据提示输入国家/地区可能发生的动物疫病。

指令检查疫病是根据疫病监测和风险分析情况，海关总署实施风险预警快速响应，及时下发风险预警通报，开展特定疫病监测，实现对疫病监测计划的动态调整。各直属海关应加强进出境动物疫病被动监测工作，强化口岸查验、日常巡查和隔离检疫等环节的临床检查，发现进出境动物有不明原因死亡或疫病临床症状等异常情况，应根据临床症状和病理变化及时调整指令，检查疫病项目监测作业指令，采集相应样本（如血样、组织样品、分泌物、排泄物等），开展实验室检测工作。

通过监控计划，海关总署可以根据境外疫情的变化，有选择地加强重点疫病的监测，增加潜在入侵疫病监测。打破过去被议定书限定的口岸疫病检测种类和检测方法，使得口岸动物检疫更具有针对性，及时对新发疫病、具有潜在跨境传播风险的动物疫病进行监测，实现对各种风险因子的“早识别、早监测、早预警、早处置”。

（2）抽批（样）比例

进口家畜疫病监测抽批（样）比例为100%，每批逐头采样，其中，重点监测疫病逐头检测；一般监测疫病按照1%流行率、99%置信度进行检测，一旦检出阳性，剩余全部样品逐个进行检测；潜在风险疫病按照5%流行率、99%置信度检测，一旦检出阳性，剩余全部样品逐个进行检测（一类病除外）。指令检查疫病根据海关总署或直属海关印发的风险警示通报要求开展检测。

（3）被动监测

在进境检疫期间，如果进境动物出现不明原因死亡或疫病临床症状等异常情况，应对相关动物单独隔离饲养，并根据临床症状和/或病理变化采集相应样品（如血样、组织样品、分泌物、排泄物等），针对疑似疫病开展相关实验室检测和确诊工作。

4. 采、送样要求

（1）采样时间

原则上在动物进入隔离检疫场一周内完成。

（2）采样地点

须在中华人民共和国进境动植物检疫许可证标明的进境动物指定隔离检疫场进行。

（3）采样前准备工作

根据监测指南要求，合理安排采样时间和采样人员，提前准备酒精棉球、注射器、针头、采血管、持针器、含保存液的一次性采样管、样品袋等无菌采样器具；同时准备好标记笔、动物保定器械、采样记录表、动物耳号扫描记录装备、动物抗应激药物、用于动物标记的喷漆、装运样品的保温箱以及个人防护用品等器材和设备。

对于需要进行皮内变态反应试验的动物，需要提前准备好皮试枪、皮试针头、结核菌素、皮试结果记录表以及相应的保温设备（用于储存结核菌素）等。

（4）现场检疫及样品采集

应由具备动物检疫现场查验岗资质的海关工作人员到现场完成采样。

对于需要进行皮内变态反应试验的动物，由具备动物检疫专家查验岗资质的人员或高级签证兽医官对动物进行结核菌素皮试并检查结果。

（5）样品种类及要求

血液样品：样品量至少7mL。如要制作血清样品，所采血液样品应室温下静置至少2h，以确保血清有效析出。

粪拭子样品：保存液应充分淹没拭子头部。

鼻拭子样品：保存液应充分淹没拭子头部。

组织样品（必要时）：使用无菌采样袋采集并冷藏保存。

（6）样品保存与运输

血液、组织、拭子等样品的保存与运输要求，详见标准《出入境动物检疫实验样品　采集、运输和保存规范》（SN/T 2123）。

（7）样品传递及信息录入

通过实验室管理系统送样检测，或按规定方式送往指定的检测实验室。

（8）实验室检测程序

各直属海关所属技术中心承担关区进口家畜《年度监测计划》中指定监测疫病的检测、复核和确证工作。检测实验室负责进出境动物疫病检测，承担进口家畜《年度监测计划》中指定监测疫病的检测工作，按规定及时向直属海关和送样单位报告样品检测结果，参加相关部门组织的业务培训、技术交流、能力验证、比对试验、方法验证等。全国海关技术中心动物检疫实验室均通过了中国合格评定国家认可委员会（CNAS）的能力认定，严格按照 ISO 17025 的要求开展实验室的日常管理工作，基本全部具备开展进口家畜疫病检测的技术能力。实验室检测工作流程如下。

①样品的接收：承检实验室接收样品后，立即核查样品实物与记录信息的一致性，确认样品运输时包装未损坏，并通过实验室管理系统确认或在《进出境动物疫病风险监测送（收）样单》上签字确认。

如发生样品采集、保存运输不当，无法满足检测要求等情况的，检测单位及时告知送样单位，该批样品不予检测。实验室妥善保存样品随附原始凭证，规范样品登记记录，确保有效溯源。

②样品的检测：承检实验室应按《年度监测计划》规定方法开展检测，并在规定时间内完成检测工作。需采用其他检测方法的，方法必须符合最新版本的国家标准、行业标准或 WOAH《陆生动物诊断试验和疫苗手册》等相关技术规范要求，并征得送样单位同意。

③样品的留存：监测样品应由承检实验室按照《出入境动物检疫采样》（GB/T 18088）和《出入境动物检疫实验样品　采集、运输和保存规范》（SN/T 2123）有关规定保存。海关总署有特殊规定的，按有关规定执行。

监测样品的检测结果需要进行复检的，各直属海关检测实验室联系海关总署科技发展司，由科技发展司协调落实复检工作。各直属海关检测实验室负责将样品送达复检实验室。复检实验室是对检测实验室检测结果进行确证的实验室，主要承担各类动物及产品《年度监测计划》中指定监测疫病的检测结果的复核和确证工作，开展检测方法的研发、选择、验证等工作，组织开展比对试验，根据海关总署培训工作计划承担检测技术方法等方面的业务培训。

初筛检测结果为阳性且需确证的，采样送海关复检实验室复核。复核阳性的出具阳性检测报告。

九、检疫处理

对于重点监测疫病和一般监测疫病，如果检出《中华人民共和国进境动物检疫疫病名录》中一类传染病的动物，阳性动物连同其同群动物全群退回或者全群扑杀并销毁尸体；如果检出二类传染病、寄生虫病的动物，阳性动物退回或者扑杀，同群其他动物在隔离场或者其他指定地点隔离观察。

对于潜在风险疫病和指令检查疫病阳性的，属于《中华人民共和国进境动物检疫疫病名录》一、二类传染病、寄生虫病的，按对应疫病类别处理；如果检出一、二类以外的传染病、寄生虫病，需报海关总署动植物检疫司研判后进行处置。如果检出猪圆环病毒 2 型阳性，其余阴性动物需紧急免疫注射；如果检出牛支原体病阳性的，允许治疗康复后放行。

扑杀动物按照规定作无害化处理。

十、出证放行

隔离场监管海关对合格动物发动物检疫证书，对死亡动物发检验检疫处理通知书。动物放行后，隔离场使用人及监管海关按照规定记录动物流向和《隔离场检验检疫监管手册》，档案保存期至少 5 年。

第四节
境外动物疫病区域化

动物疫病区域化管理是加强动物疫病防控的重要手段，是实现控制和消灭优先防治动物疫病的有效抓手，也是国际上控制动物疫病、保障动物及其产品贸易安全的通行做法。据 WOAH 统计，目前全世界已有 74%的国家（地区）实行动物疫病区域化管理。《陆生动物卫生法典》所列的 72 种动物疫病中，共制定了口蹄疫等 40 种动物疫病的无疫标准，并明确了自我声明和 WOAH 官方认证的程序和材料要求，包括国家无疫的动物疫病 37 种，区域无疫的动物疫病 31 种，小区无疫的动物疫病 13 种，养殖场和畜群无疫的动物疫病 9 种相关标准。

地区区化（regionalization）和生物安全隔离区化是一个国家（地区）出于疾病控制和/或国际贸易的目的，为定义其边界内一个具有特定卫生状况的动物亚群体所实施的程序。地区区化主要适用于一个以地理屏障（采用自然、人工或法定边界）为基础界定的动物亚群体，而生物安全隔离区化主要适用于一个以生物安全管理和饲养操作规范为基础界定的动物亚群体。定义生物安全隔离区的相关要素应该由兽医管理机构基于相关的标准（如生物安全管理和饲养规范）而制定，并且通过官方渠道公布。生物安全隔离区内的动物或动物群需要能够进行识别，与其他动物和所有带有疫病风险的事物做到清楚的流行病学隔离，并便于溯源。目前，各国（地区）对于区域化应用比较成功的案例主要集中在口蹄疫上，WOAH 目前认可了 22 个口蹄疫区域化成果，包括免疫无口蹄疫区和非免疫无口蹄疫区。

我国对于 WOAH 有具体执行的区域化技术标准的动物疫病，如口蹄疫、蓝舌病等，都按照 WOAH 的区域化原则进行管理，并且取得了成果。对口蹄疫，解除了阿根廷、哥伦比亚、哈萨克斯坦等国家全境或部分地区口蹄疫疫情禁令；对蓝舌病，我国一直实行区域化管理措施，每年从澳大利亚蓝舌病无疫区进口近10万头活牛。区域化原则的实施，使我国在确保生物安全的同时促进国际贸易的开展，满足了引进优质种质资源和高品质动物源食品的需要。

一、ASF区域化与法国实践

对ASF分区防控、建设ASF无疫区和ASF无疫小区是运用区域化理念防控ASF的不同实现形式。实施过程中，结合国家相关防控政策，要统筹协调防疫大区、省级行政区域以及养殖场（户）在ASF防控中的作用，将防疫大区纳入无疫区建设范畴，形成无疫小区、无疫省、无疫大区由点到面到片的区域化管理战略布局。

ASF区域化管理是国际共识。第一，目前ASF发生的区域越来越大，规模越来越大，而且有进一步增加的可能，很难根除，区域化管理是趋势所在；第二，疫情在全球范围对猪肉行业造成影响，生产者收入大幅减少，消费者面临供应短缺和价格上涨，在充分确保公共卫生安全的情况下，采用区域化管理和生物安全隔离区化是维持最佳贸易水平的必然选择。目前欧盟、俄罗斯等都实施了区域化管理措施，WOAH大会上多方都提出了研究ASF区域化具体标准的需求。ASF区域化管理是满足需求缺口的重要方式。我国是养猪大国，但良种繁育体系不能适应行业的需求，对进口优良品种需求长期存在。同时，受ASF疫情等因素影响，境内存栏量不足，猪肉境内消费存在约2 000万吨的缺口，猪肉进口需求急剧扩大。随着ASF疫情在欧洲、亚洲的蔓延，无疫国家（地区）不断减少，如继续沿用以往以国家为单位的ASF疫情管理模式，将面临无猪及猪产品进口的问题。科学制定生物安全管理水平，对ASF实施区域化和生物安全隔离区域化管理，更有利于稳定猪肉供应和市场价格。开展ASF区域化管理是我国ASF防控的必要手段。目前我国ASF疫情，覆盖全国，随着有效扑杀、隔离与运输等综合管控措施的推进，已经处于可控状态，许多地方已经不再发生。但疫病风险因子依旧存在，传播途径也存在许多不确定性，为了切实保护养殖业的生物安全，有效推进国内产品的贸易与流通，保障人民群众的生活需要，有必要建设科学有效的区域化防控措施。ASF区域化管理是我国猪及猪产品对等出口的战略需求。长期以来，我国动物疫病控制水平未被西方国家广泛接受，致使我国相关产品出口受技术性贸易措施制约。采用国际普遍接受的技术标准，在国内具有天然、人工或法定边界的区域内实施疫病净化、建设无疫区是破除贸易壁垒、推进对外贸易的有效手段。

ASF 区域化所遵循的原则包括：一是科学性，须全面考虑各方面影响因素，切实达到生物安全防护的目的；二是普适性，不仅需要有利于防范疫情的传入，还需有利于疫情的防控和对出口贸易开展的促进；三是可操作性，便于操作以及国际直接互认。

法国与我国积极磋商 ASF 区域化和生物安全隔离区化建设技术要求，希望如果将来法国发生了 ASF，仍可以按照中法两国确定的区域化要求，继续开展国际贸易。因此海关总署组织专家探索了法国 ASF 区域化的可行性方案及区域化模式探索。

法国农业极度发达，生猪产业是其最大的肉类产业。法国在 1974 年之后未发生过 ASF，属于我国认可的 ASF 历史无疫国家。其 ASF 控制措施及与欧盟国家间的相关贸易遵循欧盟有关法规，包括非洲猪瘟控制法规（2002/60/EC）、欧盟成员国非洲猪瘟动物卫生防控措施（2014/709/EU）和非洲猪瘟区域化原则及标准（SANTE/7112/2015）等。为了保护本国养猪业，法国一直重视 ASF 的防控，特别是在法比边界采取临时管控措施，按不同的风险级别划分区域，与毗邻国家建立 ASF 防控跨国工作组。

法国 ASF 区域化管理的措施主要包括追溯和运输控制、生物安全控制措施、法比边境地区的针对性控制措施。

法国的养猪场具有唯一的农场识别号，运往屠宰场的猪须由农场印上批号，种猪有个体编号，确保溯源的控制。2018 年 9 月比利时发生野猪 ASF 疫情后，法国通过多种生物安全措施加强 ASF 防控，包括：（1）对从业人员进行 ASF 防控培训；（2）开展 ASF 风险分析；（3）规范养猪场建设及管理，规定养猪场必须按 3 个区域进行建设（公共出入区、工作人员专用区和动物繁殖专用区），对养猪场人流和物流控制做出专门规定，要求养猪场制订啮齿动物防控计划等；（4）加强运输管理，要求运输车辆严格按照计划运输及停放，严格实施清洗和消毒，不得进入指定的缓冲区以外的区域，不得接触生产区的动物；（5）在与比利时边境地区加强 ASF 检测和预防，主动降低法比边境地区家猪存栏量。

法国对法比边界采取了有针对性的防控措施。

（1）建立预防性区域。比利时发生 ASF 疫情后，法国在法比边境设立了一个预防性区域，这不是欧盟条例强制的，而是法国自身采取的预防性战略。该区域包含两个部分：加强观察区和观察区。加强观察区沿比利时边界附近建立，采取的措施有：在边境设立电栅栏；对区域内所有养猪场加强临床监测；兽医到养猪场实施现场生物安保评估；禁止狩猎和放生大型猎物等森林活动；主动采集死亡野猪尸体，对尸体实施 ASF 抽样检测。观察区位于加强观察区周围，采取的措施有：加强该区域内所有养猪场的防疫；提高周边人员和狩猎者的非洲猪瘟防控意识。

（2）建立白色区。2019 年 1 月，比利时靠近法国边界的区域发现两例野猪 ASF 阳性后，法国再次加强法比边境的防控水平，将原有的加强观察区逐步替代为白色区，在该区建设防止野猪移动的围栏并实施野猪清除计划。围栏于 1 月 20 日开始建设，4 月 5 日完工，最终在比利时边境形成了高 1.5m，地下部分 50cm、长 112km 的围栏。制订了野猪清除计划，计划将观察区内狩猎比例提高 50%，白色区以零野猪为目标，对猎人给予每头 100 欧元的补贴。2019 年 1 月至 5 月，在该地区评估的总共 600 头野猪，约有 280 头被射杀，边境野猪活动得到明显控制。

（3）加强监测。经过调查，白色区和观察区内约有 60 个养猪场，法国对白色区内的养猪场实施了禁运措施，并每周电话确认是否发生疑似病例。野猪疫情监测显示，在观察区内监测了 21 头死亡野猪，白色区内监测了 46 头死亡野猪（监测比例 100%），射杀的 406 头中监测了 87 头（监测比例约 20%），全部为 ASF 阴性。

为了推进中华人民共和国和法兰西共和国对非洲猪瘟区域化的实施和认可，促进猪及其产品双边贸易健康发展，两国已合作签订了中法 ASF 区域化合作备忘录。

2021 年 12 月 13 日，中法两国签订非洲猪瘟区域化管理协议，双方互认 ASF 区域化控制措施，允许非疫区猪肉及其制品互相准入。

二、口蹄疫免疫无疫区与老挝实践

WOAH《陆生动物卫生法典》中制定了口蹄疫等 40 多种动物疫病的无疫标准。欧美等畜牧业发达国家和地区运用区域化管理措施，控制、消灭了许多烈性和新发动物疫病；南美、南非、东南亚等畜牧业发展中国家和地区，建设影响国内畜牧业发展和国际贸易的重要动物疫病的无疫区，取得良好的社会效益和经济效益。

WOAH《陆生动物卫生法典》提出，口蹄疫防控主要是采取动物疫病区域化管理的模式，区域化管理模式可分为区域区化和生物安全隔离区化。实施区域区化模式防控口蹄疫应具备以下基本条件：(1) 将口蹄疫纳入国家法定通报疫病。(2) 清楚了解本国或本区域口蹄疫的发病历史、首次发现日期、感染来源、根除日期以及口蹄疫传染源、易感动物和传播途径等。(3) 国家要有有效的兽医机构。兽医机构的能力和资源在区域区化中具有非常重要的作用，兽医机构是区域化有效实施的保障。同时兽医机构还要同畜禽养殖和生产加工行业，包括执业兽医建立良好和紧密的合作和联系，有效实施动物标识和追溯、动物疫病报告和监测以及动物卫生出证等。(4) 要有必要的法律支持。(5) 具有科学、合理、有效的地理界限。(6) 具有有效的口蹄疫监测体系和疫情报告制度。

口蹄疫免疫无疫区是指在规定期限内，指定的区域没有发生过口蹄疫，对该区域及其周围一定范围内的动物采取免疫，对动物和动物产品及其流通实施官方有效控制。我国境外区域化管理的措施包括：(1) 标识追溯：建立易感动物及其产品的追溯制度，加施动物标识，标识编码应具有唯一性，并建立档案记录及查询系统。(2) 免疫：疫苗应为针对来源地及相关地区流行的口蹄疫毒株的灭活疫苗，符合 WOAH《陆生动物疫苗与诊断手册》的要求，且疫苗储存、运输的冷链体系应完整，同时易感动物进入无疫区前，按规程进行强制免疫，免疫密度达到 100%，并且无疫区内易感动物群体免疫密度常年维持在 95%以上。(3) 监测：新建无疫区过去 2 年内未发生过口蹄疫，过去 12 个月内没有发现口蹄疫病毒传播，无疫区内的易感动物按照 WOAH《陆生动物疫苗与诊断手册》推荐的方法进行口蹄疫监测和处理，并须按 WOAH《陆生动物疫苗与诊断手册》推荐的方法抽样，进行免疫抗体水平检测，免疫抗体合格率应在 70%以上，在无疫区放置 8 月龄~24 月龄的临床健康的且口蹄疫血清学检测阴性的哨兵牛不少于 30 头。(4) 移动控制：易感动物调入无疫区前，在集中饲养区饲养 45d 以上，无传染病临床症状，且应有可追溯的身份标识，按照规定的运输路线运输，并对运输车辆及工具在使用前后清洗消毒。(5) 疫情调查、报告与处置：制定口蹄疫疫情应急处置预案，开展流行病学调查后及时报告调查结果，一旦确认疫情后，按 WOAH《陆生动物卫生法典》要求尽快建立感染控制区并采取紧急封锁和疫情扑灭措施。（6）记录管理：各工作环节均应建立工作记录制度，记录应规范、准确、完整，并统一保管以备查。

根据《2019 年关于宣布肉牛、水牛口蹄疫无疫区的部长令》《2020 年关于建立免疫口蹄疫无疫区的部长令》《老挝人民民主共和国农林部与中华人民共和国海关总署关于老挝对华出口屠宰牛检疫隔离卫生要求的议定书》的规定，在老挝北部琅南塔省划设了无疫区、保护区和集中养殖区。为建设、运行、维护琅南塔省免疫无口蹄疫区建设，老挝出台了一系列法律法规、行政令及技术规范，如《2019 年关于肉牛和水牛口蹄疫无疫区声明的部长令》《2020 年关于建立免疫口蹄疫无疫区的部长令》《2020 年关于在琅南塔省建立口蹄疫无疫区、缓冲区和集中饲养区的部长令》《老挝人民民主共和国肉牛、水牛、山羊、绵羊进出口检疫隔离场所标准》。在无疫区有效管理工作方面，老挝成立南塔省勐新县口蹄疫免疫无疫区肉牛检验检疫领导小组，负责指导并协调相关部门工作，检查无疫区工作开展情况，审查相关工作报告，审定动物卫生风险评估准则、规范性技术文件，为无疫区正常运行提供便利。老挝免疫口蹄疫无疫区面积为 5.64km^2，包括琅南塔省的 Sing 区 Nakham 村的 4.07km^2、Phabath Yai 村的 0.70km^2、Sor 村的 0.68km^2、Poungsiao 村的 0.17km^2 及 Nongkham 村的 0.02km^2。口蹄疫无疫区内设置哨兵牛。确定无疫区边缘向外延伸 3km 内为保护区，保护区内共有 22 个村庄。保护区内，总计有 734 只易感动物（100 头猪、627 头肉牛、7 头水牛），分布在保护区内 22 个村庄中的 14 个村庄。集中养殖区占地 5 612.52 km^2，包括琅南塔省新县 1 344.16 km^2，纳莱县 2 077.65km^2，隆县1 710.04km^2 和维扬普卡县 480.67km^2。集中养殖区内共有 214 个村，其中 68 个村位于新县，56 个村位于隆县，78 个村位于纳莱县，12 个村位于维扬普卡县。共有66 878头易感染动物，其中黄牛19 565头，水牛6 450头，猪36 124头，山羊4 739头。勐新县免疫无口蹄疫区屏障体系以橡胶林、天然河道等自然屏障体系为主，人工围栏为辅。在通往无疫区入口处的运输路线上，选择三个地点设立了检查站，并在检查站周边设置了口蹄疫无疫区警示标志。2019 年 11 月 20 日，老挝农林部发布部长令，批准通过接种疫苗，实现琅南塔省免疫无口蹄疫区目标。2020

年 2 月下旬，口蹄疫无疫区实施工作组对缓冲区内的所有易感动物接种了 O 型和 A 型株口蹄疫疫苗。老挝在无疫区的出口企业自行开发了出口屠宰牛追溯系统，使用超高频的电子耳号，能够记录动物进入集中饲养区后，直到动物出口全过程的生产、免疫、监测、监督、应急处置及运输等过程信息。老挝口蹄疫免疫无疫区动物防疫应急处置预案涵盖了口蹄疫的预防和应急准备、监测与预警、应急响应和善后的恢复重建等应急管理措施，该预案已通过农业部部长令发布。

经过材料评审、实地评估，2021 年 1 月 20 日中华人民共和国海关总署与中华人民共和国农业农村部共同发布 2021 年第 7 号公告，解除老挝南塔省勐新县部分区域口蹄疫疫情禁令。

第四章

进境家畜国际生物安全防控措施国际概况

CHAPTER 4

第一节 世界动物卫生组织

一、WOAH 简介

WOAH 是一个政府间国际组织，也称“国际兽疫局”，是世界贸易组织指定负责制定国际动物卫生标准规则的唯一国际组织，现有 182 个成员。WOAH 于 1924 年成立，并先后与联合国粮农组织、世界卫生组织、世界贸易组织、国际标准化组织、世界小动物兽医协会、国际自然及自然资源保护联盟等 71 个国际和区域组织建立了永久合作关系。WOAH 的主要职能是：收集和发布动物卫生信息，促进全球动物疫情透明化；对动物疫病的监测和控制进行国际研究，制定疫病防控技术规范；协调各成员在动物和动物产品贸易方面的法规和标准；帮助成员完善兽医工作制度，提升工作能力；促进动物福利，提供食品安全技术支撑。

二、WOAH 对进口家畜生物安全的防控措施

WOAH《陆生动物卫生法典》中对家畜等动物进出口检疫监管的规定主要体现在动物卫生监测、进口风险分析、动物标识和可追溯管理制度的建立、WOAH 国际兽医证书制度、动物进出口移动监管等方面。WOAH 每个成员制定本国（地区）的法律法规、技术规范时都要借鉴 WOAH《陆生动物卫生法典》规定的动物卫生准则和标准。

（一）动物卫生监测

动物卫生监测是官方兽医的主要职责，官方兽医在日常检疫和监管工作中，系统地收集、整理动物饲养场饲养生产记录、动物移动记录、屠宰场宰前检疫和宰后检疫信息、兽医诊断实验室开展的疫病调查和检测记录等动物卫生信息，报送相关部门并对上述动物卫生信息和数据进行科学分

析得出关于动物种群健康、疫病状况的结论。兽医主管部门根据监测结果对现行动物卫生措施进行评估，确定应该采取何种改进措施以保证动物及其产品的健康安全。为检测疫病和监测疫病发生发展的趋势、控制本地和外来疫病、证明无疫病或无感染区域、风险分析提供数据支持、保护动物卫生和公共卫生等方面，动物卫生监测可提供必不可少的依据。

（二）进口风险分析

WOAH 进口风险分析框架主要包括危害识别、风险评估、风险管理和风险交流 4 个步骤：

（1）危害识别指对进口家畜可能具有潜在危害的致病因子进行确认的过程，确认该危害是否存在于进口国（地区），是否为进口国（地区）法定通报的动物疫病，是否属于已控制或已根除的疫病，并确保贸易进口措施没有比本国贸易措施更为严格；此外，对出口方兽医体系、疫病监测与控制计划、区域化和生物安全隔离区化体系的评估，也是评估危害因子的重要内容。

（2）风险评估包括传入评估、暴露评估、后果评估、风险估算。传入评估，是指描述进口活动将病原体引入某特定环境的生物学途径，并对整个过程的发生概率加以定性或定量推定；暴露评估，是指描述一种生物病原因子的特定暴露和暴露结果之间的关系；后果评估应阐明特定暴露导致的不利卫生或环境的后果，进而引起的社会经济后果；风险估算，是指综合传入评估、暴露评估和后果评估的结果，应用数学、统计学等方法，从定量角度确定风险的危害程度。

（3）风险管理是针对已确定风险而决定实施相关措施的过程，同时应确保对贸易产生的不良影响降至最低，目的在于合理管理风险。

（4）风险交流指在风险分析过程中，从潜在受影响方或利益相关方收集危害和风险相关信息和意见，并向进口国（地区）通报风险评估结果或风险管理措施的过程，风险交流应公开、互动、反复、透明，并可在决定进口之后继续。

进口风险分析过程通常还要考虑出口国（地区）兽医体系评估结果、地区划分以及动物卫生监测系统评估结果。《陆生动物卫生法典》第 3.2 章介绍了兽医体系评估，包括评估总则、评估内容、评估方法和评估程序。进口风险分析能为进口国（地区）提供一种客观可靠的方法，用以评估与家畜进口有关的疫病风险。

（三）动物标识和可追溯管理制度

动物标识和可追溯管理制度是解决动物卫生和食品安全问题的重要工具。WOAH 明确规定兽医主管当局和其他部门通过与利益相关方的有效协商，制定有关动物标识和可追溯管理制度的法律规范，并且应该充分考虑相关的国际标准和义务规定，以保证其可操作性和一致性。该法律规范应该包括预期成果、实施目标、实施范围、组织安排如标识和登记注册技术的选择、参与者应履行的义务（包括执行可追溯管理制度的第三方）、高效信息交流等要素。

（四）WOAH 国际兽医证书制度

进口家畜须随附出口国（地区）兽医主管部门出具的官方兽医证书。官方兽医证书记载的信息应具有全面性，包括动物的饲养、运输、屠宰过程以及动物产品的加工信息，可以准确地反映动物检疫的程序、出证条件以及动物和动物产品的卫生状况。具体的内容包括：签发证书的出口国（地区）、出口国（地区）的动物卫生信息、出口商的具体地址和名称、出口国（地区）兽医主管部门确定的证书编码；动物出口所要经过的国家（地区）和港口信息、出口动物和动物产品的具体来源、动物启运的具体时间、运输方式、运输工具特性和标志；动物和动物产品目的地、动物和动物产品的用途、动物和动物产品的数量、净重；官方兽医签字盖章等。

（五）家畜启运前和启运时的动物检疫措施

WOAH 规定各国（地区）只能批准从其国家（地区）出口具有正确标识且符合进口国家（地区）要求的种用、饲养或屠宰用动物。如果进口国家（地区）有要求对动物进行必要的疫病检测和免疫接种，必须按照《陆生动物卫生法典》的建议进行疫病检测或疫苗免疫以及消毒和驱虫等程序。动物在离开出口国家（地区）前，要在动物饲养场或隔离检疫站对其进行隔离观察，经官方兽医检查证明动物临床健康的，并且没有 WOAH 法定报告疫病名录所列疫病时，该批出口动物才能用特别制作的经过清洗和消毒的车辆运输到启运港口，这一过程必须及时并且不与其他易感动物接触。从出口国家（地区）原产地养殖场向离境地运输种用、饲养或屠宰用动物时，应按照出口国（地区）和进口国（地区）商定的条件进行。

在家畜离开出口国（地区）的启运港口前，官方兽医应当在启运前的24h之内提供WOAH认可的、用进口国（地区）和出口国（地区）共同协商同意的语言书写的官方兽医证书，必要的情况下，还需要用过境国（地区）的语言。官方兽医证书应证明所运动物临床表现正常，且符合进口国（地区）和出口国（地区）一致认可的卫生状态。

在家畜出境前或国际运输途中，边境口岸所在地的港口、机场或地区的兽医主管部门认为必要时，可对动物进行临床检查。检查时间和地点安排必须考虑到海关检查和其他手续，不得妨碍或耽误出境时间。当该批动物感染或疑似感染WOAH名录疫病或其他进口国（地区）与出口国（地区）商定的任何传染病时，应停止装运；应避免可能的传播媒介或病原体污染运输工具。

出口动物的国家（地区）完成出口后，如果原产地养殖场或与出口动物同时处于某养殖场或某市场的动物，发生WOAH名录内的某疫病潜伏期内疫情，则应通知进口国（地区），必要时还应通知过境转运国（地区）。

（六）家畜从出口国（地区）启运港口到达进口国（地区）目的地港口的动物检疫措施

1. 动物过境检疫措施

WOAH规定任何一个与出口国（地区）有商业贸易往来的过境国（地区），除特殊情况外，其负责边境检疫的兽医主管部门在收到过境请求后，不得以任何理由拒绝动物过境。过境请求文书应说明动物的种类和数量、运输方式、过境国（地区）事先安排和批准的出入境口岸和路线。如果出口国（地区）或过境路线上的前一过境国（地区）被认为存在某种动物疫病且可能传播时，过境国（地区）可拒绝其过境。任何过境国（地区）均可要求出示官方兽医证书，并可由官方兽医对过境动物的卫生状况进行检查，封闭式运输工具或容器式运输除外。如过境国（地区）官方兽医检查表明，过境转运的动物感染或患有法定通报的动物疫病，或官方兽医证书不正确或没有签名，过境国（地区）可在过境口岸拒绝动物入境，并且须立即通知出口国（地区）兽医主管部门，以便其进行核实和更改证书。若确诊动物患有传染性疫病或无法更正证书，则须将该过境动物或该批过境动物退回出口国（地区），或予以扑杀与销毁。

任何过境国（地区）皆可要求运送动物过境的火车和公路车辆安装防

止动物逃逸及防止排泄物撒漏的设施。仅允许过境动物因饮水、饲喂或福利因素或其他正当理由，在过境国（地区）境内卸下，且必须在过境国（地区）官方兽医的有效监督下进行，并确保不与其他任何动物接触，在过境国（地区）境内发生任何意外的卸货情况均应通知进口国（地区）。

2. 运输工具过境检疫措施

船舶驶往他国港口途中停留或通过他国境内的运河或航道时，必须遵守兽医主管部门的规定，尤其是避免虫媒传染性疫病的输入风险。如因船长/机长无法控制的原因，船舶/飞机需在港口/机场之外或正常情况下一般不停靠的港口/机场停靠/着陆时，船长/机长须立即通知距离停靠地点最近的兽医主管部门或其他公共主管部门，接到通知的兽医主管部门应该立即采取适当的措施。按照兽医主管部门的规定采取措施后，可允许船舶/飞机前往正常停靠港口/机场进行卫生处理，如因技术原因无法进行处理时，可前往更适宜的港口/机场进行。除特殊情况如必须采取必要的措施保证人员和动物的安全健康外，船舶或飞机运载的动物和押运员不得离开停靠地点，不得卸下任何设备、垫料或饲料。

（七）家畜到达进口国（地区）采取的动物检疫措施

1. 动物入境检疫措施

WOAH 规定进口国（地区）只接受经出口国（地区）官方兽医进行过卫生检查并附有出口国（地区）兽医主管部门颁发国际兽医证书的动物入境。如果进口国（地区）认为出口国（地区）或过境国（地区）存在某种疫病并有传播风险，或经进口国（地区）边境口岸官方兽医检查怀疑动物感染或受到某种疫病的影响并有传播风险，或进口动物未附符合进口国（地区）规定的官方兽医证书，那么进口国（地区）可以拒绝动物入境。出现这种情况，进口国（地区）应立即通知出口国（地区）兽医主管部门，以便出口国（地区）有机会进行核实或采取纠正措施。同时，进口国（地区）应立即对进口动物进行隔离检疫、临床观察和病原检测以确诊疫病。如果疫病被确诊或证书不能修改，进口国（地区）可以采取以下措施：如果不涉及第三方过境国（地区），可以将动物退回出口国（地区）；如从疫病角度将动物退回出口国（地区）存在风险或无法操作，应就地扑杀并销毁。

2. 运输工具入境检疫措施

运输感染 WOAH 名录疫病的动物，或运输疑似患有 WOAH 名录疫病的动物，其运输工具应视为已被污染，抵达边境口岸时，兽医主管部门须采取以下措施：(1) 卸货并立即用密闭运输工具将动物直接运至经兽医主管部门批准的场所进行屠宰、销毁或灭菌处理，或者隔离检疫场、事先指定的边境口岸附近隔离良好的场所；(2) 卸货并立即将垫料、饲料及其他可能污染材料运到事先指定的场所进行销毁，并严格实施进口国（地区）要求的卫生措施；(3) 将押运员的所有行李及用于运输、饲喂、饮水、搬运和装卸动物的运输工具上的所有物品进行消毒；(4) 如为虫媒传染疫病，则应进行杀虫处理。兽医主管部门采取以上措施后，运输工具可视为不再存在污染，可允许入境。紧急情况下，港口或机场不得以动物卫生为由拒绝船舶靠岸或飞机着陆。靠岸船舶或着陆飞机必须遵从港口或机场兽医主管部门认为的必要的动物卫生措施。

（八）其他

除此之外，《陆生动物卫生法典》对死亡动物处理、消毒和杀虫的一般要求、隔离检疫站的建设标准、隔离检疫站的管理规范以及不同动物卫生证书格式等都做了详细的规定，形成了以风险分析为基础的动物卫生监管制度，充分体现了风险管理在动物卫生监管工作中的重要性。

第二节
美　国

一、美国进口家畜风险管理措施概况

（一）美国进口家畜风险管理组织机构

美国动物检疫机构的设置层级依次为：美国农业部（USDA）—动植物检疫局（APHIS）—兽医处（VS）—国家动物进出口中心（NCIE）。美国进出口动物和动物产品检疫管理工作由农业部动植物检疫局兽医处下属的国家动物进出口中心具体负责实施。国家动物进出口中心负责管理和协调全国动物、动物产品和生物制品的进出口，并负责监控边境动物健康状况。具体负责与外方进行动物和动物产品检疫条款有关谈判和磋商，为进出口提供技术支持，为基层人员提供信息和培训以确保严格执行进出口法规和管理规定。美国兽医管理体制采用的是联邦垂直管理与各州共管的兽医官制度，其官方兽医分为联邦兽医官和州立动物卫生官两种。美国实行官方兽医认可制度，经美国农业部认可的兽医可代表政府行使相关职能，如签发各级证书和进行口岸进出口查验等。

（二）美国进口家畜检疫管理措施概况

1. 开展风险分析

在制定动物和动物产品进口检疫政策时，动植物检疫局组织风险分析专家成立一个专门决策支持小组，对出口国（地区）的动物卫生状况和兽医体系管理水平进行风险评估。经过调查问卷、实地考察等反复收集信息，根据专家的风险分析报告，吸纳专家的意见和建议，制定进口的政策和措施，明确具体的保护目标和控制对象。

2. 构建外部防御体系

美国动植物检疫工作在法律授权下向国外做了最大限度的延伸，在境外构建了三层疫情防御体系。第一层是在欧洲、亚洲和南美等主要贸易伙伴设立办公室，处理贸易中存在的检疫问题；第二层是向加勒比地区提供大量经费用于疫情监测及疫病防治，构建动物疫情防御体系，以免疫情随货物传入美国本土；第三层是与加拿大、墨西哥建立密切的动植物检疫合作项目，建立有害生物监测体系，构建动植物疫情陆上防御体系，防止动物疫情通过边境贸易和自然途径传入美国本土。

3. 指定专门的进境口岸

美国对进境动物在符合风险分析、产地检疫要求的基础上，只允许进口动物经指定的口岸进境，在指定的隔离场所隔离检疫。如美国只有洛杉矶、迈阿密、火奴鲁鲁和纽约 4 个港口符合进口活禽和牲畜的条件，动植物检疫局对经由美国与墨西哥和加拿大的陆路口岸边境沿线进入美国的动物实施严格规范管理。

4. 进口前检疫要求

进口家畜前，首先要向动植物检疫局提交进口申请，国家动物进出口中心派出官员对出口企业进行现场检查，保证企业的卫生标准和质量保证体系与美国的相关标准一致。其次还要对出口国（地区）的兽医机构的组织体系和基础设施建设水平、疫病监测、控制、扑灭计划、兽医诊断实验室管理水平、是否存在某（几）种动物疫病、免疫接种情况、动物疫病区域区划管理水平等进行评估，确定是否批准进口申请。

5. 进口检疫要求

抵达港口后，国家动物进出口中心派出官员核查出口国（地区）兽医官员签发的兽医卫生证书和兽医诊断实验室出具的疫病监测、检测报告等必要信息，证明进口的动物卫生健康以及来源地没有发生某种特定的动物疫病。此外，还要对动物进行初步的临床检查，对需要进行隔离观察的动物实施隔离检疫，被隔离的动物要按照相关法律规定在隔离场内接受疫病检测。

6. 不同动物进口检疫要求不同

根据动物种类和出口国（地区）的动物卫生保护水平不同，具体的进口要求也不尽相同。如《美国法典》第9卷关于进出口的法规规定，禁止从任何宣布有口蹄疫或牛瘟的国家（地区）进口牛和其他反刍动物以及猪，也不允许从有流行热或有蜱侵入的国家（地区）进口牛等。

二、美国进口家畜风险管理措施

（一）进口猪风险管理措施

美国规定只允许从加拿大、欧盟成员进口猪。

1. 基本要求

进口商必须获得进口许可证（加拿大猪从指定的陆运边境口岸进入美国不需要进口许可证）。进口商或其代理人必须按要求进行“进口申报”。进口动物必须在美国农业部动物检疫中心进行检疫；进口动物需要随附官方健康证明（加拿大进口立即屠宰猪不需官方健康证明），官方健康证明必须由出口国（地区）主管兽医当局认可的兽医签字，并且必须由主管兽医当局签署，注明官方检测的结果和日期。

2. 动物出口前要求

确定出口国（地区）的猪不是来自疫病影响的地区。加拿大猪不是来自受口蹄疫、猪瘟、非洲猪瘟、伪狂犬病和猪水疱病影响的国家（地区）；欧盟国家种猪不是来自受口蹄疫、非洲猪瘟或猪水疱病影响的国家（地区），不来自具有猪瘟的国家（地区）。进口猪未与具有以上疫病国家（地区）的其他猪接触，未过境这些国家（地区），除非用密封运输工具直接通过国家（地区），并且在到达目的地时确定密封完好无损。出口国（地区）兽医主管部门兽医在出口前对动物进行现场检查，确定猪没有传染病或寄生虫病症状。加拿大出口猪必须是加拿大家畜群的一部分；没有接种以上疫病的疫苗，也不是接种过疫苗的母猪的后代；出口前，所有猪（立即屠宰猪除外）均使用官方标识可进行单独识别。加拿大出口立即屠宰的生猪，应从入境口岸直接交运至认可的屠宰企业，在入境之日起两周内屠宰；必须在入境口岸进行检查并用美国农业部封条密封运输工具，直接转移到 APHIS 批准的屠宰场；如果加拿大暴发以上疫病，立即屠宰猪需要官方健康证明和每只动物的官方身份证明。欧盟出口猪自出生或出口到美国之前的 12 个月内，出口猪或与它们接触的任何其他动物中没有发生结核病、布鲁氏菌病或伪狂犬病；出口前 60d，原产地或任何后续场所均未出现猪丹毒或猪瘟；出口前 60d 进行隔离检疫；出口前 60d 内，猪没有与健康状况较差的动物或受到任何限制的动物一起饲养。

3. 动物疫病监测要求

欧盟猪出口前 3 个月内，种猪至少进行了一次结核病、布鲁氏菌病、伪狂犬病检测，结果应均为阴性，检测记录随附货物一起发货，所有诊断检测必须在（欧盟成员）主管兽医当局批准的实验室进行。

4. 入境口岸检疫要求

进口加拿大猪都将在入境口岸进行健康检查和运输检查，并核查货证是否相符，港口人员将遵守生物安全的基本原则，以减少猪之间交叉污染的可能性。如果有任何猪表现出传染病的临床症状，则拒绝整批入境；如果符合所有入境要求，港口兽医将签发允许入境证明。进口欧盟猪必须按照进口许可证上的规定，在第一个入境口岸的美国农业部批准的动物进口中心完成口岸检验、检测和检疫。

5. 运输工具检疫要求

进口欧盟的猪必须使用加施兽医主管部门封识的车辆运输至港口，封识必须由主管兽医当局认可的兽医在港口开启。除拟出口到美国的牲畜外，任何牲畜不得登上生猪运输车辆。运输飞机或船只上的所有干草、稻草、草料、饲料和垫料必须来自美国农业部指定的没有口蹄疫、非洲猪瘟和猪水疱病的成员方。用于向美国出口猪的设备或材料之前不得用于运输不符合本协议要求的猪，除非设备和材料已先进行清洁和消毒。运输航空器或船舶在装载前必须在主管兽医部门的监督下进行清洁和消毒。除拟出口到美国的牲畜外，不允许在运输飞机或船只上携带任何牲畜。除美国进口许可证中规定的停靠点或停靠港外，不允许其他地点停靠。进口许可证和与猪的健康、进行的检测和结果、清洁和消毒以及饲料和垫料有关的所需证明必须随猪一起运送至美国入境口岸。

6. 隔离检疫要求

进口欧盟猪将在美国农业部动物进出口中心隔离设施中隔离至少30d，并在隔离检疫期间重复一次伪狂犬病病、结核病和布鲁氏菌病检测。如果所有检测结果均为阴性，没有明显的其他传染病和寄生虫病症状，且动物适合运输，允许动物落地并放行。

（二）进口牛风险管理措施

1. 基本要求

美国规定有牛海绵状脑病、口蹄疫或牛瘟的国家（地区）的牛不允许进口到美国。进口商或其代理人应获得美国农业部进口许可证。在美国农业部动物进口中心进行30d隔离检疫（加拿大和墨西哥除外）。进口牛具有出口国（地区）官方健康证书。出口到美国前60d进行检疫，疫病监测结果均为阴性。

2. 官方健康证书要求

动物出生、饲养并持续居住在美国农业部认可的没有口蹄疫、疯牛病和牛瘟的国家（地区）。在过去的12个月中，没有证据表明动物暴露于出口国（地区）特有的需要关注的疫病。出口饲养场在出口前2年内已被认定为无结核病；在过去的5年中没有出现临床副结核病病例；每头动物能被单独识别，具有唯一的防篡改标识。

3. 动物出口前要求

动物在出口前必须保持无蜱状态至少60d。在出口前10d内，必须使用经批准的杀虫剂对动物进行蜱虫处理。使用的药物名称、浓度和使用日期必须在健康证明上。动物必须与已知携带出口国（地区）特有疾病的媒介隔离。动物必须在出口前 60d 内没有传染病临床症状或接触其他患病动物。

4. 动物疫病监测要求

动物必须在出口前 60d 内进行两次疫病检测，结果应为阴性。检测疫病种类包括：布鲁氏菌病、结核病、议定书中列出的出口国（地区）特有的特定关注疫病。

5. 动物隔离检疫要求

在动物隔离检疫期间，需再次开展上述疫病的检测。检测呈阳性的动物将被拒绝入境。被视为疫病暴露的动物将根据需要接受进一步评估，以确定入境资格。

（三）进口羊风险管理措施

美国规定只允许从加拿大、澳大利亚、新西兰进口绵羊和山羊。

1. 基本要求

进口商或其代理人必须获得进口许可证。进口商必须在国家动物进出口中心或动植物检疫局批准的私人反刍动物检疫设施内进行隔离检疫。进口动物必须具有出口国（地区）官方健康证书。

2. 境外检疫要求

要求出口国（地区）没有规定动物传染病发生，例如澳大利亚没发生口蹄疫、苏拉病、痒病、传染性胸膜肺炎、绵羊痘、山羊痘、布鲁氏菌病；新西兰没发生口蹄疫、牛海绵状脑病、痒病、苏拉病、山羊传染性胸膜肺炎、赤羽病、蓝舌病、艾罗病毒、流行性出血病、绵羊疥疮、绵羊痘、山羊痘和布鲁氏菌病。要求出口羊没有发生特定传染病：如澳大利亚出口羊在前 12 个月内没有发生牛结核病，出口羊来自过去 6 个月内未发生炭疽病的农场；如新西兰出口羊没有发生施马伦贝格病。用于出口的羊在出口国（地区）出生、饲养并持续居住，或者至少在一段时间内是出口国（地区）畜群的一部分。动物获得出口美国资格之前的 12 个月内，出口动物或与出口动物有关的其他动物中没有发现特定传染病：如澳大利亚出口羊没有发现结核病、布鲁氏菌病、钩端螺旋体病、副结核病、梅迪-维斯纳病；如新西兰出口羊没有发现布鲁氏菌病、钩端螺旋体病、副结核病、梅迪-维斯纳病。此外，如新西兰出口羊的原产地羊群须由 MPI 指定的兽医在原产地进行检查，没有传染病症状或暴露于传染病中；出口前12个月内，出口羊来源群中没有诊断出胎儿弯曲杆菌或结核病；过去3年中，没有出现约翰氏病；出口羊必须进行为期60d的出口前隔离检疫，并在前15d内进行结核病皮内结核菌素试验，结果须为阴性。

3. 动物出口前要求

动物在出口前规定时间内进行除螨除虫处理：如澳大利亚羊在出口前60d内必须进行蜱和虫媒处理，出口前10d内，必须进行动物外部寄生虫检查和体外寄生虫治疗，药物名称、浓度、剂量和治疗日期必须记录在健康证明上；新西兰羊在出口10d内必须进行蜱和螨处理，所用药物名称、浓度或剂量必须记录在卫生证书上。动物须在预定发货日期的48h内进行检查，确定没有任何传染病迹象。每只动物带有出口国（地区）的永久身份证明标识。此外，新西兰出口羊还应进行隔离，不能被圈养、放牧或与其他反刍动物一起饲养，发货前60d内以及兽医监督。其间无传染病症状。

4. 运输工具检疫要求

出口动物必须由经过彻底清洁和消毒的车辆运输到装运港，运输过程中动物不得接触任何动物或者健康状况较差的动物使用过的设备。除拟出口到美国的动物外，任何动物不得登上该运输飞机或船只。与动物健康、检测、清洁、消毒、运输以及干草和垫料有关的所有必需证明，应随附动物出口到美国入境口岸。除进口许可证规定的停靠点或停靠港外，不允许随意停靠。此外，澳大利亚出口羊必须被运送到澳大利亚无病媒区的港口，不得途经任何未经认证的无病媒区；为动物提供的所有干草和稻草必须来自无病媒地区。

5. 入境口岸检疫要求

所有干草、稻草、垫料、粪便和动物随附物料，在抵达美国第一个入境口岸时必须清理并焚化，必须用消毒剂清洁动物区域和设备。进口检验、检测和检疫将在美国农业部运营的动物进口中心或美国农业部APHIS批准的私人反刍动物检疫设施内完成。入境后检疫交通工具必须是封闭的车辆，运输板条箱必须完全防虫蛀，并使用官方封识。

6. 隔离检疫要求

进境后动物必须至少隔离30d，并在隔离期开始时进行结核病和布鲁氏菌病检测，进行体内和体外寄生虫治疗，以及开展其他必要的检测或处理；检测均为阴性并且没有其他明显的传染病或寄生虫病症状，允许动物放行。

第三节 日　本

一、日本进口家畜风险管理措施概况

（一）日本进口家畜风险管理组织机构

日本农林水产省主管日本农业、林业、水产行业行政事务，下设与农产品相关的部门有消费安全局、食料产业局、生产局、林野厅、水产厅、农林水产技术委员会，还在地方设有农林水产政策研究所、动物检疫所、植物防疫所、动物医药品检查所、森林管理局和渔业协调事务所。其中，动物检疫所负责日本进口动物检疫工作，且在口岸（空港、海港）设置有动物检疫的分支机构，动物检疫所的主要任务是依据《家畜传染病预防法》等规定，开展进出口动物、动物产品检疫、监测政策的制定；查验输出国家（地区）政府动物检疫机关出具的检疫证书及有关文件；指定进出口动物、动物产品的口岸和隔离检疫场地；禁止来自有口蹄疫、牛瘟、牛肺疫、非洲猪瘟等危害性传染病国家（地区）的动物、动物产品入境；根据检疫结果，依法对携带危险性疫病的动物、动物产品进行扑杀、焚毁、消毒、退回处理等；防止牲畜传染病经境外进口动物及其产品传入。

（二）日本进口家畜检疫管理措施概况

1. 进境动物检疫许可制度

日本通过制定“允许输日动物和动物产品的国家（地区）名单”来实施动物和动物产品进境许可，凡不在名单内的国家（地区）的动物和动物产品一律不准予输日。目前，对于猪和野猪，有 33 个国家或地区准予进口；对于猪、野猪以外的偶蹄动物，有 43 个国家或地区准予进口。

2. 指定专门的进境口岸

日本规定进口动物须经指定的17个口岸进境。其中，海港口岸8个：苫小牧港、京滨港（东京、横滨）、名古屋港、阪神港（大阪、神户）、关门港、博多港、鹿儿岛港、那霸港；空港口岸9个：新千岁机场、成田国际机场、东京国际机场（羽田）、中部国际机场、关西国际机场、北九州机场、福冈机场、鹿儿岛机场、那霸机场。

3. 确定指定检疫动物种类

为防止牲畜传染病病原体通过进口的动物和畜产品传入，日本对可能传播牲畜传染病病原体的高风险动物"指定检疫"。指定检疫对象包括5类：偶蹄动物和马、水禽类、犬类、兔类、蜜蜂，家畜为指定检疫动物。此外，即使不是指定检疫，有被监测传染病病原体污染的风险时，也可进行检查。

4. 开展进口风险评估

日本动物检疫所从2010年开始对进口动物进行风险评估，以与国际标准接轨。根据风险评估结果，构建输入动物检疫体系，例如确定动物监测疫病种类，在进境动物隔离检疫期间从动物身上采集样本进行详细检查。当日本和海外动物疫病暴发、科学知识和检测技术发展发生变化时，日本将根据需要对风险评估报告进行审查，并加强与包括疫病专家在内的相关方的风险交流，日本已完成《育肥马进口风险评估报告》《育肥奶牛进口风险评估报告》《种猪进口风险评估报告》等。

5. 进境动物卫生法律体系较健全

健全的进境动物卫生法律体系主要体现在以下几个方面：一是法律的配套完善，以家畜传染病预防法、狂犬病预防法为主，其他100余项法律规范为辅，形成了立体的法律体系；二是法律的修订较为及时，《日本家畜传染病预防法》自1951年出台后已修订多次；三是法律条款内容具体，有很强的可操作性，有利于执法机构统一执法尺度，可较好地避免执法的随意性；四是在动物卫生法律体系建设中注重借鉴国际通行规则，确立适当的动物卫生保护水平，严格市场准入，促进畜牧业的发展；五是对违法行为的处罚较为严厉。

6. 进口动物检验检疫要求

日本针对偶蹄动物、马属动物等均制定了专门的进口卫生条件。进口动物前须事先向农林水产省申请，通过后方可进口动物；由动物检疫总所指定的港口（机场）入境。动物入境后，由动物检疫所指派检疫官员登船（机），对入境动物进行临床检查、核查货证、排除风险。未发现传染病症状的，将动物运往指定地点进行隔离检疫，隔离检疫期间采样开展疫病监测，隔离检疫后合格的动物方可放行。

二、日本进口家畜风险管理措施

1. 进口前检疫要求

家畜进口至日本前，须提前向农林水产省申请，家畜出口须在到达日期前90d~120d提交动物进口申报表，经农林水产大臣和动物检疫总所协商意见统一后，才可进口动物。家畜必须通过出口国（地区）的检验检疫，并随附该官方机构出具的检疫证明，才能进口，并由动物检疫总所指定的港口（机场）入境。根据实际需要，动物检疫所会指派官员在动物入境前到动物输出国（地区）作必要的调查和考察。

2. 进口时检疫要求

进口商至少在携带进口动物的船舶或飞机抵达前7d向进境口岸动物检疫站提出进口检疫申请，进口检疫申请表中应包括动物的种类和品种、数量、性别、年龄、用途、产地、目的地等，并提交进境动物标识号、目的地、原产地等。进口商需至少提前2d向到达口岸动物检疫站提交动物运输计划。进口口岸检疫官员将在动物抵达时与进口商及其他相关方开展卸货检疫监管工作安排。运载动物的船舶、飞机到港后，由动物检疫官员登船（机），对入境动物逐个进行临床检查；向船长（机长）、随行兽医询问动物运输途中的情况，如申请停泊、加水、加料、清除废弃物等；提供有关资料、记录、输出国家（地区）出具的检疫证书；确认运输工具未与其他动物混养、无脏物散落。如果无法在飞机（船）上进行临床检查，则将在动物检疫官指定的地点进行，例如进口港口的停机坪或保税仓库。临床未发现传染病征兆的，允许进口商将动物卸离飞机（轮船），将动物运往指定地点进行隔离检疫。动物检疫员确认运输车辆没有混杂其他动物、散落的污物等，并对运输车辆、工作区等进行防疫消毒、对运输垃圾废物进行检疫处理。如果确认存在检疫风险，则采取消毒、检疫处理等防疫措施，如有必要可将动物转移到指定隔离场以外的隔离场所进行隔离。

3. 进口后检疫要求

进口后，按照运输路线将动物运往指定地点进行隔离检疫，动物管理员根据检疫官员的指示来负责隔离动物的饲养管理工作；饲养管理所需的饲料、作业工具等必须在进入隔离检疫场所前进行消毒；动物管理员以外的任何人禁止进入隔离场地，必须进入的须由检疫官员许可；所有进入隔离检疫场所的人员都必须更换衣物、消毒、淋浴等。隔离检疫期间，检疫官员对动物进行隔离检疫，不同种类动物隔离检疫期不同（偶蹄动物15d、马10d），检疫项目依据双方签订的检疫条款；除临床常规检疫外，还要采样进行实验室检测；特殊情况需作特殊检疫，如病原学调查、病理解剖、病理组织学检查。为有效实施隔离检疫，动物检疫站会开展进口风险评估，选择必须仔细检查的疫病，根据风险进行检疫。经隔离检疫合格的，出具进口检疫证书；存在疫情传播风险的，将延长隔离检疫期直至疫情风险排除，无法排除风险的将被退回或销毁。已签发进口检疫证书的动物交由目的地州畜牧卫生中心管辖，原则上进行3个月的落地检疫。

4. 隔离检疫要求

出入隔离场要求：所有人员进出隔离场，须征得检疫官员同意，且在隔离场工作时间（8:30—17:15）方可出入；所有进入隔离检疫场所的人员都必须更换衣物、消毒、淋浴等；车辆进出隔离场时，用车辆消毒装置进行消毒，车辆驾驶员不得在隔离区内下车；动物运输车辆卸货后，要清除车内残留的垃圾和排泄物，并清洗消毒，方可离开隔离场；饲养舍出入口设置手、鞋消毒设施，进出饲养舍时对手、鞋进行消毒，工作时更换工作服和鞋子，及时更换消毒液，如有粪便、污物等附着在衣服或靴子上，应进行清洁消毒；进入隔离场人员不得到过其他饲养动物的畜舍及其周边。

人员及车辆管理要求：动物饲养员在从事动物饲养管理之前一周内应避免与同一物种动物接触；动物饲养员、口岸卸货工人、运输司机不得为在限制活动区内饲养限制活动动物的人员；进出隔离场的车辆和隔离动物运输车辆，在进出隔离场的前一周内，不得从事在限制活动区内装载限制活动的动物及相关材料的运输。

动物饲养管理要求：饲养员时刻关注动物健康状况，每天记录工作内容，发现异常情况立即通知动物检疫官；饲养员应在饲养前早晚两次测量动物体温，并做好记录；未经动物检疫官许可，不得使用药物等治疗；粪污处理应当在动物检疫官监督指导下在指定地点进行；隔离动物应避免过度拥挤；隔离期间使用的饲料、垫料、饲养管理设备必须是新的或卫生的，使用过或可能使用过的设备不得带入隔离区；隔离期间用于饲料、垫料等的稻草等尽量采用本地产的。

第四节 欧　盟

一、欧盟进口家畜风险管理措施概况

（一）欧盟进口家畜风险管理组织机构

欧盟食品安全局（European Food Safety Authority，EFSA）是欧盟的风险评估机构。欧盟食品安全局主要负责风险评估和交流，是一个独立机构，不隶属于任何其他的欧盟管理机构。欧盟食品安全局具体职责主要包括以下 4 方面：一是为欧盟委员会和欧盟议会在食品安全、动物卫生领域法规立法和制定风险管理政策的过程中提供科学的建议和意见；二是在职权范围向公众公开相关风险分析信息；三是在发生动物卫生及食品安全事件后向欧盟理事会提供应急风险管理支持；四是对动植物和环境的保护给予关注。

欧盟风险管理机构包括欧盟理事会、欧盟食品与兽医办公室（FVO）和各成员，独立于风险评估机构。欧盟理事会根据欧盟食品安全局的风险评估结果制定风险管理决策，该决策运用于各国时，作为动物卫生风险管理的第一层控制；欧盟食品与兽医办公室负责对各国动物卫生风险管理进行第二层控制；各成员的动物卫生管理部门对风险管理活动进行第三层控制，从而保证风险管理措施得到有效的落实。

风险管理机构与风险评估机构的分立、风险管理机构的多层次管理，体现了欧盟风险分析立法强调的独立性，确保风险分析的科学和透明。

（二）欧盟进口家畜检疫管理措施概况

1. 开展动物卫生风险评估

欧盟按照风险的不同，将跨境动物贸易分为欧盟内贸易和第三国或地区贸易，针对不同的对象，制定专门的法规指令。对活动物的进口监管措施，欧盟成员国和其他第三国或地区存在一定区别，通常对源自第三国或地区的动物隔离时间更长，检验项目更多。为控制动物疫病传入风险，欧盟在进口动物前，先行开展风险分析和评估，降低疫病传入风险；在制定动物卫生标准、紧急疫病反应体系建设、建立国家无疫区等国家动物卫生决策中，也以风险分析为基础。动物卫生风险评估由欧盟食品安全局具体负责，欧盟食品安全局会接收到不同的评估建议及请求，确认是否符合法定的程序和要求；评估过程中，欧盟食品安全局通过公开透明的方式委任欧盟科学委员会或某个科学小组开展科学研究，并把科学研究的结果及时向提出风险建议请求的相关机构通报和沟通；欧盟食品安全局会收集信息来分析比较风险，收集风险信息包括病原情况、传播媒介情况、生物性危害的信息、兽医、残留物等污染信息和易感人群的暴露情况等；通过相关数据收集研究分析，系统地分析和识别潜在的风险，以书面形式反馈评估结果。

2. 开展动物风险交流机制

欧盟风险交流是在风险评估机构、风险管理机构、企业、相关团体和消费者之间进行的信息交流的过程。首先，欧盟食品安全局会第一时间将风险分析险评估情况及时与各利益相关方进行公开交流，相关风险管理机构也会在第一时间通过欧盟网络信息平台将风险管理措施和实施效果告知各方。其次，欧盟动物卫生风险分析机构自身的各组织之间也会不断地交流信息，风险管理机构也会根据风险评估机构给出的信息进行科学有效的风险管理。最后，欧盟各主要成员国建立了风险交流联盟，任何成员国发现动物卫生风险事件，都可以第一时间将信息发布在快速警报系统平台。

3. 建立快速预警和通报系统

欧盟各国及其检查机构通过电脑系统已形成一个紧密网络，有完整的信息通报制度，成员国当局、边境检查站、委员会之间对兽医检查过程通过系统化的计算机网络通知。如果第三国（地区）的领土有欧盟理事会指令规定通报的动物疾病、人畜共患病或其他疾病或其他对动物或公众健康有影响、威胁的现象或状况出现或传播，或者有任何其他严重的动物健康或公众卫生的原因，特别是根据兽医专家的发现或在边境检查站的检查，成员国和委员会可立即采取扣留、禁止投放市场、禁止进口、制订特定的检查条件等临时措施或紧急措施。

4. 采取较健全的预防和检疫措施

法律法规体系比较完善，既有总的规则，又针对不同类型产品、针对不同疫病也分别制定了控制措施，法规具体详细，进出口和欧盟内部法律法规制度是衔接一致的；在处理疫情时，欧盟各国有基本统一的防疫措施，成员国和欧盟又相互补充，采取临时或紧急措施，在发生重大动物传染病时，授权的官员有权采取必要的各项措施，确保对病原的杀灭和控制；在对进口动物的检查中发现不合格的，有退运、销毁、处置等各项具体措施；对违反规定行为有包括拘留、搜查、处罚在内的明确的处理规定，能确保检疫措施的落实；对疫病的扑灭有国家赔偿制度保证。

二、欧盟进口家畜风险管理措施

（一）动物进入欧盟的基本要求

欧盟成员国允许来自第三国或地区的动物进口欧盟，进口动物须满足以下要求：动物必须来自允许进口国家/地区；进口企业应向欧盟主管机构申请批准；必须满足进口动物健康要求；必须具有动物健康证书和其他相关证明文件。

（二）制定允许进口动物第三国或地区名单

欧盟委员会根据以下条件和要求，制定了允许特定动物进入欧盟的第三国或地区名单：第三国或地区的动物卫生立法情况，以及其他第三国或地区的动物进入该第三国或地区的动物卫生措施情况；第三国或地区主管当局就有效实施动物卫生措施提供的保证；第三国或地区主管机构的组织、结构、资源和法律权力；第三国或地区动物卫生认证程序；第三国或地区动物健康状况；第三国或地区主管当局提供的关于遵守或适用于联盟动物健康要求的保证；第三国或地区向 WOAH 通报的传染病信息等。

出现以下情况，欧盟将暂停或终止某第三国或地区特定动物进口：第三国或地区进口动物不再符合进入欧盟的条件和要求的；为保护欧盟动物健康状况有必要暂停或终止进口的；欧盟委员会要求提供第三国或地区未提供的动物健康状况和其他事项的最新信息；第三国或地区拒绝同意委员会代表欧盟实施进口动物卫生管理措施的。

（三）进境动物检疫要求

动物必须来自欧盟指定的可进口的第三国或地区名录内的相关品种；来自第三国或地区的动物，以及这些动物在欧盟境内的移动和处理必须满足欧盟动物健康要求；欧盟结合以下实际情况制定特定的进口联盟的动物健康要求：欧盟规定的动物疫病的发生情况、动物年龄和性别、动物来源、企业类型以及原产地和目的地的生产类型、动物目的地、动物用途、动物在第三国（地区）或原产地或过境地或抵达欧盟后采取的风险管理措施、动物在欧盟境内活动的动物健康要求、其他流行病学因素、相关国际动物卫生贸易标准。

（四）动物健康证书要求

进口家畜须随附第三国（地区）兽医主管部门出具的动物健康证书。动物健康证书记载的信息应具有全面性，包括出口商的名称和地址、原产地、目的地、用于饲养动物或作业的设施情况、动物卫生状况、动物数量、动物标识和注册、证明动物满足欧盟动物健康要求所需的其他信息。

（五）进境动物检疫处理措施

（1）如果第三国或地区的领土有欧盟理事会指令规定通报的疾病、人畜共患病、其他疾病或其他对动物或公众健康有影响、威胁的现象或传播风险，或其他严重威胁动物健康或公众卫生的，结合兽医专家的发现或边境检查站的检查，委员会应及时采取以下措施：暂停从所有相关第三国或其部分地区进口，必要时终止从第三国或地区转运；对来自相关第三国或地区的产品制定特定检疫条件。

（2）如果进口货物可能对动物或人类健康构成威胁，成员国兽医机构应立即采取以下措施：扣押和销毁可疑货物；立即将产品的原产地通知其他边检站和欧盟委员会；欧盟委员会或成员国应对涉及的产品采取临时性保护措施，对涉及的第三国或地区进行检查，采取的临时性保护措施应通知其他成员国和委员会。

（3）以下情况采取禁止入境措施：不是来自欧盟指定的可进口的第三

国或地区名录内的相关品种；不符合与指令要求一致的成员国法规提出的条件的动物；动物正遭受或怀疑遭受或感染传染病或对公共和人类健康有危害的疾病或欧盟法则确定的其他因素；出口第三国或地区不符合欧盟条件；动物状况不适；随附证书或文件与欧盟规则或对应的成员国条款不符合的。

（4）以下情况采取退运、销毁、扣留、隔离、治疗措施：兽医检查表明动物不能进口到欧盟，主管当局在与进口商或代理协商之后，应尽快决定实施退运或销毁。如果主管当局决定销毁该货物，必须采取所有必要的措施来保证货物和销毁行为一直处于官方监督下，货物的销毁必须在边检所的设施中或尽可能在边检所附近的设施中进行。当检查表明动物不符合欧盟法规要求，主管当局在与进口商或代理协商之后，根据情况改善饲养条件、治疗、隔离或退运。作退运处理的，须通知其他边境检查站，注销相关兽医证书和文件，并通知欧盟委员会；如无法实施退运，尤其是在考虑动物福利情况下，采取屠宰、扣留动物尸体、特定条件无害处理等措施。

第五节
澳大利亚

一、澳大利亚进口家畜风险管理措施概况

（一）澳大利亚进口家畜风险管理组织机构

澳大利亚农业、水和环境部（Australian Department of Agriculture and Water Resources，DAWR）负责农业、渔业、食品和林产品安全管理，组织实施国家畜牧产业政策和规划，确保产业保持竞争力、盈利能力和可持续性。DAWR 内设生物安全动物司、出口活动物司、生物安全业务司、贸易与市场准入司等 17 个司和主任兽医、植物保护和环境生物安全 3 个办公室。

（二）澳大利亚进口家畜检疫管理措施概况

1. 进口生物安全风险分析

动物进入澳大利亚，需确定是否进行生物安全风险分析（BIRA）。若需要，按澳大利亚进口风险分析手册开展风险分析。评估出口国/地区动物疫病或有害生物进入或传播的可能性，以及对人、动物、环境、经济或社会活动造成的相关潜在生物危害和经济损失。对首次进口（或输出国/地区第一次出口）动物前进行一系列的生物安全风险分析，同时对已有贸易进行生物安全风险分析复审（此过程是科学的技术程序，而非行政程序）。这既包括按照法规要求开展的常规风险评估，也包括法律未规定的非常规风险评估，如对现有进口政策和进口条件的风险评估。依据SPS协议和进口生物安全风险分析，有针对性地提出风险管理措施，使风险降至适当保护水平。该保护水平依据SPS协议制定，用于评估动物可否入境。

2. 生物安全信息化管理系统

澳大利亚建立了生物安全进口条件系统（BICON），该系统涉及2万多种植物、动物、生物制品和矿物等生物安全进口条件的数据库，可帮助进口商查询可输入澳大利亚的商品、输入条件、进口条件、需要的支持性文件、检疫处理、进口许可等。

3. 动物标识和疫病追溯体系

澳大利亚为保护本土动物及动物产品的品质和安全，建立了国家牲畜识别系统（NLIS），实现猪、牛、羊等动物的可追溯。猪、牛、羊等都有唯一个体电子身份证明，从繁殖场、育肥场、屠宰厂、冷链批发、零售至消费者，全过程实现信息快速传递以及屠宰与肉品信息的快速转换。一旦发生食用安全事件，检疫官员可从系统中迅速查询肉品来源，可追溯至源农场，其基本信息、安全信息可全部获得。没有身份识别卡（耳标或胃标）的动物不得屠宰食用。NLIS属国家级数据库，数据信息海量，系统可快速进行数据分析，提供动物疫情和肉品安全报告，提升消费信心和产业竞争力。

4. 进口陆生动物进口许可制度

澳大利亚农业部并非允许所有的活动物进口，只有经进口生物安全风险分析后，才允许特定地区的特定品种活动物进口。

二、澳大利亚进口家畜风险管理措施

澳大利亚进口活动物管控极为严格，经风险评估和批准并符合澳大利亚动物卫生标准和动物福利等要求的方可进口。澳大利亚实施对出口国家/地区的风险评估，以及进境前、进境时、进境后全过程控制。申请获得入境许可后才可启动进境动物，经过入境申报、口岸检疫、隔离检疫程序，符合检疫要求的方可放行，此举保障了澳大利亚动物和人体健康及生态安全。

1. 申请许可

DAWR 对拟进口动物及动物产品实施风险分析。经风险分析可以进口的，澳大利亚与出口国家/地区商签检疫和卫生要求议定书、确认兽医检疫证书，并对出口国家/地区养殖场或加工厂实地考核，合格者予以登记注册。按不同动物种类分别提交申请。通过 BICON 系统提交，或下载表格填写后通过邮寄或电子邮件提交。澳大利亚根据风险评估结果，确定是否签发进口许可证。从 2018 年 4 月 9 日起，澳大利亚海关对进境有条件的非禁运货物，没取得许可证的商品不办理清关手续。对未提交许可证或正在办理过程中的抵达货物，禁止进口或按规定方法予以销毁。在收到全部费用后，进口许可证多在 20 个工作日内签发。如需进行技术评估、申请者提供不完整或不正确的信息、持续评估需要提供更多信息资料、是一种新产品或新工艺新方法生产的产品等，发放进口许可的时间可能延长。

2. 入境申报

进境活动物实行电子申报检疫。进口商通过政府构建的平台，向澳大利亚海关和 DAWR 申报。出口前（至少 3 个工作日）将进口许可证、兽医检疫证书（正本）和实验室报告、航班信息等告知入境口岸地检疫机构。

3. 入境检疫

（1）入境航班动物疫情防控。入境航班须作防疫性除虫处理，机组用罐装苯醚菊酯对行李舱和货舱实施防疫性灭虫处理。抵运澳大利亚前，须用罐装苯醚菊酯沿客舱行李架、过道作喷雾处理。入境国际机场检疫人员负责监督核查，判定机舱是否按要求进行了处理。

（2）进境船舶动物疫情管控。DAWR 规定，所有用于装载货物的集装箱须作永久性防疫处理，并注册登记。在抵达澳大利亚第一港口实施检疫，检查食品舱和装有动物产品的货舱。澳大利亚实施国家高风险害虫行动清单计划（CAL），高风险害虫包括（但不限于）巨型非洲蜗牛、黑刺蟾蜍、外来蜜蜂和蚂蚁等。CAL 所列地区的集装箱和散装货物，在码头卸货之前，需对外部表面和空集装箱的内部表面进行全面的六面检查，对来自清单内的国家（地区）的货物需特别注意其安全性、完好密封及清洁状态。

4. 隔离检疫

进入澳大利亚的动物须在规定的保证生物安全的设施设备内实施隔离检疫。对不同种类动物规定有不同的隔离时间，以确保放行动物没有疫病。允许进口的高风险陆生动物，采取现场检查和隔离检疫。隔离期间，官方兽医进行现场检查，经隔离检疫结束，再核实并填写兽医报告，确认合格的放行。不符合兽医证书检疫要求的动物，再实施隔离检疫、延长隔离检疫时间，或额外的检测以及退运或安乐处死。